钻井液处理剂实用手册

王中华　编著

中国石化出版社

内容提要

本书共分十六章，从产品种类、组分、制备方法、质量指标、用途、安全与防护、包装与储运等方面，全面、系统地介绍了包括基本化学剂、降滤失剂、降黏剂、增黏剂、页岩抑制剂、润滑剂、堵漏剂、絮凝剂、乳化剂、加重剂、解卡剂、泡沫剂与消泡剂、缓蚀剂与杀菌剂、水合物抑制剂和油气层保护剂等在内的钻井液处理剂。为突出实用性，特别详细介绍了常用和新研制的专用钻井液处理剂的质量指标、合成方法和用途。

本书数据翔实，工程实用性强，可作为从事精细化工和钻井液研究、生产和设计的工程技术人员、管理人员和营销人员的工具书，也可作为相关高等院校师生的参考书。

图书在版编目（CIP）数据

钻井液处理剂实用手册/王中华编著. ——北京：中国石化出版社，2016.12
ISBN 978-7-5114-4382-3

Ⅰ. ①钻… Ⅱ. ①王… Ⅲ. ①钻井液处理剂-手册
Ⅳ. ①TE254-62

中国版本图书馆 CIP 数据核字(2017)第 004162 号

中国石化出版社出版发行
地址：北京市朝阳区吉市口路9号
邮编：100020　电话：(010)59964500
发行部电话：(010)59964526
http://www.sinopec-press.com
E-mail:press@sinopec.com
北京柏力行彩印有限公司印刷
全国各地新华书店经销
*
787×1092 毫米 16 开本 30.75 印张 704 千字
2016年 12 月第 1 版 2016 年 12 月第 1 次印刷
定价：110.00 元

前　言

钻井液处理剂是用于配制和维护钻井液性能的化学剂，是保证钻井液良好性能的关键，为用量最大的油田化学品，约占整个油田化学品总用量的45%。钻井液处理剂的发展不仅是钻井液技术进步的基础，也是保证复杂地质条件下钻井液性能稳定的基础。可以说没有高质量的钻井液处理剂，就不可能得到能够满足复杂地质条件下安全、快速、高效钻井需要的钻井液体系。

关于钻井液处理剂的介绍，通常见诸一些有关的精细化工、油田化学等方面的手册，或与钻井液相关的书籍，不仅涉及内容少，而且不全面、不系统，直到目前为止，还没有专门介绍钻井液处理剂性能、制备和应用等方面的手册或书籍。基于此，作者结合从事钻井液处理剂研究开发取得的成果和应用经验，并在广泛吸收有关文献(包括电子文献)、产品介绍和书刊资料的基础上，编写了《钻井液处理剂实用手册》一书。本书编写的目的在于系统总结钻井液处理剂研究、制备和应用的经验，为广大油田化学，尤其是钻井液工作者及有关技术人员提供一本有价值的参考文献，也为精细化工领域从事非油田化学专业的人员了解钻井液处理剂提供参考，以便规范钻井液处理剂的研究、生成与应用，提高处理剂使用的针对性和有效性，进一步发挥钻井液处理剂在石油钻探中的重要作用，以满足复杂、深部地层钻探和页岩气钻井对钻井液提出的新要求。

本书编写按处理剂的功能，并结合在钻井液处理剂中所占的分量，分类介绍，且对于钻井液专用处理剂，结合性能评价及影响产品性能的因素尽可能详细介绍，对于一些通用的化学品则简要介绍，内容包括已经或在用产品和代表性的新开发产品。每种处理剂介绍包括化学名称或成分、化学式或分子式、结构式、理化性质或产品性能、制备过程或方法、质量指标、用途、安全与防护以及包装与储运等。为力求规范，对一些概念模糊或有争议的处理剂不做介绍。需要强调的是，尽管书中大多数处理剂制备实例所涉及的配方和工艺已经过实践验证，但由于原料来源、生产条件和操作人员的理解和熟练程度不同，因此在实施过程中要根据具体情况，通过实验确定最终的配方和生产工艺以及安全和环保措施。

本书共分十六章，其中第一章为绪论，第二章为基本化学剂，第三章到第十二章分别为降滤失剂、降黏剂、增黏剂、页岩抑制剂、润滑剂、堵漏剂、絮凝剂、乳化剂、加重剂和解卡剂，第十三章为起泡剂与消泡剂，第十四章为缓蚀剂与杀菌剂，第十五章为水合物抑制剂，第十六章为油气层保护剂。

本书编写过程中参阅了大量的文献，同时参考了大量的国家、行业和企业标准，限于篇幅仅就最主要的在文中列出，还有一些文献，尤其是网络文献没有一一列出，在此对所有文献(包括网络文献)作者和标准出版者和起草人表示衷心的感谢。

由于编写时间仓促，编者水平有限，疏漏和错误之处在所难免，恳请广大读者批评指正，并提出宝贵意见。

王中华

2016年9月于中原油田

目　录

第一章 绪 论

钻井液是油田化学的重要部分，油田化学是一门应用学科，它是在化学(包括无机化学、有机化学、高分子化学、物理化学)和钻井工程、采油工程、油气集输和油田水处理等学科的基础上逐渐发展而成的一门新兴学科，它是化学在石油勘探开发中的应用，其目的是通过化学的方法解决油田开发中出现的问题。

钻井液处理剂是指在石油钻井过程中，用于配制钻井液及维护钻井液的性能以及用于处理钻井过程中出现漏失、井壁失稳、卡钻等复杂情况，防止或减缓钻具腐蚀等问题，以获得良好的钻井液性能，保证钻井作业的顺利进行所使用的化学品。它通常包括矿物材料、无机化合物、有机化合物和高分子化合物。钻井液处理剂是重要的油田化学品，约占油田化学品总量的45%。油田化学品是20世纪70年代以来，随着石油工业的发展而逐步形成和完善的一类新领域精细化学品，它涉及石油勘探开发的全部过程。广义上讲，油田化学品是精细化工产品中的一类，由于其使用的环境不同于其他类型的精细化工产品，又有其自身的特点，它和油田生产技术的发展密切相关，因此在油田化学品的研究开发和应用中，要求研究人员不仅要具备较强的有机、高分子、分析和精细化工基础，还应对油田地质条件、油气藏构造的特性、油气层的物性等有比较深入的了解，同时还要把握油田生产技术和油田化学品的发展方向，才能使油田化学品的研究开发和生产满足油田开发的需要。油田化学品与其他精细化学品相比具有：①产品种类多，且多数产品用量大，针对性强；②品种更新快，产品和油田开发情况密切相关，应满足不同开发阶段的需要；③在生产工艺和产品性能控制方面会因产品所应用的作业流体不同而有所区别，但一般情况下，对其纯度要求方面不如其他精细化工产品严格，尤其是钻井液处理剂，为了尽量降低生产成本，提高生产效率，常常希望使用简单的生产工艺。

由于钻井液处理剂占油田化学品的近一半，加之多数产品的通用性，因此钻井液处理剂的研究、制备、应用现状和水平基本反映了油田化学品的发展现状和水平，钻井液处理剂的研究开发不仅促进了钻井液技术的发展，也为其他油田化学品的开发提供重要参考。

本书涉及的处理剂以用于水基钻井液的处理剂为主，主要以水溶性聚合物材料，并以溶液或分散体形式用于作业流体。而用于油基钻井液和油包水乳化钻井液的处理剂主要以表面活性剂和低相对分子质量有机化合物或聚合物为主。相对于水基钻井液，油基钻井液处理剂不仅品种单一，且用量较少。

第一节 钻井液处理剂的分类与作用

1.钻井液处理剂分类

钻井液处理剂可以根据用途(或功能)及化学性质进行分类[1]。

(1) 按照用途或功能分类

根据用途或功能可将钻井液处理剂分为杀菌剂、缓蚀剂、除钙剂、消泡剂、乳化剂、絮凝剂、起泡剂、降滤失剂、堵漏剂、润滑剂、解卡剂、pH 值调节剂、表面活性剂、页岩抑制剂、降黏剂、高温稳定剂、增黏剂和加重剂等。

API/IADC 将钻井液处理剂分为碱度控制剂、杀菌剂、除钙剂、缓蚀剂、乳化剂、降滤失剂、絮凝剂、起泡剂、堵漏剂、润滑剂、解卡剂,页岩抑制剂、表面活性剂、合成基油、高温稳定剂、降黏剂或分散剂、增黏剂、加重剂。

中国石化 Q/SH 0242—2016《油田化学剂分类及命名规范》将钻井液处理剂分为降滤失剂、增黏剂、降黏剂、防塌剂、抑制剂、乳化剂、絮凝包被剂、堵漏剂、润滑剂、解卡剂、消泡剂、发泡剂、加重剂、屏蔽暂堵剂、缓蚀剂、杀菌剂、水合物抑制剂、其他等 18 类。

(2) 按照化学性质分类

按化学性质可将钻井液处理剂分为无机处理剂和有机处理剂。

① 无机处理剂。无机处理剂分为天然矿物和无机化合物。其中,天然矿物包括黏土矿物、重晶石、铁矿、石灰石等,这些材料主要用于配浆材料、加重剂和暂堵剂、封堵剂等。无机化合物包括氧化物、碱、盐、无机高分子,主要用于 pH 值调控剂、除钙剂、抑制剂、防塌剂、絮凝剂、增黏剂、高温稳定剂、缓蚀剂、除氧剂、除硫剂、水合物抑制剂等。

② 有机处理剂。有机处理剂可分为有机化合物和高分子化合物。其中,有机化合物包括矿物油、植物油、有机盐、表面活性剂等,在钻井液中主要用于润滑剂、防卡剂、抑制剂、防塌剂、乳化剂、润湿剂、起泡剂、消泡剂、缓蚀剂、杀菌剂、高温稳定剂、储层保护剂、加重剂、暂堵剂等。高分子化合物包括天然高分子及其衍生物和合成高分子化合物,在钻井液中主要用于絮凝剂、包被剂、降滤失剂、增黏剂、降黏剂、润滑剂、页岩抑制剂、防塌剂、流型调节剂、防漏堵漏剂、润滑剂、乳化剂、暂堵剂、防卡解卡剂、储层保护剂、水合物抑制剂等。

2.钻井液处理剂的作用

广义上讲,钻井液处理剂的作用是用于配制能够满足安全、快速、高效钻井、油气层保护、环境保护等需要的钻井液体系,并在钻井过程中维护和调整钻井液的性能,解决钻井过程中出现的与钻井液相关的复杂问题等,它是保证钻井液性能稳定的基础,没有优质的钻井液处理剂及处理剂作用的充分发挥,就不可能得到性能良好的钻井液体系。

由于性质不同,无机处理剂和有机处理剂的作用通常有不同的侧重,一般情况下,其作用可以概括如下[2]:

① 无机处理剂。无机处理剂主要起离子交换作用、pH 值调节作用、沉淀作用、络合作用、与有机处理剂生成可溶性盐作用、抑制盐溶作用、抑制黏土和页岩水化作用、防塌作用、絮凝作用、密度调节作用、封堵(暂堵)作用、缓蚀作用等。

② 有机处理剂。有机处理剂的主要作用是絮凝或选择性絮凝作用、包被作用、形成结构、增黏作用、防塌作用、流型调节作用、降滤失作用、降黏和稀释作用、高温稳定作用、胶凝和胶溶作用、乳化作用、破乳作用、起泡作用、消泡作用、润滑作用、防卡作用、杀菌作用、缓蚀作用、润湿作用、封堵作用、暂堵作用、清洁作用等。

不同类型的钻井液处理剂的作用既有相同点,也有不同点,但其目的是,通过具有不同作用的钻井液处理剂之间的协同作用，来获得具有良好性能的钻井液完井液体系。

第二节 钻井液处理剂现状与发展方向

1.钻井液处理剂现状

国外钻井液处理剂自20世纪80年代开始快速发展，并成熟配套，进入90年代后发展相对平稳，但重点更突出，即以含磺酸基的合成聚合物为基础的各种产品是主流，并围绕强抑制、高性能、环保钻井液的发展目标在聚合醇、胺基聚醚、烷基糖苷等产品的应用上取得了理想的效果，从处理剂的品种看，最多的是增黏剂、降滤失剂、降黏剂、页岩稳定剂、润滑剂、封堵剂、加重剂和缓蚀剂。

我国从20世纪80年代以来，逐渐发展并完善了系列钻井液处理剂，并形成了具有自身特点的两性离子聚合物处理剂及两性离子聚合物钻井液体系，从而完善了各种满足不同需要的钻井液体系，促进了现代优化钻井工艺技术的发展。

20世纪90年代以来，新一代聚合物——2-丙烯酰胺基-2-甲基丙磺酸(AMPS)多元共聚物产品的开发逐渐受到重视，目前已经在现场应用中见到了明显的效果，成为新型钻井液处理剂的代表[3]。随着科学技术的不断进步，钻井液处理剂正朝着逐步形成配套的新型系列产品的方向发展，并基本上满足了我国各种类型的钻井作业的需要。降黏剂、降滤失剂、封堵剂、抑制剂和润滑剂等品种有了突破性的进展，特别是近几年来，具有浊点效应的聚合醇、胺基聚醚等在油田受到普遍的关注，短短的几年时间几乎在国内所有油田得到推广应用，并形成了一系列的聚合醇钻井液体系和胺基抑制钻井液体系。此外，甲基葡萄糖苷、甘油基钻井液也在现场应用中见到良好的效果，表现出良好的应用前景，也促进了钻井液处理剂的发展。尤其是近年来，针对页岩气水平井钻井的需要，在油基钻井液处理剂研究与应用上有了长足的进步，使油基钻井液体系基本满足了页岩气水平井钻井的需要，同时还针对强水敏性地层和页岩气水平井钻井的需要，在水基钻井液处理剂方面也开展了一些探索。

目前，我国钻井液处理剂已发展到18类，上千个品种，年用量数近35×10^4t，而且各种聚合物、天然材料改性产品和新型表面活性剂类处理剂的研究和应用更深入，推广应用越来越普遍，特别是超高温、超高密度专用处理剂(降滤失剂和分散剂)已在应用中见到理想的效果，我国钻井液处理剂和钻井液技术已逐步达到国际先进水平。

总而言之，针对钻井液技术发展的需要，国内钻井液处理剂逐步实现了从外专业引进，到专用处理剂的研制开发，不仅促进了处理剂研究与应用水平的提高，也促进了钻井液体系的完善配套和钻井液技术水平的提高。近几年，尽管在钻井液处理剂方面又开展了大量的研究开发工作，也见到了一些初步效果，特别是关于处理剂合成的文章越来越多，新名词也不断出现，但从研究内容看，与钻井液发展的需要还存在一定距离，研究与现场实际结合不紧密，缺乏针对性和实用性，并多局限在室内研究，工业化生产和投入现场应用的很少，同时在思路和方法上仍然比较单一，且缺乏创新性，主要体现在[4]：

① 在天然材料改性方面，涉及的面还比较窄，在改性难度大的栲胶、纤维素和植物胶

等方面涉及少，即使在淀粉、腐殖酸方面，改性也主要基于传统方法，缺乏新思路和新手段，农林副产品利用方面有一些报道，但深度不够。

② 在合成聚合物方面，处理剂作用机理研究较少，研究与现场的针对性和处理剂发展的针对性不强，重复研究多，仍然是丙烯酰胺(AM)、丙烯酸(AA)、丙烯腈(AN)、2-丙烯酰胺基-2-甲基丙磺酸(AMPS)、苯乙烯磺酸钠(SS)、丙烯磺酸钠(AS)、*N*,*N*-二甲基丙烯酰胺(DMAM)、*N*-乙烯基吡咯烷酮(NVP)、丙烯酰氧乙基三甲基氯化铵(DAC)、二甲基二烯丙基氯化铵(DMDAAC)等单体的二元或多元共聚物的合成上，产品结构和性能没有实质性进展。

③ 油基钻井液处理剂的研究主要集中在易于实现的腐殖酸改性方面，关于其他方面的研究较少，特别是专用乳化剂合成报道少，缺乏新路线。同时研究的针对性还有待提高，没有针对油基钻井液发展及处理剂完善配套的需要，油基钻井液防漏、堵漏剂研究还属空白。

④ 对一些在其他领域或本领域已经成熟的材料仍然作为新材料重复实验，缺乏对精细与专用化学品行业的整体把握，研究缺乏创新性，且涉及现场应用的很少，对处理剂经济性和应用的可行性缺乏分析，相当数量的研究仅以完成文章发表为目标。

⑤ 由于处理剂标准可靠性的限制，目前现场使用的处理剂质量不容乐观，一些按照标准检验合格的产品，现场往往见不到应有的效果。尤其是钻井液处理剂及钻井液体系命名不规范，钻井液体系及处理剂五花八门，谁想怎么叫就怎么叫，概念性的名称随处可见，不仅阻碍了钻井液技术的进步，也影响了行业的声誉。

2.钻井液处理剂发展方向

为提高处理剂研究的针对性和有利于推广，钻井液处理剂研制应紧密结合现场需要，并以解决现场问题、提高钻井液技术水平、推动行业技术进步为目标，避免简单的重复性研究，结合钻井液的发展方向，从有利于钻井液及处理剂规范出发，今后应重点从以下几方面开展工作[5,6]：

① 围绕绿色环保、抗温抗盐的目标，继续重视腐殖酸、淀粉资源的利用，形成系列化产品，深化烷基糖苷类处理剂的研究。在天然材料改性产品方面，既要突出重点，又要考虑到均衡发展，重视纤维素、植物胶、栲胶等资源的利用。同时，加大木质素资源的深度改性，关键是寻找新制备方法和溶剂，以提高反应效率和产物的综合性能。近年来在柿子皮等利用方面的探索性工作，为农、林、副资源利用提供了新思路，今后可以围绕农、林、副资源利用深入探索，寻求更多用于处理剂生产的低成本原料。

② 针对新处理剂研制开发的需要，研制开发新单体和功能性有机化合物，开展含膦基的阴离子单体及高温下水解稳定性好的支化阴离子或非离子单体以及支化或星形结构的聚醚和聚醚胺等。

③ 探索超支化的树枝状或树形结构的处理剂合成方法，合成抗钙能力强以及适用于高温、高矿化度钻井液及无黏土相钻井液处理剂，加快反相乳液聚合物钻井液处理剂的推广应用。充分利用合成树脂类材料的结构优势，针对超高温条件下高温高压滤失量的控制，开发高性能合成树脂类处理剂。

④ 重视工业废料的利用，特别是充分利用碱法造纸废液，既有利于开发低成本处理剂，又有利于环境保护。深化植物秸秆作为纤维素源制备钻井液用羧甲基纤维素的研究，以降

低生产成本。通过磺化的方法制备磺化聚苯乙烯，可以用作钻井液降滤失剂和降黏剂,合成低磺化度的聚苯乙烯乳液,用作润滑剂和封堵剂。也可将制备的磺化聚苯乙烯进一步接枝共聚或高分子化学反应改性,使其性能更能满足钻井液的需要。采用聚乙烯(丙烯)蜡或废聚乙烯(丙烯、苯乙烯)等,通过接枝共聚或高分子化学反应引入极性吸附基和水化基团,制备井壁稳定剂、封堵剂和润滑剂。对焦油、渣油、粗酚等,通过氧化、磺化、缩合等过程制备钻井液降滤失剂、润滑剂等。植物油脚乳化后作为钻井液润滑剂、封堵剂。

⑤ 在油基钻井液处理剂方面,基于新材料合成开发油基钻井液用乳化剂、增黏提切剂、降滤失剂,特别是无土相油基钻井液的提切剂、乳化剂、增黏剂和封堵剂。同时,为了提高堵漏一次成功率,减少油基钻井液的漏失,针对油基钻井液漏失特征,研制适用于油基钻井液的防漏、堵漏材料。朝着环保型油基钻井液发展目标,探索合成生物质合成基和绿色油基钻井液处理剂。

⑥ 研制大位移井、多分支井用的润滑剂、井壁稳定剂、流型改进剂和低伤害处理剂,复杂易坍塌地层的泥页岩稳定剂、堵漏剂,低渗透地层保护油气层的各种处理剂。

⑦ 深水钻井液处理剂方面，开发适用于配制或维护恒流变钻井液的处理剂以及水合物生成抑制剂。

⑧ 在室内合成的基础上，还需要重视处理剂生产工艺及经济性研究，加快工业化试验,促进处理剂成果转化,体现处理剂研究成果的价值。

第三节 钻井液处理剂与专用化学品

1.专用化学品的概念

国外一些国家将产量小,经过改性或复配加工,具有多功能或专用功能,既按其规格说明书,又根据其使用效果进行小批量生产和小包装销售的化学品称为专用化学品。我国通常把水处理化学品、造纸化学品、皮革化学品、油脂化学品、油田化学品、生物工程化学品、日用化学品、化学陶瓷纤维等特种纤维及高功能化工产品以及其他各种用途的专用化学用品归属于专用化学品。

在专用化学品中,既有无机和有机化工产品、合成高分子化工产品、精细化工产品、也有矿物产品和天然及天然改性高分子产品。

钻井液处理剂作为重要的油田化学品,属于专用化学品。

2.钻井液处理剂与其他化学品的关系

钻井液处理剂可以归属到精细与专用化学品中。钻井液处理剂中基本化学剂和加重剂属于基本无机、有机化学品、天然材料和天然矿物产品。因此在研究、生产和应用中需要特别注意。

钻井液降滤失剂、降黏剂、增黏剂、页岩抑制剂(无机盐除外)、润滑剂、堵漏剂(矿物和天然材料、树脂除外)、絮凝剂、解卡剂、消泡剂(仅限复配消泡剂)、油气层保护剂(无机材料、有机材料除外)等属于专用化学品(即油田化学品)。乳化剂、泡沫剂、消泡剂、缓蚀剂、杀菌剂、水合物抑制剂等油田化学品并非专门针对油田化学,是从无机、有机化工产品、精细化工产品等领域引入,可以用于油田化学品,但不属于专用的油田化学品。

在钻井液处理剂中,有许多产品也可以用于油井水泥外加剂以及采油化学剂、酸化压裂化学剂、提高采收率化学剂、油气集输化学剂、油田水处理化学剂等其他油田化学品。

如基本化学剂所介绍的产品也可以用于其他油田化学品;降滤失剂中涉及的纤维素衍生物、合成聚合物也可以用于采油调剖堵水剂、酸化压裂稠化剂、减阻剂等;增黏剂中涉及的天然高分子改性产品、合成聚合物、生物聚合物等可以用于采油调剖堵水,酸化压裂稠化、减阻剂,聚合物驱油剂,水处理絮凝剂等;降黏剂中所涉及的合成聚合物降黏剂可以用于水处理阻垢、分散剂,而有机膦酸(盐)类本身就是从水处理领域引进;页岩抑制剂中所涉及的无机盐类、聚胺和季铵盐可以用于采油注水、酸化压裂等的黏土稳定剂;堵漏剂所涉及的部分材料可以用于固井水泥漏失封堵、采油堵水封窜等;絮凝剂中涉及的无机聚合物引自水处理絮凝剂,合成聚合物絮凝剂也是水处理絮凝剂,同时还可以用于采油调剖堵水剂,酸化压裂稠化剂、减阻剂等;乳化剂、泡沫剂、消泡剂、缓蚀剂、杀菌剂等在采油注水、酸化压裂、提高采收率、油气集输、油田水处理等领域均可以应用。

参考文献

[1] 王中华,何焕杰,杨小华.油田化学品实用手册[M].北京:中国石化出版社,2004.

[2] 王中华.近期国内 AMPS 聚合物研究进展[J].精细与专用化学品,2011,19(8):42-47.

[3] 张克勤,陈乐亮.钻井技术手册(二):钻井液[M].北京:石油工业出版社,1988.

[4] 王中华.国内钻井液及处理剂发展评述[J].中外能源,2013,18(10):34-43.

[5] 王中华.2013~2014 年国内钻井液处理剂研究进展[J].中外能源,2015,20(2):29-39.

[6] 王中华.关于规范钻井液处理剂及钻井液体系的认识[J].中外能源,2014,19(11):38-45.

第二章 基本化学剂

基本无机化工产品、有机化工产品和天然化合物或天然材料是钻井液处理剂的基础,其中一些产品既可以直接用作钻井液处理剂,也可以作为钻井液处理剂制备的原料。

无机化工产品主要包括氢氧化物和氧化物、氯化物、碳酸盐、硫酸盐和亚硫酸盐、磷酸盐、硅酸盐和铬酸盐等。其中:

氢氧化物和氧化物主要有氢氧化钠、氢氧化钾、氢氧化钙、氧化钙,氯化物主要有氯化钠、氯化钾、氯化铵、氯化钙、氯化亚铁、氯化铁等,碳酸盐主要有碳酸钠、碳酸钾、碱式碳酸锌等,硫酸盐和亚硫酸盐主要有硫酸钠、硫酸钾、硫酸铵、硫酸钙、硫酸亚铁、硫酸铁、硫酸铝、亚硫酸钠和亚硫酸氢钠等,磷酸盐主要有六偏磷酸钠、磷酸钾等,硅酸盐主要有硅酸钠、硅酸钾等,铬酸盐主要有重铬酸钠和重铬酸钾等。

无机化学剂主要通过离子交换、调节 pH 值、分散、控制絮凝、沉淀、络合、形成可溶盐、水解、形成溶胶、抑制溶解、胶凝和调节密度等作用而保证钻井液良好的性能。其中一些无机化工产品还是钻井液处理剂制备的原料。

有机化工产品主要包括苯酚、甲醛、有机季铵盐、有机盐。其中:

季铵盐主要有含双键的季铵盐单体和季铵盐表面活性剂,如二甲基二烯丙基氯化铵、二乙基二烯丙基氯化铵、烯丙基三甲基氯化铵等含双键季铵盐,十二烷基三甲基氯化铵、十二烷基三甲基溴化铵、十二烷基二甲基苄基氯化铵、十六烷基三甲基氯化铵等表面活性剂。这些产品既可以直接用作钻井液黏土稳定剂或抑制剂、杀菌剂、乳化剂等,也可以作为处理剂制备的原料。

有机盐主要有甲酸钠、甲酸钾、甲酸铯、醋酸钾、柠檬酸钾、柠檬酸铵、酒石酸钾、酒石酸铵等。这些材料主要用于配制有机盐钻井液以及无固相钻井液完井液的液体加重剂和页岩抑制剂。

天然化合物或天然材料主要包括松香酸、油酸、酸化油、木质素磺酸钙、腐殖酸、栲胶、单宁酸等。可以直接使用,也可以进一步通过化学改性制备不同作用的产品。

将上述这些材料作为钻井液用基本化学剂一并介绍。由于基本无机化工产品和有机化工产品都是一般工业产品,生产工艺成熟,产品质量稳定,本章简要介绍其性能、制备原理、方法以及在钻井液或钻井液处理剂合成中的应用[1~10]。

第一节 无机化学剂

1.氢氧化钠

分子式 NaOH

相对分子质量 40.00

理化性质　氢氧化钠别名为烧碱、火碱、苛性钠。纯品为白色透明晶体，相对密度 2.130，常温密度 2.0~2.2g/cm^3，熔点 318.4℃，沸点 1390℃。易吸湿，从空气中吸收 CO_2 变成Na_2CO_3。强碱，浓溶液对皮肤有强腐蚀性。烧碱有固态和液态两种，纯固体烧碱呈白色，有块状、片状、棒状、粒状，质脆；纯液体烧碱为无色透明液体。易溶于水，溶解时放热，水溶液呈碱性，有滑腻感；溶于乙醇和甘油；不溶于丙酮、乙醚。腐蚀性极强，对纤维、皮肤、玻璃、陶瓷等有腐蚀作用。固体烧碱吸湿性很强，暴露在空气中，吸收空气中的水分子，最后会完全溶解成溶液，但液态氢氧化钠没有吸湿性。

制备过程　将纯碱、石灰分别经化碱制成纯碱溶液、化灰制成石灰乳，于 99~101℃进行苛化反应，苛化液经澄清、蒸发浓缩至质量分数 40%以上，制得液体烧碱，再将浓缩液进一步熬浓固化，制得固体烧碱成品。工业上主要采用离子交换膜法电解食盐水制备烧碱。

质量指标　本品执行国家标准 GB 209—2006 规定的指标，外观：固体(包括片状、粒状、块状等)氢氧化钠主体为白色，有光泽，允许微带颜色，液体氢氧化钠为稠状液体。固体氢氧化钠技术指标见表 2-1，液体氢氧化钠技术指标见表 2-2。

表 2-1　固体氢氧化钠指标

项　目	指　标		项　目	指　标	
	一等品	合格品		一等品	合格品
氢氧化钠(NaOH)质量分数，%	≥97.0	≥94	氯化钠(NaCl)质量分数，%	≤1.2	≤3.5
碳酸钠(Na_2CO_3)质量分数，%	≤1.7	≤2.5	三氧化二铁(Fe_2O_3)质量分数，%	≤0.01	≤0.01

表 2-2　液体氢氧化钠指标

项　目	指　标		项　目	指　标	
	一等品	合格品		一等品	合格品
氢氧化钠(NaOH)质量分数，%	≥45.0	≥42.0	氯化钠(NaCl)质量分数，%	≤0.08	≤1.0
碳酸钠(Na_2CO_3)质量分数，%	≤1.2	≤1.6	三氧化二铁(Fe_2O_3)质量分数，%	≤0.02	≤0.03

用途　本品在工业上可用于造纸、肥皂、染料、人造丝、制铝、石油精制、棉织品整理、煤焦油产物的提纯以及食品加工、木材加工及机械工业等方面。

在钻井液中主要用作钻井液的 pH 值调节剂，可使钻井液中的钙膨润土转变为钠膨润土，有利于提高钻井液的胶体稳定性，但它也可以使井壁的页岩膨胀、分散，不利于井壁稳定。可以降低钻井液中钙镁离子含量，使难溶的有机酸成为易溶于水的盐(如配制栲胶碱液和褐煤碱液)，还可以用于控制钙处理钻井液中 Ca^{2+}含量。是最基本的无机处理剂之一。

在处理剂生产中变纤维素(或淀粉)为碱纤维素(或淀粉)，提高其反应能力。也是生产处理剂的重要原料之一。

安全与防护　本品有强烈的刺激性和腐蚀性。粉尘或烟雾会刺激眼和呼吸道、腐蚀鼻中隔，皮肤和眼与 NaOH 直接接触会引起灼伤，误服可造成消化道灼伤、黏膜糜烂、出血和休克。遇水和水蒸气大量放热，形成腐蚀性溶液；与酸发生中和反应并放热；必要时需佩戴防毒口罩，戴化学安全防护眼镜，穿防酸碱工作服，戴橡胶手套。

包装与储运　工业用固体烧碱用铁桶或其他密闭容器包装，每桶净质量 200kg，片碱 25kg。包装上应有明显的“腐蚀性物品”标志。储存于阴凉、通风、干燥处。运输中防潮、防雨淋。

2.氢氧化钾

分子式 KOH

相对分子质量 56.10

理化性质 氢氧化钾别名苛性钾,为白色半透明晶体,有片状、块状、条状和粒状,常温密度 2.044g/cm^3 左右,熔点 360℃,沸点 1320~1324℃,折射率(20℃)1.421,蒸气压(719℃)0.132kPa。极易吸收潮气和 CO_2 而结成硬块及变质。强碱性,浓溶液对皮肤有腐蚀性。易溶于水,也可溶于酒精和甘油,难溶于醚及烃类。易从空气中吸收 CO_2 及水分而生成 K_2CO_3。

制备方法 工业上通常采用离子膜法和隔离膜法生产。

质量指标 氢氧化钾分固体和液体,固体中 LM(离子膜法生产)为白色片状、粉状或块状,GM 类(隔膜法生产)为灰白色、蓝色或淡紫色片状或块状。液体中 LM(离子膜法生产)为无色透明液体,GM 类(隔膜法生产)为无色或浅黄色透明液体。本品执行国家标准 GB/T 1919—2014 规定的指标,固体和液体氢氧化钾指标分别见表 2-3 和表 2-4。

表 2-3 固体工业氢氧化钾技术指标

项 目	指 标			
	LM			GM
	Ⅰ型	Ⅱ型	Ⅲ型	
氢氧化钾(KOH),%	≥95.0	≥90.0	≥75.0	≥90.0
碳酸钾(K_2CO_3),%	≤1.0	≤1.0	≤1.0	≤2.5
氯化物(以 Cl^-计),%	≤0.01	≤0.02	≤0.01	≤1.0
硫酸盐(以 SO_4^{2-}计),%	≤0.02	≤0.02	≤0.01	
硝酸盐及亚硝酸盐(以 N 计),%	≤0.001	≤0.001	≤0.001	
铁(Fe),%	≤0.0010	≤0.0015	≤0.0010	≤0.05
钠(Na),%	≤1.0	≤1.0	≤1.0	≤2.0

注:用户对硫酸盐和钠二项指标无要求时可以不控制。

表 2-4 液体工业氢氧化钾技术指标

项 目	指 标			
	LM		GM	
	Ⅰ型	Ⅱ型	Ⅰ型	Ⅱ型
氢氧化钾(KOH),%	≥48.0	≥45.0	≥48.0	≥45.0
碳酸钾(K_2CO_3),%	≤0.5	≤0.5	≤1.2	≤1.5
氯化物(以 Cl^-计),%	≤0.005	≤0.005	≤0.5	≤0.7
铁(Fe),%	≤0.0005	≤0.0005		
钠(Na),%	≤0.5	≤0.5	≤1.5	≤1.5

注:用户对指标无要求时可以不控制。

用途 在工业方面,氢氧化钾主要用作高锰酸钾、碳酸钾等钾盐生产的原料,也可以用于医药工业、轻工业、染料工业、电化学工业、纺织工业、冶金工业和皮革工业等。

在钻井液中除与氢氧化钠相同的一些作用外,还可以用于提供钾离子,钾离子可抑制页岩水化膨胀、分散,有利于提高井壁稳定性。用于调节钾基钻井液的 pH 值。它一般用于高密度情况下需对膨润土含量控制要求较高的钻井液中。也是生产钻井液处理剂,特别是防塌剂的重要原料之一。

安全与防护 LD_{50} 为 273mg/kg(大鼠经口)。该品有强烈腐蚀性。吸入后强烈刺激呼吸道或造成灼伤。皮肤和眼直接接触可引起灼伤;口服灼伤消化道,可致死。遇水和水蒸气大量放热,形成腐蚀性溶液。与酸发生中和反应并放热。具有强腐蚀性。燃烧(分解)可能产生有害的毒性烟雾。使用时穿防酸碱工作服,戴橡胶手套。必要时,戴化学安全防护眼镜,戴防毒口罩。避免眼睛和皮肤接触。

包装与储运 固体可装入 0.5mm 厚的钢桶中严封,每桶净质量不超过 100kg;颗粒或片状用内衬塑料袋外用二层牛皮纸袋或塑料编织袋包装,每袋净质量 25kg。储存于阴凉、干燥、通风良好的库房。远离火种、热源。库内湿度最好不大于 85%。包装必须密封,切勿受潮。应与易(可)燃物、酸类等分开存放,切忌混储、混运。运输中防止受潮和雨淋。

3.氧化钙

分子式 CaO

相对分子质量 56.077

理化性质 氧化钙,别名生石灰。白色或带灰色块状或颗粒。不纯者为灰白色,含有杂质时呈淡黄色或灰色,具有吸湿性。溶于酸类、甘油和蔗糖溶液,几乎不溶于乙醇。相对密度 3.32~3.35,熔点 2572℃,沸点 2850℃,折光率 1.838。氧化钙为碱性氧化物,对湿敏感。易从空气中吸收二氧化碳及水分。与水反应生成氢氧化钙并产生大量热,有腐蚀性。

制备方法 石灰石煅烧法。将石灰石粗碎至 150mm,并筛除 30~50mm 以下的细渣。无烟煤或焦炭要求粒度在 50mm 以下,其中所含低熔点灰分不宜过多,无烟煤或焦炭的加入量为石灰石的 7.5%~8.5%(质量分数)。将经筛选的石灰石及燃料定时、定量由窑顶加入窑内,于 900~1200℃煅烧,再经冷却即得成品。在煅烧工序副产二氧化碳。

质量指标 工业氧化钙分成 4 个类别:Ⅰ类产品为化工合成用,Ⅱ类产品为电石用,Ⅲ类产品为塑胶橡胶用,Ⅳ类产品为烟气脱硫等其他用途。外观:Ⅰ类、Ⅲ类、Ⅳ类为白色、灰白色粉末,Ⅱ类为白色、黄褐色 50~120mm 的块状固体。工业氧化钙按 HG/T 4205—2011 标准规定的试验方法检测应符合表 2-5 规定的技术要求。

用途 氧化钙具有广泛的用途,主要用作环氧胶黏剂的填充剂,实验室氨气的干燥及醇类脱水等,用作制造电石、纯碱、漂白粉、氢氧化钙及各种钙化合物等的原料,用作建筑材料、冶金助熔剂、水泥速凝剂、耐火材料、干燥剂、荧光粉的助熔剂,也用于制革、废水净化、植物油脱色剂、药物载体、土壤改良和钙肥等,还可用于酸性废水处理及污泥调质以及锅炉停用保护剂。

用于钻井液 pH 值控制剂,清除钻井液中的碳酸根和碳酸氢根。在钙处理钻井液中石灰可以提供钙离子,控制膨润土的分散能力使之保持适度的粗分散;高温情况下石灰钻井液可能发生固化反应,会使性能不能满足要求,因此高温深井要慎用。与单宁复配使用具有增效作用,由于钙离子可以使钠土转化为钙土,降低黏土的分散度,从而减少黏土粒子的数量,降低黏土颗粒的含量,使同样用量的单宁发挥更大的降黏作用。

此外,石灰还可以配成石灰乳堵漏浆以封堵漏层,也可以用于复合堵漏剂、高失水堵漏剂制备的原料。

表 2-5 工业氧化钙技术要求

<table>
<tr><th colspan="2" rowspan="2">项 目</th><th colspan="4">指 标</th></tr>
<tr><th>Ⅰ型</th><th>Ⅱ型</th><th>Ⅰ型</th><th>Ⅱ型</th></tr>
<tr><td colspan="2">氧化钙(CaO)质量分数,%</td><td>≥92.0</td><td>≥82.0</td><td>≥90.0</td><td>≥85.0</td></tr>
<tr><td colspan="2">氧化镁(MgO)质量分数,%</td><td>≤1.5</td><td>≤1.6</td><td></td><td></td></tr>
<tr><td colspan="2">盐酸不溶物质量分数,%</td><td>≤1.0</td><td>≤1.8</td><td>≤0.5</td><td></td></tr>
<tr><td colspan="2">氧化物的质量分数,%</td><td></td><td>≤1.8</td><td></td><td></td></tr>
<tr><td colspan="2">铁(Fe)的质量分数,%</td><td>≤0.1</td><td></td><td></td><td></td></tr>
<tr><td colspan="2">硫(S)的质量分数,%</td><td></td><td>≤0.18</td><td></td><td></td></tr>
<tr><td colspan="2">磷(P)的质量分数,%</td><td></td><td>≤0.02</td><td></td><td></td></tr>
<tr><td colspan="2">二氧化硅(SiO_2)的质量分数,%</td><td></td><td>1.2</td><td></td><td></td></tr>
<tr><td colspan="2">灼烧减量,%</td><td>≤4.0</td><td></td><td>≤4.0</td><td></td></tr>
<tr><td rowspan="3">细 度</td><td>(0.038mm 试验筛筛余物),%</td><td></td><td></td><td>≤2.0</td><td rowspan="3">用户协商</td></tr>
<tr><td>(0.045mm 试验筛筛余物),%</td><td>≤5.0</td><td></td><td></td></tr>
<tr><td>(0.075mm 试验筛筛余物),%</td><td>≤1.0</td><td></td><td></td></tr>
<tr><td colspan="2">生烧过烧,%</td><td></td><td>≤6.0</td><td></td><td></td></tr>
</table>

石灰是油基钻井液的必要成分,其主要作用如下:

① 提供的钙离子有利于二元金属皂的生成,从而保证所添加的乳化剂充分发挥作用;

② 维持油基钻井液的 pH 值在 8.5~10 的范围内,吸收纯油基钻井液中的水分,以利于防止钻具腐蚀;

③ 有效地防止地层中 CO_2 和 H_2S 等酸性气体对钻井液的污染,其反应式如下:

$$Ca(OH)_2+H_2S=CaS+2H_2O \tag{2-1}$$

$$Ca(OH)_2+CO_2=CaCO_3+2H_2O \tag{2-2}$$

在油基钻井液中,未溶解氢氧化钙的量一般应控制在 0.43~0.72kg/m^3 范围内,或者将钻井液的甲基橙碱度控制在 0.5~1.0cm^3,当遇到 CO_2 和 H_2S 污染时应提高至 2.0cm^3。

氧化钙作为钙离子源,用于一些含钙离子处理剂制备的原料,如 CPA、CPAN 以及含钙的聚合物处理剂等的制备。

安全与防护 本品属碱性氧化物,与水反应,生成氢氧化钙并放出大量热,有刺激和腐蚀作用。对呼吸道有强烈刺激性,吸入本品粉尘可致化学性肺炎。对眼和皮肤有强烈刺激性,可致氧化钙粉末灼伤。口服刺激和灼伤消化道。长期接触本品可致手掌皮肤角化、皲裂、指变形(匙甲)。可能接触其粉尘时,建议佩戴自吸过滤式防尘口罩,穿防酸碱工作服,戴橡胶手套。必要时,戴化学安全防护眼镜。

包装与储运 本品采用内衬塑料袋、外用塑料编织袋包装。贮运时,严防受潮雨淋。起运时包装要完整,装载应稳妥。严禁与易燃物或可燃物、酸类、食用化学品等混装混运。雨天不宜运输。储存于阴凉、通风、干燥的库房,库内湿度最好不大于 85%。包装必须完整密封,防止吸潮。

4.氢氧化钙

分子式 $Ca(OH)_2$

相对分子质量 74.10

理化性质　氢氧化钙别名熟石灰、消石灰。为白色碱味粉末，常温密度 2.08~2.24g/cm^3，吸湿性强，从空气中吸收 CO_2 变成 $CaCO_3$。加热至 580℃时去水生成氧化钙。氢氧化钙溶于酸、甘油，不溶于醇，难溶于水，在水中溶解度小，难溶于醚及烃类。氢氧化钙是中强碱，对皮肤、织物有腐蚀作用。但因其溶解度不大，所以危害程度不如氢氧化钠等强碱大。

制备过程　生石灰经过消化反应，后经分离得成品。

质量指标　本品可执行 HG/T 4120—2009 工业氢氧化钙标准，其指标见表 2-6。

表 2-6　工业氢氧化钙技术指标

项　目	指　标		
	优等品	一等品	合格品
氢氧化钙[$Ca(OH)_2$]，%	≥96.0	≥95.0	≥90.0
镁及碱金属，%	≤2.0	≤3.0	
酸不溶物，%	≤0.1	≤0.5	≤1.0
铁(Fe)，%	≤0.05	≤0.1	
干燥减量，%	≤0.5	≤1.0	≤2.0
筛余物(0.045mm 试验筛)，%	2	5	
筛余物(0.125mm 试验筛)，%			≤4
重金属(以 Pb 计)，%	≤0.002		

用途　氢氧化钙在建筑、农业、食品、橡胶和石油化工等领域有广泛用途，还可用于生产碳酸钙、漂白粉、漂粉精、消毒剂、止酸剂、收敛剂、硬水软化剂、土壤酸性防止剂、脱毛剂、缓冲剂、中和剂、固化剂以及药物等。

在钻井液中，用于调节水基钻井液体系的 pH 值，提供钙离子，配制钙处理钻井液；是配制堵漏剂的活性材料；可以作为碳酸根、碳酸氢根去除剂；也是含羧酸钙基聚合物钻井液处理剂生产的原料之一。

安全与防护　本品具有强烈的腐蚀性，其粉尘或悬浮液滴对黏膜有刺激作用，虽然程度上不如氢氧化钠重，但也能引起喷嚏和咳嗽，和碱一样能使脂肪乳化，从皮肤吸收水分、溶解蛋白质、刺激及腐蚀组织。吸入粉尘可能引起肺炎。最高容许浓度为 5mg/m^3。工作时应注意保护呼吸器官，穿戴用防尘纤维制的工作服、手套、密闭防尘眼镜，并涂含油脂的软膏，以防止粉尘吸入。

包装与储运　本品采用内衬塑料袋、外用塑料编织袋包装或集装袋，或与用户商定。贮存于阴凉、通风、干燥处。运输中严防受潮、雨淋，切忌与酸混运。

5.碳酸钠

分子式　Na_2CO_3

相对分子质量　105.99

理化性质　碳酸钠别名纯碱、苏打。为白色粉末或细粒结晶，味涩。常温密度 2.5g/cm^3 左右，相对密度 2.532，熔点 851℃，吸潮气后会结成硬块。微溶于乙醇，不溶于丙醇和乙醚。易溶于水，在 35.4℃时其溶解度最大，水溶液呈强碱性，有一定的腐蚀性，能与酸进行中和反应，生成相应的盐并放出二氧化碳。高温下可分解，生成氧化钠和二氧化碳。在空气中易风化，长期暴露在空气中，吸收空气中的水和 CO_2 生成碳酸氢钠，并结成硬块。

制备过程 原盐用水溶解，除钙、镁后制成精盐水，吸氨，氨盐水冷却至35~38℃后与二氧化碳进行反应，生成碳酸氢钠悬浮液，至滤过工段，碳酸氢钠结晶从悬浮液中分离出来，在160℃左右煅烧分解，制得纯碱产品。

质量指标 本品执行国家标准GB/T 210.1—2004，一般工业盐及天然碱为原料生产的工业碳酸钠指标见表2-7。

表2-7 工业碳酸钠规定指标

项目	指标		
	优等品	一等品	合格品
总碱量(以 Na_2CO_3 的质量分数计)，%	≥99.2	≥98.8	≥98.0
氯化物(以NaCl的质量分数计)，%	≤0.70	≤0.9	≤1.2
铁(以Fe的质量分数)，%	≤0.004	≤0.006	≤0.010
硫酸盐(以 SO_4^{2-} 的质量分数计)，%	≤0.03		
水不溶物的质量分数，%	≤0.035	≤0.10	≤0.15
堆积密度/(g/mL)	≥0.90	≥0.90	≥0.90
粒度(180μm筛余物)，%	≥70.0	≥65.0	≥60.0

用途 碳酸钠是重要的化工原料之一，广泛用于轻工、日化、建材、化学工业、食品工业、冶金、纺织、石油、国防、医药等领域，用于制造其他化学品的原料、清洗剂、洗涤剂，也用于照相和分析领域。其中，玻璃工业是纯碱的最大消费领域，每吨玻璃消耗纯碱约0.2t。

作为一种重要的无机处理剂，在钻井液中用于调节水基钻井液的pH值，降低钙镁离子含量(处理石膏和水泥浸)，提高其他处理剂的性能。纯碱能通过离子交换和沉淀作用使钙质膨润土转化为易水化的钠质膨润土[见式(2-3)]，从而有效地改善膨润土的水化分散能力，有利于提高钻井液的稳定性，因此，加入适量的纯碱能使新浆滤失量下降，黏度、切力增加。但过量的纯碱会导致黏土颗粒发生聚结，使钻井液性能受到破坏，而且造成碳酸根污染；其合适的加量要通过造浆实验来确定。此外，由于 $CaCO_3$ 溶解度极小，在钻水泥塞和钻井液受到钙侵时，可以加入适量的纯碱来除钙，从而使钻井液性能变好。

$$\text{Ca-膨润土}+Na_2CO_3 = \text{Na-膨润土}+CaCO_3\downarrow \tag{2-3}$$

含羧酸钠官能团(—COONa)的有机处理剂因钙侵或钙离子浓度较高而导致其处理效果下降时，一般可以加入少量的纯碱来除钙恢复其作用。它也是生产处理剂的原料。

安全与防护 LD_{50} 为4090mg/kg(大鼠经口)。具有弱刺激性和弱腐蚀性。直接接触可引起皮肤和眼灼伤。生产中吸入其粉尘和烟雾可引起呼吸道刺激和结膜炎，还可有鼻黏膜溃疡、萎缩及鼻中隔穿孔。长时间接触该品溶液可发生湿疹、皮炎、鸡眼状溃疡和皮肤松弛。误服可造成消化道灼伤、黏膜糜烂、出血和休克。刺激呼吸系统和皮肤，对眼睛有严重伤害。使用时要戴防尘口罩、化学护目镜和橡胶手套。

包装与储运 本品用内衬聚乙烯吹塑薄膜袋的塑料编织袋双层包装，或者采用塑料复合编织袋单层包装，每袋净质量40kg或50kg。贮存在阴凉、通风、干燥的库房中。包装必须密封，以防止吸收水分结块。不可与酸类、铵盐和有毒、有味物质共贮混运。运输过程中应防雨淋和日晒。

6.碳酸氢钠

分子式 $NaHCO_3$

相对分子质量 84.01

理化性质 碳酸氢钠别名小苏打、重碳酸钠、酸式碳酸钠、重碱。为白色粉末或不透明单斜晶系微细结晶,无臭,味咸。相对密度 2.159,常温密度 2.20g/cm^3 左右,在热空气中会慢慢失去部分 CO_2,270℃下全部失去 CO_2。微溶于乙醇,可溶于水,其水溶液因水解呈微碱性。易被弱酸分解。受热易分解放出二氧化碳。100℃时变成倍半碳酸钠($Na_2CO_3 \cdot NaHCO_3 \cdot 2H_2O$),在 270~300℃下加热 2h,完全失去二氧化碳而成碳酸钠。在干燥空气中缓慢分解。

制备过程 将工业碳酸钠加水溶解,过滤除去杂质后,于 0.2~0.25MPa 压力下用二氧化碳进行碳酸化,以此反应碳化后,经初碎,进行二次碳化反应,再经干燥、粉碎,制得碳酸氢钠。

质量指标 本品执行国家标准 GB 1606—2008,工业碳酸氢钠分为三类:Ⅰ类——用于化妆品行业;Ⅱ类——用于日化、印染、鞣革、橡胶等行业;Ⅲ类——用于金属表面处理行业,外观为白色结晶粉末,指标见表 2-8。

表 2-8 工业碳酸氢钠指标

项 目	指 标		
	Ⅰ类	Ⅱ类	Ⅲ类
总碱量(以 $NaHCO_3$ 计),%	≥99.5	≥99.0	≥98.5
干燥减量,%	≤0.10	≤0.15	≤0.20
pH值(10g/L 水溶液)	≤8.3	≤8.5	≤8.7
氯化物(以 NaCl 计),%	≤0.10	≤0.20	≤0.50
铁盐(以 Fe 计),%	≤0.001	≤0.002	≤0.005
水不溶物,%	≤0.01	≤0.02	≤0.05
硫酸盐(以 SO_4^{2-}计),%	≤0.02	≤0.05	≤0.5
钙(Ca),%	≤0.03		≤0.05
砷(As),%	≤0.0001		
重金属(以 Pb 计),%	≤0.0005		

用途 碳酸氢钠可直接作为制药工业的原料,用于治疗胃酸过多;还可用于电影制片、鞣革、选矿、冶炼、机械、金属热处理以及用于纤维、食品、农业和橡胶工业等。

作为钻井液处理剂,可以调节钻井液的 pH 值,降低钙镁离子含量(处理水泥浸,pH 值不升高)。主要用于钻水泥塞时对钻井液进行预处理和处理水泥污染。也可以作为配浆材料,提高钙膨润土的水化造浆能力。用作处理剂检验用基浆的配制。

安全与防护 碳酸氢钠在常温下是接近中性的极微弱的碱,如将其固体或水溶液加热50℃以上时,可转变为碳酸钠,对人具有刺激性和腐蚀性,对眼睛、皮肤及呼吸道黏膜有刺激性,引起炎症。避免皮肤、眼睛接触,使用使时穿戴防护服、戴橡胶手套、化学护目镜等。

包装与储运 本品用内衬聚乙烯吹塑薄膜袋的塑料编织袋双层包装,或者采用塑料复合编织袋单层包装,每袋净质量 40kg 或 50kg。贮存于阴凉、通风、干燥的库房中。不可与酸碱类物品共贮混运,注意防潮。运输过程中要防止受潮和雨淋,防日晒和受热。

7.碳酸钾

分子式 K_2CO_3

相对分子质量 138.21

理化性能 碳酸钾有无水物或含1.5分子水的结晶品。无水物为白色粒状粉末,结晶品为白色半透明小晶体或颗粒,无臭,有强碱味,相对密度2.428(19℃),熔点891℃,在水中溶解度为114.5g/100mL(25℃),在湿空气中易吸湿潮解。溶于1mL水(25℃)和约0.7mL沸水,饱和水溶液冷却后有玻璃状单斜晶体水合物析出,相对密度2.043,在100℃时失去结晶水,10%水溶液的pH值约为11.6,不溶于乙醇和乙醚。吸湿性很强,吸水后潮解溶化。暴露在空气中能吸收二氧化碳和水分,转变成碳酸氢钾而降低品质。碳酸钾的化学性质有很多方面与碳酸钠相似。与氯气作用生成氯化钾,与二氧化硫作用而成焦硫酸钾,600℃时与硫酸钡反应5min,有22.5%的硫酸钾形成。如果用硫酸铅代替硫酸钡,有40.9%的硫酸钾形成。

制备方法 碳酸钾的制备有4条路线,即:以硫酸钾、石灰石、煤粉加热还原焙烧而得;以氯化钾电解,先得氢氧化钾,再经碳化、煅烧而得碳酸钾;从草木灰中浸出;以氯化钾和碳酸氢铵复分解,并经离子交换分离制得。

质量指标 碳酸钾产品执行国家标准GB/T 1587—2000,一般工业用产品技术指标见表2-9。

表2-9 工业碳酸钾技术指标

项目	指标		
	优等品	一等品	合格品
碳酸钾(以K_2CO_3计)含量,%	≥99.0	≥98.5	≥96.0
氯化钾(以KCl计)含量,%	≤0.01	≤0.10	≤0.20
硫化合物(以K_2SO_4计)含量,%	≤0.01	≤0.10	≤0.15
铁(以Fe计)含量,%	≤0.001	≤0.003	≤0.010
水不溶物含量,%	≤0.02	≤0.05	≤0.10
灼烧失量,%	≤0.60	≤1.00	≤1.00

注:灼烧失量指标仅适用于产品包装时检验。

用途 碳酸钾是重要的基本无机化工、医药、轻工原料之一,主要用于光学玻璃、电焊条、电子管、电视显像管、灯泡、印染、染料、油墨、照相药品、泡花碱、聚酯、炸药、电镀、制革、陶瓷、建材、水晶、钾肥皂及药物的生产。用作气体吸附剂,干粉灭火剂,橡胶防老剂。还用于脱除化肥合成气中二氧化碳。也可用作含钾肥料。

钻井液中用于调节水基钻井液,特别是钾基钻井液体系的pH值,降低钙镁离子含量(处理石膏和水泥浸),分散和活化黏土,提高其他处理剂的性能,提供钾离子,具有防塌和抑制作用。

用于配制碳酸钾钻井液体系,用碳酸钾代替氯化钾,它和氯化钾一样,可以防止黏土水化膨胀,但又不同于氯化钾,因为它是强碱弱酸盐,水解后呈碱性(pH值≥11),故不需要再加入KOH或NaOH来调节pH值;由于pH值较高,还可以控制H_2S和CO_2等酸性气体侵入和污染;对金属的腐蚀很小,不需加入缓蚀剂;钻井液不需要更多的维护处理。但其费用相对高于氯化钾。

碳酸钾也是生产防塌、抑制性钻井液处理剂的原料。

安全与防护 大鼠经口 LD_{50} 为 1870mg/kg。吸入本品对呼吸道有刺激作用，出现咳嗽和呼吸困难等。对眼有轻到中度刺激作用，引起眼疼痛和流泪。皮肤接触有轻到中度刺激性，出现痒、烧灼感和炎症。大量摄入对消化道有腐蚀性，导致胃痉挛、呕吐、腹泻、循环衰竭，甚至引起死亡。使用时要戴防尘口罩、戴护目镜和橡胶手套。

包装与储运 本品采用内衬聚乙烯塑料袋、再套纸袋，外套麻袋或聚丙烯编织袋包装，每袋净质量 50kg。本品极易吸湿结块，故应贮存在阴凉、通风、干燥处，不宜在货棚或露天堆放。运输中防止雨淋或受潮。不可与酸类、硫酸铵和氯化铵等铵盐共贮混运。

8.碱式碳酸锌

分子式 $Zn_2CO_3 \cdot 2Zn(OH)_2 \cdot H_2O$

相对分子质量 342.23

理化性质 碱式碳酸锌为白色微细无定型粉末，无嗅、无味。相对密度 4.42~4.45。在水中 pH 值为 9~11.5 时溶解度较小，pH 值小于 9 或大于 11.5 时，微溶于水，不溶于醇，微溶于氨中，能溶于稀酸和氢氧化钠中。150℃开始分解，300℃即释出 CO_2 而成氧化锌。在 250~500℃，按不同时间加热冷却至室温时，可发生荧光现象。与 30%双氧水作用，释出二氧化碳，形成过氧化物。

制备过程 将含锌或氧化锌原料与硫酸作用，用高锰酸钾进行氧化，除去铁、锰等杂质。然后加入锌粉，在一定温度、一定浓度下除去镍、锰、镉等杂质。溶液用高锰酸钾进行二次氧化，以除去少量的锰及铁。经精制的硫酸锌溶液，与纯碱溶液作用生成碱式碳酸锌，经压滤、干燥、细磨、过筛，制得碱式碳酸锌成品。

质量指标 本品执行 HG/T 2523—2007 工业碱式碳酸锌标准，其技术指标见表 2-10。

表 2-10 碱式碳酸锌技术指标

项 目	指 标		
	优等品	一等品	合格品
外 观	白色粉末	白色粉末	白色粉末
主含量(以 Zn 计，以干基计)，%	≥57.5	≥57.0	≥56.5
W(灼烧失量)，%	25.0~28.0	25.0~30.0	25.0~32.0
W(Pb)，%	≤0.03	≤0.05	≤0.05
W(水分)，%	≤2.5	≤3.5	≤5.0
W(SO_4^{2-})，%	≤0.60	≤0.80	
W(<0.075mm 粒子)，%	≥95.0	≥94.0	≥93.0
W(Cd)，%	≤0.02	≤0.05	

用途 本品可用于轻型收敛剂和乳胶制品、皮肤保护剂、脱硫剂、分析试剂及人造丝的生产，也用于制药工业以及在饲料中用于补锌剂。

在钻井液中主要用作除硫剂。当钻井液钻遇天然气层时，若天然气中含有硫化氢，或采用含磺酸基团的处理剂遇井深高温时而分解出硫化物，都可造成对钻具的严重腐蚀。可通过加入本品除掉硫化氢，减缓对钻具的腐蚀，其防腐蚀机理是 Zn^{2+} 与 H_2S 生成 ZnS 黑色沉淀，这个反应进行很快，而且可以在钻具上生成 $Zn(OH)_2$ 薄膜，起到保护作用。使用时钻井液的 pH 值保持在 9~11 之间，否则钻井液中的 Zn^{2+}太多，会使黏土絮凝，影响钻井液性能。当钻井液中 H_2S 含量 0~100mg/L 时，加入约 0.8%~1.0%时可使腐蚀速度减缓 90%。作为除硫剂一般加量 1.0%~2.0%。

安全与防护 通常对水无危害，避免接触皮肤、眼睛。使用时戴防尘口罩、化学护目镜和橡胶手套。

包装与储运 本品采用内衬塑料袋、外用塑料编织袋或防潮牛皮纸袋包装，每袋净质量 40kg 或 50kg。贮存于阴凉、通风、干燥的库房中。不可与酸碱类物品共贮混运。注意防潮。运输过程中要防止雨淋或受潮，防止日晒和受热。

9.氯化钠

分子式 NaCl

相对分子质量 55.45

理化性质 氯化钠别名食盐，为白色立方晶体或细小结晶粉末。相对密度 2.159，常温密度 2.17g/cm^3 左右，熔点 801℃。纯品不潮解，含 $MgCl_2$、$CaCl_2$ 等吸湿性杂质易吸潮。溶于水和甘油，几乎不溶于酒精，在水中的溶解度受温度的影响不大。

制备方法 由海水(平均含 2.4%氯化钠)引入盐田，经日晒干燥，浓缩结晶，制得粗品。亦可将海水，经蒸汽加温，砂滤器过滤，用离子交换膜电渗析法进行浓缩，得到盐水(含氯化钠 160~180g/L)，经蒸发析出盐卤石膏，离心分离，制得盐的氯化钠含量 95%以上(水分2%)，再经干燥可制得食盐。还可用岩盐、盐湖盐水为原料，经日晒干燥，制得原盐。

用地下盐水和井盐为原料时，通过蒸发浓缩，析出结晶，离心分离制得。

质量指标 本品可执行 GB 5462—2003 工业盐标准，其技术指标见表 2-11。

表 2-11 工业盐技术指标

项 目	指 标					
	日晒工业盐			精制工业盐		
	优 级	一 级	二 级	优 级	一 级	二 级
氯化钠，%	≥96.00	≥94.50	≥92.00	≥99.10	≥98.50	≥97.50
水分，%	≤3.0	≤4.10	≤6.00	≤0.30	≤0.50	≤0.80
水不溶物，%	≤0.20	≤0.30	≤0.40	≤0.05	≤0.10	≤0.20
钙离子，%	≤0.30	≤0.40	≤0.60	≤0.25	≤0.40	≤0.60
硫酸根离子，%	≤0.50	≤0.70	≤1.00	≤0.30	≤0.50	≤0.90

用途 本品在无机和有机工业方面用作制造烧碱、氯酸盐、次氯酸盐、漂白粉的原料、冷冻系统的制冷剂，有机合成的原料和盐析药剂。钢铁工业用作热处理剂。高温热源中与氯化钾、氯化钡等配成盐浴，可作为加热介质，使温度维持在 820~960℃之间。此外、还用于玻璃、染料、冶金等工业。食品业和渔业用于盐腌，还可用作调味料的原料和精制食盐。

工业上电解氯化钠水溶液时，会产生氢气和氯气，氯气在化工中有很广泛的应用，可以用于合成聚氯乙烯、杀虫剂、盐酸等。

用于配制盐水和饱和盐水钻井液，以防止岩盐、盐膏层井段溶解，并抑制井壁泥页岩水化膨胀。无固相清洁盐水钻井液加重剂。适当粒度的盐粒可以作为保护油气层的暂堵剂。还可以用作天然气水合物抑制剂。

安全与防护 小心处理产品不会出现危害呼吸系统、眼睛等,一般不需要特别防护。

包装与储运 本品采用麻袋和塑料编织袋包装,每袋 50kg 或 100kg。运输和储存中要防止受潮、雨淋和水浸。

10.氯化钾

分子式 KCl

相对分子质量 74.55

理化性质 氯化钾为无色立方晶体或白色结晶。相对密度 1.984,熔点 770℃,加热至1500℃则升华。易溶于水,微溶于乙醇,稍溶于甘油,不溶于浓盐酸、丙酮。有吸湿性,易结块。在水中的溶解度随温度的升高而迅速增加。

制备过程 其制备可以采用以下方法:

① 浮选法。将钾石盐矿(或砂晶盐)先经破碎、球磨机粉碎后,边搅拌边加入 1%十八胺浮选剂,同时加入 2%纤维素进行浮选,再经离心分离,制得氯化钾成品。

② 溶解结晶法。利用钾盐矿中氯化钾与氯化钠在不同温度下溶解度的差异进行分离的方法。用加热到 100~110℃已结晶分离析出氯化钾母液(卤液)溶浸钾盐矿,其中氯化钾转入溶液,氯化钠和其他不溶物残留在不溶性残渣中,离心分离出残渣,将澄清液冷却后得氯化钾结晶。此法所得产品质量好,对矿石适应性强。适用于氯化钾晶体单体分离颗粒小、组分比较复杂的钾盐矿,但能耗较大。

质量指标 本品可执行 GB/T 7118—2008 工业氯化钾标准,其技术指标见表 2-12。

表 2-12 工业氯化钾技术指标

项 目	指 标		
	优 级	一 级	二 级
氯化钾/(g/100g)	≥93.0	≥90.0	≥88.0
氯化钠/(g/100g)	≤1.75	≤2.60	≤3.60
钙、镁离子总量/(g/100g)	≤0.27	≤0.38	≤0.45
硫酸根/(g/100g)	≤0.20	≤0.35	≤0.65
水不溶物/(g/100g)	≤0.05	≤0.10	≤0.15
水分/(g/100g)	≤4.73	≤6.57	≤7.15

用途 本品主要用于无机工业,是制造各种钾盐或碱,如氢氧化钾、硫酸钾、硝酸钾、氯酸钾、红矾钾等的基本原料。医药工业用作利尿剂及防治缺钾症的药物。染料工业用于生产 G 盐,活性染料等。农业上则是一种钾肥。氯化钾口感上与氯化钠相近(苦涩),也用作低钠盐或矿物质水的添加剂。此外,还用于制造枪口或炮口的消焰剂,钢铁热处理剂以及用于照相。它还可用于医药,食品加工,食盐里面也可以以部分氯化钾取代氯化钠,以降低高血压的可能性。

在钻井液中是一种常用的无机盐页岩抑制剂,具有较强的抑制页岩和黏土水化膨胀分散的能力,在水基钻井液中可抑制井壁泥页岩水化膨胀或坍塌,提高钻井液的黏度和切力,抑制盐岩井段盐溶。如果与聚合物处理剂配合使用,效果更好,可用于配制 KCl 防塌钻井液完井液、聚磺钾盐钻井液、氯化钾-硅酸盐钻井液等。用于配制氯化钾钻井液或作为抑制剂时,其用量一般不低于 7%。本品还可以与有机化合物配合用作天然气水合物抑制剂。

安全与防护 口服过量氯化钾有毒，半数致死量约为2500mg/kg(与普通盐毒性近似)。建议操作人员佩戴自吸过滤式防尘口罩，戴化学安全防护眼镜，穿防毒物渗透工作服，戴橡胶手套。避免产生粉尘。

包装与储运 本品采用内衬塑料袋、外用塑料编织袋包装，每袋净质量50kg。贮存在阴凉、通风、干燥库房内。运输中防雨淋和水浸，防日晒。装卸时要轻拿轻放，防止包装破损。

11.氯化铵

分子式 NH_4Cl

相对分子质量 53.49

理化性质 氯化铵为无色立方晶体或白色结晶。味咸凉而微苦。吸湿性小，但在潮湿的阴雨天气也能吸潮结块。粉状氯化铵极易潮解，湿铵尤甚，吸湿点一般在76%左右，当空气中相对湿度大于吸湿点时，氯化铵即产生吸潮现象，容易结块。能升华(实际上是氯化铵的分解和重新生成的过程)而无熔点。相对密度1.5274。折光率1.642。加热至100℃时开始分解，337.8℃时可以完全分解为氨气和氯化氢气体，遇冷后又重新化合生成颗粒极小的氯化铵而呈现为白色浓烟，不易下沉，也极不易再溶解于水。加热至350℃升华，沸点520℃。易溶于水，微溶于乙醇，溶于液氨，不溶于丙酮和乙醚。

因为在水中电离出的铵离子水解使溶液显酸性，常温下饱和氯化铵溶液pH值一般在5.6左右。25℃时，1%为5.5，3%为5.1，10%为5.0。加热时酸性增强。对黑色金属和其他金属有腐蚀性，特别对铜腐蚀性更大，对生铁无腐蚀作用。

制备过程 将氯化氢气体与氯化铵母液充分接触，与氨气进行中和反应，生成氯化铵饱和溶液。冷却结晶、离心分离得氯化铵成品。

质量指标 本品执行GB 2946—2008工业氯化铵标准，其技术指标见表2-13。

表2-13 工业氯化铵技术指标

项目	指标		
	优等品	一级品	二级品
氯化铵(NH_4Cl)(以干基计)质量分数，%	≥99.5	≥99.3	≥99.0
水分①，%	≤0.5	≤0.7	≤1.0
灼烧残渣，%	≤0.4	≤0.4	≤0.4
铁的质量分数，%	≤0.0007	≤0.0010	≤0.0030
重金属(以Pb计)的质量分数，%	≤0.0005	≤0.0005	≤0.0010
硫酸盐(以SO_4^{2-}计)的质量分数，%	≤0.0	≤0.05	
pH值	4.5~5.8	4.5~5.8	4.5~5.8

注：①水分指出厂检验结果，当需方对水分有特殊要求时，可由供需双方协商确定。

用途 本品主要用于干电池、蓄电池、铵盐、鞣革、电镀、精密铸造、医药、照相、电极、黏合剂、酵母菌的养料和面团改进剂等。

在钻井液中可用于提供NH_4^+，以提高钻井液的抑制性，防止井壁泥页岩水化膨胀或坍塌；还可以用于配制防塌钻井液完井液；也可以用作黏土稳定剂，用于采油注水、酸化压裂时与小分子季铵盐配合效果更佳。

安全与防护 低毒，大鼠经口LD_{50}为1650mg/kg。有刺激性。空气中粉尘浓度超标时，必须佩戴自吸过滤式防尘口罩。

包装与储运 本品采用内衬塑料袋的塑料编织袋或涂塑编织袋包装,每袋净质量 25kg 或 50kg。贮存在阴凉、通风、干燥的库房内,注意防潮。避免与酸类、碱类物质共贮存混匀。运输中防雨淋和烈日暴晒,防止潮解。

12.氯化钙

分子式 $CaCl_2$

相对分子质量 120.983

理化性质 无水氯化钙为白色立方结晶或粉末,无臭、味微苦,有强吸湿性,暴露于空气中极易潮解。熔点 782℃,沸点 1635.5℃,相对密度 2.15。易溶于水,同时放出大量的热,其水溶液呈微酸性,溶于醇、丙酮、醋酸。氯化钙有一、二、四、六水合物。在 30℃以下为六水合物;30~40℃为四水合物;高于这个温度开始有二水合物生成,到 260℃以上,开始全部脱水生成白色多孔状无水物。无水氯化钙生成热(18℃)为-7190kJ/kg,熔融热(775℃)为 256kJ/kg。水溶液冰点低,质量分数 32%的 $CaCl_2$ 溶液冰点为-28.61℃。

制备过程 盐酸与石灰石粉反应后,制备氯化钙,经澄清、过滤后,进行蒸发,控制溶液沸点为 172~174℃,得到质量分数在 70%以上的氯化钙溶液。将氯化钙水溶液送入喷雾干燥塔,在 400~450℃热空气流中脱水干燥即得无水氯化钙。

质量指标 本品可以执行 GB/T 26520—2011 工业氯化钙标准,其技术指标见表 2-14。

表 2-14 工业氯化钙技术指标

项 目	指 标				
	无水氯化钙		二水氯化钙		液体氯化钙
	Ⅰ型	Ⅱ型	Ⅰ型	Ⅱ型	
氯化钙($CaCl_2$),%	≥94.0	≥90.0	≥77.0	≥74.0	12~40
碱度[以 $Ca(OH)_2$计],%	≤0.25		≤0.20		≤0.20
总碱金属氯化物(以 NaCl 计),%	≤5.0		≤5.0		≤11.0
水不溶物,%	≤0.25		≤0.15		
铁(Fe),%	≤0.006		≤0.006		
pH值	7.5~11.0				
总镁(以 $MgCl_2$计),%	≤0.5				
硫酸盐(以 $CaSO_4$ 计),%	≤0.05				

用途 本品可用于氮气、氧气、氢气、氯化氢、二氧化硫等气体的干燥剂,在生产醇、酯、醚和丙烯酸树脂时用作脱水剂。氯化钙水溶液是冷冻机用和制冰用的重要致冷剂,能加速混凝土的硬化和增加建筑砂浆的耐寒能力,是优良的建筑防冻剂。用作港口的消雾剂和路面集尘剂、织物防火剂。用作铝镁冶金的保护剂、精炼剂。是生产色淀颜料的沉淀剂。用于废纸加工脱墨。是生产钙盐的原料。在食品工业中用作钙质强化剂、固化剂、螯合剂和干燥剂等。

在水基钻井液中,氯化钙主要用作配制防塌性能强的高钙钻井液,氯化钙也用于增加无固相盐水钻井液的密度。在钻井液中可抑制井壁泥页岩水化膨胀或坍塌,提高钻井液的黏度和切力,饱和氯化钙钻井液可抑制盐岩井段盐溶。还可以用于配制氯化钙钻井液完井液等。除碳酸根，将亲水的脂肪酸钠皂变成亲油的脂肪酸钙皂。用 $CaCl_2$ 处理时常引起 pH 值降低，同时 $CaCl_2$ 钻井液的 pH 值不宜过高，才能保证 Ca^{2+} 的有效浓度。

氯化钙还广泛用于活度平衡的油包水乳化钻井液中，作为水相可以有效地避免在页岩地层钻进时出现的各种复杂问题，使井壁稳定。实际上，在目前使用的绝大多数油基钻井液水相中，氯化钙含量都较高，即普遍的考虑了活度平衡问题。

还可以用于酸化、压裂和采油注水的黏土稳定剂，与小分子季铵盐配伍效果更好。

安全与防护 粉尘会灼烧、刺激鼻腔、口、喉，还可引起鼻出血和破坏鼻组织；干粉会刺激皮肤，溶液会严重刺激甚至灼伤皮肤。操作人员需佩戴自吸过滤式防尘口罩，避免产生粉尘。

包装与储运 本品采用有塑料内衬的塑料编织袋、纤维板桶或铁桶包装，每袋或桶净质量 50kg。由于本品易吸潮，因此包装上应有"防潮"标志。储存于阴凉、通风、干燥的库房。包装容器必须密封，防止受潮。与潮解性物品分开堆放。运输中防止受潮和雨淋。

13.氯化铁

分子式 $FeCl_3$

相对分子质量 162.5

理化性质 无水氯化铁为六角形暗色片状结构，有金属光泽，在透色光下显红色，折射光下显绿色，有时呈浅褐色至黑色。熔点 304℃，并开始升华，沸点 332℃，相对密度(25℃) 2.90。吸湿性强，能生成二水物和六水物。$FeCl_3 \cdot 6H_2O$ 为黄褐色晶体，易潮解，常为湿而松的结晶物，熔点 37℃，具强烈苦味。易溶于水、乙醇、甘油、丙酮，微溶于液体二氧化硫、乙胺、苯胺。不溶于乙酸乙酯。水溶液呈现酸性。

水解生成溶胶和盐酸(降低 pH 值)，与碱反应生成 $Fe(OH)_3$ 溶胶或絮凝状沉淀。利用这些反应，可以制备铁胶泥钻井液(氢氧化铁溶胶沉淀作用)。由于 $Fe(OH)_3$ 胶核能在较宽的 pH 值范围内存在而不溶解，故钻井液体系稳定，$Fe(OH)_3$ 溶胶粒的水化能力较强，别的离子从它夺取水化水较困难，表现出强的抗污染能力，$Fe(OH)_3$ 溶胶能够降滤失，生成的 NaCl 有絮凝作用。溶胶颗粒可以填紧滤饼中的孔隙，而 $Fe(OH)_3$ 这种水化较强的胶性沉淀，既可以在滤饼中胶结黏土颗粒，又有润滑泥饼的作用，溶胶沉淀的可压缩变形作用，有利于泥饼密实。与栲胶、木质素磺酸盐等生成络合物，提高栲胶和木质素类处理剂的稳定性。

制备过程 $FeCl_3$ 生产可以采用如下一些方法：

① 氯化法。以废铁屑和氯气为原料，在立式反应炉里反应，生成的氯化铁蒸气和尾气由炉的顶部排出，进入捕集器冷凝为固体结晶，即为成品。

② 低共熔混合物反应法(熔融法)。在带有耐酸衬里的反应器中，将铁屑和干燥氯气在氯化亚铁与氯化钾或氯化钠的低共熔混合物(例如，70%$FeCl_3$ 和 30%KCl)内进行反应，生成氯化铁，升华被收集在冷凝室中，得到高纯度的氯化铁。

③ 氯化铁溶液的合成方法。将铁屑溶于盐酸中，先生成氯化亚铁，再通入氯气氧化成氯化铁。冷却氯化铁浓溶液，便产生氯化铁的六水物结晶。

④ 复分解法。用氧化铁与盐酸反应结晶得氯化铁成品。

质量指标 本品可以执行GB 4482—2006 水处理剂氯化铁标准，其技术指标见表 2-15。

表 2-15 水处理剂氯化铁技术指标

项 目	指 标			
	Ⅰ类		Ⅱ类	
	固 体	液 体	固 体	液 体
氯化铁($FeCl_3$)的质量分数,%	≥96.0	≥41.0	≥93.0	≥38.0
氯化亚铁($FeCl_2$)的质量分数,%	≤2.0	≤0.30	≤3.5	≤0.40
不溶物的质量分数,%	≤1.5	≤0.50	≤3.0	≤0.50
游离酸(以 HCl 计)的质量分数,%		≤0.40		≤0.50
砷(As)的质量分数,%	≤0.0004	≤0.0002		
铅(Pb)的质量分数,%	≤0.002	≤0.001		
汞(Hg)的质量分数,%	≤0.00002	≤0.00001		
镉(Cd)的质量分数,%	≤0.0002	≤0.0001		
铬[Cr(VI)]的质量分数,%	≤0.001	≤0.0005		

用途 本品主要用于金属蚀刻,污水处理。也用于印染滚筒刻花、电子工业线路板及荧光数字筒生产等。建筑工业用于制备混凝土,以增强混凝土的强度、抗腐蚀性和防水性。也能与氯化亚铁、氯化钙、氯化铝、硫酸铝、盐酸等配制成混凝土的防水剂。无机工业用作制造其他铁盐和墨水。印染工业用作媒染剂。冶金工业用作提取金、银的氯化侵取剂。有机工业用作催化剂、氧化剂和氯化剂。玻璃工业用作玻璃器皿热态着色剂。制皂工业用作肥皂废液回收甘油的凝聚剂。

在钻井液中 $FeCl_3$ 水解生产的凝胶体,可抑制泥页岩水化膨胀,提高钻井液的黏度和切力,絮凝钻屑。可以降低钻井液 pH 值。配制成"铁胶泥"用作钻井液增黏和抑制剂。也可以与硅酸钠等配合用作堵漏。用作钻井废水絮凝剂,废钻井液脱水剂等。还可以除去钻井液中的 H_2S。

安全与防护 LD_{50} 为 1872mg/kg(大鼠经口),吸入粉尘对整个呼吸道有强烈刺激腐蚀作用,损害黏膜组织,引起化学性肺炎等。对眼有强烈腐蚀性,重者可导致失明。皮肤接触可致化学性灼伤。口服灼伤口腔和消化道,出现剧烈腹痛、呕吐和虚脱。受高热分解产生有毒的腐蚀性气体氯化氢。可能接触其粉尘时,应该佩戴防尘口罩。必要时佩戴防毒面具,戴化学安全防护眼镜,穿工作服(防腐材料制作)和戴橡胶手套。

包装与储运 本品采用有塑料内衬的塑料编织袋、纤维板桶或铁桶包装,净质量 50kg。由于本品易吸潮,因此包装上应有"防潮"标志。存储在阴凉、通风、干燥的仓库中。运输中防潮、防雨淋。

14.氯化亚铁

分子式 $FeCl_2$

相对分子质量 126.75

理化性质 氯化亚铁为白色或灰绿色结晶。易吸湿。在空气中易被氧化而渐变成黄色,在氯化氢气流中约 700℃升华。易溶于水、甲醇、乙醇,微溶于丙酮及苯,不溶于乙醚。

$FeCl_2 \cdot 4H_2O$ 为蓝绿色单斜结晶,密度 1.93g/cm^3。易潮解,溶于水、乙醇、乙酸、微溶于丙酮,不溶于乙醚。在空气中逐渐氧化成碱式氯化高铁。无水氯化亚铁为黄绿色吸湿性晶体,溶于水后形成浅绿色溶液。$FeCl_2$ 水溶液可以发生如下反应：

水溶液可被氯气氧化

$$2FeCl_2+Cl_2=2FeCl_3 \tag{2-4}$$

与碱反应生产 $Fe(OH)_2$

$$FeCl_2+2NaOH=Fe(OH)_2+2NaCl \tag{2-5}$$

所生成的 $Fe(OH)_2$ 置于潮湿空气被氧化

$$4Fe(OH)_2+O_2+2H_2O=4Fe(OH)_3 \tag{2-6}$$

其在钻井液中的作用机理与 $FeCl_3$ 相近，也是以溶胶形式发挥作用。

制备过程　在具有一定浓度的盐酸溶液中，逐渐加入一定量的铁屑进行反应。经冷却，过滤，在滤液中加入少许洗净的铁块，防止生成的氯化亚铁被氧化，蒸发滤液至出现结晶，趁热过滤，冷却结晶，固液分离，快速干燥制得产品。

质量指标　本品可以执行 HG/T 4200—2011 工业氯化亚铁标准，其技术指标见表 2-16。

表 2-16 工业氯化亚铁技术指标

项 目	指 标					
	固 体			液 体		
	水处理	电镀用	其他工业用	水处理	电镀用	其他工业用
氯化亚铁，%	≥60	≥62	≥60	≥20	≥30	≥20
酸不溶物，%	≤0.5	≤0.1	≤0.5	≤0.5	≤0.1	≤0.5
游离酸(以 HCl 计)，%	0.5	≤0.3	≤0.5	≤3.0①	≤0.3	≤0.5
砷(As)，%	≤0.0005	≤0.0005		≤0.0005	≤0.0005	
铅(Pb)，%	≤0.004	≤0.004		≤0.004	≤0.004	
汞(Hg)，%	≤0.00002			≤0.00002		
镉(Cd)，%	≤0.0005	≤0.005		≤0.0005	≤0.0005	
铬(Cr)，%	≤0.01	≤0.000		≤0.01	≤0.005	
锌(Zn)，%	≤0.015	≤0.01		≤0.015	≤0.01	
铁(Fe)，%		≤0.05			≤0.05	
铜(Cu)，%		≤0.005			≤0.005	
锰(Mn)，%		≤0.10			≤0.10	

注：①考虑一些碱性废水的处理本身需要酸来中和，特殊要求的可以为不大于 5%。

用途　本品用作为还原剂和媒染剂，用于织物印染、颜料染料、制造等行业，同时还用于超高压润滑油组分，也用于医药、冶金和照相。此外，还用作生产生产氯化铁、固体聚合氯化铁、聚合氯化铝铁絮凝剂(PAFC)等。

氯化亚铁具有独有的脱色能力，适用于染料中间体、印染、造纸行业的污水处理。能简化水处理工艺，缩短水处理周期，降低水处理成本；对各类污水、电镀、皮革、造纸废水有明显的处理效果，对废水、污水中各类重金属离子的去除率接近 100%；处理成本低，是污水处理比较理想的药剂。

在钻井液中水解生成的胶态凝胶可抑制泥页岩水化膨胀分散，提高钻井液的黏度和切力，絮凝钻屑。加入量适当时可以形成强触变性钻井液(类似正电胶)，也可以作为钻井废水絮凝剂和废钻井液脱水剂。

安全与防护 本品有腐蚀性，反复或高浓度暴露会引起体内积聚大量的铁，从而损害肝；刺激鼻腔和咽喉；接触可引起皮肤灼伤，反复接触会引起眼睛变色。使用时戴防毒口罩、化学护目镜和橡胶手套。

包装与储运 本品采用有塑料内衬的塑料编织袋包装，每袋净质量25kg。存储在阴凉、通风、干燥的仓库中。运输中防潮、防雨淋、防暴晒。

15.硫酸钠

分子式 Na_2SO_4

相对分子质量 142.04

理化性质 硫酸钠别名元明粉、无水芒硝。白色单斜晶系结晶或粉末。相对密度2.68。熔点884℃。溶于水，水溶液呈碱性。溶于甘油，不溶于乙醇。暴露于空气中易吸湿成为含水硫酸钠。241℃时转变成六方型结晶。极易溶于水。有凉感。味清凉而带咸。在潮湿空气中易水化，转变成粉末状含水硫酸钠覆盖于表面。无水芒硝产于含硫酸钠卤水的盐湖中，与芒硝、钙芒硝、泻利盐、白钠镁矾、石膏、盐镁芒硝、石盐、泡碱等共生。

制备方法 可以采用不同方法制备。

滩田法：利用自然界不同季节温度变化使原料液中的水分蒸发，将粗芒硝结晶出来。夏季将含有氯化钠、硫酸钠、硫酸镁、氯化镁等成分的咸水灌入滩田，经日晒蒸发，冬季析出粗芒硝。此法是从天然资源中提出芒硝的主要方法，工艺简单，能耗低，但作业条件差，产品中易混入泥砂等杂质。

机械冷冻法：利用机械设备将原料液加热蒸发后冷冻至-5~-10℃时析出芒硝。与滩田法比较，此法不受季节和自然条件的影响。产品质量好，但能耗高。

盐湖综合利用法：主要用于含有多种组分的硫酸盐-碳酸盐型咸水。在提取各种有用组分的同时，将粗芒硝分离出来。例如加工含碳酸钠、硫酸钠、氯化钠、硼化物及钾、溴、锂的盐湖水，可先碳化盐湖卤水，使碳酸钠转化成碳酸氢钠结晶出来；冷却母液至5~15℃，使硼砂结晶出来；分离硼砂后的二次母液冷冻至0~5℃，析出芒硝。

质量指标 本品可以执行GB/T 6009—2003工业无水硫酸钠标准，其技术指标见表2-17。

表2-17 工业无水硫酸钠技术指标

项目	指标			
	Ⅰ类		Ⅱ类	
	优等品	一等品	一等品	合格品
硫酸钠(Na_2SO_4)质量分数，%	≥99.3	≥99.0	≥98.0	≥97.0
水不溶物质量分数，%	≤0.05	≤0.05	≤0.10	≤0.20
钙镁(以Mg^{2+}计)质量分数，%	≤0.10	≤0.15	≤0.30	≤0.40
氯化物(以Cl^-计)质量分数，%	≤0.12	≤0.35	≤0.70	≤0.90
铁(以Fe计)质量分数，%	≤0.002	≤0.002	≤0.010	≤0.040
水分质量分数，%	≤0.10	≤0.20	≤0.50	≤1.0
白度(R457)，%	≥85	≥82	≥82	

用途 本品用于化工、造纸和玻璃、染料、印染和医药工业，在合成纤维、制革、有色冶

金、瓷釉等的制造中也有应用，还用于洗涤剂和肥皂中作添加剂。在硫酸盐镀锌中可用作缓冲剂以稳定镀液的pH值。

在钻井液中用于沉淀钙离子，絮凝钻屑和提高钻井液的切力和黏度，对钻井液的滤失量影响不大。

安全与防护 本品不燃，具刺激性。对眼睛和皮肤有刺激作用。低毒。避免产生粉尘。避免与酸类接触。空气中粉尘浓度超标时，必须佩戴自吸过滤式防尘口罩。

包装与储运 本品采用内衬聚乙烯塑料袋、外用塑料编织袋包装，每袋净质量25kg或50kg，运输中应防曝晒、雨淋，防高温。贮存于阴凉、通风、干燥的库房内。搬运时轻装轻卸，防止包装破损。

16.硫酸钾

分子式 K_2SO_4

相对分子质量 174.24

理化性质 硫酸钾通常状况下为无色或白色结晶、颗粒或粉末。无气味，味苦，质硬。化学性质不活泼。在空气中稳定。密度2.66g/cm^3，熔点1069℃。易溶于水，水溶液呈中性，常温下pH值约为7，不溶于乙醇、丙酮、二硫化碳。氯化钾、硫酸铵可以增加其水中的溶解度，但几乎不溶于硫酸铵的饱和溶液。可与可溶性钡盐溶液反应生成硫酸钡沉淀。

制备过程 用硫酸盐型的钾盐矿和含钾盐湖卤水为原料来制取。也可以用98%硫酸和氯化钾在550℃高温下进行反应，直接制取硫酸钾，反应过程中产生氯化氢，用水吸收，副产盐酸。

质量指标 本品可以参照执行GB 20406—2006农业用硫酸钾标准，其主要技术指标见表2-18。

表2-18 农业用硫酸钾指标

项 目	粉末结晶			颗粒状		
	优等品	一等品	合格品	优等品	一等品	合格品
氧化钾(K_2O)的质量分数，%	≥50.0	≥50.0	≥45.0	≥50.0	≥50.0	≥45.0
氯离子(Cl^-)的质量分数，%	≤1.0	≤1.5	≤2.0	≤1.0	≤1.5	≤2.0
水分的质量分数，%	≤0.5	≤1.5	≤3.0	≤0.5	≤1.5	≤3.0
游离酸(以H_2SO_4计)，%	≤1.0	≤1.5	≤2.0	≤1.0	≤1.5	≤2.0
粒度(粒径1.00~4.75mm或3.35~5.60mm)，%				≥90	≥90	≥90

用途 本品是制造各种钾盐如碳酸钾、过硫酸钾等的基本原料。玻璃工业用作沉清剂，染料工业用作中间体，香料工业用作助剂等，医药工业还用作缓泻剂等。硫酸钾在农业上是常用的钾肥。

在钻井液中用于提供钾离子，可抑制泥页岩水化膨胀，提高钻井液的黏度和切力，用于清除钻井液中的钙镁离子。用于配制硫酸钾钻井液，如以硫酸钾作为加重剂和抑制剂与聚合物类处理剂一起组成无固相硫酸钾钻井液体系，具有腐蚀性小，防塌效果较好等优点，对气层岩心的渗透率恢复值可高达90%以上，同时消除了Cl^-的不利影响。是实现无Cl^-钾盐钻井液的重要钾源。

安全与防护 本品无毒。受高温分解产生有毒的硫化物烟气。对环境有危害,对大气可造成污染。操作人员需佩戴防尘口罩,戴化学安全防护眼镜,穿防毒物渗透工作服,戴橡胶手套。避免产生粉尘。避免与酸类接触。空气中粉尘浓度超标时,必须佩戴自吸过滤式防尘口罩。

包装与储运 散装或聚乙烯塑料袋、草袋、或塑料编织袋包装,每袋净质量 70~80kg。贮存于阴凉、通风、干燥的库房中。运输中防止受潮和雨淋。

17.硫酸铵

分子式 $(NH_4)_2SO_4$

相对分子质量 132.14

理化性质 硫酸铵纯品为无色透明斜方晶系结晶,水溶液呈酸性。无色结晶或白色颗粒。无气味。280℃以上分解。水中溶解度:0℃时 70.6g,20℃时 75.4g,30℃时 78g,40℃时 81g,100℃时 103.8g。0.1mol/L 水溶液的 pH 值为 5.5。相对密度 1.77,折光率 1.521。不溶于乙醇和丙酮。有吸湿性,吸湿后固结成块。加热到 513℃以上完全分解成氨气、氮气、二氧化硫及水。与碱类作用则放出氨气。与氯化钡溶液反应生成硫酸钡沉淀。也可以使蛋白质发生盐析。

制备过程 工业上采用氨与硫酸直接进行中和反应而得,主要利用工业生产中副产物或排放的废气用硫酸或氨水吸收(如硫酸吸收焦炉气中的氨,氨水吸收冶炼厂烟气中二氧化硫,卡普纶生产中的氨或硫酸法钛白粉生产中的硫酸废液)。

也可以由氢氧化铵和硫酸中和后,结晶、离心分离并干燥而得。中和法氨与硫酸约在 100℃下进行中和反应,生成的硫酸铵结晶浆液经离心分离、干燥,制得硫酸铵成品。

质量指标 本品可以执行 GB 535—1995 硫酸铵标准,其技术指标见表 2-19。

表 2-19 硫酸铵技术标准

项 目	指 标		
	优等品	一等品	合格品
外 观	白色结晶,无可见机械杂质	无可见机械杂质	无可见机械杂质
氮(N)含量(以干基计),%	≥21.0	≥21.0	≥20.5
水分(H_2O),%	≤0.2	≤0.3	≤1.0
游离酸(H_2SO_4)含量,%	≤0.03	≤0.05	≤0.20
铁(Fe)含量①,%	≤0.007		
砷(As)含量①,%	≤0.00005		
重金属(以 Pb 计)含量①,%	≤0.005		
水不溶物含量①,%	≤0.01		

注:①硫酸铵作为农业用时,可以不检验铁、砷、重金属和水不溶物含量等指标。

用途 本品是一种优良的氮肥(俗称肥田粉),适用于一般土壤和作物,可作基肥、追肥和种肥。能与食盐进行复分解反应制造氯化铵,与硫酸铝作用生成铵明矾,与硼酸等一起制造耐火材料。加入电镀液中能增加导电性。也是食品酱色的催化剂,鲜酵母生产中培养酵母菌的氮源,酸性染料染色助染剂,皮革脱灰剂。此外,还用于啤酒酿造、化学试剂和蓄电池生产等。

在钻井液中用于提供 NH_4^+,可提高钻井液对泥页岩水化膨胀的抑制能力,提高钻井液的黏度和切力，还具有一定的絮凝作用。用于配制硫酸铵防塌钻井液，也可以清除钻井液中的钙镁等高价离子。

安全与防护 吸入、皮肤接触及吞食有毒。密闭操作，局部排风。使用时佩戴自吸过滤式防尘口罩，戴化学安全防护眼镜，穿防毒物渗透工作服，戴橡胶手套。避免产生粉尘。避免与酸类、碱类接触。

包装与储运 散装或聚乙烯塑料袋、草袋、或塑料编织袋包装，每袋净质量 25kg 或 50kg。搬运时要轻装轻卸，防止包装及容器损坏。储存于阴凉、通风、干燥的库房。远离火种、热源。应与酸类、碱类分开存放，切忌混储。运输中防暴晒、防雨淋。

18.硫酸钙

分子式 $CaSO_4$

相对分子质量 136.14

理化性质 硫酸钙别名硬石膏，天然无水硫酸钙属斜方晶系的硫酸盐类矿物。无水硫酸钙晶体无色透明，密度 2.9g/cm³，莫氏硬度 3.0~3.5。块状矿石颜色呈浅灰色，矿石装车松散容重约 1.849t/m³，加工后的粉体松散容重 919kg/m³。

高温下与碳作用生成硫化钙和二氧化碳。生石膏 $CaSO_4 \cdot 2H_2O$ 是天然矿物，为白、浅黄、浅粉红至灰色的透明或半透明的板状或纤维状晶体。性脆，128℃失 1.5 个 H_2O，163℃失 2个 H_2O。工业上将生石膏加热到 150℃脱水成熟石膏 $CaSO_4 \cdot 0.5H_2O$(或烧石膏)，加水又转化为 $CaSO_4 \cdot 2H_2O$。据此可用于石膏绷带、制作石膏模型、粉笔、工艺品、建筑材料。石膏矿与煤炭于高温下可制得 SO_2 用于生产硫酸。$CaSO_4$ 溶解度不大，其溶解度呈特殊的先升高后降低状况。如 10℃溶解度为 0.1928g/100g 水，40℃为 0.2097g/100g 水，100℃降至 0.1619g/100g 水。

制备方法 一般由天然产出，也是磷酸盐工业和某些其他工业的副产品。

质量指标 本品主要技术指标见表 2-20。

表 2-20 硫酸钙技术指标

项 目	指 标	项 目	指 标
含量($CaSO_4 \cdot 2H_2O$)，%	≥99.0	碳酸盐(以 CO_3^{2-}计)，%	≤0.05
碱金属及镁(以 MgO 计)，%	≤0.2	氯化物(以 Cl^-计)，%	≤0.002
重金属(以 Pb 计)，%	≤0.001	硝酸盐(以 NO_3^{2-}计)，%	≤0.002
铁(Fe)，%	≤0.0005	澄清度试验/号	≤4

用途 本品除大量用作建筑材料和水泥原料外，还广泛用于橡胶、塑料、肥料、农药、油漆、纺织、食品、医药、造纸、冶金、日用化工、工艺美术、文教等方面。在缺乏硫资源的地区，可用以制造硫酸和硫酸铵。还可用于调节水泥的凝结时间等。

在钻井液中可提供钙离子，用于配制粗分散石膏或钙处理钻井液，其作用与石灰相似，都用于提供适量的钙离子。其差别在于石膏提供的钙离子浓度比石灰高一些，此外石膏处理可以避免钻井液 pH 值过高。也可以用作凝胶堵漏的成分。用于油井水泥早强剂。

用石膏配制的石膏钻井液，当钻遇大段石膏或无水石膏时，可以限制石膏层的溶解，因此特别适用于石膏层钻井，由于其具有强抑制性，也可以用于易造浆地层。由于其碱度较低，对高温固化的敏感性比石灰钻井液低，其抗温能力可达到 175℃。

安全与防护 吸入可能致癌，切勿吸入粉尘。避免与皮肤和眼睛接触。使用时佩戴自吸过滤式防尘口罩，戴化学安全防护眼镜，穿防毒物渗透工作服，戴橡胶手套。

包装与储运 散装或聚乙烯塑料袋、草袋、或塑料编织袋包装，每袋净质量 70~80kg。贮存于阴凉、通风、干燥的库房中。运输中防止受潮和雨淋。

19.硫酸亚铁

分子式 $FeSO_4 \cdot 7H_2O$

相对分子质量 278.01

理化性质 硫酸亚铁别名为绿矾、铁矾，为蓝绿色单斜晶系结晶或颗粒，无臭气味。相对密度 1.89，熔点 64℃。溶于水(50℃时 48.6g/100mL 水)，微溶于醇，溶于无水甲醇。温度到 56.6℃时失去三个结晶水，64~90℃时变为一水合物，加热到 300℃时失去全部结晶水而成为白色粉末无水物。温度至 480℃时开始分解。常温密度约 1.90g/cm^3，在湿空气中易被氧化变成棕黄色，在干空气中风化变成白色粉末，加水可再现蓝绿色。

遇碱生成 $Fe(OH)_2$ 胶体沉淀，此沉淀在空气中易被氧化成 $Fe(OH)_3$，遇氢氧化钙也生成 $Fe(OH)_2$ 胶体沉淀。其在钻井液中的作用机理与氯化铁相近。

制备过程 可以采用不同方法制备。

硫酸法：将铁屑溶解于稀硫酸与母液的混合液中，控制反应温度在 80℃以下，以防析出一水硫酸亚铁沉淀。反应生成的微酸性硫酸亚铁溶液经澄清除去杂质，然后冷却、离心分离即得浅绿色硫酸亚铁。

生产钛白粉副产法：钛铁矿用硫酸分解制钛白粉时，生成硫酸亚铁和硫酸铁，三价铁用铁丝还原成二价铁。经冷冻结晶可得副产硫酸亚铁。

质量指标 本品主要技术指标见表 2–21。

表 2–21 工业级七水硫酸亚铁技术指标

项 目	指 标	项 目	指 标
硫酸亚铁($FeSO_4 \cdot 7H_2O$)质量分数，%	≥85.0	砷(As)质量分数，%	≤0.001
铁(Fe)质量分数，%	≥17.0	游离水质量分数，%	≤8.0
铅(Pb)质量分数，%	≤0.03		

用途 本品可广泛用于水处理絮凝净化剂、还原剂、收敛剂、补血剂、媒染剂、染色剂、土壤酸碱度调节剂以及农药、肥料等。

用作钻井废水或废钻井液絮凝剂。在水基钻井液中水解生成的胶态凝胶可有效地抑制黏土和页岩水化膨胀，提高钻井液的黏度和切力，絮凝钻屑和劣质固相。也可以用作清除 CO_3^{2-}和 HCO_3^-，调整钻井液 pH 值。用于制备铁铬木质素磺酸盐和钛铁木质素磺酸盐。

安全与防护 LD_{50}(小鼠，经口)1520mg/kg。对呼吸道有刺激性，吸入引起咳嗽和气短。对眼睛、皮肤和黏膜有刺激性。操作时佩戴自吸过滤式防尘口罩，戴化学安全防护眼镜，穿橡胶耐酸碱服，戴橡胶耐酸碱手套。避免产生粉尘。避免与氧化剂、碱类接触。

包装与储运 本品采用内衬塑料袋、外用塑料编织袋包装，每袋净质量 50kg 和 25kg。贮存于阴凉、通风、干燥的库房中，应与氧化剂、碱类等分开存放，切忌混储。久贮会变黄(被空气氧化成正铁)。运输中防止日晒、受潮和雨淋。

20.硫酸铁

分子式 $Fe_2(SO_4)_3$

相对分子质量 399.86

理化性质 硫酸铁，别名硫酸高铁，为灰色至灰白色、黄白色粉末状菱形结晶。相对密度3.097(18℃)，加热至480℃分解。对光敏感。熔点1178℃，易吸湿。在水中溶解缓慢，但在水中有微量硫酸亚铁时溶解较快，微溶于乙醇，几乎不溶于丙酮和乙酸乙酯。在水溶液中缓慢地水解。硫酸铁有无水盐、3水、6水、7水、7.5水、9水、10水、12水盐，有斜方晶系和菱形晶系两种。含9分子结晶水的盐相对密度2.1，175℃失去7分子结晶水。硫酸铁溶液为红褐色。

硫酸铁能水解生成 $Fe(OH)_3$ 溶胶，遇氢氧化钙生成 $Fe(OH)_3$ 胶态沉淀，与氢氧化钠反应生成 $Fe(OH)_3$ 胶状沉淀，其在钻井液中的作用与氯化铁相同。

制备过程 硫酸亚铁溶液用硝酸、过氧化氢或硫酸氧化制得硫酸铁水溶液，在室温下结晶制得九水硫酸铁，在175℃加热脱水得无水盐。也可由三氧化二铁溶于硫酸或硝酸氧化硫铁矿制得。

质量指标 本品主要技术指标见表2-22。

表2-22 工业级硫酸铁技术要求

项 目	指 标	项 目	指 标
总水溶性铁(以Fe计)，%	≥21.80	水不溶物，%	≤4.50
水溶性三价铁，%	≥20.00	游离酸，%	≤3.00
水溶性二价铁，%	≤1.80	水分，%	≤3.50

用途 硫酸铁在水处理领域用作净水的混凝剂和污泥处理剂，主要用于饮用水的净化处理以及工业用水、各种工业废水、城市污水等的净化处理。具有优良的除浊、脱色、脱油、除臭、除菌、除藻、除磷、去除泊脂，去除*COD*、*BOD*及重金属离子等功效。使用硫酸铁与氯化铁的混合剂以及氢氧化钙来处理污水处理厂排出的污泥，可减少污泥量。硫酸铁也可用作制造矾及其他铁盐和颜料的原料，铝质器件的蚀刻剂及某些工业气体的净化剂，还可用作杀生剂，也可用于金属特别是不锈钢和铜件的酸洗处理。

在钻井液中水解生成的胶态凝胶可抑制黏土和泥页岩水化膨胀分散，提高钻井液的黏度和切力，并可以絮凝钻屑，有利于固相控制。也可以用于钻井废水絮凝剂和废钻井液脱水剂。

安全与防护 硫酸铁属于低毒产品，其酸性溶液对皮肤有刺激作用。接触皮肤时，可用清水冲洗，不燃不爆。防止皮肤和眼睛接触。使用时佩戴自吸过滤式防尘口罩，戴化学安全防护眼镜，穿橡胶耐酸碱服，戴橡胶耐酸碱手套。

包装与储运 散装或聚乙烯塑料袋、草袋、或塑料编织袋包装，每袋净质量70~80kg。贮存于阴凉、通风、干燥的库房中。运输中防止受潮和雨淋。

21.硫酸铝

分子式 $Al_2(SO_4)_3$

相对分子质量 342.15

理化性质 工业品为灰白色片状、粒状或块状,因含低铁盐带淡绿色,又因低价铁盐被氧化而使表面发黄。粗品为灰白色细晶结构多孔状物。有无水物和十八水合物。无水物为无色斜方晶系晶体。溶于水,水溶液显酸性,微溶于乙醇。在水中的溶解度随温度的上升而增加。十八水合物[$Al_2(SO_4)_3 \cdot 18H_2O$]为无色单斜晶体,溶于水,不溶于乙醇,水溶液因水解而呈酸性;相对密度(水=1)2.71g/cm³,水合物不易风化而失去结晶水,比较稳定,加热会失水,高温会分解为氧化铝和硫的氧化物。加热至770℃开始分解为氧化铝、三氧化硫、二氧化硫和水蒸气;水解后生成氢氧化铝。水溶液长时间沸腾可生成碱式硫酸铝;无毒,粉尘能刺激眼睛。在碱性水溶液中则反应生成 $Al(OH)_3$ 胶状沉淀。

制备过程 将铝土矿粉碎至一定粒度,加入反应釜与硫酸反应,反应液经沉降,澄清液加入硫酸中和至中性或微碱性,然后浓缩至115℃左右,经冷却固化,粉碎制得成品。

质量指标 本品执行HG/T 2225—2001工业硫酸铝标准,一般固体工业品主要技术指标见表2-23。

表2-23 固体工业品指标

项 目	指 标		项 目	指 标	
	一等品	合格品		一等品	合格品
氧化铝含量(Al_2O_3),%	≥15.80	≥15.60	水不溶物含量,%	≤0.10	≤0.20
铁(Fe)含量,%	≤0.30	≤0.50	pH值(1%水溶液)	≥3.0	≥3.0

用途 硫酸铝在造纸工业中作为松香胶、蜡乳液等胶料的沉淀剂,水处理中作絮凝剂,还可作泡沫灭火器的内留剂,制造工业硫酸铝明矾、铝白的原料,石油脱色、脱臭剂、某些药物的原料等。还可制造人造宝石及高级铵明矾。砷含量不大于5mg/kg的产品可用于水处理絮凝剂。在化妆品中用作抑汗化妆品原料(收敛剂);与小苏打、发泡剂组成泡沫灭火剂;还可以用作媒染剂、鞣革剂、油脂脱色剂、木材防腐剂;在生产铬黄和色淀染料时作沉淀剂,同时又起固色和填充剂作用。

用于废钻井液脱水及钻井废水絮凝剂。在钻井液中水解生成的胶态 $Al(OH)_3$ 凝胶,在一定的pH值时凝胶颗粒带正电,易于吸附在带负电的黏土颗粒表面,具有类似正电胶的结构和性能特征,不仅可抑制黏土和泥页岩水化膨胀,还可以提高钻井液的黏度和切力,改善钻井液的剪切稀释能力,增强触变性。清水快钻中用作絮凝剂,与PAM配伍效果更好。也是正电胶生产的原料之一。

在水泥浆中加入硫酸铝水溶液(体积比2:1)可以用于封堵出水层和钻井液漏失。其特点是:水泥浆与硫酸铝混合时,产生的塑性物质具有良好的结构力;初凝快,静止状态的初凝时间仅为5min,但流动状态下不凝固;切力高,经15min搅拌后,堵漏浆1min切力是水泥的19倍,5min切力是水泥的80倍;配方简单,硫酸铝用量低,成本低,技术措施简便,每次作业平均消耗水泥10~12t,硫酸铝0.8~1t。

安全与防护 小鼠经口 LC_{50} 为6207mg/kg,无毒,粉尘能刺激眼睛。误服大量硫酸铝对口腔和胃产生刺激作用。操作人员需佩戴自吸过滤式防尘口罩,戴化学安全防护眼镜,穿防毒物渗透工作服,戴橡胶手套。避免产生粉尘。避免与氧化剂接触。

包装与储运 采用内衬塑料袋、外用聚丙烯塑料编织袋包装,每袋净质量50kg。储存于阴凉、通风、干燥的库房。远离火种、热源。应与氧化剂分开存放，切忌混储。运输中防潮、防雨淋。

22.亚硫酸氢钠

分子式 $NaHSO_3$

相对分子质量 104.06

理化性质 亚硫酸氢钠为白色块状单斜晶系结晶或粉末，有二氧化硫气味。相对密度1.48。易溶于水，微溶于乙醇。其水溶液的pH值为4.0~5.5。受热易分解，呈强还原性，暴露在空气中极易氧化生成硫酸盐，与强无机酸分解产生二氧化硫。

制备过程 将工业碳酸钠溶于水中，保持溶液中碳酸钠的含量在12%~25%范围内，在搅拌下加热至90~100℃，静置沉降2~8h，吸取上层清液，分离除去铁和其他水不溶性杂质，得精制碳酸钠水溶液，冷却至10℃±5℃进行结晶、离心分离得高纯十水碳酸钠。使其溶于无离子水中，保持溶液中碳酸钠的含量为18%~25%，通入净化的二氧化硫进行吸收生成亚硫酸氢钠，经离心分离，在250~300℃进行气流干燥，制得亚硫酸氢钠。

质量指标 本品可执行HG/T 3814—2006工业亚硫酸氢钠标准，其技术指标见表2-24。

表2-24 工业亚硫酸氢钠指标

项目	指标	项目	指标
主含量(以 SO_2 计)质量分数,%	64.0~67.0	砷(As)质量分数,%	≤0.0002
水不溶物质量分数,%	≤0.03	重金属(以Pb计)质量分数,%	≤0.001
氯化物(以 Cl^- 计)质量分数,%	≤0.05	pH值(50g/L溶液)	4.0~5.0
铁(Fe)质量分数,%	≤0.004		

用途 本品用于棉织物及有机物的漂白。在染料、造纸、制革、化学合成等工业中用作还原剂。医药工业用于生产安乃近和氨基比林的中间体。食用级产品用作漂白剂、防腐剂、抗氧化剂。用于含铬废水的处理，并用作电镀添加剂。

本品可用于聚合物处理剂合成的氧化-还原引发体系的还原剂，用于磺化树脂类产品、磺化褐煤和磺化单宁等处理剂合成的磺化剂。

在钻井液中作除氧剂，提高处理剂的热稳定性，减缓溶解氧对钻具的腐蚀等。

安全与防护 低毒，半数致死量(大鼠，经口)2000mg/kg。对皮肤、眼、呼吸道有刺激性，可引起过敏反应。可引起角膜损害，导致失明。可引起哮喘；大量口服引起恶心、腹痛、腹泻、循环衰竭、中枢神经抑制。操作人员应佩戴自吸过滤式防尘口罩，戴化学安全防护眼镜，穿橡胶耐酸碱服，戴橡胶耐酸碱手套。避免产生粉尘。避免与氧化剂、酸类、碱类接触。

包装与储运 本品采用内衬塑料袋、外用塑料编织袋或防潮牛皮纸袋包装，每袋净质量25kg。贮存于阴凉、通风、干燥的库房中。包装必须密封，防止被空气氧化或受潮变质。不可与氧化剂、强酸类共贮混运。运输中防止雨淋和日光暴晒。

23.无水亚硫酸钠

分子式 Na_2SO_3

相对分子质量 126.04

理化性质 无水亚硫酸钠别名硫氧，白色粉末或六方菱柱形结晶。相对密度 2.633，溶于水，水溶液呈碱性。微溶于醇，不溶于液氯、氨。为强还原剂，与二氧化硫作用生成亚硫酸氢钠，与强酸反应生成相应盐并放出二氧化硫。

制备过程 将硫磺燃烧得到的含二氧化硫气体与纯碱反应，生成的亚硫酸氢钠溶液与纯碱中和反应，经脱色、过滤、澄清、蒸发结晶、离心分离、干燥制得无水亚硫酸钠。

质量指标 本品执行 HG/T 2967—2010 工业无水亚硫酸钠标准，其技术指标见表 2-25。

表 2-25 工业无水亚硫酸钠技术指标

项目	指标		
	优等品	一等品	合格品
亚硫酸钠(Na_2SO_3)，%	≥97.0	≥93.0	≥90.0
铁(Fe)，%	≤0.003	≤0.005	≤0.02
水不溶物，%	≤0.02	≤0.03	≤0.05
游离碱(以 Na_2CO_3 计)，%	≤0.10	≤0.40	≤0.80
硫酸盐(以 Na_2SO_4 计)，%	≤2.5		
氯化物(以 NaCl 计)，%	≤0.10		

用途 无水亚硫酸钠可用于胶片显影，化学工业用作还原剂和磺化剂、印染工业的脱氯剂和漂白剂、化学纤维的稳定剂等。

本品可用于聚合物处理剂合成的氧化-还原引发体系的还原剂，用于磺甲基酚醛树脂、磺化褐煤、磺化栲胶生产的主要原料。

在钻井液中直接用作除氧剂，提高处理剂及钻井液的热稳定性，减缓溶解氧对钻具的腐蚀等。实践证明，除氧剂是控制钻具腐蚀的有效措施，使用除氧剂后钻具的使用寿命可以大幅度提高。亚硫酸钠作为一种价廉的除氧剂，在钻井液中具有较好的除氧效果，见表 2-26[11]。

表 2-26 亚硫酸钠缓蚀性能评价结果

钻井液类型	Na_2SO_3 加量/(mg/L)	腐蚀速度/(mm/a)	缓蚀率，%	腐蚀外貌
NPAN-PHP 低固相钻井液	0	1.65		点、坑蚀
	50	0.53	67.9	点、坑蚀
	200	0.35	78.8	点、坑蚀
	500	0.31	81.2	点、坑蚀
	1000	0.17	89.7	均匀光亮
PHP-KCl 无固相钻井液	0	3.79		点、坑蚀
	100	2.67	29.6	点、坑蚀
	500	1.67	55.9	点、坑蚀
	800	0.21	94.5	均匀光亮
	1000	0.19	95	均匀光亮

安全与防护 对眼睛、皮肤、黏膜有刺激作用。对环境有危害，对水体可造成污染。该品不燃，具刺激性。避免产生粉尘，空气中粉尘浓度超标时，必须佩戴自吸过滤式防尘口罩、戴化学安全护目镜和橡胶手套，穿防毒物渗透工作服。

包装与储运 用内衬聚乙烯塑料袋、中间为双层牛皮纸的塑料编织袋或胶袋包装。内袋扎口或热合，外袋牢固缝口，每袋净质量 50kg。贮存于阴凉、通风、干燥的库房中。不可与氧化剂、强酸类共贮混运。运输时要防雨淋和日光暴晒。

24.焦亚硫酸钠

分子式 $Na_2S_2O_5$

相对分子质量 190.10

理化性质 焦亚硫酸钠别名重硫氧，白色或微黄色结晶粉末。相对密度 1.4，溶于水，水溶液呈酸性。溶于甘油，微溶于乙醇。受潮易分解，暴露在空气中易氧化成硫酸钠，与强酸接触放出二氧化硫而生成相应的盐类。加热到 150℃分解。

制备过程 用纯碱溶液吸收二氧化硫，经分离、干燥，制得焦亚硫酸钠。

质量指标 本品执行 HG/T 2826—2008 工业焦亚硫酸钠标准，其主要质量指标见表 2–27。

表 2–27 工业焦亚硫酸钠质量指标

项 目	指 标		项 目	指 标	
	优等品	一等品		优等品	一等品
焦亚硫酸钠(以 $Na_2S_2O_5$ 计)，%	≥96.5	≥95.5	铁(Fe)，%	≤0.005	≤0.010
水不溶物，%	≤0.05	≤0.05	砷(As)，%	≤0.0001	

用途 本品在工业上用于印染、有机合成、印刷、制革、制药、香料等领域。在食品加工中作防腐剂、漂白剂、疏松剂。也可以用作化学试剂(印染和摄影等方面)以及用作电镀业，油田的废水处理和矿山的选矿剂等。

用于聚合物处理剂合成的氧化–还原引发体系的还原剂，用于磺甲基酚醛树脂、磺化褐煤、磺化栲胶生产的主要原料。

在钻井液中直接作除氧剂，提高钻井液及处理剂的热稳定性，减缓溶解氧对钻具的腐蚀等。

安全与防护 本品不燃，有毒，具刺激性。对皮肤、黏膜有明显的刺激作用，可引起结膜、支气管炎症状。皮肤直接接触可引起灼伤。使用时避免产生粉尘。空气中粉尘浓度超标时，必须佩戴自吸过滤式防尘口罩，戴化学安全防护眼镜，穿防毒物渗透工作服及戴橡胶手套。

包装与储运 本品用内衬塑料袋、外用塑料编织袋包装，包装密封，防止空气氧化，每袋净质量 25kg 或 50kg。贮存于阴凉、通风、干燥的库房中，注意防潮，且不易久贮。运输时应防雨淋和日光暴晒。严禁与酸类、氧化剂和有害物质共贮混运。

25.硫代硫酸钠

分子式 $Na_2S_2O_3 \cdot 5H_2O$

相对分子质量 248.17

理化性质 硫代硫酸钠为无色大晶体或粗结晶粉末。无臭，味咸。相对密度(17℃)为 1.729。在潮湿空气中易潮解。在 33℃以上的干燥空气中会风化。加热至 100℃失去结晶水。极易溶于水(1g/0.5mL)，不溶于乙醇。水溶液对石蕊呈中性或弱碱性。

制备过程 硫代硫酸钠的制备有4条技术路线：

① 用纯碱与二氧化硫反应得到亚硫酸钠，再加入硫磺沸腾反应，制得硫代硫酸钠；

② 利用硫化钠残渣、硫化钡废水中的碳酸钠和硫化钠与硫磺废气中的二氧化硫反应制得；

③ 将硫化钠溶液加热，并通入空气氧化而成；

④ 利用焦炉煤气砷碱法脱硫过程中的下脚料(含硫代硫酸钠)，制得硫代硫酸钠。

质量指标 硫代硫酸钠产品执行HG/T 2328—2006工业硫代硫酸钠标准，其技术指标见表2-28。

表2-28 工业硫代硫酸钠技术指标

项 目	指 标	
	优等品	一等品
硫代硫酸钠($Na_2S_2O_3 \cdot 5H_2O$)质量分数，%	≥99.0	≥98.0
水不溶物质量分数，%	≤0.01	≤0.03
硫化物(以Na_2S计)质量分数，%	≤0.001	≤0.003
铁(Fe)的质量分数，%	≤0.002	≤0.003
氯化钠(NaCl)的质量分数，%	≤0.05	≤0.20
pH值(200g/L溶液)	6.5~9.5	

用途 本品用作鞣革时重铬酸盐的还原剂、含氮尾气的中和剂、媒染剂、麦杆和毛的漂白剂以及纸浆漂白时的脱氯剂。电镀业的还原剂、净水工程的净水剂。在纺织工业中用于棉织品漂白后的脱氯剂、染毛织物的硫染剂、靛蓝染料的防白剂、纸浆脱氯剂、医药工业中用作洗涤剂、消毒剂和褪色剂等。

在聚合物处理剂合成中作氧化-还原引发体系的还原剂。在钻井液中作除氧剂和缓蚀剂等。

安全与防护 高温加热后产生的二氧化硫有毒，能够和水反应生成亚硫酸，呈中强酸性，具腐蚀性。对眼睛、皮肤、黏膜和呼吸道有强烈的刺激作用。硫代硫酸钠在纯氧中点燃生成的硫化钠呈强碱性，具强腐蚀性，可致人体灼伤。使用时必须佩戴自吸过滤式防尘口罩，戴化学安全防护眼镜，穿防毒物渗透工作服及戴橡胶手套。

包装和贮运 本品采用内衬塑料袋的麻袋、塑料编制袋或木箱包装，每袋(箱)净质量25kg或50kg。贮存在阴凉、通风、干燥的库房中，不可与酸类、氧化剂共储混运。运输中防止暴晒，防止受潮和雨淋。

26.六偏磷酸钠

分子式 $(NaPO_3)_6$

相对分子质量 611.17

理化性质 六偏磷酸钠别名玻璃状偏磷酸钠、格雷姆盐、六偏、六钠，透明玻璃片状或白色粉状结晶体。熔点616℃(分解)，沸点1500℃。相对密度(20℃)2.484，吸湿性较强，露置于空气中能逐渐吸收水分而呈黏胶状物。易溶于水，在温水、酸或碱溶液中易水解为正磷酸盐。不溶于有机溶剂。能与钙、镁等金属离子生成可溶性络合物。溶解度随温度升高而增大，10%的$(NaPO_3)_6$水溶液的 pH 值为 6.8。

制备过程 六偏磷酸钠的制备方法有两种：

① 磷酸二氢钠法。将纯碱溶液与磷酸在 80~100℃进行中和反应 2h，生成的磷酸二氢钠溶液经蒸发浓缩、冷却结晶，制得二水磷酸二氢钠，加热至 110~230℃脱去两个结晶水，继续加热脱去结晶水，进一步加热至 620℃时脱水，生成的偏磷酸钠熔融物，并聚合成六偏磷酸钠。然后从 650℃骤冷至 60~80℃制片，经粉碎制得六偏磷酸钠。

② 五氧化二磷法。将黄磷在干燥空气流中燃烧氧化、冷却制得的五氧化二磷与纯碱按一定比例混合。将混合粉料于石墨坩埚中间接加热使其脱水熔聚，生成的六偏磷酸钠熔体经骤冷制片、粉碎，制得六偏磷酸钠。

质量指标 本品执行 HG/T 2519—2007 工业六聚偏磷酸钠标准，其主要指标见表 2-29。

表 2-29 工业六聚偏磷酸钠指标

项目	指标		项目	指标	
	一等品	合格品		一等品	合格品
总磷酸盐(P_2O_5)含量，%	≥68.0	≥68.0	铁(Fe)含量，%	≤0.03	≤0.10
非活性磷酸盐(P_2O_5)含量，%	≤7.5	≤10	pH值	5.8~7.0	5.8~7.0
水不溶物质量分数，%	≤0.04	≤0.10	溶解性	合格	合格

用途 本品主要用于锅炉用水软水剂、印染染浴的软水剂和造纸扩散剂，还可用于缓蚀剂、浮选剂、分散剂、高温黏合剂和混凝土的添加剂。

用作钻井液处理剂，具有分散、除钙等作用。早期，六偏磷酸钠曾是钻井液的主要稀释剂之一。不仅对高黏土含量引起的絮凝有稀释作用，而且对 Ca^{2+}、Mg^{2+}引起的絮凝也有良好的稀释作用。它们遇较少量 Ca^{2+}、Mg^{2+}时，可生成水溶性络离子；遇大量 Ca^{2+}、Mg^{2+}时，可生成钙盐沉淀。特别对消除水泥和石灰造成的污染有很好的效果，因为其既能除去 Ca^{2+}，又能使钻井液的 pH 值适度降低。

图 2-1 是六偏磷酸钠加量对不同类型基浆降黏实验数据[12]。从图中可以看出，六偏磷酸钠在两种给定的基浆中均具有明显的降黏作用，且随着加量的增加降黏效果提高。

六偏硫酸钠稀释剂的主要缺点是抗温性差，超过 80℃时稀释性能急剧下降，见图 2-2[13]。这是因为在高温下六偏硫酸钠会转化为正磷酸盐，成为一种絮凝剂。因此，一般用于上部井段，近年来该类稀释剂已较少使用。

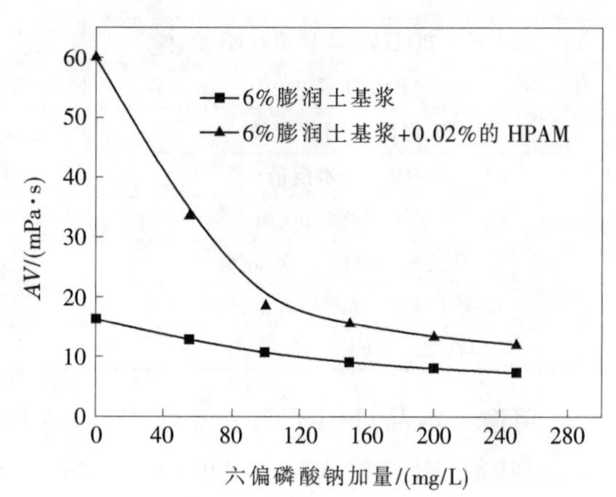

图 2-1 六偏磷酸钠加量对降黏能力的影响

安全与防护 低毒。避免接触皮肤和眼睛。避免食入和吸入。戴合适的防护眼镜、手套等以防止眼睛和皮肤接触。

包装与储运 本品用内衬聚乙烯塑料袋的胶合板桶包装，每桶净质量 25kg。或用内衬双层聚乙烯塑料袋、外套复合塑料编织袋包装，每袋净质量 25kg。贮存于阴凉、通风、干燥的库房中。运输中防止受潮和雨淋。

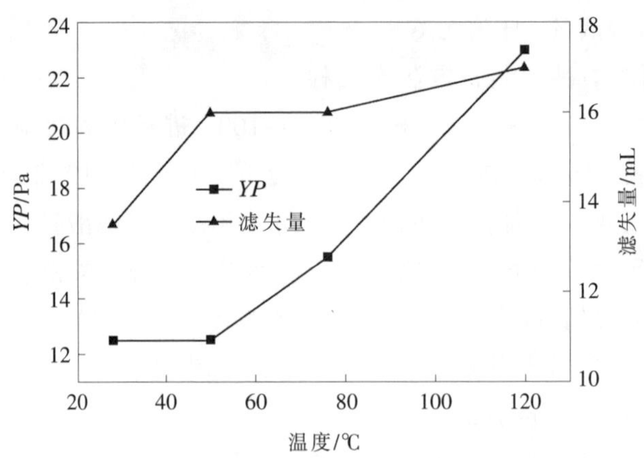

图 2-2 老化温度对钻井液动切力的影响

27.磷酸钾

分子式 K_3PO_4

相对分子质量 212.27

理化性能 磷酸钾,别名磷酸三钾、正磷酸钾、无水磷酸钾。无色或白色斜方晶系结晶。有无水物、七水合物及九水合物。常见者为无水物。有潮解性。熔点 1340℃,相对密度(17℃)2.564。易溶于水,不溶于乙醇。1%水溶液的 pH 值约为 11.5,水溶液呈碱性,有强腐蚀性。

制备方法 将质量分数 50%磷酸溶液加入耐腐蚀反应罐中,按磷酸:氢氧化钾=1:2(物质的量比),加入质量分数 30%氢氧化钾溶液,在搅拌下进行中和反应,控制 pH 值在 8.5~9 左右,生成磷酸氢二钾溶液。然后送至二次中和器中加入质量分数 30%氢氧化钾溶液进行中和反应,终点控制 pH 值=14,生成磷酸三钾溶液,经蒸发浓缩至相对密度 1.38~1.46 时为止,再经冷却结晶器冷却至 60℃以下后,进行离心分离,制得磷酸三钾成品。也可不经冷却结晶器而直接趁热把浓缩后的磷酸三钾溶液进行离心分离而得。分离的母液则返回蒸发器。

质量指标 本品主要技术指标见表 2-30。

表 2-30 磷酸钾产品技术指标

项 目	指 标	
	工业级	食品级
主含量 K_3PO_4(以灼烧残渣计)含量,%	≥97.0	≥98.0
P_2O_5 含量,%	≥32.5	≥32.8
氧化钾(K_2O)含量,%	≥65.0	≥65.0
pH值(1%水溶液)	11.5~12.5	11.5~12.5
水不溶物含量,%	≤0.2	≤0.05
重金属(以 Pb 计)含量,%	≤0.0015	≤0.001
砷化物(以 As 计)含量,%	≤0.0003	≤0.0003
氟化物(以 F 计)含量,%	≤0.002	≤0.003

用途 本品可用于制造液体肥皂、优质纸张、精制汽油。食品工业用作乳化剂、强化剂、调味剂、肉类黏结剂。也可用于肥料、医药、分析试剂、缓冲剂和软水剂。

用作钻井液处理剂,具有分散、除钙等作用。也可以用于提供钾离子,具有防塌作用,与氯化钾相比对钻井液性能影响小，电阻率高，且腐蚀性降低，也可以用于配制无固相钻井液、完井液和压井液。

安全与防护 低毒，有腐蚀性。使用时戴化学防护眼镜、橡胶手套，以防止眼睛和皮肤接触。

包装与储运 采用内衬塑料袋、外用塑料编织袋或防潮牛皮纸袋包装，每袋净质量25kg或50kg。贮于阴凉、通风、干燥处。运输中防止受潮和雨淋。

28.磷酸氢二铵

分子式 $(NH_4)_2HPO_4$

相对分子质量 132.056

理化性能 磷酸氢二铵为无色透明单斜晶体或白色粉末。为增加耐储性，部分产品在生产过程中添加包裹剂，使产品外观呈褐色。密度1.619g/cm^3。易溶于水，水溶液呈弱碱性，水中溶解度为58g/100mL(10℃)，不溶于醇、丙酮、氨。加热至155℃分解，190℃熔融，分解放出氨和水。

制备方法 用氨中和磷酸，化合后的料浆经造粒、干燥、筛分而制得磷酸氢二铵成品。

质量指标 本品执行HG/T 4132—2010工业磷酸氢二铵标准，外观为浅色粉末状或颗粒状，工业磷酸氢二铵应符合表2-31要求。

表2-31 工业磷酸氢二铵产品技术指标

项目	指标	
	一等品	合格品
主含量[以$(NH_4)_2HPO_4$计]，%	≥95.0	≥93.0
主含量(以P_2O_5计)，%	≥51.0	≥50.0
总氮(以N计)含量，%	≥18.0	≥18.0
水分，%	≤5.0	≤5.0
氟化物(以F计)含量，%	≤0.01	

用途 本品广泛用于印刷制版、医药、防火、电子管等，是一种广泛适用于蔬菜、水果、水稻和小麦的高效肥料，工业上用作饲料添加剂、阻燃剂和灭火剂的配料等。

用作钻井液处理剂，用于提供铵离子，与氯化钾相比对钻井液性能影响小，电阻率高，且腐蚀性降低；具有一定的缓蚀作用，在3%复合盐水中缓蚀率可达到97.8%，在钻井液中也具有较好的缓蚀效果；当钻遇硬石膏层时，还具有除钙作用。

用于配制无固相钻井液、完井液和压井液。如采用磷酸氢二铵作为抑制剂与聚合物类处理剂一起组成无固相钻井液体系具有如下优点：pH值低(7.8~8.5)，无腐蚀；体系的电阻率大有利于测定井；抑制性强，防塌效果较好；有利于保护油气层；对环境无污染。

安全与防护 低毒，刺激眼睛、呼吸系统和皮肤。使用时戴化学防护眼镜、橡胶手套，以防止眼睛和皮肤接触。不慎与眼睛接触后，立即用大量清水冲洗。

包装与储运 采用内衬塑料袋、外用塑料编织袋或防潮牛皮纸袋包装，每袋净质量25kg或50kg。贮于阴凉、通风、干燥处，防潮，防高温，防有毒害物质污染，不得与有毒有害物品共贮混运。运输中防止雨淋和暴晒。

29.硅酸钠

分子式 $Na_2O \cdot nSiO_2 \cdot xH_2O$

相对分子质量 122.054(Na_2SiO_3)

理化性质 硅酸钠别名水玻璃、泡花碱。无色、淡黄色或青灰色透明的黏稠液体。溶于水呈碱性。遇酸分解(空气中的二氧化碳也能引起分解)而析出硅酸的胶质沉淀。无水物为无定型,天蓝色或黄绿色,为玻璃状。其相对密度随模数的降低而增大,无固定熔点。

石英砂和碱的配比,即 SiO_2 和 Na_2O 的物质的量比决定着硅酸钠的模数 n,模数即显示硅酸钠的组成,模数是硅酸钠的重要参数,一般在 1.5~3.5 之间。模数越大,固体硅酸钠越难溶于水,n 为 1 时常温水即能溶解,n 增大时需热水才能溶解,n 大于 3 时需 0.4MPa 以上的蒸汽才能溶解。硅酸钠模数越大,氧化硅含量越多,硅酸钠黏度增大,易于分解硬化,黏结力增大,因此不同模数的硅酸钠有着不同的用处。

水玻璃通常分为固体水玻璃、水合水玻璃和液体水玻璃等三种。固体水玻璃与少量水或蒸汽发生水合作用而生成水合水玻璃。水合水玻璃易溶解于水变为液体水玻璃。液体水玻璃一般为黏稠的半透明液体,随所含杂质不同可以呈无色、棕黄色或青绿色等。

作为钻井液处理剂,现场使用的水玻璃的密度一般为 1.5~1.6g/cm³,pH 值为 11.5~12,能溶于水和碱性溶液,能与盐水混溶,可用饱和盐水调节水玻璃的黏度。水玻璃在钻井液中可以部分水解生成胶态沉淀,其反应式为:

$$Na_2O \cdot nSiO_2+(y+1)H_2O \longrightarrow nSiO_2 \cdot yH_2O+2NaOH \tag{2-7}$$

该胶态沉淀可使部分黏土颗粒(或钻屑等)聚沉,从而使钻井液保持较低的固相含量和密度。水玻璃对泥页岩的水化膨胀有一定的抑制作用,故有较好的防塌性能。

当水玻璃溶液的 pH 值降至 9 以下时,整个溶液会变成半固体状的凝胶。其原因是水玻璃发生缩合作用生成较长的带支键的—Si—O—Si—链,这种长链能形成网状结构而包住溶液中的全部自由水,使体系失去流动性。随着 pH 值的不同,其胶凝速度(即调整 pH 值直至形成胶凝所需时间)有很大差别,可以从几秒到几十小时。利用这一特点,可以将水玻璃与石灰、黏土和烧碱等配成石灰乳堵漏剂,注入已确定的漏失井段进行胶凝堵漏。因此,水玻璃是一种有效的堵漏剂。

此外,水玻璃溶液遇 Ca^{2+}、Mg^{2+}和 Fe^{3+}等高价阳离子会产生沉淀,与 Ca^{2+}的反应可用式(2-8)表示:

$$Ca^{2+}+Na_2O \cdot nSiO_2 \longrightarrow CaSiO_3+Na^+ \tag{2-8}$$

所以,用水玻璃配制的钻井液一般抗钙能力较差,也不宜在钙处理钻井液中使用。但它可在盐水或饱和盐水中使用。研究表明,利用水玻璃这个特点,还可使裂缝性地层的一些裂缝发生愈合或提高井壁的破裂压力,从而起到化学固壁的作用。

制备过程 硅酸钠的生产方法分干法(固相法)和湿法(液相法)两种。

① 干法生产。将石英砂和纯碱按一定比例混合后在反射炉中加热到 1400℃左右,生成熔融状硅酸钠。

② 湿法生产。以石英岩粉和烧碱为原料,在高压蒸锅内,0.6~1.0MPa 蒸汽下反应,直接生成液体水玻璃。微硅粉可代替石英矿生产出模数为 4 的硅酸钠。

质量指标 本品执行国家标准 GB/T 4209—2008 工业硅酸钠标准，其技术要求见表 2–32 和 2–33。

表 2–32 工业液体硅酸钠技术要求

项 目	指 标								
	液–1			液–2			液–3		
	优等品	一等品	合格品	优等品	一等品	合格品	优等品	一等品	合格品
铁(Fe),%	≤0.02	≤0.05		≤0.02	≤0.05		≤0.02	≤0.05	
水不溶物,%	≤0.10	≤0.40	≤0.50	≤0.10	≤0.40	≤0.50	≤0.20	≤0.60	≤0.80
密度(20℃)/(g/mL)	1.336~1.362			1.368~1.394			1.436~1.465		
氧化钠(NaO),%	≥7.5								
二氧化硅(SiO_2),%	≥25.0								
模 数	3.41~3.60			3.10~3.40			2.60~2.90		

表 2–33 工业固体硅酸钠技术要求

项 目	指 标							
	固–1			固–2			固–3	
	优等品	一等品	合格品	优等品	一等品	合格品	一等品	合格品
可溶性固体,%	≥99.0	≥98.0	≥95.0	≥99.0	≥98.0	≥95.0	≥98.0	≥95.0
铁(Fe),%	≤0.02	≤0.12		≤0.02	≤0.12		≤0.10	
氧化铝,%	≤0.30			≤0.25				
模 数	3.41~3.60			3.10~3.40			2.20~2.50	

用途 水玻璃的用途非常广泛,在化工方面用来制造硅胶、白炭黑、沸石分子筛、五水偏硅酸钠、硅溶胶、层硅及速溶粉状硅酸钠、硅酸钾钠等各种硅酸盐类产品,是硅化合物的基本原料。在建筑行业用于制造快干水泥、耐酸水泥防水油、土壤固化剂、耐火材料等,在农业方面可制造硅素肥料。另外,用作石油催化裂化的硅铝催化剂、肥皂的填料、瓦楞纸的胶黏剂、耐高温材料、金属防腐剂、水软化剂、洗涤剂助剂、耐火材料和陶瓷原料、纺织品的漂染和浆料、矿山选矿、防水、堵漏、木材防火、食品防腐以及制胶黏剂等。

作为钻井液处理剂具有良好的防塌、封堵和固壁作用,同时也可用于堵漏、除去钻井液中的钙、镁离子。采用硅酸钠可以配制硅酸盐钻井液,硅酸盐钻井液是最重要的防塌钻井液体系之一,在国内外应用中均取得很好的效果。配制硅酸盐钻井液的成本较低,且对环境无污染。其井壁稳定机理有以下 4 个方面:

① 硅酸盐进入地层孔隙形成三维凝胶结构和不溶沉淀物，快速在井壁处堵塞泥页岩孔隙和微裂缝,阻止滤液进入地层,同时减少了压力穿透作用。

② 硅酸盐抑制泥页岩中黏土矿物的水化膨胀和分散。KCl 聚合物–硅酸盐体系各处理剂间的协同作用使黏土产生脱水而收缩,使泥页岩的结构强度提高。

③ 硅酸盐能与泥页岩中的黏土矿物发生反应，生成类似氟石的非晶质的联结非常致密的新矿物,增强井壁的稳定性。

④ 氯化钠或氯化钾的协同增效作用。可溶性硅酸盐溶液还具有抗腐蚀性能,能有效地抑制非膨胀黏土矿物悬浮液 pH 值升高时界面上硅石的溶解,保持聚结晶体里的晶间凝结力。

采用硅酸钠水溶液(液体硅酸钠与水按 2:3 比例混合)与质量分数 10%的氯化钙盐水溶液，按 1:1.5 的比例配合使用，可以用于严重漏失地层堵漏。施工时先泵入 4.5~5m³ 氯化钙水溶液，然后泵入 0.8~1m³ 淡水(作为隔离液)，接着泵入 6.8~7.5m³ 硅酸钠水溶液，其后再泵入 0.8~1m³ 淡水隔离液。如果量大时，可以按照上述步骤交替泵入。

安全与防护 硅酸钠具有腐蚀、强刺激、不燃的特性，可致人体灼伤，有害燃烧产物是氧化硅。使用时避免皮肤、眼睛接触本品，液体或雾对眼有强烈刺激性，可致结膜和角膜溃疡。吸入本品蒸气或雾对呼吸道黏膜有刺激和腐蚀性，可引起化学性肺炎。使用时戴防毒口罩、防护眼镜和橡胶手套，以防止吸入及眼睛和皮肤接触。

包装与储运 液体产品用清洁的小口铁桶或塑料桶包装，桶用内衬以胶垫的螺丝扣盖子盖严。每桶净质量 200kg 或 250kg。也可自备容器散装。固体产品用内衬塑料袋的麻袋或编织袋包装，每袋净质量 80kg。贮存于一般库房中，或用槽罐贮存，容器必须密封。不可与酸类物品共贮混运。

30.硅酸钾

分子式 K_2SiO_3

相对分子质量 154.28

理化性质 硅酸钾别名钾水玻璃、无水硅酸钾。无色或微黄色半透明至透明玻璃状物，熔点 976℃，有吸湿性。有强碱性反应。在酸中分解而析出二氧化硅。慢溶于冷水或几乎不溶于水(依其成分组成而不同)，不溶于乙醇。稳定状态时为透明质黏稠状液体，呈蓝绿色。易溶于水和酸，并析出胶状硅酸，钾含量越高则越易溶。不溶于醇。

制备方法 将硅砂和苛性钾按一定比例混合后加入熔融炉中，用重油或电加热至 1200~1400℃，当形成完全熔融透明体时，从炉中放出冷却固化后，再放入高压釜中，通加压蒸汽(0.2MPa)溶解。将溶液静置澄清，除去杂质，澄清液经浓缩得到硅酸钾成品。

质量指标 本品主要技术要求见表 2-34。

表 2-34 工业液体硅酸钾技术要求

项 目	指 标	项 目	指 标
密度(20℃)/(g/cm³)	1.436~1.450	二氧化硅(SiO_2)含量，%	24.0~27.0
氧化钾(K_2O)含量，%	15.5~17.5	模 数	2.35~2.50

用途 硅酸钾通常用于电焊条、焊接用电极、还原染料、防火剂的制造，也可以用作荧光屏荧光粉黏结剂、肥皂填料和催化剂。

作为钻井液处理剂除具有硅酸钠相同的性能外，还可以提供钾离子，提高钻井液的防塌抑制能力。

安全与防护 硅酸钾具有腐蚀、强刺激、不燃的特性，可致人体灼伤，有害燃烧产物是氧化硅。使用时避免皮肤、眼睛接触本品，液体或雾对眼有强烈刺激性，可致结膜和角膜溃疡。使用时戴防毒口罩、防护眼镜、橡胶手套，以防止吸入及眼睛和皮肤接触。

包装与储运 液体产品用清洁的小口铁桶或塑料桶包装，桶用内衬以胶垫的螺丝扣盖子盖严。每桶净质量 200kg 或 250kg。也可自备容器散装。固体产品采用内衬塑料袋、外用塑料编织袋包装，每袋净质量 25kg。液体产品贮存于一般库房中，用槽罐贮存，容器必须密封。固体产品储存在阴凉、通风、干燥的库房中。运输中防止日晒、受潮和雨淋。

31.铝酸钠

化学式 $Na_2Al_2O_4$ 或 $NaAlO_2$

相对分子质量 163.94($Na_2Al_2O_4$),81.97($NaAlO_2$)

理化性质 铝酸钠别名偏铝酸钠,白色、无臭、无味,呈强碱性的固体,熔点 1650℃。高温熔融产物为白色粉末,溶于水,不溶于乙醇,在空气中易吸收水分和二氧化碳,水中溶解后易析出氢氧化铝沉淀,氢氧化铝溶于氢氧化钠溶液也生成偏铝酸钠溶液。

偏铝酸钠遇弱酸和少量的强酸生成白色的氢氧化铝沉淀(现象是有大量的白色沉淀生成,且最终沉淀的量不变)。而遇到过量的强酸生成对应的铝盐(现象是先有白色沉淀生成,过一段时间后,白色沉淀的质量逐渐减小,最后消失)。偏铝酸钠和碱不作用。

偏铝酸钠可与酸反应生成氢氧化铝沉淀:

$$AlO_2^- + H^+ + H_2O = Al(OH)_3\downarrow \tag{2-9}$$

$$Al(OH)_3 + 3H^+ = Al^{3+} + 3H_2O(\text{酸过量}) \tag{2-10}$$

偏铝酸钠溶液可与 CO_2 反应生成 $Al(OH)_3$ 沉淀,且 CO_2 过量时:

$$AlO_2^- + CO_2 + 2H_2O = Al(OH)_3\downarrow + HCO_3^- \tag{2-11}$$

CO_2 少量时:

$$2AlO_2^- + CO_2 + 3H_2O = 2Al(OH)_3\downarrow + CO_3^{2-} \tag{2-12}$$

制备方法 将铝矾土破碎、磨细,然后与苛性钠溶液混合,送入高压釜内用高温高压,使铝矾土中的氧化铝变成铝酸钠而转入溶液中,分离后得铝酸钠溶液,经蒸发后即得产品。

也可以在氢氧化钠溶液中于 50~80℃温度下加入粗氢氧化铝升温至 110℃,保温 3h,得铝酸钠溶液,蒸发至干即得产品。

质量指标 本品可执行 HG/T 4518—2013 工业铝酸钠标准,其指标见表 2-35。

表 2-35 工业铝酸钠技术要求

项 目	指 标		项 目	指 标	
	Ⅰ型	Ⅱ型		Ⅰ型	Ⅱ型
外 观	白色结晶粉末	无色透明液体	模数(M)	0.7~0.8	1.3~4.0
氧化钠(Na_2O),%	≥30	≥8.0	铁(Fe),%	≤0.0020	≤0.0015
氧化铝($A1_2O_3$),%	≥41	≥6.0	浊度/NTU		≤20
铝酸钠($Na_2A1_2O_4$),%	≥65	≥9.0	密度(30℃)/(g/cm^3)		≥1.15
苛化系数(α_k)	1.15~1.35	2.0~6.5			

用途 本品在石油化工、日用化工、制药、橡胶、印染、纺织、土木工程、造纸、水处理、催化剂、钢铁表面处理等方面有较广泛的应用。

在钻井液中可以直接用作抑制剂、堵漏剂,也可以与其他材料反应制备钻井液防塌剂和井壁稳定剂等,具有较强的封堵和固壁作用。也可以调节水基钻井液的 pH 值。

安全与防护 铝酸钠具有腐蚀、强刺激、不燃的特性,可致人体灼伤。使用时为防止皮肤、眼睛接触本品,避免吸入,需要戴防毒口罩、防护眼镜、橡胶手套等。

包装与储运 本品固体产品采用内衬塑料袋、外用塑料编织袋或防潮牛皮纸袋包装,每袋净质量 25kg。储存于阴凉、通风、干燥处。运输中防止受潮和雨淋。

32.重铬酸钠

分子式 $Na_2Cr_2O_7 \cdot 2H_2O$

相对分子质量 298.00

理化性质 重铬酸钠别名红矾钠,橙红色单斜菱晶或细针状结晶。熔点 356.7℃(无水物),相对密度 2.52。易溶于水,其水溶液呈酸性,不溶于醇。加热到 84.6℃时失去结晶水形成铜褐色无水物,约 400℃分解为铬酸钠和三氧化铬。易潮解、粉化,为强氧化剂,与有机物接触摩擦、撞击能引起燃烧。有腐蚀性,有毒。其水溶液可发生水解而呈酸性,其化学反应式为:

$$Cr_2O_7^{2-}+H_2O \longrightarrow (可逆)2CrO_4^{2-}+2H^+ \tag{2-13}$$

加碱时平衡右移,故在碱溶液中主要以 CrO_4^{2-}的形式存在。

制备过程 将铬铁矿粉碎至粒径 0.075mm,与纯碱(一般用量为理论量的 90%~93%)、白云石粉、石灰石粉和矿渣按一定配比混合后送入转窑,在 1100~1150℃进行氧化焙烧1.5~2h,使三氧化二铬转化为铬酸钠。烧成的熟料经冷却粉碎后,用稀溶液和水在浸取器中多级逆流浸取、抽滤,得到 35~40 波美度(密度约 1.32~1.38g/cm³)的铬酸钠溶液。将 pH 值调至 7~8,使铝酸钠水解成氢氧化铝沉淀,经过滤后除去。中性滤液蒸发至 48 波美度(密度约 1.495g/cm³)后,加入浓硫酸酸化,使铬酸钠转化为重铬酸钠。经两次蒸发,使硫酸钠完全去除,再经澄清以除去全部不溶性杂质。把澄清液冷却至 30~40℃进行结晶,经离心分离,制得重铬酸钠成品。母液返回中和或用于制造其他铬盐产品。

质量指标 本品执行国家标准 GB/T 1611—2003 工业重铬酸钠,其主要技术指标见表 2-36。

表 2-36 工业重铬酸钠技术指标

项 目	指 标		
	优等品	一等品	合格品
外 观	鲜艳橙红色针状或小粒状结晶		
重铬酸钠($Na_2Cr_2O_7 \cdot 2H_2O$),%	≥99.5	≥98.3	≥98.0
硫酸盐(以 SO_4^{2-}计),%	≤0.20	≤0.30	≤0.40
氯化物(以 Cl^-计),%	≤0.07	≤0.10	≤0.20

注:如用户对铁含量有要求,按本规定的方法进行测定。

用途 本品用于生产铬酸酐、重铬酸钾、重铬酸铵、盐基性硫酸铬、铅铬黄、铜铬红、溶铬黄、氧化铬绿等的原料,生产碱性湖蓝染料、糖精、合成樟脑及合成纤维的氧化剂。医药工业用于生产胺苯砜、苯佐卡因、叶酸、雷佛奴尔等的氧化剂。印染工业用作苯胺染料染色时的氧化剂,硫化还原染料染色时的后处理剂,酸性媒染染料染色时的媒染剂。制革工业用作鞣革剂。电镀工业用于镀锌后钝化处理,玻璃工业用作绿色着色剂。

用于钻井液处理剂,常与有机处理剂起复杂的氧化还原反应。铬酸盐起氧化作用生成的 Cr^{3+}能强吸附在黏土表面起钝化作用,又能与多官能团有机处理剂形成络合物,提高处理剂的效果和高温稳定性。可用于配制铁铬木质素磺酸盐和铬腐殖酸,解除钻井液老化,提高某些降滤失剂和减稠剂的热稳定性能。在抗高温深井钻井液中,常加入少量重铬酸盐以提高钻井液的热稳定性,其主要作用是氧化和络合,络合能够增加热分解产物的相对分子质量,抑制腐殖酸和木质素磺酸盐等的热分解。有时也用作防腐剂。但铬酸盐有毒,因而限制了它的广泛使用。

安全与防护 LD_{50} 为 50mg/kg(大鼠经口),剧毒,强氧化剂。遇强酸或高温时能释出氧气,促使有机物燃烧。与硝酸盐、氯酸盐接触剧烈反应。有水时与硫化钠混合能引起自燃。与有机物、还原剂、易燃物如硫、磷等接触或混合时有引起燃烧爆炸的危险。具有较强的腐蚀性。建议操作人员佩戴头罩型电动送风过滤式防尘呼吸器,穿聚乙烯防毒服,戴橡胶手套。避免产生粉尘,避免与还原剂、醇类接触。

包装与储运 用内衬塑料袋的铁桶密封包装,每桶净质量 50kg、100kg 或 250kg。贮存于阴凉、通风、干燥的库房中。容器必须密封、防潮。应远离热源和火种,不得与有机物、易燃物、过氧化物、强酸共贮混匀。运输时应有遮盖物,要防雨淋和烈日暴晒。装卸时要小心轻放,严防铁桶碰撞。

33.重铬酸钾

分子式 $K_2Cr_2O_7$

相对分子质量 294.18

理化性质 重铬酸钾别名红矾钾,是一种有毒且有致癌性的强氧化剂,室温下为橙红色三斜晶体或粉末,常温密度 2.676g/cm^3。加热到 241.6℃时三斜晶系转变为单斜晶系,熔点 398℃,加热到 500℃时则分解放出氧。微溶于冷水,易溶于热水,其水溶液呈酸性,不溶于醇。

遇浓硫酸有红色针状晶体铬酸酐析出,对其加热则分解放出氧气,生成硫酸铬,使溶液的颜色由橙色变成绿色。在盐酸中冷时不起作用,热时则产生氯气。为强氧化剂。与有机物接触摩擦、撞击能引起燃烧。与还原剂反应生成三价铬离子。

制备过程 将重铬酸钠稀释加热,加入理论量的氯化钾进行复分解,生成重铬酸钾溶液,加入少量氯酸钠,用氢氧化钠调整溶液的 pH 值,再加入少量硫酸铝使杂质絮凝,经澄清除去杂质,再冷却、离心分离、洗涤、干燥,制得重铬酸钾成品。

质量指标 本品执行 HG/T 2324—2005 工业重铬酸钾标准,其技术指标见表 2-37。

表 2-37 重铬酸钾技术指标

项 目	指 标		
	优等品	一等品	合格品
重铬酸钾($K_2Cr_2O_7$)含量,%	≥99.7	≥99.5	≥99.0
硫酸盐(以 SO_4^{2-}计)含量,%	≤0.02	≤0.05	≤0.05
氯化物(以 Cl^-计)含量,%	≤0.050	≤0.050	≤0.080
钠(Na)质量分数,%	≤0.5	≤1.0	≤1.5
水分,%	≤0.030	≤0.050	≤0.05
水不溶物含量,%	≤0.010	≤0.020	≤0.030

用途 本品在化学工业中主要用于生产铬盐产品,如三氧化二铬等的主要原料,火柴

工业用作制造火柴头的氧化剂，搪瓷工业用于制造搪瓷瓷釉粉，玻璃工业用作着色剂，印染工业用作媒染剂，香料工业用作氧化剂等。

用于钻井液处理剂，具有与重铬酸钠相似的作用和用途，有利于提高钻井液和一些处理剂的高温稳定性。

安全与防护 有毒，最小致死量(兔，皮下)10mg/kg。对人有潜在致癌危险性。建议操作人员佩戴头罩型电动送风过滤式防尘呼吸器，穿聚乙烯防毒服，戴橡胶手套。

包装与储运 用内衬塑料袋的铁桶包装，每桶净质量 50kg、100kg。或用衬有二层聚乙烯塑料袋的编织袋包装，每袋净质量 40kg。包装上要有明显的“氧化剂”和“有毒品”标志。属二级无机氧化剂，应贮存在阴凉、通风、干燥的库房中。容器必须密封、防潮，不得与有机物、易燃物、强酸共贮混运。运输时防雨淋和烈日暴晒。装卸时要小心轻放，防止铁桶碰撞。

第二节 有机化学剂

1.二甲基二烯丙基氯化铵

分子式 $C_8H_{17}NCl$

结构式

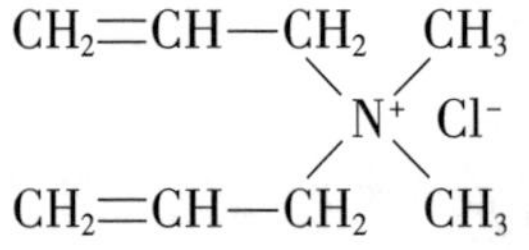

$$\begin{array}{ccc} CH_2{=}CH{-}CH_2 & & CH_3 \\ & \diagdown\ \diagup & \\ & N^+\ Cl^- & \\ & \diagup\ \diagdown & \\ CH_2{=}CH{-}CH_2 & & CH_3 \end{array}$$

相对分子质量 162.69

理化性质 二甲基二烯丙基氯化铵(DMDAAC)为季胺盐、高电荷密度的阳离子单体，含微量氯化钠和其他杂质(可控范围)，为白色或微黄色结晶，极易吸潮，可溶于水，不溶于丙酮、二氯甲烷、苯、甲苯等，对皮肤刺激性小，低毒。DMDAAC 水溶液为无色透明、无刺激性气味的液体，稍有稠度。由于分子中含有双键和阳离子季胺基团，可以和许多不饱和单体进行共聚，共聚物在水溶液中带有正电荷，生成阳离子型或两性离子型聚合物，是用于生产油田化学品的重要原料之一。由于共聚物具有较好的水解稳定性和耐温抗盐性能，采用本品与其他单体的共聚物可用于耐温抗盐的钻井液处理剂、油井水泥外加剂、酸化压裂添加剂和驱油剂。DMDAAC 在常温下十分稳定，不水解、不易燃。目前市场上通常以水溶液的形式出售。DMDAAC 聚合时可以得到如下两种不同结构的聚合物：

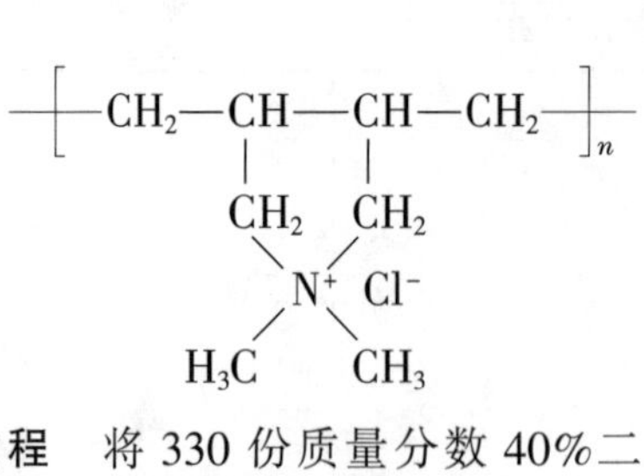

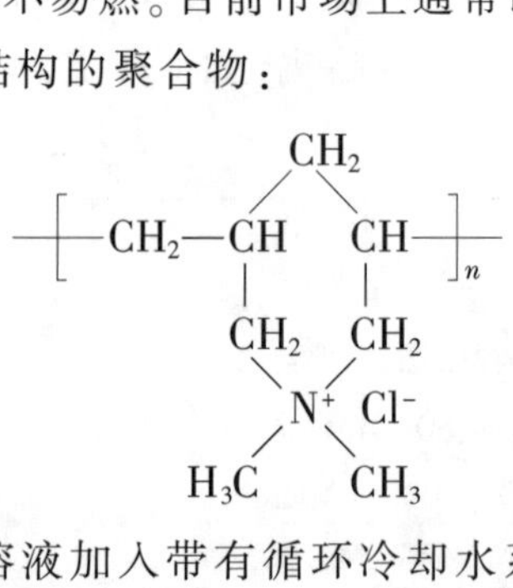

$$\left[CH_2{-}\underset{\substack{|\\ CH_2}}{CH}{-}\underset{\substack{|\\ CH_2}}{CH}{-}CH_2 \right]_n \quad (\text{两个 } CH_2 \text{ 连接 } N^+Cl^-,\ N \text{ 上连 } H_3C \text{ 和 } CH_3)$$

$$\left[CH_2{-}CH\quad CH \right]_n \quad (\text{两个 } CH \text{ 之间由 } CH_2 \text{ 桥连，各自经 } CH_2 \text{ 连接 } N^+Cl^-,\ N \text{ 上连 } H_3C \text{ 和 } CH_3)$$

制备过程 将 330 份质量分数 40%二甲胺的水溶液加入带有循环冷却水系统的反应釜中，降温至 20℃以下，然后慢慢加入 125 份氢氧化钠(先用 125 份水配成溶液)，待氢氧化钠溶液加完后，降温至 10℃以下，然后从烯丙基氯加料罐慢慢加入 492 份烯丙基氯(当烯丙基氯加入量至 1/3 时，使体系的温度至 15℃，当烯丙基氯加入量 2/3 体系的温度为 20℃，在

25℃以下加完剩余的烯丙基氯),待烯丙基氯加完后,将体系升温至45℃,在此温度下回流反应6~8h;待反应时间达到后,将所得反应产物冷却至15℃以下,过滤除去生成的氯化钠,滤液转移至蒸馏釜进行减压浓缩,待浓缩至一定程度后,趁热过滤以除去副产的氯化钠;在所得滤液中加入一定量的蒸馏水,使固含量控制在60%以上,出料、包装,即得聚合级的二甲基二烯丙基氯化铵溶液。

质量指标 本品主要技术要求见表2-38。

表2-38 DMDAAC产品技术要求

项目	指标	项目	指标
外观	淡黄色黏稠液体	氯化钠,%	≤0.5
有效物,%	≥60.0	铁含量/10^{-6}	≤10.0
pH值	3~7		

用途 DMDAAC作为阳离子单体,可均聚或与其他乙烯基单体共聚,由于聚合物具有季铵基团,因而具有极强的极性和对阴离子性物质的亲和力。广泛应用于油田助剂、污水处理、印染、造纸、日用化工以及制药、纺织、皮革等行业。

本品可用于生产两性离子型的耐温抗盐聚合物钻井液降滤失剂、油井水泥降滤失剂、调剖堵水剂、酸化压裂稠化剂、水处理用絮凝剂和耐温抗盐的聚合物驱油剂。

在钻井液完井液中可直接用作黏土稳定剂,与氯化铵配合使用效果更佳。用作黏土稳定剂时,其加量一般为0.1%~0.5%。

安全与防护 低毒,防止接触眼睛、皮肤,使用时戴橡胶手套。生产所用原料有毒,保持生产车间良好的通风。

包装与储运 本品采用塑料桶包装。本品容易自动聚合,为防止聚合应储存在阴凉、低温、干燥的仓库中。运输中防止暴晒和受热。

2.二乙基二烯丙基氯化铵

分子式 $C_{10}H_{21}NCl$

结构式

$$\begin{matrix} CH_2{=}CH{-}CH_2 & & CH_2CH_3 \\ & \diagdown\ \diagup & \\ & N^{+}\ Cl^{-} & \\ & \diagup\ \diagdown & \\ CH_2{=}CH{-}CH_2 & & CH_2CH_3 \end{matrix}$$

相对分子质量 190.74

理化性质 二乙基二烯丙基氯化铵(DEDAAC)为白色或微黄色结晶,熔点140~148℃,折射率1.460。极易吸潮,可溶于水,不溶于丙酮、二氯甲烷、苯、甲苯等有机溶剂。由于分子中含有双键和阳离子季胺基团,可以和许多不饱和单体进行共聚,共聚物在水溶液中带有正电荷,生成阳离子型或两性离子型聚合物,是近年来用于生产新型油田化学品的重要原料之一。由于共聚物具有较好的水解稳定性和耐温抗盐性能,采用本品与其他单体的共聚物可用于耐温抗盐的钻井液处理剂、油井水泥外加剂、酸化压裂添加剂和驱油剂。

制备过程 将质量分数70%乙醇溶液、36.5份二乙胺和1/2配方量38.25份的氯丙烯加入高压釜中,密闭搅拌并加热,在60℃搅拌反应0.5h后,逐步加入100份质量分数30%氢氧化钠溶液,约0.5h加完,测定pH值,控制在7~8之间;加入38.25份氯丙烯,在60℃下继续搅拌反应2h；自然冷却至室温，放掉釜内残气，取出反应混合液，活性炭脱色，减压蒸馏去掉溶剂乙醇和水。将蜡状物用丙酮重结晶，真空干燥，得DEDAAC晶体。

质量指标 本品主要技术要求见表2-39。

表2-39 DEDAAC产品技术要求

项目	指标	项目	指标
外观	白色结晶	NaCl含量，%	≤0.3
纯度，%	≥95.5	铁含量/10^{-6}	≤10.0
水分，%	≤2.0		

用途 本品可用于生产两性离子型的钻井液降滤失剂、油井水泥降滤失剂、调剖堵水剂、酸化压裂稠化剂、水处理用絮凝剂和耐温抗盐的聚合物驱油剂。

在钻井液完井液中可直接用作黏土稳定剂。

在日用化学品、印刷、造纸和医药卫生等方面也具有广泛的用途。

安全与防护 低毒，防止皮肤和眼睛接触，使用时戴防护眼镜、橡胶手套。生产所用原料有毒，应保持生产车间具有良好的通风。

包装与储运 本品极易吸潮，采用内衬塑料袋、外用防潮牛皮纸袋包装。储存在低温、阴凉、干燥、通风的仓库中，防止受潮和雨淋。运输中防止暴晒和雨淋。

3.烯丙基三甲基氯化铵

分子式 $C_6H_{15}NCl$

结构式

$$CH_2{=}CH{-}CH_2{-}\overset{\displaystyle CH_3}{\underset{\displaystyle CH_3}{\overset{|}{\underset{|}{N^+}}}}{-}CH_3Cl^-$$

相对分子质量 136.635

理化性质 烯丙基三甲基氯化铵(TMAAC)为白色结晶，极易吸潮，可溶于水，不溶于丙酮、二氯甲烷、甲苯等有机溶剂。由于分子中含有双键和阳离子季胺基团，可以和许多不饱和单体进行共聚，生成阳离子型或两性离子型聚合物，所得共聚物在水溶液中带有正电荷，是近年来用于生产钻井液用两性离子型降黏剂(如XY-27)的重要原料之一。

制备过程 将76.5份烯丙基氯和300份丙酮加入反应釜中，然后通入三甲胺气体(通过加热190份质量分数33%三甲胺水溶液而得到)，反应过程中控制体系的温度小于40℃，当三甲胺气体通入量达到后，再在40~45℃下反应4~6h；反应时间达到后，将产物冷却至20℃以下，离心分离得到烯丙基三甲基氯化铵晶体，所得母液循环利用。

质量指标 本品主要技术要求见表2-40。

表2-40 TMAAC产品技术要求

项目	指标	项目	指标
外观	白色结晶	水分，%	≤2.0
纯度，%	≥95.5	铁含量/10^{-6}	≤20.0

用途 本品通过自聚或与AM、AA、AMPS等单体共聚，得到的阳离子、两性离子共聚

物,可用作钻井液降黏剂、降滤失剂和水处理用絮凝剂等。

本品可直接用作采油、注水的黏土稳定剂,与氯化铵配合使用效果更好,也可以直接用作钻井液黏土稳定剂和页岩抑制剂,但加量不能超过0.3%。

安全与防护 低毒,防止眼睛和皮肤接触,使用时戴护目镜和橡胶手套。生产所用原料有毒,丙酮易挥发,生产中注意通风和防火。

包装与储运 本品极易吸潮,采用内衬塑料袋、外用防潮牛皮纸袋包装,每袋净质量25kg。储存在低温、阴凉、干燥、通风的仓库中。运输中防止受潮和雨淋、防暴晒。

4.苯酚

分子式 C_6H_5OH

相对分子质量 94.11

理化性质 苯酚俗名石炭酸,是一种重要的基本有机合成原料。无色透明针状结晶。工业合成苯酚有时呈无色、微黄色或微红色,呈弱酸性。凝固点40.9℃,熔点43℃,沸点181.4℃,闪点79℃,燃点716℃。相对密度1.0708(25℃),折射率1.559(21℃)。微溶于水,易溶于苯、乙醇、乙醚、丙三醇(甘油)、液态二氧化碳,难溶于石蜡烃,几乎不溶于石油醚。

可吸收空气中水分并液化。有特殊臭味,极稀的溶液有甜味。腐蚀性极强。化学反应能力强,与醛、酮反应生成酚醛树脂、双酚A,与醋酐、水杨酸反应生成醋酸苯酯、水杨酸酯,还可进行卤代、加氢、氧化、烷基化、羧基化、酯化、醚化等反应。

制备过程 丙烯与苯在三氯化铝催化剂作用下生成异丙苯,异丙苯经氧化生成过氧化异丙苯,再用硫酸或树脂分解,同时得到苯酚和丙酮。

质量指标 本品执行国家标准GB/T 339—2001工业用合成苯酚标准,其主要质量指标见表2-41。

表2-41 苯酚产品质量指标

项目	指标		
	优等品	一等品	合格品
结晶点,℃	≥40.6	≥40.5	≥40.2
溶解试验[(1:20)吸光度]	≥0.03	≥0.04	≥0.14
水分,%	≤0.10		

用途 苯酚是重要的有机化工原料,可用于制取酚醛树脂、己内酰胺、双酚A、水杨酸、苦味酸、五氯酚、2,4-D、己二酸、酚酞 n-乙酰乙氧基苯胺等化工产品及中间体,在合成纤维、塑料、合成橡胶、医药、农药、香料、染料、涂料和炼油等工业中有着重要用途。

在钻井液中可以直接作为防腐剂使用,提高淀粉、纤维素等天然改性聚合物的抗温能力,也可以起到缓蚀作用。

苯酚是生产磺化酚醛树脂、高温稳定剂、堵漏剂的主要原料,也是地下交联化学堵漏剂和调剖堵水剂的原料或组分。

安全与防护 本品可燃,高毒,具强腐蚀性,可致人体灼伤。对环境有严重危害,对水体和大气可造成污染。苯酚对皮肤、黏膜有强烈的腐蚀作用,可抑制中枢神经或损害肝、肾功能。眼接触可致灼伤。使用时,戴防毒口罩、化学防护护目镜、橡胶手套,防止皮肤和眼睛接触。

包装与储运 用镀锌铁桶包装，每桶 200kg，贮存在低于 35℃、干燥、通风的库房中，远离火种、热源。运输中严禁日晒雨淋，隔离火源、热源，防止猛烈撞击。应与氧化剂、酸类、碱类、食用化学品分开存放，切忌混储混运。

5.甲酸钾

分子式 HCOOK

相对分子质量 84.11

理化性质 甲酸钾液体产品无色透明，饱和溶液密度为 1.58g/cm³。固体产品为白色结晶，极易吸潮，具有还原性，能与强氧化剂反应，密度为 1.91g/cm³，易溶于水，无毒无腐蚀。稍有甲酸气味。易溶于水和甘油，微溶于甲醇。25℃时溶解度为 310g/100g 水，熔点 253℃(无水物)。

制备过程 用氢氧化钾与一氧化碳在水中加热、加压条件下作用而得。也可用甲酸与碳酸钾作用而得。

质量指标 钻井液用甲酸钾主要技术要求见表 2-42。

表 2-42 钻井液用甲酸钾技术要求

项 目	指 标			
	50%溶液	70%溶液	74%溶液	固 体
外 观	浅色液体	浅色液体	浅色液体	浅色结晶
甲酸钾(HCOOK),%	≥50.0	≥70.0	≥74.0	≥96.0
氢氧化钾(KOH),%	≤0.1	≤0.4	≤0.4	≤0.5
碳酸钾(K_2CO_3),%	≤0.1	≤0.4	≤0.4	≤0.5
氯化钾(KCl),%	≤0.2	≤0.2	≤0.2	≤0.2
水分(H_2O),%				≤1.2
pH值(1+10)	9~11	9~11	9~11	
pH值(50g/L)				9~11
密度(20℃)/(g/cm³)	≥1.30	≥1.50	≥1.57	
饱和水溶液密度(20℃)/(g/cm³)				≥1.58

注：饱和盐水的密度在用户要求时测定。

用途 本品可用作融雪剂、制革伪装酸、印染还原剂、水泥浆早强剂以及用于矿山开采、电镀及农作物的叶面肥等。

在钻井液方面，由于甲酸钾具有较强的抑制黏土和页岩水化分散的能力，用于配制无固相钻井液、完井液、修井液。用甲酸钾配制的钻井液体系，具有强抑制、配伍性好、环境保护、油层保护等突出优点。

甲酸钾作为钻完井液基液的加重剂具有以下特点：

① 甲酸钾在水中的溶解度很大，甲酸钾的饱和溶液质量分数可达 76%，且溶解迅速。

② 甲酸钾水溶液活度低。甲酸盐可实现较低的水溶液活度，在半透膜存在的条件下，钻完井液的活度是保持地层稳定的重要因素。通常 NaCl 和 $CaCl_2$ 在浓度达到 30%~40%左右基本达到饱合，而甲酸钾的溶解度更高，可达 76%以上，从而表现出可实现更低的溶液

活度，从而具有更好的抑制作用，有利于井壁的稳定。

安全与防护 大鼠经口 LD_{50} 为 5500mg/kg，强热时分解出氢气。刺激眼睛、呼吸系统和皮肤。使用时戴防毒口罩、化学护目镜和橡胶手套。

包装与储运 74%液体产品：200L 塑料桶包装，质量 320kg；96.0%固体产品：采用内衬塑料袋、外用塑料编织袋包装，每袋净质量 50kg。运输时应防雨、防晒，防止和酸类物质、氧化物质混装。存储在阴凉、通风、干燥的库房内，防水、防潮，与碱类物质、氧化性物质分开。

6.醋酸钾

分子式 CH_3COOK

相对分子质量 98.14

理化性质 醋酸钾，别名乙酸钾，为白色结晶粉末，无臭或略带有醋酸气味，有咸味，易吸潮。低毒，可燃。熔点 292℃，密度(25℃)为 1.570g/cm³，折射率(20℃)1.370，溶解度 2694g/L(25℃)。溶液对石蕊显碱性，对酚酞不显碱性。极易溶于水、甲醇和乙醇，不溶于乙醚。属于重要的钻井液完井液用有机盐之一。

制备原理 由冰醋酸和氢氧化钾直接反应制得。

质量指标 本品主要技术指标见表 2-43。

表 2-43 醋酸钾产品技术指标

项 目	指 标	项 目	指 标
醋酸钾(以 CH_3COOK 干燥品计)含量，%	≥99.0	氯化物(以 Cl^- 计)含量，%	≤0.05
pH值(5%水溶液)	7.5~8.5	硫酸盐(以 SO_4^{2-} 计)含量，%	≤0.01
砷(As)含量/10^{-6}	≤4	干燥失重(150℃)，%	≤2.0
镁(Mg)含量，%	≤0.01	重金属(Pb 计)含量，%	≤0.001

用途 本品在食品工业中用作缓冲剂、中和剂、防腐剂、护色剂(动植物天然色保护剂)，在医药上可以用作医药辅料，还可以作融雪剂，对减少雪灾伤害有好处，也可用作化学试剂、制备无水乙醇及聚氨酯、保温材料、玻璃钢工业作催剂、助剂、填加剂等。

在钻井液中可以用作黏土和页岩水化抑制剂。用于配制钾基钻井液，即醋酸钾钻井液体系。用醋酸钾代替氯化钾配制钾基钻井液体系，主要是为了解决处理剂的抗盐问题，当钻井液中氯化钾含量高时，一些常用的处理剂，如聚阴离子纤维素和丙烯酸多元共聚物等，控制滤失量的能力下降；在氯化物盐水中，大多数聚合物处理剂的黏度都会不同程度的下降，要保证钻井液的性能就必须加大处理剂加量。而醋酸钾不含 Cl^- 又可以完全溶解于淡水或盐水中，提供的钾离子浓度高，且与所有的处理剂都有良好的配伍性，故醋酸钾给钾基钻井液体系的使用以更大的灵活性，既消除了 Cl^- 的不利影响，提高了使用效率，又有利于保护环境。如由醋酸钾、海泡石、乙烯基磺酸盐聚合物等组成的钾基钻井液，抗固相污染能力强，加入 15%的页岩粉，塑性黏度和动切力变化不大，热稳定性好，同时具有较强的抗污染能力。现场应用中表现出了良好的流变性，滤失量低，性能稳定，抑制性强，井眼稳定，井下复杂少[14]。

醋酸钾也可以用于配制无固相有机盐钻井液完井液。有机盐钻井液是近年发展起来的一种新型无固相水基钻井液体系。它是基于低碳原子(C_1~C_6)碱金属有机酸盐(甲酸铯、乙酸钾、柠檬酸钾、酒石酸钾)、有机酸铵盐(乙酸铵、柠檬酸铵、酒石酸铵)、有机酸季铵盐的钻井液完井液体系。有机盐钻井液具有防塌抑制性能好、保护油气层、腐蚀性低、环保及可回收再利用的特点,加之其具有低固相,高密度的特性,有利于提高机械钻速。

安全与防护 低毒。刺激眼睛、呼吸系统和皮肤。使用时戴防毒口罩、化学护目镜和橡胶手套。

包装与储运 本品采用内衬塑料袋、外用木桶或硬纸盒包装,每桶净质量25kg。贮存在阴凉、通风、干燥的库房中,防止受潮。储存时避免潮湿、加热、火源、自燃物体及强氧化剂。运输中防止暴晒、雨淋。

7.柠檬酸钾

分子式 $C_6H_5K_3O_7 \cdot H_2O$

相对分子质量 324.41

理化性质 柠檬酸钾,别名枸橼酸钾、柠檬酸三钾、2-羟基丙烷-1,2,3-三羧酸钾。无色结晶或白色结晶性粉末,密度1.98g/cm^3,加热至230℃融化并分解,有吸湿性,易溶于水,缓溶于甘油,不溶于醇,味咸而凉。25℃溶解度为1670g/L。

制备方法 柠檬酸与氢氧化钾反应得到。

质量指标 本品主要技术指标见表2-44。

表2-44 柠檬酸钾产品指标

项 目	指 标	项 目	指 标
外 观	白色或微黄色粉末	重金属(以Pb计),%	≤0.002
柠檬酸钾(干燥后,以$C_6H_5K_3O_7$计),%	≥99.0	硫酸盐(以SO_4^{2-}计)/10^{-6}	≤1000
干燥失重,%	≤6.0	氯化物(以Cl^-计)/10^{-6}	≤200

用途 本品主要用作分析试剂,也可以用于食品、制药、复合肥料、造纸和镀金等领域。

在钻井液中用于提供钾离子,提高钻井液的抑制、防塌能力,减少Cl^-的不利影响。用于配制无固相有机盐钻井液和完井液。

安全与防护 无毒。避免长时间接触皮肤、眼睛。

包装与储存 本品采用内衬聚乙烯薄膜袋、外用双层牛皮纸或塑料编织袋包装,每袋净质量25kg。存放于阴凉、干燥、通风处,严禁与有毒物品混放。运输时应保持包装完整,防水、防潮。

8.柠檬酸铵

分子式 $C_6H_5O_7(NH_4)_3$

相对分子质量 243.22

理化性质 柠檬酸铵,别名柠檬酸三铵,白色潮解粉末或结晶,有氨味。熔点185℃(分解),易潮解。易溶于水,不溶于乙醇、乙醚和丙酮。水溶液呈酸性反应,加热至熔点即分解,低毒。

制备方法 柠檬酸与氨水反应得到。

质量指标 本品主要技术指标见表2-45。

表 2-45 柠檬酸铵产品指标

项 目	指 标	项 目	指 标
外 观	白色结晶粉末	水不溶物,%	≤0.01
含量,%	≥98.0	灼烧残渣,%	≤0.06

用途 本品主要用于化学分析、工业水处理、金属清洗、无氰电镀络合剂、陶瓷分散剂、洗涤剂原料及土壤改良剂组分。

在钻井液中可以提供铵离子,提高钻井液的抑制、防塌能力。作为有机盐用于配制有机盐或复合盐无固相钻井液完井液。

安全与防护 低毒,有刺激性。避免长时间接触皮肤和眼睛。

包装与储存 采用内衬聚乙烯薄膜袋、外用双层牛皮纸或塑料编织袋包装,每袋净质量25kg。应存放于阴凉、干燥、通风处。运输时应保持包装完整,防水、防潮。严禁与有毒物品混运和混放。

9.酒石酸钾

分子式 $C_4H_4O_6K_2 \cdot 1/2H_2O$

相对分子质量 235.27

理化性质 酒石酸钾为无色结晶或白色结晶性粉末,熔点155℃,沸点200~220℃,密度1.98g/cm^3,闪点200~220℃,易溶于水,其水溶液(100g/L)呈右旋性,难溶于乙醇。

制备方法 通过酒石酸与氢氧化钾反应得到。

质量指标 本品主要技术指标见表2-46。

表 2-46 酒石酸钾产品技术指标

项 目	指 标	项 目	指 标
外 观	无色或白色结晶粉末	水不溶物,%	≤0.1
$C_4H_4O_6K_2 \cdot 1/2H_2O$ 含量,%	≥98.0	pH值(25℃,50g/L)	7.0~9.0

用途 酒石酸钾广泛用于食品、医药、化工、轻工等行业。

在钻井液中可以提供钾离子,提高钻井液的抑制、防塌能力,也可以作为有机盐用于配制有机盐无固相钻井液完井液。

安全与防护 低毒。避免眼睛、皮肤接触。

包装与储存 采用内衬聚乙烯薄膜袋、外用双层牛皮纸或塑料编织袋包装,每袋净质量25kg。存放于阴凉、干燥、通风处。运输时应保持包装完整,防水、防潮。严禁与有毒物品混运和混放。

10.酒石酸铵

分子式 $C_4H_{12}N_2O_6$

相对分子质量 184.148

理化性质 酒石酸铵为无色结晶体。沸点(760mmHg)489.3℃,闪点249.7℃,相对密度为1.601(25℃)。易溶于水,在20℃水中溶解度为38.65%,在60℃水中溶解度为46.52%,极微溶于醇。加热分解,露置空气中缓慢放出氨而呈酸性反应。0.2mol/L的水溶液pH值为6.5。

有刺激性。

制备方法 可以采用酒石酸与碳酸铵作用而得。将酒石酸溶于水中，慢慢加入碳酸铵，直至溶液对酚酞呈弱碱性。煮沸20~30min，于水浴上蒸发，当出现结晶薄膜时迅速过滤，将滤液冷却，过滤，结晶体在40℃干燥，即得成品。产率为80%。

也可以使酒石酸和氨在乙醇中反应，将氨气通入酒石酸的乙醇溶液中，生成无定型粉末状沉淀。过滤，用乙醇和乙醚洗涤，干燥即得成品。

质量指标 本品主要技术指标见表2-47。

表2-47 酒石酸铵产品技术指标

项 目	指 标	项 目	指 标
外 观	无色结晶	灼烧残渣	≤0.02
含量，%	≥99.0	水不溶物，%	≤0.1

用途 本品可用于分析试剂和有机合成中间体以及制药工业等。

在钻井液中可以提供铵离子，提高钻井液的抑制、防塌能力，也可以作为有机盐用于配制无固相钻井液完井液。

安全与防护 低毒，有刺激性。避免接触眼睛、皮肤。

包装与储存 本品采用内衬塑料袋、外用防潮牛皮纸或塑料编织袋包装，每袋净质量25kg。储存在阴凉、干燥、通风处。运输时应保持包装完整，防水、防潮，防止暴晒。

11.甲醛

分子式 HCHO

相对分子质量 30.03

理化性质 甲醛俗名福尔马林，无色气体，有特殊的刺激气味。凝固点-92℃，沸点-19.5℃，着火温度300℃，气体相对密度1.067(空气为1)，液体相对密度0.815(-20℃)，临界温度137℃，临界压力65.6MPa，临界体积0.266g/mL。易溶于水和乙醚。水溶液的含量最高可达55%。工业品通常是40%(含8%甲醇)的水溶液，无色透明，具有窒息性臭味，呈中性及弱酸性反应。能燃烧。蒸气与空气形成爆炸混合物，爆炸极限为体积分数7%~73%。纯甲醛有强还原作用，特别是在碱溶液中。甲醛自身能缓慢进行缩合反应，特别容易发生聚合反应。

制备过程 甲醛可以采用不同方法制备，主要有以下几种：

① 甲醇氧化法。在600~700℃下，使甲醇、空气和水通过银催化剂或铜、五氧化二矾等催化剂，直接氧化生成甲醛，甲醛用水吸收得甲醛溶液。

② 天然气氧化法。在600~680℃下，使天然气和空气的混合物通过铁、钼等的氧化物催化剂，直接氧化生成甲醛，用水吸收得甲醛溶液。

③ 甲醇脱氢法。将甲醇蒸气在300℃时，通入铜或银的催化剂，甲醇脱氢而制得。甲醛气体吸收水含量达36%~40%，即为甲醛溶液。将市售甲醛溶液蒸馏去除杂质，并补充甲醇即为试剂甲醛溶液。

④ 二甲醚氧化法。采用合成气高压法合成甲醇副产的二甲醚为原料，以金属氧化物为催化剂氧化而成。

质量指标 本品执行国家标准GB/T 9009—2011工业用甲醛溶液，其指标见表2-48。

表 2-48 工业甲醛产品技术指标

项 目	指 标					
	50%		44%		37%	
	优等品	合格品	优等品	合格品	优等品	合格品
密度/(g/cm³)	1.147~1.152		1.125~1.135		1.075~1.114	
甲醛,%	49.7~50.5	49.0~50.5	43.5~44.4	42.5~44.4	37.0~37.4	36.5~37.4
酸(以 HCOOH 计),%	≤0.05	≤0.07	≤0.02	≤0.05	≤0.02	≤0.05
色度(hazen)	≤10	≤15	≤10	≤15	≤10	
铁,%	≤0.0001	≤0.0005	≤0.0001	≤0.0010	≤0.0001	≤0.0005
甲醇含量,%	≤1.5	供需双方协商	≤2.0	供需双方协商	供需双方协商	

用途 甲醛是一种重要的有机原料,主要用于塑料工业(如制酚醛树脂、脲醛塑料)、合成纤维(如合成维尼纶、聚乙烯醇缩甲醛)、皮革工业、医药、染料等。

在油田化学中主要用于生产(磺化)酚醛树脂、脲醛树脂以及其他磺化类处理剂的原料。本品可以直接用作钻井液杀菌剂等。

安全与防护 LD_{50} 为 800mg/kg(大鼠经口),2700mg/kg(兔经皮),LC_{50} 为 590mg/m³(大鼠吸入)。甲醛的主要危害表现为对皮肤黏膜的刺激作用,甲醛是原浆毒物质,能与蛋白质结合,高浓度吸入时出现呼吸道严重的刺激和水肿、眼刺激、头痛。皮肤直接接触甲醛可引起过敏性皮炎、色斑、坏死,吸入高浓度甲醛时可诱发支气管哮喘。高浓度甲醛还是一种基因毒性物质。其蒸气与空气形成爆炸性混合物,遇明火、高热能引起燃烧爆炸。若遇高热,容器内压增大,有开裂和爆炸的危险。使用时建议穿防护服,戴防毒面具、防护手套等,避免呼入和皮肤、眼睛接触。

包装与储运 采用衬防腐材料的 200L 铁桶包装,净质量 200~210kg。应贮存于阴凉、通风的库房中,21~25℃为宜。低于 10℃极易发生低聚,不易贮存过久。运输中防止暴晒,防止包装破损。

12.十二烷基三甲基氯化铵

分子式 $C_{15}H_{34}NCl$

结构式

$$\left[\begin{array}{c} CH_3 \\ | \\ C_{12}H_{25}—N^+—CH_3 \\ | \\ CH_3 \end{array}\right] Cl^-$$

相对分子质量 263.5

理化性质 十二烷基三甲基氯化铵简称 1231, 是一种多用途阳离子型季铵盐类表面活性剂。浅黄色胶体,相对密度 0.98,凝固点-10.5℃,闪点 60℃。含活性物 50%,其余为乙醇和水,可溶于水和乙醇,也可以溶于异丙醇水溶液。具有优良的渗透、乳化、抗静电及杀菌性能。化学稳定性良好,耐热、耐光、耐压、耐强酸强碱。与阳离子、非离子表面活性剂有良好的配伍性。

制备过程 由十二烷基二甲胺和氯甲烷反应而得。将 430kg 十二烷基二甲基叔胺加入反应釜中,加入一定量异丙醇和水,用碱作催化剂,压力釜经置换空气后,逐渐升温通入

111kg 氯甲烷，在 0.2~0.3MPa 压力下反应 4h。降温至釜内压力达到常压后，出料灌装。

质量指标 本品主要技术要求见表 2-49。

表 2-49 十二烷基三甲基氯化铵产品技术要求

项目	指标	项目	指标
外观	白色或淡黄色膏状物	活性物，%	≥50.0
色泽	≤400	游离胺，%	≤1.8
pH值(10%水溶液)	6.0~8.0		

用途 本品可用作硝基还原重排法制造对胺基苯酚的转移催化剂，还可利用它的乳化性生产建筑防水涂料乳化剂、护发素乳化剂、化妆品乳化剂、阳离子氯丁胶乳专用乳化剂、青霉素发酵工艺过程中的蛋白质凝聚剂，亦可用于生产合成纤维抗静电剂、乳胶工业的防黏剂和隔离剂、工农业用杀菌剂等。

本品作为阳离子表面活性剂，在钻井液中，主要用作抗高温油包水乳化钻井液的乳化剂。也可用于水基钻井液黏土稳定剂、杀菌剂。用作制备有机膨润土的原料。

安全与防护 刺激眼睛、呼吸系统和皮肤。使用时戴防毒口罩、化学防护眼镜、橡胶手套，防止和皮肤、眼睛接触。

包装与储运 塑料桶包装，每桶净质量 20kg。在运输和贮藏过程中，应小心轻放、防撞、防潮、以免损漏。避免与氧化物接触。储存于阴凉、通风的库房，远离火种、热源，防止阳光直射。保持容器密封。应与氧化剂、酸类分开存放，切忌混储。

13.十二烷基三甲基溴化铵

分子式 $C_{15}H_{34}NBr$

结构式

$$\left[\begin{array}{c} CH_3 \\ | \\ C_{12}H_{25}—N^{+}—CH_3 \\ | \\ CH_3 \end{array}\right] Br^-$$

相对分子质量 294.35

理化性质 本品是一种阳离子表面活性剂，白色粉末，熔点 246℃，溶于水。液体产品无色至微黄色胶体，固含量 47%~52%，易溶于水。

制备过程 向 1L 高压釜中加入 0.9mol 的十二烷基二甲基胺和 4.2mol 溴甲烷，在搅拌下加热至 100℃左右，加压至 1.32MPa 左右，在该条件下反应 10h，得成品。

质量指标 本品主要技术要求见表 2-50。

表 2-50 十二烷基三甲基溴化铵技术要求

项目	指标	项目	指标
外观	白色或淡黄色固状物	游离胺，%	≤2.0
活性物含量，%	70±2.0	pH值(1.0%水溶液)	6.0~8.0

用途 本品主要用作合成橡胶、硅油、沥青和氯丁胶乳沥青防水涂料的优良乳化剂，蚕室蚕具消毒剂，合成纤维抗静电剂，油田注水杀菌剂。

本品作为阳离子表面活性剂，在钻井液中，主要用作抗高温油包水乳化钻井液的乳化剂、润湿剂。也可以用作水基钻井液的黏土稳定剂、杀菌剂。用于制备有机膨润土的原料。

安全与防护 对水是极其危害的，即使是小量的产品渗入地下也会对饮用水造成危险,勿排入周围环境。使用时避免接触眼睛和皮肤。

包装与储运 采用内衬塑料的铁桶或塑料桶包装。贮存于阴凉、干燥、通风处,温度保持在40℃以下,严禁烟火,不得暴露于空气中及日光下。运输中避光、防热、防晒、防雨淋。

14.十二烷基二甲基苄基氯化铵

分子式 $C_{21}H_{38}NCl$

结构式

$$\left[\begin{array}{c} \quad\quad\quad CH_3 \\ \quad\quad\quad | \\ C_{12}H_{25}—N^+—CH_2—C_6H_5 \\ \quad\quad\quad | \\ \quad\quad\quad CH_3 \end{array}\right] Cl^-$$

相对分子质量 339.5

理化性质 十二烷基二甲基苄基氯化铵别名1227、苯扎氯铵、杀藻胺DDBAC,是一种阳离子表面活性剂,属非氧化性杀菌剂,具有广谱、高效的杀菌灭藻能力,能有效地控制水中菌藻繁殖和黏泥生长,并具有良好的黏泥剥离作用和一定的分散、渗透作用,同时具有一定的去油、除臭能力和缓蚀作用。微溶于乙醇,易溶于水,水溶液呈弱碱性。摇震时产生大量泡沫。长期暴露空气中易吸潮。静止贮存时,有鱼眼珠状结晶析出。其性质稳定,耐光、耐压、耐热、无挥发性。通常工业品是含40%或50%有效成分的水溶液,呈无色或浅黄色黏稠液体,有芳香气味并带苦杏仁味。含有效成分50%的产品相对密度0.980,黏度为60mPa·s,pH值为6~8。

制备过程 先将304份十二烷基二甲基叔胺和250份水在搅拌下加入反应釜中,加热升温使反应釜内温度为75~80℃,然后缓慢加入157份氯化苄(控制适当的加料速度,以保证温度不超过80℃),待氯化苄加完后,继续升温至110℃,在此温度下保温反应2h,然后降温至40℃,加入9份pH值调整剂,使产品pH值(1%水溶液)为6~8,然后加入280份水,搅拌均匀。冷却至30℃,即得成品。

质量指标 本品执行HG/T 2230—2006水处理剂十二烷基二甲基苄基氯化铵标准,外观为无色或淡黄色黏稠透明液体、无沉淀,其技术指标见表2-51。

表2-51 十二烷基二甲基苄基氯化铵产品技术指标

项目	指标		
	优等品	一等品	合格品
活性物含量,%	44~46	44~46	44~46
铵盐含量,%	1.5	2.5	4.0
色泽(Hazen)	100	200	500
pH值(1%水溶液)	6.0~8.0	6.0~8.0	6.0~8.0

用途 十二烷基二甲基苄基氯化铵是一种阳离子表面活性剂,广泛应用于石油、化工、电力、纺织等行业的循环冷却水系统中,用以控制循环冷却水系统菌藻滋生,尤其是对杀灭硫酸盐还原菌有特效。可作为纺织印染行业的杀菌防霉剂及柔软剂、抗静电剂、乳化剂、

调理剂等。

本品在钻井液中主要用作水基钻井液杀菌剂,兼具黏土稳定剂。也可以用作抗高温油包水乳化钻井液的乳化剂。

安全与防护 略有杏仁味,对皮肤无明显刺激,接触眼睛和皮肤时,用水冲洗即可。

包装与储运 采用镀锌铁桶或塑料桶包装,每桶净质量200kg或25kg,贮存于阴凉、干燥、通风处,环境温度保持在40℃以下,严禁烟火,不得暴露于空气中及日光下。运输中避光、防热、防晒、防雨淋。

15.十二烷基二甲基苄基溴化铵

分子式 $C_{21}H_{38}NBr$

结构式

$$\left[C_{12}H_{25}-\overset{\displaystyle CH_3}{\underset{\displaystyle CH_3}{\overset{|}{\underset{|}{N^+}}}}-CH_2-C_6H_5 \right] Br^-$$

相对分子质量 384.51

理化性质 本品为无色或淡黄色固体或胶状液体,易溶于水或乙醇,有芳香气,味极苦,具有洁净、杀菌作用,杀菌力为苯酚的300~400倍。具有典型阳离子表面活性剂的性质,其水溶液强力震荡时能产生大量泡沫。有良好的分散、剥离黏泥作用,性质稳定,耐光、耐热,无挥发性,可长期储存。

制备过程 以十二醇和溴化氢为原料,合成溴十二烷,再与由氯苄与二甲胺反应生成的*N*,*N*-二甲基苄基胺(叔胺)反应,得到本品。

此外,用十二醇和二甲胺制十二叔胺后,与溴化苄反应也可制得成品。

质量指标 十二烷基二甲基苄基溴化铵为无色或淡黄色固体,溴化十二烷基二甲基苄基铵含量≥95%,相对密度(25℃)0.96~0.98。

用途 本品为阳离子表面活性剂之一,具有洁净、杀菌消毒和灭藻作用,广泛用于杀菌、消毒、防腐、乳化、去垢、增溶等方面,是迄今工业循环水处理常用的非氧化性杀菌剂、黏泥剥离剂和清洗剂之一。在用于循环水系统的微生物控制与清洗时,本品与十二烷基二甲基苄基氯化胺具有相似的性能,但由于分子中溴原子代替了氯原子,其杀生性能比十二烷基二甲基苄基氯化胺更强些。在10mg/L有效物的用量下,本品对异养菌的杀灭率为98.9%,而十二烷基二甲基苄基氯化胺对异养菌的杀灭率为98.3%。

本品在钻井液中主要用作水基钻井液杀菌剂,兼具黏土稳定剂。也可以用作抗高温油包水乳化钻井液的乳化剂。

安全与防护 本品毒性低,毒性低于十二烷基二甲基苄基氯化铵,也远低于氯酚类药剂。对组织无刺激,无累积性毒性,大鼠口服LD_{50}为400mg/kg,鱼类LD_{50}为15.0mg/kg。接触皮肤时,用水冲洗即可。

包装与储运 采用塑料桶或内衬塑料的铁桶包装,净质量分别为50kg或200kg,储运过程中应按放置方向小心轻放,严禁撞击。贮存于阴凉、干燥、通风处,储存期2年。运输中避光、防热、防晒、防雨淋。

16.十六烷基三甲基氯化铵

分子式 $C_{19}H_{42}NCl$

结构式

$$\left[\begin{array}{c} CH_3 \\ | \\ C_{16}H_{33}—N^+—CH_3 \\ | \\ CH_3 \end{array}\right] Cl^-$$

相对分子质量 320.001

理化性质 十六烷基三甲基氯化胺为白色粉末或白色膏体,可溶于水,易溶于甲醇、乙醇、异丙醇等醇类溶剂。震荡时产生大量泡沫,与阳离子、非离子、两性表面活性剂有良好的配伍性。化学稳定性好,耐热、耐光、耐压、耐强酸强碱,具有优良的渗透、柔化、乳化、抗静电、生物降解性及杀菌等性能。

制备过程 由650份十六烷基二甲基胺和150份氯甲烷在300份有机溶剂乙醇中进行季铵化反应制得。

质量指标 本品主要技术指标见表2-52。

表2-52 十六烷基三甲基氯化铵技术指标

项 目	指 标		
	一级品	二级品	三级品
外 观	无色或微黄色膏状体或固体	无色或微黄色膏状体或固体	无色或微黄色膏状体
有效物含量,%	≥95.0	≥75.0	≥50.0
pH值(1%水溶液)	7~8	7~8	7~8

用途 本品是用途广泛的相转移催化剂,用于医药合成和精细化工合成,可用于沥青乳化及防水涂料乳化,玻璃纤维柔软加工、硅油乳化剂、医药工业助剂、护发素化妆品乳化调理、皮革化工助剂、乳液起泡剂、织物纤维柔软抗静电、涤纶真丝化助剂、有机膨润土的覆盖剂、蛋白质絮凝及水处理絮凝、蚕室蚕具消毒剂及洗涤消毒杀菌等。

本品主要用作阳离子表面活性剂,可以作为钻井液杀菌剂、黏土稳定剂等,还可以制备有机膨润土。油田化学中除用作水基压裂液的杀菌剂外,还可用于缓蚀、缓速、润湿、凝结、防蜡和防膨,其加量为0.1%~0.2%。

安全与防护 小鼠经口 LD_{50} 为400mg/kg。吞食有害,刺激呼吸系统和皮肤,对眼睛有严重伤害。对水生生物有极高毒性,可能对水体环境产生长期不良影响。

包装与储运 本品采用塑料桶包装,每桶净质量50kg。储存于阴凉、通风、干燥的库房,远离火种、热源。应与氧化剂、酸类分开存放,切忌混储。运输中避光,防止暴晒和雨淋。

17.十八烷基三甲基氯化铵

分子式 $C_{21}H_{46}NCl$

结构式

$$\left[\begin{array}{c} CH_3 \\ | \\ C_{18}H_{37}—N^+—CH_3 \\ | \\ CH_3 \end{array}\right] Cl^-$$

相对分子质量 348.13

理化性质 十八烷基三甲氯化铵别名硬脂基三甲基氯化铵、氯化十八烷基三甲基铵、三甲基十八烷基氯化铵、1831，为白色或黄色固体或膏状体，*HLB* 值 15.7，闪点(开杯)180℃，表面张力(0.1%溶液)0.034N/m。易溶于异丙醇，可溶于水。1%水溶液的 pH 值为 6~8。震荡时产生大量泡沫。系季铵盐型阳离子表面活性剂，与阳离子、非离子、两性离子表面活性剂有良好的配伍性，协同效应显著。化学稳定性好，耐热、耐光、耐压、耐强碱强酸，具有优良的稳定性、渗透、柔化、抗静电及杀菌性能。

制备过程 由十八烷基叔胺与氯甲烷季铵化反应制得。将十八叔胺通入压力釜中，加适量的异丙醇作反应介质，再加入少量的氢氧化钠作催化剂。用氮气置换釜中空气后升温至 50℃，通入比理论量过量 1%(质量)的氯甲烷，封闭压力釜，在 0.5MPa 下反应 4h，反应结束。经脱盐处理后，用水稀释至所要求浓度，出料罐装即为成品。

质量指标 本品主要技术指标见表 2-53。

表 2-53 十八烷基三甲氯化铵产品技术要求

项 目	指 标	项 目	指 标
外 观	白色至淡黄色固体	游离胺含量，%	≤2.0
活性物含量，%	≥68	1%水溶液 pH 值	6.5~8.5

用途 本品用作纺织纤维的抗静电剂、柔软剂、软质洗涤剂，头发调理剂，沥青、橡胶和硅油的乳化剂，并广泛用于消毒杀菌剂。

本品作为阳离子表面活性剂，在钻井液中，主要用作抗高温油包水乳化钻井液的乳化剂。也可用于水基钻井液黏土稳定剂、杀菌剂。用作制备有机膨润土的原料。

安全与防护 刺激眼睛、呼吸系统和皮肤。使用时避免吸入及眼睛、皮肤接触。

包装与储运 采用塑料桶包装，每桶净质量 50kg。在运输和贮藏过程中，应小心轻放、防撞、防潮，以免损漏。避免与氧化物接触。储存于阴凉、通风、干燥的库房，远离火种、热源，防止阳光直射，保持容器密封。应与氧化剂、酸类分开存放，切忌混储。

第三节 天然化合物

1.松香酸

分子式 $C_{20}H_{30}CO_2$

结构式

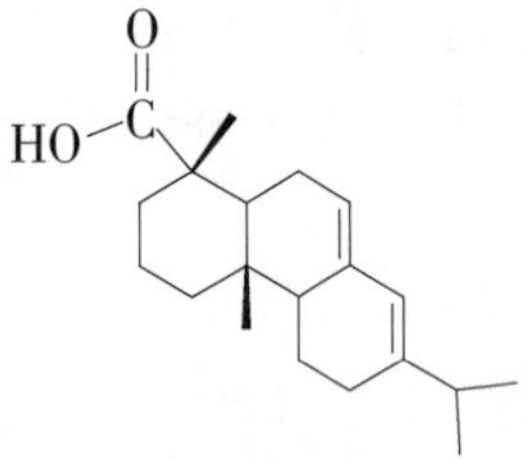

相对分子质量 302.457

理化性质 松香酸为微黄至黄红色透明、硬脆、有松脂气味的玻璃状固体。软化点(环球法)72~74℃，熔点 159~169℃，沸点约 300℃，闪点约 216℃，着火点 480~500℃，相对密度

1.067(20℃),折射率 1.5453(20℃),玻璃化温度约 30℃。不溶于水,微溶于热水,易溶于乙醇、乙醚、丙酮、苯、二氯乙烷、二硫化碳、松节油、石油醚、汽油等有机溶剂,并溶于油类和碱溶液。本品极细粉尘与空气的混合物具有爆炸性。完全燃烧时需氧系数为 2.816。

制备过程 将松脂放在铜或铝锅中,外面用火直接加热,熔融蒸煮松脂,靠滴入水进行水蒸气蒸馏。蒸出松节油后,于 210℃左右放出松香酸。

质量指标 本品主要技术要求见表 2-54。

表 2-54 松香酸技术要求

项 目	指 标	项 目	指 标
外 观	黄棕色结晶或膏状物	净脂油含量,%	35~38
纯度,%	≥75.0	水含量,%	≤0.5
熔点/℃	159~169		

用途 松香酸用于发酵工业,并且可用作肥皂和造纸工业的填料。松香酸的酯(如甲酯、乙烯醇酯和甘油酯)用于油漆和清漆,也用于肥皂、塑料和树脂。经过松香酸处理的颜料,广泛用于油墨着色中。

在钻井液中,可用于生产钻井液润滑剂的原料、油基钻井液乳化剂等。其皂化产物可以在水基钻井液中起乳化、起泡和润滑作用。松香酸钙可以用作油基钻井液的乳化剂和增黏剂。也可以作为制备油基钻井液乳化剂和水基钻井液暂堵剂的原料。

将松香加氢制得氢化松香,可以进一步提高其热稳定性。由松香酸催化氨化先制松香腈,再加氢制得松香胺,可以作为油基钻井液处理剂制备的原料。

安全与防护 松香酸虽无剧毒,但其浓密蒸气可引起头痛、晕眩、咳嗽、气喘等急性中毒症状。生产时建议操作人员佩戴自吸过滤式防毒面具(半面罩),戴化学安全防护眼镜,穿防毒物渗透工作服,戴橡胶手套。

包装与储运 本品采用内衬纸袋的硬纸板箱或木箱包装,注意避光、避热,防止氧化变质。注意防火,远离氧化剂和酸碱物质。贮存于阴凉、通风、干燥的库房。运输中防火、防暴晒、防雨淋。

2.油酸

分子式 $C_{18}H_{34}O_2$

结构式 $CH_3(CH_2)_7CH{=}CH(CH_2)_7COOH$

相对分子质量 282.52

理化性质 油酸即顺式十八碳-9-烯酸,纯品为无色透明液体,在空气中颜色逐渐变深。工业品为黄色到红色油状液体,有猪油气味。熔点 13.2℃,沸点 286℃(1.33kPa),大气压下加热至 80~100℃易分解,相对密度 0.8905(25℃),折射率 1.463(18℃),1.4585(26℃),闪点 372℃(开杯)。几乎不溶于水,溶于乙醇、苯、氯仿、乙醚以及挥发性或不挥发油。置于空气中易被氧化成黄色甚至棕色。

制备过程 油酸主要来源于自然界,以甘油酯的形式存在于动植物油脂中。将油酸含量高的油脂经过皂化、酸化分离,即可得到油酸。也可以用棉油皂脚提取油酸,皂脚用水浴加热至 90℃,在搅拌下加入占皂脚量 40%的质量分数 10%的 $Ca(OH)_2$ 悬浮液,保温搅拌1h,

停止加热，冷却至室温用120号汽油洗涤钙皂，除去不皂化物，取出钙皂，加入清水，搅拌下加入占皂脚量30%的硫酸，搅匀，静置，分层，收集上层脂肪酸，用砂浴加热，先减压蒸馏出水分，183~185℃下收集冷凝器分出的产物，得淡黄色油状油酸。

质量指标 本品执行QB/T 2153—2010工业油酸标准，技术指标见表2-55。

表2-55 工业油酸产品技术指标

项目	指标		
	Y-4型	Y-8型	Y-10型
凝固点/℃	≤4.0	≤8.0	≤10.0
碘值/(g I_2/100g)	80~120		
皂化价/(mg KOH/g)	190~205		185~205
酸值/(mg KOH/g)	190~203		185~203
水分，%	≤0.3		
色泽(10%乙醇溶液)(Hazen)	≤200		
$C_{18:1}$含量①，%	≥70		

注：①$C_{18:1}$含量指顺(式)十八-9-烯酸的含量。

用途 油酸的铅盐、锰盐、钴盐是油漆催干剂，铜盐为渔网防腐剂，铝盐可作织物防水剂及某些润滑油的增稠剂。油酸经环氧化可制造环氧油酸酯(增塑剂)。毛纺工业用于制备抗静电剂和润滑柔软剂。木材工业用于制备抗水剂石蜡乳化液。经氧化制备壬二酸，是聚酰胺树脂(尼龙)的原料。也可用作农药乳化剂、润滑剂、印染助剂、工业溶剂、金属矿物浮选剂、脱模剂、油脂水解剂，用于制备复写纸、打字纸、圆珠笔油及各种油酸盐等。作为化学试剂，用作色谱对比样品及生化研究，核定钙、氨、铜，测定镁、硫等。在肝细胞中激活蛋白激酶。油酸的75%酒精溶液可以用作除锈剂。

可以直接用于水基钻井液润滑剂、乳化剂等，也可以用作油基钻井液乳化剂，是制备水基钻井液润滑剂和油基钻井液乳化剂和增黏剂的基本原料。

安全与防护 无毒。避免皮肤和眼睛接触。

包装与储运 采用镀锌铁桶包装，每桶净质量180kg。存放于阴凉、通风、干燥处，应与碱类、易燃易爆物品隔离，远离火源。运输中避免日晒、雨淋。

3.酸化油

化学成分 脂肪酸。

结构式 RCOOH

产品性能 酸化油是利用精炼动植物油产生的副产品(皂脚、油脚)经酸化分离后制得。酸化油本质上是脂肪酸，其中含有色素以及未酸化的甘油三酯(中性油)等多种成分。其中的脂肪酸是长链脂肪酸，碳链一般在12~24之间，其中以16~18为主。视油脂来源不同，酸化油存在饱和和不饱和碳链的不同分布。密度0.91~0.93g/cm³。

制备方法 油脂精炼厂所生产的副产品皂脚经过酸化处理得到。

质量指标 表2-56是酸化油一般技术要求，表2-57是几种不同类型的酸化油技术要求。

表 2-56 酸化油技术要求

项目	指 标	项目	指 标
色 度	3.5~4.0	甲醇含量,%	≤0.3
酸值/(mg KOH/g)	≥120	水溶性酸碱	0
含水量,%	≤0.2		

表 2-57 不同酸化油技术要求

项 目	指 标		
	菜籽酸化油	大豆酸化油	棉籽酸化油
外 观	微黄色油状	微黄色膏状或油状	微黄色油状
密度/(g/cm³)	0.91~0.93	0.92~0.93	0.92~0.935
酸值/(mg KOH/g)	120~135	120~135	120~137
皂化值/(mg KOH/g)	≥175	≥190	≥180
水分,%	≤3.0	≤3.0	≤3.0
杂质,%	≤5.0	≤4.0	≤5.0
油脂含量,%	≥92.0	≥92.0	≥90.0
pH值	≤3.0	≤3.0	≤3.0

用途 酸化油的主要工业用途是制造脂肪酸甲酯(生物柴油),也用于生产油酸。

在钻井液中可以作为乳化剂和润滑剂,也可以用于制备油酸酯润滑剂的主要原料。在油基钻井液中可以直接用作乳化剂,也可以作为油基钻井液乳化剂生产的原料。与油酸相比,具有成本低的优点。

安全与防护 无毒。避免皮肤和眼睛接触。

包装与储运 采用镀锌铁桶包装,每桶净质量180kg。应存放于阴凉、通风、干燥处,应与碱类、易燃易爆物品隔离,远离火源。运输中避免日晒、雨淋。

4.木质素磺酸钙

化学成分 木质素磺酸钙、糖分等。

结构式

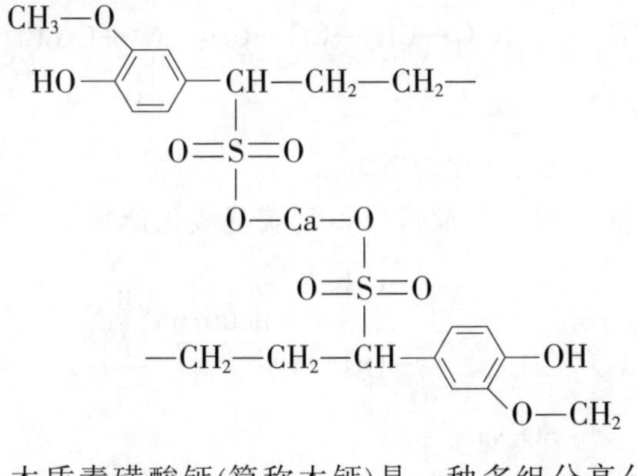

```
        CH3—O
HO—⟨苯环⟩—CH—CH2—CH2—
           |
         O=S=O
           |
           O—Ca—O
                |
              O=S=O
                |
   —CH2—CH2—CH—⟨苯环⟩—OH
                   |
                   O—CH2
```

理化性质 木质素磺酸钙(简称木钙)是一种多组分高分子聚合物阴离子表面活性剂,外观为浅黄色至深棕色粉末,略有芳香气味,相对分子质量一般在800~10000之间,具有很强的分散性、黏结性、螯合性。通常来自酸法制浆(或称为亚硫酸盐法制浆)的蒸煮废液,经喷雾干燥而成,可含有高达30%的还原糖。溶于水,但不溶于任何普通的有机溶剂。其1%

水溶液的 pH 值为 3~11。

制备过程 以亚硫酸钠纸浆废液为原料，经石灰水沉降，酸溶，过滤除杂，滤液浓缩而制得。

质量指标 本品主要技术要求见表 2–58。

表 2–58 木质素磺酸钙技术要求

项 目	指 标	项 目	指 标
外 观	棕黄色粉末	水分，%	≤7.0
木质素含量，%	≥50	pH值	4.5~6.5
水不溶物，%	≤2.0	还原物含量，%	8~13

用途 本品可用作混凝土减水剂、耐火材料、陶瓷、饲料黏合剂，还可用于精炼助剂、铸造、农药可湿性粉剂加工、型煤压制、采矿和选矿业的选矿剂以及道路、土壤、粉尘的控制、制革鞣革填料、炭黑造粒等方面。

在钻井液中，木质素磺酸钙可以直接用作表面活性剂、降黏剂、起泡剂和降滤失剂，也是制备 FCLS、SLSP 等产品的主要原料。如将木质素磺酸钙去除低相对分子质量的糖分后，聚合得到的相对分子质量为 50×10^4 的聚合木质素，可用于降滤失剂，在 177℃下保持稳定，能有效地降低钻井液的高温高压滤失量，且对钻井液的流变性无不良影响，同时还具有较强的抗盐、抗钙能力，不污染环境。

以木质素磺酸钙为原料，用硫酸经过离子交换除去钙，再用氢氧化钠中和制得木质素磺酸钠，从木质素磺酸钠出发，通过不同的化学反应，可以制备一些不同用途的产品。如木质素磺酸钠与环氧丙基三甲基氯化铵反应，可以得到季铵化产物：

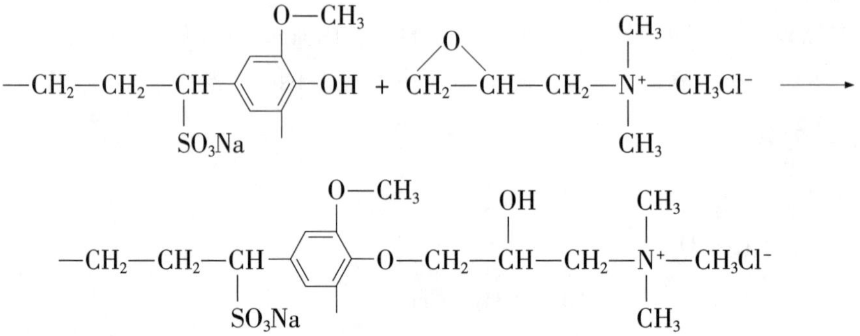

$$-CH_2-CH_2-\underset{SO_3Na}{CH}-C_6H_2(OCH_3)(OH)- + \overset{O}{CH_2-CH}-CH_2-N^+(CH_3)_2-CH_3Cl^- \longrightarrow$$

$$-CH_2-CH_2-\underset{SO_3Na}{CH}-C_6H_2(OCH_3)-O-CH_2-\underset{OH}{CH}-CH_2-N^+(CH_3)_2-CH_3Cl^- \quad (2\text{–}14)$$

上述产物可以用于絮凝剂、抑制剂、乳化剂等。

木质素磺酸钠与甲醛、长链烷基叔胺反应可以得到烷基胺化产物：

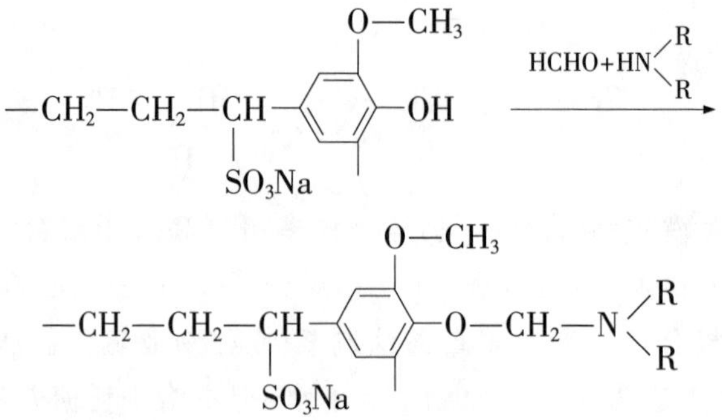

$$-CH_2-CH_2-\underset{SO_3Na}{CH}-C_6H_2(OCH_3)(OH)- \xrightarrow{HCHO+HNR_2}$$

$$-CH_2-CH_2-\underset{SO_3Na}{CH}-C_6H_2(OCH_3)-O-CH_2-NR_2 \quad (2\text{–}15)$$

上述产物可以用于油基钻井液或混油钻井液的乳化剂等。

安全与防护 无毒。避免与皮肤长期接触。防止粉尘吸入。

包装与储运 本品采用内塑料袋、外用塑料编织袋包装,每袋净质量25kg。存放于阴凉、干燥、通风处。长期存放不变质,如有结块,粉碎或溶解后不影响使用效果。运输中防止受潮和雨淋。

5.腐殖酸

化学成分 芳香羧酸的复杂混合物。

理化性质 腐殖酸一般是从低级别煤炭(泥炭、褐煤、风化煤)中提取出来的芳香羧酸的复杂混合物,其相对分子质量从一千多到四千多。腐殖酸是自然界中广泛存在的大分子有机物质,是动植物遗骸,主要是植物的遗骸,经过微生物的分解和转化以及地球化学的一系列过程造成和积累起来的一类有机物质。腐殖酸大分子的基本结构是芳环和脂环,环上有羧基、羟基、羰基、醌基、甲氧基等官能团。与金属离子有交换、吸附、络合、螯合等作用;在分散体系中作为聚电解质,有凝聚、胶溶、分散等作用。腐殖酸分子上还有一定数量的自由基,具有生理活性,可以发生中和、取代、磺化、氧化、络合等反应,并利用这些反应制备一系列钻井液处理剂,如腐殖酸钾、腐殖酸钠、磺化褐煤、腐殖酸酰胺等。

我国风化煤、褐煤和泥岩储量达 2000×10^8t,赋存腐殖酸40%~70%,为腐殖酸的利用提供了丰富的原料来源[15]。

制备过程 由褐煤制取。提取的方法是先用酸处理,脱去部分矿物质,再用稀碱溶液萃取,萃取液加酸酸化,得到腐殖酸沉淀。将所得沉淀物经过水洗、干燥、粉碎即得到腐殖酸产品。

质量指标 本品主要技术要求见表2-59。

表2-59 腐殖酸技术要求

项 目	指 标	项 目	指 标
外 观	褐色或棕色粉末	pH值	4~6
有机质(干基计),%	≥85.0	水分,%	≤10.0
腐殖酸(干基计),%	≥70.0	粒度(0.45mm孔径标准筛通过),%	≥95.0

用途 本品主要作为土壤改良剂、化肥增效剂、液体肥料的分散稳定剂、植物生长刺激剂、畜禽饲料添加剂、酿酒促酵剂、石油钻井液处理剂、水煤浆添加剂、选矿剂、陶瓷添加剂、水处理阻垢分散剂和缓蚀剂、离子交换剂、絮凝剂和鞣革剂等。

在钻井液中,由褐煤或腐殖酸与烧碱配制的煤碱液是最早应用的钻井液处理剂之一,随后不同改性产品逐步在钻井液中得到应用,并成为重要的钻井液处理剂,主要用作降滤失剂、降黏剂、高温稳定剂和防塌剂等。褐煤可以直接用于石灰、石膏和 $CaCl_2$ 钻井液的主处理剂。

本品为腐殖酸盐、磺化褐煤、褐煤树脂等褐煤类水基钻井液处理剂制备的基本原料。与有机胺反应制得的腐殖酸酰胺,可用于油基钻井液降滤失剂。

安全与防护 无毒。防止粉尘吸入。防止眼睛接触。

包装与储运 本品采用内衬塑料薄膜袋、外用聚丙烯编织袋包装,每袋净质量25kg。

存放于阴凉、通风、干燥处。运输中防止受潮和雨淋。

6.栲胶

化学成分 单宁酸和非单宁物质。

理化性质 栲胶是由富含单宁的植物原料经水浸提和浓缩等步骤加工制得的化工产品，是一类复杂的天然化合物的混合物，除了主要成分多元酚类化合物单宁之外，还有非单宁和不溶物。无定型粉末，味苦涩。有收敛性。溶于水、丙酮、甲醇、乙醇、醋酸乙酯等，不溶于无水乙醚、石油醚、氯仿、二硫化碳和甲苯等。由于原料不同，其组成也不同。一般在商品名前冠以原料名，如落叶松树皮栲胶、橡椀栲胶等，用以区别其组成、性质和用途。

栲胶溶于水，水溶液属半胶态体系，呈弱酸性，加食盐能发生盐析，不同栲胶的盐析度不同。味苦涩，遇明胶溶液产生沉淀。鞣制生皮时，栲胶溶液中的单宁与皮蛋白质(胶原)形成多点氢键结合，使生皮成革。栲胶中的单宁与金属离子结合，可形成部分溶解或部分不溶解的络合物。凝缩类栲胶中的单宁与甲醛缩合，可制成冷固性或热固性胶黏剂。单宁易氧化成醌类物质，使栲胶溶液颜色加深。栲胶与亚硫酸盐作用时，单宁分子中引入磺酸基，可使栲胶中不溶物含量减少，冷溶性提高，渗透速度和浅化颜色得到改进。是应用最早的降黏剂之一，缺点是抗温抗盐能力差，易起泡。

制备过程 生产时先将原料破碎，使大部分细胞壁破裂，以利于浸提时单宁的扩散和溶解。浸提液经真空蒸发浓缩和干燥，即得栲胶产品。为了使产品色浅易溶、渗透快，加工过程中除对原料和中间产品进行物理净化处理外，还可用化学剂(如亚硫酸钠等)处理。

质量指标 本品主要技术要求见表2-60。

表2-60 栲胶技术要求

项 目	指 标	项 目	指 标
外 观	褐色或棕红色粉末	水分，%	≤12.0
单宁的质量分数，%	≥68.0	沉淀，%	≤5.0
非单宁的质量分数，%	≤28.0	pH值	4.5~5.5
不溶物，%	≤4.0	总颜色	≤12.0

用途 本品可用作酚醛树脂胶黏剂的固化促进剂，加速固化过程，也可用作铸造、砂轮黏接剂、金属防锈剂、木材表面涂饰剂、锅炉除垢和防垢剂、皮革鞣制剂等。

在钻井液中，与氢氧化钠和氢氧化钾配成栲胶碱液用作淡水钻井液降黏剂和降滤失剂，钙处理钻井液的降黏剂。

以其为原料，通过磺甲基化、络合、接枝共聚、缩合等反应，可以制备不同用途的钻井液处理剂。

安全与防护 无毒。防止粉尘吸入。防止长期接触皮肤、眼睛。

包装与储运 本品采用内衬塑料薄膜袋、外用聚丙烯编织袋包装，每袋净质量25kg。存放于阴凉、干燥、通风处，长期存放不变质，如有结块，粉碎或溶解后不影响使用效果。运输中防止受潮和雨淋。

7.单宁酸

化学成分 五倍子单宁酸。

化学式 $C_{76}H_{52}O_{46}$

结构式

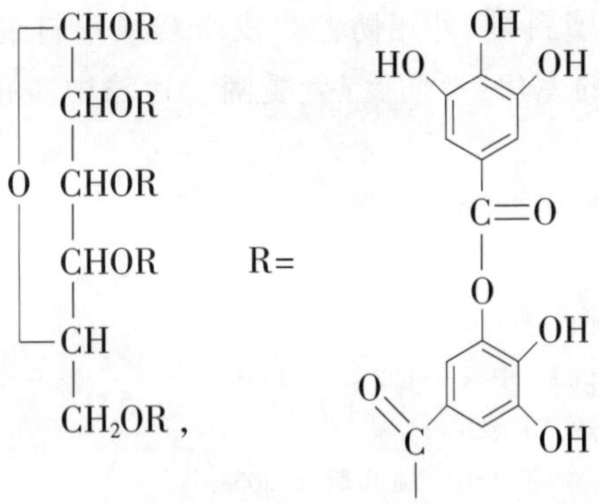

```
  ┌CHOR                 OH
  |  |              HO      OH
  | CHOR
  |  |
  O CHOR
  |  |                 C=O
  | CHOR        R=     |
  |  |                 O
  └CH                      OH
     |            O
    CH2OR ,        \\
                    C      OH
                    |
```

相对分子质量 1701.20

理化性质 单宁酸又称鞣酸、单宁、没食子鞣酸、鞣质，为淡黄色至浅棕色无定型粉末或松散有光泽的鳞片状或海绵状固体，暴露于空气中能变黑。无臭，微有特殊气味，具强烈的涩味，露置光和空气中色变深。可燃性物质。在210~215℃时熔融，并大部分分解为焦性没食子酸和二氧化碳。闪点187℃，自燃点526.6℃。溶于水，易溶于乙醇、丙酮和甘油，几乎不溶于乙醚、苯、氯仿和石油醚。在水溶液中可以用强酸或盐($NaCl$、Na_2SO_4、KCl)使之沉淀。在碱液中，易被空气氧化使溶液呈深蓝色。单宁酸为还原剂，能与白蛋白、淀粉、明胶和大多数生物碱反应生成不溶物沉淀。

单宁酸不是单一的化合物，化学组成比较复杂，是指由五倍子酸、间苯二酚、间苯三酚和其他酚衍生物组成的复杂混合物，常与糖类共存。大致分为两种：缩合单宁酸，是黄烷醇衍生物，分子中黄烷醇的2位通过碳—碳键与儿茶酚或苯三酚结合；可水解单宁酸，分子中具有酯键，是葡萄糖的没食子酸酯。后一种是常用的单宁酸。单宁酸的化学组分随原料来源而异，由中国五倍子得到的单宁酸含葡萄糖约12%；由土耳其五倍子得到的单宁酸含葡萄糖约16.5%。

制备过程 由野生植物五倍子等经浸取、真空蒸发浓缩、喷雾干燥而制得。

质量指标 本品可以参考国家标准GB 5308—1985工业单宁酸标准，其主要技术指标见表2-61。

表2-61 单宁酸技术指标

项 目	指 标	项 目	指 标
外 观	土黄色至棕红色粉末	水不溶物,%	≤0.6
单宁酸含量,%	≥81.0	总颜色	≤2.0
干燥失重,%	≤9.0		

用途 本品在工业上大量应用于鞣革与制造蓝墨水。也是重要的中药材。

在钻井液中，可以直接与氢氧化钾或氢氧化钠配成单宁碱液，用作钻井液降黏剂。单独或与褐煤配伍用于配制石灰钻井液和石膏钻井液等钙处理钻井液体系。

单宁酸是五倍子单宁酸钾、磺甲基五倍子单宁酸等产品生产的原料。也可以与烯类单体接枝共聚，制备接枝共聚物降黏剂或降滤失剂。还可以用作油井水泥缓凝剂。

安全与防护 低毒，小鼠经口 LD_{50} 为6000mg/kg。防止粉尘吸入。防止眼睛、皮肤长时间接触。

包装与储运 本品易吸潮，采用内衬塑料袋、外用防潮牛皮纸袋或塑料编织袋包装，每袋净质量25kg。贮存于阴凉、通风、干燥的库房，严防受热、受潮。运输中防止日晒、雨淋。

参考文献

[1] 王中华.油田化学品[M].北京：中国石化出版社，2001.

[2] 王中华，何焕杰，杨小华.油田化学品实用手册[M].北京：中国石化出版社，2004.

[3] 朱洪法，朱玉霞.无机化工产品手册[M].北京：金盾出版社，2008.

[4] 赵晨阳.化工产品手册：精细无机化工产品[M].5版.北京：化学工业出版社，2008.

[5] 赵晨阳.常用化工原料手册[M].北京：化学工业出版社，2015.

[6] 王光建.化工产品手册：无机化工原料[M].5版.北京：化学工业出版社，2008.

[7] 王延吉.化工产品手册：有机化工原料[M].5版.北京：化学工业出版社，2008.

[8] 严莲荷.水处理药剂及配方手册[M].北京：中国石化出版社，2004.

[9] 乐克强，薄胜民，王光建.无机精细化学品手册[M].北京：化学工业出版社，2001.

[10] 张克勤，陈乐亮.钻井技术手册(二)：钻井液[M].北京：石油工业出版社，1988.

[11] 郑家燊，赵景茂.聚合物钻井液的氧腐蚀及其控制[J].钻井液与完井液，1990，7(4)：17-24.

[12] 张春光，侯万国，孙德军，等.聚合物钻井液降黏机理的实验研究[J].钻井液与完井液，1991，8(3)：8-13，29.

[13] 夏俭英，谢一翔.钻井泥浆稀释剂的结构特点及其作用机理[J].油田化学，1986，3(2)：76-82.

[14] LOFTIN R E，SON A J.Well Drilling and Completion Fluid Composition：US，4440649[P].1984-04-03.

[15] 胡惠雯.腐殖酸：一种光荣绽放的美丽因子[N].中国化工报，2015-11-19(7).

第三章 降滤失剂

钻井液的滤失量密切关系到油气层保护、井壁稳定和高渗透渗滤面上厚滤饼的形成以及钻井液性能的稳定,因此在钻井中控制钻井液的滤失量非常重要。钻井液降滤失剂是指用来降低钻井液的滤失量、改善滤(泥)饼质量,提高钻井液胶体稳定性的化学剂。钻井液降滤失剂作为一类重要的油田化学品,在石油钻井中具有重要的地位,是维护钻井液性能稳定、改善钻井液流变性、减少有害液体向地层滤失以及稳定井壁、保证井径规则和保护油气层的重要钻井液处理剂。它对于安全高效钻井,防止钻井事故的发生有着重要的作用。

近年来,随着石油钻探向深部地层和海上发展,钻遇地层条件日趋复杂,为了满足复杂地层条件下钻井的需要,钻井工程对钻井液工艺技术提出了更高的要求,而钻井液降滤失剂是保证钻井液优良性能的关键,这便促使油田化学工作者不断开发新型钻井液降滤失剂产品。近十年来,国内在这方面开展了许多研究工作,其中一些研究已在现场应用中见到了明显的效果。就钻井液处理剂的品种来看,钻井液降滤失剂是一类用量最大、发展最快的钻井液添加剂,其中尤以聚合物类处理剂研究、开发和应用最多,如两性离子聚合物、阳离子聚合物、耐温抗盐聚合物和 AMPS 聚合物降滤失剂,其效果已经达到或超过世界先进水平,为钻井液工艺技术水平的提高奠定了基础。

钻井液降滤失剂主要有天然或天然改性高分子材料、合成树脂和合成聚合物以及不溶于水的惰性材料。

① 天然或天然改性高分子材料主要包括淀粉衍生物、纤维素衍生物、腐殖酸改性处理剂、木质素改性处理剂和栲胶改性处理剂等。

② 合成树脂主要有磺化酚醛树脂及改性产品、磺化酚脲醛树脂类以及磺化酚醛树脂与褐煤、磺化木质素、磺化栲胶等天然材料的缩合或交联改性产物。

③ 合成聚合物主要有聚丙烯腈水解物,聚丙烯酰胺和水解聚丙烯酰胺,丙烯酸、丙烯酰胺多元共聚物,AMPS 等单体多元共聚物,丙烯酸、丙烯酰胺、AMPS 等与阳离子单体共聚得到的两性离子聚合物等。

④ 惰性降失水剂主要有沥青类、白炭黑、碳酸钙粉末和纤维素粉等。

本章重点介绍一些常用的和成熟的处理剂产品,主要包括天然材料改性处理剂,聚合物处理剂和合成树脂类处理剂,既有纯粹的合成化合物也有复配或复合反应产品。对于惰性降滤失剂,由于其降滤失作用只是辅助功能,将结合其主体功能在有关章节介绍[1~7]。

第一节 纤维素衍生物

纤维素是由许多环式葡萄糖单元构成的长链状高分子化合物,以纤维素为原料可以制得一系列钻井液降滤失剂,其中使用最多的是钠羧甲基纤维素(Na-CMC)和羟乙基纤维素

(HEC)。此外，还有一种取代度均匀、相对分子质量较高的聚阴离子纤维素(PAC)，PAC 可以很容易地分散在各种类型的水基钻井液中，从淡水直至饱和盐水钻井液均可适用。在低固相聚合物钻井液中，PAC 能够显著地降低滤失量并减薄泥饼厚度，并对页岩水化膨胀具有较强的抑制作用。

1.羧甲基纤维素

化学成分 羧甲基纤维素钠盐。

结构式

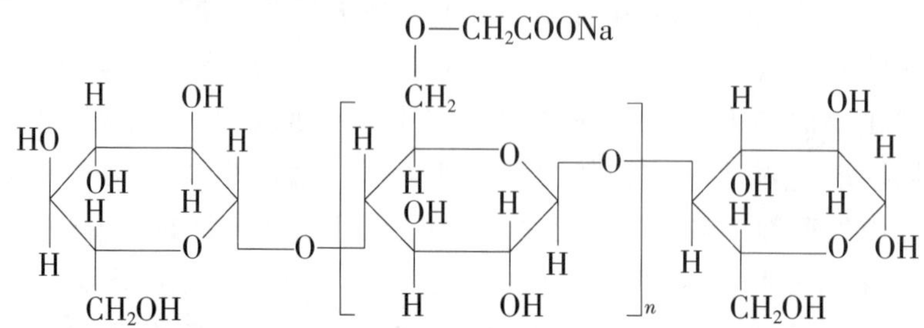

产品性能 羧甲基纤维素钠(Na-CMC 或 CMC)是由许多葡萄糖单元构成的长链状高分子化合物，属阴离子型纤维素醚类，外观为白色或微黄色絮状纤维粉末或白色粉末，无臭无味，无毒；易溶于冷水或热水，形成具有一定黏度的透明溶液。溶液为中性或微碱性，不溶于乙醇、乙醚、异丙醇、丙酮等有机溶剂，可溶于含水 60%的乙醇或丙酮溶液。固体 CMC 对光及室温均较稳定，在干燥的环境中，可以长期保存。CMC 具有吸湿特性，其吸湿程度与大气温度和相对湿度有关，当到达平衡后，就不再吸湿。

从纤维素结构式中可以看出，每个葡萄糖单元上共有 3 个羟基，即 C_2、C_3、C_6 羟基，葡萄糖单元羟基上的氢被羧甲基取代的多少用取代度来表示，若每个单元上 3 个羟基上的氢均被羧甲基取代，则取代度为 3。CMC 取代度的大小直接影响到 CMC 的溶解性、乳化性、增稠性、稳定性、耐酸性和耐盐性等。一般认为，取代度在 0.6~0.7 左右时乳化性能较好，而随着取代度的提高，其他性能相应得到改善，当取代度大于 0.8 时，其耐酸、耐盐性能明显增强。另外，上面也提到每个单元上共有 3 个羟基，即 C_2、C_3 上的仲羟基和 C_6 上伯羟基，理论上伯羟基的活性大于仲羟基，但根据 C 的同位效应，C_2 上的羟基更显酸性，特别是在强碱的环境下其活性比 C_3、C_6 更强，所以更易发生取代反应，C_6 次之，C_3 最弱。CMC 的性能不仅同取代度的大小有关，也同羧甲基基团在整个纤维素分子中分布的均匀性和每个分子中羧甲基在每个单元中与 C_2、C_3、C_6 取代的均匀性有关。

由于 CMC 是线性高分子化合物，且其羧甲基在分子中存在取代的不均匀性，故当溶液静置时分子存在不同的取向，当溶液中有剪切力存在时，其线性分子的长轴有转向流动方向的趋势，且随着剪切速率的增大这种趋势增强，直到最终完全定向排列为止，CMC 的这种特性称为假塑性。CMC 羧甲基上的 Na^+在水溶液中极易离出，故 CMC 在水溶液中以阴离子的形式存在，即显负电荷，表现为聚电解质的特征。聚电解质水溶液的许多性质与其分子在溶液中的形态有关，容易受 pH 值、无机盐和温度的影响。

在 CMC 的浓度较低时，其水溶液的黏度受 pH 值的影响较大。在等当点(pH 值=8.25)附近，其水溶液黏度最大。因为此时羧钠基上的 Na^+大多处于离解状态，—COO^-之间的静电斥力使分子链易于伸展，所以表现为黏度较高。当溶液的 pH 值过低时，羧钠基(—COONa)将转化为难电离的羧基(—COOH),不利于链的伸展;当溶液的 pH 值过高时,—COO^-中的电荷受到溶液中大量 Na^+的屏蔽作用,使分子链的伸展也受到抑制。因此,过高和过低的 pH 值都会使 CMC 水溶液的黏度有所降低,在使用中应注意保持合适的 pH 值。

由于外加无机盐中的阳离子阻止—COONa 上的 Na^+解离,因此会降低其水溶液的黏度。而且,无机盐与 CMC 的加入顺序对黏度下降的幅度有很大影响。实验表明,若将 CMC 先溶于水,再加 NaCl,则黏度下降的幅度远远小于先加 NaCl、然后再加 CMC 时下降的幅度。其原因是 CMC 在纯水中离解为聚阴离子,—COO^-互相排斥使分子链呈伸展状态,再者分子中的水化基团已经充分水化,此时即使加入无机盐,去水化的作用不会十分显著,所以引起黏度下降的幅度会小些;与此相反,将 CMC 溶于 NaCl 溶液时,不仅 Na^+会阻止—COONa 上的 Na^+解离,电荷屏蔽作用促使 CMC 分子链发生卷曲,而且在盐溶液中,水化基团的水化受到一定限制,分子链的水化膜斥力会有所削弱,所以随 NaCl 含量增加,溶液浓度迅速下降(见图 3–1)[8]。

此外,随温度升高,CMC 水溶液的黏度逐渐降低(见图 3–2)。这是由于在高温下分子链的溶剂化作用会明显减弱,使分子链容易变得弯曲。

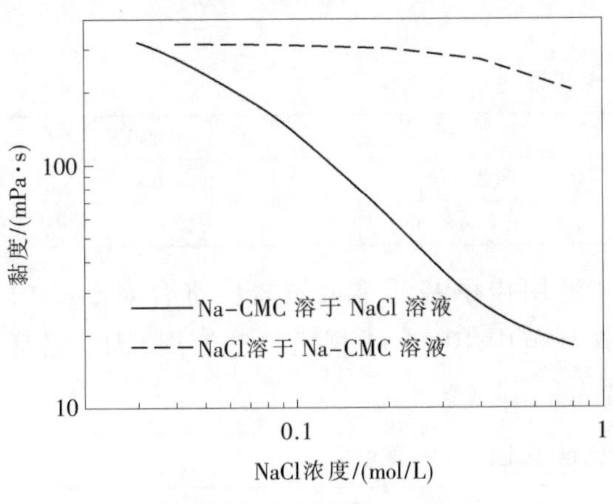

图 3–1 氯化钠加入顺序对 1%的 Na–CMC 溶液(*DS*=0.7)黏度的影响

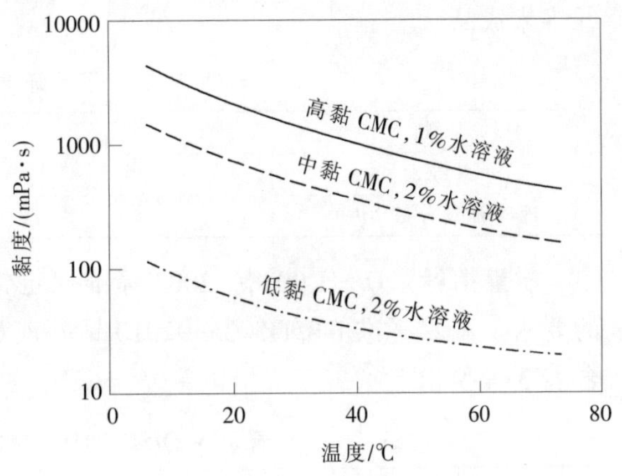

图 3–2 温度对 Na–CMC 溶液(*DS*=0.7~8)黏度的影响

制备方法 通常是由天然纤维素与苛性碱及一氯醋酸反应后制得的一种阴离子型高分子化合物。主要副产物是氯化钠及乙醇酸钠。羧甲基纤维素的生产方法是将纤维素与氢氧化钠反应生成碱纤维素,然后用一氯乙酸进行羧甲基化而制得。制法可分为以水为介质进行反应的水媒法和在异丙醇、乙醇、丙酮等溶剂中进行反应的溶剂(溶媒)法。

① 溶媒法。配方见表 3–1。生产工艺如下:

将脱脂、漂白的棉短绒按配比浸于质量分数 34%的液碱中,浸泡 30min 左右,取出,液碱可循环使用,但要不断补充新的液碱,以保持浓度和数量,将浸泡后的棉短绒移至平板压榨机上,以 14MPa 的压力压榨出碱液,得碱化棉。

将碱化棉加入至捏合机中,加酒精(质量分数 90%)15 份,开动搅拌,缓慢滴加氯乙酸酒精溶液(质量分数 90%酒精 8 份作溶剂),捏合机夹套中通冷却水,保持温度在 35℃,于 2h 左右加完。加完后控温 40℃,保持捏合搅拌,醚化反应 3h。取样检查终点(方法是取样放入试管,加水振荡,若全部溶解无杂质,则达到终点),得醚化棉。

向醚化产物中加入 20 份质量分数 70%的酒精，搅拌 0.5h，加稀盐酸中和至 pH 值为 7；离心脱去酒精，再用质量分数 70%的酒精 120 份洗涤两次，每次要搅拌 0.5h 以上，再离心脱去酒精。洗涤后的酒精合并回收利用。离心脱去酒精的产物进行粗粉，然后在通热风条件下，采用低于 80℃的温度干燥 6h，干燥的产物经粉碎、过筛、包装即得羧甲基纤维素成品。

表 3-1 羧甲基纤维素溶媒法生产配方

原 料	用量/kg	原 料	用量/kg
脱脂棉	10	氯乙酸	8
液碱(质量分数 34%)	50~100	酒精(质量分数 70%)	360
酒精(质量分数 90%)	23	稀盐酸	适 量

② 水媒法。配方见表 3-2，生产工艺如下：

将纤维素投入反应釜中，在搅拌的条件下喷洒入氢氧化钠溶液，在 35℃下捏合 1h 后加入氯乙酸钠，在 35℃以下捏合反应 1~2h，然后在 45~55℃下捏合 1~1.5h。

将上述产物移至熟化槽中，在 40~45℃下放置老化 12~24h。

将熟化的产物粗粉后，送入带式干燥机中干燥，干燥后，粉碎、混并、包装即得羧甲基纤维素成品。

表 3-2 羧甲基纤维素水媒法生产配方

原 料	用量/kg	原 料	用量/kg
纤维素	80	氯乙酸钠	66
液碱(质量分数 20%)	180		

质量指标 Q/SH 0038—2007 标准规定钻井液用羧甲基纤维素钠盐应符合表 3-3 中的要求。国家标准 GB/T 5005—2010 钻井液材料规范中 10 和 11 规定钻井液用 CMC 应符合表 3-4 要求。

表 3-3 Q/SH 0038—2007 标准规定的技术要求

项 目	指 标	
	LV-CMC	HV-CMC
外 观	白色或淡黄色粉末，不结块	
水分，%	≤10.0	
纯度，%	≥80.0	≥85.0
取代度	≥0.80	≥0.80
pH值	7.0~9.0	6.5~8.0
黏度计 600r/min 读值(3%样品悬浮液)	≥90	
滤失量/mL	≤10.0	≤10.0
黏度计 600r/min 读值(去离子水、盐水和饱和盐水)		≥30.0

用途 由于羧甲基纤维素的水溶液具有许多优良的性质和化学稳定性好，不易腐蚀变质，对生理安全无害，具有悬浮作用和稳定的乳化作用，良好的黏接性和抗盐能力，形成的膜光滑、坚韧、透明以及对油和有机溶剂稳定性好等，广泛用于石油、食品、纺织、医药、造纸和日用化学工业等领域。特别是在油田化学中，羧甲基纤维素可用作钻井液增黏、稳定和降滤失剂，油井水泥降滤失剂和酸化、压裂用稠化剂。

表 3-4 GB/T 5005—2010 钻井液材料规范规定的技术要求

项 目		指 标	
		CMC-LVT	CMC-HVT
外 观		自由流动粉末或颗粒	
淀粉或淀粉衍生物		无	
溶液黏度计 600r/min 读值	去离子水	≤90	≥30
	40g/L 盐水溶液		≥30
	饱和盐水溶液		≥30
悬浮液滤失量/mL		≤10.0	≤10.0

羧甲基纤维素作为钻井液处理剂，表现出良好的应用性能：钻井液可以在井壁上形成薄而韧、渗透性低的滤饼，保持钻井液具有低的滤失量；钻井液流变性和悬浮稳定性好，抗各种可溶性盐类污染的能力强；高黏度、高取代度的 CMC 适用于低密度钻井液，具有良好的增黏能力，而低黏度、高取代度的 CMC 适用于高密度钻井液，具有良好的降滤失作用。CMC 一般可以抗温 130~150℃，若加入抗氧剂可使抗温能力进一步提高，可以用于 150℃以上，见图 3-3 和图 3-4 [4]。当与乙烯基磺酸聚合物配伍使用时，可以用到170℃。

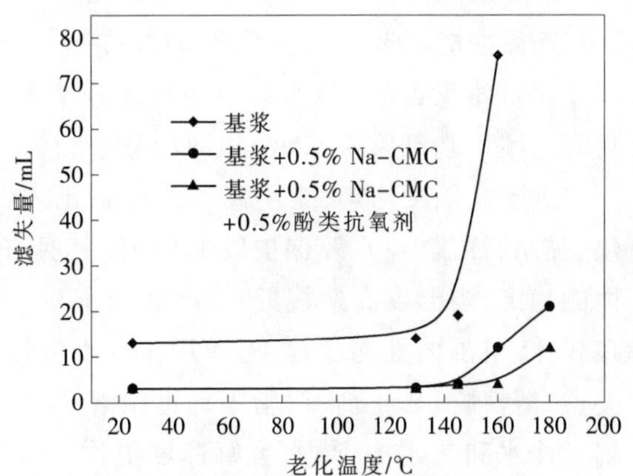

图 3-3 CMC 所处理淡水钻井液老化温度与滤失量关系

说明：基浆为密度 1.1g/cm³ 的膨润土浆(明化镇土:小李家白土=2:1)$NaCO_3$ 加量占土量 4%，用 NaOH 调基浆 pH 值

在使用时，为了保持加入均匀和不产生胶团，可以将 CMC 直接与水混合，配制成一定质量分数的水溶液(胶液)，然后再加入钻井液或配浆水中。为了防止 CMC 与水相遇时发生结团、结块、降低 CMC 溶解效果的问题(即形成鱼眼)，在配制 CMC 胶液时，先在带有搅拌装置的配料罐内加入一定量的干净的水，在开启搅拌装置的情况下，将 CMC 缓慢均匀地加入配料罐内，不停搅拌，使 CMC 能够充分分散溶解。

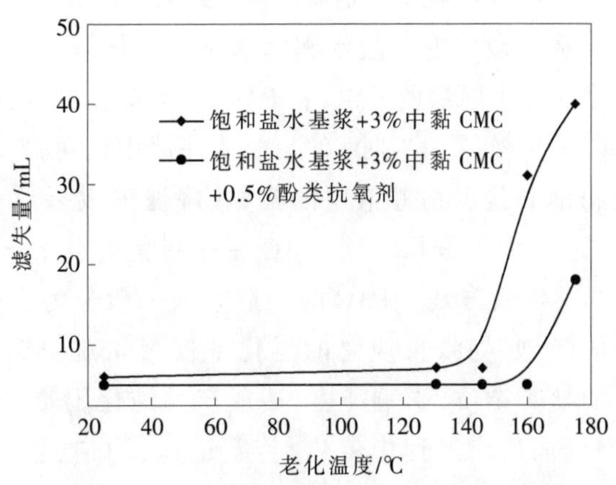

图 3-4 CMC 所处理饱和盐水钻井液老化温度与滤失量关系

说明：基浆为密度 1.1g/cm³ 的膨润土浆加氯化钠至饱和

安全与防护 小鼠经口 LD_{50} 为 27g/kg，低毒。产品遇水发黏，为防止接触皮肤、眼睛及粉尘吸入，使用时戴防尘口罩、防护眼镜、橡胶手套。

包装与储运 采用纸桶或三层牛皮纸包装，内衬塑料袋。储存于阴凉、通风、干燥处。远离火种和热源。运输中防潮、防雨淋，装卸严禁使用铁钩。本产品长期储存加之堆压，拆包时可能发生结块，会引起使用不便但不会影响质量，可经过干燥、粉碎后再用。

2.聚阴离子纤维素

化学成分 均匀取代的羧甲基纤维素钠盐。

结构式

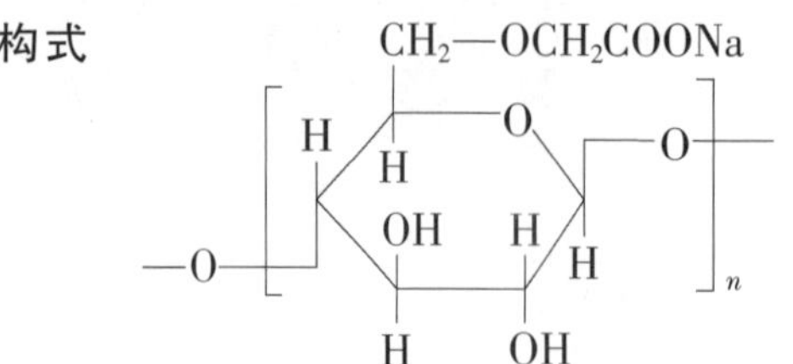

产品性能 聚阴离子纤维素(PAC)是一种聚合度高、取代度高、取代基团分布均匀的阴离子型纤维素醚，白色至淡黄色粉末或颗粒，无味无毒，吸湿性强，易溶于冷水和热水中，具有与羧甲基纤维素(CMC)相同的分子结构[9]。

由于取代度均匀，聚阴离子纤维素比羧甲基纤维素钠具有更好的增稠、悬浮、分散、乳化、黏结、抗盐、保水及保护胶的作用。其具有如下特点：①热稳定性好。水溶液在80℃以下性能稳定，当温度高达接近150℃仍可显示一定黏度并可维持约48h。②耐酸碱抗盐。pH值在3~11范围内性能稳定，可应用于各类极性恶劣环境。③良好的相溶性。与其他纤维素醚类、水溶性胶、软化剂、树脂等均可相溶。④良好的溶解性。用简单的搅拌设备即可较快溶解于冷水和热水中，热水溶解速度更快，速溶型PAC在数分钟之内即可充分溶解，大大提高使用的方便性和生产效率。⑤良好的稳定性。PAC水溶液具有光稳定性，保质期更长，抗细菌霉变性能强，不发酵。⑥极低的使用量。因PAC本身的高取代度和高稳定性，所以在相同使用环境下，其用量仅相当于羧甲基纤维素的30%~60%，在一定程度上降低了使用成本，具有较高的性价比优势，具有较高的经济效益和社会效益。

在钻井液中具有比CMC更优良的提黏切、降滤失能力、防塌和耐盐、耐温特性，适用于淡水、盐水、饱和盐水和海水钻井液体系。在含膨润土6%的淡水、4%盐水及饱和盐水基浆中加入不同量的CMC和PAC，测得的钻井液性能见表3-5。从表中可以看出，PAC加量只有CMC加量的一半时，在淡水钻井液中即可产生相同的提黏、降滤失效果，在4%盐水钻井液和饱和盐水钻井液中的提黏、降滤失效果更好，表明PAC比CMC具有较好的抗盐污染能力[10]。粒度分析表明，PAC在抑制黏土水化分散、控制粒度变化上远优于CMC(见表3-6)[11]。

制备方法 PAC的制造方法一般分为水媒法和溶剂法。水媒法以水为介质，由于副反应激烈，导致反应总的醚化率仅为45%~55%，同时，产品中含有羟乙酸钠、乙醇酸和更多的盐类杂质，影响纯度，造成产品纯化困难。溶剂法采用乙醇、异丙醇、丁醇等作为反应的介质，反应过程中传热、传质迅速、均匀，主反应加快，醚化率可达60%~80%，反应稳定性和均匀性高，使产品的取代度和取代均匀性和使用性能大大提高。因此工业上主要采用溶剂法[12]。

① 参考配方。精制棉(α-纤维素≥98%)81.5kg、氢氧化钠60kg、氯乙酸116.5kg、异丙醇1190kg、水132kg、乙醇适量、盐酸适量。

② 生产工艺。按配方将精制棉和异丙醇加入反应釜，搅拌均匀后于30℃下滴加氢氧化钠水溶液，碱化反应60min；将配方量的氯乙酸配成适当浓度的水溶液，在碱化反应完成

后分批加入反应釜，然后升温至70℃，反应90min；用盐酸将体系调节至中性，抽滤除去溶剂，然后用质量分数80%的乙醇水溶液洗涤产物，除去氯离子；异丙醇和乙醇分别回收、蒸馏后循环使用；取出絮状产物，通入热风除去乙醇，将产物碾碎，于100℃下烘干得白色纤维状聚阴离子纤维素。生产中的原料精制棉要采用剪切粉碎机粉碎至要求，并尽可能选择质量好的原料。生产中要保持充分的搅拌，保证反应均匀。

表 3-5 HV-PAC 与 HV-CMC 性能对比

钻井液①	产品	加量，%	黏度/s	滤失量/mL	表观黏度/(mPa·s)	塑性黏度/(mPa·s)	动切力/Pa
淡水基浆	空白		16	44	4.0	4.0	0
	CMC	0.5	21	14	13.5	12.0	1.5
	PAC	0.25	22	14	14.0	13.0	1.0
	CMC	1.0	39	13	32.5	24.0	8.5
	PAC	0.5	37	17	35.3	27.0	8.5
4%盐水基浆	空白		18	84	15	15.0	0
	CMC	1.0	19	11	10.0	10.0	0
	PAC	0.5	20	9	7.5	8.0	-0.5
饱和盐水基浆	空白		17	148	2.0	2.0	0
	CMC	1.0	18	11	5.5	6.0	-0.5
	PAC	0.5	22	8	8.0	8.0	0

注：①各种基浆中膨润土含量均为6%。

表 3-6 钻井液中的颗粒粒度分布实验

钻井液配方	不同粒径(μm)颗粒的含量，%								
	≥74	64~74	54~64	44~54	34~44	24~34	14~24	4~14	0~4
原浆(ρ=1.02g/cm³)	0	0	0	0	0	0	0	5	95
原浆+0.3% CMC	0	0	0	0	0	0	1.2	10.4	88.5
原浆+0.3% PAC	29.4	5.7	0	0	0	0	41	21.8	2.1

质量指标 聚阴离子纤维素主要技术指标见表 3-7，国家标准 GB/T 5005—2010 钻井液材料规范中 10 和 11 规定钻井液用 PAC 应符合表 3-8 的技术要求。

表 3-7 PAC 技术指标

项目	指标	项目		指标
外观	白色纤维状粉末	氯化钠含量，%		≤0.5
水分，%	≤7	1%水溶液黏度/(mPa·s)	PAC-HV	≥2000
取代度	≥0.9		PAC-LV	≥100

表 3-8 钻井液用 PAC 技术要求

项目	指标	
	PAC-LV	PAC-HV
淀粉或淀粉衍生物	无	无
水分(质量分数)，%	≤10	≤10
表观黏度/(mPa·s)	≤40	≥50
API滤失量/mL	≤16	≤23

用途 PAC可广泛用于石油、涂料、日化、食品、纺织行业。目前,聚阴离子纤维素主要用于油田钻井,用作陆地和海洋钻井液添加剂,与其他纤维素醚配合使用。同时也可用于其他工业,如聚阴离子纤维素可加入水乳型涂料中作为增稠剂和成膜剂使用,可使产品储存稳定、展色均匀、流变性好、易于机械施工,有助于提高涂料的柔韧性和光泽。用于牙膏的黏性添加物,肥皂和洗涤剂的污垢分散剂和抗再沉淀剂,化妆品成膜剂、黏合剂、调理剂。可替代淀粉用于轻纱上浆剂,用于棉花印花浆料和真丝渗透印花浆料,以增加浆料的流动性,作乳化浆的保护胶体,蚕丝、人造丝上浆用料等。用于纸浆增稠剂和耐油吸墨剂,可提高纸的纵向强度和平滑度,提高纸的耐油性和吸墨性。此外,聚阴离子纤维素还可用作丁苯橡胶的乳液稳定剂,医药软膏、片剂、丸剂等的黏料,食品中作明胶、冰淇淋、人造奶油乳化剂,陶瓷粉料黏合剂,混凝土墙体防裂剂以及其他石油化工产品的加工。

在低固相聚合物钻井液中,PAC能够显著地降低滤失量并减薄泥饼厚度,提高泥饼质量,并对页岩水化分散具有较强的抑制作用。与传统的CMC相比,PAC的抗温性能和抗盐、钙性能都有明显的提高。据报导,国外PAC(代号Drispac)的使用温度已达到204℃。

安全与防护 本身无药理作用,于生理无害。产品遇水发黏,长期接触有刺激作用,为防止接触皮肤、眼睛及粉尘吸入,使用时戴防尘口罩、防护眼镜、穿工作服、戴橡胶手套。

包装与储运 本品采用内衬塑料袋的纸桶或三层牛皮纸袋包装。储存于阴凉、通风、干燥防潮处,远离火种和热源。运输时防止受潮和雨淋,装卸严禁使用铁钩。本产品长期储存加之堆压,拆包时可能发生结块,会引起使用不便但不会影响质量。

3.羟乙基纤维素

化学成分 羟乙基纤维素醚。

结构式

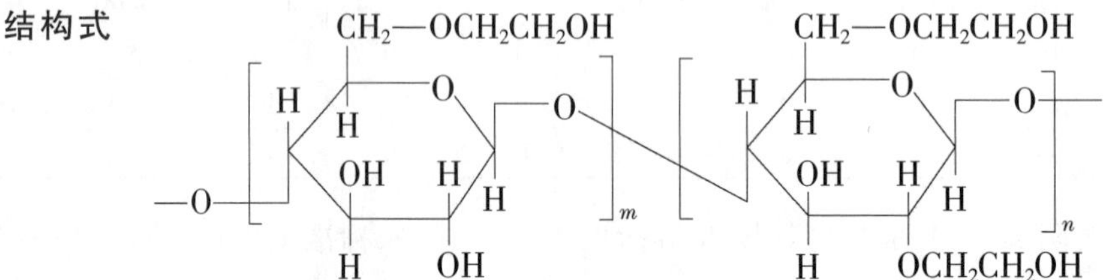

产品性能 羟乙基纤维素(HEC)是纤维素分子中羟基上的氢被羟乙基取代的衍生物。外观为白色至淡黄色纤维状或粉末固体,无毒、无味。密度(25℃)0.75g/cm^3,软化温度135~140℃,表观密度0.35~0.61g/cm^3,分解温度205~210℃,燃烧速度较慢。属于非离子型的纤维素醚类,易吸潮,易溶于水,不溶于醇,溶于甲酸、甲醛、二甲基亚砜、二甲基甲酰胺、二甲基乙酰胺等溶剂中。HEC在水中不发生电离,耐酸、耐碱性好,不与重金属反应发生沉淀,在pH值<3时,会因酸解而使其水溶液的黏度下降。在强碱作用下,HEC会发生氧化降解,并因热和光线的作用使其水溶液黏度下降,在pH值为6.5~8.0的范围内稳定,具有增稠、悬浮、黏合、乳化、分散、保持水分及保护胶体等性能,可制备不同黏度范围的水溶液。其水溶液中允许含有高浓度的盐类而稳定不变,即水溶液对盐不敏感[13~15]。

羟乙基纤维素的水溶液能与大多数水溶性胶和水溶性树脂混溶,经次价健或化学健结合得到清晰、均匀的高黏度溶液。可与阿拉伯胶等水溶性树脂互溶,与明胶、淀粉、PVA等部分混溶。

HEC具有良好的成膜性，其膜清晰透明、耐光，具有极好的柔韧性和耐油脂性，再加入甘油、乙醇胺、甘露醇和磺化蓖麻油等，可使 HEC 膜更具有柔韧性及延伸性，并能改进对玻璃、金属、纤维及其他表面的附着力。

HEC摩尔取代度(*MS*)为 0.05~0.5 时属于碱溶性产品，*MS* 为 1.3 以上的 HEC 就可溶于水。目前市场上常见的工业化 HEC 产品的 *MS* 范围为 1.7~3.0，大多数水溶性 HEC 产品的取代度(*DS*)范围在 0.8~1.2 之间。对经过深度羟乙基化的产品进行分析显示，虽然 *MS* 大于 3.0，但 *DS* 值并没有明显增大，说明新增加的醚基主要是接在羟乙基或低聚物醚的侧链上。如果把侧链低聚物醚的链长度定义为 *MS*/*DS*，则商品化的 HEC 侧链长度值在 1.5~2.5 范围。提高摩尔取代度可以增强产品的水溶性，但侧链增长又会增加应用难度。普通的低 *MS* 的 HEC 在丙酮、乙醇和低级醚等有机溶剂中得不到透明的溶液，而高 *MS* 的 HEC 在甲醇以及某些由水和水溶性有机溶剂所组成的混合溶剂中可部分溶解。

HEC 在冷水和热水中均可溶解，且无凝胶特性，取代、溶解和黏度范围很宽，140℃以下热稳定性好，在酸性条件下也不产生沉淀。HEC 水溶液是具有高度假塑性的流体，图 3–5 是 2%高黏、中黏和低黏 HEC 水溶液的流变曲线[16]。从图中可以看出，其水溶液表观黏度随着剪切速率的增加而降低，低黏，即低相对分子质量的 HEC 溶液接近牛顿流体。其溶液黏度在 pH 值 2~12 范围内变化较小，但超过此范围黏度降低。HEC 对电解质具有极好的容限性，不会因为体系出现高浓度的盐而沉析或沉淀而导致黏度的变化。HEC 保水能力比甲基纤维素(MC)高出一倍，具有较好的流动调节性，且溶液温度升高时，黏度会下降，温度降低时黏度又会增大。

HEC 可使水的表面张力略微下降，但由于 HEC 的表面能小于 MC 的表面能，因此仅引起少量的泡沫出现，这些泡沫可以用普通的消泡剂很容易加以抑制。HEC 在酶作用下会发生降解，导致黏度降低。可用一定条件下酶进攻前后 HEC 溶液的黏度变化衡量抗生物降解性。通过改变 HEC 的分子结构可以提高其抗酶降解的能力。只有当 HEC 取代度非常高、取代基分布均匀时才能提高 HEC 抗酶降解的能力。

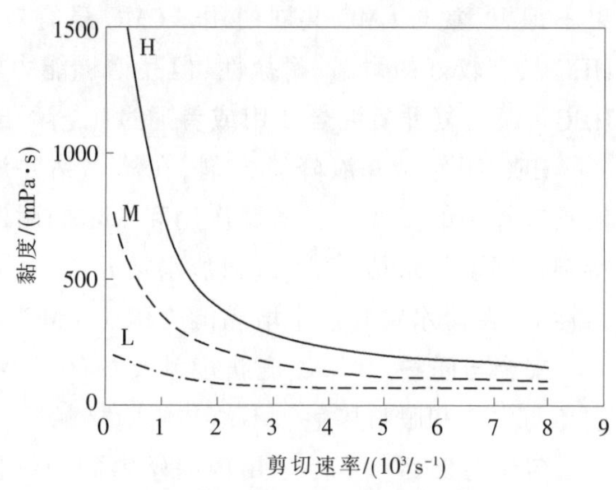

图 3–5 HEC 水溶液流变曲线

说明：H 为高黏度 HEC，M 为中黏度 HEC，L 为低黏度 HEC

制备方法 羟乙基纤维素通常采用以下方法生产：

按配方棉短绒或纸浆柏 7.3~7.8kg、质量分数 30%的液碱 24.0kg、环氧乙烷 9.0kg、质量分数 95%酒精 45.0kg、醋酸 2.4kg、质量分数 40%乙二醛 0.4~0.3kg。将原料棉短绒或精制柏浆浸泡于 30%的液碱中，浸渍 0.5h 左右，待时间达到后取出，进行压榨，压榨到含碱水比例达 1∶2.8 的程度，移至粉碎装置中进行粉碎；将粉碎好的碱纤维素、酒精投入反应釜中，密封，抽真空、充氮，并重复数次充氮、抽空操作，以使釜内空气驱净，然后压入经过预冷的环氧乙烷液体，同时在反应釜夹套中通冷却水，控制温度为 25℃左右，反应 2h，得粗羟乙基纤维素；将所得粗产物用酒精洗涤(洗涤后的酒精经蒸馏回收)，并用甲酸中和至 pH 值为 4~

6,加入乙二醛,经一段时间交联老化后,用水快速洗涤,然后离心脱水,烘干、粉碎,即得羟乙基纤维素。

羟乙基纤维素也可以采用气相法生产:在反应过程中添加添加剂或稀释剂,碱纤维和环氧乙烷(EO)在气相中反应。将棉纤维在质量分数 18.5%的 NaOH 溶液中浸渍、活化,然后压榨、粉碎后置于反应器中。将反应器抽成真空,充氮 2 次,加入 EO,在真空度 90.64kPa、27~32℃反应 3~3.5h 可得。气相法虽然工艺过程简单,操作方便,但 EO 耗量大,醚化率仅 40%左右,成本较高,且产品品质不均匀,应用不多。

质量指标 羟乙基纤维素技术要求见表 3–9。

表 3–9 羟乙基纤维素技术要求

项 目	指 标	项 目	指 标
外 观	淡黄色粉末	水不溶物含量,%	≤2.0
黏度(2%水溶液,20℃)/(mPa·s)	≥800.0	灰分,%	≤5.0
代替度	1.2~1.8	pH值	6.0~8.5
水分含量,%	≤7.0	铅(Pb),%	≤0.001

用途 HEC 在日用化工、建筑、涂料、塑料、油田开采、聚合物合成、农业、陶瓷工业等领域具有广泛的用途。

石油开采方面,国外在 20 世纪 60 年代就广泛用于钻井、完井、固井等采油作业。HEC 作为油田用驱油剂,具有抗剪切能力强、原料丰富和对环境污染小等优点,但单独使用效果不理想,常与 CMC 共同使用。CMC 虽有较好的增黏性,但易受油藏温度、盐度的影响;HEC 虽有较好的耐温、耐盐性,但其增稠能力较差、用量较大。因此在油田应用中,CMC 和 HEC一般是复配后混合使用或者通过工艺配比优化直接生产复合醚 CMHEC 使用。

HEC 用作钻井液降滤失剂,在淡水钻井液、盐水钻井液、饱和盐水钻井液和海水钻井液具有较好的降滤失、增稠作用和一定的耐温能力,可用于各种类型的水基钻井液体系,特别适用于盐水钻井液、饱和盐水钻井液。尤其适用于 $CaCl_2$ 钻井液体系的配制。由于盐敏感性弱,在盐水钻井液中增黏能力优于 CMC 等阴离子型纤维素醚。

安全与防护 吸入、皮肤接触及吞食有毒。刺激眼睛、呼吸系统和皮肤。切勿吸入粉尘。避免与皮肤和眼睛接触。不慎与眼睛接触后,立即用大量清水冲洗。穿戴适当的防护服。

包装与储运 本品采用内衬塑料袋的纸桶或三层牛皮纸包装,每桶或袋净质量 25kg。储存于阴凉、通风、干燥处。远离火种和热源。运输时防止日晒、雨淋。

4.羟丙基纤维素

化学成分 羟丙基纤维素醚。

结构式

$CH_2—OCH_2CH(OH)CH_3$

H H O —O— OH H H —O— H OH n

产品性能 羟丙基纤维素(HPC)是一种非离子型纤维素醚类,为白色纤维状或粉末固体，无毒、无味，易溶于水，水溶液对盐不敏感。碳化温度 280~300℃，视密度 0.25~0.70g/cm^3(通常在 0.5g/cm^3 左右)，密度 1.26~1.31g/cm^3，变色温度 190~200℃，其化学性质与 HEC 相近。通常可以溶于 40℃以下的水和大量极性溶剂中，而在较高温度(大于 40℃)的水中，溶解情况与摩尔取代度(MS)有关，MS 越高，可以溶解 HPC 的温度越低。HPC 具有较高的表面活性，具有黏合、增稠、悬浮、乳化、成膜等作用，利用这些特性可以用作成膜降滤失剂(即低温下溶解，高温下溶解性降低，会在井壁上形成一层膜)。

制备过程 将纤维素与碱液在溶剂存在下碱化，然后加入环氧丙烷，于 70~100℃下醚化 5~20h，醚化结束后用酸中和去除多余的碱，分离后用热水(70~90℃)洗去钠盐、丙二醇等副产物，最后干燥、粉碎得成品。

质量指标 本品主要技术要求见表 3-10。

表 3-10 羟丙基纤维素技术要求

项 目	指 标	项 目	指 标
外 观	白色粉末	纯度，%	≥80.0
颗粒度(100 目筛通过率)，%	98.5	取代度	0.9~2.8
含水量，%	≤10	pH值	7.0~9.0

用途 HPC 用作钻井液降滤失剂，在淡水钻井液、盐水钻井液、饱和盐水钻井液和海水钻井液具有较好的降滤失、增稠作用和一定的耐温能力，可用于各种类型的水基钻井液体系，特别适用于盐水钻井液、饱和盐水钻井液，用量一般 0.5%~1.0%。利用其溶解特性，还可以起到改善泥饼质量和封堵地层微裂缝的作用。也可以用作水泥浆降滤失剂。

工业上可用于片剂崩解剂、食品添加剂、化妆品添加剂等。

安全与防护 吸入、皮肤接触及吞食有毒。避免与皮肤和眼睛接触。

包装与储运 本品易吸潮，采用内衬塑料袋、外用防潮牛皮纸袋包装，储存在通风、阴凉、干燥处，防止受潮和雨淋。运输中防暴晒、防雨淋。

5.CMC/AM-AMPS 接枝共聚物

化学成分 丙烯酰胺、2-丙烯酰胺基-2-甲基丙磺酸与羧甲基纤维素的接枝共聚物。

结构式

$$CMC-O-\left[CH_2-\underset{\underset{NH_2}{|}}{\underset{C=O}{\underset{|}{CH}}}\right]_m\left[CH_2-\underset{\underset{NH-\overset{\overset{CH_3}{|}}{\underset{\underset{CH_3}{|}}{C}}-CH_2SO_3Na}{|}}{\underset{C=O}{\underset{|}{CH}}}\right]_n$$

产品性能 CMC/AM-AMPS 接枝共聚物为阴离子型聚电解质，可溶于水，水溶液呈弱碱性，它兼具纤维素类和聚合物产品的双重作用。由于分子中含有羟基、酰胺基、羧基、磺酸基等基团，既具有良好的水化能力，也具有较强的抗高价金属离子污染的能力，作为吸附基团的羟基热稳定性好，弥补了聚合物处理剂中酰胺基不稳定的缺陷，当酰胺基水解失去吸附作用后，羟基可以发挥吸附作用，从而使处理剂的抗温、抗盐污染能力提高。抗温可以达到 160℃以上，抗盐达到饱和。具有生物降解性。

图 3-6 是 CMC/AM-AMPS 接枝共聚物合成时，羧甲基纤维素用量与产物降滤失能力

的关系(饱和盐水基浆+2%样品)。从图中可以看出，当羧甲基纤维素用量在 30%以内时，可以得到具有较好的抗温能力的产品，即使老化温度达到 180℃,滤失量仍然较低。

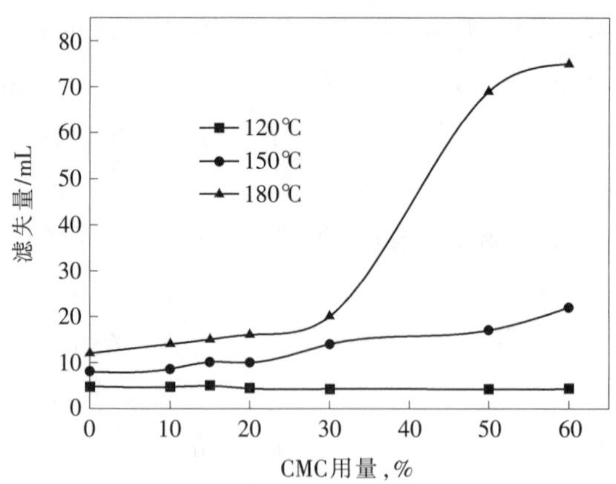

图 3-6 羧甲基纤维素用量对产物降滤失能力的影响

表 3-11 是 CMC/AM-AMPS 接枝共聚物样品加量对饱和盐水钻井液性能的影响。从表中可以看出,羧甲基纤维素接枝共聚物在饱和盐水钻井液中具有较强的降滤失和增黏效果。表 3-12 是用 CMC/AM-AMPS 接枝共聚物所处理饱和盐水钻井液的抗温实验结果。从表中可以看出,本品抗温能力比羧甲基纤维素明显提高。

制备过程 按 n(AM):n(AMPS)=6:4,n(NaOH):n(AMPS)=1:1.05,羧甲基纤维素占单体总质量的 30%,将氢氧化钠、水等加入反应器中,在搅拌下慢慢加入 AMPS,反应完成后加入丙烯酰胺,待其溶解后加入配方量的纤维素(提前分散于 10%的硫酸钠溶液中),搅拌均匀,并将体系的 pH 值调至 9 左右,然后在搅拌下加入占单体总质量的 0.25%的引发剂(用适量的水配制的水溶液),升高至 50~60℃,在 60℃下反应 1~5h,将所得产物用乙醇沉洗,于80℃下真空烘干,粉碎即为接枝共聚物。

质量指标 本品主要技术要求见表 3-13。

表 3-11 CMC/AM-AMPS 接枝共聚物加量对钻井液性能的影响

加量,%	*FL*/mL	*AV*/(mPa·s)	*PV*/(mPa·s)	*YP*/Pa
0	134	6	4	2
0.1	29	10	7	3
0.3	20	13	10	3
0.5	10.6	17	12	5
0.7	8.2	24	14	10
1.0	4.6	35	20	15

注:1000mL 5%的膨润土基浆中加入 36%的氯化钠,高速搅拌 5min,室温放置 24h,得饱和盐水基浆。

表 3-12 CMC/AM-AMPS 接枝共聚物对饱和盐水钻井液性能的影响

钻井液组成	常温性能				165℃/16h 老化后性能			
	FL/mL	*AV*/(mPa·s)	*PV*/(mPa·s)	*YP*/Pa	*FL*/mL	*AV*/(mPa·s)	*PV*/(mPa·s)	*YP*/Pa
饱和盐水基浆	130	6	4	2	185	5	4	1
基浆+1.5%羧甲基纤维素	4.0	30	16	14	125	12	11	1
基浆+1.5%接枝共聚物	4.2	35.5	15	20.5	35.5	15	11	4

注:1000mL 5%的膨润土基浆中加入 36%的氯化钠,高速搅拌 5min,室温放置 24h,得饱和盐水基浆。

表 3-13 CMC/AM-AMPS 接枝共聚物技术要求

项 目	指 标	项 目	指 标
外 观	白色或淡黄色粉末	1%水溶液表观黏度/(mPa·s)	≥45.0
细度(0.59mm 孔标准筛余),%	≤10.0	1%水溶液 pH 值	7.5~8.5
水分,%	≤7.0	150℃/16h 滤失量(饱和盐水浆,加量 15g/L)/mL	≤10.0

用途　本品用作钻井液处理剂，具有良好的综合性能，增黏和降滤失能力明显优于CMC，由于降解后的产物具有足够的相对分子质量，抗温能力优于CMC，在淡水钻井液、盐水钻井液和饱和盐水钻井液中均可以应用，用量一般为0.5%~1.0%。使用时建议配成1.5%~2.0%胶液加入钻井液。

安全与防护　无毒、有碱性。避免与皮肤和眼睛接触。不慎与眼睛接触后，可立即用大量清水冲洗。生产原料丙烯酰胺等有毒，生产中应保证车间通风良好，防火、防爆。

包装与储运　本品采用内衬塑料袋、外用防潮牛皮纸袋包装，每袋净质量25kg。本品易吸潮，因此破袋后没有用完的产品，应密封好。产品储存于阴凉、通风、干燥处，如遇到产品因受潮结块，则可以烘干、粉碎后使用。运输中防止受潮和雨淋。

第二节　淀粉衍生物

淀粉的结构与纤维素相似，也属于碳水化合物。淀粉从谷物或玉米中分离出来，它在50℃以下不溶于水，温度超过55℃以上开始溶胀，直至形成半透明凝胶或胶体溶液。加碱能使它迅速而有效地溶胀。其化学性质与纤维素相似，同样可以进行酯化、醚化、羧甲基化、接枝和交联反应，从而制得一系列改性产品。是最早使用的钻井液降滤失剂之一。

在膨润土钻井液中，加入淀粉不仅可以降低滤失量，而且还有助于提高钻井液中黏土颗粒的聚结稳定性。淀粉在淡水、海水和饱和盐水钻井液中均可使用。经过预先胶化的淀粉，在加热时会导致外部的支链壳破裂，释放出内部的直链淀粉。直链淀粉更易吸水膨胀，形成类似于海绵的囊状物。因此，淀粉的降滤失机理一方面是由于它吸收水分，减少了钻井液中的自由水；另一方面是形成的囊状物可进入泥饼的微细缝中，从而堵塞水的通道，使泥饼的渗透性进一步降低。

淀粉在使用时，钻井液的矿化度最好大一些，并且pH值最好大于11.5，否则淀粉容易发酵变质。若这两个条件均不具备时，可在钻井液中加入适量的多聚甲醛等防腐剂。在高温下，淀粉容易降解，效果变差。如果温度超过120℃，淀粉将完全降解而失效，故它不能用于深井或超深井中。高矿化度体系对细菌侵蚀有抑制作用，国内外在温度较低、矿化度较高的环境下，已广泛使用淀粉作为降滤失剂。在饱和盐水钻井液中，淀粉是一种常用的降滤失剂。

1.预胶化淀粉

化学成分　水溶性淀粉。

结构式

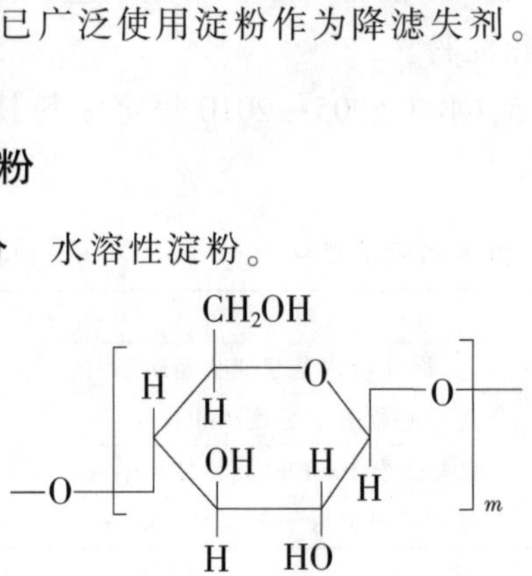

CH_2OH

H　O　—O—

H

OH　H　H

—O—　$]_m$

H　HO

产品性能　预胶化淀粉是用化学法或机械法将淀粉颗粒部分或全部破裂，得到的具有水溶性的淀粉改性产物。系白色或类白色颗粒或粉末，无臭、微有特殊口感，在制药领域常用作口服片剂和胶囊剂的黏合剂、稀释剂和崩解剂,在油田化学中,是早期应用的钻井液降滤失剂之一。产品抗温能力较低,一般适用于100℃以内。优点是抗盐能力强,成本低,来源广,可生物降解。

在淡水钻井液中为防止其发酵,需使体系的pH值提高到11左右。多聚甲醛、异噻唑酮等是预胶化淀粉的有效防腐剂。预胶化淀粉还有轻微的乳化作用,可用作混油钻井液的乳化剂。预胶化淀粉与Na-CMC性能比较见表3-14[17]。从表中可以看出,预胶化淀粉在饱和盐水基浆中的降滤失能力与CMC基本相当,而对钻井液的增黏能力远低于CMC,在不需要增黏的情况下,预胶化淀粉用于降滤失剂更有利,且成本远低于CMC。

表3-14 预胶化淀粉与Na-CMC性能对比

处理情况	*AV*/(mPa·s)	*PV*/(mPa·s)	*YP*/Pa	滤失量/mL
凹凸棒石饱和盐水基浆	12.5	3	9.12	178
基浆+1.5% Na-CMC	33	24	8.6	11.8
基浆+1.5%碱催化预胶化淀粉	14.5	7	7.2	12

制备过程 预胶化淀粉可以采用不同方法制备。

方法一:将质量分数42%的水性淀粉浆加热制得,温度控制在62~72℃。需加入胶化助剂及表面活性剂,控制再水化或减少干燥时的黏度。加热后形成水性糊,经喷雾干燥、辊筒干燥、挤压脱水干燥,或转鼓干燥,最后粉碎至所需粒度范围的产品。

方法二:将未胶化的淀粉水混悬浮液铺展于热鼓上,同时实现胶化和干燥,得到的产物经过粉碎、筛分即得到成品。

方法三:利用螺旋挤出机原理,通过挤压摩擦产生热量使淀粉糊化,然后由顶端小孔以爆发形式喷出,通过瞬间减压而达到膨胀、干燥。此法得到的产品也叫膨化淀粉。

上述三种方法中方法三成本低、效率高,可以满足作为钻井液降滤失剂的需要。此外,还可以采用水解法制备预胶化淀粉:①酸性水解法,将工业级玉米淀粉与0.5mol/L的H_2SO_4水溶液混合,在85℃下水解3~14h,然后用乙醇将淀粉沉淀出来,经抽滤和真空干燥得成品。②碱性水解,将玉米淀粉按一定比例用水调成悬浮液,加入占淀粉质量10%的NaOH搅拌均匀,在50~60℃下反应1h。用盐酸中和至pH值为7~8以终止反应,加乙醇洗涤,真空干燥,然后粉碎,得白色或淡黄色粉状预胶化淀粉。

质量指标 本品主要技术指标见表3-15,GB/T 5005—2010规定淀粉技术要求见表3-16。

表3-15 预胶化淀粉技术要求指标

项 目	指 标	项 目	指 标
外 观	白色或淡黄色粉末	饱和盐水基浆滤失量/mL	90±10
黏度(2%水溶液,20℃)/(mPa·s)	≥40.0	基浆表观黏度/(mPa·s)	≤10.0
水分含量,%	≤7.0	滤失量为10mL时淀粉加量/(g/L)	≤10.0
细度(0.42mm筛余),%	≤10.0	处理后钻井液表观黏度/(mPa·s)	≤10.0

用途 本品主要用于制药领域,用作口服胶囊和制剂的黏合剂、稀释剂和崩解剂。

作为钻井液处理剂,可以用作淡水、盐水和饱和盐水钻井液的降滤失剂,但其在使用中容易发酵,需要配合杀菌剂使用,温度一般不超过 90℃。以其为主剂,可以配制适用于温度低于 100℃条件下的绿色环保钻井液。

安全与防护 无毒,但大量口服有害。避免与眼睛接触。

包装与储运 本品采用内衬塑料袋、外用防潮牛皮纸袋包装,每袋净质量 25kg。储存在阴凉、通风、干燥处。运输中防止受潮和雨淋。

表 3-16 GB/T 5005—2010 规定淀粉技术要求

项 目			指 标
悬浮液	黏度计 600r/min 读值	40g/L 盐水	≤18
		饱和盐水	≤20
	滤失量/mL	40g/L 盐水	≤10
		饱和盐水	≤10
2000μm 筛余			无

2.羧甲基淀粉

化学成分 羧甲基淀粉钠盐。

结构式

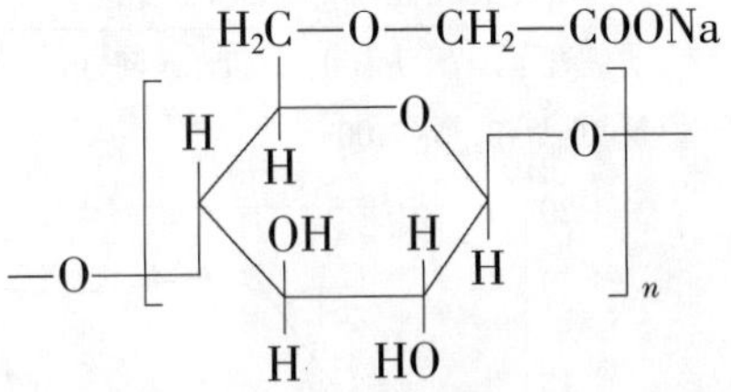

```
H2C—O—CH2—COONa
[  H   H   O   —O— ]
—O—  OH  H   H     n
     H   HO
```

产品性能 羧甲基淀粉(CMS)是一种阴离子型的淀粉醚。工业用羧甲基淀粉的取代度一般在 0.9 以下,取代度大于 0.1 的产品可溶于冷水,得到透明的黏稠溶液。在水溶液中,盐含量的提高可使 CMS 的黏度大大降低。

通常使用的是它的钠盐,又称 Na-CMS,为白色或黄色粉末,无臭、无味、无毒,易吸潮,溶于水形成胶体状溶液,对光、热稳定。不溶于乙醇、乙醚、氯仿等有机溶剂。水溶液在碱中较稳定,在酸中较差,生成不溶于水的游离酸,黏度降低。水溶液在 80℃以上长时间加热,则黏度降低。该品与羧甲基纤维素(CMC)有相似的性能,具有增稠、悬浮、分散、乳化、黏结、保水、保护胶体等多种性能。与 CMC 不同的是,该品水溶液会被空气中的细菌部分分解(产生 α-淀粉酶),使黏度降低。因此在淡水钻井液中使用时易发酵。

羧甲基淀粉的分子中含有醚键,使其耐温性受到限制,一般只能适用 130℃以下温度。这是因为它和淀粉一样,在一定条件下可发生酸性、碱性、热、生物及辐射降解反应,导致聚合度降低、基团被氧化、葡萄糖环破坏,甚至碳化。将一定取代度的羧甲基淀粉溶于水中,置于封闭罐内在 130℃下热养护,考察其氧化过程。随着加热时间的延续,溶液的 pH 值逐渐降低(见图 3-7)。如在 120~150℃条件下长时间加热,原为无色溶液的颜色逐渐加深,最后变为黑色,表明部分葡萄糖单元由开环至分解,直至碳化;加热温度越高,颜色变得越深,在 180℃下加热 6h,则溶液变得很黑,且有小硬块出现,pH 值小于 6,且已无黏度,表明淀粉已完全分解。

在隔绝空气的条件下,羧甲基淀粉在 pH 值为 7~11 的范围内和 90℃下,加热 24h,降解并不明显。但是,若有空气存在时,溶液 pH 值稍大于 7,就会严重降解。碱性越强,降解越迅速, 这是与葡萄糖环上的—OH 被氧化成—CHO 和—CO—有关, 碱性降解将导致葡萄糖环的破坏。如在溶液中加入硫、苯酚、苯胺、乙醇胺、尿素或其他还原剂,由于它们可以与—CO—基结合, 从而阻止了羧甲基淀粉的碱性降解。如果能在合成工艺过程中加入抗氧剂,将获得更好的效果,一些无机盐,如硫酸铝钾和硫酸铜等,也可以防止羧甲基淀粉合成中碱性降解。

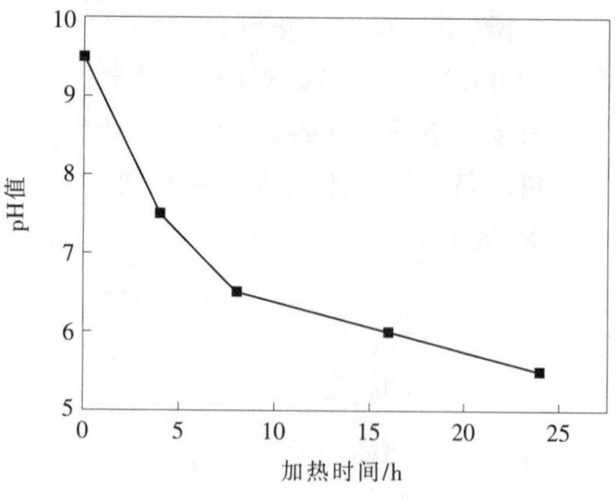

图 3-7 2% CMS 水溶液加热时间与 pH 值的关系

在制备 CMS 时用 KOH 代替 NaOH,可制得含钾盐的产品, 除具有羧甲基淀粉钠盐性能外,还兼有良好的稳定页岩、控制井径扩大的作用,且抗膏污染能力更优,从而扩大了 CMS 的应用范围。K-CMS 和 Na-CMS 对页岩滚动回收率对比实验结果见表 3-17, K-CMS 和 Na-CMS 所处理钻井液抗膏污染对比实验结果见图 3-8 (饱和盐水钻井液, CMS 加量 1.0%)[18]。

表 3-17 页岩滚动回收率实验结果

组 分	回收率,%
清 水	25.62
1% Na-CMS+4% NaCl	36.22
1% K-CMS+4% NaCl	83.60

注:页岩为华北二连地区阿 35 井易塌段岩心,粒度 6~10 目(3.35~2.00mm)。

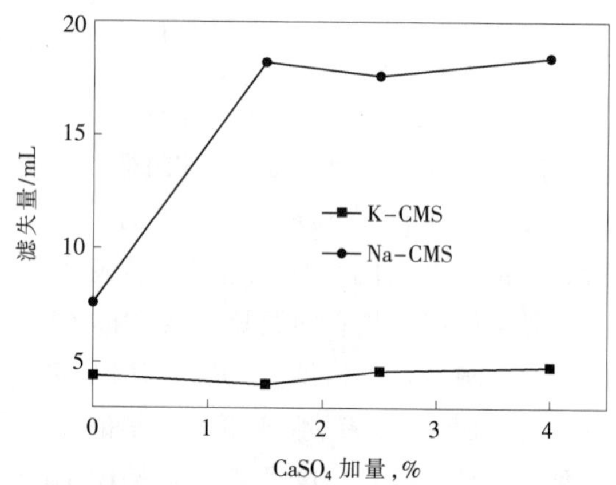

图 3-8 石膏加量对 CMS 处理饱和盐水钻井液滤失量的影响

制备方法 合成 CMS 要经过淀粉碱化和醚化(羧甲基化)两步反应。

淀粉碱化:淀粉属于天然高分子产品,其颗粒中存在着结晶区和非结晶区,要使反应顺利进行,必须破坏结晶区。用氢氧化钠可破坏淀粉颗粒的结晶区, 使其充分膨胀。同时,氢氧化钠与淀粉的羟基结合,形成活性中心,反应式如下:

$$\text{Starch—OH+NaOH} \longrightarrow \text{Starch—ONa+}H_2O \qquad (3\text{-}1)$$

羧甲基化:淀粉钠和氯乙酸钠在碱性条件下进行反应生成羧甲基淀粉钠,同时氯乙酸钠在碱性条件下发生水解反应生成羟基乙酸钠。一般在碱性较强的介质中,淀粉的羧甲基化反应按 SN2 历程进行,而在碱性较弱的介质中按 SN1 历程进行。

主反应:

$$\text{Starch—ONa+ClCH}_2\text{COONa} \xrightarrow{\text{NaOH}} \text{Starch—O—CH}_2\text{COONa+NaCl} \qquad (3\text{-}2)$$

副反应:

$$\text{ClCH}_2\text{COONa+NaOH} \longrightarrow \text{HO—CH}_2\text{COONa+NaCl} \qquad (3\text{-}3)$$

制备实例:以半干法为例,将 30 份的水和 70 份的乙醇加入反应釜中,然后加入 20 份的淀粉，搅拌30min以使淀粉充分润湿、分散。然后慢慢加入由10份水和5份氢氧化钠配成的溶液，待氢氧化钠溶液加完后继续搅拌30~40min，使淀粉充分碱化。待碱化时间达到后，将体系的温度升至45℃，在此温度下慢慢加入氯乙酸乙醇溶液(用20份乙醇和5.5份氯乙酸配成)，待氯乙酸加完后在45~50℃下反应2~2.5h。反应时间达到后，将反应混合液转移至中和洗涤釜中，首先用稀盐酸中和至pH值为7~8，然后再加入适量的乙醇使产物沉淀，沉淀物经分离回收乙醇，所得沉淀物在60℃下真空干燥、粉碎即得CMS产品。

也可以采用干法和溶剂法制备：

① 干法。按淀粉:氯乙酸:氢氧化钠(45%溶液):SP-80(10%乙醇溶液)=20:5:11:1的比例(质量比)，将淀粉加入捏合机中，然后依次向淀粉中喷入SP-80乙醇溶液和氢氧化钠溶液。加完后，捏合碱化1h。碱化时间达到后，加入氯乙酸，在常温下捏合2h，出料，将所得产物老化12h后，在80℃烘干，粉碎即得成品[19]。

② 溶剂法。溶剂可以采用乙醇、异丙醇等，以异丙醇作为溶剂为例，合成方法是：在反应瓶中加入8.1g玉米淀粉和适量异丙醇(约150mL)，搅拌使淀粉充分分散，加热至40℃，加入15g质量分数40%氢氧化钠水溶液，碱化反应1.5h。加入11.5g氯乙酸和异丙醇(约30mL)，并在1h内滴加15g质量分数40%的氢氧化钠溶液，于50℃下进行醚化反应3h。用冰醋酸调节pH值至7~8，抽滤，用无水乙醇洗涤至滤液中无Cl^-，烘干、粉碎即得CMS[20]。在溶剂法生产中，溶剂中适当的水量、溶剂与淀粉的比例、碱用量、氯乙酸用量以及碱化温度和醚化温度、后处理等对产物性能均具有不同程度的影响。当以乙醇为溶剂时，乙醇中含水13%~14%时，可以获得高取代度的产物，在含水小于5%(体积)的乙醇中，羧甲基反应难以发生。

质量指标 本品主要技术指标见表3-18。GB/T 5005—2010规定淀粉技术要求参见表3-16。

表3-18 SY/T5353—1991规定主要技术指标

项目	指标	
	一级	二级
含水量，%	≤12.0	≤15.0
氯化钠，%	≤7.0	≤12.0
取代度(*DS*)	≥0.20	≥0.15
pH值	8±0.5	9±1.0
细度	0.25mm筛100%通过	0.42mm筛100%通过

用途 CMS可广泛用于食品工业、医药工业、纺织印染工业、造纸工业、日用化学工业、陶瓷、建材、水处理工业等，有“工业味精”之称[21]。

CMS作为钻井液处理剂，具有降低滤失量、提高钻井液中黏土颗粒的聚结稳定性的作用。CMS对钻井液的塑性黏度影响小，对动切力、静切力影响大，有利于携带钻屑，尤其在钻盐膏层时，可使钻井液稳定，滤失量降低，防止井壁崩塌，特别适用于矿化度高的盐水或饱和盐水钻井液。本品可以直接加入钻井液中，但加入速度不能太快，也可以与其他处理剂一起配成复合胶液，然后再用于钻井液处理或性能维护。本品使用温度不能超过130℃，故在深井中不宜使用，但在饱和盐水钻井液中，使用温度可达到140℃，配合乙烯基磺酸盐共聚物可将使用温度提高至150℃。也可以加入适量的防腐剂或杀菌剂提高其稳定性(见图3-9)。用于饱和盐水钻井液体系,其加量一般为0.5%~2%。

安全与防护 小白鼠经口 LD_{50}>1g/kg,无毒。遇水发黏,避免与皮肤和眼睛接触。不慎与眼睛接触后,可立即用大量清水冲洗。

包装与储运 本品易吸潮,采用内衬塑料袋,外用防潮牛皮纸袋或塑料编织袋包装,每袋净质量25kg。储存在阴凉、通风、干燥处。运输中防止受潮和雨淋。

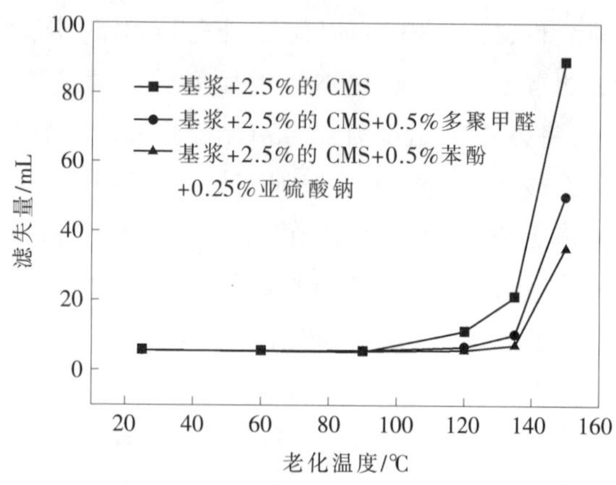

图3-9 杀菌剂或除氧剂对CMS钻井液性能的影响

说明:基浆为4%抗盐土饱和盐水钻井液

3.羧乙基淀粉醚

化学成分 羧乙基化的淀粉醚。

结构式

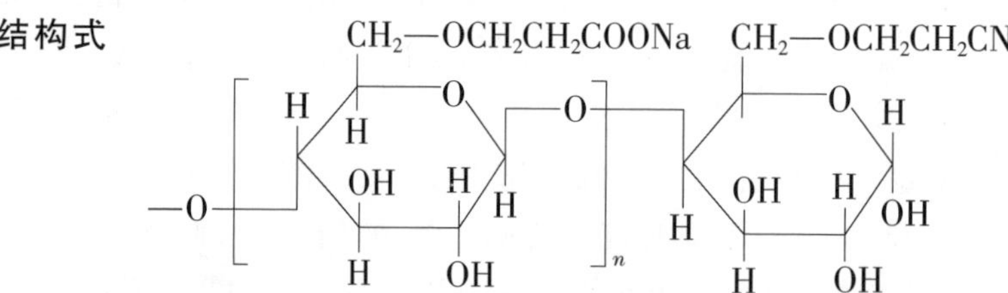

产品性能 羧乙基淀粉(CES)是一种羧乙基化的淀粉衍生物,由淀粉经氰乙基化后,再经水解而得,产品为白色粉末,易吸潮,可溶于水。其性能与羧甲基淀粉接近,由于残留部分氰乙基,抗温能力高于CMS。

制备过程 将占反应原料质量2~3倍的介质(水-乙醇)加入反应釜中,然后将162份淀粉和170份氢氧化钠加入反应釜,并搅拌30min,加入140份丙烯腈,将体系的温度升至50℃,在50℃下反应3h;当反应时间达到后,用酸将反应产物中和至pH值为7~8,再用乙醇洗涤、过滤、真空干燥,粉碎得白色粉状的羧乙基淀粉醚产品。

质量指标 本品主要技术指标见表3-19,产品钻井液性能应满足GB/T 5005—2010规定淀粉技术要求,见表3-16。

表3-19 CES质量指标

项 目	指 标	项 目	指 标
外 观	白色粉末	纯度,%	≥90
代替度	0.1~0.3	水分,%	≤7.0
2%水溶液黏度(20℃)/(mPa·s)	10~20	饱和盐水钻井液滤失量/mL	≤7.0

用途 本品是一种性能优异的饱和盐水钻井液降滤失剂。使用时可将本品直接加入钻井液中,也可以与其他处理剂一起配成复合胶液使用。可适用于各种类型的水基钻进液,适用温度不超过130℃,但在饱和盐水钻井液中可用到140~150℃,是理想的饱和盐水钻井液降滤失剂之一,其用量为0.8%~2%。

安全与防护 无毒。遇水发黏,避免与皮肤和眼睛接触。不慎与眼睛接触后,立即用大量清水冲洗。由于原料丙烯腈有毒，生产中需保持良好的通风，穿戴适当的防护服。

包装与储运　本品易吸潮，采用内衬塑料袋、外用防潮牛皮纸袋包装。储存在阴凉、通风、干燥处。运输中防止受潮和雨淋。

4.羟丙基淀粉

化学成分　羟丙基淀粉醚。

结构式

OH

$H_2C—O—CH_2—CH—CH_3$

H　H　O　O

—O　OH　H　H　n

H　HO

产品性能　羟丙基淀粉(HPS)是一种非离子型的淀粉醚，羟丙基取代度 0.1 以上可溶于冷水，水溶液为半透明黏稠状。由于其分子链节上引入了羟基，其水溶性、增黏能力和抗微生物作用的能力都得到了显著的改善。对酸、碱稳定，对高价阳离子不敏感，抗盐、抗钙污染能力很强。在处理 Ca^{2+}污染的钻井液时，比 CMC 和 CMS 效果更好。HPS 可与酸溶性暂堵剂 QS-2 等配制成无黏土相暂堵型钻井液，有利于保护油气层。在阳离子型或两性离子型聚合物钻井液中，HPS 可有效地降低钻井液的滤失量。

研究表明[22]，用 HPS 处理淡水钻井液、4%盐水钻井液及饱和盐水钻井液时，随着 HPS 加量的增加，钻井液滤失量逐渐减小；对于淡水钻井液和 4%盐水钻井液，当 HPS 加量为 0.5%时可使钻井液滤失量降至 10mL 以下；对于饱和盐水钻井液，当 HPS 加量大于 0.7%时，可使钻井液滤失量降至 9.0mL。此外，HPS 对淡水钻井液有显著的增黏作用，对 4%盐水钻井液和饱和盐水钻井液也有一定的增黏作用，但影响不大。经 HPS 处理的淡水钻井液和 4%盐水钻井液的抗钙污染情况见表 3-20。从表中可以看出，经 HPS 处理的淡水钻井液和 4%盐水钻井液的抗钙污染能力较强，当 HPS 加量为 0.7%、$CaCl_2$ 加量为 5%时，经其处理的淡水钻井液和 4%盐水钻井液的滤失量仍小于 8mL。

表 3-20　抗钙污染实验结果

配　方	$CaCl_2$ 加量，%	AV/(mPa·s)	PV/(mPa·s)	YP/Pa	n	K/(Pa·s^n)	FL/mL
1号	0	27.0	18.0	9.0	0.58	0.49	6.8
	1.0	25.0	18.0	7.0	0.64	0.30	6.9
	3.0	23.0	18.5	4.5	0.74	0.14	7.2
	5.0	22.0	19.0	3.0	0.82	0.077	7.5
2号	0	6.5	5.5	1.0	0.79	0.028	7.1
	1.0	6.0	5.0	1.0	0.78	0.028	7.2
	3.0	6.0	4.5	1.5	0.68	0.063	7.5
	5.0	5.5	4.5	1.0	0.78	0.026	7.6

注：1 号为淡水基浆+0.7% HPS；2 号为 4%盐水基浆+0.7% HPS。

制备方法　将 80 份乙醇、35 份 H_2O 和 20 份淀粉依次加入反应釜中，充分搅拌 30min 后，慢慢加入 12.5 份质量分数 40%氢氧化钠水溶液，并搅拌 30~45min，以使淀粉充分碱化。待碱化时间达到后,向体系中加入3.5~5.0份环氧丙烷,搅拌均匀后升温至40℃,在40~45℃下反应2~5h。反应时间达到后将反应产物转至中和釜中,用盐酸将体系的pH值调至7~8,然后加入适量的乙醇,使产物沉淀,分离出乙醇回收使用,所得产物在50~60℃下真空干燥,粉碎即得到产品。

除上述方法外,还有如下一些方法[23]:

① 将马铃薯淀粉乳(质量分数30%,pH值6.5)于55℃下加热搅拌20h,以提高淀粉膨胀糊化稳定性,再加入淀粉质量30%的环氧丙烷,分两次加入,加入NaOH(为淀粉量的1.5%)和Na_2SO_4(为水量的20%),淀粉与水的比例为30:70(质量比),于35℃下反应24h,中和、过滤、水洗、干燥。产品羟丙基含量为17.6%,*MS*为0.7。

② 在反应瓶中,首先加入16.7份水、6份NaOH和150份异丙醇以及100份玉米淀粉,再加入100份环氧丙烷,升温至45℃,回流开始时,加入0.3份H_2O_2,在随后的7h内将温度升高至75℃,在此温度下回流停止,表示反应完全,用冰醋酸中和,洗涤(86%异丙醇),干燥即得产品。

③ 将玉米淀粉用环氧氯丙烷进行抑制。将抑制过的干淀粉分别用0.25%、1.0%、2.5%的冰醋酸浸渍,用30g/L的NaOH溶液中和至pH值为8,过滤,干燥至含水8%。取50份浸渍过的干淀粉,置于用氮气将空气完全置换过的压力容器中,加入12.5份环氧丙烷,90~95℃下反应5h,冷却至室温后用水:乙醇为0.4:1的溶液分散,用醋酸调pH值至5.5,过滤,洗涤,干燥,即得产品。

质量指标 羟丙基淀粉的主要技术指标见表3-21。其钻井液性能应满足GB/T 5005—2010规定淀粉技术要求(见表3-16)。

表3-21 羟丙基淀粉技术指标

项 目	指 标	项 目	指 标
外 观	白色粉末	纯度,%	≥85.0
细度(0.42mm筛)	100%通过	pH值	7~8
代替度	≥0.2	滤失量/mL	≤7.0
水分,%	≤10.0		

用途 羟丙基淀粉具有广泛的用途,可以用于食品工业、造纸工业、纺织工业、日用化工等行业。

由于分子中不含离子型基团,羟丙基淀粉用作钻井液处理剂,其抗盐,尤其是抗高价金属离子污染的能力优于羧甲基淀粉,抗温能力亦稍优于羧甲基淀粉,是理想的饱和盐水钻井液降滤失剂。也可用于阳离子聚合物钻井液和正电胶钻井液的降滤失剂。还可以用作油井水泥降滤失剂。

安全与防护 可安全用于食品。遇水发黏,避免与皮肤和眼睛接触。

包装与储运 本品采用内衬塑料袋、外用防潮牛皮纸袋包装,每袋净质量25kg。储存在阴凉、通风、干燥处。运输中防止受潮和雨淋。

5.2-羟基-3-磺酸基丙基淀粉

化学成分 2-羟基-3-磺酸基丙基淀粉醚。

结构式

$$\left[-O-\text{(葡萄糖环: 2-OH, 3-OH)}-O-\right]_n, \quad C_6 \text{位}: H_2C-O-CH_2-CH(OH)-CH_2-SO_3Na$$

产品性能 本品是一种含磺酸基团的淀粉醚(HSPS),可溶于水,水溶液呈弱碱性。与羧甲基淀粉相比,由于产物中引入了磺酸基,所得产物作为钻井液降滤失剂,不仅具有较好的抗盐能力,而且还具有抗钙、镁污染的能力,能有效地降低淡水钻井液、盐水钻井液和饱和盐水钻井液的滤失量。当加量为 0.7%时,可使淡水和盐水钻井液的滤失量分别由原浆的 23.5mL 和 76mL 降至 6.5mL 和 7.3mL, 加量为 1.5%时可使饱和盐水钻井液的滤失量由原浆的 146mL 降至 7mL 以下, 其降滤失能力受 $CaCl_2$ 的影响小, 在饱和盐水抗盐土浆中,即使 $CaCl_2$ 加量达到 10%,钻井液的滤失量仍保持较低的值(<7mL)。其抗钙能力可以从图 3-10 看出[24]。

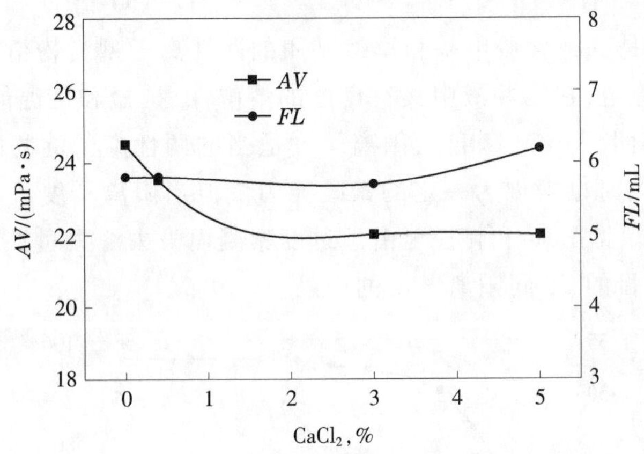

图 3-10 $CaCl_2$ 加量对钻井液性能的影响

说明:基浆为 4%抗盐土+1.5% HSPS+盐至饱和

制备方法 将 450 份的乙醇加入反应釜中,然后加入 100 份的淀粉,搅拌使其充分分散,再慢慢加入 27.5 份氢氧化钠(与 225 份水配成溶液),搅拌 1h 以使淀粉充分碱化;等反应时间达到后,使体系的温度升至 45℃,在此温度下,加入 65 份 3-氯-2-羟基丙磺酸钠。加完 3-氯-2-羟基丙磺酸钠后在此温度下反应 1~2h;待反应时间达到后,将产物用盐酸中和至 pH 值为 7~8,经适当浓度的乙醇沉洗,过滤、真空干燥、粉碎即得 2-羟基-3-磺酸钠基丙基丙基淀粉,乙醇回收利用。

质量指标 本品主要技术指标见表 3-22。其钻井液性能应满足表 3-16 要求。

表 3-22 2-羟基-3-磺酸基丙基淀粉醚技术指标

项 目	指 标	项 目	指 标
外 观	微黄色粉末	水分,%	≤7.0
有效物,%	≥85.0	2%水溶液的表观黏度(25℃)/(mPa·s)	≥200
代替度	≥0.2	水不溶物,%	≤2.0

用途 本品可用于各种类型的水基钻井液体系，特别适用于饱和盐水钻井液和钙处理钻井液。本品使用时可以直接通过混合漏斗加入钻井液中，但加入速度不能太快，以防止形成胶团，最高使用温度135℃，配合杀菌剂可以提高使用温度。其加量为0.5%~1.5%。

安全与防护 无毒。遇水发黏，避免与皮肤和眼睛接触。

包装与储运 本品采用内衬塑料袋、外用防潮牛皮纸袋包装，每袋净质量25kg。储存在阴凉、通风、干燥处。运输中防止受潮和雨淋。

6.两性离子淀粉

化学成分 羧甲基、季铵基淀粉醚。

结构式

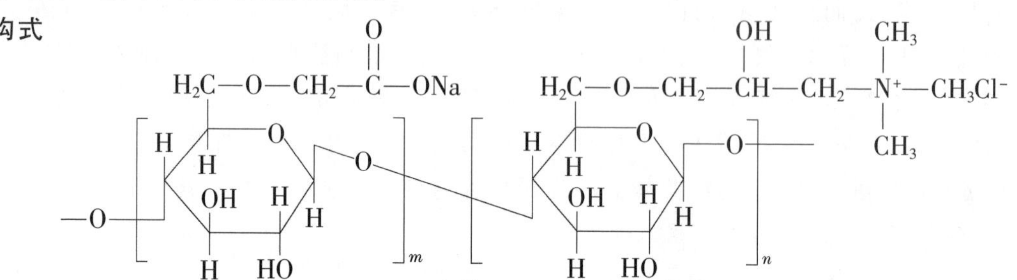

产品性能 本品是一种含羧甲基和季铵基团的两性离子型淀粉衍生物，水溶液为半透明黏稠状。对酸、碱稳定，在钻井液中具有良好的溶解性、抗盐和抗温能力。由于分子中引入了适量的阳离子基团，与CMS相比，阳离子度适当的两性离子淀粉醚具有更好的抑制、防塌和抗钙镁能力，同时也表现为一定的絮凝能力。但当阳离子度过高时，产物防塌能力提高，降滤失能力降低(见图3-11)，甚至由于过度絮凝而失去滤失量控制能力，因此可以根据需要制备用于不同目的、不同阳离子度的产品。

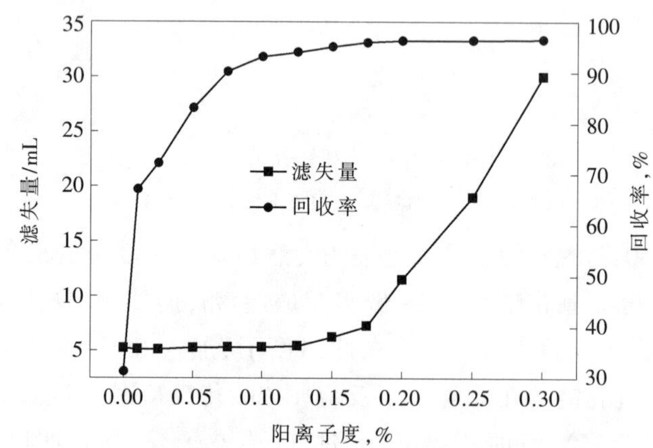

图3-11 阳离子度对产物降滤失和防塌能力影响

说明：①饱和盐水基浆+1.5%样品；②0.5%样品胶液90℃/16h回收率

制备方法 制备可以采用两种方法，由CMS为原料与阳离子醚化剂反应得到，也可以采用淀粉经羧甲基化、季铵化得到。

① CMS为原料：将70份的乙醇加入反应釜中，然后加入20份的CMS，搅拌20min以使CMS充分润湿、分散。然后慢慢加入由30份水和5份氢氧化钠配成的溶液，待氢氧化钠溶液加完后继续搅拌30~40min，使CMS充分碱化。待碱化时间达到后，将体系的温度升至

45℃,在此温度下慢慢加入 15 份质量分数 50%环氧丙基三甲基氯化铵溶液,待其加完后在 45~50℃下反应 2~2.5h。反应时间达到后,将反应混合液转移至中和洗涤釜中,首先用稀盐酸中和至 pH 值为 7~8,然后再加入适量的乙醇使产物沉淀,沉淀物经分离回收乙醇,所得沉淀物在 60℃下真空干燥、粉碎即得两性离子淀粉产品。

② 淀粉经羧甲基化、季铵化得到:将 20 份的水和 70 份的乙醇加入反应釜中,然后加入 20 份的淀粉,搅拌 30min 以使淀粉充分润湿、分散。然后慢慢加入由 20 份水和 9 份氢氧化钠配成的溶液,待氢氧化钠溶液加完后继续搅拌 30~40min,使淀粉充分碱化。待碱化时间达到后,将体系的温度升至 45℃,在此温度下慢慢加入氯乙酸乙醇溶液(用 12.5 份乙醇、7.5 份水和 5.5 份氯乙酸配成),待氯乙酸加完后在 45~50℃下反应 1.5~2.0h。反应时间达到后,再向反应混合物中加入 12 份质量分数 50%的环氧丙基三甲基氯化铵溶液,待环氧丙基三甲基氯化铵加完后,在 45~50℃下反应 2~2.5h。反应时间达到后,将反应混合液转移至中和洗涤釜中,首先用稀盐酸中和至 pH 值为 7~8,然后再加入适量的乙醇使产物沉淀,沉淀物经分离回收乙醇,所得沉淀物在 60℃下真空干燥、粉碎即得两性离子淀粉产品。

质量指标 本品主要技术要求见表 3-23。

表 3-23 两性离子淀粉技术要求

项 目	指 标	项 目	指 标
外 观	淡黄色粉末	阴离子代替度	≥0.20
黏度(2%水溶液,20℃)/(mPa·s)	≥50.0	水分含量,%	≤7.0
阳离子代替度	≥0.085	水不溶物含量,%	≤2.0

用途 本品用作钻井液处理剂,在保持 CMS 抗盐,抗高价金属离子污染的能力的情况下,不仅增加了抑制防塌功能,且抗温能力进一步提高。可用于阴离子钻井液,也可用于阳离子聚合物钻井液和正电胶钻井液的降滤失剂。使用时可以直接加入钻井液中,也可以配成复合胶液进行钻井液性能维护,本品使用温度不能超过 130℃,在饱和盐水钻井液中可使用至 140℃,本品加量 0.5%~2.0%。阳离子度高的产品可以用作防塌抑制剂和钻井废水的絮凝剂。

安全与防护 低毒,遇水发黏,避免与皮肤和眼睛接触。穿戴适当的防护服。生产原料有毒,生产中保证车间通风良好,防火、防爆。

包装与储运 本品采用内衬塑料袋、外用防潮牛皮纸袋包装,每袋净质量 25kg。储存在阴凉、通风、干燥处。运输中防止受潮和雨淋。

7.抗温淀粉

化学名称 阳离子羟丙基淀粉醚。

结构式

$H_2C—O—CH_2—CH(OH)—CH_3$; $H_2C—O—CH_2—CH(OH)—CH_2—N^+(CH_3)_2—CH_3Cl^-$

$[\ldots]_m$ $[\ldots]_n$

产品性能　抗温淀粉，即阳离子化羟丙基淀粉，该类产品的典型代表是 DFD-140，是一种白色或淡黄色的颗粒，分子链节上同时含有阳离子基团和非离子基团，而不含阴离子基团。季铵基的存在一定程度上还提高了产品的抗菌能力。抗温性能较好，在 4%盐水钻井液、饱和盐水钻井液中可以稳定到 140℃。并且可与几乎所有水基钻井液体系和处理剂相配伍。

制备方法　将 80 份乙醇、35 份 H_2O 和 20 份淀粉依次加入反应釜中，充分搅拌 30min 后，慢慢加入 12.5 份质量分数 40%氢氧化钠水溶液，并搅拌 30~45min，以使淀粉充分碱化。待碱化时间达到后，向体系中加入 4.5~6.5 份环氧丙烷，0.05 份的环氧氯丙烷搅拌均匀后升温至 40℃，在 40~55℃下反应 1.5~2h。反应时间达到后，再向反应混合物中加入 10~15 份质量分数 50%环氧丙基三甲基氯化铵溶液，待环氧丙基三甲基氯化铵加完后，在 45~50℃下反应 2~4h。反应时间达到后，将反应混合液转移至中和洗涤釜中，首先用稀盐酸中和 pH 值至 7~8，然后再加入适量的乙醇使产物沉淀，沉淀物经分离回收乙醇，所得沉淀物在 60℃下真空干燥、粉碎即得抗温淀粉产品。

质量指标　本品理化指标见表 3-24，钻井液性能指标见表 3-25。

表 3-24　抗温淀粉理化指标

项　目	指　标	项　目	指　标
外　观	白色粉末	阳离子取代度	≥0.075
纯度，%	≥90	水分，%	≤7.0
羟丙基取代度	≥0.20	NaCl，%	≤4.0

表 3-25　抗温淀粉钻井液性能指标

项　目		指　标	
		4%盐水钻井液(1.2%)	饱和盐水钻井液(1.4%)
室　温	滤失量/mL	≤10.0	≤10.0
	表观黏度/(mPa·s)	≤14.0	≤16.0
140℃/16h 热滚后	滤失量/mL	≤12.0	≤12.0
	表观黏度/(mPa·s)	≤14.0	≤16.0

用途　本品在钻井液中可用于降低淡水、NaCl、KCl 和饱和盐水钻井液的滤失量和改善泥饼质量，提高钻井液胶体稳定性。推荐用量：淡水钻井液 0.3%~0.5%，盐水钻井液 0.5%~1.5%，饱和盐水钻井液 0.5%~2.0%。

安全与防护　低毒。避免与皮肤和眼睛接触。不慎与眼睛接触后，可立即用大量清水冲洗。生产原料有毒，生产中保证车间通风良好，防火、防爆。

包装与储运　本品采用内衬塑料袋、外用防潮牛皮纸袋包装，每袋净质量 25kg。储存在阴凉、通风、干燥处。运输中防止受潮和雨淋。

8.淀粉/AM-AA 接枝共聚物

化学成分　丙烯酰胺、丙烯酸与淀粉的接枝共聚物。

结构式

$$\mathrm{St{-}O}\left[\begin{array}{c}\mathrm{CH_2{-}CH}\\ |\\ \mathrm{C{=}O}\\ |\\ \mathrm{NH_2}\end{array}\right]_m\left[\begin{array}{c}\mathrm{CH_2{-}CH}\\ |\\ \mathrm{C{=}O}\\ |\\ \mathrm{ONa}\end{array}\right]_n$$

产品性能 淀粉/AA-AM接枝共聚物降滤失剂是一种阴离子型聚电解质，可溶于水，水溶液呈弱碱性,它既有淀粉类产品的耐盐性,又具有聚合物产品的抗温性。由于分子中含有羟基、酰胺基和羧基等基团,在淡水钻井液、盐水、饱和盐水钻井液和复合盐水钻井液中均具有较强的降滤失能力以及较好的抗盐抗温能力。其抗温能力和降滤失效果远远优于CMS,与P(AA-AM)共聚物接近,其性能可以达到钻井液用聚合物降滤失剂通用技术条件的要求,而成本仅为聚合物处理剂的70%。使用温度可以达到150℃以上。

表3-26是用淀粉/AA-AM接枝共聚物所处理钻井液的抗温实验结果。从表中可以看出,用接枝共聚物所处理的淡水和盐水钻井液高温老化前后的滤失量变化较小,即使在饱和盐水钻井液中,高温老化后仍然能够较好的控制滤失量,说明本品具有较强的抗温抗盐能力[25]。

表3-26 老化温度对不同钻井液性能的影响(老化时间16h)

钻井液类型	老化温度/℃	*FL*/mL	*AV*/(mPa·s)	*PV*/(mPa·s)	*YP*/Pa
淡水钻井液+0.5%样品	室温	4.0	45	23	22
	150	3.0	13	10	3
盐水钻井液+1.0%样品	室温	3.6	31	22	9
	150	6.4	4.5	3	1.5
饱和盐水钻井液+1.5%样品	室温	3.6	22.5	15	7.5
	150	43	5	4	1

注:淡水基浆组成:在1000mL自来水中加入3g纯碱和50g钙或钠膨润土;盐水基浆组成:5%的钠膨润土基浆中加入4%的NaCl;饱和盐水基浆组成:在5%的膨润土淡水钻井液中加入36%的NaCl。

制备过程 将配方量的氢氧化钠、水等加入反应器中,在搅拌下慢慢加入丙烯酸,反应完成后加入丙烯酰胺,待其溶解后加入所需要量的淀粉,搅拌均匀,然后在搅拌下加入所需要量的引发剂(用适量的水配制的水溶液),约5~10min发生反应,随着反应的发生体系的温度迅速升高至90~100℃,部分水分挥发,3~10min反应结束,最后得到胶状产物。将所得产物于100~110℃下烘干,粉碎即为接枝共聚物降滤失剂。

质量指标 本品主要技术要求见表3-27。

表3-27 淀粉接枝共聚物技术要求指标

项目	指标	项目	指标
外观	白色或淡黄色粉末	1%水溶液表观黏度/(mPa·s)	≥25.0
细度(0.59mm孔标准筛余),%	≤10.0	1%水溶液pH值	7.5~8.5
水分,%	≤7.0	120℃/16h滤失量(复合盐水浆,加量10g/L)/mL	≤10.0

用途 本品适用于各种水基钻井液,在淡水钻井液中,当加量为0.1%时就可使钻井液的滤失量明显降低。对于钻井液的黏度和切力而言,随着聚合物加量的增加,钻井液的表观黏度、塑性黏度、动切力和初终切等均大幅度的增加,表现出了较强的提黏切的能力。在饱和盐水钻井液中，在加量较低时由于聚合物对钻井液产生絮凝作用，滤失量降低不明显,钻井液的黏度和切力出现降低,而当加量达到0.5%时,聚合物的护胶作用开始占优势,滤失量出现明显的降低趋势,并随着聚合物加量的增加而逐渐降低,而钻井液的黏度也逐

渐出现升高。使用时建议配成 1.5%~2.0%胶液加入钻井液，推荐用量 0.5%~1.0%。

安全与防护 无毒、有碱性。避免与皮肤和眼睛接触。不慎与眼睛接触后，可立即用大量清水冲洗。生产原料丙烯酰胺有毒，生产中保证车间通风良好，防火、防爆。

包装与储运 本品采用内衬塑料袋、外用防潮牛皮纸袋包装，每袋净质量 25kg。本品易吸潮，因此破袋后没有用完的产品，应密封好。产品储存于阴凉、通风、干燥处，如遇到产品因受潮结块，则可以烘干、粉碎后使用。运输中防止受潮和雨淋。

9.淀粉/AM-AMPS 接枝共聚物

化学成分 AM、AMPS 与淀粉的接枝共聚物等。

结构式

$$\mathrm{St{-}O}\left[\mathrm{CH_2{-}\underset{\underset{\underset{NH_2}{|}}{C{=}O}}{\overset{}{CH}}}\right]_m\left[\mathrm{CH_2{-}\underset{\underset{NH{-}\underset{CH_3}{\overset{CH_3}{C}}{-}CH_2SO_3Na}{|}}{\underset{|}{\overset{}{CH}}\;\;C{=}O}}\right]_n$$

产品性能 本品是一种阴离子型的淀粉接枝共聚物，可溶于水，水溶液为黏稠乳白色胶体。既具有淀粉类产品的抗盐性，又具有聚合物类产品的耐温性。分子中含有羟基、酰胺基和磺酸基及少量的羧基(聚合和干燥中酰胺基水解产生)，用作钻井液处理剂，在淡水钻井液、盐水钻井液和饱和盐水钻井液中均具有较好的护胶和较强的抗钙能力，可以有效地降低滤失量，且具有一定的增黏、包被和抑制作用。

表 3-28 是本品、纯聚合物和 CMS 等产品在饱和盐水基浆中的效果对比。从表中可以看出，本品抗温能力与纯共聚物接近，而远优于 CMS，而且成本远低于纯聚合物。

表 3-28 不同类型产品在饱和盐水基浆中的性能

钻井液组成	老化情况	*FL*/mL	*AV*/(mPa·s)	*PV*/(mPa·s)	*YP*/Pa
基浆(6%膨润土浆+氯化钠至饱和)	室 温	92.0	16.5	7.0	9.5
	150℃/16h	120.0	12.5	6.0	6.5
基浆+1.0%的 St/AM-AMPS 接枝共聚物	室 温	8.0	20.5	13.0	7.5
	150℃/16h	18	12.0	8.0	4.0
基浆+1.5% CMS	室 温	16.0	21.0	5.0	16.0
	150℃/16h	70.0	16.0	13.0	3.0
基浆+1.0% P(AMPS-AM)	室 温	8.4	24.0	18.0	6.0
	150℃/16h	12	16.5	13.0	3.5

图 3-12 是在淡水钻井液中[(a)，样品加量 0.5%]和复合盐水钻井液中[(b)，样品加量 1.5%]St/AM-AMPS 接枝共聚物与 P(AMPS-AM)抗温能力对比实验结果。从图 3-12(a)中可以看出，在淡水钻井液中，St/AM-AMPS 接枝共聚物降滤失能力与纯共聚物相当，而增黏能力低于纯共聚物。从图 3-12(b)可以看出，在复合盐水钻井液中，当温度在 150℃以内时，St/AM-AMPS 接枝共聚物和纯共聚物降滤失能力相当，而当温度超过 150℃后，接枝共聚物降滤失能力不如纯聚合物。

制备方法 将 25 份淀粉用适量的水调和成浆状，在 60~80℃下，糊化 1.0~1.5h；将糊化的淀粉冷却至室温后加入聚合反应器中，在搅拌下向糊化淀粉中加入 56 份丙烯酰胺和 40.36 份 2-丙烯酰胺基-2-甲基丙磺酸钠，搅拌至全部溶解，用氢氧化钠溶液将体系的 pH 值调至 7.5~8，然后升温至 65℃；待温度达到后向体系中加入 0.5 份除氧剂，5min 后加入 0.5 份引发剂，搅拌均匀后将容器密封，在 65℃±1℃下静置 0.5~2.0h，最后得到凝胶状产物；将产物经剪切、造粒，于 80~100℃下烘干、粉碎，得到 St/AM-AMPS 接枝共聚物产品。

制备中需要控制淀粉的引入量，研究表明，当淀粉与单体质量比超过 0.5 时，所得接枝共聚物降滤失能力迅速降低，当淀粉与单体质量比为 1 时，产物发生交联，降滤失能力很差。一般淀粉与单体质量比为 0.3~0.5 之间可以得到具有良好的降滤失效果和较低成本的接枝共聚物。

(a) 淡水钻井液

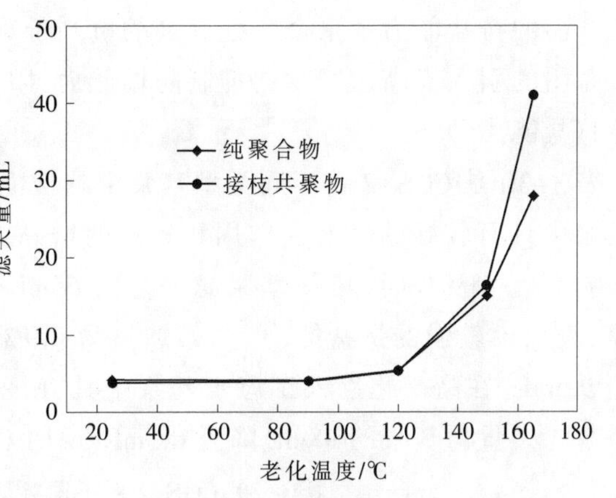

(b) 复合盐水钻井液

图 3-12 St/AM-AMPS 接枝共聚物与 P(AMPS-AM)抗温能力对比

质量指标 本品主要技术要求见表 3-29。

用途 本品适用于多种类型的水基钻井液体系，是一种抗高温和抗钙的淀粉改性产品。本品可直接通过混合漏斗加入钻井液中，但加入速度不能太快，以防止结块，最好先配成 2%胶液，然后再使用。本品在钻井液中最高使用温度 160℃，加量 0.5%~1.5%。

表 3-29 St/AM-AMPS 接枝共聚物技术要求

项 目	指 标	项 目	指 标
外 观	微黄色或白色粉末	水不溶物，%	≤7.0
细度(0.59mm 孔径标准筛余)，%	≤5.0	1%水溶液表观黏度/(mPa·s)	≥30.0
有效物，%	≥90.0	pH值	8~9
水分，%	≤7.0	滤失量(饱和盐水浆 150℃/16h)/mL	≤15.0

安全与防护 无毒、有碱性。避免与皮肤和眼睛接触。不慎与眼睛接触后，立即用大量清水冲洗。生产原料丙烯酰胺有毒，生产中保证车间通风良好，防火、防爆。

包装与储运 本品采用内衬塑料袋、外用防潮牛皮纸袋包装，每袋净质量 25kg。本品易吸潮，因此破袋后没有用完的产品应密封好。产品储存于阴凉、通风、干燥处，如遇到产品因受潮结块，则可以烘干、粉碎后使用。运输中防止受潮和雨淋。

10.CGS-2 具阳离子型接枝改性淀粉

化学成分 丙烯酰胺、丙烯酸钾和 2-羟基-3-甲基丙烯酰氧丙基三甲基氯化铵与淀粉的接枝共聚物。

结构式

$$\mathrm{St{-}O}{-}\left[\mathrm{CH_2{-}\underset{\underset{\displaystyle NH_2}{|}}{\underset{|}{\overset{}{\underset{\displaystyle C{=}O}{CH}}}}}\right]_m\left[\mathrm{CH_2{-}\underset{\underset{\displaystyle OK}{|}}{\underset{|}{\underset{\displaystyle C{=}O}{CH}}}}\right]_n\left[\mathrm{CH_2{-}\overset{\displaystyle CH_3}{\overset{|}{\underset{\underset{\displaystyle C{=}O}{|}}{C}}}}\right]_x$$

$$\mathrm{C{=}O}\;\;\text{的侧链：}\;\mathrm{O{-}CH_2{-}\overset{\displaystyle OH}{\overset{|}{CH}}{-}CH_2{-}\overset{\displaystyle CH_3}{\overset{|}{\underset{\underset{\displaystyle CH_3}{|}}{N^+}}}{-}CH_3Cl^-}$$

产品性能 本品是一种两性离子型接枝改性淀粉，可溶于水，水溶液呈弱碱性。具有淀粉类产品的抗盐能力及聚合物处理剂的抗高价离子污染能力和较强的抗温能力，特别是阳离子基团的引入提高了产物的抑制防塌能力，阳离子基团的强吸附特性也进一步改善产物耐温抗盐能力[26]。

表 3-30 是 CGS-2 在不同类型基浆中的性能评价结果。从表中可以看出，CGS-2 在淡水基浆中具有较好的降滤失作用和较强的增黏能力；在盐水基浆中具有较强的降失水作用，当加量为 0.7%时，可使基浆滤失量由 65mL 降至 9mL；在饱和盐水基浆中降滤失效果明显，表现出较强的抗盐能力，当其加量为 0.9%时，可使饱和盐水基浆的滤失量由 110mL 降至 9.5mL；在高矿化度人工海水基浆中具有显著的降滤失作用，当其加量为 0.9%时，可使基浆滤失量由基浆的 98mL 降至 6.5mL，说明 CGS-2 具有较强的抗钙、镁污染能力。

表 3-30 CGS-2 对不同类型钻井液性能的影响

基浆类型	CGS-2 加量，%	滤失量/mL	泥饼/mm	*AV*/(mPa·s)	*PV*/(mPa·s)	*YP*/Pa
淡水基浆：1000mL 水+60g 膨润土+6.0g 纯碱	0	19.5	1.0	10.5	3	7.5
	0.1	17	0.8	28	9	19
	0.3	11	0.5	40	12	28
	0.5	10	0.5	47	12	35
盐水基浆：1000mL NaCl+60g 膨润土+6.0g 纯碱	0	65	1.5	5.25	2.5	2.75
	0.1	51	1.0	9	5	4
	0.3	24	0.5	14.5	11	3.5
	0.5	12.5	0.5	20.5	16	4.5
	0.7	9	0.4	22.5	9	13.5
饱和盐水基浆：1000mL 饱和盐水+60g 膨润土+6g 纯碱	0	110	2.0	5.75	4	1.5
	0.3	105	1.5	11.5	9	2.5
	0.5	54	0.8	12	9	3
	0.7	18	0.5	15	12	3
	0.9	9.5	0.5	14	12	2
海水基浆：人工海水(Ca^{2+} 1800mg/L，Mg^{2+} 1550mg/L，NaCl 14.5%)+10% 膨润土+0.6% 无水碳酸钠	0	98	1.5	3.5	3	0.5
	0.3	34	0.8	7.0	6	1.0
	0.5	19.5	0.5	8.0	7.5	0.5
	0.7	11	0.3	8.0	7.5	0.5
	0.9	6.5	0.3	8.0	8	0

表 3-31 是用 0.5%的 CGS-2 所处理钻井液(基浆组成为 1000mL 水+60g 膨润土+6g 纯碱)在不同温度下老化后性能的变化情况。可以看出,老化温度从室温至 180℃,经 CGS-2 处理后钻井液的滤失量变化较小,说明 CGS-2 具有较强的抗温能力。表 3-32 是页岩回收率实验结果。从表中可见,CGS-2 具有较强的抑制页岩水化分散的能力,较高的二次回收率反映了 CGS-2 在页岩表面具有较强的吸附能力,具有长期稳定效果。

表 3-31 老化温度对含 CGS-2 钻井液性能的影响

老化情况	滤失量/mL	泥饼/mm	*AV*/(mPa·s)	*PV*/(mPa·s)	*YP*/Pa
室温下放置	10.0	0.5	48	14	34
120℃/24h	10.0	0.3	47	26	21
150℃/16h	10.5	0.2	9	8.5	0.5
180℃/16h	12.0	0.3	6	5	1.0

表 3-32 页岩滚动回收率实验结果

CGS-2 加量,%	一次回收率(*R*),%	二次回收率(*R′*),%	*R′*/*R*,%
0.1	93.5	90	96.26
0.3	93.6	91	97.22
0.5	91.0	90.5	99.45
清 水	49		

注:一次回收率(即 CGS-2 溶液中回收率)120℃/16h;二次回收率(一次回收所得岩心在清水中回收率)120℃/2h;岩心为明 9-5 井 2695m 岩屑(粒度为 2.0~3.35mm),0.42mm 孔径标准筛回收。

制备过程 按配方将 100 份淀粉用水调和均匀,在搅拌下于 60~80℃糊化 1.0~1.5h,时间达到后降温至室温;将已经糊化的淀粉加入聚合器中,然后依次加入 100 份丙烯酰胺、40 份丙烯酸钾和 30 份 2-羟基-3-甲基丙烯酰氧丙基三甲基氯化铵,搅拌使其溶解,待丙烯酰胺、丙烯酸钾和 2-羟基-3-甲基丙烯酰氧丙基三甲基氯化铵等全部溶解后,用氢氧化钾溶液使反应混合物体系的 pH 值调至 10~11 的范围内;在不断搅拌下使反应混合物体系的温度升至 60℃,加入 0.85 份引发剂,搅拌均匀后于 60℃下静止(密封)反应 0.5~2h,得到凝胶状产物。将所得凝胶状产物取出剪切造粒,于 80~100℃下烘干、粉碎,得白色粉末状接枝共聚物(CGS-2 型降失水剂)。

在本品的制备中,接枝共聚物的性能对淀粉用量、引发剂用量和反应温度有强的依赖性,是制备中需要特别注意的方面。图 3-13 是原料配比和反应条件一定,引发剂用量为单体质量的 0.5%, 淀粉糊化温度 60~80℃,反应温度 60℃±1℃,淀粉用量对产物降滤失效果影响。从图 3-13 可见,随淀粉用量增加,产物所处理钻井液的滤失量开始略有增加,当淀粉与单体的质量比超过 1:1 后,滤失量迅速增加,为此在合成中选择淀粉与单体质量比为 1:1, 既可保证产物的降滤失

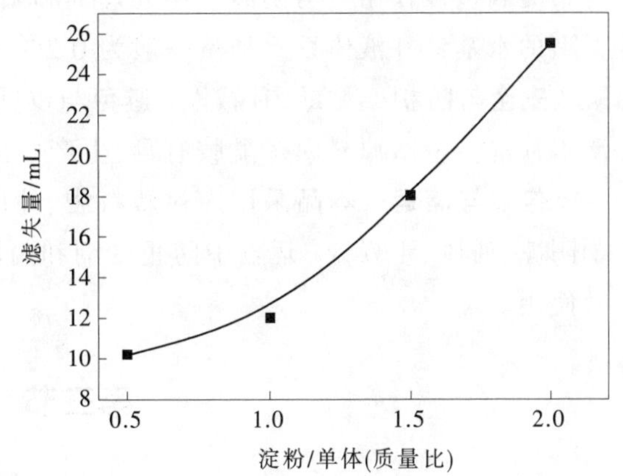

图 3-13 淀粉与单体质量比对产品降滤失能力的影响

效果,又能使产物成本不致过高。图 3-14 为原料配比和反应条件一定,淀粉:单体=1:1(质量比),引发剂用量对产物降滤失能力的影响。图 3-14 表明,当引发剂用量为单体质量的 0.8%时所得产物的降滤失效果较好。图 3-15 是原料配比和反应条件一定,引发剂用量为单体质量的 0.8%时,反应温度对产物降滤失能力的影响。图 3-15 表明,反应温度低于 60℃时,所得产物降滤失能力较差,75℃时产物降滤失能力较好,但由于反应速度过快,将出现暴聚现象,使产品收率下降。可见,反应温度在 60℃较合适。

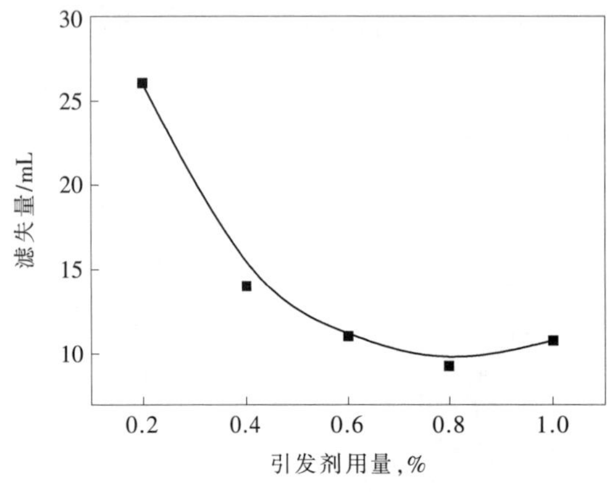

图 3-14 引发剂用量对产品降滤失能力的影响

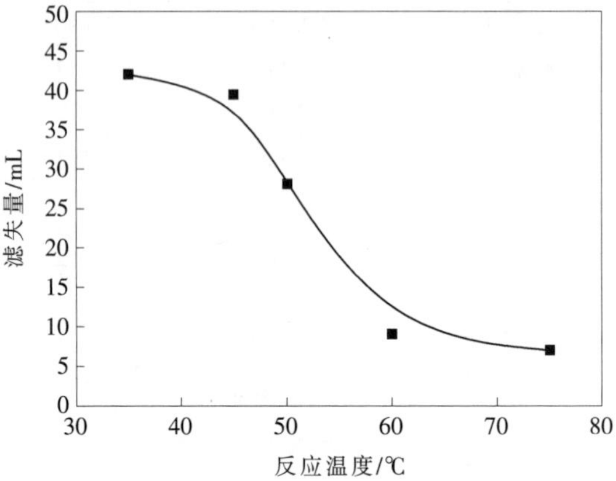

图 3-15 反应温度对产品降滤失能力的影响

质量指标 本产品主要技术要求见表 3-33。

表 3-33 CGS-2 淀粉接枝共聚物技术要求

项 目	指 标	项 目	指 标
外 观	微黄色粉末	水不溶物,%	≤5.0
细度(筛孔 0.59mm 标准筛筛余),%	≤7.0	1%水溶液的表观黏度(25℃下)/(mPa·s)	≥20.0
有效物,%	≥85.0	pH值	7~9
水分,%	≤7.0	滤失量(复合盐水浆,加量 10g/L)/mL	≤10.0

用途 本品用作钻井液处理剂,具有较好的降滤失、抗温、抗盐和一定的抗钙、镁污染的能力和良好的防塌效果,能有效地控制地层造浆、抑制黏土和钻屑水化分散,同时还具有絮凝和包被作用。与阴离子型处理剂和阳离子型处理剂均有良好的配伍性,可用于各种类型的水基钻井液体系。加量一般为 0.2%~1.0%。

安全与防护 无毒、有碱性。避免与皮肤和眼睛接触。不慎与眼睛接触后,立即用大量清水冲洗。生产原料丙烯酰胺有毒,生产中保证车间通风良好,防火、防爆。

包装与储运 本品采用内衬塑料袋、外用防潮牛皮纸袋包装,每袋净质量 25kg。储存于阴凉、通风、干燥处。运输中防止受潮和雨淋。如遇到产品因受潮结块,则可以烘干、粉碎后使用。

第三节 腐殖酸类

腐殖酸主要来源于褐煤。褐煤是一种未成熟的煤,燃烧值比较低,有效成分是腐殖酸,好的褐煤腐殖酸含量可达 70%~80%。腐殖酸结构非常复杂、相对分子质量不均一。主要功能基团为酚羟基、羧酸基、醇羟基、醌基、甲氧基和羰基等，由于相对分子质量较大，一般难溶于水，但易溶于碱溶液，生成腐殖酸钠。用作钻井液处理剂，分子中水化作用较强的羧钠基等水化基团，使腐殖酸钠不但具有很好的降滤失作用，还兼有降黏作用。

腐殖酸虽难溶于水，但由于含有羧基和酚羟基，其水溶液仍呈弱酸性。褐煤与烧碱反应生成的腐殖酸钠则易溶于水，但腐殖酸钠的含量与所使用的烧碱浓度有关。烧碱不足，腐殖酸不能全部溶解；烧碱过量，又使腐殖酸聚结沉淀，反而使腐殖酸钠含量降低。因此，当使用褐煤碱液作降滤失剂时，必须将烧碱的浓度控制在合适的范围内。

由于腐殖酸分子的基本骨架是碳链和碳环结构，因此其热稳定性很强。它在232℃的高温下仍能有效地控制淡水钻井液的滤失量。腐殖酸钠能与Ca^{2+}生成难溶的腐殖酸钙沉淀而失效，所以它不抗盐不抗钙。综合起来具有如下特点：①能保持最低限度的黏度，钻井液流变性良好；②具有较强的抑制泥页岩水化溶胀分散的能力，防塌性能优良；③能降低钻井液的滤失量，使泥饼薄而韧；④具有一定的抗盐、钙污染能力，有的改性产品具有较好的抗污染能力；⑤能够改善钻井液的润滑性能；⑥具有较好的热稳定性能；⑦产品呈弱碱性，危害性小；⑧能够和几乎所有聚合物处理剂配伍，尤其是与SMP配伍，能够有效地降低钻井液的高温高压滤失量，保持高温下的流变性和悬浮稳定性；⑨天然资源，来源丰富，价格低廉，绿色环保。

1.腐殖酸钠

化学成分　腐殖酸与氢氧化钠的反应产物。

产品性能　腐殖酸钠，代号NaHm，为自由流动的黑色粉末，无毒，无味，可溶于水，水溶液为弱碱性。最早是将褐煤、烧碱和水配成煤碱液直接使用。配制煤碱液时，腐殖酸中的—COOH变成—COONa，pH值高时，酚羟基也会变成—ONa基。腐殖酸钠抗钙(Ca^{2+})能力可达500~600mg/L，抗NaCl可达4%~5%，故腐殖酸钠或煤碱液可以用于处理钙含量和盐含量在上述范围以下的钙基钻井液和含盐钻井液。腐殖酸钠遇钙会发生下面的可逆反应，生成腐殖酸钙(Ca−Hm)沉淀：

$$NaHm+Ca^{2+} \rightleftharpoons Ca\text{-}Hm\downarrow +Na^{+} \tag{3-4}$$

故腐殖酸钠在钻井液中有控制Ca^{2+}浓度的作用。上述平衡在Ca^{2+}浓度高时向右移动，当Ca^{2+}浓度低时向左移动，即加入腐殖酸钠可以降低钙离子浓度，有利于抗石膏和水泥侵。而在抑制黏土水化和稳定井壁上，当Ca^{2+}因吸附消耗时，Ca−Hm可以补充钙离子。由于腐殖酸分子中含有较多的吸附基团，特别是含有邻位双酚羟基，又含有水化作用较强的羧酸基，使腐殖酸钠既有降滤失作用，又有减稠作用，由于腐殖酸分子结构中的主链骨架都是碳链和碳环结构，热稳定性较强，抗温可达190℃。

腐殖酸钠用于钻井液降滤失剂具有很强的抗温能力，滤失量低、黏度低、泥饼薄而致密，性能稳定，但抗盐能力较弱。

制备过程　将褐煤去除杂质后，用氢氧化钠溶液溶解，滤除不溶物，滤液经过浓缩、干燥、粉碎，得到腐殖酸的钠盐。

质量指标　本品主要技术要求见表3-34。

用途　本品可用作钻井液的降黏剂和滤失量控制剂，并能改善钻井液的高温稳定性，适用于淡水钻井液,也可以用于钙处理钻井液。配合磺酸盐聚合物,可以有效地控制钻井液的高温高压滤失量。使用时可以直接加入钻井液中,加量一般为 0.5%~2.0%。

腐殖酸钠也可以作为改性腐殖酸类处理剂制备的原料。

表 3–34 腐殖酸钠产品技术要求

项 目	指 标	项 目	指 标
外 观	黑色粉末	水分,%	≤12.0
水溶性腐殖酸含量,%	≥55.0	水不溶物,%	≤10.0
细度(筛孔 0.42mm 筛余),%	≤10	pH值	9~10

安全与防护 本品呈弱碱性,在使用时应戴防尘口罩、防护眼镜和橡胶手套,以防止粉尘接触和吸入。

包装与储运 本品采用内衬塑料袋、外用防潮牛皮纸袋或塑料编织袋包装,每袋净质量 25kg。储存于阴凉、通风、干燥的库房。运输中防止日晒、雨淋。

2.硝基腐殖酸钠

化学成分 腐殖酸钠的氧化、硝化产物。

产品性能 本品是一种耐温钻井液处理剂,为黑褐色粉末,易溶于水,水溶液呈弱碱性。在保持腐殖酸分子中酚羟基、羧酸基、醇羟基、醌基、甲氧基和羰基等的基础上,由于硝酸的氧化和硝化作用,使腐殖酸的平均相对分子质量降低,羧基增多,并将硝基引入分子中,使产品的抗温、抗盐和水化能力进一步改善,抗温可达 200℃以上,在含盐 20%~30%的情况下仍能有效地控制钻井液的滤失量和黏度。硝基腐殖酸钠具有良好的降滤失和降黏作用,泥饼薄而坚韧。硝基腐殖酸钾除具有硝基腐殖酸钠的作用外,还具有较强的防塌作用。

煤的硝酸氧解分两步进行:①脂肪、肪环结构被氧化水解,生成 HA、低分子酸、草酸、CO_2 及含氧官能团;②芳核开环(主要是酚经基和邻位醌结构的裂解),硝酸氧解把—NO_2 和—NO 引入芳香结构增加了活性基团,更有利于用作钻井液处理剂。

制备过程 按照腐殖酸:HNO_3=1:2(质量比),用 3mol/L 的稀 HNO_3 与褐煤在 40~60℃下进行氧化和硝化反应,可制得硝基腐殖酸,再用烧碱中和即得到硝基腐殖酸钠。

质量指标 硝基腐殖酸钠产品主要技术指标见表 3–35。

表 3–35 硝基腐殖酸钠产品技术指标

项 目	要 求	项 目	要 求
外 观	黑褐色粉末	水不溶物,%	≤5.0
水溶性干基腐殖酸含量,%	≥55.0	水分,%	≤15.0
N含量,%	≥3.0	pH值	8~9

用途 本品作为水基钻井液体系中抗高温的降滤失剂和降黏剂,适用于高温深井钻井液体系,具有价格低廉的特点。其抗钙能力也较强,可用于配制不同 pH 值的石灰钻井液。硝基腐殖酸钾还用作防塌剂。使用时可以直接加入钻井液中,也可以单独或与其他处理剂配成胶液使用,一般加量 0.5%~2%,作为防塌剂使用时,可以根据实际情况确定用量。将硝基腐殖酸钠磺化后,可以得到磺化硝基腐殖酸盐,其抗温抗盐能力进一步提高。

安全与防护 本品呈碱性,在使用时应戴防尘口罩、防护眼镜和橡胶手套,以防止粉尘吸入及与眼睛和皮肤接触。

包装与储运 本品易吸潮,采用内衬塑料袋、外用防潮牛皮纸袋包装,每袋净质量25kg。储存在通风、阴凉、干燥处。运输中防止受潮和雨淋。

3.磺化褐煤

化学成分 腐殖酸磺化产物的铬络合物。

产品性能 磺化褐煤也称磺甲基褐煤、磺甲基腐殖酸,代号SMC,是一种耐温抗盐的钻井液处理剂,为黑褐色粉末,易溶于水,水溶液呈弱碱性。在保持腐殖酸分子中酚羟基、羧酸基、醇羟基、醌基、甲氧基和羰基等的基础上,引入了磺甲基团,使产品的抗温抗盐,特别是抗钙能力进一步改善,用作深井、超深井钻井液,可以有效地控制钻井液的滤失量和流变性,与SMP配伍使用,可以显著降低钻井液的高温高压滤失量。是应用最早、用量较大的处理剂之一,是聚磺和"三磺"钻井液的重要组分。

图3-16是SMP和SMP+SMC加量对钻井液滤失量的影响(用4%的膨润土基浆,220℃老化16h后测定)。从图中可以看出,将SMP和SMC配合使用可以较好地控制钻井液的滤失量。同时,SMP与SMC复配后形成的空间网络结构使得单位空间内吸附点增加,从而增加了黏土颗粒在处理剂分子上的吸附量,提高其降滤失能力。

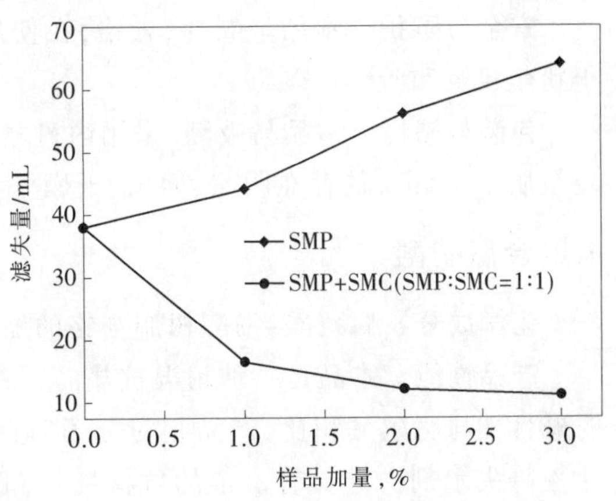

图3-16 SMP和SMP+SMC加量对钻井液滤失量的影响

制备过程 磺化褐煤可以采用下面的方法制备。

方法一:取100份的褐煤,加入至1000份3%的氢氧化钠溶液中,搅拌1h,然后除去不溶的残渣,所得溶液用盐酸中和至pH值为3~5,使腐殖酸沉淀,然后经分离,水洗烘干得腐殖酸。然后按腐殖酸100份、氢氧化钠25份、焦亚硫酸钠20份、甲醛(36%)20份和水200份的比例,首先将氢氧化钠溶于水,加入反应釜,再慢慢加入腐殖酸,10min后依次加入焦亚硫酸钠和甲醛,然后升温至95℃,在此温度下反应3~4h,即得到磺化褐煤产品,然后再加入10份的重铬酸钾(先溶于水),搅拌反应0.5h,产物经干燥、粉碎,即得到粉状磺化褐煤。

方法二:将10%褐煤水悬浮液与NaOH反应制成碱化褐煤,再将产物与$NaHSO_3$-HCHO按2:1(质量比)比例混合,于80~90℃加热约3h,然后加入适量的重铬酸钾水溶液,搅拌反应30min,最后于140~150℃烘干、粉碎,得到SMC成品。

质量指标 产品可执行SY/T 5092—2002钻井液用磺化褐煤(SMC)标准,其指标见表3-36和表3-37。

表3-36 磺化褐煤理化性能

项 目	要 求	项 目	要 求
水溶性干基腐殖酸含量,%	≥50.0	水分,%	≤15.0
干基全铬含量,%	1.7~2.1	外 观	黑褐色粉末

表 3-37 磺化褐煤钻井液性能

项 目	要 求		项 目	要 求	
	常温性能	高温后性能		常温性能	高温后性能
表观黏度/(mPa·s)	≤8	≤10	降黏率,%	≥75	≥80
中压滤失量/mL	≤10	≤11	1min 静切力/Pa	≤1	≤1

用途 本品主要用于水基钻井液体系中抗高温的降滤失剂，可抗温至 200~220℃,兼具一定的降黏作用,与常用处理剂配伍性好,适用于高温深井钻井液体系,具有价格低廉的特点。在 200℃单独使用时抗盐能力较差,一般只耐 3%以内的盐,不适用于盐含量较高的含盐钻井液体系,但与磺甲基酚醛树脂配合使用时,抗盐能力可大大提高。与 AMPS 多元共聚物配伍也可以有效地控制钻井液的高温高压滤失量。在高温下降解产物是 H_2S,易对钻具造成腐蚀。适用的 pH 值范围为 9~11,在钻井液中的加入为 3%~7%。用于低温下时,可以采用不含铬的产品。

安全与防护 本品呈碱性,含铬,在使用时应戴防尘口罩、防护眼镜和橡胶手套,以防止粉尘接触和吸入。

包装与储运 本品易吸潮,采用内衬塑料袋、外用塑料编织袋或防潮牛皮纸袋包装,每袋净质量 25kg。储存在阴凉、通风、干燥处。运输中防止受潮和雨淋。

4.聚合腐殖酸

化学成分 腐殖酸-酚醛树脂与铬的缩合物。

产品性能 本品是一种耐温抗盐的钻井液处理剂,为黑褐色粉末,易溶于水,水溶液呈弱碱性。与腐殖酸相比,产品相对分子质量提高,降滤失效果增强。主要作为各类水基钻井液降失水剂，并具有一定的抗盐抗钙和防塌能力,同时还具有较强的热稳定性(可抗温 200℃)。

图 3-17 是在不同基浆中 220℃老化 16h 后测得的 180℃下高温高压滤失量。从图 3-17 中可以看出,本品与磺酸盐聚合物(AMPS-AM-DMAM 共聚物)配伍,可以有效地控制钻井液的高温高压滤失量。

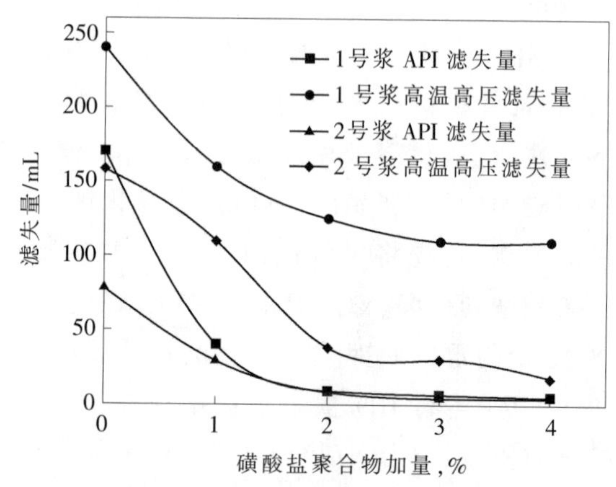

图 3-17 磺酸盐聚合物在不同基浆中的降滤失效果

说明:1 号基浆为 4%膨润土饱和盐水钻井液;2 号为 1 号基浆+5%聚合腐殖酸

制备过程 将腐殖酸、苯酚和甲醛按适当的比例加入反应釜中,反应一定时间后再加入一定量的重铬酸钾水溶液,混合均匀的产物在 90~110℃下干燥、粉碎,即得到聚合腐殖酸产品。

质量指标 本品主要技术指标见表 3-38。

用途 本品用于水基钻井液体系中抗高温抗盐的降滤失剂和高温稳定剂,兼具一定的抗钙和防塌作用,适用于高温深井钻井液体系,可抗温至 200℃。本品使用时可以直接加入,也可以与其他处理剂配成复合胶液加入,加量一般为 2%~5%。

表 3-38 聚合腐殖酸性能指标

项 目	要 求	项 目	要 求
外 观	黑褐色粉末	室温中压滤失量/mL	≤15.0
水分,%	≤13.0	热滚后室温中压滤失量/mL	≤15
水不溶物,%	≤15.0	热滚后高温高压滤失量/mL	≤30
总铬含量,%	≤1.0		

安全与防护 本品含铬,在使用时应戴防尘口罩、防护眼镜和橡胶手套,以防止粉尘接触和吸入。

包装与储运 本品易吸潮,采用内衬塑料袋、外用防潮牛皮纸袋包装,每袋净质量 25kg。储存在通风、阴凉、干燥处。运输中防止受潮和雨淋。

5.磺化褐煤磺化酚醛树脂

化学成分 腐殖酸磺化产物和磺化酚醛树脂缩合物。

结构式

OH OH

$-[C_6H_2(OH)(CH_2SO_3Na)-CH_2]_m-[C_6H_2(OH)(CH_2OH)-CH_2]_n-Hm$

CH_2SO_3Na CH_2OH

产品性能 本品是一种耐温抗盐的钻井液处理剂,常用代号 SCSP 或 SPC,为黑褐色粉末,易溶于水,水溶液呈弱碱性,兼具 SMP 和 SMC 双重作用,具有降滤失、降黏作用,抗温能力强(大于 180℃)、抗盐性强(8% NaCl),热稳定性好,成本低,其效果明显优于 SMP 及SMP 与 SMC 的复配物。国外商品名称为 Resinex。

制备过程 将质量分数 40%磺化酚醛树脂和质量分数 40%磺化褐煤和质量分数 36%的甲醛按适当的比例加入混合釜中,充分混合 30min,然后将混合均匀的产物在 90~110℃下干燥、粉碎,即得到粉状磺化褐煤磺化酚醛树脂产品。也可以将腐殖酸、苯酚、甲醛和亚硫酸盐等直接投料反应制备。

质量指标 本品主要技术指标见表 3-39。本品也可以执行 Q/SH 0047—2007 钻井液用抗高温抗盐降滤失剂通用技术要求,见表 3-40。

表 3-39 SCSP 产品技术指标

项 目	指 标	项 目	指 标
外 观	黑褐色粉末	pH值	9.0~10.0
水分,%	≤10.0	氯化钠污染钻井液室温中压滤失量/mL	≤15
水不溶物,%	≤5.0	高温高压滤失量/mL	≤35

表 3-40 抗温抗盐降滤失剂技术要求

项 目	指 标	项 目		指 标
外 观	黑褐色颗粒或粉末	淡水钻井液	表观黏度/(mPa·s)	≤15
细度(筛孔 0.59mm 筛余),%	≤10.0		高温高压滤失量/mL	≤30.0
水分,%	≤10.0	盐水钻井液	表观黏度/(mPa·s)	≤35
水不溶物,%	≤15.0		高温高压滤失量/mL	≤35
pH值	9~10			

用途 本品用于水基钻井液体系中抗高温抗盐的高温高压降滤失剂，兼具一定的降黏和防塌作用，适用于高温深井钻井液体系，也是重要的高温稳定剂之一。与乙烯基磺酸聚合物配合使用，可以配制适用于200℃高温的钻井液体系。用量一般为1.0%~5.0%。使用时可以直接加入钻井液，也可以配成复合胶液。

安全与防护 本品呈碱性，在使用时应戴防尘口罩、防护眼镜和橡胶手套，防止粉尘吸入及与眼睛、皮肤接触。

包装与储运 本品易吸潮，采用内衬塑料袋、外用防潮牛皮纸袋或塑料编织袋包装，每袋净质量25kg。储存在通风、阴凉、干燥处。运输中防止受潮或雨淋。

6.SPNH钻井液高温稳定降滤失剂

化学成分 磺化酚醛树脂、磺化褐煤和水解聚丙烯腈复合物。

结构式

$$\left[\text{C}_6\text{H}_2(\text{OH})(\text{CH}_2\text{SO}_3\text{Na})-\text{CH}_2\right]_m\left[\text{C}_6\text{H}_2(\text{OH})(\text{CH}_2\text{OH})-\text{CH}_2\right]_n-\text{Hm}-\left[\text{CH}_2-\underset{\underset{\text{ONa}}{|}}{\underset{\text{C=O}}{|}}{\text{CH}}\right]_m\left[\text{CH}_2-\underset{\underset{\text{NH}_2}{|}}{\underset{\text{C=O}}{|}}{\text{CH}}\right]_n\left[\text{CH}_2-\underset{\text{CN}}{\underset{|}{\text{CH}}}\right]_o$$

产品性能 本品是一种复合型产品，常用商品代号为SPNH或SDX等，为黑褐色粉末，易溶于水，水溶液呈弱碱性。习惯称抗温抗盐降滤失剂和高温稳定剂。分子中含有羟基、亚甲基、羰基、酰胺基、磺酸基、羧基和腈基等多种官能团，在降滤失的同时，还具有一定的降黏作用，具有较强的抗温和抗盐能力，用于控制水基钻井液的滤失量，有广泛的pH使用范围，可抗温200℃以上，抗盐达到1.1×10^5mg/L，在含钙3000mg/L的情况下仍能够保持钻井液的稳定性，高温不会发生胶凝，适用于深井高温钻井液中使用。

其优越性可以进一步从下面的评价结果中看出[27]：在基浆中加入0.3%处理剂(各种处理剂均为现场用料)，搅拌(10000±100r/min)30min后测定性能，结果见表3-41。从表中可以看出，SDX具有较好的降滤失作用，且优于对比样品。

表3-41 淡水膨润土浆加入0.3%不同处理剂后的钻井液性能

处理剂	*FV*/s	*FL*/mL	*K*/mm	*AV*/(mPa·s)	*YP*/Pa	pH值
空 白	22.0	30.0	1.0	14	6	9.0
SDX	18.0	12.4	0.5	9.5	0	9.0
HPAN	19.5	21.0	0.5	8.5	0.5	9.0
SMC	18.0	30.0	1.0	6	1	9.0
SMP	18.0	28.0	0.5	6	2	9.0
CMS	27.0	25.0	0.5	14.5	11.5	9.0

注：基浆：按潍坊土:纯碱:水=5:0.25:100的比例配制膨润土浆，高速搅拌20min，养护24h即可。

室内和现场应用结果表明，本品具有良好的抗温抗盐能力和降滤失作用，与其他处理剂的配伍性强，具有良好的抑制能力，适用范围广，可有效改善泥饼质量。使用本品的井井径规则、井眼稳定，但在膨润土含量与固相含量较高时，直接加入大剂量本品时，会出现增稠现象。

制备过程 取100份的褐煤,加入至1000份3%的氢氧化钠溶液中,搅拌1h,然后除去不溶的残渣,所得溶液用盐酸中和至pH值为5,使腐殖酸沉淀,然后经分离,水洗烘干得到腐殖酸。然后按腐殖酸100份、氢氧化钠25份、焦亚硫酸钠20份、甲醛(36%)20份和200份水的比例,首先将氢氧化钠溶于水,加入反应釜,再慢慢加入腐殖酸,10min后依次加入焦亚硫酸钠和甲醛,然后升温至95℃,在此温度下反应3~4h,即得到磺化褐煤产品,然后再加入10份的重铬酸钾(先溶于水),搅拌反应0.5h,出料得到质量分数30%的磺化褐煤。将100份质量分数35%的磺化酚醛树脂、200份质量分数30%的磺化褐煤和100份质量分数20%的水解聚丙烯腈按配方要求加入混合釜,混合均匀后将所得产物在100~120℃下干燥、粉碎,即得到粉状产品。

质量指标 本品可以参考行业标准SY/T 5679—1993钻井液用褐煤树脂SPNH标准,其技术指标见表3-42和表3-43。

表3-42 SPNH理化指标

项 目	要 求	项 目	要 求
外 观	黑褐色粉末	水不溶物,%	≤12.0
水分,%	≤18.0	pH值	9.0~10.2

表3-43 SPNH钻井液性能

项 目		要 求
室温中压滤失量/mL	淡水浆	≤10
	氯化钠污染浆	≤15
高温高压滤失量/mL	淡水浆	≤30
	氯化钠污染浆	≤35
表观黏度/(mPa·s)	淡水浆	≤15
	氯化钠污染浆	≤40

用途 本品用作钻井液高温高压滤失量控制剂,能抗15%以内的盐,抗高温效果好,有一定的降黏作用,降滤失效果明显。既具有酚醛树脂的抗盐抗高温(220℃)效果,又具有磺化褐煤的降黏作用,并且加量较SMP略有降低,是低矿化度(<10%)钻井液较理想的降失水剂。在淡水钻井液中的加量1%~2%,在盐水钻井液中加量3%~5%。本品可以直接通过混合漏斗加入钻井液中,但加入速度不能太快,以防止溶解不均匀,最好先配成5%的胶液,然后再慢慢加入钻井液中。

安全与防护 本品呈碱性,在使用时应戴防尘口罩、防护眼镜和橡胶手套,以防止粉尘吸入及与皮肤、眼睛接触。

包装与储运 本品易吸潮,采用内衬塑料袋、外用防潮牛皮纸袋或塑料编织袋包装,每袋净质量25kg。储存在阴凉、通风、干燥处。运输中防止受潮和雨淋。

7.AM-AMPS/腐殖酸接枝共聚物

化学成分 丙烯酰胺和2-丙烯酰胺基-2-甲基丙磺酸钠与腐殖酸钠的接枝共聚物。

产品性能 本品是一种以腐殖酸为骨架的阴离子型接枝共聚物,可溶于水,水溶液呈黑褐黏稠液体。用作钻井液处理剂,兼具聚合物和腐殖酸双重功能,分子中含有羟基、羰基、酰胺基等吸附基团和羧基、磺酸基等水化基团，具有良好的抗温抗盐能力[28~30]。

表 3-44 是本品加量对不同类型的钻井液性能的影响。从表 3-44 可以看出，接枝共聚物降滤失剂在淡水钻井液、盐水钻井液、饱和盐水钻井液和复合盐水钻井液中均具有较好的降滤失效果和较强的提黏切能力[31]。

表 3-44 共聚物加量对钻井液性能的影响

类 型	加量，%	FL/mL	AV/(mPa·s)	PV/(mPa·s)	YP/Pa
淡水基浆	0	26.0	10.0	5.0	5.0
	0.1	14.0	19.0	8.0	11.0
	0.3	9.5	26.0	10.0	16.0
	0.5	8.5	34.0	10.0	24.0
盐水基浆	0	70.0	6.0	4.0	2.0
	0.3	22.0	8.5	5.0	3.5
	0.5	9.0	13.0	9.5	3.5
	1.0	7.5	19.0	14.0	5.0
饱和盐水基浆	0	110	5.0	4.0	1.0
	0.5	35.0	8.0	6.0	2.0
	1.0	15.5	11.5	9.0	2.5
	1.5	7.0	23.0	15.0	8.0
复合盐水基浆	0	95.0	5.0	4.0	1.0
	0.3	35.0	6.5	5.0	1.5
	0.5	18.5	9.0	7.5	1.5
	1.0	8.0	16.5	12.0	4.0

注：淡水基浆组成为在 1000mL 水中加入 40g 钠膨润土和 6g 碳酸钠；盐水基浆组成为在 4%的钠膨润土基浆中加入 4%的 NaCl；饱和盐水基浆组成为在 4%的钠膨润土基浆中加入 36%的 NaCl；复合盐水基浆组成为在 350mL 水中加入 15.75g NaCl、1.75g $CaCl_2$、4.6g $MgCl_2·6H_2O$、52.5g 钙膨润土和 3.15g 碳酸钠。

表 3-45 是用 AM-AMPS/腐殖酸接枝共聚物处理后的钻井液(淡水基浆和饱和盐水钻井液)在不同温度下老化后钻井液性能的变化情况。可以看出，老化温度从室温到 180℃，尽管钻井液的黏度和切力明显降低，但钻井液的滤失量变化较小，说明 AM-AMPS/腐殖酸接枝共聚物用作降滤失剂具有较强的抗温能力。

表 3-45 老化温度对钻井液性能的影响

钻井液类型	处理情况	FL/mL	AV/(mPa·s)	PV/(mPa·s)	YP/Pa
淡水钻井液+0.5%共聚物	室 温	8.5	34.0	10.0	24.0
	150℃/16h	9.6	18.5	8.0	10.5
	180℃/16h	10.4	11.0	6.5	4.5
饱和盐水钻井液+1.5%共聚物	室 温	7.0	23.0	15.0	8.0
	150℃/16h	8.5	10.5	9.0	1.5
	180℃/16h	6.5	7.0	6.0	1.0

根据产品实际需要，选用一种与本品价格相近的现场常用的聚合物处理剂 A-903(为丙烯酸多元共聚物)进行对比试验，结果见表 3-46。从表中可以看出，AM-AMPS/腐殖酸接枝共聚物在复合盐水钻井液中的降滤失效果远远优于对比样品。

表 3-46 复合盐水钻井液中对比结果

处理情况	室 温				150℃/16h 老化后性能			
	FL/mL	*AV*/(mPa·s)	*PV*/(mPa·s)	*YP*/Pa	*FL*/mL	*AV*/(mPa·s)	*PV*/(mPa·s)	*YP*/Pa
基 浆	90	5	4	1	116	4.5	3	1.5
基浆+1% A-903	7.6	12	10	2	154	6.5	4	2.5
基浆+1%接枝物	6.0	10.5	10	0.5	6.8	9.5	7	2.5

注：基浆：在 1000mL 12.5%的钠膨润土基浆中加入 45g NaCl，4g $CaCl_2$，10.5g $MgCl_2·6H_2O$ 和 9g Na_2CO_3。

制备过程 称取 100kg 褐煤，在搅拌下慢慢加入到 1000L 2.5%氢氧化钠溶液中，充分搅拌 1h，滤除不溶物，滤液经浓缩、烘干、粉碎即得腐殖酸钠盐(NaHm)。将适量的水和 90 份 2-丙烯酰胺基-2-甲基丙磺酸加入反应釜中，在冷却条件下用 17~18 份的氢氧化钠(溶于适量的水中)中和，然后加入 120 份丙烯酰胺，待丙烯酰胺溶解完后加入 120 份 NaHm 搅拌使其溶解，补充水使反应混合物的质量分数控制在 30%~40%；将反应混合物转移至聚合器中，通氮 5~10min 后，加入 1.5 份引发剂，搅拌均匀后，密封，于 60℃下反应 0.5~1h，得凝胶状产物。将所得产物取出剪切造粒，于 120℃下烘干、粉碎，得黑色粉末状 AM-AMPS/腐殖酸接枝共聚物降滤失剂。

质量指标 本品主要技术指标见表 3-47。

表 3-47 AM-ANPS/腐殖酸接枝共聚物技术指标

项 目	要 求	项 目	要 求
外 观	黑色粉末	水不溶物，%	≤5.0
有效成分，%	≥85	1%水溶液表观黏度/(mPa·s)	≥20.0
细 度	100%通过 0.59mm 孔标准筛	150℃/16h 老化后滤失量(复合盐水钻井液中加量 17g/L)/mL	≤10
水分，%	≤7.0		

用途 本品用作钻井液降滤失剂，可用于各种类型的水基钻井液体系，特别适用于高温深井的钻井作业中。可以作为聚合物钻井液处理剂使用，其成本与丙烯酸多元共聚物相当，而性能更优。其用量一般为 0.2%~1.5%。本品不宜以干粉加入，使用前先配成胶液，然后再加入钻井液中。

安全与防护 本品呈碱性，在使用时应戴防尘口罩、防护眼镜和橡胶手套，防止粉尘吸入及与皮肤、眼睛接触。

包装与储运 本品采用内衬塑料袋、外用塑料编织袋或防潮牛皮纸袋包装。储存在阴凉、通风、干燥处。运输中防止受潮和雨淋。

8.超高温降滤失剂

化学成分 磺化酚醛腐殖酸树脂、AMPS、丙烯酰胺和 *N*,*N*-二甲基丙烯酰胺接枝共聚物。

产品性能 本品为 P(AMPS-AM-DMAM)/磺化酚醛腐殖酸树脂接枝共聚物，可溶于水，水溶液呈黑褐黏稠液体，为既具有链状聚合物特征，又具有磺化酚醛树脂结构特征的多功能降滤失剂。接枝共聚的结果是既提高了链状聚合物侧链的热稳定性，又改善了磺化酚醛树脂的抗盐能力，保证产品在高温(220℃)高盐(饱和盐水)条件下具有良好性能。由于引入了价格低廉的腐殖酸，降低了处理剂的原料成本，有利于推广。在超高温条件下，既具有控制钻井液流变性，又具有降低钻井液高温高压滤失量的功能。

本品在高密度饱和盐水钻井液中经220℃、16h老化后的降滤失性能见表3-48。从表中可以看出，在钻井液中加入本品后，钻井液的流变性能得到显著改善，中压滤失量及高温高压滤失量均显著减小，当共聚物加量为5%时，中压滤失量为1.5mL，高温高压滤失量为24mL，远小于未加共聚物时的17.5mL和150mL。表明本品具有较好的控制钻井液流变性和降低钻井液中压及高温高压滤失量的能力[32]。

表3-48 在高密度饱和盐水钻井液中的效果

降滤失剂加量，%	*PV*/(mPa·s)	*YP*/Pa	ρ/(g/cm³)	*FL*/mL	FL_{HTHP}/mL	*Gel*/(Pa/Pa)	pH值
0	30	15	2.30	17.5	150	3/13	10
1.0	50	20	2.30	10.5	120	7/17	10
3.5	58	27	2.30	7.5	105	12/24	10
4.0	62	28	2.30	5.5	66	13/30	10
5.0	85	30	2.30	1.5	24	17/34	10

注：钻井液组成为1.5%膨润土浆+6% SMC+0.5% XJ降黏剂+5% HTASP+2% NaOH+0.1%表面活性剂+NaCl至饱和，用重晶石加重至密度2.25g/cm³。钻井液于220℃下老化16h后，加入1%的纯碱，高速搅拌20min，于60℃下测定钻井液性能，高温高压滤失量(FL_{HTHP})于180℃、压差3.5MPa下测定。

制备过程 将320g水、94g苯酚、208g甲醛、100g腐殖酸钠、66.5g焦亚硫酸钠、88.2g无水亚硫酸钠加入反应器中，于120℃下反应8h，得到磺化酚醛腐殖酸树脂。将600g水、60g氢氧化钠加入反应瓶，待氢氧化钠溶解、冷却后，加入310.5g AMPS，然后加入140g丙烯酰胺和150g *N*,*N*-二甲基丙烯酰胺，搅拌至全部溶解，得到单体的反应混合物；将磺化酚醛腐殖酸树脂溶液与单体的反应混合物混合均匀，于55℃下加入1.8g过硫酸铵引发剂，保持在此温度下反应5h，烘干、粉碎，即得到P(AMPS-AM-DMAM)/磺化酚醛腐殖酸树脂接枝共聚物。

质量指标 本品主要技术指标见表3-49。

表3-49 P(AMPS-AM-DMAM)/磺化酚醛腐殖酸树脂接枝共聚物产品技术指标

项目	要求	项目	要求
外观	黑色粉末	水不溶物，%	≤5.0
有效成分，%	≥85.0	1%水溶液表观黏度/(mPa·s)	≥20.0
细度	100%通过0.59mm孔标准筛	220℃/16h老化后FL_{API}/mL	≤10.0
水分，%	≤7.0	220℃/16h老化后FL_{HTHP}/mL	≤25.0

用途 本品用作钻井液高温高压降滤失剂，可用于各种类型的水基钻井液体系，特别适用于高温深井的钻井作业中，可以有效地降低钻井液的高温高压滤失量。其加量一般为1.5%~2.0%，超高温情况下加量在2.0%~5.0%。本品使用时可以直接加入钻井液，但最好先配成胶液或复合胶液，然后再加入钻井液。

安全与防护 本品呈碱性，在使用时应戴防尘口罩、防护眼镜和橡胶手套，避免粉尘吸入及与眼睛、皮肤接触。

包装与储运 本品易吸潮，采用内衬塑料袋、外用防潮牛皮纸袋包装。储存在阴凉、通风、干燥处。运输中防止受潮和雨淋。

第四节 丙烯酸多元共聚物

丙烯酸多元共聚物处理剂是20世纪80年代开始研制和应用的一类聚合物处理剂，它是在水解聚丙烯腈、水解聚丙烯酰胺等应用的基础上，结合存在的问题及钻井液体系发展的需要而逐步完善配套的一类重要的钻井液处理剂，是迄今为止应用面最广，用量最大的降滤失剂，适用于各种水基钻井液体系，是组成低固相不分散聚合物钻井液、聚合物钻井液、聚磺钻井液等钻井液体系的关键处理剂。

1.水解聚丙烯腈金属盐

化学成分 丙烯酸、丙烯酰胺、丙烯腈共聚物。

结构式

$$\left[-CH_2-\underset{\underset{\underset{OM}{|}}{C=O}}{\underset{|}{CH}}-\right]_x\left[-CH_2-\underset{\underset{\underset{NH_2}{|}}{C=O}}{\underset{|}{CH}}-\right]_y\left[-CH_2-\underset{CN}{\underset{|}{CH}}-\right]_z$$

M=Na、K、Ca

产品性能 水解聚丙烯腈金属盐是由聚丙烯腈废料在碱金属氢氧化物存在下水解而得到的阴离子聚合物，包括水解聚丙烯腈钠盐、钾盐、钙盐，是最早应用的聚合物类处理剂之一。目前尽管很少直接使用，但大多数抗高温钻井液处理剂，如SPNH、高温稳定剂等，都是由水解聚丙烯腈盐为主要材料制备。

聚丙烯腈是制造腈纶(人造羊毛)的合成纤维材料，它的平均聚合度约为2350~3760，一般产品的平均相对分子质量为12.5×10^4~20×10^4。目前用于钻井液的主要是腈纶织物边角废料和腈纶废丝经碱水解后的产物，外观为灰白色粉末，代号为HPAN。易溶于水，水溶液呈弱碱性。分子链上含有酰胺基(—$CONH_2$)、羧基(—COOH)和腈基(—CN)等基团，相对分子质量8×10^4~11×10^4，水解度60%左右，用作钻井液处理剂，具有较强的耐温抗盐能力。抗温可以达到200℃以上。

由于水解时所用的碱、温度和反应时间不同，最后所得的产物及其性能也会有所差别。在95~100℃温度下，聚丙烯腈在NaOH溶液中容易发生水解，生成的水解聚丙烯腈常用代号Na-HPAN表示。水解聚丙烯腈钠可看作是丙烯酸钠、丙烯酰胺和丙烯腈的三元共聚物。水解反应后产物中的丙烯酸单元和丙烯酸胺单元的总和与原料的平均聚合度之比 $[(x+y)/(x+y+z)]$称为该水解产物的水解度。其分子链中的—CN和—$CONH_2$为吸附基团，—COONa为水化基团。腈基在井底的高温和碱性条件下，通过水解可转变为酰胺基，进一步水解则转变为羧钠基。因此，在配制水解聚丙烯腈钻井液时，可以少加一点烧碱，以便保留一部分酰胺基和腈基，使吸附基团与水化基团保持合适的比例。实际使用中也证明水解聚丙烯腈的水解接近完全时，降滤失性能会下降。水解聚丙烯腈处理钻井液的性能主要取决于聚合度和分子中的羧钠基与酰胺基之比(即水解程度)。聚合度较高时，降滤失性能比较强，并可增加钻井液的黏度和切力；而聚合度较低时，降滤失和增黏作用均相应减弱，直至表现出降黏作用。

由于 Na-HPAN 分子的主链为—C—C—键，还带有热稳定性很强的腈基，因此可抗200℃以上高温。该处理剂的抗盐能力也较强，但抗钙能力较弱。当 Ca^{2+}浓度过大时，会产生絮状沉淀。

图 3-18 是 Na-HPAN 在淡水钻井液、盐水钻井液和饱和盐水钻井液降滤失效果评价结果。可以看出，Na-HPAN 在不同类型的钻井液中均具有较好的降滤失作用[3]。

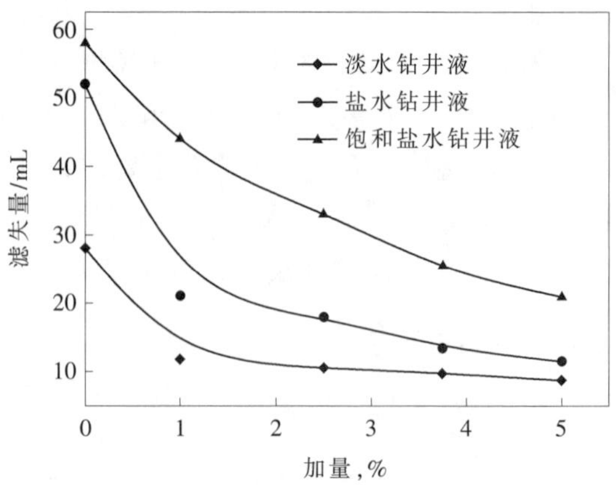

图 3-18 Na-HPAN 在淡水、盐水和饱和盐水钻井液中的降滤失效果

除 Na-HPAN 外，该类产品还有水解聚丙烯腈钙盐(Ca-HPAN)、水解聚丙烯腈钾盐(K-HPAN)。Ca-HPAN 具有较强的抗盐、抗钙能力，在淡水钻井液和海水钻井液中都有良好的降滤失效果。K-HPAN 的抑制防塌效果更加突出，将在有关章节详细介绍。

实验表明，水解聚丙烯腈钙盐在淡水钻井液中降滤失能力略低于钠盐，而钙盐所处理钻井液的结构力比钠盐强。表 3-50 是钠盐和钾盐降滤失能力对比实验结果。从表中可以看出，两者钻井液性能相近。

表 3-50 钠盐和钾盐降滤失能力对比实验结果

处理剂	加量,%	表观黏度/(mPa·s)	塑性黏度/(mPa·s)	动切力/Pa	滤失量/mL
Na-HPAN	0.5	9.5	8	1.5	12
	0.7	11.5	10	1.5	11
	0.9	13.5	12	1.5	11
K-HPAN	0.5	9	8	1.0	11.5
	0.7	11.5	10	1.5	10
	0.9	13.5	12	1.5	10

3种水解度 60%~70%、相对分子质量均为$(8\sim20)\times10^4$ 的水解聚丙烯腈盐的页岩回收率数据见表 3-51。从表中可以看出，水解聚丙烯腈防塌能力较低，3 种产物中钾盐防塌性能相对较好，但必须在高含量下才有效，这主要是由于钾的作用。

表 3-51 3 种水解聚丙烯腈盐的页岩回收率实验结果

含量,%	回收率,%								
	K-HPAN			Na-HPAN			Ca-HPAN		
	M_1	M_2	R	M_1	M_2	R	M_1	M_2	R
0.5	86.7	81.7	95.0	17.3	16.0	98.7	41.0	30.7	89.3
1.0	92.0	89.3	97.3	16.0	14.3	98.3	13.7	11.7	98.0
2.0	96.0	95.3	99.3	64.7	44.0	79.3	30.7	14.3	83.6
3.0	96.3	96.0	99.7	92.0	56.3	64.3	89.3	27.3	38
5.0	96.3	96.0	99.7	92.7	61.3	68.6	90.0	57.3	67.3

注：表中 M_1 为 16h 的回收率，M_2 为清水中 2h 回收率，R 为吸附牢固度，相当于 $100-(M_1-M_2)$。

制备过程 按 n(聚丙烯腈):n(氢氧化钠)=1:0.8 的比例，将聚丙烯腈废料和氢氧化钠溶液加入水解反应釜中，使聚丙烯腈废料全部浸入氢氧化钠的水溶液中，而后在95~100℃下水解反应4~6h。将所得的产物在150~160℃下烘干、粉碎、包装即得水解聚丙烯腈钠盐成品。如果采用氢氧化钾代替氢氧化钠则得到钾盐。将得到的钠盐胶液产物加入氯化钙水溶液中沉淀、洗涤、烘干、粉碎后则得到钙盐。

水解聚丙烯腈钙盐也可以采用高温高压一步制备，即按比例，PAN:CaO:H_2O:催化剂=1:(0.5~4.0):(5.0~30.0):0.05~0.2(质量比)，把各种原料投入压力罐中，将压力罐密封后放入滚子加热炉，在滚动下慢慢升温至140~160℃，并在此温度下反应4~7h。取出压力罐，降温至室温后出料，所得沉淀物经分离、洗涤、烘干、粉碎后，即得纯净的Ca-HPAN样品[33]。

质量指标 本品可参考Q/SY 1089—2009钻井液用水解聚丙烯腈盐标准，其主要技术指标见表3-52和表3-53。

表3-52 水解聚丙烯腈盐技术要求

项 目	指 标		
	钠 盐	钙 盐	钾 盐
外 观	自由流动的粉末或颗粒		
烘失量,%	≤10.0		
筛余量,%	≤5.0		
纯度,%	≥75.0		
钙含量,%		≥11.0	
钾含量,%			≥12.0
氯离子含量,%			≤3.0

表3-53 水解聚丙烯腈盐钻井液性能指标

项 目		指 标	
		淡水钻井液	盐水钻井液
基 浆	表观黏度/(mPa·s)	≤8.0	≤10.0
	滤失量/mL	18.0~25.0	55.0~65.0
加入样品后	表观黏度/(mPa·s)	≤8.0	≤10.0
	滤失量降低率,%	≥45.0	≥50.0

用途 本品是一种价廉的钻井液降滤失剂，具有一定的抗盐能力，抗温200℃，与其他处理剂配伍性好，适用于各种类型的水基钻井液体系。其加量一般为0.5%~1.5%。使用时可以直接加入，也可以配成胶液加入。

HPAN是制备高温稳定剂的重要原料，在HPAN的基础上，可以通过不同的反应制备一系列改性产品，如磺化水解聚丙烯腈钠、阳离子改性聚丙烯腈钾、阳离子改性聚丙烯腈钠等。经过氧化降解可以制备降黏剂。

安全与防护 无毒、碱性较强。易吸潮，吸水后发黏，避免与皮肤和眼睛接触。不慎与眼睛接触后，立即用大量清水冲洗。使用时穿防滑胶鞋，戴防尘口罩、防护眼镜和橡胶手套。

包装与储运 本品易吸潮，采用内衬塑料袋、外用牛皮纸袋包装，每袋净质量25kg。储存在阴凉、通风、干燥处，如发现产品结块，可烘干粉碎后使用，不影响效果。运输中防止受潮和雨淋。

2.丙烯酸多元共聚物降滤失剂 A-903

化学成分 丙烯酸钠、丙烯酸钙和丙烯酰胺的共聚物。

结构式

$$\left[\begin{array}{c}-CH_2-CH-\\ |\\ C=O\\ |\\ NH_2\end{array}\right]_m \left[\begin{array}{c}-CH_2-CH-\\ |\\ C=O\\ |\\ ONa\end{array}\right]_n \left[\begin{array}{c}-CH_2-CH-\\ |\\ C=O\\ |\\ O\end{array}\right]_o \begin{array}{c}\\ \\ \\ \\ -Ca-\end{array} \begin{array}{c}-CH-CH_2-\\ |\\ C=O\\ |\\ O\end{array}$$

产品性能 本品属于阴离子型聚合物,易吸潮,可溶于水。相对分子质量 120×10^4~180×10^4,其分子链上含有多种稳定的吸附基和水化基团,吸附基和水化基团比例在 6:4~5:5,分子主链以"—C—C—"链相连,抗盐、抗温能力强。作为钻井液降失水剂,A-903 能有效地降低钻井液的滤失量,改善泥饼质量,同时还具有增黏、絮凝、包被、控制地层造浆、抑制黏土分散等性能,是低固相聚合物钻井液,盐水和饱和盐水钻井液理想的降失水剂。其抗盐和抗温能力可以分别从表 3-54 和 3-55 中看出[34]。与本品性能相近的产品还有 SL-1。

表 3-54 氯化钠对 A-903 钻井液性能的影响

加量,%	密度/(g/cm³)	*FL*/mL	*AV*/(mPa·s)	*PV*/(mPa·s)	*YP*/Pa	pH值
0	1.03	22	44.5	31	13.5	10
4	1.06	17.8	26.5	16	10.5	9.5
10	1.10	16.2	20.5	10	10.5	9
20	1.15	12	23.5	13	10.5	8
30	1.20	10	14	12	2	8
40	1.26	9.4	11	9	2	7.5

注:3%安丘土浆+0.5% A-903。

表 3-55 老化温度对淡水钻井液性能的影响

老化条件	*FL*/mL	*AV*/(mPa·s)	*PV*/(mPa·s)	*YP*/Pa	pH值
室温/24h	10.2	35.5	26	9.5	8.5
120℃/16h	10.8	37.5	25	12.5	8.5
150℃/16h	10.8	23.5	19	4.5	8.5
180℃/16h	10.2	17.5	15	2.5	8.5

注:6%安丘土浆+0.3% A-903。

制备方法 将 7 份氢氧化钠和适量的水按配方要求加入聚合反应器中, 配成溶液;在冷却条件下将 12 份丙烯酸慢慢加入到氢氧化钠溶液中, 待丙烯酸加完后, 加入 2 份氧化钙,搅拌均匀,然后加入 18 份丙烯酰胺,搅拌使其溶解;向体系中依次加入过硫酸铵和亚硫酸钠溶液,搅拌均匀,大约 3~10min 即发生快速聚合,最终得到凝胶状产物。将凝胶状产物剪切后,于 80~100℃下烘干、粉碎即得成品。

质量指标 本品理化性能指标见表 3-56,钻井液性能指标见表 3-57。也可以执行 Q/SHCG 35—2012 钻井液用合成聚合物降滤失剂通用技术要求(非增黏型)。

表 3-56 A-903 理化性能指标

项 目	指 标	项 目	指 标
外 观	白色或微黄色粉末	水分含量,%	≤10.0
细度(20 目筛余),%	≤10.0	pH值	8.0~10.0
表观黏度/(mPa·s)	≥12.0		

表 3–57 A–903 钻井液性能指标

项 目		表观黏度/(mPa·s)	塑性黏度/(mPa·s)	滤失量/mL
淡 水	基 浆	9±3	4±2	24±3
	基浆+2g/L A–903	≥12.0	≥8.0	≤15
盐 水	基 浆	3.0~5.0	2.0~4.0	95±5
	基浆+12g/L A–903	≥7.5	≥5	≤10.0

用途 A–903 在淡水钻井液、盐水和饱和盐水中能够有效地控制钻井液的滤失量；对钻屑有较强的抑制、包被和絮凝作用；抗钙、镁至 1500mg/L 以上，抗盐至饱和；保证钻井液的热稳定性，抗温 150℃以上；改善泥饼质量，保证泥饼薄而韧；加量小、配伍性好，使用方便。推荐加量如下：淡水钻井液 0.05%~0.2%；海水钻井液 0.5%~1.2%；盐水或饱和盐水钻井液 0.5%~1.5%。本品可以直接加入钻井液，但需要控制加入速度，最好配成胶液使用。

安全与防护 无毒、有碱性。避免与皮肤和眼睛接触。不慎与眼睛接触后，可立即用大量清水冲洗。生产原料丙烯酸、丙烯酰胺有毒，生产中保证车间通风良好，防火、防爆。

包装与储运 本品采用内衬塑料袋、外用塑料编织袋或防潮牛皮纸袋包装，每袋净质量 25kg。储存在阴凉、通风、干燥处。运输中防止受潮和雨淋。

3.丙烯酸盐 SK 系列

化学成分 丙烯酸钠、丙烯磺酸钠和丙烯酰胺或丙烯腈的多元共聚物。

结构式

$$-\!\!\left[\mathrm{CH_2}-\underset{\underset{\displaystyle \mathrm{NH_2}}{|}}{\underset{\mathrm{C=O}}{\underset{|}{\mathrm{CH}}}}\right]_m\!\!\left[\mathrm{CH_2}-\underset{\underset{\displaystyle \mathrm{ONa}}{|}}{\underset{\mathrm{C=O}}{\underset{|}{\mathrm{CH}}}}\right]_n\!\!\left[\mathrm{CH_2}-\underset{\underset{\displaystyle \mathrm{SO_3Na}}{|}}{\underset{\mathrm{CH_2}}{\underset{|}{\mathrm{CH}}}}\right]_x\!\!\left[\mathrm{CH_2}-\underset{\mathrm{CN}}{\underset{|}{\mathrm{CH}}}\right]_y\!\!-$$

产品性能 本品是一系列相对分子质量和基团组成不同的水溶性阴离子型丙烯酸多元共聚物，是传统的聚合物处理剂之一，为白色或灰白色粉末，可溶于水。由于分子中各基团比例经过实验优化，使其作为钻井液处理剂不仅抗温抗盐能力强，且具有良好的配伍性，采用 3 种型号的产品配伍使用，可以形成性能稳定的聚合物钻井液、饱和盐水钻井液、聚磺钾盐钻井液等。从基本组成和性能看，与 PAC 系列有近似之处，属于同类产品。均为 20 世纪 80 年代基于水解聚丙烯酰胺而发展起来的丙烯酸多元共聚物。

制备过程 将氢氧化钠与水加入混合釜中，配成氢氧化钠溶液，然后搅拌下慢慢加入丙烯酸，丙烯酰胺，丙烯磺酸钠搅拌至全部溶解，再根据需要加入丙烯腈，并搅拌 10min。然后加入引发剂引发聚合反应，生成弹性多孔凝胶体。将所得产物经切割后，烘干、粉碎，即得成品。

质量指标 本品主要技术要求见表 3–58。

表 3–58 SK 聚合物技术要求

项 目	指 标	项 目		指 标
外 观	白色粉末	1%水溶液 pH 值		7~9
细度(筛孔 0.9mm 标准筛余)，%	≤10.0	1%水溶液表观黏度/(mPa·s)	SK–1	≥30
水分，%	≤7.0		SK–2	≥20
水不溶物，%	≤5.0		SK–3	≤10

用途 本品是水基钻井液的降滤失剂,但不同型号的产品作用不同,SK-1 可以作为无固相钻井液及低固相钻井液的降滤失剂,兼有增黏作用,抗温能力达 200℃以上,能改善钻井液流型, 与 SK-2、SK-3 配合使用时可用于高矿化度的深井中,SK-2 是不增黏的降滤失剂,SK-3 为聚合物钻井液被无机盐污染后的降黏剂,改善钻井液的高温分散稳定性,降低高温高压滤失量。该类产品可适用于淡水、海水、饱和盐水钻井液体系,具有较强的抗高价离子的能力。

采用 SK-1、SK-2 与其他聚合物处理剂配伍形成的完井液,具有良好的储层保护效果,完井液参考配方为:(0.2%~0.3%)80A-51+(0.3%~0.5%)SK-1+(0.2%~0.6%)SK-2+(0.3%~0.8%)CMC+(1%~1.5%)SMC+(1%~2%)SLSP+1%SAS+(3%~5%)KCl。

安全与防护 本品无毒、有碱性。避免与皮肤和眼睛接触。不慎与眼睛接触后,立即用大量清水冲洗。生产原料丙烯酰胺、丙烯腈等有毒,生产中保证车间通风良好,防火、防爆。

包装与储运 本品采用内衬塑料袋、外用塑料编织袋或防潮牛皮纸袋包装。储存在阴凉、通风、干燥处。运输中防止受潮和雨淋。

4.复合离子型聚丙烯酸盐 PAC-142

化学成分 丙烯酸钠、丙烯酰胺、丙烯腈和丙烯磺酸钠的多元共聚物。

结构式

$$\left[-CH_2-\underset{\underset{\underset{ONa}{|}}{\underset{C=O}{|}}}{CH}-\right]_m \left[-CH_2-\underset{\underset{\underset{NH_2}{|}}{\underset{C=O}{|}}}{CH}-\right]_n \left[-CH_2-\underset{\underset{\underset{SO_3Na}{|}}{\underset{CH_2}{|}}}{CH}-\right]_x \left[-CH_2-\underset{\underset{CN}{|}}{CH}-\right]_y$$

产品性能 本品是一种水溶性阴离子型丙烯酸多元共聚物,可溶于水,水溶液呈弱碱性。作为钻井液降滤失剂,它在降滤失的同时,其增黏幅度比 PAC-141 小,主要是在淡水、海水、饱和盐水钻井液中作降滤失和降黏剂,是聚合物钻井液体系的传统处理剂之一。其可以明显降低现场井浆的黏度和切力,而滤失量也有所降低(见表 3-59)[35]。

表 3-59 PAC-142 在井浆中的降黏实验

处理情况	ρ/(g/cm³)	T/s	滤失量/mL	k/mm	θ_1/Pa	θ_{10}/Pa
井 浆	1.18	40	8	1.5	10	20
井浆+PAC-142(3%水溶液)10%	1.17	33	8	1.5	0	0
井浆+PAC-142(3%水溶液)15%	1.17	30	7.5	1.5	0	0

制备过程 将氢氧化钠与水加入混合釜中,配成氢氧化钠溶液,然后搅拌下慢慢加入丙烯酸、丙烯酰胺、丙烯磺酸钠,搅拌使单体全部溶解,加入丙烯腈,搅拌均匀后加入引发剂引发聚合反应,生成弹性多孔凝胶体。将所得产物经切割后,烘干、粉碎,即得成品。

质量指标 本品可参考 SY/T 5660—1995 钻井液用包被剂 PAC-141、降滤失剂 PAC-142、降滤失剂 PAC-143 标准,其中 PAC-142 理化指标见表 3-60,钻井液性能指标见表 3-61。

表 3-60 PAC-142 理化指标

项 目	指 标	项 目	指 标
外 观	白色粉末	pH值	7.0~9.0
水分,%	≤7.0	表观黏度(1%水溶液)/(mPa·s)	≥10.0
细度(筛孔 0.9mm 筛余物),%	≤10.0		

表 3-61 PAC-142 钻井液性能指标

项 目		AV/(mPa·s)	PV/(mPa·s)	滤失量/mL
淡水浆	基 浆	8.0~10.0	3.0~5.0	22.0~26.0
	基浆+4.0g/L PAC-142	≤30.0	≤20.0	≤15.0
复合盐水浆	基 浆	4.0~6.0	2.0~4.0	52.0~58.0
	基浆+15g/L PAC-142	≤18.0	≤17.0	≤10.0

用途 本品主要用于低固相不分散水基钻井液的降滤失剂,兼有降黏作用,同时具有抗温抗盐和高价金属离子的能力,可适用于淡水、海水、饱和盐水钻井液体系。与 PAC-141,PAC-143 配合使用效果更好。推荐加量如下:淡水钻井液 0.2%~0.4%,海水、盐水钻井液 0.5%~1.0%,盐水或饱和盐水钻井液 0.8%~1.5%。本品可以直接加入钻井液中,也可以配成胶液使用。

安全与防护 无毒、有碱性。避免与皮肤和眼睛接触,不慎与眼睛接触后,可立即用大量清水冲洗。生产原料丙烯酰胺、丙烯酸、丙烯腈等有毒,生产中保证车间通风良好,防火、防爆。

包装与储运 本品采用内衬塑料袋、外用防潮牛皮纸袋包装,每袋净质量 25kg。储存在阴凉、通风、干燥处。运输中防止受潮和雨淋。

5.复合离子型聚丙烯酸盐 PAC-143

化学成分 丙烯酸钠、丙烯酸钙和丙烯酰胺等的多元共聚物。

结构式

$$-\!\!\left[CH_2-\underset{\substack{|\\C=O\\|\\NH_2}}{CH}\right]_m\!\!\left[CH_2-\underset{\substack{|\\C=O\\|\\ONa}}{CH}\right]_n\!\!\left[CH_2-\underset{\substack{|\\C=O\\|\\O-\!-\!-Ca-\!-\!-}}{CH}\right]_o\!\!-\quad -\underset{\substack{|\\C=O\\|\\O}}{CH}-CH_2-$$

产品性能 本品是一种水溶性阴离子型丙烯酸多元共聚物,可溶于水,水溶液呈弱碱性。相对分子质量 150×10^4~200×10^4,分子链中含有羧基、羧钠基、羧钙基、酰胺基等多种官能团。该产品可以用作各种矿化度的水基钻井液的降滤失剂,并能抑制泥页岩水化分散,同时还具有增黏作用,是 PAC 系列处理剂之一。此外与该产品性能相近的产品还有 SL-2、MAN-104 和 SD-17W 等。

表 3-62 是 PAC-143 在不同类型基浆中的评价结果。从表中可以看出,本品在不同类型的基浆中均具有较强的增黏切和降滤失能力。

制备过程 将氢氧化钠与水加入混合釜中,配成氢氧化钠溶液,同时加入石灰,然后搅拌下慢慢加入丙烯酸,丙烯酰胺,搅拌使单体全部溶解。然后加入引发剂引发聚合反应,生成弹性多孔凝胶体。将所得产物经切割后,烘干、粉碎,即得成品。

质量指标 本品可参考 SY/T 5660—1995 钻井液用包被剂 PAC-141、降滤失剂 PAC-142、降滤失剂 PAC-143 标准,其中 PAC-143 理化指标见表 3-63,钻井液性能指标见表 3-64。

用途 本品主要用于低固相不分散水基钻井液的降滤失剂,兼有增黏作用,还有较好的包被、抑制和剪切稀释特性,且具有抗温抗盐和高价金属离子的能力,可适用于淡水、海水、饱和盐水钻井液体系。与 PAC-141 等配伍可以形成低固相不分散聚合物钻井液,是聚合物钻井液的关键处理剂之一。其用量一般为 0.2%~1.0%。本品使用时需要先配成胶液,然后再慢慢加入钻井液中。

表 3-62 PAC-143 在不同类型基浆中的性能评价结果

基浆组成	加量,%	滤失量/mL	*AV*/(mPa·s)	*PV*/(mPa·s)	*YP*/Pa
淡水基浆(4.0%的钠膨润土浆)	0	22.5	9.5	5.0	4.5
	0.1	15.1	19.0	11.0	8.0
	0.3	8.6	37.0	14.0	13.0
	0.5	7.8	52.0	22.0	30.0
饱和盐水基浆(6%的膨润土浆加氯化钠至饱和)	0	146	7.0	3.5	3.5
	0.5	33	15.0	11	4
	0.7	15	17.5	13.0	4.5
	1.0	9.5	21.0	15.5	5.5
	1.5	5.8	25.5	17.5	8.0
复合盐水基浆(在 350mL 水中加入 15.75g NaCl、1.75g $CaCl_2$、4.6g $MgCl_2\cdot 6H_2O$、52.5g 钙膨润土和 3.15g 碳酸钠)	0	61	6.0	3.0	3.0
	0.3	25	8.5	7.5	1.0
	0.5	11.2	10.0	7.5	2.5
	0.7	10.3	11.5	8.5	3
	1.0	8.6	18.5	13.5	5.0

表 3-63 PAC-143 理化指标

项 目	指 标	项 目	指 标
外 观	白色粉末	pH值	7.0~9.0
水分,%	≤7.0	表观黏度(1%水溶液)/(mPa·s)	≥20.0
细度(筛孔 0.9mm 筛余物)%	≤10.0		

表 3-64 PAC-143 钻井液性能指标

项 目		*AV*/(mPa·s)	*PV*/(mPa·s)	滤失量/mL
淡水浆	基 浆	8.0~10.0	3.0~5.0	22.0~26.0
	基浆+2.0g/L PAC-143	≥25.0	≥8.0	≤15.0
复合盐水浆	基 浆	4.0~6.0	2.0~4.0	52.0~58.0
	基浆+10g/L PAC-143	≥13.0	≥8.0	≤10.0

安全与防护 无毒、有碱性。吸水后发黏,避免与皮肤和眼睛接触。不慎与眼睛接触后,立即用大量清水冲洗。使用时穿防滑胶鞋,戴防尘口罩、防护眼镜和橡胶手套。生产原料丙烯酰胺、丙烯酸等有毒,生产中保证车间通风良好,防火、防爆。

包装与储运 本品采用内衬塑料袋、外用防潮牛皮纸袋或塑料编织袋包装,每袋净质量 25kg。储存在阴凉、通风、干燥处。运输中防止受潮和雨淋。

6.钻井液降滤失剂 CPA-901

化学成分 丙烯酸钠、丙烯酸钙、丙烯酰胺和丙烯横酸钠的共聚物。

结构式

$$-\!\!\left[CH_2-\underset{\underset{\underset{NH_2}{|}}{\underset{C=O}{|}}}{CH}\right]_m\!\!-\!\!\left[CH_2-\underset{\underset{\underset{ONa}{|}}{\underset{C=O}{|}}}{CH}\right]_n\!\!-\!\!\left[CH_2-\underset{\underset{\underset{SO_3Na}{|}}{\underset{CH_2}{|}}}{CH}\right]_x\!\!-\!\!\left[CH_2-\underset{\underset{\underset{O-}{|}}{\underset{C=O}{|}}}{CH}\right]_y \quad -\underset{\underset{\underset{-O}{|}}{\underset{O=C}{|}}}{CH}-CH_2- \quad (O-Ca-O)$$

产品性能 本品属于阴离子型多元共聚物，相对分子质量 50×10^4~100×10^4，分子链中含有羧钠基、羧钙基、酰胺基和磺酸基等多种官能团，具有较强的抗温抗盐能力。易吸潮，可溶于水，水溶液呈弱碱性。其目的是提供一种低黏度效应的聚合物降滤失剂，其性能与PAC-142 相近，而相对分子质量略高。

制备过程 将 14 份氢氧化钠溶于水配成溶液，然后在冷却和搅拌条件下慢慢加入 24 份的丙烯酸，待丙烯酸加完后，加入 4 份氧化钙，搅拌均匀后加入 36 份丙烯酰胺，待丙烯酰胺完全溶解后，加入 10 份的丙烯磺酸钠，搅拌使其溶解，然后加入过硫酸铵和亚硫酸钠，搅拌均匀 3~5min 即发生快速成聚合反应，最终得到凝胶状产物。将所得产物剪切后，在 100℃下烘干、粉碎即得共聚物产品。

质量指标 本品可参考企业标准 Q/ZY 0811—2002，主要指标见表 3-65，也可以按照 Q/SHCG 35—2012 钻井液用合成聚合物降滤失剂技术要求非增黏型执行，见表 3-66。

表 3-65 CPA-901 技术要求

项 目	指 标	项 目	指 标
外 观	白色粉末	1%水溶液表观黏度/(mPa·s)	≥15
纯度，%	≥78	1%水溶液 pH 值	7~9
细度(筛孔 0.9mm 标准筛余)，%	≤10.0	滤失量/mL	≤15.0
水分，%	≤10.0		

表 3-66 Q/SHCG 35—2012 技术要求

项 目	指 标	项 目	指 标
外 观	白色或淡黄色可流动粉末	降解残余物，%	≤20.0
烘失量，%	≤10.0	1%水溶液表观黏度/(mPa·s)	10~20
筛余量(0.59mm 筛余)，%	≤5.0	室温老化后/mL	≤10
pH值	8~10	120℃/16h 老化后/mL	≤18
有效物含量，%	≥83.0		

用途 由于分子中含有羧钙基、磺酸基团，故具有较强的抗温、抗盐和抗高价金属离子污染的能力，适用于各种类型的水基钻井液，一般加量为 0.5%~1.5%。本品可以直接加入钻井液中，为防止钻井液性能波动最好先配成 2%~3%胶液，然后再按比例加入钻进液中。

安全与防护 无毒、有碱性。吸水后发黏，避免与皮肤和眼睛接触。不慎与眼睛接触后，立即用大量清水冲洗。使用时穿防滑胶鞋，戴防尘口罩、防护眼镜和橡胶手套。生产原料丙烯酰胺、丙烯酸等有毒，生产中保证车间通风良好，防火、防爆。

包装与储运 本品采用内衬塑料袋、外用防潮牛皮纸袋包装，每袋净质量 25kg。储存在阴凉、通风、干燥处。运输中防受潮和雨淋。

7.复合离子型聚丙烯酸盐 JT-888

化学成分 丙烯酸、丙烯磺酸钠、丙烯酰胺和阳离子单体等的多元共聚物。

结构式

$$\left[-CH_2-\underset{\underset{ONa}{|}}{\underset{C=O}{\underset{|}{CH}}}-\right]_m\left[-CH_2-\underset{\underset{SO_3Na}{|}}{\underset{CH_2}{\underset{|}{CH}}}-\right]_n\left[-CH_2-\underset{\underset{NH_2}{|}}{\underset{C=O}{\underset{|}{CH}}}-\right]_x\left[-CH_2-\underset{\underset{CH_3-\underset{\underset{CH_3}{|}}{N^+}-CH_3Cl^-}{|}}{\underset{CH_2}{\underset{|}{CH}}}-\right]_y$$

产品性能 本品是一种水溶性两性离子型丙烯酸多元共聚物，可溶于水，水溶液呈弱碱性。由于其是一种低相对分子质量的聚合物，相对分子质量 10×10^4~30×10^4。具有如下优点：降低滤失量、黏度效应低(见表 3-67)；对钻屑有较强的抑制作用；抗钙、镁至 1500mg/L，抗盐到饱和，抗温大于 150℃；改善钻井液的稳定性，改善泥饼质量，使泥饼滑、薄而致密；加量小、配伍性好，使用方便；对环境无污染。由其组成的钻井液体系抑制泥页岩水化分散的能力强、膨润土容量限高，应用于钻井施工时井壁稳定、井径扩大率低、钻井液排放量少、处理工艺简单，具有明显的技术经济效益[36]。

表 3-67 加入不同处理剂后饱和盐水钻井液表观黏度 mPa·s

钻井液组成	处理剂加量,%	PAC-141	FA-367	JT-888-1	JT-888-2	80A-51
2%膨润土+35% NaCl,基浆表观黏度为 1.5mPa·s	0.2	7.5	7.5	7.0	6.0	6.5
	0.4	10	7.0	9.8	6.8	9.3
	0.6	14	11.5	9.5	8.5	14
4%膨润土+35% NaCl,基浆表观黏度为 3.0mPa·s	0.2	15	14	10	13.5	16.5
	0.4	18	12	13	10	19
	0.6	24	22.5	15	13	23

制备过程 将氢氧化钠与水加入混合釜中，配成氢氧化钠溶液，然后搅拌下慢慢加入丙烯酸，丙烯酰胺，丙烯磺酸钠和阳离子单体，搅拌使单体全部溶解。然后加入引发剂引发聚合反应，生成弹性多孔凝胶体。将所得产物经切割后，烘干、粉碎，即得成品。

质量指标 本品理化性能指标见表 3-68，钻井液性能指标见表 3-69。

表 3-68 JT-888 理化性能指标

项 目	指 标	项 目	指 标
外 观	灰白色或微褐色颗粒	水分含量,%	≤10.0
细度(20 目标准筛通过),%	≥80.0	pH值(1%水溶液)	≤10.0
表观黏度(1%水溶液黏度)/(mPa·s)	≤8.0		

表 3-69 JT-888 钻井液性能指标

项 目		表观黏度/(mPa·s)	塑性黏度/(mPa·s)	滤失量/mL
淡水浆	基 浆	6.0~8.0	3.0~5.0	22.0~26.0
	基浆+4.0g/L JT-888	≤15.0	≤12.0	≤15.0
复合盐水浆	基 浆	4.0~6.0	2.0~4.0	50.0~60.0
	基浆+20g/L JT-888	≥5.0	≥3.0	≤15.0

用途 本品主要用于低固相不分散水基钻井液的不增黏降滤失剂，有一定的剪切稀释作用。用于控制地层造浆、絮凝、包被钻屑，改善钻井液的流型。可适用于淡水、海水、饱和盐水钻井液体系。推荐加量如下：淡水钻井液 0.3%~1.0%，海水钻井液 0.5%~1.5%，盐水或饱和盐水钻井液 0.5%~2.0%。本品使用时可以直接加入钻井液。

安全与防护 无毒、有碱性。吸水后发黏，避免与皮肤和眼睛接触。不慎与眼睛接触后，立即用大量清水冲洗。使用时穿防滑胶鞋，戴防尘口罩、防护眼镜和橡胶手套。生产原料丙烯酰胺、丙烯酸等有毒，生产中保证车间通风良好，防火、防爆。

包装与储运 本品采用内衬塑料袋、外用防潮牛皮纸袋包装，每袋净质量 25kg。储存在阴凉、通风、干燥处。运输中防止受潮和雨淋。

8.SIOP-E 钻井液降滤失剂

化学成分 丙烯酰胺、丙烯酸和无机物的多元共聚物。

结构式

$$-\!\!\left[\mathrm{CH_2-\underset{\underset{\displaystyle NH_2}{|}}{\underset{\displaystyle C=O}{|}}{CH}}\right]_m\!\!-\!\!\left[\mathrm{CH_2-\underset{\underset{\displaystyle ONa}{|}}{\underset{\displaystyle C=O}{|}}{CH}}\right]_n\!\!-\text{(无机单元)}$$

产品性能 本品是一种含有羧酸基的无机-有机单体聚合物，可溶于水，水溶液呈黏稠乳白色液体，其与现场常用的处理剂具有较好的配伍性，其降滤失效果和抗污染能力明显优于丙烯酸丙烯酰胺聚合物处理剂，而成本低。

表 3-70 是用 SIOP-E 聚合物处理的钻井液抗温实验结果。从表 3-70 可以看出，用 SIOP-E 所处理钻井液的滤失量在老化前后变化较小，说明 SIOP-E 具有较强的抗温能力。

表 3-70 老化温度对不同类型钻井液滤失量的影响(老化时间 16h)

钻井液类型	老化温度	滤失量/mL	*AV*/(mPa·s)	*PV*/(mPa·s)	*YP*/Pa
淡水钻井液	室 温	6.4	71.5	33	38.5
	150℃	4.8	25.5	19	6.5
盐水钻井液	室 温	3.6	31	22	9
	150℃	4.4	8	6	2
饱和盐水钻井液	室 温	3.6	22.5	15	7.5
	150℃	10.8	6	4	2

表 3-71 是不同聚合物在饱和盐水钻井液中的对比实验结果。从表中可看出，SIOP-E 具有较强的耐温抗盐能力，在加量为 2%时，其降滤失效果优于普通的丙烯酸多元共聚物。

表 3-71 不同聚合物在饱和盐水膨润土钻井液中的性能对比(180℃/16h 老化后)

钻井液组成	滤失量/mL	*AV*/(mPa·s)	*PV*/(mPa·s)	*YP*/Pa
基 浆	228	5.0	4.0	1.0
基浆+2% SD-17W	66.0	10.0	9.0	1.0
基浆+2% MAN-101	40.0	17.0	14.0	3.0
基浆+2% SL-1	35.0	15.0	12.0	3.0
基浆+2% SIOP-E	22.5	16.0	12.0	4.0

为了考察 SIOP-E 抗高价金属离子污染能力，进行了抗钙污染能力试验，同时与现场常用的丙烯酸类聚合物(SL-1、A-903)进行了对比，图 3-19 是 $CaCl_2$ 加量对钻井液性能的影响(在 6%钙膨润土的饱和盐水钻井液中，聚合物样品加量为 1.5%)。从图 3-19 可见，SIOP-E 在抗钙能力方面与丙烯酸多元共聚物相当或稍优。

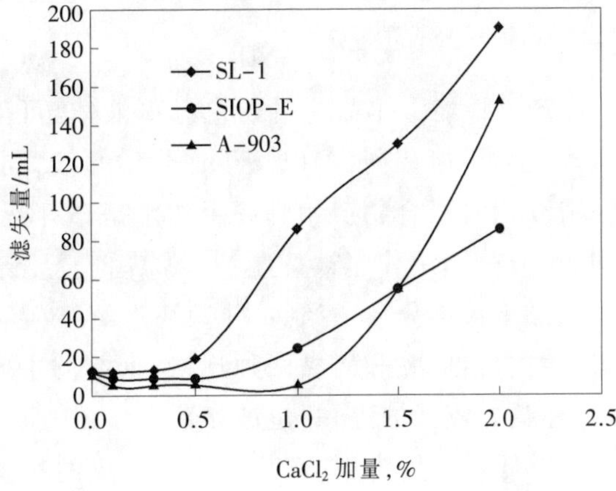

图 3-19 $CaCl_2$ 加量对钻井液滤失量的影响

制备过程 将配方量的丙烯酸单体溶于水，用适当浓度的氢氧化钠或氢氧化钾溶液将单体混合液的 pH 值调至要求范围；在搅拌下加入丙烯酰胺和无机原料(事先配成悬浮液并高速研磨),待其溶解后视具体情况升温到所需温度,并用 NaOH 溶液将体系之 pH 值调至要求范围;向上述体系中加入所需要量的引发剂(用适量的水配制的水溶液),于指定的温度下反应 5~10min;将所得产物剪切成颗粒状,于 100~120℃下烘干,粉碎即得到 SIOP-E 钻井液降滤失剂产品。

质量指标 本品可参考 Q/SH1025 0301—2004 钻井液用无机-有机单体聚合物 SIOP-D、SIOP-E、SIOP-F 标准,其中 SIOP-E 产品指标见表 3-72。

表 3-72 SIOP-E 产品性能指标

项目	指标	项目	指标
外观	灰白色或微黄色粉末	有效物,%	≥83.0
细度(筛孔 0.59mm 筛余),%	≤10.0	pH值	7~10
表观黏度/(mPa·s)	≥15.0	滤失量(120℃/16h)/mL	≤15.0
水分,%	≤10.0		

用途 本品用作钻井液降滤失剂,抗温、抗盐能力强,在淡水钻井液、饱和盐水钻井液和海水钻井液中均有较强的降滤失作用。适用于深井和饱和盐水钻井液体系。一般加量 0.5%~1.5%。也可以用作配制适用温度低于 120℃的无土相或无固相钻井液完井液。本品使用时,要先配成胶液或复合胶液,对钻井液进行维护处理时,用稀胶液以细水长流的方式加入钻井液。是组成无机-有机聚合物钻井液体系的主要处理剂之一。

安全与防护 无毒、碱性较强。易吸潮,吸水后发黏,避免与皮肤和眼睛接触。不慎与眼睛接触后,立即用大量清水冲洗。穿戴适当的防护服和防滑胶鞋。

包装与储运 本品易吸潮,采用内衬塑料袋、外用防潮牛皮纸袋包装,每袋净质量 25kg。储存于阴凉、通风、干燥处。运输中防止受潮和雨淋。如遇到产品因受潮结块,则可以烘干、粉碎后使用,不影响使用效果。

9.P(AM-AA)聚合物反相乳液

化学成分 P(AM-AA)聚合物、白油、表面活性剂等。

结构式

$$-\!\!\left[CH_2-\underset{\displaystyle\underset{\displaystyle NH_2}{|}}{\underset{\displaystyle C{=}O}{\underset{|}{CH}}}\right]_m\!\!-\!\!\left[CH_2-\underset{\displaystyle\underset{\displaystyle ONa}{|}}{\underset{\displaystyle C{=}O}{\underset{|}{CH}}}\right]_n\!\!-$$

产品性能 本品为乳白色黏稠液体,可以迅速分散于水或钻井液中,与相同组成的粉状产品的用途相同,可以直接加入钻井液,同时乳液中的油相及表面活性剂对钻井液具有润滑作用。聚合物反相乳液用作水基钻井液处理剂, 根据其相对分子质量和基团组成不同,可以分别用作包被抑制剂、增黏剂、絮凝剂和降滤失剂等,能够有效地絮凝包被钻屑、抑制黏土水化分散,控制钻井液滤失量,改善钻井液流变性和润滑性。P(AM-AA)反相乳液聚合物包括低黏和高黏两种规格,低黏的主要用作降滤失剂,高黏产品不仅具有降滤失作用,还具有较强的提黏、包被和絮凝作用。

以低黏产品为例,将其与同样组成的粉状聚合物(水溶液聚合合成)在复合盐水基浆中的性能进行对比,结果见表 3-73。从表中可以看出,P(AM-AA)反相乳液聚合物的性能优于粉状产品,这与现场结果是一致的。

表 3-73 老化温度对不同聚合物复合盐水钻井液性能的影响(老化时间 16h)

钻井液组成	老化温度/℃	*AV*/(mPa·s)	*PV*/(mPa·s)	*YP*/Pa	滤失量/mL
基 浆	室 温	4.5	2	2.5	78
	120	4.75	5	3.5	90
	135	4.75	3.5	1.25	89
基浆+1.5%乳液聚合物	室 温	27	17	10	6.8
	120	14	13	1.5	7
	135	12.5	12.0	0.5	12.0
基浆+1.0%粉状聚合物	室 温	75	46	29	5.6
	120	11	9	2	4.6
	135	6	4.5	1.5	14.2

注:基浆为复合盐水钻井液,即在 350mL 蒸馏水中加入 15.75g 氯化钠,1.75g 无水氯化钙,4.6g 氯化镁,52.5g 钙膨润土和 3.15g 无水碳酸钠,高速搅拌 20min,室温放置老化 24h;乳液聚合物固含量 32.2%,乳液加量 1%的水溶液表观黏度 35.4mPa·s;粉状聚合物烘失量 6.54%,1%的水溶液表观黏度 45.0mPa·s。

制备方法 将 SP-60、SP-80 等加入白油中,升温 60℃,搅拌至溶解,得油相。将 NaOH 溶于水,配成氢氧化钠水溶液,冷却至室温,搅拌下慢慢加入丙烯酸,将温度降至 40℃以下,加入配方量的丙烯酰胺,搅拌使其完全溶解。加入 TW-80 或 OP-10,搅拌至溶解均匀得水相。将水相加入油相,用均质机搅拌 10~15min,得到乳化反应混合液,并用质量分数 20%的氢氧化钠溶液调 pH 值至 8~9。向乳化反应混合液中通氮 10~15min,加入引发剂过硫酸铵和亚硫酸氢钠(提前溶于适量的水),搅拌 5min,继续通氮 10min,在 45~50℃下保温聚合 5~8h,降至室温加入适量的 OP-10 或 OP-15,即得 P(AA-AM)反相乳液聚合物产品。

质量指标 本品主要技术指标见表 3-74。

表 3-74 P(AM-AM)聚合物反相乳液产品技术要求

项 目	指 标	项 目	指 标
外 观	乳白色或微黄色黏稠液体	润滑系数降低率,%	≥60.0
pH值	6.5~8.0	残余单体,%	≤0.005
表观黏度/(mPa·s)	≥15(低分子),≥60(高分子)	室温老化滤失量/mL	≤10.0
固含量,%	≥30.0	120℃/16h 老化后滤失量/mL	≤15.0

用途 本品用作钻井液处理剂,能够有效地絮凝包被钻屑,抑制黏土和钻屑水化分散,控制钻井液滤失量,改善钻井液流变性和润滑性。现场应用表明,产品溶解速度快,可直接加入钻井液循环池中,使用时无粉尘污染。一般加量为 0.3%~2.0%。

安全与防护 无毒、有碱性。避免与皮肤和眼睛接触。生产原料丙烯酰胺、丙烯酸等有毒,生产中保证车间通风良好,防火、防爆。

包装与储运 本品采用塑料桶包装,每桶净质量 50kg。储存于阴凉、通风、干燥处。运输中防暴晒、防火、防冻、防倒置。

第五节 含磺酸基多元共聚物

含磺酸基聚合物处理剂是 20 世纪 90 年代开始研究,并逐渐在现场推广应用的抗高温、抗盐、抗钙的多元共聚物，是在丙烯酸多元共聚物处理剂应用的基础上，并结合应用中存在的不足而开发的新一代聚合物处理剂。国外在 20 世纪 80 年代就大量应用[37,38]，而国内本世纪初才受到重视，目前应用面仍然较小，需要加大推广力度。

1.PAMS601 高温降滤失剂

化学成分 丙烯酰胺和 2-丙烯酰胺基-2-甲基丙磺酸的共聚物。

结构式

$$-\!\left[CH_2-\underset{\substack{|\\ C=O\\ |\\ NH_2}}{CH}\right]_m\!-\!\left[CH_2-\underset{\substack{|\\ C=O\\ |\\ NH\\ |\\ H_3C-C-CH_3\\ |\\ CH_2SO_3Na}}{CH}\right]_n\!-$$

产品性能 本品是一种含磺酸基团的阴离子型聚合物，相对分子质量在 200×10^4~300×10^4 之间，易溶于水，水溶液呈黏稠透明体，在含钙的钻井液中不产生沉淀。是 20 世纪 90 年代末才开始应用的乙烯基磺酸聚合物处理剂，由于分子中引入了磺酸基团，使其具有较强的抗温抗盐，特别是抗钙镁污染的能力，与丙烯酰胺、丙烯酸共聚物相比，表现出了明显的优势。PAMS601 共聚物降滤失剂在淡水钻井液、饱和盐水钻井液和海水钻井液中不仅具有较强的降滤失能力和提黏切能力，且抗温、抗盐和抗钙镁污染的能力强，同时具有较好的抑制、絮凝和包被作用，可有效地控制地层造浆、抑制黏土和钻屑分散，有利于固相控制。现场试验表明，AMPS 聚合物钻井液的应用可使钻进中起下钻畅通，膨润土含量上升缓慢；黏切容易控制，维护简单，大大减少了处理剂的种类和用量；钻井液费用低，社会、经济效益显著。

表 3-75~表 3-77 是 PAMS601 在不同类型钻井液中的性能对比实验结果[39,40]。从表 3-75 可看出，PAMS601 聚合物具有较强的抗温抗盐和抗钙镁污染的能力。从表 3-76 可以看出，PAMS601 在钠膨润土和抗盐土饱和盐水钻井液中均可以起到良好的降滤失作用。从表 3-77 可以看出，PAMS601 的降滤失效果明显优于钻井液降滤失剂 A-903 (A-903 为丙烯酸、丙烯酰胺多元共聚物)。

表 3-75 PAMS601 聚合物在不同钻井液中的效果

钻井液组成	常温性能				180℃/16h 老化后性能			
	AV/(mPa·s)	*PV*/(mPa·s)	*YP*/Pa	*FL*/mL	*AV*/(mPa·s)	*PV*/(mPa·s)	*YP*/Pa	*FL*/mL
淡水基浆(1)	7.5	3.0	4.5	30	13	3	10	60
(1)+0.57% PAMS601	37.5	15.0	22.5	13	10	9	1	16
海水基浆(2)	5.25	3.5	1.75	65	4.25	2	2.25	110
(2)+1.0% PAMS601	35.25	14.5	20.75	10	6.5	2	4.5	16
饱和盐水基浆(3)	13.5	4.0	9.5	160	12	5	7	222
(3)+1.71% PAMS601	38.5	32.0	6.5	8	13.5	9	4.5	10

注：淡水基浆：在 1000mL 水中加入 60g 钙膨润土和 5g 碳酸钠，高速搅拌 20min，于室温下放置养护 24h；饱和盐水基浆：在 1000mL 4%的钠膨润土基浆中加 NaCl 至饱和，高速搅拌 20min，于室温下放置养护 24h；海水基浆：在 6%的钙膨润土基浆中加入 1.14g/L $CaCl_2$、10.73g/L $MgCl_2\cdot6H_2O$ 和 26.55g/L NaCl 高速搅拌 20min，于室温下放置养护 24h。

表 3-76 采用不同配浆土 180℃/16h 老化后 PAMS601 聚合物所处理饱和盐水钻井液性能

配浆土	样品加量,%	*AV*/(mPa·s)	*PV*/(mPa·s)	*YP*/Pa	*FL*/mL
4%钠膨润土	0	5	4	1	228
	1.7	12.5	8.5	4	9.8
4%抗盐土	0	1.5	2	-0.5	全 失
	1.7	10	10	0	8

表 3-77 180℃/16h 老化后不同聚合物在饱和盐水钻井液中的对比实验结果

配浆土类型	样品加量,%	*AV*/(mPa·s)	*PV*/(mPa·s)	*YP*/Pa	*FL*/mL
4%钠膨润土	基 浆	5	4	1	228
	基浆+1.71% PAMS601	12.5	8.5	4	9.8
	基浆+1.71% A903	13	9	4	36
4%抗盐土	基 浆	1.5	2	-0.5	全 失
	基浆+1.71% PAMS601	10	10	0	8
	基浆+1.71% A903	15	12	3	48

此外，它还具有较好的综合效果和协同增效作用，在钻井液中加入少量的 PAMS601，就能使钻井液体系中其他处理剂的作用效果明显提高，使体系的整体性能得到改善。在高温下 PAMS601 与 SMP、SMC 等具有明显的高温增效作用，有利于提高钻井液的抑制和防塌能力，控制高温高压滤失量，且钻井液性能稳定。采用 PAMS601 与 SMC 两者配合使用，可以使所处理钻井液经 220℃/16h 老化后保持较低的高温高压滤失量。

同时 PAMS601 通过 3 个途径实现对油气层的有效保护：一是通过其独特的作用机理，与其他钻井液处理剂协同作用，能在井壁表面快速形成致密的憎水膜，阻止钻井液中的自由水和有害固相渗入油气层；二是通过其强抑制性能，控制钻井液中膨润土颗粒及钻屑的水化分散，从根本上有效地控制钻井液的固相含量，保持钻井液清洁，从而减少钻井液对油气层的伤害；三是钻井液滤液中的 PAMS601 高分子链具有较强的吸附包被和憎水作用，少量渗入油气层后，能有效地防止油气层中的黏土颗粒的水化运移，减轻钻井液对油气层的伤害。

国外同类产品代号为 COP-1，相对分子质量 75×10^4~150×10^4，1%水溶液黏度 25~75mPa·s。该产品水溶性好，主链伸展，抗电解质能力强，且侧链基团遇二价阳离子不沉淀，用其处理钻井液的效果见表 3-78。COP-1 同 COP-2(AMPS、烷基取代丙烯酰胺共聚物)作为 COP 系列处理剂，在地热井钻井液中使用，井温 260℃以上，使用 SSMA 解絮凝剂和褐煤与 COP 降滤失剂，COP 加量 0.71~1.43kg/cm^3，钻井液性能稳定，测井 72h 后，井底返出钻井液的高温高压滤失量仅从 26mL 提高至 28mL[41,42]。

制备过程 将 103.5 份 2-丙烯酰胺基-2-甲基丙磺酸和适量的水加入反应器中，在冷却条件下用氢氧化钠溶液中和至 pH 值为 6~8，在搅拌下加入 105 份丙烯酰胺单体，使其溶解；将反应混合物升温至 35℃后，通氮驱氧 5~10min 后，向反应体系中加入适量的过硫酸铵和无水亚硫酸氢钠(均溶于适量水中)，于 35℃±5℃下反应 0.5h，得到凝胶状的产物；所得凝胶状产物，剪切后烘干、粉碎，即为共聚物降失水剂 PAMS601。在合成中用 DMAM 代替 AM，可以得到 P(AMPS-DMAM)共聚物，即国外 COP-2 同类产品。

表 3-78 COP-1 和 COP-2 处理各类钻井液的效果

处理剂			177℃热滚 16h 后钻井液性能					
基 浆	品 种	加量/(kg/m³)	*PV*/(mPa·s)	*YP*/Pa	初切/Pa	终切/Pa	pH值	滤失量/mL
淡水基浆	基 浆		22	4.8	1.4	34.5	9.2	24.1
	COP-1	5.71	20	3.4	1.0	1.0	9.0	7.4
	COP-2	5.71	38	15.2	5.7	6.7	9.1	8.7
海水基浆	基 浆		8	5.3	4.8	15.3	9.6	56.8
	COP-1	5.71	9	3.4	1.0	1.0	9.8	11.3
	COP-2	5.71	16	5.7	3.4	6.7	9.7	16.4
饱和盐水基浆	基 浆		9	9.1	7.2	8.1	6.4	143
	COP-1	17.10	9	4.8	1.0	3.4	7.7	34.0
	COP-2	17.10	12	0.5	0.5	0.5	7.5	24

注:淡水基浆组成为膨润土 57.1kg/m³,石膏 2.85kg/m³,NaCl 5.71kg/m³,UNI-CAL 4.28kg/m³;海水基浆组成为膨润土 57.1kg/m³,盐 30.0kg/m³,UNI-CAL 4.28kg/m³;饱和盐水基浆组成为膨润土 62.8kg/m³,加盐至饱和;膨润土预水化处理:用氢氧化钠调钻井液 pH 值至 9.5~10.0。

质量指标 本品执行企业标准 Q/SH 0605—2009 钻井液用 AMPS 多元共聚物通用技术条件,其技术要求见表 3-79。

表 3-79 钻井液用 AMPS 多元共聚物处理剂技术要求

项 目	指 标	项 目	指 标
外 观	白色或微黄色粉末	水分含量,%	≤10.0
细度(筛孔 0.59mm 筛余),%	≤10.0	pH值	8.0~10.0
表观黏度/(mPa·s)	≥40.0	室温滤失量/mL	≤10.0
有效物含量,%	≥85.0	150℃滚动 16h 后室温滤失量/mL	≤8.0

用途 本品可用于各种类型的水基钻井液体系,也适用于海洋和高温深井钻井作业中。本品可在钻井液预处理时加入,也可以配合其他处理剂进行钻井液性能的维护处理,加量为 0.05%~1.5%。为保证溶解均匀,使用时必须先配成胶液,然后再加入钻井液中。以其为主剂(絮凝、抑制、包被)形成的磺酸盐聚合物钻井液可用于盐膏层井段和深井、超深井钻井以及地热井钻井。

安全与防护 无毒、有碱性。吸水后发黏,避免与皮肤和眼睛接触。不慎与眼睛接触后,立即用大量清水冲洗。使用时穿防滑胶鞋,戴防尘口罩、防护眼镜和橡胶手套。生产原料丙烯酰胺、AMPS 等有毒,生产中保证车间通风良好,防火、防爆。

包装与储运 本品易吸潮,采用内衬塑料袋、外用防潮牛皮纸袋包装,每袋净质量 25kg。储存于阴凉、通风、干燥处。运输中防止受潮和雨淋。如遇到产品因受潮结块,则可以烘干、粉碎后使用,不影响使用效果。

2.P(AMPS-AM-AN)三元共聚物

化学名称或成分 丙烯酰胺、丙烯腈和 2-丙烯酰胺基-2-甲基丙磺酸的三元共聚物。

结构式

$$\left[\!-CH_2-\underset{\underset{\underset{\underset{\underset{CH_2SO_3K}{|}}{H_3C-\overset{|}{C}-CH_3}}{\overset{|}{NH}}}{\overset{|}{C=O}}}{CH}-\right]_m\left[\!-CH_2-\underset{\underset{\underset{NH_2}{|}}{\overset{|}{C=O}}}{CH}-\right]_n\left[\!-CH_2-\underset{\overset{|}{CN}}{CH}-\right]_o$$

产品性能 P(AMPS–AM–AN)是一种阴离子型多元共聚物，可溶于水，水溶液呈黏稠透明液体。其性能与PAMS601相近，由于分子链上含有部分腈基，提高了其高温稳定性，在含钙的钻井液中不产生沉淀，抗钙能力优于PAMS601。作为钻井液处理剂，可以用于不同类型的钻井液，低相对分子质量的产品可以用于固井水泥浆降滤失剂。

表3–80是P(AMPS–AM–AN)聚合物对不同类型的钻井液性能的影响实验结果。从表中可以看出，P(AMPS–AM–AN)共聚物对淡水钻井液、盐水钻井液、饱和盐水钻井液和含钙钻井液均有良好的降滤失作用和提黏切能力，作用效果随加量的增加而提高。P(AMPS–AM–AN)共聚物还具有较强的抗盐能力，加量为1.0%即可使饱和盐水钻井液的滤失量降至10mL以下[43]。

表3–80 不同加量的三元共聚物对钻井液性能的影响

项 目	共聚物加量，%	*FL*/mL	*AV*/(mPa·s)	*PV*/(mPa·s)	*YP*/Pa
淡水基浆(1000mL水+0.3%纯碱+4%膨润土)	0	24.4	11	4.5	6.5
	0.1	11.2	27	10	17
	0.3	10.5	44	19	25
	0.5	9.6	56.5	24	32.5
盐水钻井液(4%膨润土浆+4%NaCl)	0	55	8.5	3.0	5.5
	0.5	7.6	19.5	11	8.5
	1.0	7.0	31	17	14
饱和盐水钻井液(饱和盐水中+4%抗盐土)	0	146	10	9.0	1.0
	0.5	12.4	13.75	12.5	1.25
	1.0	6.8	27	22	5.0
	2.0	4.8	67	48	21
含钙钻井液(4%膨润土浆+10% NaCl+10% $CaCl_2$)	0	73	3.5	2.5	1.0
	0.5	10.5	4.75	4.5	0.25
	1.0	6.2	14.5	12.5	2.0
	2.0	5.2	39	29	10

图3–20是钙离子含量对P(AMPS–AM–AN)共聚物、丙烯酰胺–丙烯酸二元共聚物(代号CPA–901)和低黏度羧甲基纤维素(低黏CMC)所处理的钻井液滤失量的影响(钻井液组成：1000mL饱和盐水+40g抗盐土+600g重晶石+20g处理剂，钻井液密度1.55g/cm^3)。从图中可以看出，加入3种处理剂的饱和盐钻井水钻井液在不含钙的情况下均有较低的滤失量；当在钻井液体系中逐渐添加Ca^{2+}时出现了很大差别。在含有CMC的钻井液中加的Ca^{2+}浓度小于3000mg/L时，钻井液的滤失量略有增加，当Ca^{2+}浓度大于3000mg/L时，滤失量大幅度增加。这说明低黏CMC抗钙污染能力较差。含有CPA–901的钻井液，当Ca^{2+}浓度大于

3000mg/L 时，滤失量也随着 Ca^{2+}浓度增加而大幅度增加；当 Ca^{2+}浓度小于 3000mg/L 时，滤失量随着 Ca^{2+}浓度增加反而略有降低。滤失量降低的原因是共聚物分子中部分—COO^-与 Ca^{2+}形成了水化弱的羧酸钙基，使共聚物在钻井液中的降滤失能力有所改善。用 P(AMPS-AM-AN)三元共聚物处理的钻井液，当 Ca^{2+}浓度一直增加到 12×10^4mg/L 时，滤失量基本没有变化。这说明在共聚物分子了引入对高价离子不敏感的—SO_3^-可使共聚物的抗钙能力大大增强。

图 3-21 是用三元共聚物处理的钻井液抗温试验结果。图 3-21 表明，P(AMPS-AM-AN)共聚物具有较强的抗温能力，在不同钻井液中抗温能力有所差别。用 P(AMPS-AM-AN)共聚物处理的淡水钻井液(4%膨润土浆+0.3%三元共聚物)和饱和盐水钻井液(饱和盐水+4%抗盐土+2%三元共聚物)经 200℃/16h 老化后滤失量仍较低，含钙钻井液[1000mL 水+40g 抗盐土+100g $CaCl_2$+100g NaCl+20g P(AMPS-AM-AN)共聚物]经 180℃/16h 老化后仍保持较低的滤失量，经 200℃/16h 老化后滤失量则明显增加。温度过高时 P(AMPS-AM-N)共聚物分子中的—CN 和—$CONH_2$ 水解而生成—COO^-，—COO^-在大量钙离子存在的条件下与 Ca^{2+}发生反应，引起共聚物沉淀而失去作用。以上试验结果说明，用 P(AMPS-AM-AN)共聚物所处理的淡水钻井液和盐水钻井液可抗温至 200℃，含钙钻井液可抗温至 180℃。

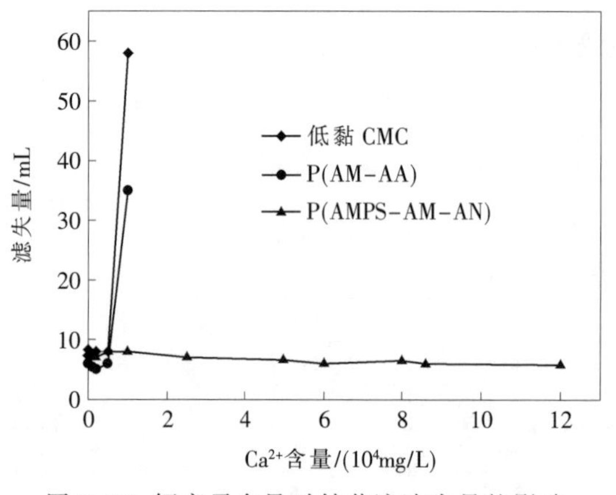

图 3-20 钙离子含量对钻井液滤失量的影响

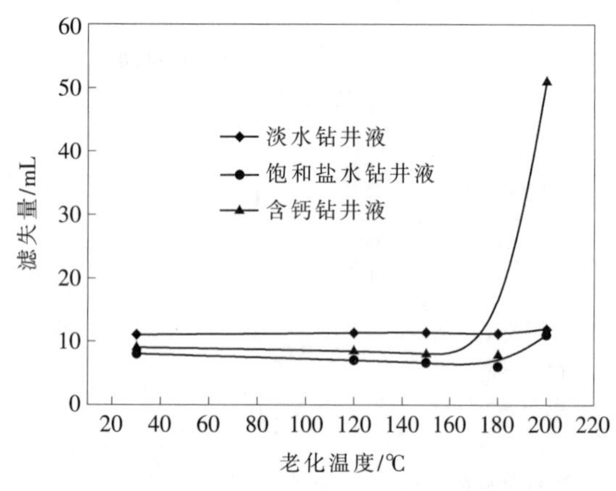

图 3-21 老化温度对钻井液滤失量的影响

制备过程 将适量的水和 80 份的 2-丙烯酰胺基-2-甲基丙磺酸单体加入反应釜中，在搅拌和冷却的情况下用 15.5 份氢氧化钠(配成适当浓度的溶液)将体系中和至 pH 值为 7~8，然后加入 112 份丙烯酰胺单体，待丙烯酰胺溶解后加入 30 份丙烯腈充分搅拌。加入 0.32 份过硫酸铵和 0.32 份亚硫酸氢钠(均溶于适量水中)，然后将反应混合物放进塑料袋(1.5m 长，直径 10cm)中，密封后将塑料袋放于 35~45℃的水浴中，在 35~45℃下反应 5~8h，得弹性胶体。所得弹性胶体剪切造粒，于 120~150℃下烘干、粉碎，即得 P(AMPS-AM-AN)共聚物降滤失剂。

质量指标 本品主要技术指标见表 3-81。

用途 本品是一种抗高温降滤失剂，具有较强抗盐和抗钙镁污染的能力，适用于海上、深井和超深井的钻井作业中，与腐殖酸类处理剂一起使用能有效地控制钻井液的流变性，降低钻井液的滤失量，保持良好的钻井液性能。可用于各种类型的水基钻井液体系。推荐加量：淡水钻井液 0.2%~0.5%，盐水或饱和盐水钻井液 1.0%~1.5%，海水钻井液 0.5%~

1.5%。本品使用时不宜以干粉形式直接加入钻井液。本品可以用于固井水泥浆降滤失剂。

安全与防护 本品呈碱性,在使用时应戴防尘口罩、防护眼镜和橡胶手套,防止粉尘接触和吸入。吸水后比较光滑,配制或使用时穿防滑胶鞋。

包装与储运 本品易吸潮,采用内衬塑料袋、外用防潮牛皮纸袋包装。储存于阴凉、通风、干燥处。运输中防止受潮和雨淋。如遇到产品因受潮结块,则可以烘干、粉碎后使用,不影响使用效果。

表 3-81 P(AMPS-AM-AN)聚合物技术指标

项 目	指 标	项 目	指 标
外 观	淡黄色粉末	1%水溶液的表观黏度(25℃下)/(mPa·s)	≥25.0
细度(0.59mm 孔径标准筛)	100%通过	水不溶物,%	≤2.0
有效物,%	≥90.0	pH值	7.0~9.0
水分,%	≤7.0	滤失量①/mL	≤15

注:①饱和盐水基浆中加量 17g/L,180℃/16h。

3.P(AMPS-AM-VAC)共聚物钻井液降滤失剂

化学成分 2-丙烯酰胺基-2-甲基丙磺酸、丙烯酰胺和醋酸乙烯酯的三元共聚物。

结构式

$$-\left[CH_2-\underset{\displaystyle C(=O)-NH-C(CH_3)_2-CH_2SO_3K}{CH}\right]_m-\left[CH_2-\underset{\displaystyle C(=O)-NH_2}{CH}\right]_n-\left[CH_2-\underset{\displaystyle O-C(=O)-CH_3}{CH}\right]_o-$$

产品性能 本品是一种含有磺酸基的阴离子型三元共聚物,分子中含有酰胺基、磺酸基、酯基,同时还会因为醋酸乙烯酯结构单元水解产生的羟基,加之酯基的疏水作用,用作钻井液降滤失剂,抗温、抗盐能力强,此外还具有较强的抑制能力。适用于淡水钻井液、饱和盐水钻井液和海水钻井液,尤其适用于深井和饱和盐水钻井液体系。

表 3-82 是 P(AMPS/AM/VAC)共聚物在不同类型的钻井液中性能评价结果。从表中可以看出,无论是在淡水钻井液中,还是在盐水钻井液、人工海水钻井液和饱和盐水钻井液中均具有较好的降滤失作用。经 180℃滚动老化 16h 后滤失量仍保持较低,说明该共聚物钻井液降滤失剂具有较强的抗温、抗盐、抗钙和抗镁的能力[44]。

制备过程 将 82.8 份 AMPS 溶于适量的水,用 24.8 份氢氧化钾配成适当浓度的溶液中和至 pH 值为 7~8,然后加入 31.9 份 AM,待其溶解后加入 12.6 份的 VAC;将反应混合液升温至 35℃,加入 0.075 份过硫酸铵和 0.075 份亚硫酸氢钠(均事先溶于适量水),搅拌均匀后于 35℃±1℃密闭放置 1~2h,最后得到凝胶状产物;产物经剪切造粒,于 100~120℃下烘干、粉碎,即得 P(AMPS-AM-VAC)共聚物降滤失剂。

质量指标 本品主要技术要求见表 3-83。

用途 本品是一种抗高温降滤失剂,具有较强抗盐和抗钙镁污染的能力,适用于海上、深井和超深井的钻井作业中,可用于各种类型的水基钻井液体系,加量一般 0.2%~1.0%。

本品不能直接加入钻井液中,必须先配成0.5%~1.0%的胶液,然后再慢慢加入到钻井液中。

安全与防护 本品呈碱性,在使用时应戴防尘口罩、防护眼镜和橡胶手套,防止粉尘接触和吸入。吸水后比较光滑,配制或使用时穿防滑胶鞋。

包装与储运 本品易吸潮,采用内衬塑料袋、外用防潮牛皮纸袋或塑料编织袋包装。储存于阴凉、通风、干燥处。运输中防止受潮和雨淋。如遇到产品因受潮结块,则可以烘干、粉碎后使用,不影响使用效果。

表 3-82 P(AMPS-AM-VAC)共聚物在不同类型钻井液中的效果

钻井液组成	聚合物加量/g/L	常温性能				180℃/16h 老化后性能			
		FL/mL	*AV*/(mPa·s)	*PV*/(mPa·s)	*YP*/Pa	*FL*/mL	*AV*/(mPa·s)	*PV*/(mPa·s)	*YP*/Pa
淡水基浆:1000mL 水+40g 钙膨润土+3g 纯碱	0	28	6.75	2.5	4.25	40	2.25	2	0.25
	1	13	13	4	9	21	4.5	4	0.50
	2	12.8	16.5	6	10.5	15	6.5	5.5	1
	3	13	22	9	13	13.6	7.75	7.5	0.5
盐水基浆:1000mL 水+60g 钠膨润土+3g 纯碱+40g NaCl	0	67	6.25	2.5	3.75	140	5.5	3.5	2
	1	26	10	4.5	5.5	71	8	4	4
	3	21	12	7	5	34	9	5	4
	5	9.4	13.5	9	4.5	21	7	4	3
	7	8.4	23.5	13	10.5	11.5	5	5	0
人工海水基浆:1000mL 人工海水①+100g 钙膨润土+9g 碳酸钠	0	108	2.75	1.5	1.75	126	2.25	1	1
	3	14	6	4	2	72	2.5	2	0.5
	5	8.8	9	6	2	31.5	2.5	2	0.5
	7	7.0	14.5	9	4.5	17.0	2.75	2	0.75
	10	6.5	19	11	8	11	4	2.5	1.5
饱和盐水基浆:1000mL 饱和盐水+80g 钠膨润土+3g 碳酸钠	0	100	13.5	5	8.5	150	11.5	4	7.5
	3	134	11	8	3	70	13	6.5	6.5
	5	74	21	19	2	45	13	6.5	6.5
	8	13.4	94	27	7	27	13.5	7.5	6.0
	12	7.5	60	45	15	14.6	25.5	15	10.5
	15	5.2	61.5	44	17.5	10.0	37.5	22	15.5

注:①人工海水组成:Ca^{2+}浓度 1800mg/L,Mg^{2+}浓度 1550mg/L,Cl^{-}浓度 25000mg/L。

表 3-83 P(AMPS-AM-VAC)聚合物技术要求

项 目	指 标	项 目	指 标
外 观	白色粉末	1%水溶液的表观黏度(25℃下)/(mPa·s)	≥30.0
细度(0.59mm 孔径标准筛)	100%通过	水不溶物,%	≤2.0
有效物,%	≥90.0	pH值	7.0~7.5
水分,%	≤7.0	滤失量/mL	≤15.0

4.两性离子磺酸盐聚合物 CPS-2000

化学成分 丙烯酰胺、环氧氯丙烷和二甲胺或三甲胺反应物与2-丙烯酸氧基-2-甲基丙磺酸、丙烯酸钾共聚物。

结构式

```
 ─[─CH₂─CH─]ₘ─[─CH₂─CH─]ₙ─[─CH₂─CH─]ₒ─[─CH₂─CH─]ₚ─
        |             |             |             |
       C═O           C═O           C═O           C═O
        |             |             |             |
        O            NH₂            OK            NH      OH            CH₃
        |                                         |       |             |
  H₃C─C─CH₃                                      CH₂───CH─CH₂─N⁺─R  Cl⁻
        |                                                       |
      CH₂SO₃K                                                  CH₃
```

产品性能 CPS-2000是一种含有磺酸基的两性离子共聚物，可溶于水，水溶液呈黏稠乳白色液体。由于分子中含有羧酸基、磺酸基、酰胺基和阳离子基团，且各基团比例已经优化，使其在淡水钻井液、盐水钻井液、饱和盐水钻井液和复合盐水钻井液中具有较强的降滤失作用和较强的提黏切能力，同时表现出较强的包被、抑制和防塌能力。

从表3-84、3-85可以看出，CPS-2000表现出强抗盐和抗温能力。从表3-86可看出，CPS-2000具有较强的抑制性，能有效控制泥页岩水化分散，有利于钻井液清洁、井壁稳定和油气层的保护。从表3-87可看出，在含有4%氯化钙和10%氯化钠的钻井液中，150℃/16h老化后所有对比聚合物均失去了控制滤失量的能力，而CPS-2000仍然能够较好地控制钻井液的滤失量，说明其效果远远优于其他丙烯酸多元共聚物[45]。

表3-84 NaCl加量对CPS-2000钻井液性能的影响

NaCl加量，%	*FL*/mL	*AV*/(mPa·s)	*PV*/(mPa·s)	*YP*/Pa
0	6.0	33.0	16	17.0
4	9.2	27.5	13	14.5
10	10.4	26.5	10	16.5
20	12.4	25.5	8	17.5
30	13.0	11.0	6	5.0
40	25.0	12.0	7	5.0

注：4%钙膨润土浆+0.5% CPS-2000。

表3-85 不同类型钻井液150℃/16h滚动老化前后钻井液性能

配 方	老化情况	*FL*/mL	*AV*/(mPa·s)	*PV*/(mPa·s)	*YP*/Pa
盐水基浆+0.7% CPS-2000	老化前	6	25	12	13
	老化后	12	5	3	2
饱和盐水基浆+1.5% CPS-2000	老化前	3.6	35.5	27	8.5
	老化后	20	7.5	5	2
复合盐水基浆+1.5% CPS-2000	老化前	3.6	56	33	23
	老化后	15.4	7.5	6	1.5
$CaCl_2$盐水基浆+1.5% CPS-2000	老化前	4.2	26	18	8
	老化后	10	4.5	4	0.5
$CaCl_2$盐水基浆+2.0% CPS-2000	老化前	3.8	35	20	15
	老化后	6.0	9.5	8	1.5

制备过程 将丙烯酰胺溶于适量的水中，在催化剂存在下逐步加入环氧氯丙烷(加入过程中温度不大于30℃)，在搅拌下反应至混合液透明，然后于30℃±1℃下保温反应0.5~

2h。降温至20℃,慢慢滴入二甲胺或三甲胺水溶液,待加完后升温至35℃,继续反应0.5~3h,即得固含量为38%~42%阳离子单体。按AM:HAOPS:AA:阳离子单体=60:20:15:5(物质的量比),将KOH溶于适量水配成溶液,然后加入CaO,在搅拌下依次加入丙烯酸和2-丙烯酰氧基-2-甲基丙烯磺酸(HAOPS),继续搅拌至混合液透明,加入AM,待AM溶解后加入阳离子单体,用20%的KOH溶液调节体系pH值至要求,升温至35℃,加入引发剂,在搅拌下反应5~15min,得凝胶状产物。产物经剪切造粒,于120℃下烘干粉碎,即得粉末状CPS-2000产品。

质量指标 本品执行Q/SH 1025 0046—2011钻井液用两性离子磺酸共聚物(CPS-2000)标准,其主要技术指标见表3-88。

表3-86 页岩滚动回收率实验结果

配 方	R_1,%	R_2,%	R',%
0.3% CPS-2000胶液	93.1	91.9	98.7
0.5% CPS-2000胶液	96.1	95.9	99.7
清 水	17.2		

表3-87 不同聚合物在氯化钙盐水钻井液中的性能对比

钻井液组成	B/mL	AV/(mPa·s)	PV/(mPa·s)	YP/Pa
1000mL水+4%抗盐土+10% NaCl+4% $CaCl_2$	246.0	5.0	2.0	3.0
上浆+2% SD-17W	280.0	5.5	4.0	1.5
上浆+2% MAN-101	340.0	12.5	6.0	6.5
上浆+2% SL-1	280.0	7.0	4.0	3.0
上浆+2% CPS-2000	6.0	9.5	8.0	1.5

表3-88 两性离子磺酸盐共聚物处理剂技术指标

项 目	指 标	项 目	指 标
外 观	灰白色或微黄色粉末	水分含量,%	≤7.0
细度(筛孔0.59mm筛余),%	≤10.0	pH值	7.0~9.0
1%水溶液的表观黏度/(mPa·s)	≥15.0	135℃滚动16h后室温滤失量/mL	≤15.0
有效物含量,%	≥85.0	160℃/16h滚动老化后表观黏度上升率,%	≤250

用途 本品用作钻井液防塌降滤失剂,抗温、抗盐能力强,在淡水钻井液、饱和盐水钻井液和海水钻井液中均有较强的降滤失、包被絮凝作用,特别是具有较强的抗高价金属离子的能力,适用于各种水基钻井液体系。以其为主剂的两性离子磺酸聚合物钻井液体系,热稳定性好,抗污染能力强,能够有效地解决水敏性地层井壁稳定问题。适用于易塌和易造浆地层及深井钻井。

安全与防护 本品呈碱性,在使用时应戴防尘口罩、防护眼镜和橡胶手套,以防止粉尘接触和吸入。吸水后比较光滑,配制或使用时穿防滑胶鞋。

包装与储运 本品易吸潮,采用内衬塑料袋、外用防潮牛皮纸袋包装,每袋净质量25kg。储存于阴凉、通风、干燥处。运输中防止受潮和雨淋。如遇到产品因受潮结块,则可以烘干、粉碎后使用,不影响使用效果。

5.超高温钻井液降滤失剂 LP–528

化学名称 2–丙烯酰胺–2–甲基丙磺酸、丙烯酰氧丁磺酸、丙烯酰胺和 *N*–乙烯基己内酰胺多元共聚物。

结构式

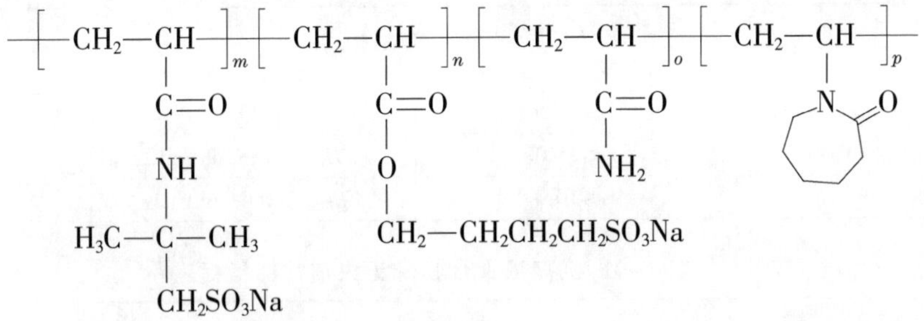

$$
\left[\mathrm{CH_2}-\underset{\underset{\underset{\underset{\underset{\mathrm{CH_2SO_3Na}}{|}}{\mathrm{H_3C}-\overset{|}{\mathrm{C}}-\mathrm{CH_3}}}{|}}{\mathrm{NH}}}{\underset{|}{\mathrm{C{=}O}}}}{\underset{|}{\mathrm{CH}}}\right]_m
\left[\mathrm{CH_2}-\underset{\underset{\underset{\mathrm{CH_2}-\mathrm{CH_2CH_2CH_2SO_3Na}}{|}}{\mathrm{O}}}{\underset{|}{\mathrm{C{=}O}}}}{\underset{|}{\mathrm{CH}}}\right]_n
\left[\mathrm{CH_2}-\underset{\underset{\mathrm{NH_2}}{|}}{\underset{|}{\mathrm{C{=}O}}}}{\underset{|}{\mathrm{CH}}}\right]_o
\left[\mathrm{CH_2}-\underset{|}{\mathrm{CH}}\right]_p
$$

（第四单元侧基为己内酰胺环：N 与环上 C=O 相连）

产品性能 本品分子中含有磺酸基、酰胺基及热稳定性高的内酰胺基团，且大侧基具有较强的位阻效应，相对分子质量低，故产品水解稳定性好，抗温能力强，在高温(240℃)高盐(饱和盐水)条件下具有较好的降滤失能力，且在水溶液中溶解速度快，使用方便。采用水溶液聚合的制备方法，反应过程容易控制、操作简单，超高温聚合物降滤失剂 1%水溶液表观黏度可控制在 8~15mPa·s 之间。由于黏度低(相对分子质量小)，在高加量情况下对钻井液的黏度效应小。超高温降滤失剂还有 PFL–L、LP–527 等。

LP–528 超高温钻井液降滤失剂的降滤失性能见表 3–89。从表中可看出，在钻井液中加入本品后，钻井液的流变性能得到较好控制，中压滤失量及高温高压滤失量均随聚合物加量增加而显著降低，当聚合物加量为 4%时，中压滤失量为 1.5mL，高温高压滤失量为10.5mL，远远小于未加共聚物时的 12.5mL 和 150mL，能够较好地控制钻井液的高温稠化，有效地降低钻井液的高温高压滤失量，保证钻井液在高温高压条件下性能稳定[46]。

表 3–89 LP–528 在高密度饱和盐水钻井液中的效果

聚合物，%	*PV*/(mPa·s)	*YP*/Pa	ρ/(g/cm³)	*FL*/mL	FL_{HTHP}/mL	*Gel*/(Pa/Pa)	pH值
0	62	18	2.25	12.5	150	7/17	9.5
1.0	75	30	2.25	4.6	115	12/21	9.5
3.5	80	36	2.25	3.5	56	19/30	9.5
4.0	105	40	2.25	1.5	10.5	21/34	9.5

注：钻井液组成为 1%膨润土浆+6% SMC+10% HTASP+0.5% XJ 降黏剂+2% NaOH+0.1%表面活性剂+NaCl 至饱和，用重晶石加重至密度 2.25g/cm³。钻井液于 240℃下老化 16h，加入 1%的纯碱，高速搅拌 20min，于 60℃下测定钻井液性能，高温高压滤失量(FL_{HTHP})于 180℃、压差 3.5MPa 下测定。

制备过程 在带有搅拌器的反应瓶中加入需要量的水，然后加入 25g 氢氧化钠，待其溶解后再搅拌下，加入 90g 2–丙烯酰胺基–2–甲基丙磺酸、40g 丙烯酰氧丁磺酸，搅拌至全部溶解；然后加入 35g 丙烯酰胺和 25g *N*–乙烯基己内酰胺，搅拌使其溶解，用质量分数20%~45%氢氧化钠水溶液，将体系的 pH 值调节到 7.5；将上述单体的反应混合物转至聚丙烯塑料容器中，在搅拌下依次加入 5g 相对分子质量调节剂、0.5g 过硫酸钾、0.25g 亚硫酸钠，搅拌均匀后静置反应 20min，聚合反应的起始温度为 10℃，最后得到多孔弹性体，将得到的多孔弹性体经破碎、烘干、粉碎，即得超高温聚合物降滤失剂 LP–528。其 1%水溶液表观黏度为 12mPa·s。

质量指标　本品主要质量指标见表3-90。也可以执行Q/SHCG 73—2013钻井液用高温抗盐聚合物降滤失剂技术要求，指标见表3-91。

表3-90　LP-528产品性能指标

项　目	指　标	项　目	指　标
外　观	白色或微黄色粉末	有效物，%	≥85.0
细度(筛孔0.59mm筛余)，%	≤10.0	pH值	7~10
表观黏度/(mPa·s)	≤15.0	FL_{API}(240℃/16h)/mL	≤10.0
水分，%	≤10.0	FL_{HTHP}(240℃/16h)/mL	≤25.0

表3-91　抗高温聚合物降滤失剂性能指标

项　目		指　标	
		降滤失剂	增黏型降滤失剂
外　观		灰白色或微黄色粉末	
细度(筛孔0.59mm筛余)，%		≤10.0	
水分，%		≤10.0	
pH值		7.0~10.0	
有效物含量，%		≥85.0	
降解残余物，%		≤5.0	
1%水溶液表观黏度/(mPa·s)		≤12.0	≥25.0
饱和盐水浆表观黏度(200℃/16h)/(mPa·s)		≥20.0	≥25.0
饱和盐水浆(200℃/16h)	中压滤失量/mL	≤8.0	≤8.0
	高温高压滤失量/mL	≤25.0	≤30.0

用途　本品用作钻井液降滤失剂，抗温(240℃以上)、抗盐能力强，在淡水钻井液、饱和盐水钻井液和海水钻井液中均有较强的降滤失作用。适用于深井和饱和盐水钻井液体系。本品可以直接加入钻井液，可以配合磺化褐煤用于超高温钻井，加量一般为1.5%~4.0%。

安全与防护　本品呈碱性，在使用时应戴防尘口罩、防护眼镜和橡胶手套，以防粉尘吸入和接触眼睛和皮肤。吸水后比较光滑，配制或使用时穿防滑胶鞋。

包装与储运　本品易吸潮，采用内衬塑料袋、外用防潮牛皮纸袋包装。储存于阴凉、通风、干燥处，运输中防止受潮和雨淋。如遇到产品因受潮结块，则可以烘干、粉碎后使用，不影响使用效果。

6.P(AM-AMPS)反相乳液聚合物

化学成分　P(AM-AMPS)聚合物、白油、表面活性剂等。

结构式

$$\left[-CH_2-\underset{\underset{\displaystyle NH_2}{|}}{\underset{\displaystyle C=O}{\underset{|}{CH}}}-\right]_m\left[-CH_2-\underset{\underset{\displaystyle NH-\overset{\overset{\displaystyle CH_3}{|}}{\underset{\underset{\displaystyle CH_3}{|}}{C}}-CH_2SO_3Na}{|}}{\underset{\displaystyle C=O}{\underset{|}{CH}}}-\right]_n$$

产品性能　P(AM-AMPS)聚合物反相乳液与相同组成的粉状产品性能相同，唯一不同的地方是产品在钻井液液中分散速度快，可以直接加入钻井液，同时乳液中的油相及表面活性剂对钻井液具有润滑作用。P(AM-AMPS)聚合物反相乳液用作水基钻井液处理剂，根据其相对分子质量和基团组成不同，可以分别用作包被抑制剂、增黏剂、絮凝剂和降滤失剂等。P(AM-AMPS)反相乳液聚合物能够有效地絮凝包被钻屑、抑制黏土水化分散，控制钻井液滤失量，改善钻井液流变性和润滑性。由于分子中含有磺酸基团，其抗温抗盐能力优于 P(AM-AM)聚合物反相乳液，抗温 200℃以上。

由于不需要干燥步骤，可以很容易的通过原料配比来控制聚合物分子中的基团比例，使产品性能更容易得到优化，故其效果明显优于相同组成的粉状产品。表 3-92 是聚合物反相乳液与聚合物干粉的对比实验结果。从表中可以看出，相对于粉状产品，反相乳液聚合物效果更优，且用量明显降低。

表 3-92 反相乳液聚合物与粉状聚合物在不同基浆中的性能对比结果

基浆类型	聚合物		*AV*/(mPa·s)	*PV*/(mPa·s)	*YP*/Pa	*FL*/mL	pH值
	类 型	加量，%					
淡 水	基 浆		9.5	4.0	5.5	24.0	9.0
	乳 液	0.3	21.5	16.0	5.5	10.0	9.0
		0.5	28.0	12.0	16.0	8.9	9.0
		0.7	30.5	11.0	19.5	8.5	9.0
	粉 状	0.1	14.0	5.0	9.0	10.0	9.0
		0.3	31.0	17.0	14.0	9.1	9.0
		0.5	41.0	20.0	21.0	9.0	9.0
复合盐水	基 浆		3.5	1.0	2.5	89.0	7.0
	乳 液	0.5	13.5	7.5	5.5	45.0	7.5
		1.0	18.0	12.0	6.0	9.8	7.5
		1.5	30.0	19.0	11.0	6.8	7.5
	粉 状	0.5	13.0	10.0	3.0	9.4	7.5
		1.0	34.0	25.0	9.0	5.8	7.5
		1.5	65.0	50.0	15.0	4.2	7.5

注：所用乳液样品固含量 30.15%，1%乳液配制胶液表观黏度 65.0mPa·s；粉状产品固含量 91.3%，1%水溶液表观黏度 55.50mPa·s。

制备方法 将 SP-60 和/或 SP-80 加入白油中，升温 60℃，搅拌至溶解，得油相。将 NaOH 溶于水，配成氢氧化钠水溶液，冷却至室温，搅拌下慢慢加入 2-丙烯酰胺基-2-甲基丙磺酸，将温度降至 40℃以下，加入配方量的丙烯酰胺，搅拌使其完全溶解。加入 TW-80，EDTA 溶液，搅拌至溶解均匀得水相。将水相加入油相，用均质机搅拌 10~15min，得到乳化反应混合液，并用质量分数 20%的氢氧化钠溶液调 pH 值至 8~9。向乳化反应混合液中通氮 10~15min，加入过硫酸铵、亚硫酸氢钠(提前溶于适量的水)和水溶性偶氮引发剂(VA-044)，搅拌 5min，继续通氮 10min，在 45~50℃下保温聚合 5~8h，降至室温加入适量的 OP-15，即得到 P(AM-AMPS)反相乳液聚合物产品。

在本品合成中引入 0.5%~1.5%的丙烯酸长链烷基酯(如丙烯酸十四烷基酯、丙烯酸十六烷基酯、丙烯酸十八烷基酯等)，可以提高产品的增黏和抑制能力。

质量指标 本品主要技术要求见表 3-93。

用途 本品用作钻井液包被抑制剂、增黏剂、絮凝剂和降滤失剂等，能够有效地絮凝包被钻屑、抑制黏土水化分散，控制钻井液滤失量，改善钻井液流变性和润滑性。适用于深井高温钻井液和盐水、饱和盐水钻井液以及高钙钻井液。乳液加量一般为1.0%~5.0%。与SMC、SMP等配伍可以有效地控制钻井液在超高温条件下的滤失量和流变性。

安全与防护 无毒、有碱性。避免与皮肤和眼睛接触。不慎与眼睛接触后，请立即用大量清水冲洗。生产原料丙烯酰胺、AMPS等有毒，生产中保证车间通风良好，防火、防爆。

包装与储运 本品采用塑料桶包装，每桶净质量50kg。储存于阴凉、通风、干燥处。运输中防止暴晒、防冻、防火。

表3-93 P(AM-AMPS)聚合物反相乳液技术要求

项 目	指 标	项 目		指 标
外 观	乳白色或微黄色黏稠液体	润滑系数降低率，%		≥60.0
pH值	6.5~8.0	残余单体，%		0
表观黏度/(mPa·s)	≥15(低分子)，≥75(高分子)	滤失量/mL	室温老化	≤10.0
固含量，%	≥30.0		150℃/16h 老化后	≤15.0

7.两性离子P(AM-AMPS-DAC)聚合物反相乳液

化学成分 P(AM-AMPS-DAC)聚合物、白油、表面活性剂等。

结构式

$$\left[-CH_2-\underset{\underset{NH_2}{|}}{\underset{C=O}{|}}{CH}-\right]_m\left[-CH_2-\underset{\underset{\underset{CH_2SO_3Na}{|}}{\underset{H_3C-C-CH_3}{|}}}{\underset{\underset{NH}{|}}{\underset{C=O}{|}}}{CH}-\right]_n\left[-CH_2-\underset{\underset{O-CH_2-CH_2-\overset{CH_3}{\overset{|}{\underset{CH_3}{\underset{|}{N^+}}}}-CH_3Cl^-}{|}}{\underset{C=O}{|}}{CH}-\right]_o$$

产品性能 两性离子P(AM-AMPS-DAC)聚合物反相乳液与相同组成的粉状产品性能相同，不仅在钻井液中分散速度快，可以直接加入钻井液，同时乳液中的油相及表面活性剂对钻井液具有润滑作用。由于分子中含有磺酸基、酰胺基和阳离子季铵基，故两性离子P(AM-AMPS-DAC)聚合物反相乳液用作水基钻井液处理剂，能够有效地絮凝包被钻屑、抑制黏土水化分散，控制钻井液滤失量，改善钻井液流变性和润滑性。由于不需要干燥过程，与粉状产品相比，分子中各基团的比例可以很容易的优化，并可以很容易的通过改变产物的相对分子质量和基团比例制备用于不同目的的产品。

表3-94是用P(AM-AMPS-DAC)聚合物反相乳液所处理的不同类型钻井液150℃/16h老化前后性能实验结果。从表中可以看出，在淡水基浆中乳液加量为1.5%(相当于纯产品0.426%)，盐水和饱和盐水基浆中加量2.5%(相当于纯产品0.71%)、复合盐水基浆中加量2.0%(相当于纯产品0.568%)时，150℃/16h老化前后钻井液滤失量变化较小，说明P(AM-AMPS-DAC)聚合物反相乳液降滤失剂具有较强的抗温抗盐能力，且明显优于用水溶液聚合法合成的同类聚合物。

采用P(AM-AMPS-DAC)聚合物反相乳液配成水溶液，进行页岩滚动回收率实验(120℃/16h老化)，结果见2-95。表中结果表明，P(AM-AMPS-DAC)聚合物具有较好的防塌效果，当反相乳液聚合物加量1%时，页岩滚动回收率达到88.1%，相对回收率97.84%。

表 3-94 老化温度对钻井液性能的影响

钻井液类型	样品加量,%	老化情况	AV/(mPa·s)	PV/(mPa·s)	YP/Pa	FL/mL	pH值
淡 水	0	室 温	12.0	2.0	8.0	21.6	9.0
		150℃/16h	8.0	4.0	4.0	38.0	8.0
	1.5	室 温	36.0	17.0	19.0	7.6	8.0
		150℃/16h	10.5	6.0	4.5	8.0	8.0
盐 水	0	室 温	5.0	3.0	2.0	60.0	8.0
		150℃/16h	9.5	5.0	4.5	87.0	8.0
	2.5	室 温	24.0	12.0	12.0	4.4	8.0
		150℃/16h	12	7	5	8.8	7.5
饱和盐水	0	室 温	9.0	7.0	2.0	82.0	8.0
		150℃/16h	7.5	4.0	3.5	106	8.0
	2.5	室 温	22.0	17.0	5.0	10.0	7.5
		150℃/16h	17.5	9.0	8.5	11.0	7.5
复合盐水	0	室 温	3.5	2.0	1.5	92.0	7.5
		150℃/16h	4	2	2	106.0	7.5
	2.0	室 温	16.5	10.0	6.0	8.6	7.5
		150℃/16h	9.5	6.0	3.5	7.0	7.0

表 3-95 页岩滚动回收率实验

反相乳液聚合物用量,%	R_1,%	R_2,%	R_2/R_1,%
0.75	82.6	78.8	94.19
1.0	88.1	86.2	97.84

取 2 份淡水基浆(在 400mL 蒸馏水中加入 20.0g 膨润土和 0.8g 纯碱,在高速搅拌器上搅拌 20min 后,密闭养护 24h 得到),其中一份加入 1%的反相乳液聚合物样品,将两者在室温下高速搅拌 10min,然后按照 SY/T 6094—1994 钻井液用润滑剂评价程序,用 E-P 极压润滑测定润滑性能,与空白浆相比,润滑系数降低率为 71.8%,说明产品具有较强的润滑作用。

制备方法 将 SP-60、SP-80 加入白油中,升温 60℃,搅拌至溶解,得油相;将 NaOH 溶于水,配成氢氧化钾水溶液,冷却至室温,搅拌下慢慢加入 2-丙烯酰胺基-2-甲基丙磺酸,将温度降至 40℃以下,加入配方量的丙烯酰胺,搅拌使其完全溶解,然后加入丙烯酰氧乙基三甲基氯化铵(DAC),搅拌均匀。加入 TW-80,甲酸钠、EDTA 搅拌至溶解均匀得水相;将水相加入油相,用均质机搅拌 10~15min,得到乳化反应混合液,并用质量分数 20%的氢氧化钾溶液调 pH 值至8~9。向乳化反应混合液中通氮 10~15min, 加入引发剂过硫酸铵和亚硫酸氢钠(提前溶于适量的水),搅拌 5min,继续通氮 10min,在 45~50℃下保温聚合 5~8h,降至室温,即得到 P(AM-AMPS-DAC)聚合物反相乳液产品。

质量指标 本品主要技术指标见表 3-96。

表 3-96 P(AM-AMPS-DAC)聚合物反相乳液产品技术要求

项 目	指 标	项 目		指 标
外 观	乳白色或微黄色黏稠液体	润滑系数降低率,%		≥65.0
pH值	6.5~8.0	残余单体,%		0
表观黏度/(mPa·s)	≥30.0	滤失量/mL	室温老化	≤10.0
固含量,%	≥30.0		150℃/16h 老化后	≤12.0

用途 本品可用作钻井液降滤失包被抑制剂、增黏剂、絮凝剂等,能够有效地絮凝包被

钻屑、抑制黏土水化分散,控制钻井液滤失量,改善钻井液流变性和润滑性。适用于深井高温钻井液和盐水、饱和盐水钻井液以及高钙钻井液体系。乳液加量可以根据应用目的来确定,作为包被、絮凝剂时,加量一般为 0.3%~0.5%,作为抑制剂时加量一般为 0.5%~1.5%,作为降滤失剂时加量一般为 1.0%~3.5%。

安全与防护 无毒、有碱性。避免与皮肤和眼睛接触。若不慎进入眼睛,可立即用清水冲洗。生产原料丙烯酰胺、丙烯酸等有毒,生产中保证车间通风良好,防火、防爆。

包装与储运 本品采用塑料桶包装,每桶净质量 50kg。储存于阴凉、通风、干燥处。运输中防暴晒、防冻、防火。

第六节 合成树脂类

以酚醛树脂为主体,经磺化或引入其他官能团而制得的磺甲基酚醛树脂,是合成树脂类处理剂的典型代表。自 20 世纪 70 年代投入应用以来,一直是重要的钻井液高温高压降滤失剂。近年来,在磺甲基酚醛树脂的基础上,还开发了一些羧甲基化和阳离子化改性的磺甲基酚醛树脂,使其抗盐和抑制能力进一步提高,从而拓宽了合成树脂类处理剂的应用领域。

1.磺甲基酚醛树脂

化学成分 磺甲基苯酚-甲醛缩聚物。

结构式

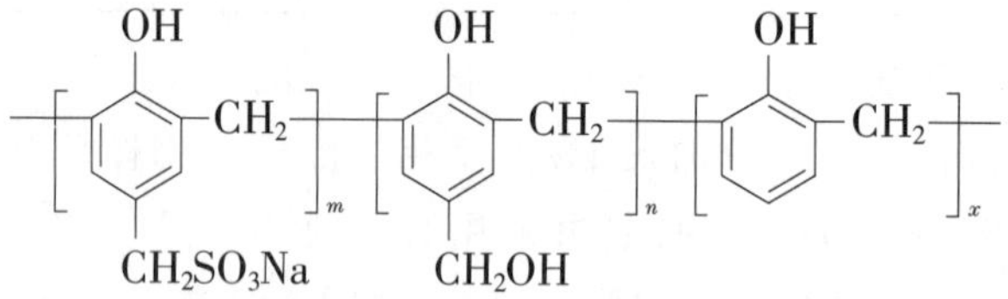

OH　　OH　　OH

$-[C_6H_2(OH)(CH_2SO_3Na)-CH_2]_m-[C_6H_2(OH)(CH_2OH)-CH_2]_n-[C_6H_3(OH)-CH_2]_x-$

CH_2SO_3Na　　CH_2OH

产品性能 磺甲基酚醛树脂(SMP)别名磺化酚醛树脂,是一种阴离子水溶性聚电解质,具有很强的耐温抗盐能力,产品为棕红色粉末,易溶于水,水溶液呈弱碱性。磺甲基酚醛树脂分子的主链由亚甲基桥和苯环组成,又引入了大量磺酸基,故热稳定性强,可抗 180~200℃的高温。因引入磺酸基的数量不同,抗无机电解质的能力会有所差别。目前使用量很大的 SMP-Ⅰ型产品可用于矿化度小于 $10×10^4$mg/L 的钻井液,按氯化钠计算 15%,而SMP-Ⅱ型产品可抗盐至饱和,同时具有一定的抗钙能力,是用于饱和盐水钻井液的降滤失剂,SMP-Ⅲ型产品进一步改善了抗温抗盐能力。此外,磺甲基酚醛树脂还能改善滤饼的润滑性,对井壁也有一定的稳定作用。

制备过程 将 200~210 份的甲醛、适量的水加入带有回流装置的反应釜中,然后加入苯酚并混合均匀,在搅拌下加入 60~70 份焦亚硫酸钠,待焦亚硫酸钠溶解完后,再加入 70~80 份无水亚硫酸钠,待亚硫酸钠加完后,搅拌反应 30min(反应温度控制在 60℃左右)。然后慢慢升温至 97℃,在 97~107℃温度下反应 4~6h。在反应过程中观察体系的黏度变化,并通过补加水来控制反应,反应时间达到后,降温出料,即得到固含量 35%左右的液体产品,产品经喷雾干燥即得到粉状产品。

生产中注意事项:①产品生产的关键是判断黏稠程度,并通过补加水来调节反应程度,因此加水是生产的关键。若加水过早、则反应产物的黏度低(相对分子质量小),若加水过晚则会出现凝胶现象，尤其是第一次加水更重要；②反应程度是通过反应过程中操作人员的观察来确定的，所以生产过程中要细心观察，时刻注意反应现象；③甲醛、无水亚硫酸钠给出范围值，因为原料含量有波动，采用不同产地或存放不同时间的原料时，应适当调整原料配比(需要根据试验来定)；④加料顺序不能改变，且在加入焦亚硫酸钠和无水亚硫酸钠时，应缓慢加入，以免原料沉入釜底，苯酚在室温下为固体，在加料前应在50℃以上的热水中使其融化；⑤补加水的量可以根据所希望最终产品的浓度(或固体含量)进行适当增减，通常产品质量分数控制在30%~35%时，生产和使用方便，质量分数再高时产品流动性变差；⑥反应过程中若遇到停电，则应注意快速降温，可向釜中加入适量的冷水，并尽可能设法搅拌(在这一操作过程中应断掉电源，以防突然来电)。

在SMP产品合成中，原料的比例对SMP产品性能有重要影响[47]。表3–97是原料配比对产品性能的影响。从表中可以看出，当苯酚与亚硫酸钠、亚硫酸氢钠的比例相同时，甲醛的比例越高，缩合反应越激烈，黏度越高。当苯酚与甲醛的比例相同时，随亚硫酸钠和亚硫酸氢钠的比例增加，黏度下降。这说明在苯环上引入磺甲基阻止苯酚与甲醛通过亚甲基过分的交联，有利于形成线型结构，但相对分子质量不易长大。当甲醛的比例较高，亚硫酸钠与亚硫酸氢钠的比例低时，容易引起爆聚，形成不溶于水的体型结构，这种树脂不能用作钻井液处理剂。另外，随亚硫酸钠与亚硫酸氢钠用量增加，树脂的颜色变浅，说明亚硫酸钠和亚硫酸氢钠是还原剂，可以阻止苯酚在反应期间氧化为醌类化合物。总之，为了制得既有较高的相对分子质量又有良好水溶性的树脂，必须保持苯酚、甲醛、亚硫酸钠和亚硫酸氢钠的合适比例。

表3–97 原料配比对产品性能的影响

实验号	苯酚:甲醛:Na_2SO_3:$NaHSO_3$:H_2O(物质的量比)	反应时间/min	黏度/(mPa·s)	颜 色
1	1:1.5:0.125:0.125:1	60	5.0	棕 红
2	1:1.5:0.250:0.250:1	60	4.8	黄
3	1:1.5:0.500:0.500:1	60	3.8	黄
4	1:2.0:0.125:0.125:1	35	>200	棕 红
5	1:2.0:0.250:0.250:1	35	8.0	黄
6	1:2.0:0.500:0.500:1	35	4.0	黄
7	1:3.0:0.125:0.125:1	35	体 型	棕 红
8	1:3.0:0.250:0.250:1	35	9.0	黄
9	1:3.0:0.500:0.500:1	35	4.0	黄

注：①甲醛为质量分数38%的水溶液；②测定黏度时，质量分数均为33.5%，温度为24℃。

表3–98是亚硫酸氢钠用量对SMP抗盐性的影响实验结果。从表3–98中可看出，随着亚硫酸氢钠比例的增加，使缩合反应缓和，反应时间延长，相对分子质量不易长大，但在饱和盐水钻井液中降失水效果增加，说明其抗盐能力随之增加。

质量指标 SMP产品可以执行SY/T 5094—2008钻井液用磺甲基酚醛树脂标准，其技术指标见表3–99。

用途 本品用作耐温抗盐的钻井液降滤失剂，可以有效地降低钻井液的高温高压滤失量，与SMC、SMT(SMK)、SAS等共同使用可以配制“三磺钻井液”体系，是理想的高温深井钻井液体系之一。粉状产品可以直接通过混合漏斗加入钻井液中，但加入速度不能太快，以防止形成胶团，最好先配成5%~10%的胶液，然后再慢慢加入钻井液中。同时可以作为高温稳定剂使用。

SMP单独作为降滤失剂的加量是 3%~5%，其中 SMP-2 用于盐水钻井液时其加量是 5%~8%,SMP-1 有增黏作用,SMP-2 略微降黏。SMP 与褐煤类降滤失剂如 SMC 或褐煤碱液共同使用可大大增强其降滤失效果。这一方面是由于复配后 SMP 在黏土表面的吸附量可增加 5~6 倍,第二是褐煤类处理剂与 SMP 发生交联,表观相对分子质量增加,增强降滤失效果。因此建议在井底温度超过 130℃以后,才开始使用 SMP,并配合褐煤类降滤失剂以免造成浪费。

安全与防护 苯酚、甲醛均有腐蚀性,应避免溅至皮肤上,在操作中注意安全防护,车间内应保持良好的通风状态,同时还要注意防火。本品呈弱碱性,在使用时应戴防尘口罩、防护眼镜和橡胶手套,防止粉尘吸入及与皮肤、眼睛接触。

包装与储运 粉状产品易吸潮,采用内衬塑料袋、外用防潮牛皮纸袋包装,每袋净质量 25kg。储存在阴凉、通风、干燥处。运输中防止受潮和雨淋。

表 3-98 亚硫酸氢钠对树脂抗盐性的影响

实验号	苯酚:甲醛:Na_2SO_3:$NaHSO_3$ (物质的量比)	反应时间/min	水溶液黏度/(mPa·s)	在饱和盐水浆中的滤失量/mL
1	1:2:0.286:0.286	90~100	65	22
2	1:2:0.286:0.429	220~240	50	12
3	1:2:0.286:0.500	260~300	22	4.8

注:①甲醛为质量分数 38%的水溶液;②测定水溶液黏度时,质量分数均为 27%,温度为室温;③测定滤失量的条件为 130/12h;④SMP 加量均为 5%;⑤基浆为 6011 井饱和盐水井浆。

表 3-99 SMP 产品技术指标

项 目	指 标			
	SMP-Ⅰ水剂	SMP-Ⅰ粉剂	SMP-Ⅱ水剂	SMP-Ⅱ粉剂
干基质量分数,%	≥42.0	≥90.0	≥42.0	≥90.0
水不溶物,%		≤10.0		≤8.0
动力黏度/(mPa·s)	70~230		30~100	
浊点盐度(以 Cl^-计)/(g/L)	≥110	≥100	≥160	≥160
表观黏度/(mPa·s)	≤25.0	≤25.0	≤50.0	≤50.0
高温高压滤失量/mL	≤25.0	≤25.0	≤35.0	≤35.0

2.磺甲基酚脲醛树脂

化学成分 磺甲基苯酚-尿素-甲醛缩聚物。

结构式

$$\left[\text{苯环(OH)(}CH_2SO_3Na\text{)}-CH_2\right]_m\left[\text{苯环(OH)(}CH_2OH\text{)}-CH_2\right]_n\left[N(CH_2SO_3Na)-\overset{O}{\overset{\|}{C}}-NH-CH_2\right]_x\left[N(CH_2OH)-\overset{O}{\overset{\|}{C}}-NH-CH_2\right]_y$$

产品性能 磺甲基酚尿醛树脂别名磺化酚脲醛树脂(SPU),是一种阴离子水溶性聚电解质,具有很强的耐温抗盐能力,产品为棕黄色粉末,易溶于水,水溶液呈弱碱性。SPU 分子中的—NH—基团还具有较高的抗氧化能力,这也有助于提高产品的热稳定性,因此本品是一种抗温抗盐的降滤失剂,其抗温能力可以达到 200℃,在钻井液中加入 4%的 SPU,经过 200℃/12h 老化后滤失量均在 10mL 以内。抗盐可以达到 25%。经 3%石膏污染的钻井液,加入 5%的 SPU 后，钻井液经 200℃/12h 老化后滤失量为 7.5mL。缺点是加入钻井液中容易起泡[48]。

制备过程 按 n(尿素):n(苯酚):n(磺化苯酚):n(亚硫酸钠):n(甲醛)=(0.3~0.4):(0.45~0.60):(1.45~0.65):(0.4~0.5):(1.6~1.9)的比例，将各种原料和水加入反应釜，在 110~140℃反应 2~5h，产品经喷雾干燥，即得到粉状产品。生产过程可以参考 SMP 工艺，控制产品的缩聚和磺化度。

质量指标 本品主要技术指标见表 3-100。

表 3-100 SPU 产品技术指标

项 目	要 求	项 目	要 求
外 观	棕黄色粉末	水不溶物，%	≤5.0
干基含量，%	≥90	钻井液表观黏度/(mPa·s)	≤25
浊点盐度(Cl^-)/(g/L)	≥120	高温高压滤失量/mL	≤25

用途 本品用作耐温抗盐的钻井液降滤失剂，可以有效地降低钻井液的高温高压滤失量。粉状产品可以直接通过混合漏斗加入到钻井液中，但加入速度不能太快，以防止形成胶团，最好先配成 5%~10%的胶液，然后再慢慢加入钻井液中。若遇严重起泡，可以配合甘油聚醚消泡剂使用。

也可以本品为基础制备改性产品，如将褐煤与尿素、甲醛和苯酚反应制得褐煤-酚脲醛树脂，经磺化可以制得一种抗温、抗盐性能较好的钻井液降滤失剂。评价表明，该降滤失剂的室温降黏率>70%，室温中压滤失量<10mL，老化后高温高压滤失量<15mL，在质量分数 4%的盐水浆中，180℃老化后，4%盐水基浆中压降滤失量<10mL，高温高压降滤失量<20mL[49]。

安全与防护 苯酚、甲醛均有腐蚀性，应避免溅至皮肤上，在操作中注意安全防护，车间内应保持良好的通风状态，同时还要注意防火。本品呈弱碱性，在使用时应戴粉尘口罩、防护眼镜和橡胶手套，以防止粉尘吸入和眼睛、皮肤接触。

包装与储运 本品易吸潮，采用内衬塑料袋、外用防潮牛皮纸袋包装，每袋净质量 25kg。储存在通风、阴凉、干燥处。运输中防暴晒、防雨淋。

3.磺化木质素磺化酚醛树脂

化学成分 木质素磺酸、磺化酚醛树脂缩合物。

结构式

OH　OH

—CH_2—CH—CH_2—[苯环]—CH_2—[苯环—CH_2]$_m$—[苯环—CH_2]$_n$—

SO_3Na　O　O　CH_2　CH_2OH

H_3C　SO_3Na

产品性能 磺化木质素磺化酚醛树脂(SLSP)为水溶性阴离子聚电解质，是一种抗温抗盐抗钙的钻井液降滤失剂，为棕褐色粉末，易溶于水，水溶液呈弱碱性。SLSP 与磺甲基酚醛树脂有相似的性能，由于木质素磺酸盐的引入，使产品在降低钻井液滤失量的同时，还有优良的稀释特性。在加量 5%的情况下，钻井液抗温达到 200℃，滤失量在 10mL 以内。在 185℃下抗氯化钙可达到 1%，抗盐达到 10%。其主要特点如下：可以有效地降低钻井液的高温高压滤失量；具有较好的润滑性，一般可以使滤饼摩阻系数由 0.23 降至 0.15 以下，可以减少黏附卡钻；具有一定的防塌能力，明显改善井壁稳定性；具有一定的减稠作用，改善钻井液的流变性。在降低钻井液高温高压滤失量的同时，可以避免钻井液增稠。缺点是在钻井液中比较容易起泡，必要时需配合加入消泡剂。

制备过程 将 200 份的木质素磺酸盐和适量的水加入反应釜中，待其溶解后，加入 120 份质量分数 40%氢氧化钠溶液，反应 30min。然后将 500 份质量分数 40%的磺化酚醛树脂和适量的甲醛加入反应釜中，然慢慢升温至 97℃，在 97~107℃下反应 2~3h。将所得产物经喷雾干燥即得到粉状产品。也可以将木质素磺酸盐、苯酚、甲醛、亚硫酸盐等依次加料，然后按照 SMP 生产工艺控制反应程度。

质量指标 本品主要技术指标见表 3-101 和表 3-102。

表 3-101 SLSP 理化指标

项 目	要 求	项 目	要 求
外 观	棕黄色粉末	水不溶物，%	≤5.0
干基含量，%	≥90.0	水分，%	≤10.0
特性黏数(30℃)/(dL/g)	≥0.05	pH值	9.0~9.5

表 3-102 SLSP 钻井液性能指标

项 目	指 标					
	AV/(mPa·s)	PV/(mPa·s)	初切/Pa	终切/Pa	FL_{API}/mL	FL_{HTHP}/mL
基 浆	≤20	≤15	≤7.6	≤7.6	38±5	
基浆+SLSP 50g/L	≤35	≤20	≤10.5	≤10.5	≤15	≤30
再经 150℃老化 8h	≤25	≤15	≤9.6	≤9.5	≤15	≤30

用途 本品用作水基钻井液体系的抗高温抗盐的降滤失剂，兼具一定的降黏作用，是一种价廉的处理剂产品，适用于高温深井钻井液体系，一般加量为 1%~3%。本品可以干粉形式直接加入钻井液中，但要控制加入速度，防止结块。

安全与防护 本品呈碱性，在使用时应戴防尘口罩、防护眼镜和橡胶手套，以防止粉尘吸入和皮肤、眼睛接触。

包装与储运 本品易吸潮，采用内衬塑料袋、外用防潮牛皮纸袋包装。储存在阴凉、通风、干燥处。运输中防暴晒、防雨淋。

4.磺化栲胶磺化酚醛树脂

化学成分 栲胶磺化产物和磺化酚醛树脂缩合物。

结构式

O ONa C OH OH CH₂ CH₂ CH₂ O OH m n R OH CH₂SO₃Na CH₂OH

产品性能 磺化栲胶磺化酚醛树脂(SKSP)是一种阴离子水溶性聚电解质，为黑褐色粉末，易溶于水，水溶液呈弱碱性。产物分子中的单宁结构单元赋予产品一定的降黏作用，与 SMP 相比，分子中不仅有羟基、磺酸基，还增加了羧酸基、醚键等，同时分子中的羟基的数量进一步提高，用作钻井液处理剂更有利于维护钻井液的胶体稳定性，控制钻井液的高温高压滤失量和流变性。

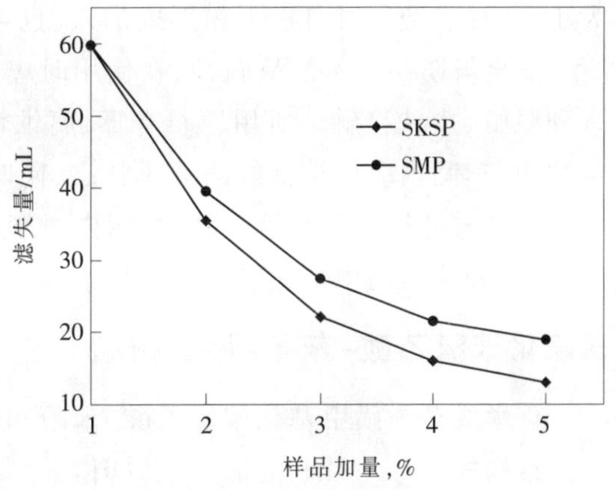

图 3-22 样品加量对滤失量的影响

图 3-22(在 7%膨润土基浆中加入不同量的 SKSP 和 SMP，并用 15%氯化钠污染)、图3-23(分别用 5%SKSP 与 SMP 处理 7%基浆，再用不同加量的氯化钠进行污染)和图 3-24(用 5%SKSP 及 SMP 处理 7%基浆，并用 15%氯化钠进行污染，然后于不同温度下老化 16h)是 SKSP 与 SMP 降滤失性能对比实验结果。从图 3-20 可看出，随着产品用量的增加，降滤失效果增加，其中 SKSP 降滤失性能优于 SMP，且处理的钻井液滤饼薄而韧。从图 3-21 可以看出，SKSP 的抗盐性能优于 SMP。由图 3-22 可以看出，在 180℃以内，SKSP 的抗温能力明显优于 SMP，而在 200℃以后 SKSP 的抗温能力不如 SMP，这与栲胶结构单元的稳定性有关[50]。

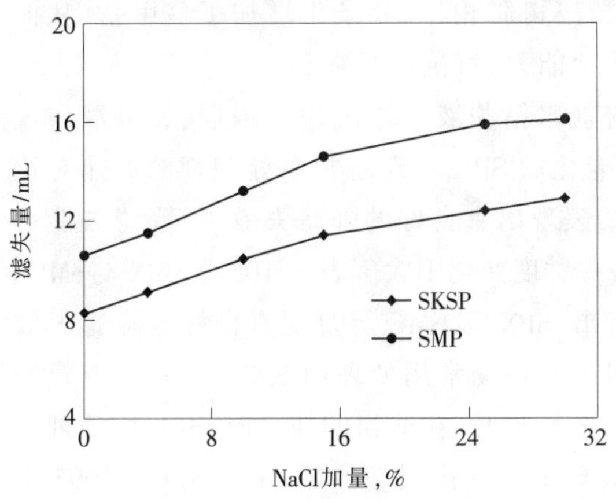

图 3-23 NaCl 加量对滤失量的影响

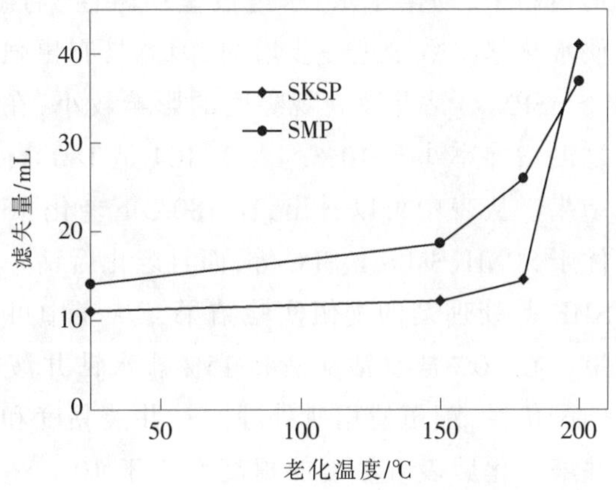

图 3-24 老化温度对滤失量的影响

制备过程 将 150 份的水和 15 份氢氧化钠加入反应釜中，配制成氢氧化钠溶液，然后在搅拌下慢慢加入 50 份栲胶，待溶解后加入 30 份质量分数 36%甲醛、20 份焦亚硫酸钠等，并搅拌使其溶解。将反应体系的温度升至 90℃，在 90~100℃下反应 2h。反应时间达到后，向上述产物中加入200 份质量分数 40%磺化酚醛树脂，搅拌均匀，在 90~100℃下反应 2h。将所得液体产物经喷雾干燥即得到粉状产品。

质量指标 本品主要技术要求见表 3-103。

表 3-103 SKSP 产品技术要求

项 目	要 求	项 目	要 求
外 观	棕褐色自由流动粉末	pH值	8.0~10.0
水不溶物，%	≤13.0	热滚后室温中压滤失量/mL	≤20.0
水分，%	≤7.0	热滚后高温高压滤失量/mL	≤30.0

用途 本品可用作水基钻井液体系的抗高温抗盐的降滤失剂，兼具一定的降黏作用，与磺化酚醛树脂相比，可降低钻井液的处理费用，适用于各种水基钻井液体系，一般加量

为 1%~5%。使用时可以干粉形式加入,也可以配成胶液加入。

安全与防护 本品呈碱性,在使用时应戴防尘口罩、防护眼镜和橡胶手套,防止粉尘吸入和眼睛、皮肤接触。所用原料有毒、腐蚀性,生产中应避免溅至皮肤上,在操作中注意安全防护,车间内应保持良好的通风状态,同时还要注意防火。

包装与储运 本品易吸潮,采用内衬塑料袋、外用防潮牛皮纸袋包装。储存在通风、阴凉、干燥处。运输中防止受潮和雨淋。

5.磺化苯氧乙酸–苯酚–甲醛树脂

化学成分 磺甲基化苯氧乙酸、苯酚和甲醛缩合物。

结构式

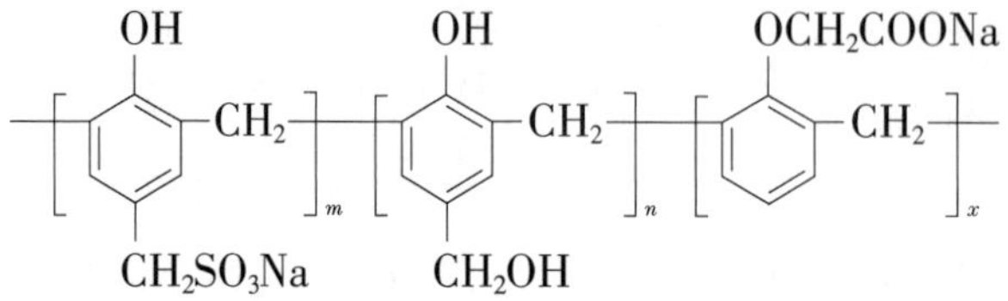

OH　OH　OCH_2COONa

CH_2　CH_2　CH_2

m　n　x

CH_2SO_3Na　CH_2OH

产品性能 磺化苯氧乙酸–苯酚–甲醛树脂,代号 SPX,为阴离子型水溶性聚电解质,黑褐色粉末,易溶于水,水溶液呈弱碱性,与磺化酚醛树脂相比,分子中增加了羧甲基,从而使水化基团数量进一步增加,因此具有更强的抗盐能力,可抗盐至饱和。

SPX 对钻井液表观黏度的影响较小,在 30%盐水钻井液中加入 SPX 以后,钻井液表观黏度增加率小于 10%。表 3–104 是 180℃、16h 老化后 SPX 与现场常用处理剂的性能对比结果。从表中可以看出,在 180℃下老化 16h 后,表现出有良好的降滤失效果,降滤失能力优于 SPNH、SMP–1、SPC 等,而且老化后钻井液表观黏度变化不大。表 3–105 是 SPX 与SMC、SMK 等处理剂的配伍实验结果,从表中可以看出,SPX 与 SMC 等复配有良好的降滤失效果,在 30%盐水钻井液和 15%盐水钻井液中 SPX 与现场常用处理剂 SMK、SMC 等有较好的配伍性,配伍使用所处理的钻井液黏度和滤失量都较低。在适当的加量时,SPX 所处理钻井液老化后表观黏度的提高率小于 10%,有时表现出降黏作用。参照 SY/T 5094—1995 标准中测定磺甲基酚醛树脂高温高压滤失量的方法,在不用 SMC 的情况下,在盐水钻井液中单独加入 6% SPX,在 180℃下老化 16h 后,测定钻井液性能,结果见表 3–106。从表中可以看出,单独加入 6% SPX 时,钻井液高温高压滤失量为 24mL,降滤失能力明显优于 SMP[51]。

表 3–104 SPX 树脂与其他树脂类降滤失剂的对比

配 方	*AV*/(mPa·s)	*PV*/(mPa·s)	*YP*/Pa	*FL*/mL
基浆+5% SMP–1+30% NaCl	31.5	12.5	19.0	21.0
基浆+5% SPC+30% NaCl	30.5	4.5	26.0	32.0
基浆+5% SPNH+30% NaCl	78.0	51.0	21.0	63.5
基浆+5% SPX+30% NaCl	23.5	10.5	13.0	15.0

进一步实验表明,在淡水钻井液及钻井液含盐量小于 25%时,180℃下老化 16h 后 SPX 树脂降滤失效果不明显,但随着老化时间的延长,降滤失效果逐渐提高。在盐含量大于 25%时,在 180℃下老化 16h 后,SPX 表现出明显的降滤失作用,盐含量越大,降滤失作用越强。这说明 SPX 在饱和盐水钻井液中有更好的降滤失效果,这与 SMP 的作用机理相同,只是苯氧乙酸与苯酚相比,羧基降低了苯环上的电子云密度,致使苯氧乙酸的活性比苯酚

低，因此在相同温度下，SMP 的交联缩聚速度比 SPX 树脂大，黏度比 SPX 大。这表现为 SPX 钻井液在低于 160℃下老化 16h 后的降滤失性能，比高于 160℃下老化后差，而且在温度高于 160℃时，温度越高降滤失性能越好。因此，在温度不太高、盐含量小、老化时间较短时，SPX 的降滤失效果甚至赶不上 SMP，但在温度高(180℃)、盐含量大时，或长时间老化后，SPX 的降滤失效果比 SMP 好，而且钻井液黏度比 SMP 低。这说明，在钻井液高温老化后，SPX 树脂进一步交联缩聚，温度越高、盐含量大时，作用时间较短就有良好的降滤失效果，温度较低、盐含量小时，作用时间长才有良好的降滤失效果。

表 3-105 SPX 树脂与其 SMC、SMK 的配伍性

配 方	*AV*/(mPa·s)	*PV*/(mPa·s)	*YP*/Pa	*FL*/mL
基浆+5% SPX+5% SMC+30% NaCl	35.5	10.5	25	14.0
基浆+5% SPX+5% SMC+15% NaCl	13.0	1.0	12	7.8
基浆+5% SPX+5% SMK+30% NaCl	22.0	7.0	15	7.8
基浆+5% SPX+3% SMK+30% NaCl	33.0	12.0	21	8.0
基浆+3% SPX+3% SMK+30% NaCl	31.5	15.5	16	11.5

表 3-106 SPX 树脂与 SMP 的高温高压滤失量

配 方	*AV*/(mPa·s)	*FL*/mL	FL_{HTHP}/mL
基浆+5% SMP+5% SMC+15% NaCl	≤25.0	≤8.0	≤25.0
基浆+5% SPX+30% NaCl	21.0	10.0	28.0
基浆+6% SPX+30% NaCl	24.0	8.0	24.0

注：基浆配方：4%钠膨润土+4%评价土+6% Na_2CO_3(占膨润土量的质量分数)。

制备过程 将 80 份氯乙酸和 43 份碳酸钠加入捏合机中，捏合反应 1~2h，得到氯乙酸钠。将 33 份氢氧化钠和适量的水加入反应釜中，配成氢氧化钠溶液，然后向反应釜中慢慢加入已经融化的苯酚 78 份，反应 0.5h。然后加入氯乙酸钠，在 60~80℃下反应 1~1.5h，降温至 40℃。向上述反应产物中加入 770 份质量分数 36%的甲醛和 322 份的苯酚，待搅拌均匀后，慢慢加入 180 份焦亚硫酸钠，待焦亚硫酸钠溶解完后，过 15min 再慢慢加入 150 份无水亚硫酸钠，待其溶解后，搅拌反应 30min(反应温度控制在 60℃左右)。然后慢慢升温至 97℃，在 97~107℃温度下反应 4~6h。在反应过程中观察体系的黏度变化，并通过补加水来控制反应，反应时间达到后，降温出料，即得到固含量 35%左右的液体产品，产品经喷雾干燥即得到粉状产品。

质量指标 本品主要技术指标见表 3-107。

表 3-107 SPX 产品技术指标

项 目	要 求	项 目	要 求
外 观	棕红色或灰色自由流动粉末	水分，%	≤7.0
干基含量，%	≥90.0	pH值	8.0~10.0
水分，%	≤7.0	钻井液表观黏度/(mPa·s)	≤25.0
水不溶物，%	≤10.0	高温高压滤失量/mL	≤25.0

用途 本品是一种新型的耐温抗盐的钻井液降滤失剂，属于磺化酚醛树脂的改性产品，综合效果比磺化酚醛树脂好，在不加 SMC 的情况下，仍然可以有效地降低钻井液的高温高压滤失量，还能降低钻井液的处理费用，具有很强的抗盐能力，适用于各种水基钻井液体系，一般加量为 1%~5%。

安全与防护 苯酚、甲醛、氯乙酸等均有腐蚀性，应避免溅至皮肤上，在操作中注意安全防护，车间内应保持良好的通风状态，同时还要注意防火。本品呈碱性，在使用时应戴防尘口罩、防护眼镜和橡胶手套，以防粉尘吸入和接触眼睛、皮肤。

包装与储运 本品易吸潮，采用内衬塑料袋、外用防潮牛皮纸袋或塑料编织袋包装，每袋净质量25kg。储存在通风、阴凉、干燥处。运输中防止受潮和雨淋。

6.两性离子磺化酚醛树脂

化学成分 季铵基化的磺甲基酚醛树脂。

结构式

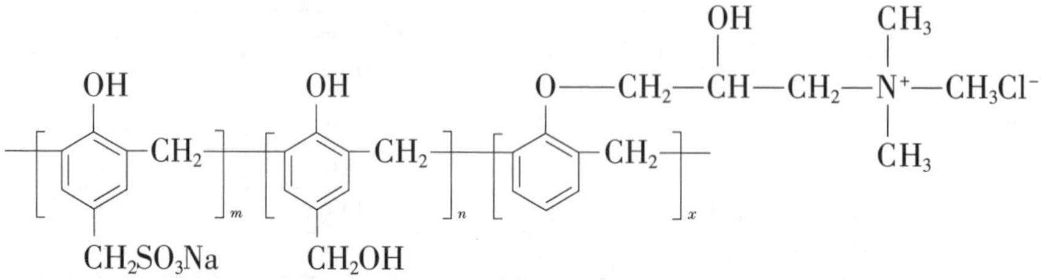

OH　CH$_3$

OH　OH　O—CH_2—CH—CH_2—N^+—CH_3Cl^-

—[—CH_2—]$_m$—[—CH_2—]$_n$—[—CH_2—]$_x$—　CH_3

CH_2SO_3Na　CH_2OH

产品性能 两性离子磺化酚醛树脂(CSMP)由中原油田于1996年首次报道[52]，它是在磺化酚醛树脂的基础上，通过引入阳离子基团而制得的两性离子型磺化酚醛树脂。由于分子中引入了阳离子基团，增加了产品的防塌作用，而且改善了产品的降滤失能力，是适用于高温深井的新型钻井液处理剂。本品为黑褐色粉末，易溶于水，水溶液呈弱碱性。其降滤失性能优于磺化酚醛树脂，并具有较强的抗盐、抗温及抑制页岩水化分散的能力。

相对于磺甲基酚醛树脂，由于两性离子型磺甲基酚醛树脂分子中含有阳离子基团，使其在黏土颗粒表面的吸附能力有明显改善，提高了产物的抑制性。两性离子型磺化酚醛树脂在黏土颗粒表面的饱和吸附量为30.51mg/g，饱和吸附稳定时间为30min左右，其在黏土的吸附量远大于SMP[53]。

两性离子型磺化酚醛树脂的浊点反映其抗盐能力，按照石油与天然气行业标准SY/T 5094—2008《钻井液用磺甲基酚醛树脂》对两性离子型磺化酚醛树脂和现场所用SMP-1，SMP-2进行浊点盐度测试，浊点盐度与SMP相当。

参考石油天然气行业标准SY/T 5094—2008，将两性离子型磺化酚醛树脂与目前国内常用的SMP-1，SMP-2进行高温抗盐性能对比实验。在钻井液中分别加入3%、5%降滤失剂样品，钻井液于200℃老化16h后，测定25℃下的表观黏度和3.5MPa、180℃的高温高压失水量，结果见表3-108。从表中可看出，两性离子型磺化酚醛树脂在盐水钻井液体系中有很好的降滤失效果。在同样的加量下，两性离子型磺化酚醛树脂的降滤失能力明显优于目前使用的SMP-1，SMP-2，加量3%的两性离子型酚醛树脂的降滤失效果甚至优于加量5%的SMP-2。

表3-108 不同产品性能对比①

降滤失剂	加量5%		加量3%	
	AV/(mPa·s)	FL_{HTHP}/mL	*AV*/(mPa·s)	FL_{HTHP}/mL
SMP-1	8.5	62	8.5	86
SMP-2	8.7	36	8.7	52
两性离子树脂	8.5	22	8.5	28

注：①实验配方：4%钠膨润土+4%评价土+5% SMC+5% SMK+待测样品+30% NaCl+7.5% Na_2CO_3。

制备过程 将350份甲醛、45份水加入反应釜中，然后加入融化的200份苯酚，搅拌均匀后，慢慢加入60份焦亚硫酸钠，待焦亚硫酸钠溶解完后，过15min再慢慢加入100份无水亚硫酸钠，待亚硫酸钠加完后，搅拌反应30min(反应温度控制在60℃左右)。然后慢慢升温至97℃，在97~107℃温度下反应4~6h。在反应过程中观察体系的黏度变化，并通过补加水来控制反应，反应时间达到后，加入120份阳离子中间体(环氧丙基三甲基氯化铵)，反应0.5h后，降温出料，即得到固含量35%左右的液体产品，产品经喷雾干燥即得到粉状产品。

质量指标 本品可参考Q/SH1025 0779—2011钻井液用两性离子磺甲基酚醛树脂通用技术条件，主要技术要求见表3-109。

表3-109 两性离子磺甲基酚醛树脂技术要求

项 目	指 标	项 目	指 标
外 观	自由流动的粉末	阳离子度/(mmol/g)	≥0.1
干基含量，%	≥90.0	浊点盐度/(mg/L)	≥150
水不溶物，%	≤5.0	高温高压滤失量/mL	≤35.0
pH值	7~10	表观黏度/(mPa·s)	≤50.0

用途 本品主要用于降低钻井液的高温高压滤失量，兼有一定的抑制黏土分散和控制地层造浆等作用，适用于各种水基钻井液体系，其一般加量为2%~5%。使用时可以直接以干粉形式加入钻井液，也可以与其他处理剂配成复合胶液对钻井液进行维护处理。

安全与防护 苯酚、甲醛、阳离子单体均有腐蚀性，应避免溅至皮肤上，在操作中注意安全防护，车间内应保持良好的通风状态，同时还要注意防火。本品呈碱性，在使用时应戴防尘口罩、防护眼镜和橡胶手套，防止粉尘吸入及与眼睛、皮肤接触。

包装与储运 本品易吸潮，采用内衬塑料袋、外用防潮牛皮纸袋包装，每袋净质量25kg。储存在阴凉、通风、干燥处。运输中防止受潮和雨淋。

参考文献

[1] 王中华.油田化学品[M].北京：中国石化出版社，2001.

[2] 王中华，何焕杰，杨小华.油田化学品实用手册[M].北京：中国石化出版社，2004.

[3] 张克勤，陈乐亮.钻井技术手册(二)：钻井液[M].北京：石油工业出版社，1988.

[4] 夏剑英.钻井液有机处理剂[M].东营：石油大学出版社，1991.

[5] 王中华.钻井液化学品设计与新产品开发[M].西安：西北大学出版社，2006.

[6] 郑晓宇，吴肇亮.油田化学品[M].北京：化学工业出版社，2001.

[7] 鄢捷年，黄林基.钻井液优化设计与实用技术[M].东营：石油大学出版社，1993.

[8] 李卓美，张维邦，卢沛理.羧甲基纤维素Ⅱ.表征及溶液性质[J].油田化学，1988，5(1)：42-50.

[9] 王飞俊，邵自强，王文俊，等.反应介质对聚阴离子纤维素结构与性能的影响[J].材料工程，2010，41(1)：77-81.

[10] 李贵云.以异丙醇为溶剂合成的钻井液用高黏羧甲基纤维素的性能与应用[J].油田化学，2005，22(2)：104-106.

[11] 施恩钢.一种新的聚合物钻井液及其应用[J].油田化学，1989，6(4)：280-284.

[12] 朱刚卉.高性能聚阴离子纤维素处理剂的研制[J].石油钻探技术，2005，33(3)：36-38

[13] 孙华林.羟乙基纤维素的开发前景[J].精细石油化工，2002(2)：61-62.

[14] 赵明，邵自强，敖玲玲.羟乙基纤维素的性能、应用与市场现状[J].纤维素科学与技术，2013，21(2)：70-78.

[15] 崔小明.羟乙基纤维素开发利用前景[J].四川化工与腐蚀控制，2001，4(5)：24-26.

[16] 何勤功，古大治.油田开发用高分子材料[M].北京：石油工业出版社，1990.

[17] 王中华.钻井液用改性淀粉研究概况[J].石油与天然气化工,1993,22(1):108-110.
[18] 刘仕卿.羧甲基淀粉钾盐及其应用[J].钻井液与完井液,1988,5(3):27-28,69.
[19] 王中华.钻井液用 CMS 生产工艺的改进[J].石油钻探技术,1993,21(3):28-30.
[20] 杨艳丽,李仲谨,王征帆,等.水基钻井液用改性玉米淀粉降滤失剂的合成[J].油田化学,2006,23(3):198-200.
[21] 谭义秋.羧甲基淀粉的合成及应用研究[J].江苏农业科学,2009(4):291-293.
[22] 刘祥,李谦定,于洪江.羟丙基淀粉的合成及其在钻井液中的应用[J].钻井液与完井液,2000,17(6):5-7.
[23] 张燕萍.变性淀粉制造与应用[M].北京:化学工业出版社,2007.
[24] 王中华,代春停,曲书堂.2-羟基-3-磺酸基丙基淀粉醚的合成与性能[J].油田化学,1991,8(1):22-25.
[25] 王中华.AM/AA/淀粉接枝共聚物降滤失剂的合成及性能[J].精细石油化工进展,2003,4(2):23-25.
[26] 王中华.CGS-2 具阳离子型接枝性淀粉泥浆降滤失剂的合成[J].石油与天然气化工,1995,24(3):193-196.
[27] 李超兴.抗盐降滤失剂 SDX 的研究与应用[J].油田化学,1993,10(1):6-9.
[28] HUDDLESTON D A,WILLIAMSON C D.Vinyl Grafted Lignite Fluid Loss Additives:US,4938803[P].1990-07-03.
[29] HUDDLESTON D A,WILLIAMSON C D.Vinyl Grafted Lignite Fluid Loss Additives:US,5028271[P].1991-07-02.
[30] MEISTER J J.Process for Making Graft Copolymers from Lignite and Vinyl Monomers:US,5656708[P].1997-08-12.
[31] 王中华.AM-AMPS-腐殖酸接枝共聚物的合成[J].化工时刊,1998,12(10):24-25.
[32] 中国石油化工股份有限公司,中国石化集团中原石油勘探局钻井工程技术研究院.一种钻井液用降滤失剂及其制备方法:中国,102766240 A[P].2012-11-07.
[33] 王中华.聚丙烯酸钙生产新工艺[J].河南化工,1990(9):21-24.
[34] 王中华.钻井液降滤失剂 A-903 的合成及应用[J].钻井液与完井液,1993,10(3):43-46.
[35] 牛亚斌.复合离子型聚丙烯酸盐 PAC 系列在钻井泥浆中的应用[J].钻井泥浆,1986,3(1):35-42.
[36] 牛亚斌,张达明,杨振杰,等.降滤失剂 JT888 与抑制性聚合物盐水重泥浆的研究及应用[J].油田化学,1994,11(4):273-277,282.
[37] PATEL B B,DIXON G G.Drilling Mud Additive Comprising Ferrous Sulfate and Poly (N-vinyl -2-pyrrolidone/sodium 2-acrylamido-2-methylpropane sulfonate):US,5204320[P].1993-04-20.
[38] UDARBE R G,HANCOCK-GROSSI K,GEORGE C R.Method of and Additive for Controlling Fluid Loss from a Drilling Fluid:US,6107256[P].2000-08-22.
[39] 杨小华,王中华.AMPS 聚合物及钻井液体系的研究与应用[J].石油与天然气化工,2001,30(3):138-140.
[40] 王中华.钻井液降滤失剂 PAMS601 的合成与性能[J].石油与天然气化工,1999,28(2):126-127.
[41] PERRICONE A C,LUCAS J M.Continuous Process for Solution Polymerization of Acrylamide:US,4283517[P].1981-08-11.
[42] PERRICONE A C,ENRIGBT D P,LUCAS J M.Vinyl Sulfonate Copolymers for High-temperature Filtration Control of Waterbasemuds[J].SPE Drilling Engineering,1986,1(5):358-364.
[43] 王中华.AMPS/AM/AN 三元共聚物降滤失剂的合成与性能[J].油田化学,1995,12(4):367-369.
[44] 王中华.AMPS/AM/VAC 共聚物钻井液降滤失剂合成[J].钻采工艺,1999,22(4):55-56.
[45] 杨小华,王厚燕.两性离子磺酸盐聚合物处理剂 CPS-2000 研究[J].钻井液与完井液,2002,19(6):9-12.
[46] 中国石油化工股份有限公司,中国石化集团中原石油勘探局钻井工程技术研究院.一种聚合物降滤失剂及其制备方法:中国,102766240 A[P].2012-11-07.
[47] 李健鹰,朱墨,王好平,等.SP 与 SLSP 系列泥浆处理剂的研制及应用[J].石油钻采工艺,1984(1):35-44,20.
[48] 王永,刘凡,牛中念,等.新型高温滤失剂 SMPU 的合成及其使用性能[J].河南科学,1996,14(2):160-164.
[49] 鲍允纪,何跃超,孙立芹,等.酚脲醛树脂改性褐煤降滤失剂的合成与评价[J].精细石油化工,2011,28(5):5-9.
[50] 黄宁.磺化栲胶-酚醛树脂降滤失剂的合成[J].石油钻采工艺,1996,18(2):39-42.
[51] 张高波,史沛谦,何国军,等.高温抗盐降滤失剂 SPX 树脂[J].钻井液与完井液,2001,18(2):1-5.
[52] 杨小华.胺改性磺化酚醛树脂降滤失剂 SCP[J].油田化学,1996,13(3):259-260.
[53] 王平全,谢青清,黄芸,等.钻井液用阳离子型磺化酚醛树脂降滤失剂的研制[J].广东化工,2014,41(8):21-22.

第四章 降黏剂

钻井液在使用过程中,常常由于温度升高、盐侵或钙侵、黏土或钻屑分散引起的固相含量增加或处理剂失效等原因,使钻井液形成的网状结构增强,钻井液黏度、切力增加,流变性变差或稠化。若黏度、切力过大或钻井液稠化,则会造成开泵困难、钻屑难以除去或钻井过程中激动压力过大等现象,严重时会导致各种井下复杂情况。因此,在钻井液使用和维护处理过程中,如何保证钻井液体系黏度和切力,使其具有适宜的流变性,是保证安全顺利钻井的关键。

钻井液降黏剂是指能够降低钻井液黏度和切力、改善钻井液流变性能的化学剂。降黏剂又称为解絮凝剂和稀释剂。降黏剂作为一类重要的油田化学品在石油钻井中具有广泛的用途,可起到降黏、调节钻井液流型等作用,它对维护钻井液性能稳定、调整钻井液流变性能和保护油气层起着非常重要的作用,是钻井过程中不可缺少的钻井液处理剂。虽然固控设备能有效清除钻井液中的各种固相, 起调节钻井液流变性、减少降黏剂使用量的作用,但当单靠现场固控设备无法达到理想的钻井液性能控制要求时,降黏剂的作用也就显得更加重要,它对于安全、高效钻井及提高钻井速度等有着重要的作用。

近年来国内外在钻井液降黏剂方面开展了许多研究工作,其中一些研究已在现场应用中见到了明显的效果。20 世纪 90 年代初期,钻井液降黏剂的研究主要是针对木质素、栲胶类降黏剂的改性,以排除有毒的铬离子,采用其他高价离子络合及用不饱和烯烃改性的无铬降黏剂为主。磷酸盐类降黏剂虽然有较好的降黏性能, 但其形成钠盐后降黏效果会降低。90 年代中后期主要是以低相对分子质量聚合物类降黏剂为主,特别是马来酸(顺丁烯二酸)酐的共聚物,在现场已有较多的应用。此外引入不同阳离子单体的两性离子降黏剂在抗盐抗污染性能和抑制黏土分散能力方面已经达到或超过世界先进水平, 从而为钻井液工艺技术水平的提高奠定了基础。

钻井液降黏剂的种类很多。根据其作用机理,可分为两种类型,即分散型降黏剂和聚合物不分散型降黏剂。

在分散型降黏剂中主要为单宁类和木质素磺酸盐类等天然或天然改性高分子材料,如单宁酸钠、磺化栲胶、磺甲基单宁酸钠,铁铬木质素磺酸盐、钛铁木质素磺酸盐、其他改性木质素磺酸盐,腐殖酸改性产物。

聚合物不分散型降黏剂主要包括共聚型聚合物降黏剂和低分子化合物降黏剂等,如水解聚丙烯腈钠盐降解产物,低相对分子质量聚丙烯酸钠,阴离子型丙烯酰胺、丙烯酸等单体多元共聚物,丙烯酰胺、AMPS 等单体多元共聚物,磺化苯乙烯-马来酐聚合物,乙酸乙烯酯-马来酸聚合物,两性离子型丙烯酸、烯丙基三甲基氯化铵等单体多元共聚物等。此外,一部分有机磷酸盐也属于不分散型降黏剂。

本章从天然或天然改性高分子材料、合成聚合物和有机磷酸盐等方面,对钻井液降黏剂进行介绍[1~5]。

第一节 天然材料改性产物

用作钻井液降黏剂的天然或天然改性高分子材料，主要是木质素磺酸盐和栲胶或单宁的改性产品。尤其是以 FCLS 为代表的木质素磺酸盐改性产物，是应用最早和用量最大的钻井液降黏剂之一，直到目前为止，仍然是最有效的抗温和抗盐的降黏剂。

1.铁铬木质素磺酸盐

化学成分 木质素磺酸盐的铁铬络合物。

结构式

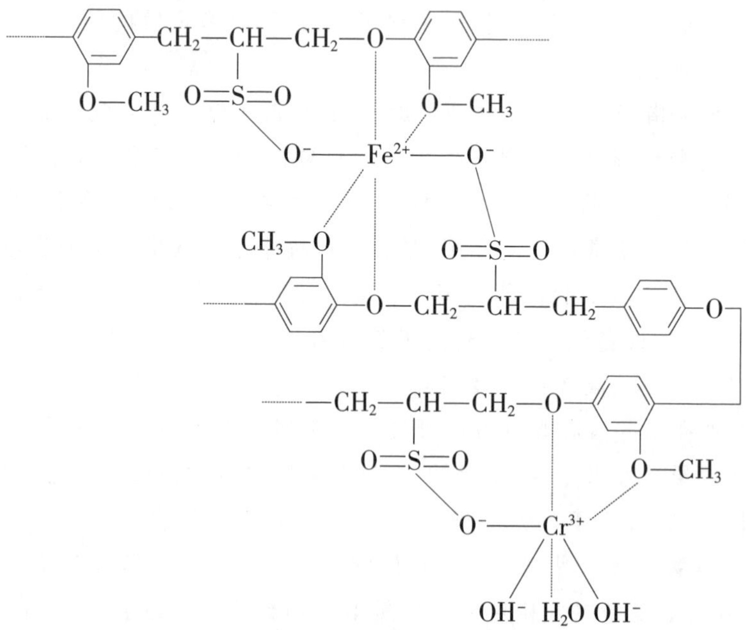

产品性能 木质素磺酸盐是木材酸法造纸残留下来的一种废液。通常造纸厂供应的纸浆废液是一种已浓缩的黏稠的棕黑色液体，其中固体含量约为 35%~50%，密度为 1.26~1.30g/cm^3，其主要成分为木质素磺酸钙。

铁铬木质素磺酸盐俗称铁铬盐，代号为 FCLS，是由含有大量木质素磺酸盐的纸浆废液制成，属于阴离子型，易吸潮，可溶于水，水溶液呈弱酸性。FCLS 的分子大小不一，但主要部分为高分子化合物，其相对分子质量在 2×10^4~10×10^4。因为分子中磺酸基的硫原子直接与碳原子相连，Fe^{2+}和 Cr^{3+}与木质素磺酸之间有螯合作用，铁和铬基本上不电离，所以铁铬盐的热稳定性很高，可以抗 170~180℃的高温。能用于淡水、海水和饱和盐水钻井液中，并可用于各种钙处理钻井液中。由于铁铬盐具有弱酸性，加入钻井液时会引起钻井液的 pH 值降低，因此需配合烧碱使用。一般情况下，应将铁铬盐钻井液体系的 pH 值控制在 9~11 的范围内。FCLS 的降黏作用主要是其具有能优先吸附于黏土颗粒边缘的多官能团结构，当吸附于黏土断键边缘后能增大该处的水化，从而削弱或拆散钻井液中黏土颗粒间的网状结构，这样既放出被网状结构所包住的自由水，又减弱了黏土颗粒间的流动摩擦阻力，从而降低钻井液的黏度和切力。

制备过程　将亚硫酸纸浆废液用硫酸处理后滤除硫酸钙，然后在母液中加入事先配制好的 $FeSO_4$ 和重铬酸钾溶液，在85~90℃下反应2~3h，将所得产物喷雾干燥即得产品。

也可以在纸浆废液经过发酵提取酒精后，将其浓缩至密度 1.25~1.27g/cm³，在 60~80℃温度下加入预先配制好的硫酸亚铁和重铬酸钠溶液，在充分搅拌下经氧化、络合反应约 2h后，过滤除去 $CaSO_4$，再经喷雾干燥而得到产品。

质量指标　本品技术要求可以参考 SY/T 5702—1995 钻井液用铁铬木质素磺酸盐标准，理化性能见表 4-1，钻井液性能见表 4-2。

表 4-1 FCLS 理化性能

项　目	指　标	项　目	指　标
外　观	棕褐色粉末	全铁，%	2.5~3.8
水分，%	≤8.5	全铬，%	3.0~3.8
水不溶物，%	≤2.5	铬络合度，%	≥75.0
硫酸钙，%	≤3.0	细度(0.66mm 筛余)，%	≤3.0

表 4-2 FCLS 钻井液性能

项　目		淡水钻井液	盐水钻井液
常温实验	表观黏度/(mPa·s)	≤20	≤25
	降黏率，%	≥85	≥70
热稳定性实验	表观黏度/(mPa·s)	≤30	≤40
	降黏率，%	≥65	≥55

用途　本品用作钻井处理剂，具有较好的降黏、抗盐和抗温能力，兼具一定的降滤失作用。本品可以直接加入钻井液中，但加入速度不能太快，也可以与烧碱一起配制成质量分数 5%左右的胶液，然后再加入钻井液中，推荐加量 0.3%~1.2%，加量较大时其降滤失的作用较显著。铁铬盐钻井液泥饼磨擦系数较高，在钙、镁含量较高时易产生泡沫，可用少量硬脂酸铝、甘油聚醚等消泡剂消泡，也可用原油消泡。铁铬盐稀释效果好，抗盐、抗高温能力强，但使用时需要保持体系 pH 值大于 10，故不利于井壁稳定。另外，铁铬盐含重金属铬，在制造和使用过程中如果控制不当易污染环境，对人身体有害，因此其应用逐步受到限制。从减少铬的污染出发，曾开发了一系列无铬降黏剂，尽管室内评价性能均可以达到或超过 FCLS，但在现场应用中很难赶上 FCLS，可见该方面研究仍然需要不断深入。

安全与防护　本品含铬，使用时为了防止粉尘吸入或接触眼睛、皮肤，应戴防尘口罩、化学安全防护眼镜、橡胶手套。皮肤或眼睛接触可以采用大量清水清洗。

包装与储运　本品采用内衬塑料袋、外用防潮牛皮纸袋包装。贮存于阴凉、通风、干燥处。运输中防止受潮和雨淋。若因受潮结块，可干燥、粉碎后再用，不影响使用效果。

2.无铬木质素磺酸盐降黏剂

化学成分　钛铁木质素磺酸盐络合物。

产品性能　本品是木质素磺酸的钛铁络合物，代号 TFLS，属于无铬的钻井液降黏剂，无毒、无污染，是铁铬木质素磺酸盐的替代品种之一。属于阴离子型，易吸潮，可溶于水，水溶液呈弱碱性。其作用机理与 FCLS 相同。

评价结果表明[6]，在 10%的膨润土基浆中，TFLS 和 FCLS 的降黏效果相当，抗盐性比 FCLS 略好，抗温能力略优于 FCLS。表 4-3 和表 4-4 是 TFLS 降黏剂在淡水基浆和井浆中的评价结果。从表中可以看出，其性能达到或优于 FCLS。现场应用效果良好，穿盐层时钻井液流变性能稳定，固相含量稳定，携砂效果好，起下钻顺利，井下情况正常[7]。尽管 TFLS 在室内评价及应用中见到了较好的效果，但长期应用表明，在抗盐污染以及高固相、高温下的降黏能力仍然与 FCLS 存在差距。

表 4-3 TFLS 和 FCLS 在淡水基浆中降黏性能比较

配 方	*AV*/(mPa·s)	*YP*/Pa	pH值	配 方	*AV*/(mPa·s)	*YP*/Pa	pH值
基浆+0.3% TFLS	22.0	6.0	9.5	基浆+0.3% FCLS	15.0	2.0	10
基浆+0.7% TFLS	15.5	1.5	9	基浆+0.7% FCLS	13.0	1.0	10
基浆+1.0% TFLS	9.0	1.0	10	基浆+1.0% FCLS	11.5	0.5	10.5
基浆+1.0% TFLS+4% NaCl(1)	13.0	5.0	9	基浆+1.0% FCLS+4% NaCl(2)	16.0	9.0	9
(1)150℃/16h 老化	11.5	5.5	9	(2)150℃/16h 老化	16.0	10.0	9

注：基浆配制：在 1000mL 水中加入 100g 钠膨润土和 3g Na_2CO_3 搅匀，养护 24h，配成淡水基浆；基浆性能：*AV* 为 48mPa·s、*YP* 为 38Pa、pH 值为 10。

表 4-4 TFLS 和 FCLS 在井浆中降黏性能对比

配 方	*AV*/(mPa·s)	*YP*/Pa	pH值	配 方	*AV*/(mPa·s)	*YP*/Pa	pH值
井浆+0.6% TFLS	23	3	10	井浆+0.6% FCLS	24	4	10
上述浆+5% NaCl+1% $CaCl_2$	20	4	9.5	上述浆+5% NaCl+1% $CaCl_2$	35	12	10

注：井浆为文 33-413 井井深 2270m 井浆，井浆性能：*AV* 为 32.5mPa·s、*YP* 为 9.5Pa、pH 值为 8。

制备过程 将钛铁矿粉与浓硫酸以 1:1.5(质量比)的比例投料，并在 70~80℃不断通空气的条件下反应 1.5h，然后冷却至室温，并加入相当于钛铁矿粉 3 倍质量的水，浸取 4h，最后静置 8~10h，令其自然沉降分层，分出上层透明的墨绿色清液，即为钛铁浸出液。将配方量的水加入反应釜中，搅拌下加入 100 份木质素磺酸盐，待其充分溶解后加入 100 份钛铁浸出液，搅拌均匀后慢慢加入 12.5 份氧化剂，待氧化剂加完后升温至 80℃，在 80℃下氧化、络合反应 3h。降至室温，用适当浓度的氢氧化钠水溶液中和至 pH 值为 4~6，得固含量 40%左右的反应产物。液体产物经干燥、粉碎，即得粉状的 TFLS 降黏剂产品。

质量指标 本品主要技术指标见表 4-5。

表 4-5 TFLS 产品技术指标

项 目	指 标	项 目	指 标
外 观	黑色粉末	全钛，%	2.4~3.6
细度(0.59mm 筛余)，%	≤10.0	全铁，%	2.6~4.0
水分，%	≤10.0	pH值(25℃，1%水溶液)	7~9
水不溶物，%	≤2.0	降黏率，%	≥75.0

用途 本品用作钻井液降黏剂，具有良好的降黏效果，抗盐达饱和，抗温大于 150℃，适用于多种水基钻井液体系。本品易溶于水，可直接加入钻井液中，为防止钻井液 pH 值降低，同时配合加入稀氢氧化钠水溶液。适用于高 pH 值的钻井液体系，不适用于不分散低固相抑制型钻井液体系。

安全与防护 低毒，使用时为了防止吸入或接触眼睛，应戴防尘口罩、防护眼镜、橡胶手套。

包装与储运 本品易吸潮，采用内衬塑料袋、外用防潮牛皮纸袋或塑料纺织袋包装。贮存在阴凉、通风、干燥处。运输中防止受潮和雨淋。

3.单宁酸钠

化学成分 单宁酸钠及糖类混合物。

结构式

R

HO—　　—COONa

HO—

ONa

产品性能 单宁酸钠(NaT)为棕褐色粉末或细粒状，易吸潮结块，易溶于水，水溶液呈碱性。其中除主要成分单宁外，还有非单宁和不溶物。由于原料不同，其组成也不同，性能略有差别，如橡椀栲胶、落叶松树皮栲胶、红根栲胶等。

单宁酸钠苯环上相邻的双酚羟基可通过配位键吸附在黏土颗粒断键边缘的 Al^{3+}处，拆散结构；而剩余的—ONa 和—COONa 均为水化基团，它们又能给黏土颗粒带来较多的负电荷和水化层，使黏土颗粒端面处的双电层斥力和水化膜厚度增加，从而拆散和削弱了黏土颗粒间通过端-面和端-端连接而形成的网架结构，使黏度和切力下降。因此，单宁类降黏剂主要是通过拆散黏土颗粒网架结构而起降黏作用的。也就是说，降低的主要是动切力，而对塑性黏度的影响较小。若要降低塑性黏度，应主要通过加强钻井液固相控制来实现。单宁酸钠的上述稀释机理具有典型的代表性，其他分散型降黏剂的作用机理均与之相似。

单宁酸钠遇高浓度的 NaCl、Na_2SO_4、$CaCl_2$、$MgCl_2$ 等会盐析或生成沉淀(钻井液受饱和盐水及高钙侵污时，单宁酸会失效)。其主要作用是减稠，即降低稠化钻井液的黏度和切力，提高钻井液的流动性，同时也有一定的降滤失作用，可以形成致密的滤饼。

制备方法 将栲胶与烧碱按 3:1 或 2:1 的比例，先将烧碱和适量的水加入反应釜，然后慢慢加入栲胶，搅拌反应 0.5~1h，得到单宁酸钠溶液，在离心喷雾干燥条件下，制成粉状单宁酸钠。现场也可以直接采用栲胶与烧碱或氢氧化钾配成栲胶碱液直接使用。

质量指标 本品主要技术指标见表 4-6。

表 4-6 单宁酸钠技术指标

项 目	指 标	项 目	指 标
外 观	棕色颗粒或粉末	水不溶物，%	≤5.0
单宁含量，%	≥50.0	pH值	8~9
水分，%	≤10	降黏率，%	≥70.0

用途 本品主要用作钻井液降黏剂，具有一定的降滤失作用，抗温可达 180~200℃。在钻井液中一般加 0.5%~1.0%就能获得较好的稀释效果。其适用的 pH 值范围在 9~11 之间。抗 Ca^{2+}可达 1000g/L，而抗盐性较差，当含盐量超过 1%时稀释效果就明显下降，适用于石灰和石膏钻井液。也可作为固井水泥分散、缓凝剂。

安全与防护 本品无毒，使用时防止粉尘吸入，防止皮肤和眼睛长时间接触。

包装与储运 本品采用内衬塑料袋、外用防潮牛皮纸袋包装。贮存于阴凉、通风、干燥处。运输中防止受潮和雨淋。若因受潮结块,干燥、粉碎后再用,不影响使用效果。

4.单宁酸钾

化学成分 单宁酸钾及糖类混合物。

结构式

(苯环结构:R;HO—;HO—;—COOK;OK)

产品性能 单宁酸钾(KT)是一种抑制型降黏剂,为黑色粉末状,可溶于水,水溶液呈弱碱性。对盐敏感,在盐水钻井液中效果降低。其作用机理同单宁酸钠。与单宁酸钠相比,具有一定的抑制性。如将20g粒径0.6~2.0mm的易水化膨胀的岩屑(岩心取自大庆油田嫩江组地层)装入盛有试验介质的老化罐中,在80℃下滚动16h,取出烘干后用孔径0.59mm的标准筛回收岩屑,称量并计算回收率。结果表明,岩屑在含KTN的介质(清水+0.5% KTN+0.2% KOH+0.05% KPA)中的回收率为14.6%,在含SMK的介质(清水+0.5% SMK+0.2% KOH+0.05% KPA)中的回收率为7.4%。用页岩膨胀仪测得岩心在含KTN的介质中膨胀率为4.83%,在含SMK的介质中膨胀率为9.04%,前者仅约为后者的一半。说明KTN对泥页岩的水化膨胀具有一定的抑制作用[8]。

制备过程 将单宁酸或栲胶用氢氧化钾中和反应后烘干、粉碎后制成。

质量指标 本品主要技术指标见表4–7。

表4–7 单宁酸钾产品技术指标

项 目	指 标	项 目	指 标
外 观	黑褐色粉末	干燥失重,%	≤10.0
干基水不溶物,%	≤4.0	降黏率,%	≥70.0
干基钾含量,%	≥15.0	pH值(1%水溶液)	7.5~8.5

用途 本品用作钻井液处理剂,能有效抑制页岩水化、膨胀分散,同时还具有降黏和一定的降低滤失作用,适用于淡水钻井液,使用时可以直接加入钻井液,为了保证加入均匀加入速度不能太快,一般加量为1%~2%。

安全与防护 本品无毒。使用时防止粉尘吸入及与皮肤、眼睛长时间接触。

包装与储运 本品采用内衬聚乙烯薄膜袋、外用聚丙烯塑料编织袋包装。贮存于阴凉、干燥、通风的库房。运输中防止受潮和雨淋。

5.磺甲基单宁

化学成分 磺甲基五倍子单宁酸钠的铬络合物。

结构式

(苯环结构:OH;HO—;HO—;—COONa;—CH_2SO_3Na;R;方括号外 Cr^{3+},下标 x)

产品性能 磺甲基单宁(SMT)别名磺化单宁，是一种以五倍子单宁酸为原料的天然材料改性产品，属于阴离子型，易吸潮，可溶于水，水溶液呈弱碱性。与单宁酸钠相比，由于分子链上引入了磺酸基团，且不含糖类，水溶性和抗温抗盐能力进一步提高。其适用的pH值范围为9~11，可以抗钙至Ca^{2+}含量1000mg/L，在盐水钻井液和饱和盐水钻井液中保持良好的降黏能力，抗温180~200℃。其作用机理与单宁酸钠相同，但综合效果远优于基于栲胶的单宁酸改性产品。

制备过程 将原料五倍子经过去杂，并挑出霉变的部分，筛去虫屎及尘土等杂质，然后破碎至2.14mm左右的颗粒。将破碎后的五倍子加入提取罐中，然后加入2倍于五倍子量的清水，浸泡5h；等时间达到后，加入质量分数20%的烧碱水溶液(用量与五倍子相同)，常温下浸泡6~20h，过滤，滤渣用质量分数5%的烧碱水溶液洗一次，再用适量自来水洗涤数次，合并滤液即为单宁酸钠水溶液(单宁浸提液)，然后浓缩至17~23波美度(1.133~1.189g/cm³)。将300份单宁浸提液通过计量泵打入反应釜，在不断搅拌下加入15份的甲醛，于90~100℃下，反应0.5h。反应时间达到后向上述反应混合物中加入10~30份亚硫酸氢钠和30份甲醛，于90~100℃下反应3~4h；反应时间达到后降温至60℃，然后加入已经溶于适量的水中的1~5份重铬酸钾，反应0.5~1h；将所得反应物进行喷雾干燥，包装，即得成品。

需要强调的是，在产品制备过程中，产品性能对反应温度、反应时间、搅拌速度和反应混合物的pH值等具有强依赖性。对于磺甲基化反应，160℃以下是安全的。若温度太高，反应混合物易冲出，不易控制；温度过低，反应速度慢。制备中将温度选择在反应混合物的沸点附近，既能使反应平衡进行，又保证反应时间不致过长。实验表明，反应温度为80~120℃，反应时间为0.5~2h即可以满足要求。

反应混合物的pH值，对反应的影响比其他方面更重要，pH值过低，亚硫酸盐易分解：

$$SO_3^{2-}+2H^+ \longrightarrow H_2O+SO_2\uparrow \tag{4-1}$$

pH值过高，甲醛易氧化：

$$HCHO \xrightarrow[\Delta]{[O]} HCOOH \tag{4-2}$$

副反应的产生使主反应程度降低，严重影响产品的质量，为此选用pH值在8~12范围内。搅拌速度虽不是影响反应的主要因素，但加快搅拌速度，可使反应物充分混合，从而加速反应的进行。

质量指标 本品主要技术指标见表4-8。Q/SH1025 0830—2011钻井液用单宁类降黏剂技术条件规定单宁类降黏剂技术要求，其外观为棕褐色粉末或细状颗粒，水分≤7.0%，干基水不溶物≤2.5%，钻井液性能见表4-9。

表4-8 SMT技术指标

项目	指标	项目	指标
外观	黑褐色粉末	有效成分，%	≥80
细度(0.42mm筛余)，%	≤2.0	pH值(25℃，1%水溶液)	7~9
水分，%	≤10.0	全铬，%	1.9~2.8
水不溶物，%	≤2.5	降黏率，%	≥80.0

表 4-9 钻井液用单宁类降黏剂钻井液性能

项 目		指 标	
		24℃±3℃测定	经 180℃、16h 养护 24℃±3℃测定
基 浆	100r/min 的黏度/(mPa·s)	45~65	90~120
	表观黏度/(mPa·s)	14~20	25~34
	动切力/Pa	7~12	16~22
基浆+SMT	100r/min 的黏度/(mPa·s)	≤10.0	≤10.5
	表观黏度/(mPa·s)	≤6.0	≤6.5
	动切力/Pa	≤2.0	≤2.0

用途 本品用作钻井液降黏剂,具有较好的耐温能力(抗温可达 180~200℃),具有一定的抗盐能力,是一种抗高温抗盐的钻井液降黏剂,适用于各种水基钻井液,可用于高温深井的钻探中。本品可以直接加入钻井液中,但加入速度不能太快,也可以配制成 2%~5%的水溶液,然后再按比例加入到钻井液中,在 pH 值大于 9 时稀释效果较好,比较适用于淡水钻井液和一般钻井液。一般用量在 1%~3%。SMT 也可以用作油井水泥缓凝剂以及配制固井隔离液。

安全与防护 本品含有铬,因此在使用时应穿防护服,戴防尘口罩、防护眼镜和橡胶手套,以防止粉尘吸入及与皮肤和眼睛接触。

包装与储运 本品易吸潮,采用内衬塑料袋、外用防潮牛皮纸袋包装。储存在阴凉、通风、干燥处。运输中防止受潮、雨淋。如遇到产品因受潮结块,则可以烘干、粉碎后使用。

6.磺甲基栲胶

化学成分 磺化单宁等。

产品性能 磺甲基栲胶(代号 SMK)俗名磺化栲胶,为棕褐色的粉末或细粒状,属于阴离子型,易吸潮,可溶于水,水溶液呈弱碱性。作为钻井液的稀释剂,与栲胶相比,磺化栲胶的性能更稳定,水溶性更好,并且使用温度范围广,由于分子中含有对盐不敏感的磺甲基,所以不仅改善了产品的水溶性,还进一步提高了产品的耐温抗盐能力。此外,通过优选栲胶来源开发的 SMT-88 降黏剂,其性能可以赶上 SMT,在一些情况下可以作为 SMT 的替代品使用,而价格远低于磺甲基五倍子单宁酸钠。

制备过程 将 10 份氢氧化钠、150~300 份水加入反应釜中配成氢氧化钠溶液,然后慢慢加入 50 份栲胶,待其溶解后,加入 15 份的亚硫酸氢钠和 15 份质量分数 37%的甲醛水溶液,于 90℃下反应 4h。将反应产物烘干、粉碎得产品。

质量指标 本品可以参考 SY/T 5091—1993 钻井液用磺化栲胶标准,其理化性能为外观系棕褐色粉末或细状颗粒,水分≤10.0%,干基水不溶物≤5.0%,钻井液性能见表 4-10。

用途 本品用作钻井液降黏剂在各种类型的水基钻井液体系中都有显著的稀释 (降黏)能力。它能有效地降低钻井液的黏度和切力。作为一种抗高温(180℃)的稀释剂,能改善钻井液的高温稳定性,控制高温下钻井液的流变性能。与其他常用钻井液处理剂有很好的配伍性。用作淡水钻井液降黏剂时,其加量一般为 1.0%~1.5%,用作抗高温钻井液降黏剂时,其加量一般为 2%~3%。本品还可以用作油井水泥缓凝剂以及配制隔离液。

安全与防护 无毒。使用时为了防止粉尘吸入或与眼睛、皮肤接触,应戴防尘口罩、防护眼镜和橡胶手套。

包装与储运 本品易吸潮,采用内衬塑料袋、外用防潮牛皮纸袋或塑料编织袋包装。贮存于阴凉、干燥、通风的库房。运输中防止受潮和雨淋。

表 4-10 SMK 钻井液性能

项 目		指 标	
		24℃±3℃测定	经 180℃、16h 养护后 24℃±3℃测定
基 浆	100r/min 的黏度/(mPa·s)	45~65	90~120
	表观黏度/(mPa·s)	14~20	25~34
	动切力/Pa	7~12	16~22
	1min 静切力/Pa	7~12	8~12
基浆+SMK	100r/min 的黏度/(mPa·s)	≤12.0	≤45
	表观黏度/(mPa·s)	≤8.0	≤23
	动切力/Pa	≤2.0	≤8
	1min 静切力/Pa	≤2.0	≤4

7.磺甲基单宁酸钾

化学成分 磺甲基单宁酸钾及糖类。

产品性能 磺甲基单宁酸钾(SMT-K)别名磺化单宁酸钾,是天然材料栲胶的改性产品,属于阴离子型,为自由流动的褐色粉末,吸水性强,易溶于水。其降黏效果与 SMK 相同,由于引入了钾离子,使产物具有一定的抑制作用,可以作为抑制型降黏剂。

制备过程 将适量的氢氧化钾、水加入反应釜中配成氢氧化钾溶液,然后慢慢加入栲胶,待其溶解后,加入适量的亚硫酸氢钠和甲醛,于 90℃下反应 4h。将反应产物烘干、粉碎得产品。

质量指标 本品主要技术指标见表 4-11。

表 4-11 磺化单宁酸钾产品指标

项 目	指 标	项 目	指 标
外 观	黑灰色自由流动粉末	水分,%	≤10.0
水不溶物,%	≤4.0	pH值(25℃,1%水溶液)	7~9
钾含量,%	≥15.0	降黏率,%	≥70.0

用途 SMT-K 适用于各种类型的水基钻井液体系，能有效地降低钻井液的黏度和切力,改善钻井液的流变性能。在钾基钻井液中,SMT-K 在保持原有降黏性能的基础上又具有抑制页岩水化膨胀的能力。起到降低钻井液滤失量,保护井壁,减少剥落掉块,防止垮塌,提高井壁稳定性,降低井径扩大率,提高电测成功率的作用。用作淡水钻井液、钾基钻井液降黏剂时,其加量一般为 0.2%~1.0%。

安全与防护 无毒。使用时防止粉尘吸入及与眼睛、皮肤接触。

包装与储运 本品易吸潮,采用内衬塑料袋、外用防潮牛皮纸袋或塑料编织袋包装。贮存于阴凉、干燥、通风的库房。运输中防止受潮和雨淋。

8.铬腐殖酸

化学成分 腐殖酸的铬络合物。

产品性能　铬腐殖酸(HmCr)是一种天然材料改性产品，属于阴离子型，易吸潮，可溶于水，水溶液呈弱碱性。由于 $Na_2Cr_2O_7$ 或 $K_2Cr_2O_7$ 的氧化和螯合作用，其中氧化使腐殖酸中的某些键断裂，羧基等极性基增多，使腐殖酸的亲水性增强，而重铬酸钾在氧化腐殖酸中被还原生成 Cr^{3+}离子，与氧化腐殖酸或半氧化腐殖酸进行螯合反应，又能使氧化腐殖酸的相对分子质量有所增加，使其抗盐、抗钙能力也比腐殖酸钠强，既有降滤失作用，又有降黏作用。具有很高的热稳定性和较好的防塌效果。适用于高温深井钻井液，且有良好的高温稳定作用。

制备方法　将褐煤、氢氧化钠或氢氧化钾水溶液加入反应釜，搅拌反应一定时间，然后加入 $Na_2Cr_2O_7$ 或 $K_2Cr_2O_7$ 的水溶液，在 80~90℃下反应 2~3h，反应时间达到后，浓缩、干燥、粉碎，得到成品。

质量指标　本品主要技术指标见表 4-12。

表 4-12 HmCr 产品技术指标

项　目	指　标	项　目	指　标
外　观	棕褐色粉末	干基全铬(以 Cr 计)，%	1.8~2.3
腐殖酸含量，%	≥55.0	水不溶物(以干基计)，%	≤10.0
水分，%	≤10.0	细度(1.0mm 筛的筛余物)，%	≤5.0
pH值	8.0~9.5		

用途　本品用作钻井液处理剂，能够形成牢固的水化膜，可以保护黏土颗粒表面，使其水分不易失去，具有优良的稀释作用和防止黏土水化膨胀能力和抗污染能力，能够提高钻井液胶体稳定性和热稳定性，与 SMP、磺酸盐聚合物具有较好的配伍性，适用于水基钻井液。一般加量 0.5%~1.5%。

安全与防护　有毒。使用时为了防止粉尘吸入或与眼睛、皮肤接触，需戴防尘口罩、化学安全防护眼镜和橡胶手套。

包装与储运　本品易吸潮，采用内衬塑料袋、外用塑料编织袋或防潮牛皮纸袋包装，每袋净质量 25kg。贮存于阴凉、干燥、通风的库房。运输中防止受潮和雨淋。

9.钻井液稀释剂 GX-1

化学成分　褐煤、有机硅等反应物。

产品性能　本品为有机硅、腐殖酸等反应物，黑色粉末，易吸潮，可溶于水，水溶液呈碱性。分子中的有机硅与黏土颗粒有极强的吸附结合能力，因而对黏土的水化膨胀具有强抑制能力。本品不仅是一种很好的稀释剂，而且具有显著的抑制黏土和页岩水化膨胀分散的效果，与其他处理剂复配使用时，稀释能力强，热稳定性好，抗温 150℃以上。可作为有机硅钻井液降黏切稳定剂使用，作为聚合物不分散钻井液的泥饼改善剂使用时，有明显的稀释效果和抑制能力。有良好的抗盐污染能力，在淡水和盐水钻井液中均能降低黏切、改善钻井液流型[9]。

其性能可以从下面的评价结果看出。用 1.0%的 GX-1 水溶液浸泡人工岩心，用 NP-01 型页岩膨胀仪测其膨胀量。用蒸馏水作空白试验，并与同浓度的 FCLS 水溶液和硅铝腐殖酸溶液进行对比，结果显示，GX-1、硅铝腐殖酸和 FCLS 的相对膨胀降低率分别为 89%、

52%和 9%，说明 GX-1 抑制页岩分散膨胀的能力很强。

在密度 1.06g/cm³ 的膨润土浆中加入 2.0%的 GX-1，在 150℃下恒温滚动 16h 后，降温至 50℃测其性能，结果见表 4-13。从表中可以看出，GX-1 具有明显的降黏效果。表 4-14 对比实验表明，GX-1 在降黏能力上与 FCLS 相当。

表 4-13 高温后加有 GX-1 的基浆的性能

处理情况	*FV*/s	初切/Pa	终切/Pa	*FL*/mL	*PV*/(mPa·s)	*YP*/Pa	*K*/(Pa·s^n)	$\Delta\phi_{100}$,%	pH值
基 浆	滴 流	17	30	15	39	34.5	3.295		8
基浆+2% GX-1	36	0.5	0.5	13	23	4	0.107	82	10

表 4-14 含不同降黏剂的钻井液性能

处理情况	*FV*/s	*PV*/(mPa·s)	*YP*/Pa	初切/Pa	终切/Pa	*FL*/mL
淡水基浆	不流动	1	34	40	56	14
淡水基浆+1% GX-1	27	11	3.5	1	11	14
淡水基浆+1% FCLS+2%烧碱溶液	26	12.5	2.5	1	8	14
淡水基浆+15%氯化钠	滴 流	7	23	39	57	186
上述浆+2% GX-1	18	2	6	3	4	110
上述浆+2% FCLS+2%烧碱溶液	16	4	2	1	3	118

注：淡水基浆组成为水：膨润土：纯碱=100:8:0.4；在基浆中分别加入 GX-1、FCLS 样品，在 70℃下搅拌 30min 后测其性能；NaOH 质量分数为 10%。

制备过程 将 KOH 溶于水中，加入褐煤，升温至 80~90℃，混合均匀，反应 0.5~1h 后，加入甲醛与亚硫酸盐的混合液进行磺化，最后加入有机硅、稳定剂，在 90~100℃条件下，反应 1h，待降温至 50℃，出料、烘干、粉碎，得 GX-1 成品。

质量指标 本品主要技术指标见表 4-15。

表 4-15 GX-1 稀释剂产品技术指标

项 目	指 标	项 目	指 标
外 观	黑色粉末	pH值(25℃，1%水溶液)	7~9
细度(0.59mm 筛余)，%	≤10.0	相对膨胀降低率，%	≥80
水分，%	≤10.0	降黏率，%	≥80

用途 本品可作为钻井液降黏剂和抑制剂，能有效地降低钻井液的黏度和切力，控制钻井液的流变性能。用作淡水钻井液降黏剂时，其加量一般为 0.3%~1.0%；用作失水控制剂及防塌剂，其加量一般为 1.0%~2.0%。本品可以直接加入钻井液中，也可以配成复合胶液使用。

安全与防护 无毒。使用时为了防止粉尘吸入及与眼睛、皮肤接触，应戴防尘口罩、化学防护眼镜、橡胶手套。

包装与储运 本品易吸潮，采用内衬塑料袋、外用塑料编织袋包装，每袋净质量 25kg。贮存于阴凉、干燥、通风的库房。运输中防止受潮和雨淋。

10.钻井液用硅氟降黏剂

化学成分 有机硅氟聚合物、水解聚丙烯腈和腐殖酸等反应物。

产品性能 本品是一种由有机硅氟聚合物与腐殖酸等反应得到的机硅类处理剂，常用商品代号 SF260。作为钻井液降黏剂具有良好的降黏作用，同时具有一定抑制防塌、润滑、消泡作用。抗温达 230℃，适用于深井高温、高固相、高密度钻井液。具有加量少、配伍性好、维护处理期长，无毒，无污染等特点。

表 4-16 是在不同温度下，不同处理剂所处理钻井液的高温老化性能对比实验结果。从表中可看出，随着温度升高，钻井液漏斗黏度上升，有机硅钻井液在 200℃时出现滴流，无毒钻井液 230℃时出现滴流，而 SF 钻井液在 230℃老化时仍保持良好的流变性，在低于 230℃的范围内，SF 钻井液的抗温能力明显优于其他对比样品[10]。表 4-17 是岩屑滚动回收率实验结果。从表中还可以看出，无论 SF 稀释剂还是 SF 所处理钻井液，其防塌抑制能力均最强，表现出良好的抑制、防塌能力。

表 4-16 SF 和有机硅的高温老化性能对比试验

序 号	测试条件		*FV*/s	*FL*/mL	*PV*/(mPa·s)	*YP*/Pa	n	*K*/(Pa·s^n)
	温度/℃	t/h						
1号	120	16	36.5	5.2	22	4.5	0.77	124
	150	16	28.0	14.5	15			
	180	16	44.0	5.4	33	6.0	0.80	1673
	200	16	81.5	6.4	49	9.0	0.79	238
	230	16	71.0	10.5	35	7.5	0.77	199
2号	120	16	148	7.4	110	9.0	0.89	239
	150	16	36	17.2	20	5.5	0.72	168
	180	16	191	7.4	37	7.5	0.78	196
	200	16	滴					
	230	16	滴					
3号	120	16	26.5	13.0	16	2.5	0.82	62
	150	16	164	9.0	111	7.0	0.91	203
	180	16	45	17.0	29	10.0	0.67	373
	200	16	133	14.0	23	15.5	0.51	1.93
	230	16	滴					

注：1 号为硅氟钻井液：10%膨润土浆+2% SF+3% SAS+2% MHP+2%聚合醇+0.3% K-HPAM；2 号为有机硅钻井液：10%膨润土浆+2% GWJ+2% ASH+3% SAS+3% SMP+0.3%包被剂；3 号为无毒钻井液：7%膨润土浆+1% SAS+1% SMP+(0.5%~0.7%)无毒降黏剂；pH 值均调到 10.5~11.0。

表 4-17 岩屑滚动回收率实验结果

测试样	回收率，%	测试样	回收率，%
清 水	15.8	有机硅钻井液	67.8
GWJ	9.4	SF钻井液	76.8
无毒降黏剂	6.1	无毒钻井液	69.1
SF	22.6	钾石灰钻井液	71.2

注：岩屑为双南 28-36 井沙一段泥岩，粒径 0.20~0.224mm，在 150℃下滚动 16h，用孔径为 0.076mm 筛回收。

取沈 625-16-12 井井深 1700m 处的聚合物不分散钻井液加入 0.3% PS 抑制剂，作为基浆，不同降黏剂的降黏效果见表 4-18。从表中可以看出，在加量相同时，SF260 在聚合物不分散井浆中的降黏效果优于 FCLS[11]。

表 4-18 降黏剂在不分散聚合物井浆中的降黏效果

处理情况	老化温度/℃	*FV*/s	滤失量/mL	*PV*/(mPa·s)	*YP*/Pa	*n*	K/(Pa·s^n)
基 浆	常 温	71.5	6.5	25	15.0	0.56	661
	95	滴 流	6.2	16	15.0	0.43	1532
基浆+ 1.0% SF260	常 温	46.0	5.2	22	8.0	0.66	301
	95	84.0	8.2	16	10.5	0.52	704
基浆+ 2.0% SF260	常 温	39.0	6.0	19	6.5	0.67	239
	95	37.8	7.0	13	5.5	0.63	228
基浆+ 1.0% FCLS	常 温	62.0	5.4	24	10.5	0.62	455
	95	滴 流	7.4	24	14.0	0.55	817
基浆+ 2.0% FCLS	常 温	53.5	5.4	22	8.5	0.65	329
	95	81.3	6.0	17	9.0	0.57	487

制备方法 将有机硅、有机氟通过特定的化学反应得到。中国发明专利 ZL00131542.0[12] 公开了一种制备方法，即将甲基氯硅烷加入盛有无离子水的水解器内，在 40℃下水解反应，水解物经中和与液体氢氧化钠在耐腐蚀反应器内，在 80℃下反应 2.5h 生成甲基硅醇钠，在带有回流装置的反应釜中加入改性水解聚丙烯腈和有机锡催化剂，向釜内滴加甲基硅醇钠，加完后在回流温度下反应 5h，加入氟代烃基硅氧烷，加压至 0.5MPa，保持回流反应1.5h，即得高温降黏剂用硅氟共聚物基础液；膨润土和腐殖酸经干燥、粉碎，按基础液量 40%的比例加入到搪玻璃反应器内，在 160℃下反应 2h 即得钻井液用硅氟高温降黏剂。

此外，中国发明专利 ZL101368090 还公开了一种硅氟降黏剂的制备方法，即将烯丙基聚氧乙烯醚、含氟单体、低含氢硅油，按质量比 3:2:2 的比例反应得到的产物，与腐殖酸、纤维素钠、烧碱等在 120~130℃下反应得到的硅氟抗高温降黏剂，具有优异的降黏特性及护壁防塌功能，对钻井液有分散、润滑、消泡等作用，同时具有抑制泥页岩水化膨胀和井壁稳定作用[13]。

质量指标 本品主要技术指标见表 4-19。

表 4-19 硅氟降黏剂技术指标

项 目	指 标	项 目	指 标
外 观	黑色黏稠液体	pH值	10~12
有机氟含量，%	≥4.0	室温降黏率，%	≥80.0
硅含量，%	≥5.0	180℃/16h 老化后降黏率，%	≥75.0

用途 本品适用于不分散聚合物钻井液、分散钻井液、有机硅钻井液等。其抗高温能力和高温下稳定钻井液性能的能力优于传统的有机硅处理剂，且维护处理简单，维护周期长。本品可以直接加入钻井液中，其用量一般为 0.5%~1.5%。

安全与防护 无毒。使用时防止眼睛、皮肤接触。

包装与储运 本品采用塑料桶包装，每桶净质量 25kg。贮存于阴凉、干燥、通风的库房。运输中防止日晒、雨淋，防冻。

11.AMPS/AA-木质素接技共聚物

化学成分 2-丙烯酰胺基-2-甲基丙磺酸、丙烯酸和木质素磺酸的接技共聚物。

结构式

$$-CH_2-CH-CH_2-\text{[benzene ring]}-[CH_2-CH]_m-[CH_2-CH]_n-$$

SO_3Na　O（CH_3）　O-CH_3　$C{=}O$　NH　$H_3C-C-CH_3$　CH_2SO_3Na　$C{=}O$　ONa

产品性能　本品是一种接技共聚物降黏剂，无毒、无污染，易吸潮，可溶于水，水溶液呈弱碱性，属于阴离子型。分子中含有羧基、磺酸基、酚羟基等基团，兼具木质素磺酸盐和聚合物降黏剂的特点，抗温抗盐能力强，在分散型钻井液和不分散型钻井液中均可以使用，同时还具有一定的降滤失作用。实践表明，在石灰钻井液或钾石灰钻井液中作降黏剂使用，在高温下可以防止黏土与氢氧根反应，可以提高石灰钻井液的抗温上限，抗温 170℃以上。

表 4-20 所示对比实验结果进一步说明了接枝共聚物的优越性。从表中可看出，在同样加量情况下接枝共聚物降黏剂抗温能力与 P(AMPS-AA)聚合物接近，而明显优于 FCLS。

表 4-20　不同降黏剂降黏效果对比

处理情况	老化情况	AV/(mPa·s)	PV/(mPa·s)	YP/Pa	θ_1/Pa	θ_{10}/Pa
基浆+0.5%接枝共聚物	室　温	13.5	13.0	0.5	0	0
	90℃/16h	14.5	14.0	0.5	0.25	0.25
	150℃/16h	16.0	15.0	1.0	0.25	0.5
	180℃/16h	19.5	15.0	4.5	0.5	0.75
基浆+0.5% P(AMPS-AA)共聚物	室　温	14.5	14.0	0.5	0	0
	90℃/16h	13.5	13.0	0.5	0.25	0.25
	150℃/16h	15.0	13.0	2.0	0.25	0.5
	180℃/16h	18.5	15.0	3.5	0.5	0.5
基浆+1.0% FCLS	室　温	18.0	15.0	3.0	0.5	1.5
	90℃/16h	20.0	17.0	3.0	1.0	3.5
	150℃/16h	25.5	20.0	5.5	5.0	11.0
	180℃/16h	37.5	14.0	23.5	10.0	17.0

注：基浆为 10%膨润土浆。

制备过程　将 30 份 2-丙烯酰胺基-2-甲基丙磺酸、50 份丙烯酸和水一起配成单体的混合液，将 8 份过硫酸钾溶于水配成引发剂水溶液，备用。将 30 份木质素磺酸钙和适量的水加入反应釜中，搅拌均匀后加入 0.1 份 $CuSO_4 \cdot 5H_2O$，待其溶解后向体系中加入 1/5 量的单体混合液和 1/8 量的引发剂混合液，然后升温至 60℃，在该温度下慢慢加入剩余单体和引发剂，待两者加完后升温至 90℃，在此温度下反应 1h。当反应时间达到后，用 86 份质量分数 40%的氢氧化钠溶液中和，出料，经喷雾干燥，包装得成品。

质量指标　本品主要技术指标见表 4-21。

用途　由于分子中引入了磺酸基和羧酸团，本品用作钻井液降黏剂具有很强的耐温、抗盐和抗钙镁污染的能力，还具有一定的抑制作用，适用于各种水基钻井液体系，特别适用于高温深井，并兼具一定的降滤失作用。本品加量一般为 0.3%~0.75%。本品可以直接加入钻井液中，也可配合其他处理剂配成复合胶液进行钻井液性能维护处理。

表 4-21 接枝共聚物降黏剂技术指标

项 目	指 标	项 目	指 标
外 观	黑褐色粉末	水不溶物,%	≤4.0
细度(0.42mm 筛余),%	≤10.0	pH值(25℃,1%水溶液)	7~9
10%水溶液表观黏度/(mPa·s)	≤20.0	室温降黏率,%	≥90.0
水分,%	≤7.0	高温降黏率,%	≥85.0

安全与防护 低毒,使用时防止粉尘吸入及与眼睛、皮肤接触。

包装与储运 本品易吸潮,包装采用内衬塑料袋热压封口、外用防潮牛皮纸袋包装。贮存在阴凉、通风、干燥处。运输中防止受潮和雨淋。

12.AMPS/AA-栲胶接枝共聚物降黏剂

化学成分 2-丙烯酰胺基-2-甲基丙磺酸、丙烯酸钾和单宁酸的接技共聚物。

结构式

```
     COOK
      |
  /\/\--CH2-[-CH2-CH-]m-[-CH2-CH-]n-
 |    |            |            |
R\  /OH          C=O          C=O
   |               |            |
   OH              NH           ONa
                   |
             H3C-C-CH3
                   |
                 CH2SO3K
```

产品性能 本品是一种阴离子型接技共聚物降黏剂,无污染,易吸潮,可溶于水,水溶液呈弱碱性。产品兼具单宁和低分子聚合物的性能,抗温抗盐能力强,降黏效果好。

表 4-22 是接枝共聚物与 SMK 抗温能力对比实验结果,从表中可以看出,接枝共聚物抗温能力明显优于 SMK。图 4-1 是降黏剂所处理钻井液抗污染能力实验结果,从图中可以看出,接枝共聚物用作钻井液降黏剂具有很强的耐温、抗盐和抗钙镁污染的能力,且明显优于 SMK。

表 4-22 不同降黏剂降黏能力对比

处理情况	老化情况	*AV*/(mPa·s)	*PV*/(mPa·s)	*YP*/Pa
基浆+0.75%接枝共聚物	室 温	18.0	15.0	3.0
	150℃/16h	19.5	16.0	3.5
	180℃/16h	17.0	16.0	1.0
基浆+1.0% SMK	室 温	22.0	19.0	3.0
	150℃/16h	42.0	33.0	9.0
	180℃/16h	56.0	36.0	19.0

制备过程 将 70~75 份氢氧化钾和水加入反应釜中,配成氢氧化钾溶液,然后在冷却条件下慢慢加入 30 份 2-丙烯酰胺基-2-甲基丙磺酸和 60 份丙烯酸,待其加完后,再依次加入 0.1 份 $CuSO_4 \cdot 5H_2O$(事先溶于水)和 20 份栲胶,待栲胶加完后升温至 70℃。将已升温至 70℃的反应混合液转移至特制的聚合反应器中,在搅拌下加入 3 份的过硫酸铵(事先溶于适量水中),5~10min 即开始发生快速聚合反应,最后得到多孔的泡沫状固体,将其进一步

干燥至水分小于 5%，经粉碎、包装即得降黏剂产品。

质量指标　本品主要技术指标见表 4-23。

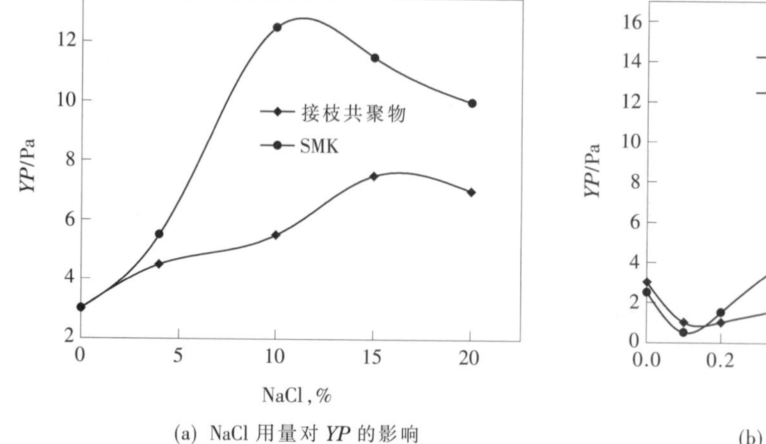

(a) NaCl 用量对 *YP* 的影响

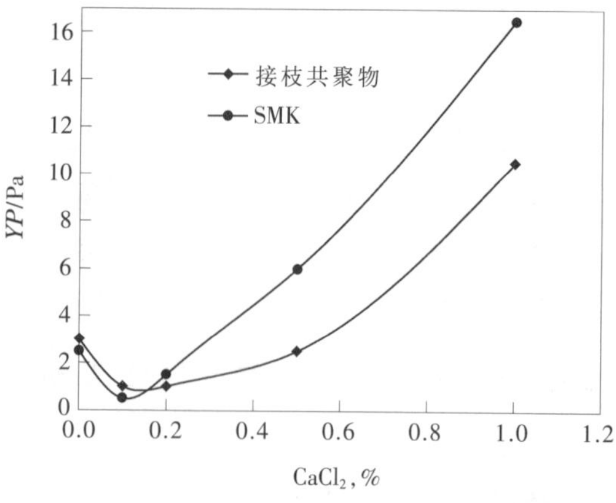

(b) $CaCl_2$ 用量对 *YP* 的影响

图 4-1　降黏剂所处理钻井液抗污染实验结果

说明：基浆为 10%膨润土浆，接枝共聚物加量 0.75%，SMK 加量 1.0%

表 4-23　AMPS/AA-栲胶接枝共聚物技术指标

项　目	指　标	项　目	指　标
外　观	黑色粉末	水分，%	≤10.0
细度(0.42mm 筛余)，%	≤10.0	pH值(25℃，1%水溶液)	7~9
10%水溶液表观黏度/(mPa·s)	≤20.0	降黏率，%	≥80.0

用途　本品用作钻井液降黏剂，具较强的耐温、抗盐和抗钙镁污染的能力，兼具降滤失和防塌作用，适用于各种类型的水基钻井液，特别适用高温深井。本品可以单独使用，也可以与其他处理剂一起使用，其用量一般为 0.2%~0.5%。

安全与防护　低毒，使用时防止粉尘吸入或与眼睛、皮肤接触。

包装与储运　本品易吸潮，采用内衬塑料袋、外用防潮牛皮纸袋包装。贮存在阴凉、通风、干燥处。运输中防止受潮和雨淋。

13.AMPS-AA-DMDAAC/木质素磺酸接技共聚物

化学成分　丙烯酸和 2-丙烯酰胺基-2-甲基丙磺酸、二甲基二烯丙基氯化铵单体与木质素磺酸接枝共聚物。

结构式

$$-C-C-C(SO_3Na)-[C_6H_2(OCH_3)_2]-\left[CH_2-CH(C{=}O)(OK)\right]_m-\left[CH_2-CH(C{=}O)(NH-C(CH_3)_2-CH_2SO_3K)\right]_n-\left[CH_2-CH-CH-CH_2\right]_x \quad (CH_2-N^+(CH_3)_2-CH_2\ \ Cl^-)$$

产品性能 本品是一种无毒、无污染的两性离子型木质素接枝共聚物钻井液降黏剂，由于分子中引入了阳离子基团，产品用作钻井液降黏剂具有很强的耐温、抗盐和抗钙镁污染的能力，还具有抑制作用，在淡水钻井液、盐水钻井液、聚合物钻井液和含钙钻井液中均具有较好的降黏作用，同时还具有较强的防塌能力。

表 4-24 是 AMPS-AA-DMDAAC/木质素磺酸盐接枝共聚物在不同类型的基浆中性能评价结果。从表中可以看出，接枝共聚物在淡水钻井液中具有较好的降黏作用，当加量为0.1%时就可使钻井液的表观黏度和动切力明显降低。在聚合物钻井液中同样具有较好的降黏作用，当接枝共聚物加量 0.1%时就可以使钻井液的表观黏度由 40mPa·s 降低至 13mPa·s，使动切力由 27Pa 降低至 4Pa。接枝共聚物在盐水和含钙钻井液中也表现出较好的降黏作用，表明本品具有较强的抗盐、抗钙的能力[14]。

表 4-24 合成产物加量对钻井液性能的影响

类 型	加量，%	*FL*/mL	*AV*/(mPa·s)	*PV*/(mPa·s)	*YP*/(mPa·s)
淡水钻井液	0	12	43.5	1	42.5
	0.1	10	21.5	12	9.5
	0.2	10	11	8	3
	0.3	9	10	7	3
	0.5	9	10.5	7	3.5
聚合物钻井液	0	10	40	13	27
	0.1	9	13	9	4
	0.3	8.5	11	9	3
	0.5	9	11	9	2
	0.7	10	13.5	9	2
盐水钻井液	0	38	28	3	25
	0.1	36	27	7	20
	0.3	32	23	7	16
	0.5	32	21.5	7	14.5
	0.7	31	21.5	6	15.5
含钙钻井液	0	41	25.5	7	18.5
	0.1	39	20.5	7	13.5
	0.3	41	16.5	8	8.5
	0.5	39	15	8	7
	0.7	38	14	7	7

注：淡水基浆组成为 1000mL 水+9g 碳酸钠+100g 膨润土；聚合物基为 5%淡水基浆+0.3% PAMS601 聚合物；盐水基浆为淡水基浆+4%氯化钠+10%评价土；含钙基浆为淡水基浆+1.0%氯化钙+10%评价土。

表 4-25 是用本品所处理钻井液的抗温试验结果。从表中可以看出，本品在不同钻井液中老化后钻井液的黏切变化较小，表明本品是一种抗温和抗盐能力强的钻井液降黏剂。

表 4-26 为页岩滚动回收率试验结果。从表中可以看出，本品具有较强的抑制页岩水化分散的能力，较高的二次回收率，表明本品在页岩表面具有较强的吸附能力，具有长期稳定效果。

制备方法 将占单体质量 0.2%的相对分子质量调节剂和适量的水加入反应器中，加入 40g 木质素磺酸钙和 18g 的氢氧化钾，搅拌均匀后加入 59g 2-丙烯酰胺基-2-甲基丙磺酸钾、23g 丙烯酸钾、10g 二甲基二烯丙基氯化铵，用质量分数 20%氢氧化钾溶液和 AMPS 或丙烯酸，调节体系的 pH 值在 4~5，然后加水使反应混合物中的物料质量分数控制在30%~40%，搅拌下升温至 50~70℃，然后慢慢加入引发剂过硫酸钾(事先配成溶液)，加完后在此温度下反应 2~5h 即得液体产品，液体产品经过干燥、粉碎得粉状成品。

质量指标 本品主要技术指标见表 4-27。

表 4-25 抗温实验结果

钻井液组成	老化情况	FL/mL	AV/(mPa·s)	PV/(mPa·s)	YP/Pa
淡水钻井液+0.7%样品	室 温	10	11	8	3
	160℃/16h	12	11	9	2
盐水钻井液+1.0%样品	室 温	31	23.5	8	15.5
	160℃/16h	43	20	5	15
聚合物钻井液+0.7%样品	室 温	10	13.5	9	4.5
	160℃/16h	11	4.5	4	0.5
含钙钻井液+1.0%样品	室 温	41	13	7	6
	160℃/16h	57	12	5	7

表 4-26 页岩滚动回收率实验结果

聚合物溶液浓度，%	一次回收率 R_1，%	二次回收率R_2，%	R_2/R_1，%
0.1	91.7	88.5	96.5
清 水	20.85		

注：实验条件：一次回收率(在聚合物溶液中的回收率)120℃/16h，二次回收率(一次回收所得岩屑在清水中的回收率)120℃/2h。岩屑为马 12 井 2491~2498m 井段岩心，粒经 2.0~3.8mm，用 0.42mm 筛回收。

表 4-27 AMPS-AA-DMDAAC/木质素磺酸盐接枝共聚物降黏剂产品技术指标

项 目	指 标	项 目	指 标
外 观	黑色粉末	水分，%	≤10.0
细度(0.42mm 筛余)，%	≤2.0	pH值(25℃，1%水溶液)	7~9
10%水溶液表观黏度/(mPa·s)	≤25	降黏率，%	≥85

用途 本品用作钻井液降黏剂，兼具降滤失和防塌作用，适用于各种类型的水基钻井液。本品可以单独使用，也可以与其他处理剂一起使用，其用量一般为 0.2%~0.5%。

安全与防护 低毒，使用时防止粉尘吸入及与眼睛、皮肤接触。

包装与储运 本品易吸潮，包装采用内衬塑料袋、外用防潮牛皮纸袋包装。贮存在阴凉、通风、干燥处。运输中防止受潮和雨淋。

第二节 合成聚合物降黏剂

不同类型的含羧基单体的低相对分子质量的均聚物或共聚物是一类重要的钻井液降黏剂。实践表明，以丙烯酸为代表的含羧酸基聚合物降黏剂，在高固相和高密度钻井液中效果降低，抗温抗盐能力较差，为此通过引入磺酸基提高了产物的抗盐能力。在低固相钻井液中，配合大分子聚合物处理剂，可以有效地控制钻井液的流变性、滤失量、悬浮稳定性、膨润土和固相含量，但聚合物降黏剂在高膨润土、高固相钻井液中仍然存在局限性。

1.聚丙烯酸钠

化学成分 低相对分子质量的丙烯酸均聚物。

结构式

$$\left[\begin{array}{l}CH-CH_2\\ |\\ C=O\\ |\\ ONa\end{array}\right]_n$$

产品性能 聚丙烯酸钠(PAA-Na)是一种低相对分子质量的阴离子型聚电解质，极易吸潮，可溶于水。典型的商品代表是XA-40，早期应用的XW-74也属于该剂，是最早应用的聚合物降黏剂之一。其平均相对分子质量为5000左右。在钻井液中加量为0.3%时，可抗0.2% $CaSO_4$ 和1% NaCl，并可抗150℃的高温。

PAA较强的稀释作用主要是由其线型结构、低相对分子质量及强阴离子基团所决定的。一方面，由于其相对分子质量低，可通过氢键优先吸附在黏土颗粒上，顶替掉原已吸附在黏土颗粒上的高分子聚合物，从而拆散由高聚物与黏土颗粒之间形成的“桥接网架结构”；另一方面，低相对分子质量的降黏剂可与高分子主体聚合物发生分子间的交联或络合作用，阻碍了聚合物与黏土之间网架结构的形成，从而达到降低黏度和切力的目的。但若其聚合度过大，相对分子质量过高，反而会使黏度、切力增加，这可以从图4-2所示聚合度与产品所处理钻井液黏度和切力的关系中看出[4]。

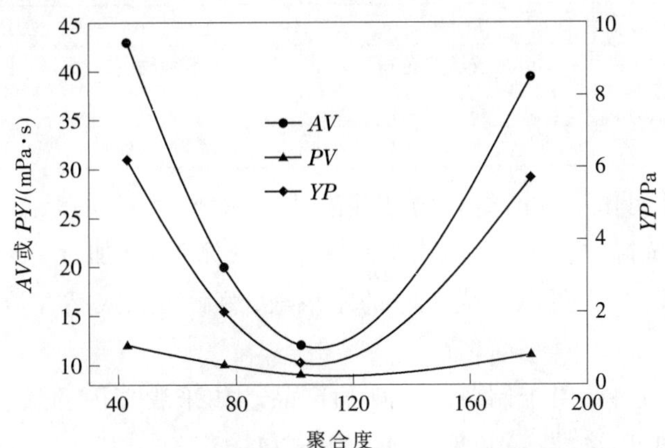

图4-2 PAA聚合度与产品所处理钻井液黏度和切力的关系

说明：基浆为安丘膨润土浆+0.08% 80A-51，样品加量0.3%

制备过程 将34份氢氧化钠和适量的水加入反应器中，在慢慢搅拌下加入68份丙烯酸，等丙烯酸加完后，加入3.5份相对分子质量调节剂和8份纯碱，搅拌使其分散，控制体系的温度为80℃(丙烯酸和氢氧化钠中和热即可达到此温度)，加入2.2份过硫酸钾，搅拌均匀，约10min后，发生快速聚合反应，最后得到白色泡沫状产物。将所得产物冷却、粉碎，即得到降黏剂产品。

还有一种方法[15]，即将73.7g丙烯酸、16.9g调节剂、7.5g巯基乙基链转移剂和50.0g水充分混匀，加入0.3g引发剂和0.4g助引发剂混匀，立即倾倒在平板上(厚度为10~20mm)，大约 30s 后混合物开始发生聚合。最后生成一种白色树脂状水溶性固态产品,经粉碎加工为粉末。得到的聚丙烯酸钠的相对分子质量约为 1000。

在降黏剂合成中，相对分子质量调节剂用量和引发剂用量是决定产品降黏能力的关键，图 4-3 和图 4-4 分别是相对分子质量调节剂和引发剂用量对产物在 10%膨润土基浆中(样品加量 0.6%)降黏能力的影响结果。从图中可以看出,只有相对分子质量调节剂和引发剂用量适当时,才能得到降黏能力最佳的产品。

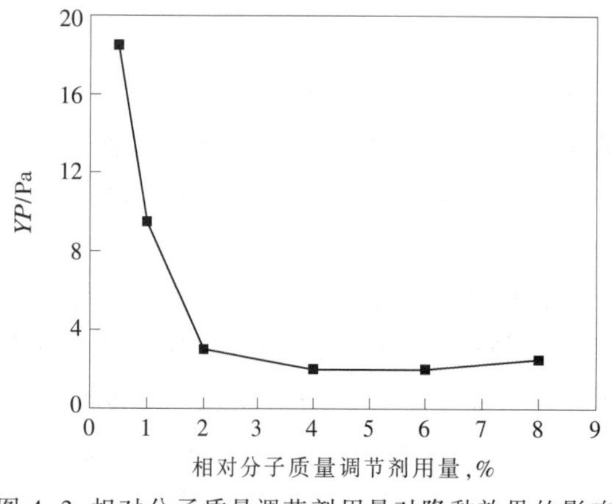

图 4-3 相对分子质量调节剂用量对降黏效果的影响

YP/Pa
引发剂用量,%

图 4-4 引发剂用量对降黏效果的影响

质量指标 本品主要技术要求见表 4-28。

表 4-28 PAA-Na 降黏剂技术要求

项 目	指 标	项 目	指 标
外 观	白色或浅蓝色粉	水不溶物,%	≤2.0
水分,%	≤10.0	聚合度	50~150
细度(0.59mm 孔径筛余),%	≤5.0	降黏率,%	≥70.0

用途 本品主要用作不分散聚合物钻井液的降黏剂,兼具降低滤失量、改善泥饼质量的作用,具有一定的抗温抗盐能力,适用于水基钻井液体系,其加量一般为 0.2%~0.5%。本品可直接加入钻井液中,也可以配成 10%的水溶液,然后再加入钻井液中。也可以用作水处理阻垢分散剂。

还可以用本品作原料,用于制备一些新的产品。如采用聚丙烯酸,通过聚合物化学反应,可以制备具有新的用途的产物,见式(4-3)和式(4-4):

$$\left[\mathrm{CH}(\mathrm{COOH})-\mathrm{CH_2}\right]_n + \mathrm{NH_2}-\left[\mathrm{CH(R)}-\mathrm{CH_2}-\mathrm{O}\right]_x-\mathrm{CH_2}-\mathrm{CH(R)}-\mathrm{NH_2} \longrightarrow$$

$$\left[\mathrm{CH}(\mathrm{C{=}O}-\mathrm{NH}-(\mathrm{CH(R)}-\mathrm{CH_2}-\mathrm{O})_x-\mathrm{CH_2}-\mathrm{CH(R)}-\mathrm{NH_2})-\mathrm{CH_2}\right]_n + \left[\mathrm{CH_2}-\mathrm{CH}(\mathrm{HO}-\mathrm{C{=}O})\right]_m\left[\mathrm{CH_2}-\mathrm{CH}(\mathrm{C{=}O}-\mathrm{NH}-(\mathrm{CH(R)}-\mathrm{CH_2}-\mathrm{O})_x-\mathrm{CH_2}-\mathrm{CH(R)}-\mathrm{NH_2})\right]_n \tag{4-3}$$

上述产物可以作为钻井液抑制剂，在相对分子质量和基团比例适当时，也可以作为抑制型钻井液降黏剂。

$$\left[-CH(COOH)-CH_2-\right]_n + R-C_6H_4-O-\left(CH_2-CH_2-O\right)_x-CH_2-CH_2-OH \longrightarrow$$

$$\left[-CH_2-CH(COOH)-\right]_m\left[-CH_2-CH(C(=O)-O-CH_2-CH_2-(O-CH_2-CH_2)_x-O-C_6H_4-R)-\right]_n \qquad (4\text{-}4)$$

上述产物可以作为混凝土减水剂,在相对分子质量和基团比例适当时,也可以作为抑制型钻井液降黏剂。

安全与防护 低毒,使用时防止粉尘吸入或接触眼睛。

包装与储运 本品极易吸潮,包装采用内衬塑料袋热压封口、外用防潮牛皮纸袋包装,存放在阴凉、通风、干燥处。运输中防止受潮和雨淋。

2.低分子 P(AA-AM)共聚物

化学成分 丙烯酰胺、丙烯酸二元共聚物。

结构式

$$\left[-CH_2-CH(CONH_2)-\right]_m\left[-CH_2-CH(COONa)-\right]_n$$

产品性能 本品是一种阴离子型聚合物,无毒、无污染,易吸潮,可溶于水,水溶液呈弱酸性。由于分子中引入了一定吸附基团(酰胺基),与 PAA 相比,提高了产品在黏土颗粒上的吸附能力,使抗温和抑制性得到了适当提高。

图 4-5 是 AM 用量对共聚物降黏效果的影响。从图中可以看出,随着 AM 用量的增加产品降黏效果有所提高,当用量超过 5%以后降黏效果反而降低,而且高温后的效果优于室温,这与高温下酰胺基水解有关,可见以产品中丙烯酸结构单元占 80%~95%较好。

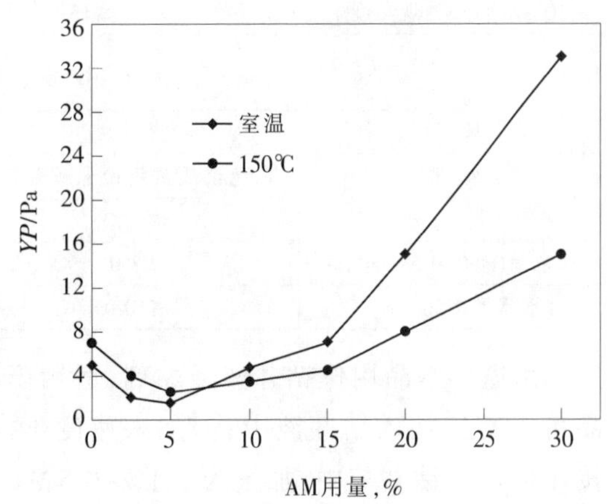

图 4-5 AM 用量对共聚物降黏效果的影响

注:基浆为 10%膨润土浆,样品加量 0.75%

图 4-6 是 P(AA-AM)共聚物和 FCLS 对聚合物钻井液降黏效果对比(聚合物基浆:5%膨润土浆+0.1%HPAM)。从图中可以看出,随着样品加量的增加,两者均可以使钻井液的动切力显著降低。相比之下 P(AA-AM)共聚物效果更显著，当加量为 0.1%时就可以使钻井液的

动切力由 85.5Pa 降至 7Pa，而 FCLS 加量 0.9%时才能达到同样效果。图 4-7 是 P(AA-AM)共聚物和 FCLS 对膨润土基浆降黏效果对比(水+10%膨润土+0.5%纯碱)。从图中可以看出，在膨润土基浆中 P(AA-AM)共聚物的效果仍然优于 FCLS[16]。

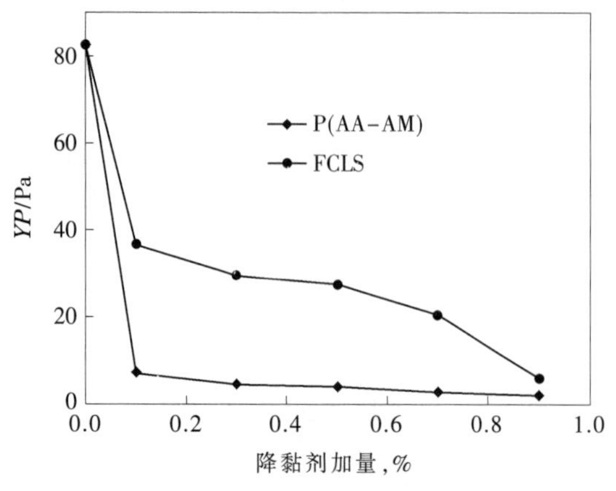

图 4-6 P(AA-AM)和 FCLS 对聚合物钻井液降黏对比

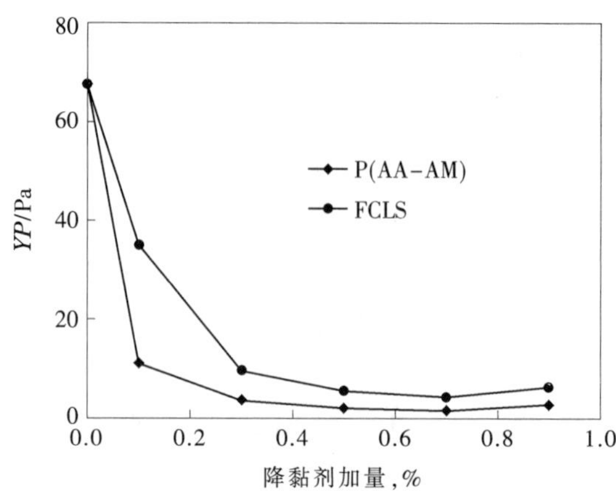

图 4-7 P(AA-AM)和 FCLS 对膨润土基浆降黏对比

制备过程 在室温下，将 30 份丙烯酰胺、6 份相对分子质量调节剂和 400 份水加入反应釜中，开动搅拌待原料溶解均匀后加入 170 份丙烯酸，待搅拌均匀后加入 10 份过硫酸铵和 5 份亚硫酸氢钠(均提前溶于适量的水)，然后在不断搅拌下反应 0.5~1.0h 即得共聚物溶液。将所得产物用质量分数为 40%的氢氧化钠溶液中和至 pH 值为 6.5，送去烘干、粉碎便得共聚物钠盐。

质量指标 本品主要技术指标见表 4-29。也可以执行 Q/SH 0318—2009 钻井液用聚合物类降黏剂技术要求，见表 4-30。

表 4-29 P(AA-AM)共聚物技术指标

项 目	指 标	项 目	指 标
外 观	白色粉末	水分，%	≤10.0
细度(0.42mm 筛余)，%	≤15.0	水不溶物，%	≤5.0
有效成分，%	≥85.0	pH值(25℃，1%水溶液)	7~9
10%水溶液表观黏度/(mPa·s)	≤15	降黏率，%	≥80

表 4-30 聚合物降黏剂技术要求

项 目	指 标	项 目	指 标
外 观	白色至浅黄色粉末或颗粒	10%水溶液表观黏度/(mPa·s)	5.0~10.0
水分，%	≤10.0	淡水试验浆降黏率，%	80
筛余量(筛孔 0.59mm)，%	≤8.0	160℃滚动后表观黏度/(mPa·s)	≤27.5
水不溶物，%	≤10.0	灼烧残渣，%	30±3

用途 本品用作钻井液降黏剂，适用于各种水基钻井液，可用于高温深井的钻探中。本品可以直接加入钻井液中，但加入速度不能太快，也可以配成 5%~15%的水溶液，然后再按比例加入钻井液中，加量为 0.1%~0.5%。本品也可以用作水处理阻垢分散剂。

本品还可以通过高分子化学反应制备分子链上含磺酸基或季铵基的改性产物，以提高产物的抗盐和抑制能力：

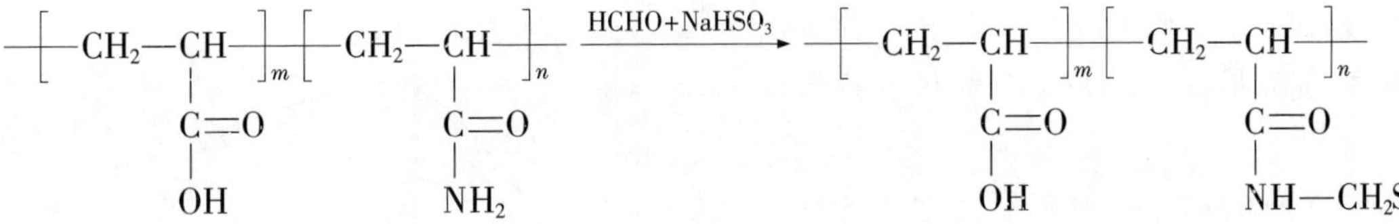

$$\left[CH_2-\underset{\underset{OH}{|}}{\underset{C=O}{\underset{|}{CH}}}\right]_m\left[CH_2-\underset{\underset{NH_2}{|}}{\underset{C=O}{\underset{|}{CH}}}\right]_n \xrightarrow{HCHO+NaHSO_3} \left[CH_2-\underset{\underset{OH}{|}}{\underset{C=O}{\underset{|}{CH}}}\right]_m\left[CH_2-\underset{\underset{NH-CH_2SO_3Na}{|}}{\underset{C=O}{\underset{|}{CH}}}\right]_n \quad (4-5)$$

$$\left[\underset{\underset{OH}{|}}{\underset{C=O}{\underset{|}{CH}}}-CH_2\right]_m\left[\underset{\underset{NH_2}{|}}{\underset{C=O}{\underset{|}{CH}}}-CH_2\right]_n \xrightarrow{HCHO+N(CH_3)_3} \left[\underset{\underset{OH}{|}}{\underset{C=O}{\underset{|}{CH}}}-CH_2\right]_m\left[\underset{\underset{NH-CH_2-N^{+}(CH_3)_2-CH_3Cl^{-}}{|}}{\underset{C=O}{\underset{|}{CH}}}-CH_2\right]_n \quad (4-6)$$

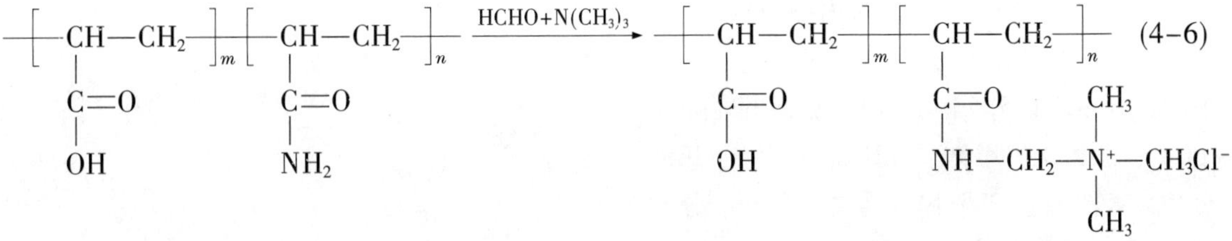

安全与防护 低毒,使用时防止粉尘吸入及与眼睛、皮肤接触。

包装与储运 本品极易吸潮,采用内衬塑料袋并热压封口、外用防潮牛皮纸袋包装,储存在阴凉、通风、干燥处。运输中防止受潮、雨淋。如遇到产品因受潮结块,则可以烘干、粉碎后再用。

3.水解聚丙烯腈的降解产物

化学成分 丙烯酸、丙烯酰胺、丙烯腈共聚物。

结构式

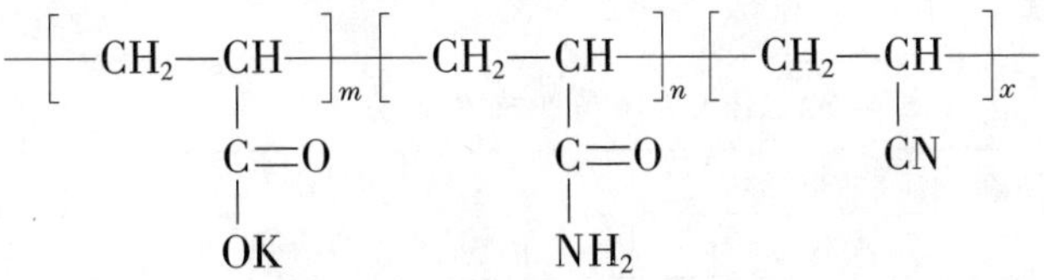

$$\left[CH_2-\underset{\underset{OK}{|}}{\underset{C=O}{\underset{|}{CH}}}\right]_m\left[CH_2-\underset{\underset{NH_2}{|}}{\underset{C=O}{\underset{|}{CH}}}\right]_n\left[CH_2-\underset{CN}{\underset{|}{CH}}\right]_x$$

产品性能 本品是一种阴离子型聚合物,由作者于 1999 年最先报道,极易吸潮,可溶于水,水溶液呈弱碱性。分子中既含有水化基团羧酸基,又含有一定的极性吸附基腈基和酰胺基,在钻井液中具有良好的降黏和抗温抗盐能力。其降黏效果优于低相对分子质量的 AM、AA 共聚物,也优于 FCLS,而其成本很低。

表 4-31 是用不同降黏剂所处理钻井液高温老化前后的性能。从表中可以看出,通过水解聚丙烯腈降解得到的降黏剂和低相对分子质量 AA-AM 共聚物降黏剂的抗温能力相当或稍优,二者均优于 FCLS,同时还具有较强的降滤失能力[17]。

表 4-31 老化前后钻井液性能的变化情况

处理情况	老化前				150℃/16h 老化后			
	密度/(g/cm)	滤失量/mL	*AV*/(mPa·s)	*YP*/Pa	密度/(g/cm)	滤失量/mL	*AV*/(mPa·s)	*YP*/Pa
基浆①	1.07	19.0	66.0	74.5	1.07	22.5	②	②
基浆+1.0%降解产物	1.07	13.0	12.0	2.0	1.07	10.5	14.5	2.5
基浆+1.0% AM-AA 共聚物	1.07	17.0	11.5	2.0	1.07	16.0	14.0	7.0
基浆+1.0% FCLS	1.06	18.0	13.0	4.0	1.03	20.0	34.5	28.0

注:①基浆组成为自来水+10%安丘土+0.5%纯碱;②太稠,无法测。

图 4-8 是经降黏剂处理后钻井液的动切力与 NaCl 加量的关系。从图中可以看出,水解聚丙烯腈降解产物的抗盐能力优于低相对分子质量的 AA-AM 共聚物,并优于 FCLS。

制备过程 水解聚丙烯腈降解产物可以采用两种方法制备，即 H_2O_2 降解和过硫酸铵降解。

H_2O_2 降解法：将 70 份氢氧化钠和 800 份水加入反应釜中，配成氢氧化钠溶液，然后加入剪碎除杂的腈纶废料 100 份，升温至 95℃，在 95℃±5℃下水解反应 5~6h；降温至 60℃，用 20%的甲酸调 pH 值至 5~6；升温至 90℃，于此温度下慢慢加入 40 份质量分数为 40%的过氧化氢，待过氧化氢加完后，在此温度下反应 2~5h。将所得产物过滤除去杂质，然后经喷雾干燥得成品。

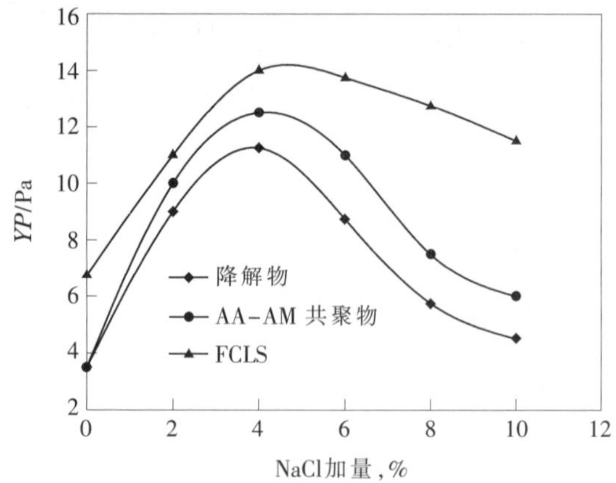

图 4-8 NaCl 加量对钻井液动切力的影响

说明：基浆为 10%安丘膨润土浆，样品加量 1.0%

过硫酸铵存在下高温降解法：在釜内加入 50g PAN、一定量的蒸馏水、过硫酸铵及催化剂，将釜密封后在搅拌下逐渐升温至 200℃，PAN 在控温条件下水解及氧化降解断键，至反应完全后(即无水不溶物)，将所得黏稠状棕色液体在 110℃烘干，粉碎即为降黏剂产品[18]。

此外，还可以采用高锰酸钾进行氧化降解制备。

质量指标 本品的主要技术要求见表 4-32。

表 4-32 HPAN 降黏剂技术要求

项 目	指 标	项 目	指 标
外 观	灰白色粉末	水不溶物，%	≤2.0
细度(0.59mm 孔径的标准筛筛余)，%	≤15.0	pH值(25℃，1%水溶液)	7~9
有效物，%	≥85.0	表观黏度(10%水溶液)/(mPa·s)	≤20
水分，%	≤10.0	降黏率，%	≥80

用途 本品是一种低成本的抗高温抗盐钻井液降黏剂，适用于各种水基钻井液，可用于高温深井的钻探中。本品可以直接加入钻井液中，但加入速度不能太快，也可以配制成 2%~5%的水溶液，然后再按比例加入钻井液中，加量 0.3%~1.0%。本品还可以用于水处理阻垢分散剂。

安全与防护 低毒，使用时防止粉尘吸入和与眼睛、皮肤接触。

包装与储运 本品极易吸潮，采用内衬塑料袋(严格密封)、外用防潮牛皮纸袋或塑料编织袋包装。储存在阴凉、通风、干燥处。运输中防止受潮和雨淋。如遇到产品因受潮结块或发黏，则可以烘干、粉碎后使用，不影响使用效果。

4.水解聚马来酸酐

化学成分 顺丁烯二酸酐聚合物的水解产物。

结构式

$$\left[\begin{array}{cc} \text{CH} & \!\!-\!\!-\!\!-\text{CH} \\ | & | \\ \text{C=O} & \text{C=O} \\ | & | \\ \text{ONa} & \text{ONa} \end{array}\right]_n$$

产品性能 本品为棕黄色透明液体，是常用的水处理剂，化学稳定性和热稳定性高，分解温度为300℃以上，作为水处理阻垢剂，在高温(<350℃)和高 pH 值条件下也具有明显的溶限效应，对碳酸钙、磷酸钙有良好阻垢效果，阻垢时间可达 100h，可与原油脱水破乳剂混合使用。由于分子中具有较多的羧基官能团，所以对成垢物质能起干扰和破坏作用，使晶体发生畸变，并对沉积物具有较强的分散作用，从而使沉积物或污泥流态化，容易排出系统。平均相对分子质量为 700~5000 的产品可作为钻井液降黏剂，由于其分子中羧基密度大于 PAA，因此其降黏能力更优。

制备过程 将 150 份水加入反应釜中，同时开动搅拌，在搅拌下加入 295 份马来酸酐，加热使釜内温度升至 110℃，然后在搅拌下缓慢加入质量分数为 48%的 NaOH 水溶液，调节 pH 值(大约 2h 加完)，加入过程中维持釜内温度不超过 128℃，接着加入 46 份催化剂，约4h 加完。在搅拌下分别加入 71 份质量分数为 30%的过硫酸盐水溶液和 188 份质量分数为 60%的双氧水，3h 内加完。在 90~120℃下保温反应 1~2h，然后通冷却水降温至 40℃，即得成品。

质量指标 本品执行国家标准 GB/T 10535—1997，其主要技术指标见表 4-33。钻井液性能可以执行 Q/SH 0318—2009 钻井液用聚合物类降黏剂技术要求(见表 4-30)。

表 4-33 水解聚马来酸酐技术要求

指标名称	指 标		
	优等品	一级品	合格品
固体含量，%	48.0~50.0	48.0~50.0	48.0~50.0
平均相对分子质量	700~5000	450~700	300~450
溴值/(mg/g)	80.0	160.0	240.0
密度(20℃)/(g/cm)	1.18~1.22	1.18~1.22	1.18~1.22
pH值(1%水溶液)	2.0~3.0	2.0~3.0	2.0~3.0

用途 本品作为阻垢剂，可以用于油田注水系统、输油输水管线，可与有机膦酸盐、无机缓蚀剂锌盐等复配使用，也可单独投加到冷却水系统中。根据水质差异，一般用量为 5~20mg/L。

用作钻井液降黏剂，适用于各种类型的水基钻井液，但在盐水钻井液中的效果有所降低，其加量一般为 0.15%~0.5%。为防止钻井液 pH 值降低，需配合稀碱液或纯碱使用。

安全与防护 本品毒性小，能被微生物降解，且降解物对人畜和水生物无害。应避免与眼睛、皮肤接触。

包装与储运 本品采用塑料桶包装，每桶净质量 25kg，储存在阴凉、通风和干燥处，运输中防止暴晒、防冻。

5.P(MA-AA)共聚物降黏剂

化学名称或成分 马来酸和丙烯酸的二元共聚物。

结构式

$$\left[\begin{array}{cc} \text{CH} & \!\!\text{—}\text{CH} \\ | & | \\ \text{C=O} & \text{C=O} \\ | & | \\ \text{ONa} & \text{ONa} \end{array}\right]_m \left[\begin{array}{cc} \text{CH}_2 & \!\!\text{—}\text{CH} \\ & | \\ & \text{C=O} \\ & | \\ & \text{ONa} \end{array}\right]_n$$

产品性能 P(MA–AA)共聚物降黏剂(代号 AMA)即丙烯酸–马来酐共聚物的水解产物，为棕黄色或桔红色透明液体，粉状产品易溶于水，化学稳定性和热稳定性高，分解温度为300℃以上。用于水处理剂，在高温(<300℃)和高 pH 值条件下也具有明显的溶限效应，对碳酸钙、磷酸钙有良好阻垢效果。用作钻井液降黏剂，在淡水钻井液中具有较好的降黏效果，抗温能力强，并具有一定的抗盐抗钙能力。与 PAA 一样，产品必须具有适当的相对分子质量时，才能保证理想的降黏效果，见图 4–9。

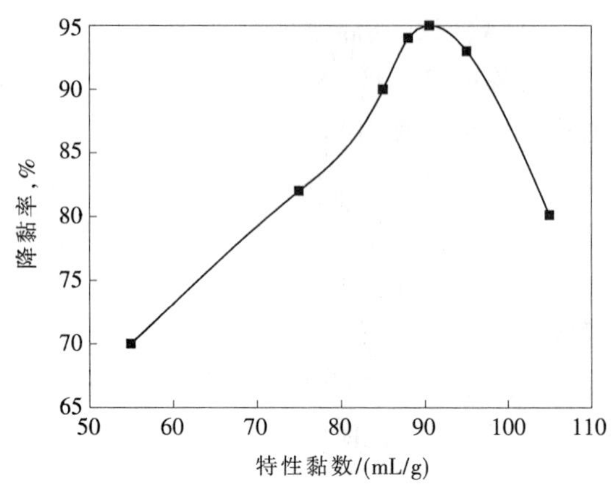

图 4–9 聚合物特性黏数与降黏能力的关系

文献介绍了 AMA 钻井液性能评价情况，并与对苯乙烯磺酸钠–马来酸共聚物(SSMA，由苯乙烯磺酸钠与马来酸酐的共聚物)进行了对比[19]。表 4–34 是降黏剂加量对淡水钻井液性能的影响，由表 4–34 可以看出，降黏剂 SSMA 与 AMA 用量对淡水钻井液流变性的影响趋势相同，钻井液的动切力和表观黏度随着降黏剂用量的增加明显下降，当降黏剂加量为 0.3%时下降到最低值，此后再增加降黏剂的加量时，降黏效果不再发生变化。此外，降黏剂 SSMA 与 AMA 的加入基本不影响钻井液的塑性黏度，这说明 SSMA 和 AMA 的降黏作用是通过拆散黏土颗粒间因端–端、端–面相互作用所形成的网状结构而实现的。与 SSMA 相比，AMA 对淡水钻井液的流变性影响更为明显，当 AMA 加量为 0.3%时，钻井液的 *YP* 低了 95.2%，降黏率为 82.6%，表明 AMA 具有比 SSMA 更强的拆散淡水钻井液中黏土网状结构的能力，这与其基团密度大有关。

表 4–34 降黏剂加量对淡水基浆流变性能的影响

降黏剂加量，%	*AV*/(mPa·s)		*PV*/(mPa·s)		*YP*/Pa		降黏率，%	
	SSMA	AMA	SSMA	AMA	SSMA	AMA	SSMA	AMA
0	22.5		12.0		10.5			
0.1	14.0	12.5	12.0	11.0	2	1.5	660.0	73.0
0.2	13.5	11.5	11.0	10.0	2.5	1.5	65.0	78.0
0.3	13.0	11.5	11.0	11.0	2	0.5	76.1	82.6
0.4	13.0	11.5	11.0	11.0	2	0.5	76.1	82.6

注：淡水基浆组成与配制，将 5g 碳酸钠和 100g 膨润土分散在 1000mL 的去离子水中，加热到 80℃，高速搅拌 20min 后室温放置养护 24h，即得 10%淡水钻井液。

表 4–35 是 SSMA 和 AMA 在盐水钻井液的降黏效果。从表 4–35 可以看出，随着降黏剂 SSMA 或 AMA 加量的增加，盐水钻井液的黏度迅速下降，当加量超过 0.3%后，黏度不再随降黏剂用量的增加发生明显变化，在降黏剂加量相同时，AMA 对盐水钻井液的降黏率比 SSMA 的高，表现出更好的降黏能力。

表 4–36 是 SSMA 与 AMA 在钙处理钻井液中的降黏效果。从表中可以看出，随着降黏剂 SSMA 加量的增大，钙处理钻井液的 *AV*、*YP* 迅速下降，当 SSMA 加量超过 0.3%后，钻井液流变性能不再发生明显变化。在钙处理钻井液中加入 AMA 时，钻井液的黏度和切力随

AMA加量的增增加先降低后增加，当 AMA 加量为 0.5%时，钙处理钻井液黏度显著增加，AMA 失去降黏作用，当降黏剂加量为 0.3%时，AMA 对钙处理钻井液的降黏率比 SSMA 的高，AMA 和 SSMA 在含钙钻井液中的表现行为较为复杂，AMA 在适当的加量范围内(小于 0.3%)对钙处理钻井液的降黏作用比 SSMA 强，在加量大于 0.3%后降黏效果降低，甚至会出现增黏现象，与含 AMA 的钻井液相比，含 SSMA 钻井液的结构与流变性受 $CaCl_2$ 的影响相对较小，说明 SSMA 具有更强的抗钙能力，这与磺酸基对钙不敏感有关。

表 4-35 降黏剂加量对盐水基浆流变性能的影响

降黏剂加量，%	*AV*/(mPa·s)		*PV*/(mPa·s)		*YP*/Pa		降黏率，%	
	SSMA	AMA	SSMA	AMA	SSMA	AMA	SSMA	AMA
0	35.0		13.0		22			
0.1	22.5	21.0	12.0	12.0	10.5	9.0	64	68
0.2	22.5	20.5	13.0	11.0	9.5	9.5	66	70
0.3	21.5	19.5	13.0	11.0	8.5	8.5	68	72
0.4	21.5	19.5	12.0	11.0	8.5	8.5	68	72

注：盐水基浆：在淡水基浆中加入 4%氯化钠，高速搅拌 20min 后密闭养护 24h。

表 4-36 降黏剂加量对钙处理基浆流变性能的影响

降黏剂加量，%	*AV*/(mPa·s)		*PV*/(mPa·s)		*YP*/Pa		降黏率，%	
	SSMA	AMA	SSMA	AMA	SSMA	AMA	SSMA	AMA
0	25.0		10.0		15.0			
0.1	13.0	14.0	10.0	12.0	3.0	2.0	58.8	61.7
0.2	13.0	12.0	11.0	10.0	2.0	2.0	61.8	67.6
0.3	13.5	12.5	12.0	11.0	1.5	1.5	64.7	67.6
0.4	14.0	17.5	12.0	13.0	2.0	4.5	64.7	44.1
0.5	14.0	33.0	11.0	16.0	3.0	17	64.7	增 黏

注：钙处理基浆组成：在淡水基浆中加入 0.2%氯化钙，高速搅拌 20min 后密闭养护 24h。

从图 4-10 可以看出，加有 AMA 的淡水钻井液降黏率随老化温度的升高呈下降趋势，即使老化温度为 220℃时，钻井液的降黏率仍保持为 76.7%，说明 AMA 在淡水钻井液中具有较强的耐温能力。

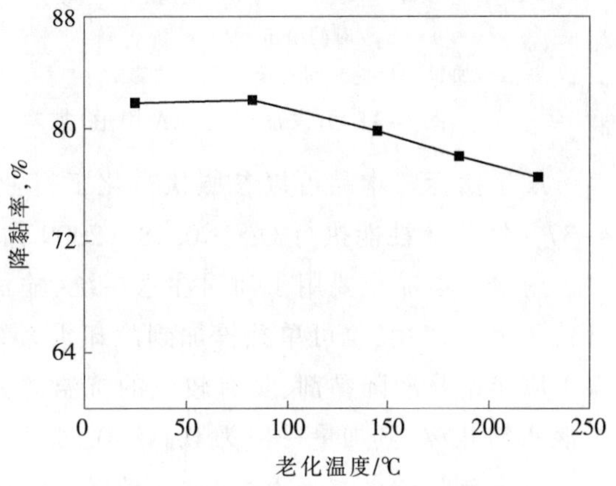

图 4-10 老化温度对钻井液降黏率的影响

注：基浆同表 4-34 下注；降黏剂加量 0.4%，老化时间 16h

制备过程 将一定量的 MA 和蒸馏水加入反应釜，氮气保护下升温至 60℃，待完全溶解后升温至 80~90℃，将一定量的 AA 和过硫酸铵溶液分别滴加到反应釜中，加完后保温反应 2~4h，所得产物干燥、粉碎即得到降黏剂产品。所用 SSMA 采用对苯乙烯磺酸钠与马来酸共聚得到。

由于 MA 单体聚合活性较低，因此在本品的制备中引发剂用量、AA 单体用量 (单体配比)、加料时间、反应时间和反应温度等对聚合反应影响很大。图 4-11 是反应条件一定时，引发剂用量(a)、单体配比(AA 物质的量分数，b)、加料时间和反应时间(c)、反应温度(d)对聚合物产率和相对分子质量的影响。从图中可以看出，聚合物产率随着引发剂用量的增加大幅度增加，当引发剂用量超过 0.8%后，反而大幅度降低，而特性黏数逐步降低；增加 AA 的比例有利于提高产物收率和特性黏数，但当其物质的量分数超过 67%以后特性黏数反而降低；延长加料时间有利于提高产率和特性黏数，但当加料时间过长时产率和特性黏数反而降低，产品收率和特性黏数随着反应时间的增加而提高，当反应时间达到 2h 后，基本趋于恒定；反应温度增加收率提高，特性黏数降低。综合考虑，引发剂用量 0.6%，AA 在单体中质量分数 67%，加料时间 1.5h，反应时间 2h、反应温度 80℃较好[20]。

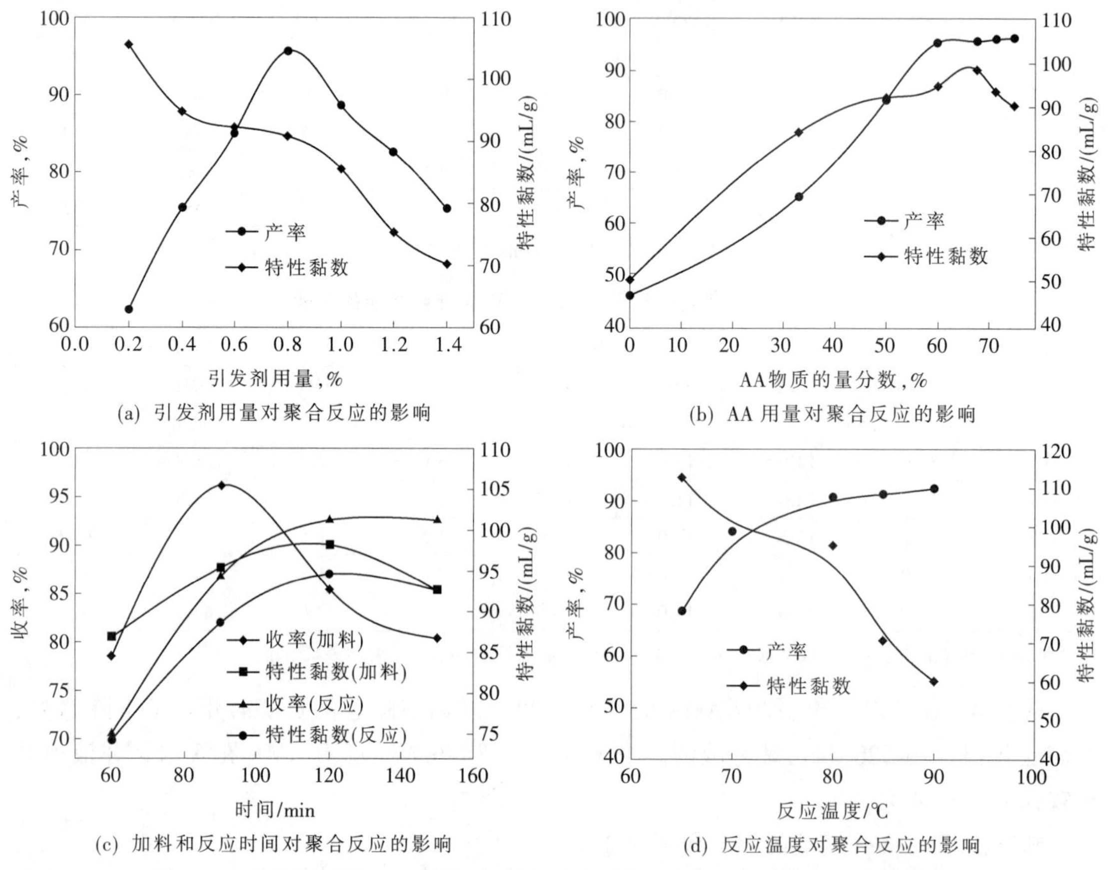

(a) 引发剂用量对聚合反应的影响

(b) AA 用量对聚合反应的影响

(c) 加料和反应时间对聚合反应的影响

(d) 反应温度对聚合反应的影响

图 4-11 引发剂用量、AA 用量、加料和反应时间、反应温度对聚合反应的影响

质量指标 本品可以参照执行化工行业标准 HG/T 2229—1991，其主要技术指标见表 4-37。钻井液性能执行 Q/SH 0318—2009 钻井液用聚合物类降黏剂技术要求(见表 4-30)。

用途 本品主要用于油田注水系统、输油输水管线阻垢，可与有机膦酸盐、无机缓蚀剂锌盐等复配使用，也可单独投加到冷却水系统中，根据水质差异，一般用量为 2~10mg/L。

用作钻井液降黏剂，具有较强的抗温能力和一定的抗盐能力，但抗钙污染能力弱，适用于淡水钻井液，其加量一般为 0.1%~0.3%。

安全与防护 本品毒性小，无致畸、致癌作用，能被微生物降解，且降解物对人畜和水生物无害。应避免与眼睛、皮肤接触。

包装与储运 本品采用塑料桶包装，每桶净质量 25kg。储存在阴凉、通风、干燥处。运输中防止暴晒、防冻。

表 4-37 P(MA-AA)共聚物降黏剂技术要求

项 目	指 标			
	水溶液法	有机溶剂法		
		优等品	一等品	合格品
固体含量,%	≥50.0	48.0	48.0	48.0
平均相对分子质量		400~700	300~450	280~300
游离单体(以马来酸计),%	≤2.5	9.0	13.0	15.0
相对黏度(1%水溶液,30℃)	1.0160~1.0320			
密度(20℃)/(g/cm³)	1.18~1.23	1.18~1.22		
pH值(1%水溶液)	2.0~3.0	2.0~3.0		

6.VAMA 钻井液高温降黏剂

化学名称或成分 顺丁烯二酸和醋酸乙烯酯的二元共聚物。

结构式

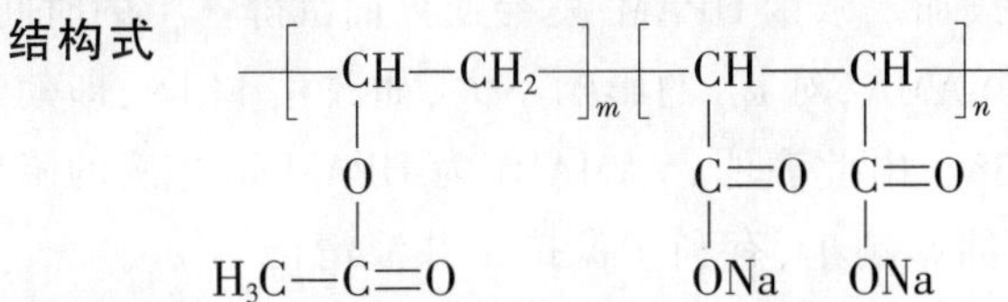

产品性能 乙酸乙烯酯-顺丁烯二酸共聚物(VAMA)是一种阴离子型的低相对分子质量的聚电解质,无毒、无污染,易溶于水,水溶液为中性。分子中含有羧基、酯基及少量的羟基(醋酸乙烯酯结构单元水解得到),热稳定性好,200℃时仅出现微弱分解,250℃时热失重只有 5.76%。具有多种用途,它可以用于处理地热水,改良土壤等。在钻井液方面,可以用作选择性絮凝剂、降黏剂,也可以用作解卡剂。小相对分子质量的 VAMA 对 PAM 钻井液具有良好的降黏作用[21]。

图 4-12 是在同样的加量下,VAMA 和 FCLS 对钻井液表观黏度和动切力的影响。图 4-13是 FCLS 加量对降黏效果的影响。从图中可见,要使基浆的表观黏度降至 12mPa·s,VAMA 的加量仅为 82mg/L,而 FCLS 为 1720mg/L。

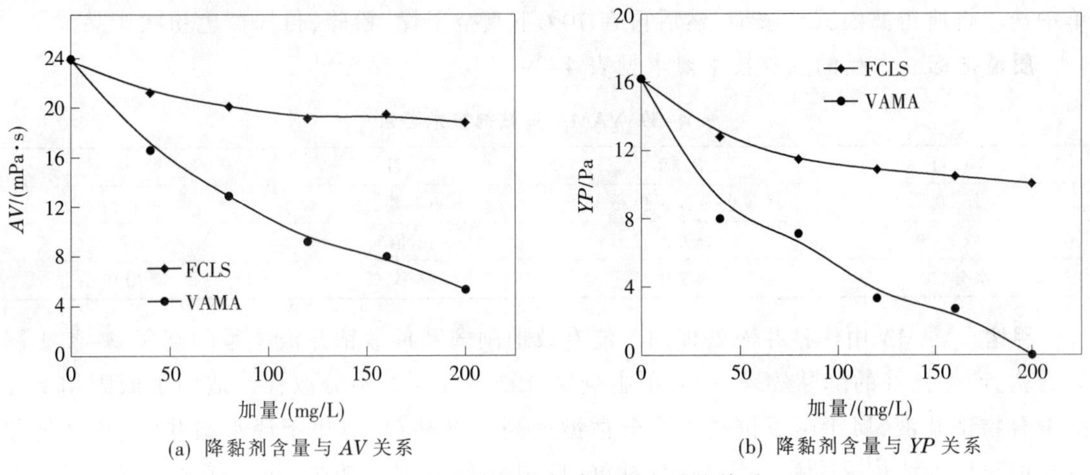

(a) 降黏剂含量与 *AV* 关系　　(b) 降黏剂含量与 *YP* 关系

图 4-12 钻井液性能与降黏剂含量的关系

说明:实验所用基浆均为 5%膨润土浆+0.025% HPAM(M=227×10⁴,水解度为 25%)

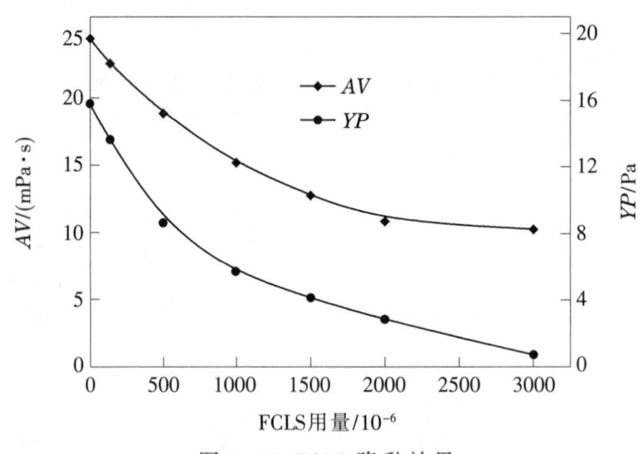

图 4-13 FCLS 降黏效果

说明:实验所用基浆均为 5%膨润土浆加 0.025%的HPAM(M=227×10⁴,水解度为 25%)

尽管 VAMA 对 HPAM 钻井液的降黏能力比 FCLS 强得多,但对 HPAM 絮凝劣质土能力的影响,却远比后者小。高岭土悬浮液中只加入微量 HPAM,就会使界面沉降一半的时间($t_{1/2}$)缩短到原来的几十分之一。这时再加入 VAMA,对 $t_{1/2}$ 的影响不大,如改用 FCLS,即使加量很小,也会使 $t_{1/2}$ 明显增加,结果见表 4-38。由此表明,VAMA 作为 HPAM 钻井液的降黏剂使用,不仅加量少,且对 HPAM 絮凝能力的影响小,有利于保持钻井液清洁。

表 4-38 降黏剂对 HPAM 絮凝能力的影响

序号	配方	$t_{1/2}$/s	序号	配方	$t_{1/2}$/s
1	12%高岭土-水悬浮液	1185	3	2+0.4×10⁻⁴ VAMA	68.0
2	1+0.4×10⁻⁴ HPAM(M=227×10⁴,水解度 37.7%)	51.0	4	3+0.4×10⁻⁴ FCLS	457

制备过程 将 67 份顺丁烯二酸酐和 500 份的水加入反应釜中,搅拌使其充分溶解,然后用氢氧化钠(配成溶液)将其中和至 pH 值为 4~5,中和过程中会有部分顺丁烯二酸单钠盐析出,然后加热,使析出的顺丁烯二酸单钠全部溶解后,加入 60 份醋酸乙烯酯,搅拌均匀后加入 2.7 份过硫酸钾和 2.7 份亚硫酸氢钠,在 70℃下反应 8h;待反应时间达到后向反应釜中夹层中通冷却水,将体系的温度降至 0℃,将产物过滤,以除去未反应的顺丁烯二酸单钠盐。将所得滤液减压浓缩,然后再在 70℃下真空干燥、粉碎,得棕黄色粉状产品。

质量指标 本品的主要技术要求见表 4-39。

表 4-39 VAMA 降黏剂技术要求

项目	指标	项目	指标
外观	淡黄色至棕黄色粉末	水不溶物,%	≤1.0
有效物,%	≥90.0	pH值	6~7
水分,%	≤7.0	降黏率,%	≥70.0

用途 VAMA 用作钻井液处理剂,能有效地削弱和拆散钻井液体系的高聚物-黏土网架结构,产生良好的降黏效果,同时不影响聚合物钻井液的不分散性。适用于低固相不分散聚合物钻井液,属于耐温抗盐和不分散型的高效降黏剂,适用于淡水钻井液、盐水钻井液和饱和盐水钻井液体系。产品配伍性好,应用范围广,使用方便,可直接加入或稀释成不同浓度使用,其加量一般为 0.2%~0.5%[22]。

安全与防护 低毒,使用时防止粉尘吸入及与眼睛、皮肤接触。

包装与储运 本品极易吸潮,采用内衬塑料袋(热压封口)、外用防潮牛皮纸袋包装。贮存在阴凉、通风、干燥处。运输中防止受潮和雨淋。

7.两性离子降黏剂 XY-27

化学名称或成分 丙烯酰胺、丙烯酸、丙烯磺酸钠、烯丙基三甲基氯化铵等多元共聚物。

结构式

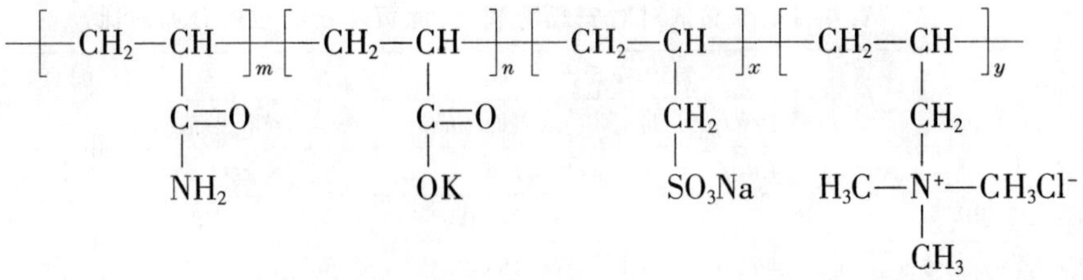

$$\left[\mathrm{CH_2-CH(C{=}O)(NH_2)}\right]_m\left[\mathrm{CH_2-CH(C{=}O)(OK)}\right]_n\left[\mathrm{CH_2-CH(CH_2SO_3Na)}\right]_x\left[\mathrm{CH_2-CH(CH_2-N^+(CH_3)(H_3C)-CH_3Cl^-)}\right]_y$$

产品性能 本品是一种相对分子质量较小(10000 以内)的两性离子型线型聚电解质,白色或灰白色粉末,极易吸潮,易溶于水,水溶液近中性。由于分子链中同时具有阳离子基团(10%~40%)、阴离子基团(20%~60%)和非离子基团(0~40%),与阴离子型聚合物降黏剂相比,在降黏的同时,具有较强的抑制作用。

从表 4-40 和表 4-41 可以看出,随着分子中阳离子基团量的增加,抑制性提高,且 XY-27 降黏剂加量越高,则其抑制性越强[23]。表 4-42 和表 4-43 是降黏剂 XY-27、XA-40 和 XB-40 对安丘膨润土页岩粉的抑制性对比实验结果[24]。从表 4-42 和表 4-43 可以看出,XA-40、XB-40 聚合物降黏剂无论对安丘膨润土或是对页岩粉,其 CST 值和比表面值都比清水体系大,说明该类降黏剂不具有抑制性;而 XY-27 复合离子聚合物降黏剂无论对安丘膨润土或页岩粉,其 CST 值和比表面都比清水体系小,说明该降黏剂具有一定的抑制性。

表 4-40 阳离子基团含量对 XY-27 降黏剂的影响

阳离子基团含量,%	土	剪切时间/s	CST/s	阳离子基团含量,%	土	剪切时间/s	CST/s
15	15%安丘土	30	320	30	15%安丘土	30	260
		60	380			60	300
15	15%泥页岩	30	150	30	15%泥页岩	30	110
		60	180			60	130

注:利用 CST 毛细吸收仪测定,处理剂加量 0.15%。

表 4-41 XY-27 含量对安丘膨润土、泥页岩粉的抑制性的影响

处理剂含量/10^{-6}	CST/s	阳离子基团含量,%	土	处理剂含量/10^{-6}	CST/s	阳离子基团含量,%	土
500	494.4	30	15%膨润土+0.6% Na_2CO_3	500	192.7	30	15%泥页岩粉
	518.1	15			214.9	15	
1000	412.0	30		1000	181.8	30	
	477.7	15			198.5	15	
1500	407.0	30		1500	149.3	30	
	467.1	15			148.3	15	

注:15%膨润土+0.6% Na_2CO_3+清水,在 3 档下剪切 2min,CST 为 67.44s;15%泥页岩粉+清水,在 3 档下剪切 2min,CST 为 284.7s。

表 4-42 CST 测定降黏剂对安丘膨润土和明化镇岩粉的抑制性

处理剂加量	CST/s		处理剂加量	CST/s	
	15%安丘膨润土+0.6% Na_2CO_3	15%泥页岩粉		15%安丘膨润土+0.6% Na_2CO_3	15%泥页岩粉
清 水	674.4	248.7	10×10^{-4} XA-40	792.3	333.5
10×10^{-4} XY-27	412.0	181.8	10×10^{-4} XB-40	694.6	282.7

表 4-43 降黏剂对对安丘膨润土、泥页岩粉的粒度分布对比

样 品	7.5%安丘土		7.5%泥页岩粉	
	粒径中值/μm	比表面/(m^2/g)	粒径中值/μm	比表面/(m^2/g)
清 水	4.4	155.14	11.6	59.40
0.4% XB-40	3.3	247.04	9.8	64.28
0.4% XY-27	4.8	153.40	13.7	53.53

注：将安丘膨润土或明化镇组页岩粉，先加入 0.6% Na_2CO_3，然后将样品用五轴高速搅拌器搅拌 30min，将搅拌好的试样取一定体积缓缓加入 Malvern-2600 型激光粒度仪测量试样槽中，使其试样槽中粒子浓度达到仪器指示的最佳状态，然后测定试样中安丘膨润土或岩粉的分散程度。

XY-27 还可以提高大分子聚合物处理剂的抑制能力，即与大分子配伍可以产生增效作用，表 4-44 是与不同类型的大分子配伍实验结果。从表中可以看出，复合离子 FA-367 溶液的回收率远高于阴离子型聚合物 80A-51，且加入两性离子降黏剂 XY-27 后，回收率显著增加，并且降黏剂加量越大，增加的幅度越大，表明 XY-27 可以增强大分子聚合物(主聚合物)的防塌抑制能力。而阴离子降黏剂与阴离子大分子配伍使用时，回收率则呈下降趋势(见表 4-45)[25]。

表 4-44 路 16 井(馆陶组)岩样回收率试验结果

主聚合物	XY-27 加量/(mg/L)	回收率，%	主聚合物	XY-27 加量/(mg/L)	回收率，%
FA-367	0	62.9	80A-51	0	48.6
	1000	82.5		1000	36.8
	3000	86.2		3000	66.1

注：FA-367 相对分子质量为 250×10^4，阳离子度 10%；80A-51 相对分子质量为 300×10^4~400×10^4；页岩清水中回收率 10.1%。

表 4-45 阴离子降黏剂和大分子聚合物配伍回收率实验结果

主聚合物	加量/(mg/L)	XA-40 加量/(mg/L)	回收率，%	主聚合物	加量/(mg/L)	XA-40 加量/(mg/L)	回收率，%
PAC-141	1000		47.8	80A-51	1000		50.2
	2000		52.3		2000		51.5
	1000	1000	44.5		1000	1000	48.1
	2000	2000	42.3		2000	2000	45.2

注：所用页岩清水中回收率 18.5%。

表 4-46 是 XY-27 在不同组成的钻井液中的降黏实验结果。表中数据表明，XY-27 在聚合物钻井液中具有较强的降黏作用。

图 4-14 是 XY-27 在膨润土表面的吸附量与吸附时间的关系。从图中可以看出，两性离子型聚合物降黏剂 XY-27 较阴离子型聚合物降黏剂吸附达到平衡时所需的时间短，且

吸附量更高，具有更快的吸附速度。图 4-15 是 XY-27 在膨润土表面的吸附热力学规律，基本符合 Langmuir 方程规律。由吸附曲线计算出它在膨润土表面吸附自由能 ΔG_0=-81.8kJ/mol，其数值低于两性离子聚合物包被剂 FA-367(-69.8kJ/mol)。据此，XY-27 能够优先吸附于黏土表面，并阻碍大分子的吸附，从而起到降黏效果[26]。

表 4-46 XY-27 在不同组成的钻井液中的降黏实验结果

基浆组成	XY-27 加量，%	*FV*/s	*AV*/(mPa·s)	*YP*/Pa	*FL*/mL	ϕ_{100}	*DI* 值，%
4%膨润土浆+0.3%FA-367	0	滴 流	41.5	26	15.5	37	
	0.1	28.5	16.5	13	3.5	8	78.4
	0.2	27.5	17	13	4	9	75.7
	0.4	27.5	16	13	4	8	78.4
4%膨润土浆+0.3%PAC-141	0	135	27	19	8	20	
	0.1	23	11.5	10	1.5	5	75
	0.2	24	11.5	10	1.5	5	75
	0.4	23	11.5	10	1.5	5	75

注：*DI* 值(降黏率)=$(n_1-n_2)/n_1$，n_1 为加样前钻井液 ϕ_{100} 读数，n_2 为加样后钻井液 ϕ_{100} 读数。

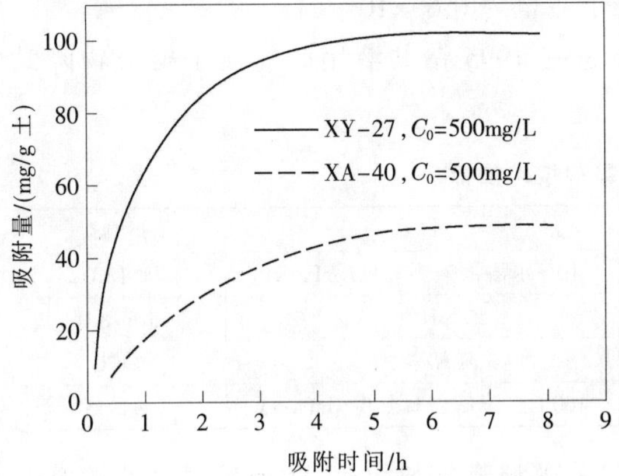

图 4-14 XY-27 在黏土表面的吸附量与时间的关系

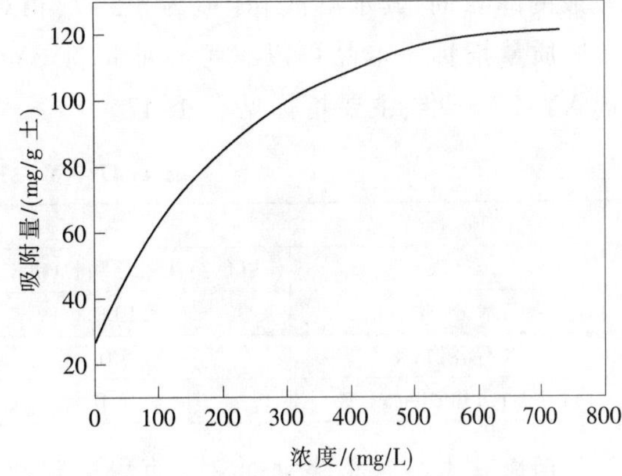

图 4-15 XY-27 在黏土表面的吸附量与浓度的关系

XY-27 的降黏机理可以归纳为：①由于 XY-27 的分子链上有阳离子基团，能与黏土发生离子型吸附，又由于是线型小分子聚合物，故它比高分子聚合物能更快、更牢固地吸附在黏土颗粒上；②XY-27 的特有结构使它与高聚物之间的交联或络合机会增加，从而使其比阴离子聚合物降黏剂有更好的降黏效果；③由于分子链中的有机阳离子基团吸附于黏土表面之后，一方面中和了黏土表面的一部分负电荷，削弱了黏土的水化作用。另一方面这种特殊分子结构使聚合物链之间更容易发生缔合，因此，尽管其相对分子质量较低，仍能对黏土颗粒进行包被，不减弱体系抑制性；④分子链中大量水化基团所形成的水化膜可阻止自由水分子与黏土表面的接触，并提高黏土颗粒的抗剪切强度。

制备方法 可以用两种方法制备。

方法一：在室温下，向容器中依次加入 40 份的水、10 份丙烯酰胺、80 份丙烯酸钾、30份丙烯磺酸钠、15 份阳离子单体和 5 份烷基硫醇，搅拌至原料溶解均匀后，加入 7.5 份质量分数 20%的过硫酸铵和 7.5 份质量分数 20%硫代硫酸钠水溶液，短时间内反应得到多孔固体,粉碎便得产品。产品收率在95%以上。

方法二:以丙烯酸为母液,将阳离子单体和阴离子单体溶于丙烯酸中,加入适量相对分子质量调节剂,待加入引发剂后,适时泼入反应平台上即可发生爆聚反应,反应时间约1~2min。爆聚反应是强放热反应,反应瞬间完成,同时放出大量的热,使反应生成的水分迅速汽化为水蒸气,水蒸气蒸发过程既是反应过程同时亦是产品干燥过程,反应后产物含水均小于5%,经粉碎即为成品。此工艺的缺点是反应产生的大量水蒸气、二氧化碳气夹杂着部分固体物料、未反应的丙烯酸等有害物质,直接排放空气中,造成严重污染,且产品收率低,一般在85%~90%。

中国专利ZL02104242.X[27]公开了一种制备方法,内容是:在装有搅拌的混料器中,依次加入40.0g水、10.0g丙烯酰胺、90.0g丙烯酸钾、20.0g丙烯磺酸钠、10.0g丙烯酰胺基丙基三甲基氯化铵、10.0g *N*,*N*–二乙基–*N*–苄基烯丙基氯化铵和3.0g巯基乙酸及1.0g巯乙基亚氨基二乙酸,搅拌混合均匀后加入7.5mL质量分数20%的过硫酸铵水溶液和7.5mL质量分数20%的亚硫酸氢钠水溶液,短时间内反应温度迅速上升至120℃左右,聚合热蒸发掉大量水分,反应产物呈多孔状固体,于常温条件下晾干,再粉碎。该产物作为钻井液与完井液的降黏剂,其水溶液pH值为5.5~7,相对分子质量为0.69×10^4。

质量指标 本品可以参考行业标准SY/T 5695—1995钻井液用两性离子聚合物降黏剂XY–27标准,主要指标见表4–47。

表4–47 XY–27降黏剂技术指标

项 目	指 标	项 目	指 标
外 观	白色至浅黄色颗粒(粉末)	10%水溶液表观黏度/(mPa·s)	≤15.0
水分,%	≤10.0	pH值	5.5~8.0
水不溶物,%	≤5.0	降黏率,%	≥70
筛余量(筛孔0.9mm),%	≤10.0	160℃热滚后表观黏度/(mPa·s)	≤27.5

用途 本品既是降黏剂又是页岩抑制剂。与分散型降黏剂相比,在加量较少的情况下(通常为0.1%~0.3%)就能获得较好的降黏效果,同时还有一定的抑制黏土水化膨胀的能力。本品经常与两性离子包被剂FA–367及两性离子降滤失剂JT–888等配合使用,构成目前国内广泛使用的两性复合离子聚合物钻井液体系。同时,它在其他钻井液体系,包括分散钻井液体系中也能有效地降黏。本品还兼有一定的降滤失作用,能同其他类型处理剂互相兼容,如可以配合使用磺化沥青或磺化酚醛树脂类等处理剂,以改善泥饼质量,提高封堵效果和抗温能力。适用于各种水基钻井液,可用于高温深井的钻探中,加量为0.1%~0.5%。

本品也可以用作水处理阻垢分散剂。

安全与防护 低毒。使用时防止粉尘吸入及与眼睛、皮肤接触。

包装与储运 本品极易吸潮,采用内衬塑料袋(热压封口)、外用防潮牛皮纸袋包装。储存在阴凉、通风、干燥处。运输中防止受潮和雨淋。如遇到产品因受潮结块或发黏,则可以烘干、粉碎后使用。

8.HT–401两性离子钻井液降黏剂

化学名称或成分 丙烯酸和丙烯磺酸钠、烯丙基三甲基氯化铵的共聚物。

结构式

$$-\!\left[\mathrm{CH_2-}\begin{array}[t]{c}\mathrm{CH}\\|\\\mathrm{C{=}O}\\|\\\mathrm{ONa}\end{array}\right]_m\!\!-\!\!\left[\mathrm{CH_2-}\begin{array}[t]{c}\mathrm{CH}\\|\\\mathrm{CH_2}\\|\\\mathrm{SO_3Na}\end{array}\right]_n\!\!-\!\!\left[\mathrm{CH_2-}\begin{array}[t]{c}\mathrm{CH}\\|\\\mathrm{CH_2}\\|\\\mathrm{H_3C-N^+-CH_3Cl^-}\\|\\\mathrm{CH_3}\end{array}\right]_o\!-$$

产品性能 本品是一种两性离子型低相对分子质量的多元共聚物,无毒,无污染,易溶于水,水溶液呈弱碱性。由于分子中含有磺酸基和阳离子基团,使其具有良好的耐温抗盐和一定的抗钙、镁污染的能力,同时还具有较强的抑制性,与高相对分子质量的两性离子型聚合物配合使用时,可以有效地控制钻井液的流变性,改善钻井液的防塌、抑制能力,有利于控制地层造浆,抑制黏土分散,适用于各种类型的聚合物钻井液。其作用与 XY-27 相近。

制备过程 将 64 份丙烯酸和 120~150 份水加入原料混合釜中,然后慢慢加入 20 份的纯碱,等纯碱加完后搅拌至无汽泡产生为止。向上述体系中加入 24 份丙烯磺酸钠、12 份烯丙基三甲基氯化铵和 2.6 份相对分子质量调节剂,搅拌均匀,然后依次加入 8 份质量分数为 37.5%的过硫酸铵和 6.5 份质量分数为 25%的亚硫酸氢钠溶液,搅拌,并迅速将所配制的反应混合液加入到事先放有 50 份纯碱的聚合物反应器中, 搅拌使反应混合液与纯碱充分混合 2~5min 发生快速反应,由于反应放热,使水分大量蒸发,最后得到基本干燥的多孔泡沫状产品;将产物送入烘干房,在 100℃干燥至含水≤5%,粉碎即得共聚物产品。

需要特别强调的是,在产品制备中,反应条件一定时,产品性能受聚合物相对分子质量和合成时阳离子单体投料量的影响很大。原料配比和反应条件一定时,合成一系列不同相对分子质量的产物(以水溶液黏度表示),产品性能与其 10%水溶液表观黏度的关系见图4-16。从图中可以看出,产品的降黏能力随着水溶液黏度的增加先提高后有增加,即只有产品的相对分子质量适当时才能保证良好的降黏效果,而页岩滚动回收率(反映防塌能力)则随着溶液黏度的增加而稍有增加,但影响不大。

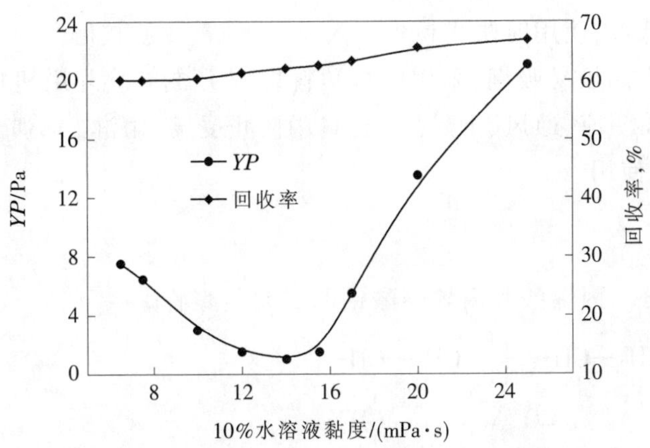

图 4-16 产品性能与其 10%水溶液表观黏度的关系

注:基浆为 10%膨润土浆,样品加量 0.3%,页岩清水回收率 37.6%

图 4-17 是原料配比和反应条件一定时,阳离子单体用量对产品性能的影响。从图中可以看出,增加阳离子单体用量有利于提高产品的降黏能力,但当阳离子单体用量过大时,降黏能力反而降低,且钻井液出现絮凝,滤失量明显增加。钻井液的页岩回收率则随着阳

离子单体用量的增加而增加，说明增加阳离子单体用量有利于提高产物的抑制防塌能力。

质量指标 本品主要技术要求见表 4-48。

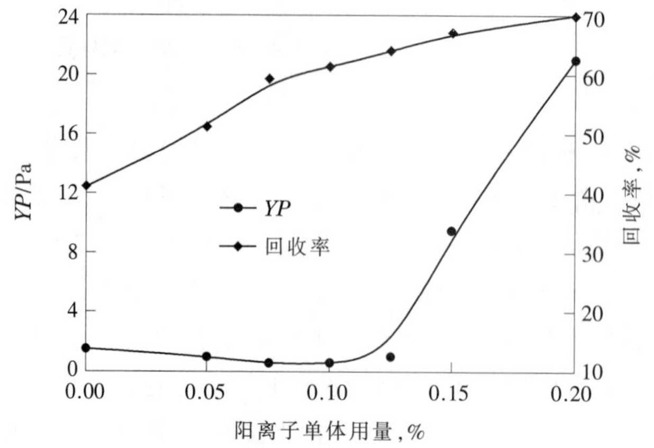

图 4-17 产品性能与阳离子单体用量的关系

注：基浆为 10%膨润土浆，样品加量 0.3%，页岩清水回收率 37.6%

表 4-48 HT-401 降黏剂技术要求

项目	指标	项目	指标
外观	白色或浅黄色粉末	10%水溶液表观黏度/(mPa·s)	≤15
细度(0.9mm 筛余量)，%	≤10	1%水溶液 pH 值	6~7
水分，%	≤10	处理钻井液 160℃热滚后表观黏度/(mPa·s)	≤27
不溶物，%	≤5	降黏率，%	≥70

用途 本品主要用作不分散聚合物钻井液的降黏剂，兼具降低滤失量、改善泥饼质量的作用，具有一定的抗盐能力，适用于水基钻井液体系。本品可以直接加入钻井液中，其加量为 0.1%~0.5%，与两性离子型包被降滤失剂一起使用抑制性更佳，在膨润土或固相含量较高的情况下本品效果不明显。

安全与防护 低毒，使用时防止粉尘吸入及与眼睛、皮肤接触。

包装与储运 本品极易吸潮，采用内衬塑料袋(热压封口)、外用塑料编织袋包装，每袋净质量 25kg。储存在阴凉、通风、干燥处。运输中防止受潮、雨淋。如遇到产品因受潮结块，则可以烘干、粉碎后使用。

9.XB-40 降黏剂

化学名称或成分 丙烯酸和丙烯磺酸钠的二元共聚物。

结构式

$$\left[CH_2 - \underset{\underset{ONa}{|}}{\underset{C=O}{\underset{|}{CH}}} \right]_m \left[CH_2 - \underset{\underset{SO_3Na}{|}}{\underset{CH_2}{\underset{|}{CH}}} \right]_n$$

产品性能 本品是一种含磺酸基的共聚物，是早期使用的钻井液降黏剂之一，无毒、无污染，极易吸潮、易溶于水。其平均相对分子质量为 2000~7000。由于分子中含有磺酸基团，其抗温抗盐能力比 XA-40 有了明显提高，可抗 180℃高温，但在盐水钻井液中的降黏效果仍然较低。由于丙烯磺酸钠聚合活性低，产物中除共聚物外还含有一部分 PAA、PAS 和 AS等。

XB-40 在聚合物钻井液(4%膨润土基浆+0.3%PAC-141)中的降黏效果见图 4-18[28]。从图中可以看出,本品在钻井液中具有明显的降黏效果,随着加量的增加 *AV* 和 *YP* 均明显降低。

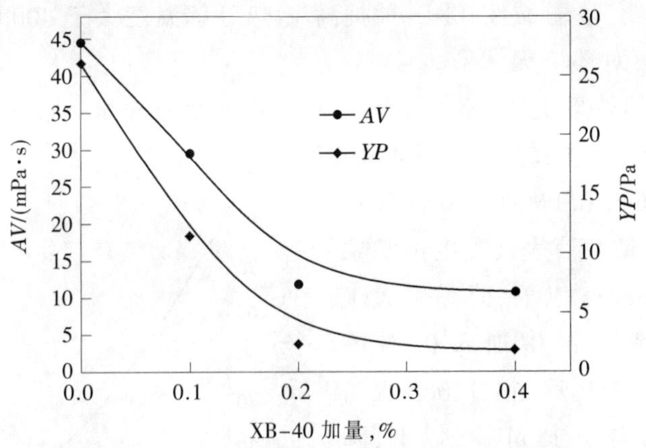

图 4-18 XB-40 在聚合物钻井液中的降黏效果

制备过程 将 80 份丙烯酸和 120 份的水加入反应釜中,然后在搅拌下慢慢加入 60 份纯碱,待纯碱加完后,加入 20 份丙烯磺酸钠,搅拌使其溶解,得单体的反应混合液,将反应混合液升温至 60~70℃。待温度达到后将反应混合液转移至聚合反应器中,在搅拌下加入 10 份链转移剂,搅拌均匀后加入引发剂过硫酸铵和亚硫酸氢钠,并搅拌 5~10min 即发生聚合反应,最后得到基本干燥的多孔泡沫状产物。将产物在 100℃下烘至水分含量小于 5%,然后经粉碎、包装,即得成品。

质量指标 本品主要技术要求见表 4-49。

表 4-49 XB-40 降黏剂技术要求

项 目	指 标	项 目	指 标
外 观	白色或浅黄色粉末	聚合度	40~120
水分,%	≤7.0	常温降黏率,%	≥70.0
水不溶物,%	≤2.0	高温老化后降黏率,%	≥50.0

用途 本品具有较强的抗温、抗盐和抗钙污染的能力,作为水基钻井液的降黏剂,特别适用于不分散聚合物钻井液,兼具降滤失、改善泥饼质量的作用。本品可以直接加入到钻井液中,也可以配成 5%~10%的水溶液,然后再按比例加入钻井液中。推荐加量 0.1%~0.5%。

安全与防护 低毒,使用时防止粉尘吸入及与眼睛、皮肤接触。

包装与储运 本品易吸潮,采用内衬塑料袋(热压封口)、外用防潮牛皮纸袋包装。贮存在通风、阴凉、干燥处。运输中防止受潮和雨淋。

10.SSMA 高温降黏剂

化学名称或成分 磺化苯乙烯-马来酸共聚物。

结构式

$$\left[\begin{array}{cccc} \mathrm{CH} - & \mathrm{CH_2} - & \mathrm{CH} - & \mathrm{CH} \\ | & & | & | \\ \mathrm{C_6H_4} & & \mathrm{C{=}O} & \mathrm{C{=}O} \\ | & & | & | \\ \mathrm{SO_3Na} & & \mathrm{ONa} & \mathrm{ONa} \end{array}\right]_n$$

产品性能　磺化苯乙烯-顺丁烯二酸共聚物(SSMA)别名磺化苯乙烯-马来酸共聚物、水解磺化苯乙烯-马来酸酐共聚物,为低相对分子质量的阴离子型聚电解,易吸潮,可溶于水。水溶液淡黄色透明,呈弱碱性。是一种抗高温(热分解温度大于400℃)的解絮凝剂,相对分子质量1000~5000,对环境无污染。

与FCLS配合使用效果更佳。室温下钻井液表观黏度随SSMA加量增加而明显降低,且加量0.2%~0.5%时降黏效果较好(见图4-19)[29]。

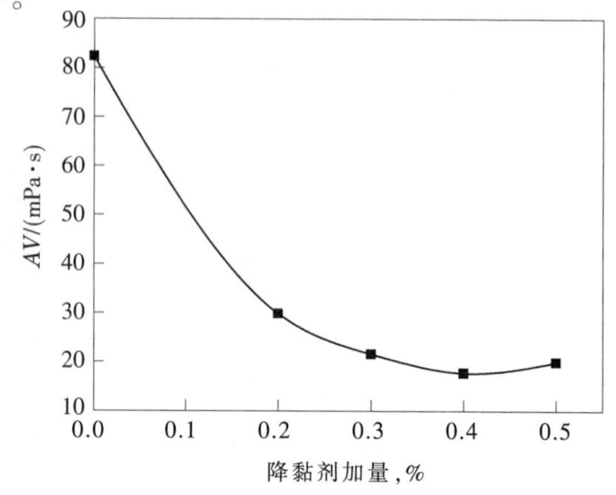

图4-19 SSMA加量对淡水钻井液表观黏度的影响

淡水钻井液中加入0.3%的SSMA,并在230℃高温下老化后,钻井液表观黏度由基浆的64mPa·s降至28mPa·s以下,降黏率大于56%。在15%盐水钻井液中加入0.4%的SSMA并在230℃高温老化后,钻井液表观黏度由基浆的35mPa·s降至18mPa·s以下,降黏率大于48%。说明SSMA在苛刻条件下对钻井液仍具有较好的降黏作用,能够满足高温深井及复杂井对钻井液降黏的要求。其降黏效果明显优于FCLS(见图4-20)。国外将SSMA在许多深井或地热井使用,如某井钻至井深5486m,井温176.7℃,钻井液稠化,流变性难以控制,用木质素磺酸盐处理和强化固控,仅能暂时改变流变性。在井深5547m,加入2.85kg/cm³的SSMA,流变性得到控制。采用SSMA和FCLS复合处理密度2.24~2.27g/cm³的井浆,钻井液性能良好,克服了经常发生的气侵和CO_2侵现象,用此体系钻至井深6981m,井温229.4℃[30]。

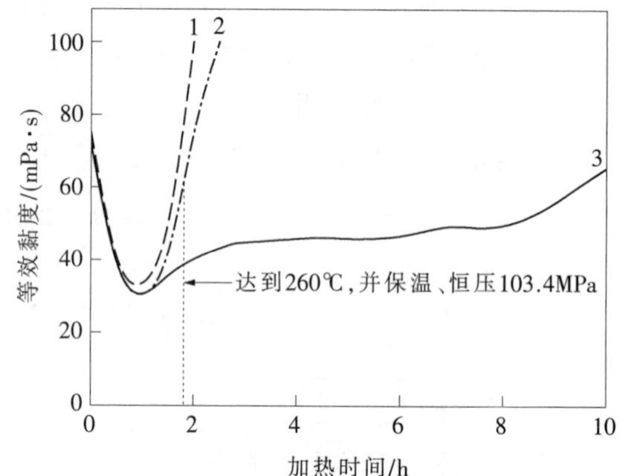

图4-20 SSMA和FCLS对现场钻井液热稳定性的影响

1—井浆;2—17.1kg/m³ FCLS;3—5.7kg/m³ SSMA

制备过程　在反应釜中加入300份甲苯、10.4份苯乙烯、9.8份顺酐和适量的过氧化苯甲酰,在室温下搅拌至混合物呈透明状,然后将反应混合物升温至回流,在回流状态下反应1h,将反应物冷却至室温,过滤分离出溶剂(循环使用)。将上述所得的Ma-St共聚物分散在300份二氯乙烷中,然后在30~35℃下慢慢滴加9份50%的发烟硫酸,待反应时间达到后用氢氧化钠溶液将反应混合物中和至pH值等于7,分出有机相用于回收溶剂,所得水相经真空干燥即得SSMA降黏剂产品。也可以采用苯乙烯磺酸钠与马来酸酐共聚合成,但由于非交替聚合,其降黏效果不如苯乙烯-马来酸酐交替聚合物的磺化产物。

在SSMA制备中,引发剂用量、单体配比、反应温度和反应时间等对苯乙烯和马来酸酐交替共聚产品收率和相对分子质量有重要的影响。文献[29]进行了实验研究,当苯乙烯与马来酸酐物质的量比为1.1:1.0,反应时间为3h时,引发剂用量与共聚物产率和共聚物相对分子质量的关系见图4-21。从图中可见,当引发剂用量较小时,随着引发剂加量的增加,共聚物产率显著增加，相对分子质量也迅速降低。当用量小于单体总质量的0.3%时，产率太低而无生产价值；用量大于1.2%时，产率增加缓慢且相对分子质量小于3000；引发剂用量超过0.7%而小于1.2%时，产率大于85%，相对分子质量小于5500。实验表明，苯乙烯-马来酸酐共聚物相对分子质量在3000~5500范围时，磺化、水解生成的磺化苯乙烯-马来酸共聚物在钻井液中具有良好的降黏性能。在制备钻井液降黏剂SSHMA时，苯乙烯-马来酸酐共聚反应中引发剂的用量为0.7%~1.2%可以得到性能较好的产品。

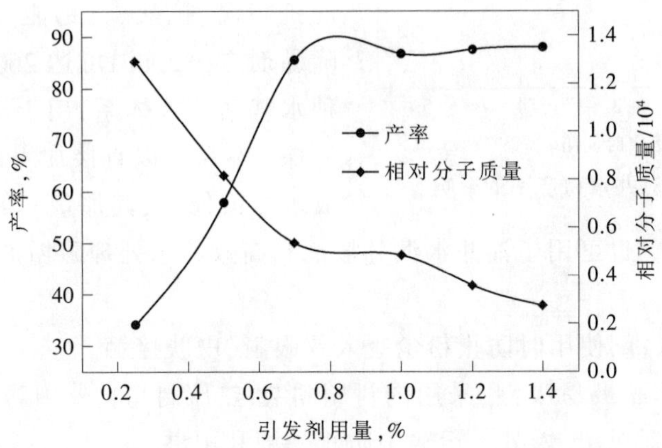

图4-21 引发剂对共聚物产率和相对分子质量的影响

当引发剂用量为1.0%、反应时间为3h时，共聚单体物质的量比与共聚物产率和相对分子质量的关系见图4-22。从图中可以看出，随着苯乙烯、马来酸酐物质的量比的增加，共聚物产率先增加，后又降低，共聚物相对分子质量则变化不大。当n(苯乙烯):n(马来酸酐)为(1.0~1.2):1.0时，共聚反应产率大于85%，且产物作为钻井液降黏剂的相对分子质量大小比较适中，所以选用苯乙烯与马来酸酐物质的量比为(1.0~1.2):1.0。

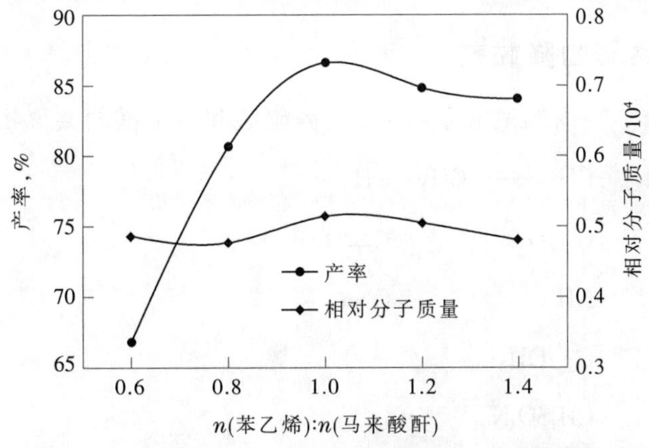

图4-22 单体配比对共聚物产率和相对分子质量的影响

当n(苯乙烯):n(马来酸酐)为1.1:1.0，引发剂用量为1.0%时，反应时间对苯乙烯与马来酸酐共聚反应产率的影响见图4-23。由图看出，在3h内共聚物产率随着反应时间的增加逐渐提高，3h产率为85%，3h后产率基本不变，可见共聚反应时间为3h即可满足反应要求。

对于反应温度来讲，随着反应温度的升高，自由基聚合反应速率增加，生成的聚合物相对分子质量降低，产率增加。在溶液中的苯乙烯与马来酸酐发生交替共聚反应，使用不同

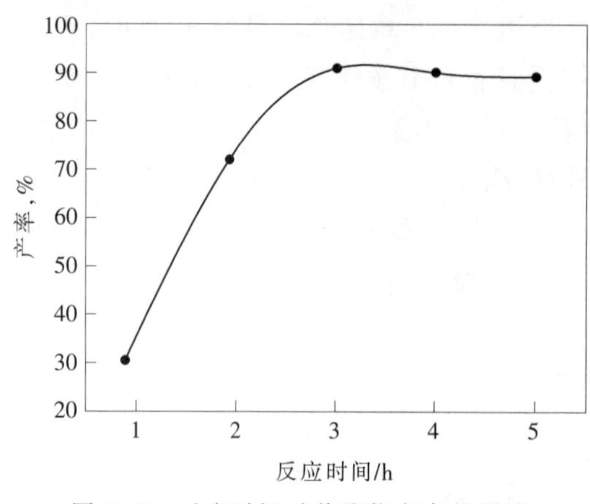

图 4-23 反应时间对共聚物产率的影响

的溶剂所要求的反应温度不同。当用甲苯作溶剂时,反应在 85℃下就能很快进行,当用挥发性和毒性较甲苯小的二甲苯作溶剂时,反应在 110℃以上才能进行。

质量指标 本品主要技术要求见表 4-50。

用途 本品作为钻井液降黏剂具有很高的抗高温、抗盐、抗钙能力,是最有效的高温降黏剂之一,抗温可达 260℃。本品适用于各种水基钻井液体系,用于深井、超深井和地热钻探。本品可以直接加入钻井液中,也可以配成水溶液使用,其加量一般为 0.1%~0.5%,适宜的 pH 值为 8 左右。也可用于油井水泥分散剂和高效的水处理阻垢剂,缺点是成本高,生产工艺复杂。

安全与防护 低毒,使用时防止粉尘吸入及眼睛、皮肤接触。

包装与储运 本品极易吸潮,采用内衬塑料袋(热压封口)、外用防潮纤维桶或塑料袋包装。贮存在阴凉、通风、干燥处。运输中防止受潮和雨淋。

表 4-50 SSMA 降黏剂技术要求

项 目	指 标	项 目	指 标
外 观	黄褐色粉末	水分,%	≤7.0
总固含量,%	≥80.0	水不溶物,%	≤2.0
硫酸钠含量,%	≤4.0	pH值(30%水溶液)	6.5~7.5
黏度(30%水溶液,25℃)/(mPa·s)	≤30.0	离子性质	阴离子

11.P(AMPS-AA)共聚物降黏剂

化学名称或成分 2-丙烯酰胺基-2-甲基丙磺酸和丙烯酸的共聚物。

结构式

$$\left[CH_2-\underset{\substack{|\\ C=O \\ | \\ NH \\ | \\ H_3C-\underset{\substack{|\\ CH_2SO_3Na}}{C}-CH_3}}{CH} \right]_m \left[CH_2-\underset{\substack{|\\ C=O\\ |\\ ONa}}{CH} \right]_n$$

产品性能 P(AMPS-AA)共聚物降黏剂,国外同类产品 CPD(为 50%水溶液),是一种低相对分子质量的阴离子型聚合物,易吸潮,可溶于水,水溶液呈弱碱性。其相对分子质量 1500~5000,抗温大于 260℃,抗钙能力强,钙离子高达 1800mg/L 时,它所处理的钻井液仍然保持良好的流变性,对不同 NaCl 含量的褐煤-FCLS 钻井液具有较好的稀释效果,无分散作用,能很好地稳定井壁,有效地控制高温下静止老化后钻井液稠化。由于分子中 AMPS 结构单元的引入,使产物具有较好的钙镁容忍度,与 XB-40 相比,提高了抑制性、抗温抗盐和抗钙能力。且由于 AMPS 聚合活性高，产物纯度高。

表 4-51 是加入降黏剂的淡水基浆经 220℃、16h 老化前后钻井液性能。从表中可以看出，P(AMPS-AA)共聚物降黏剂具有良好的抗温能力[31]。

表 4-51 降黏剂在淡水钻井液中高温老化前后降黏效果对比

降黏剂加量，%	室温(老化前)				220℃/16h 老化后			
	AV/(mPa·s)	*PV*/(mPa·s)	*YP*/Pa	*FL*/mL	*AV*/(mPa·s)	*PV*/(mPa·s)	*YP*/Pa	*FL*/mL
0	62.5	0	62.5	7.6	105.0	30.0	75.0	14
0.1	46.5	5.0	41.5	8.0	31.5	24.0	7.5	12.4
0.3	27.5	12.0	15.5	7.6	25.0	18.0	7.0	11.6
0.5	27.0	11.5	15.5	8.0	23.5	17.0	6.5	8.8
0.7	26.5	12.0	14.5	7.4	24.0	17.0	7.0	9.2

注：淡水基浆为 1000mL 水+5g 碳酸钠+100g 膨润土，高速搅拌 2h，在室温下放置养护 24h。

表 4-52 是不同降黏剂对比实验结果。从表中可以看出，P(AMPS-AA)共聚物降黏剂在淡水钻井液中具有较好的降黏作用，当其加量为 0.1%时，即可使钻井液的黏度、剪切应力显著降低。从表中还可看出，P(AMPS-AA)共聚物的降黏能力优于聚丙烯酸盐和 FCLS[32]。

表 4-52 样品加量对钻井液性能的影响

降黏剂		θ_1/Pa	θ_{10}/Pa	*AV*/(mPa·s)	*PV*/(mPa·s)	*YP*/Pa
名 称	加量，%					
基 浆	0	42	57	55	16	39
P(AMPS-AA)	0.1	0	0.25	15.5	14.0	1.5
	0.3	0	0	15.0	14.0	0.5
	0.5	0	0	14.5	14.0	0.5
聚丙烯酸盐	0.1	0.25	0.25	20.0	18.0	2.0
	0.3	0	0	16.5	15.0	1.5
	0.5	0	0	15.0	14.5	0.5
FCLS	0.3	0	3.5	14.5	13	1.5
	0.5	0	3.5	14.5	13	1.5
	0.7	0	0.5	15.5	13	1.5

注：基浆配制过程为在搅拌下于 60℃的淡水中慢慢加入 0.5%的纯碱和 10%的钠膨润土，待搅拌均匀后于室温下静止养护 24h，即得到淡水基浆。

表 4-53 是用 P(AMPS-AA)共聚物、聚丙烯酸盐和 FCLS 等所处理钻井液的抗温实验结果。从表中可以看出，P(AMPS-AA)共聚物的抗温能力明显优于聚丙烯酸盐和 FCLS 降黏剂，当温度超过 150℃以后，聚丙烯酸盐和 FCLS 所处理钻井液的黏度和剪切应力明显升高，而含 P(AMPS-AA)共聚物钻井液的黏度和剪切应力则变化较小，说明 P(AMPS-AA)共聚物是一种抗温能力强的钻井液降黏剂。

分别在用 P(AMPS-AA)共聚物、聚丙烯酸盐和 FCLS 所处理的钻井液中加入不同量的 NaCl，NaCl 加量对钻井液流变性能的影响结果见表 4-54。从表中可看出，P(AMPS-AA)共聚物降黏剂的抗盐污染能力优于聚丙烯酸盐和 FCLS，即使 NaCl 加量达 30%，钻井液的黏度和剪切应力仍较低。可见，P(AMPS-AA)共聚物具有较强的抗盐污染能力。

表 4-55 给出了分别用 P(AMPS-AA)共聚物、聚丙烯酸盐和 FCLS 处理钻井液的流变性

能受 $CaCl_2$ 加量的影响。从表中可以看出，P(AMPS-AA)共聚物降黏剂具有较强的抗钙能力，即使 $CaCl_2$ 加量达到 1.0%，钻井液的黏度和剪切应力仍保持较低值。可见，P(AMPS-AA)降黏剂的抗钙污染能力远远优于聚丙烯酸盐和 FCLS。

表 4-53 P(AMPS-AA)共聚物抗温实验结果

处理情况	老化情况	θ_1/Pa	θ_{10}/Pa	AV/(mPa·s)	PV/(mPa·s)	YP/Pa
基浆+0.5% P(AMPS-AA)	25℃/24h	0	0	14.5	14.0	0.5
	90℃/16h	0.25	0.25	13.5	13.0	0.5
	150℃/16h	0.25	0.5	15.0	13.0	2.0
	180℃/16h	0.5	0.5	18.5	15.0	3.5
基浆+0.5% 聚丙烯酸盐	25℃/24h	0.25	0.5	15.0	14.0	1.0
	90℃/16h	0.25	0.5	17.0	13.0	2.0
	150℃/16h	0.5	1.0	16.0	12.0	4.0
	180℃/16h	0.5	0.5	19.0	12.0	7.0
基浆+1.0% FCLS	25℃/24h	0.5	1.5	18.0	15.0	3.0
	90℃/16h	1.0	3.5	20.0	17.0	3.0
	150℃/16h	5.0	11.0	25.5	20.0	7.5
	180℃/16h	10.0	17.0	37.5	14.0	23.5

注：淡水基浆为 1000mL 水+5g 碳酸钠+100g 膨润土，高速搅拌 2h，在室温下放置养护 24h。

表 4-54 P(AMPS-AA)共聚物抗盐实验结果

处理情况	NaCl加量，%	θ_1/Pa	θ_{10}/Pa	AV/(mPa·s)	PV/(mPa·s)	YP/Pa
基浆+0.5% P(AMPS-AA)	0	0	0	14.0	13.0	1.0
	4	0	0	12.0	9.5	2.5
	10	0.25	0.25	12.5	10.5	2.0
	20	0.5	1.5	12.0	9.5	2.5
	30	1.0	1.5	15.0	14.0	1.0
基浆+0.5% 聚丙烯酸盐	0	0.25	0.25	15.0	14.0	1.0
	4	2.5	5.0	15.5	7.0	8.5
	10	2.0	4.0	15.5	7.0	8.5
	20	6.0	6.5	15.5	7.0	8.5
	30	6.0	6.5	17.5	9.0	8.5
1.0 基浆+ 1.0% FCLS	0	0	0	0.5	18.0	17.0
	4	4.0	4.0	18.0	12.0	6.0
	10	9.0	9.5	22.0	13.0	9.0
	20	12.0	12.0	28.0	14.0	14.0
	30	11.0	12.0	24.0	15.0	9.0

注：淡水基浆为 1000mL 水+5g 碳酸钠+100g 膨润土，高速搅拌 2h，在室温下放置养护 24h。

制备过程 在室温下，将 35 份 2-丙烯酰胺基-2-甲基丙磺酸和适量的水加入反应釜中，开动搅拌，待原料溶解均匀后加入 47 份丙烯酸，然后升温至 30~35℃；加入 4 份相对分子质量调节剂，5min 后依次加入 6.5 份的过硫酸铵和 3.5 份亚硫酸氢钠，在不断搅拌下反应 1.5h，即得黏稠的共聚物溶液。用质量分数 30%的氢氧化钠溶液将所得共聚物溶液中和至 pH 值为 6.5~7.5，进行烘干，粉碎得 P(AMPS-AA)共聚物钠盐。

表 4-55 P(AMPS-AA)共聚物抗钙实验结果

处理情况	$CaCl_2$ 加量,%	θ_1/Pa	θ_{10}/Pa	*AV*/(mPa·s)	*PV*/(mPa·s)	*YP*/Pa
基浆+0.5% AMPS-AA	0	0	0	14.5	14.0	0.5
	0.1	0	0	14.0	13.5	0.5
	0.2	0	0	14.0	13.5	0.5
	0.5	0	0.5	14.5	13.5	1.0
	1.0	0	0.5	15.5	14.0	1.5
基浆+0.5% 聚丙烯酸盐	0	0.25	0.25	15.0	14.0	1.0
	0.1	0	0.25	13.75	13.0	0.75
	0.2	0	0.25	13.75	13.0	0.75
	0.5	0	3.0	16.5	13.0	3.5
	1.0	5.0	7.0	21.0	12.0	9.0
1.0 基浆+ 1.0% FCLS	0	0	0.5	17.0	15.0	2.0
	0.1	0	4.0	12.0	10.0	2.0
	0.2	0	3.0	11.0	10.0	1.0
	0.5	7.0	11.0	28.5	11.0	17.5
	1.0	11.5	12.0	28.5	10.0	18.5

注:淡水基浆为 1000mL 水+5g 碳酸钠+100g 膨润土,高速搅拌 2h,在室温下放置养护 24h。

值得强调的是,在本品制备中,AMPS 单体用量对产品抗盐、抗钙能力影响较大。图 4-24 是反应条件一定时,AMPS 单体用量对产物性能的影响(基浆中样品加量 0.5%)。图中结果表明,AMPS 用量对产物在淡水钻井液中的降黏能力影响不大, 而在盐水和含钙钻井液中,随着 AMPS 用量的增加降黏能力提高,当用量超过 20%后,再增加 AMPS 用量,对降黏能力影响不大。

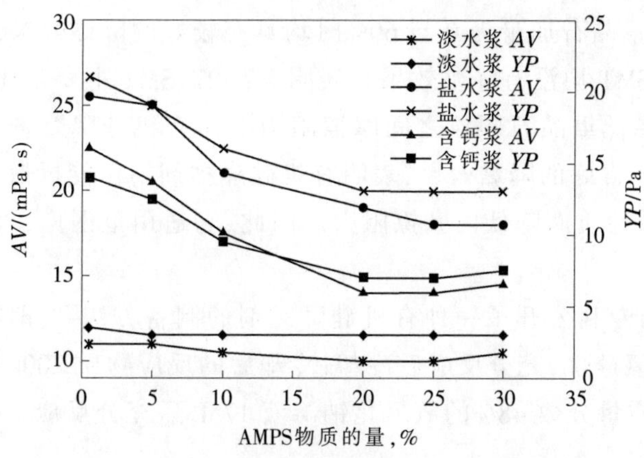

图 4-24 AMPS 单体用量对产物性能的影响

质量指标 本品主要技术要求见表 4-56。

表 4-56 P(AMPS-AA)降黏剂技术要求

项 目	指 标	项 目	指 标
外 观	白色粉末	水分,%	≤10.0
细度(0.42mm 孔径的标准筛)	100%通过	水不溶物,%	≤2.0
有效成分,%	≥85.0	pH值(25℃,1%水溶液)	7~9
表观黏度(10%水溶液)/(mPa·s)	≤20.0	降黏率,%	≥80.0

用途 低相对分子质量P(AMPS-AA)是一种抗高温抗盐的钻井液降黏剂,同时还具有较强的抗钙镁污染的能力,适用于各种水基钻井液,可用于高温深井的钻探中。加量一般0.1%~0.75%。本品可以直接加入钻井液中,但加入速度不能太快,也可以配成5%~10%的水溶液,然后再按比例加入钻井液中。

本品也可以用作水处理阻垢分散剂和混凝土减水剂。

安全与防护 低毒,弱碱性,使用时防止粉尘吸入及与眼睛、皮肤接触。

包装与储运 本品极易吸潮,采用内衬塑料袋(热压封口)、外用塑料编织袋包装,破袋后没有用完的产品应密封包装。存储在阴凉、通风、干燥处。运输中防止受潮、雨淋。如遇到产品因受潮结块,则可以烘干、粉碎后使用,不影响效果。

12.有机硅降黏剂

产品成分 三甲基氯硅烷水解产物。

产品性能 本产品为水溶液,无毒、无味、不挥发、不易燃、不含有毒挥发性物质,是以三甲基氯硅烷等原料经水解、醇解而成的有机硅钻井液降黏剂。有机硅分子中的硅-氧键易吸附于黏土颗粒表面形成牢固化学吸附层,使黏土表面发生润湿反转,阻止和减缓黏土表面的水化作用,从而可以有效地抑制黏土或页岩水化膨胀分散、稳定井壁等。故本品在降黏的同时,具有较强的抑制防塌作用,能改善钻井液的流变性及滤饼质量,具有良好的抗温能力,抗温可达180℃。能用于高固相含量的钻井液体系中。

文献[33]就有机硅降黏剂与其他降黏剂进行了对比,将XY-27、SMT配制成碱溶液(以质量比计算,XY-27:NaOH:H_2O=40:10:100,SMT:NaOH:H_2O=40:10:50),与有机硅降黏剂进行降黏效果对比,结果见表4-57。由表中可知,XY-27只有在重晶石加量为60%时才具有一定降黏效果,SMT在重晶石加量为0与60%时均具有较好的降黏效果,但是在重晶石加量为120%时,XY-27、SMT均没有降黏效果,表明XY-27、SMT主要是通过拆散黏土结构而降黏的,不能有效降低重晶石颗粒之间摩擦阻力。而有机硅降黏剂在重晶石加量为0~120%范围内均具有非常好的降黏效果,表明有机硅降黏剂不但能拆散黏土结构,还能通过改变重晶石颗粒表面性质而降低内摩擦阻力。因此,它适用范围广,可用于高密度水基钻井液体系。

制备方法 中国专利公开了一种有机硅降黏剂的制备方法[34],即在盛有800L水的容器中加入200L甲基氯硅烷,充分反应后冷却;冷却后的反应物质200kg加入650L水中,并加入催化剂25kg和质量分数48%的氢氧化钠溶液175L后充分反应,最后保温8h后得到有机硅降黏剂。

质量指标 本品主要技术要求见表4-58。

用途 本品可以用作钻井液降黏剂和抑制剂,无荧光,抗高温可达180℃以上,适用于各种类型的水基钻井液,尤其是可以用于高密度水基钻井液体系,加量一般为0.5%~2%。降黏剂加入方式简单,无需配成碱液,现场使用方便,既可用于配制新浆,也可用于井浆维护处理。

安全与防护 本品毒性小。但应避免与眼睛、皮肤接触,一旦溅到身上,立即用大量水冲洗。

表 4-57 有机硅降黏剂与 XY-27、SMT 对比实验结果

重晶石加量,%	降黏剂及加量,%	*AV*/(mPa·s)	*PV*/(mPa·s)	*YP*/(Pa·s)	ϕ100	*DI*,%	*DY*,%
0	空 白	51	35	16	34		
	2%有机硅	27.5	24	3.5	12	65	78
	2% XY-27 碱液	53.5	40	13.5	30	12	16
	2% SMT 碱液	29	25	4	14	59	75
60	空 白	85.5	51	34.5	70		
	2%有机硅	37	34	3	15	79	91
	2% XY-27 碱液	61.5	51	10.5	30	57	70
	2% SMT 碱液	34.5	32	2.5	14	80	93
120	空 白	92	63	29	62		
	2%有机硅	48	43	5	22	69	83
	2% XY-27 碱液	131	102	29	70		
	2% SMT 碱液	99	74	25	58	6.5	14

表 4-58 有机硅降黏剂技术要求

项 目	指 标	项 目	指 标
外 观	浅褐色或无色黏稠状液体	硅含量,%	≥4.2
游离碱,%	≤3.0	盐含量,%	≤2.0
有效物,%	≥8.0	降黏率,%	≥80.0

包装与储运 本品采用塑料桶包装,每桶净质量 25kg。储存在阴凉、通风、干燥处。运输中防止暴晒、防冻。

第三节 有机膦酸类降黏剂

有机膦酸类降黏剂是一种高效的抗高温降黏剂,在加量较低的情况下就可以显著改善钻井液的流变性。在各种水基钻井液中都可以起到降黏作用,在较高温度条件下可以保证钻井液性能稳定,对环境无污染,与一般常用处理剂配伍性好,抗盐及抗高价金属离子能力强,可以降低盐水钻井液的动切力。次氮基三亚甲基三膦酸(NTF)是国内最早实验的有机膦降黏剂产品之一,由于其在加量大时降黏效果反而降低,且以酸的形式加入,会带来 pH 值波动,应用受到限制,始终没有得到大面积推广。它可以直接使用,也可以与其他类型的降黏剂配伍使用,通常作为复配型降黏剂的成分。

1.次氮基三亚甲基三膦酸

分子式 $N(C_2PO_3H_2)_3$

结构式

$$HO-\overset{\overset{\displaystyle O}{||}}{\underset{\underset{\displaystyle OH}{|}}{P}}-CH_2-N\begin{cases}CH_2-\overset{\overset{\displaystyle O}{||}}{\underset{\underset{\displaystyle OH}{|}}{P}}-OH\\[2ex] CH_2-\overset{\overset{\displaystyle O}{||}}{\underset{\underset{\displaystyle OH}{|}}{P}}-OH\end{cases}$$

相对分子质量 299.0

产品性能 次氮基三亚甲基三膦酸也称氮川三甲叉膦酸、氨基三亚甲叉膦酸，代号NTF 或 ATMP,为无色或微黄色透明液体,低毒或无毒,热稳定性好,具有较好的化学稳定性,不易被酸、碱破坏,也不易水解,用作水处理剂具有很好的螯合增溶、低限效应和晶格畸变等性能,并可阻止水中各种无机盐类形成硬垢。本品在缓蚀作用方面比无机聚磷酸盐强 4~7 倍,尤其是与其他水质稳定剂如 HPMA、PAA 等复配使用效果更好。作为钻井液降黏剂,抗温能力可达 200℃以上,其降黏效果远远优于无机磷酸盐。

NTF 作为钻井液降黏剂,具有以下特性[35]:对各种使用环境的适应性强,与处理剂配伍性好,无论是加重钻井液、低固相聚合物钻井液还是高矿化度钻井液,降黏效果都明显。一般加量为 0.2%~0.4%,在高钙盐钻井液中,加量一般为 0.1%,超过 0.6%反而会丧失降黏效果。抗温性好,在 200℃条件下滚动 16h,在 150℃下重复热滚三次,钻井液流变性基本不变。耐钙、镁能力强,特别适宜于易受二价阳离子污染的条件下钻井液性能的维护处理。与聚合物处理剂复配,能发挥协同作用,有利于降低水眼黏度及滤失量,有利于快速钻井。无毒性,不污染环境。NTF 为液态时属强酸性,在空气及干燥器皿中存放数月后,会自然析出固体,一般使用时可与等量碳酸钠互相配合使用,保持钻井液有适当 pH 值。但 NTF 液体使用前与碳酸钠混合,会成为固体钠盐,将会大大降低使用效果。

其效果可以从下面的实验中进一步看出：在四川矿区的高矿化度井浆中，分别加入FCLS、SMC 和 NTF 进行对比实验,结果见图 4-25。从图中可以看出,在满足同样降黏效果时,FCLS 加量 3%,SMC 加量 2%,而 NTF 加量仅 0.2%。

表 4-59 是 NTF 在不同组成的钻井液中的降黏效果。从表中可以看出,NTF 在不同钻井液中均具有较好的降黏效果,同时还能够降低钻井液的滤失量,改善泥饼质量。

实践表明,NTF 具有良好的降黏效果,热稳定性好，耐盐及钙镁离子污染的能力强,与聚合物处理剂配伍的协同效应好。特别应该提出的是,NTF 由于能够降低固相颗粒间的摩擦阻力,因而对固相含量高的钻井液降黏效果明显。由于多元有机膦酸的特殊容限效应,故加量也较少。

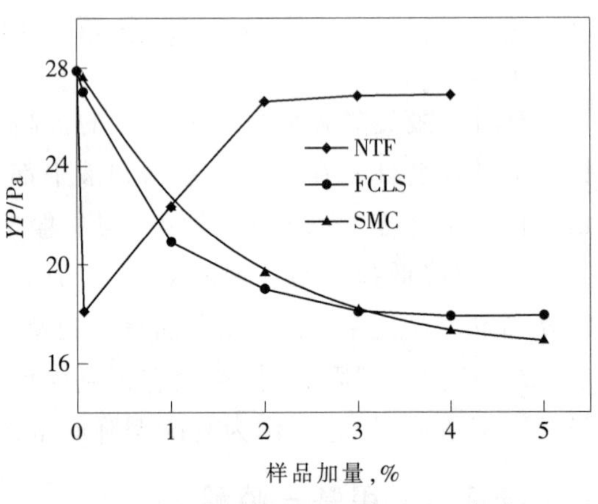

图 4-25 FCLS、SMC 和 NTF 对比实验

表 4-59 NTF 在不同组成钻井液中的降黏效果

组成	*AV*/(mPa·s)	*PV*/(mPa·s)	*YP*/Pa	*Gel*/(Pa/Pa)	滤失量/mL	泥饼描述
基浆①+0.5% CMC	25	12	13	7.5/8.5	3	较疏松
基浆+0.5% CMC+0.3% NTF	12	9	3	1.0/3.5	2.5	致密
基浆+0.2% HPAN	36.5	6	30.5	17.0/17.0	9	较疏松
基浆+0.2% HPAN+0.3% NTF	11.5	9	2.5	1.0/1.5	6.5	致密
基浆+0.2% PAC-141	②	②	②	②	8.8	疏松
基浆+0.2% PAC-141+0.3% NTF	17.5	10	2.5	2.5/3.5	6.8	致密

注:①基浆为密度 1.04g/cm³ 的膨润土浆;②太稠无法测。

除 NTF 外，还有一些不同结构的有机膦酸(盐)也具有较好的降黏作用，但不同结构的有机膦酸盐降黏效果不同。取 NTF(A)、乙二胺四亚甲基膦酸盐(B)、二乙烯三胺五甲叉膦酸盐(C)、四乙烯五胺七亚甲基膦酸盐(D)、改性次氮基三亚甲基三膦酸(NTF-u)(E)等，按照 SY/T 5702—1995 中规定的方法配制评价降黏剂用的淡水基浆，即在蒸馏水中加入 8%试验土和 16%评价土，搅拌 20min，养护 24h，加入 0.2%的各种有机膦酸盐测其常规性能，结果见表 4-60。其中，降黏率 *DI* 值由六速旋转黏度计 100 读数计算[36]。从表 4-60 可看出，各种小分子有机膦酸盐随着分子中碳原子数的增加，从 A 至 D 其降黏率下降，动切力上升。从分子组成及结构上分析，从 A 至 D 带有 p-Π 电子云的双键增多，吸附力应增强，但每个分子中所含的膦酸基的比例减少，降黏效果降低，可见膦酸基在分子中的相对含量与降黏效果有着密切关系。从表中还可以看出，NTF-u 降黏效果最好，其结构如下：

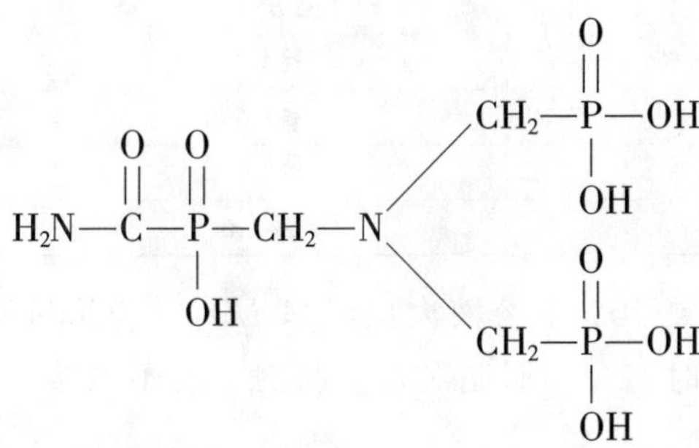

表 4-60 不同膦酸盐(加量 0.2%)在淡水基浆中的降黏效果

降黏剂	*AV*/(mPa·s)	*PV*/(mPa·s)	*YP*/Pa	初切/Pa	*DI*,%
空 白	46.0	10.0	36.0	32.0	
次氮基三亚甲基三膦酸盐(NTF)	13.0	10.0	3.0	1.5	90.0
乙二胺四亚甲基膦酸盐	15.0	8.0	7.0	3.0	82.0
二乙烯三胺五亚甲基膦酸盐	18.0	8.0	10.0	8.0	68.0
四乙烯五胺七亚甲基膦酸盐	19.5	8.0	11.5	9.0	67.0
改性次氮基三亚甲基三膦酸(NTF-u)	11.0	10.0	1.0	0	93.0

制备过程 将 53 份氯化铵、324 份质量分数为 37%的甲醛和 216 份水依次加入反应釜中，充分搅拌混合，在冷却下缓慢加入 412 份三氯化磷，严格控制三氯化磷的加入速度和反应釜内温度(≤40℃)，反应所产生的氯化氢气体送至吸收部分，待三氯化磷投加完毕后，搅拌反应 30min，缓慢升高反应釜内温度(70℃以前控制升温速度不大于 30℃/h)，至回流温度后，保温反应 2h，使反应充分完全，经取样分析合格后，然后用泵送至成品贮罐中。若需制备固体产品，可经结晶制得。反应所生成的副产品氯化氢气体，经冷凝器冷却后，至填料吸收塔用水吸收得工业品稀盐酸。

质量指标 本品可以参照执行化工行业标准 HG/T 2840—1997(固体)、HG/T 2841—1997(液体)。其主要技术指标见表 4-61。钻井液性能可以参照执行 Q/SH 0318—2009 钻井液用聚合物类降黏剂技术要求。

用途 次氮基三亚甲基三膦酸具有良好的螯合、低限抑制及晶格畸变作用，可阻止水中成垢盐类形成水垢，特别是碳酸钙垢的形成。在水中浓度较高时，有良好的缓蚀效果。用于火力发电厂、炼油厂的循环冷却水、油田回注水系统，可以起到减少金属设备或管路腐蚀和结垢的作用。本品可与锌盐、羧酸共聚物等复配使用,其中 ATMP 用量约占 5%~10%。单独使用时,一般投加量为 2~5mg/L。

用作钻井液降黏剂,适用于各种水基钻井液,其加量一般为 0.1%~0.4%。为了防止钻井液 pH 值降低,使用时需要配合稀碱液或纯碱。本品可以单独使用,也可以与 XA-40、XB-40、XY-27、FCLS、SMT 等配伍使用。

本品也可以作为油井水泥缓凝剂。

表 4-61 NTF 技术要求

项 目	指 标	
	固 体	液 体
活性组分,%	≥75.0	≥50.0
氨基三亚甲基膦酸含量,%	≥65.0	
亚磷酸(以 PO_3^{3-}计)含量,%	≤4.0	≤5.0
磷酸(以 PO_4^{3-}计)含量,%	≤1.0	≤1.5
氯化物(以 Cl^-计)含量,%	≤4.0	≤3.0
pH值(1%水溶液)	1.2~1.6	2.0±0.5

安全与防护 质量分数 50%水溶液大鼠经口 LD_{50} 为 7300mg/kg,无毒。强酸,有腐蚀性,对皮肤有腐蚀性,使用时避免与眼睛和皮肤接触。若不慎接触眼睛或皮肤,可以立即用大量清水冲洗。

包装与储运 本品采用塑料桶或内衬塑料的铁桶包装,每桶净质量 25kg 和 200kg。储存在阴凉、通风、干燥处。运输中防止暴晒、防止倒置。

2.羟基亚乙基二膦酸

分子式 $C_2H_8O_7P_2$

结构式

```
       O      CH3   O
       ||     |     ||
 HO—P——C——P—OH
       |      |     |
       OH     OH    OH
```

相对分子质量 206.03

产品性能 羟基亚乙基二膦酸(HEDP)又称 1-羟基乙叉-1,1-二膦酸、1-羟基亚乙基 1,1-二膦酸、羟基乙叉二膦酸、1-羟亚乙基-1,1′-二膦酸和亚羟乙基二膦酸,无色至淡黄色黏稠状液体,无沉淀。可与水混溶。密度 1.45g/cm³(质量分数 60%水溶液),熔点 198~199℃,在高 pH 值下仍很稳定,低毒无公害。在 200℃以下有良好的阻垢作用,能与铁、铜、铝、锌、钙等多种金属离子形成稳定的络合物,能溶解金属表面氧化物。250℃以上分解,耐酸碱。

HEDP 在钻井液中能有效地控制钻井液流变性,抗温能力强,具有一定抗盐和抗钙能力。图 4-26 是 HEDP 与 FCLS 和六偏磷酸钠加量对淡水基浆动切力的影响(基浆为 10%的膨润土浆)。从图中可以看出,HEDP 降黏能力优于 FCLS 和六偏磷酸钠,当其加量 0.05%时就可以获得良好的降黏效果,但当其加量超过 0.3%以后,降黏效果反而降低。图 4-27 是 HEDP 与 FCLS 和六偏磷酸钠在淡水基浆中抗温能力实验结果。可以看出,HEDP 具有良好的抗温能力,随着老化温度的增加,动切力不仅不增加,反而降低。

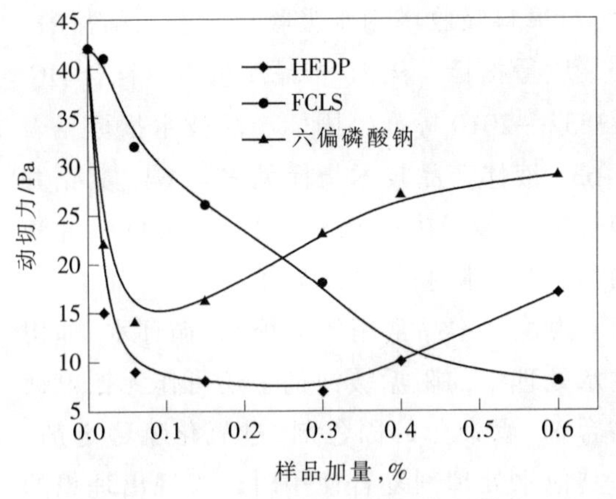

图 4-26 降黏剂加量对动切力的影响

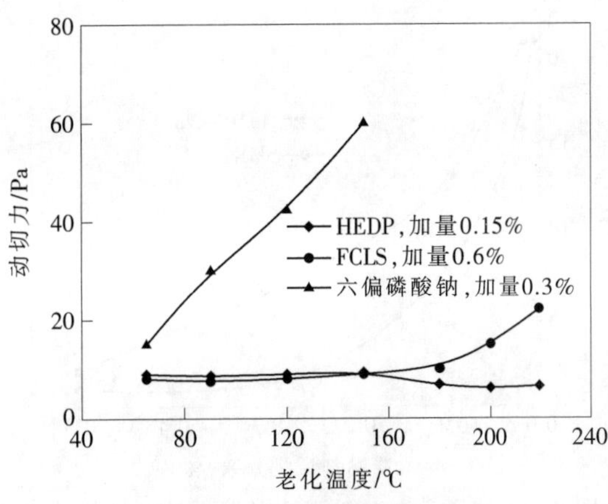

图 4-27 老化温度对含降黏剂钻井液动切力的影响

表 4-62 是羟基亚乙基二膦酸四钠盐(HEDP-Na)在不同组成钻井液中的降黏实验结果,图 4-28 是降黏剂加量对淡水基浆动切力的影响。从表 4-62 中可以看出,HEDP-Na 在膨润土基浆和两种不同类型的现场聚合物钻井液中均具有较强的降黏降切能力,并优于磺化拷胶,且对钻井液其他性能无不良的影响。从图 4-28 中可以看出,达到同样的降黏效果时 HEDP-Na 用量仅为 SMK 的一半[37]。现场应用表明,HEDP-Na 具有较好的热稳定性,抗高温 160℃,对受到油井水泥、石膏和泥页岩污染的专用处理剂具有较好的稀释放果,用量少,可节省专用处理剂用量,降低钻井液处理费用。但不抗盐,只能在淡水泥浆中使用。

表 4-62 羟基亚乙基二膦酸四钠盐、SMK 降黏性能对比

钻井液组成	密度/(g/cm^3)	黏度/s	*AV*/(mPa·s)	*PV*/(mPa·s)	*YP*/Pa	初切/Pa	终切/Pa	滤失量/mL	滤饼/mm
基浆 1	1.08	滴	24	3	21	13.5	40	18	1.5
基浆 1+0.3% HEDP-Na	1.08	22.4	7.5	7	0.5	0.5	0.5	16	1
基浆 1+0.3% SMK	1.08	25.1	9.3	7.5	1.8	2.0	6.5	15.8	1
基浆 2	1.18	158	35	19	16	11	30	8.6	1.5
基浆 2+0.3% HEDP-Na	1.18	30	17	15	2	0.5	1	8	1
基浆 2+0.3% SMK	1.18	34.3	20	16	4	1	3.5	8	1
基浆 3	1.64	253	74.5	49	25.5	11	35	6	4
基浆 3+0.3% HEDP-Na	1.64	43	41	32	9	1.5	2	5	3
基浆 3+0.3% SMK	1.64	59	50	37	13	2	4.5	5	3

注:基浆 1 为 1000mL 水+150g 安丘搬土+10g Na_2CO_3;基浆 2 为现场腐殖酸钾-HPAM 钻井液;基浆 3 为现场聚合物 HPAM加重钻井液。

制备过程 将 365 份质量分数不小于 90%的冰醋酸和 65 份水加入反应釜中,充分搅拌均匀,并在反应釜夹套内通入冷却水、缓慢加入 500 份三氯化磷,严格控制三氯化磷的加入速度和反应釜内温度(≤40℃),使反应平稳进行,反应所产生的氯化氢气体送至吸收罐,待三氯化磷加完后,搅拌反应 30min。缓慢升温至 70℃(70℃以前控制升温速度不大于 30℃/h),在 70℃时加入乙醇,加完后,继续加热至回流温度后,常压回收乙醇,然后继续加热至120℃,保温反应 2~3h,同时回收少量的乙酸,直至无乙酸挥发为止。经取样分析合格后,然后用泵送至成品贮罐中,得羟基亚乙基二膦酸。反应所生成的副产品氯化氢气体,经冷凝器冷却

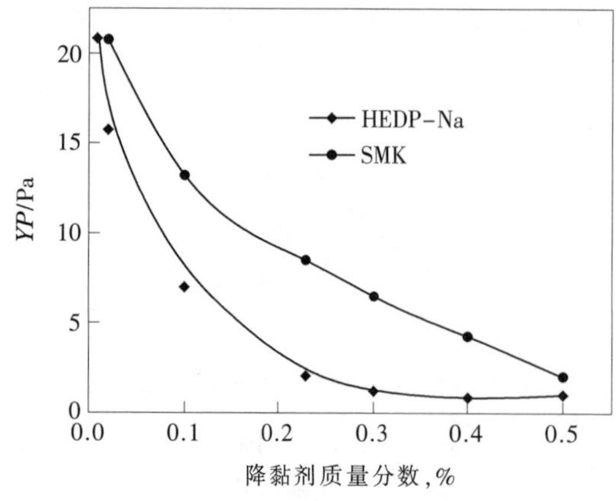

图 4-28 降黏剂加量对淡水基浆动切力的影响

后,至填料吸收塔用水吸收得工业品稀盐酸。

质量指标 HEDP产品质量指标符合 HG/T 3537—2010 标准,固体产品技术指标见表 4-63。液体产品技术指标见表 4-64。其钻井液性能可参照执行 Q/SH 0318—2009 钻井液用聚合物类降黏剂技术要求。

用途 本品常用作锅炉水、循环水、油田注水处理中的阻垢缓蚀剂,还可作无氰电镀络合剂、漂染业的固色剂、过氧化氢稳定剂。和其他水处理剂复合使用时,表现出理想的协同效应。对许多金属离子如钙、镁、铜、锌等具有优异的螯合能力,甚至对这些金属的无机盐类,如 $CaSO_4$、$CaCO_3$、$MgSiO_3$ 等也有较好的去活化作用,因此大量应用于水处理。作阻垢剂一般使用浓度 1~10mg/L,作缓蚀剂一般使用浓度 10~50mg/L,作清洗剂一般使用浓度 1000~2000mg/L;通常与聚羧酸型阻垢分散剂配合使用。也可以用于油井水泥缓凝剂。

HEDP 作为钻井液降黏剂,适用于淡水钻井液或分散型钻井液,与 PAA、XY-27 等配伍效果更好,其加量一般控制在 0.3%以内,加量高时,降黏效果反而降低。使用时为防止钻井液 pH 值降低,需要配合使用纯碱或稀烧碱溶液。

表 4-63 固体 HEDP 产品质量指标

项　目	指　标	项　目	指　标
活性组分(以 $HEDP \cdot H_2O$ 计),%	≥97.0	氯化物(以 Cl^-计)含量/(μg/g)	≤100
磷酸(以 PO_4^{3-}计)含量,%	≤0.50	pH值(10g/L 水溶液)	1.5~2.0
亚磷酸(以 PO_3^{3-}计),%	≤0.80	铁(以 Fe 计)含量/(μg/g)	≤10

表 4-64 液体 HEDP 产品技术指标

项　目	指　标	项　目	指　标
外　观	无色透明或淡黄色	氯化物含量(以 Cl^-计),%	≤1.0
含量,%	54~56	pH值(1%水溶液)	≤2
亚磷酸(以 PO_3^{3-}计),%	≤3	密度/(g/cm³)	1.38~1.48
磷酸(以 PO_4^{3-}计),%	≤0.8		

安全与防护 本品低毒,小白鼠皮下注射 LD_{50} 为 486.4mg/kg。为酸性,应避免与眼睛、皮肤接触,一旦溅到身上,应立即用大量水冲洗。

包装与贮运 HEDP 液体用塑料桶包装,每桶 30kg 或 250kg;HEDP 固体用内衬聚乙烯袋、外用塑料编织袋包装,每袋净质量 25kg,也可根据用户需要确定。贮于阴凉、通风、干燥处。按照腐蚀性物品运输,运输中固体产品防潮、防雨淋,液体产品防暴晒。避免与强碱混储、混运。

3.乙二胺四亚甲基膦酸钠

分子式 $Na_8C_6H_{12}N_2O_{12}P_4$

结构式

$$
\begin{array}{c}
(NaO)_2P(=O)-CH_2 \qquad\qquad\qquad\qquad CH_2-P(=O)(ONa)_2 \\
\qquad\qquad N-CH_2-CH_2-N \\
(NaO)_2P(=O)-CH_2 \qquad\qquad\qquad\qquad CH_2-P(=O)(ONa)_2
\end{array}
$$

相对分子质量 612.0

产品性能 乙二胺四亚甲基膦酸钠(EDTMPS)为黄棕色透明液体,低毒、无污染。用作水处理剂与无机聚磷酸盐相比,缓蚀率提高 3~5 倍。本品和 HPMA 复配使用,缓蚀阻垢性能更佳。本品能离解成 8 个正负离子,可以与两个或多个金属离子螯合,形成两个或多个单体结构大分子网状络合物,松散地分散于水中,使钙垢正常的晶体结构被破坏。本品同时具有溶限效应和协同效应,其可与无机磷酸盐、钨酸盐、氨基乙酸和芳香族羧酸等复配使用。用作钻井液降黏剂,具有一定的抗盐和较强的抗温能力。但其降黏能力低于 NTF 和 HEDP。

制备过程 将 60 份无水乙二胺和 153 份自来水加入反应釜中,冷却至室温;然后缓慢加入 546 份三氯化磷,控制加料速度,必要时通冷却水加以冷却以保持釜内温度低于40℃。三氯化磷加完后,继续搅拌 30min,然后缓慢加入甲醛水溶液,反应过程中有氯化氢气体放出,甲醛加完后,再缓慢升温至 110℃,在此温度下保温反应 2h。停止加热,冷却至室温,用质量分数 30%的氢氧化钠水溶液中和至 pH 值为 9~10.5。经取样分析合格后,然后用泵送至成品贮罐中。反应所生成的副产品氯化氢气体,经冷凝器冷却后,至填料吸收塔用水吸收得工业品稀盐酸。

质量指标 本品主要技术指标见表 4-65。钻井液性能可参照执行 Q/SH 0318—2009 钻井液用聚合物类降黏剂技术要求。

表 4-65 EDTMPS 产品质量指标

项 目	指 标	项 目	指 标
外 观	黄棕色透明液体	磷酸含量,%	≤1.0
活性组分(以 EDTMPS 计)含量,%	≥28.0	pH值(1%水溶液)	≤9.5
有机膦含量,%	≥4.5	密度(20°c)/(g/cm³)	≥1.30
亚磷酸含量,%	≤2.0		

用途 本品可用于钻井液降黏剂和油井水泥缓凝剂等，钻井液中一般加量为 0.05%~0.40%。与 XB-40、XY-27 和 FCLS 等配伍使用效果更好。

用于循环水和锅炉水的缓蚀阻垢剂、无氰电镀的络合剂、纺织印染行业螯合剂和氧漂稳定剂。在循环冷却水中单独投加时,一般剂量为 2~10mg/L。EDTMPS 与 HPMA 按 1:3 比例复配后,可用于低压锅炉炉内水处理。EDTMPS 也可与 BTA、PAAS 等复配使用。

安全与防护 本品低毒,应避免与眼睛、皮肤接触,一旦溅到身上,应立即用大量清水冲洗。

包装与储运 本品采用塑料桶或内衬塑料的铁桶包装,每桶净质量 25kg 或 250kg。储存在阴凉、通风、干燥处。运输中防止暴晒、防止包装破损。

4.二乙烯三胺五亚甲基膦酸

分子式 $C_9H_{28}O_{15}N_3P_5$

结构式

```
                              OH
                              |
                         HO—P═O
         O                    |                          O
         ‖                    CH₂                        ‖
HO—P—CH₂                      |                  CH₂—P—OH
         |     \              |                 /        |
         OH     N—CH₂—CH₂—N—CH₂—CH₂—N                    OH
         O     /                                 \       O
         ‖                                                ‖
HO—P—CH₂                                         CH₂—P—OH
         |                                                |
         OH                                               OH
```

相对分子质量 573.2

产品性能 二乙烯三胺五亚甲基膦酸(DTPMP)为红棕色黏稠液体,能与水混溶。用作水处理剂,对磷酸钙、硫酸钙和硫酸钡沉积有良好的阻垢抑制作用,特别是在pH值为10~11的碱性溶液中,对碳酸钙沉积仍有良好的阻垢作用。本品与其他有机膦酸水质稳定剂相比,在pH值为10~11的碱性溶液中,对碳酸钙沉积物的阻垢作用比HEDPA、ATMP提高2~3倍以上,对硫酸钡沉积有良好的阻垢能力,缓蚀效果比HEDPA、ATMP更好。作为重要的水处理剂之一,本品还可以作稳定性二氧化氯杀菌剂的稳定剂。作为钻井液降黏剂,是一种抗温抗盐能力强的钻井液降黏剂,尤其适用于高固相含量的淡水钻井液体系,与XY-27、FCLS等复配使用效果更佳。

制备过程 将61份二乙烯三胺和95份自来水加入反应釜中,冷却至室温,然后缓慢加入425份三氯化磷,控制加料速度,必要时通冷却水加以冷却以保持釜内温度低于40℃。三氯化磷加完后,继续搅拌30min,然后缓慢加入253份质量分数为37%的甲醛水溶液,反应过程中有氯化氢气体放出,甲醛加入速度要氯化氢气体逸出速度进行适当调节,甲醛加完后,继续搅拌反应20min。缓慢加热使反应釜内温度升至100~105℃,在此温度下保温反应1~2h。最后用鼓风机向反应釜内产品中鼓入空气吹扫,吹气量约为500L/30min,吹扫1h后,冷却至室温,经取样分析合格后,然后用泵送至成品贮罐中。反应所生成的副产品氯化氢气体,经冷凝器冷却后,至填料吸收塔用水吸收得工业品稀盐酸。

质量指标 本品主要技术指标见表4-66。钻井液性能可参照执行Q/SH 0318—2009钻井液用聚合物类降黏剂技术要求。

表4-66 DTPMP产品质量指标

项目	指标	项目	指标
活性组分含量,%	≥50.0	钙螯合值(以 $CaCO_3$ 计)/(mg/g)	≥450
亚磷酸含量(以 PO_3^{3-} 计),%	≤3.0	pH值(1%水溶液)	≤2.0
氯化物含量(以 Cl^- 计),%	14~17	密度(20℃)/(g/cm³)	1.25~1.45

用途 本品可用于含碳酸钡、硫酸钡高的油田注水系统,本品还可作为过氧化物的稳定剂、二氧化氯杀菌剂的稳定剂。本品单独使用或复配使用时无需投加聚羧酸类分散剂,

污垢沉积量也很小。

作为钻井液降黏剂,可以单独使用,也可以与 SMC、XY-27 等配伍使用,其加量一般为0.1%~0.4%。为防止 pH 值降低,可配合使用烧碱溶液或纯碱。

安全与防护 本品低毒,酸性,有腐蚀性。应避免与眼睛、皮肤接触,操作人员应戴防护眼睛和防酸手套,一旦溅到皮肤或眼睛,应立即用大量清水冲洗。

包装与储运 本品采用塑料桶或内衬塑料的铁桶包装。储存在阴凉、通风和干燥处。运输中防止暴晒、防止包装破损。

参考文献

[1] 张克勤,陈乐亮.钻井技术手册(二):钻井液[M].北京:石油工业出版社,1988.

[2] 郑晓宇,吴肇亮.油田化学品[M].北京:化学工业出版社,2001.

[3] 王中华,何焕杰,杨小华.油田化学品实用手册[M].北京:中国石化出版社,2004.

[4] 夏剑英.钻井液有机处理剂[M].东营:石油大学出版社,1991.

[5] 严莲荷.水处理药剂及配方手册[M].北京:中国石化出版社,2004.

[6] 钱殿存,李成维,杨增坤.无铬钻井液降黏剂 XD9201 的研制[J].石油钻探技术,1993,21(2):13-16.

[7] 钱殿存.XD9101 系列无铬降黏剂的研制与应用[J].钻井液与完井液,1992,9(6):35-39.

[8] 李来文,王波.钻井液稀释剂单宁酸钾的研究与应用[J].油田化学,1993,10(3):247-249,252.

[9] 郝庆喜.钻井液用 GX-1 硅稀释剂的合成及应用[J].钻井液与完井液,1994,11(3):54-60.

[10] 秦永宏,董春旭,宋雪艳,等.抗高温降黏剂硅氟共聚物(SF)的研究与应用[J].钻井液与完井液,2001,18(1):12-15.

[11] 张家栋,王秀艳,姚烈,等.聚合酸降黏剂的研究与应用[J].钻井液与完井液,2006,23(1):5-10.

[12] 宋福如,秦永红,翟庆龙,等.钻井液用高温降黏剂及其生产工艺:中国,1350047 A[P].2004-09-08.

[13] 宋福如.一种钻井液用硅氟抗高温降黏剂干粉的生产方法:中国,101368090[P].2009-02-18.

[14] 王中华.AMPS/AA/DMDAAC-木质素磺酸盐接枝共聚物钻井液降黏剂的合成与性能[J].精细石油化工进展,2001,2(9):1-3.

[15] 韩慧芳,崔英德,蔡立桃.聚丙烯酸钠的合成及应用[J].日用化学工业,2003,33(1):36-39.

[16] 王中华.低分子量 AA-AM 共聚物的合成及应用[J].河南化工,1990(11):22-24.

[17] 王中华.用腈纶废料制备钻井液降黏剂[J].河南化工,1991(10):12-13.

[18] 张国钊,王纪孝,李会兰,等.PJ 型降黏剂的研制及性能评价[J].精细石油化工,1997(3):5-7.

[19] 李骑伶,叶德展,刘侨,等.SSMA 和 AMA 对钻井液降黏作用效果研究[J].油田化学,2013,30(1):5-10.

[20] 高峰.钻井液降黏剂 MAA 的合成与性能评价[J].中国石油大学学报:自然科学版,2011,35(6):169-173.

[21] 杜德林,王果庭.聚丙烯酰胺钻井液的一种理想降黏剂——VAMA[J].钻井液与完井液,1987,4(1):30-38.

[22] 李向碧.聚合物降黏剂 PT-1 的应用[J].钻采工艺,1994,17(3):90-93.

[23] 杨光胜,樊世忠.邢伟亮.复合离子聚合物降黏剂 PX 的研制及应用[J].钻井液与完井液 1995,12(3):24-28.

[24] 向兴金,肖红章,李健,等.复合离子型聚合物处理剂抑制性研究[J].钻井液与完井液,1993,10(5):37-40.

[25] 李健,向兴全,罗平亚,等.两性复合离子聚合物泥浆处理剂及泥浆体系研究与应用[J].天然气工业,1991,11(5):42-49.

[26] 两性离子聚合物泥浆研究实验组.两性离子聚合物泥浆的研究与应用(一)——两性离子聚合物处理剂及其作用机理[J].钻井液与完井液,1994,11(4):13-22,27.

[27] 中国石油天然气股份有限公司勘探开发研究院.两性离子聚合物及制备方法和用途:中国,1179990 C[P].2004-12-15.

[28] 两性离子聚合物泥浆研究实验组.两性离子聚合物泥浆的研究与应用(二)——两性离子聚合物泥浆体系的研究与应用效果[J].钻井液与完井液,1994,11(5):24-32.

[29] 樊泽霞，王杰祥，孙明波，等.磺化苯乙烯-水解马来酸酐共聚物降黏剂 SSHMA 的研制[J].油田化学，2005，22(3)：195-198.
[30] 徐同台.八十年代国外深井泥浆的发展状况[J].钻井液与完井液，1991，8(增)：29-45.
[31] 谢建宇，王旭，王亚彬，等.AA/AMPS 共聚物钻井液降黏剂的合成及性能评价[J].钻井液与完井液，2010，27(4)：16-19.
[32] 王中华.AMPS/AA 共聚物泥浆降黏剂的合成[J].精细石油化工，1994(3)：25-27.
[33] 周双君，舒福昌，史茂勇，等.有机硅钻井液降黏剂 HOS 的性能研究[J].精细石油化工进展，2008，9(9)：6-9.
[34] 陆明富.一种钻井液用有机硅降黏剂的制备方法：中国，102311725 A[P].2012-01-11.
[35] 郑若之，张国钊，张文桓.有机膦降黏剂-NTF[J].钻井液与完井液，1988，5(3)：22-26.
[36] 邵小模，尹达，宋得莲，等.钻井液降黏剂 NTF-U 的室内评价与现场应用[J].油田化学，2000，17(1)：10-13.
[37] 吴国锐.钠基有机膦酸盐稀释剂在聚合物重泥浆中的应用[J].石油钻探技术，1986，14(3)：22-27.

第五章 增黏剂

在钻井过程中,为了保证井眼清洁和安全钻进,钻井液必须具有良好的流变性和悬浮稳定性,反映在流变参数上,则钻井液的黏度和切力必须保持在一个合适的范围。通过增加钻井液中膨润土含量是提高钻井液黏度和切力的有效途径。但在聚合物钻井液中,膨润土含量高时会引起钻井液的低密度固相含量增大,不利于实现低固相和提高机械钻速,同时也会对油气层保护产生不利影响。为了保证低固相聚合物钻井液的黏度和切力,增强剪切稀释能力,必须通过添加增黏剂来实现。增黏剂通常为高分子聚合物,由于其分子链很长,在分子链之间容易形成网状结构,故能显著地提高钻井液的黏度和切力。

钻井液增黏剂是指能增加钻井液黏度和切力、提高钻井液悬浮能力、改善钻井液流变性的化学剂,主要有纤维素衍物、合成聚合物和生物聚合物等。其中,纤维素衍生物包括高黏羧甲基纤维素钠、聚阴离子纤维素钠、羟乙基纤维素等,合成聚合物包括聚丙烯酰胺类(非水解聚丙烯酰、水解聚丙烯酰胺钠盐)和丙烯酰胺多元共聚物(阴离子型丙烯酰胺、丙烯酸等单体多元共聚物,阴离子型丙烯酰胺、AMPS 等单体多元共聚物,阳离子型丙烯酰胺、DMDAAC等单体多元共聚物,两性离子型丙烯酰胺、丙烯酸、DMDAAC 等单体多元共聚物)等,生物聚合物主要包括黄原胶和硬葡聚糖。某些无机聚合物,如混合层间金属氢氧化物,也可以作为增黏剂。

增黏剂除了起增黏作用外,还往往兼具页岩抑制、包被、降滤失及流型调节等作用。因此,使用增黏剂常常有利于改善钻井液的流变性,也有利于井壁稳定。

用于增黏剂的高分子处理剂由于相对分子质量高,分子链具有一定的柔顺性等,可以显著地提高钻井液的黏度。同时,由于高分子处理剂上带有许多吸附基和水化基团(亲水基团),高分子处理剂上的吸附基可以吸附在黏土颗粒上。一个高分子链上可以同时吸附多个黏土颗粒,一个黏土颗粒也可以吸附多个高分子链,这样就会形成网状结构。网状结构的形成不仅使黏度提高,而且使切力上升。而亲水基会吸附许多水分子,形成吸附水化膜,与高分子一起流动,从而使高分子流动时能量消耗增加,黏度升高。

许多高分子化合物均可以作为钻井液增黏剂,由于增黏剂分子链长,在受到外力作用时形变和流变都需要有一定的时间才能达到平衡。这种流变性质的时间依赖性,使钻井液具有一定的触变性。

由于处理剂大分子链在钻井液循环中会发生热或剪切降解,随着时间的延长,会影响到聚合物的增黏作用。另一方面,当处理剂分子上的吸附基团因水解或分解等发生变化后,增黏效果也会降低。在实际应用中要适时地补充增黏剂进行维护处理,以保证钻井液中增黏剂的有效含量。

本章从天然材料改性产物、合成聚合物、合成及天然无机聚合物及生物聚合物等方面对钻井液增黏剂进行介绍[1~3]。

第一节 天然材料改性产物

天然高分子材料改性产物是重要的钻井液增黏剂。其中,以高黏 CMC 和 PAC 最为常用,它们是应用最早和用量最大的钻井液增黏剂和降滤失剂。瓜胶或改性瓜胶、魔芋胶等也可以作为钻井液增黏剂,但由于其热稳定性差,通常只能用于温度低于 90℃的情况下或地质钻探中使用,在钻井液中应用较少,由于其良好的增黏能力,如果能够使其热稳定性进一步提高,将会成为性能较好的无土相钻井液增黏剂。

1.高黏羧甲基纤维素

参见第三章、第一节、1,高黏羧甲基纤维素(HV-CMC)是常用增黏剂之一,在钻井液中用作增黏剂,具有降滤失和改善滤饼质量的作用,适用于各种水基钻井液,温度超过 140℃后,增黏能力降低。其在淡水钻井液中加量一般为 0.1%~0.4%,盐水或饱和盐水钻井液中加量一般为 0.3%~1.0%。

2.高黏聚阴离子纤维素

参见第三章、第一节、2,高黏聚阴离子纤维素(HV-PAC)在钻井液中作为增黏剂,与 HV-CMC 相比,加量少,通常淡水钻井液加量 0.1%~0.3%,盐水钻井液加量 0.4%~0.6%即可达到较高的增黏效果,并兼有降滤失作用。一般适用于 120~140℃温度范围内。在高钙镁或高矿化度水基钻井液中,提高黏度特别是动切力的能力较差。

3.羟乙基纤维素

参见第三章、第一节、3,羟乙基纤维素在钻井液中作为增黏剂,具有较强的抗钙、镁能力,在淡水钻井液、盐水钻井液及钙处理钻井液中均可以使用。也可以用于配制无固相盐水钻井液、完井液、修井液等。作为增黏剂时,其主要技术要求为有效物≥90.0%,灰分≤5.0%,取代度 1.4~2.4,0.5%盐水溶液表观黏度≥20.0mPa·s。

4.瓜胶

化学成分 瓜尔豆胶。

结构式

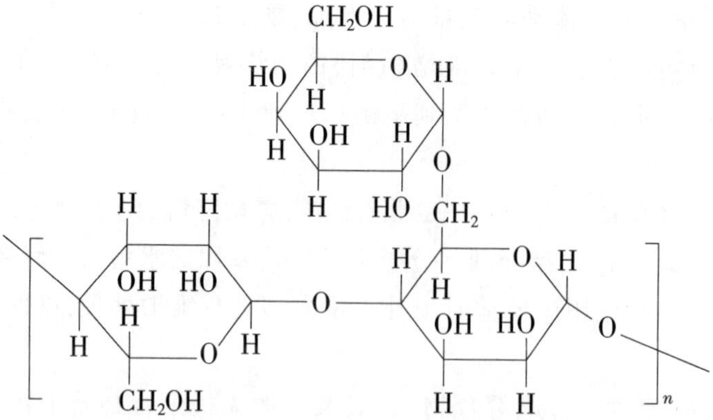

产品性能 瓜胶也叫瓜尔胶,来自一年生草本植物瓜尔豆的内胚乳,胚乳约占种子质

量的 42%。为白色略呈褐黄色粉末。不溶于有机溶剂,如烃类、醇类和酯类及脂肪中,可被水分散、水合、溶胀,形成黏胶液。黏度为 187~351mPa·s。水不溶物含量 19%~25%。瓜胶水溶液部分主要是以 β-1,4 甙键联结的 D-甘露吡喃糖为主链, 以 α-1,6 甙键联结的 D-半乳吡喃糖为支链组成的长链中性非离子型多邻位顺式羟基的聚糖,半乳糖与甘露糖之比为 1:1.6~1.8,总糖含量 84.3%。重均相对分子质量为 20×10^4~40×10^4。在一定的 pH 值条件下,瓜胶水溶液易于与某些两性金属(或两性非金属)组成的含氧酸阴离子盐,如硼酸盐、钛酸盐交联成水冻胶。不易受离子型盐的影响。可进行物理、化学改性。

瓜尔豆胶的水溶液黏度随着质量分数增加而增加(见图 5-1)。一般而言,质量分数0.5%以上的瓜尔豆胶溶液呈非牛顿流体的假塑性流体特征,具有剪切稀释特性。瓜尔豆胶的水溶液为中性,25℃下质量分数 1.0%的瓜尔豆胶溶液黏度与 pH 值的关系见图 5-2。从图中可看出, 瓜尔豆胶具有很强的耐酸碱性,pH 值在 3.5~10 范围变化对其黏度影响不明显。pH值大于 10 后,黏度显著下降,这可能与随着 OH^-离子的增多,瓜儿豆胶与溶剂间氢键结合减少有关。温度在 25~75℃范围内,瓜尔豆胶的黏度随温度升高而降低,温度回降时,黏度比升高时同温度稍低[4]。

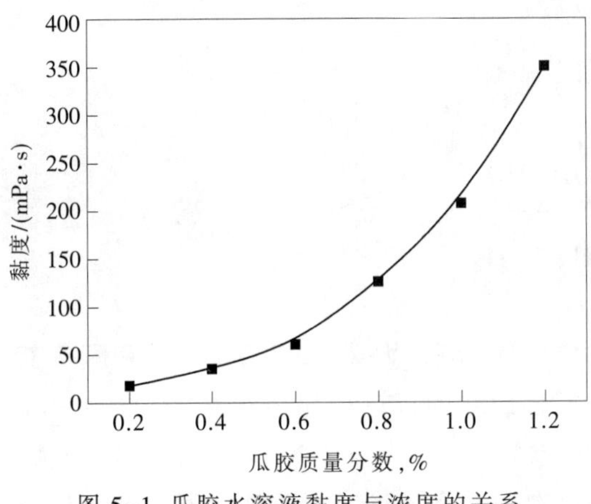

图 5-1 瓜胶水溶液黏度与浓度的关系

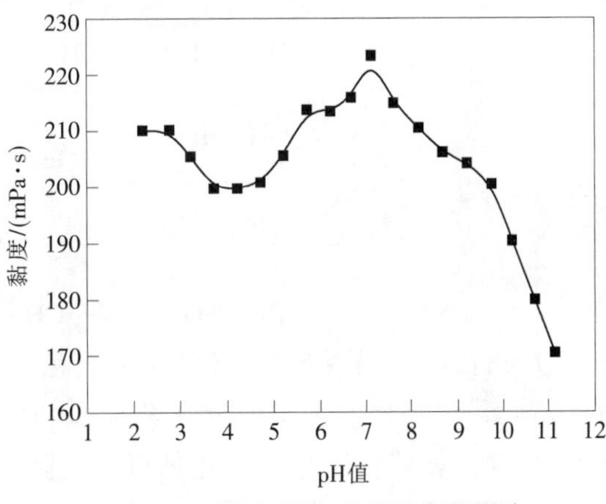

图 5-2 pH 值对瓜尔豆胶黏度的影响

瓜胶用作钻井液增黏剂有较好的增稠和降滤失效果,但抗温能力低,在钻井液中一般仅用于 90℃以下,其中的水不溶物可以堵塞地层微裂缝,改善滤饼质量。

制备过程 将胚乳从种子中分离出来粉碎,便得到瓜胶粉。

质量指标 本品主要技术要求见表 5-1。

表 5-1 瓜胶产品技术要求

项 目	指 标	项 目	指 标
外 观	淡黄色粉末状固体	水不溶物,%	≤18.0
水分,%	≤10.0	过筛率(通过 0.15mm 分样筛),%	≥90.0
黏度(1.0%水溶液)/(mPa·s)	≥200	pH值	6.5~7.0

用途 本品主要用作水基压裂液增稠剂。其水溶液和水冻胶可用于渗透率较高,地层压力较大的油气层压裂。本品使用前,应根据地层特点与施工要求配成浓度为 0.4%~0.7%(质量分数)的原胶液,并溶胀、溶解 1h。

作为钻井液增黏剂，特别是无固相钻井液增黏剂，可以直接加入淡水或盐水中，形成黏稠的溶液，然后用盐或石灰石粉加重配制成无固相钻井液、完井液和修井液，以有效地防止地层损害。为防止发酵，使用时可以配合加入适量的杀菌剂，以提高钻井液的热稳定性，其加量通常为0.4%~0.7%。

安全与防护 本品无毒，吸水后发黏，使用时避免粉尘吸入和接触眼睛。

包装与储运 本品采用内衬聚乙烯塑料袋、外用塑料编织袋或防潮牛皮纸袋包装，每袋净质量25kg。贮存在阴凉、通风、干燥处。运输中防止暴晒、受潮和雨淋。

5.羟丙基瓜胶

化学成分 瓜豆胶的羟丙基化产物。

结构式

产品性能 羟丙基瓜胶(HPG)为白色至浅黄色固体粉末，无味，不溶于醇、醚和酮等有机溶剂，易溶于水。其水溶液在常温和pH值在2.0~12.0的范围内比较稳定，加热到70℃以上黏度急剧降低，遇到氧化剂可发生降解。由于羟丙基瓜胶分子中含有顺式邻位羟基，因而可与硼、钛和锆等多种非金属和金属元素化合物进行络合形成凝胶体。通过调节反应条件和合理地选择交联剂，可使凝胶满足不同温度下的要求。与瓜胶原粉相比，羟丙基瓜胶残渣含量低，溶胀溶解速度快，胶液放置稳定性好，耐盐能力强，是一种性能优异的压裂液稠化剂。

羟丙基瓜胶的溶液黏度随着浓度的增加而增加，随着温度的升高而降低，但在60℃以内，温度对黏度的影响相对较小，见图5-3。

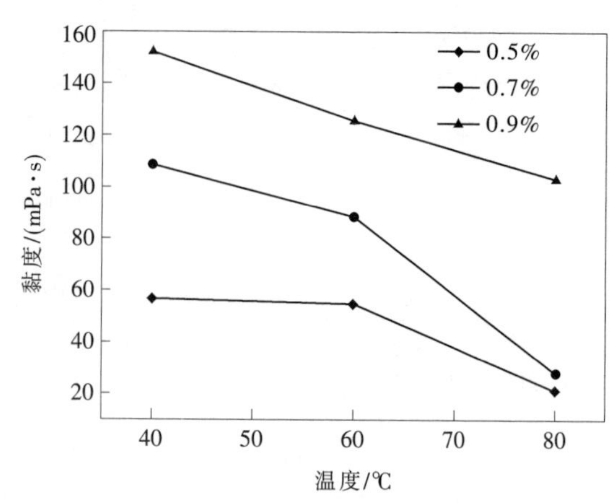

图5-3 羟丙基瓜胶的溶液黏度与浓度和温度的关系

作为钻井液处理剂和无固相钻井液增黏剂，其抗温能力比瓜胶有一定提高，但一般也只能用于100℃以下。其水溶性和热稳定性均优于瓜胶。

制备过程 将360份乙醇、12.0份相转移催化剂、5份醚化反应助剂依次加入反应釜中,并混合均匀,在搅拌下缓慢加入360份瓜原胶粉,待充分分散后再滴加98份质量分数为30%的氢氧化钠水溶液,滴加速度以5.0~10.0L/min为宜。将反应体系的温度升到45~50℃,在此温度下碱化反应1.5h,然后加入120份环氧乙烷,并升温到65~70℃,在此温度下醚化反应5.0h,冷却降温至40℃以下,用适量(约占瓜胶原粉质量的50%)乙醇进行稀释,再加入盐酸中和至pH值为6.5~7.0。将反应物进行离心分离,除去上部溶液后,加入适量乙醇(约占瓜胶原粉质量的50%)洗涤,再离心分离除去上部溶液。将离心后固体物烘干、粉碎、过筛后,即得到羟丙基瓜胶。

也可以采用异丙醇为溶剂合成,最佳配方及反应条件为:瓜胶50g,异丙醇200mL,环氧丙烷10mL,氢氧化钠3g,水38~50mL,反应温度60℃,反应时间4h[5]。

质量指标 本品主要技术要求见表5-2。

表5-2 羟丙基瓜胶技术要求

项 目	指 标	项 目	指 标
外 观	淡黄色粉末状固体	水不溶物,%	≤8.00
水分,%	≤10.0	过筛率(通过0.15mm分样筛),%	≥90.0
黏度(1.0%水溶液)/(mPa·s)	≥220	pH值	6.0~8.0
取代度	≥0.25		

用途 本品用作水基压裂液液稠化剂,其水溶液和水冻胶可用于不同改造规模、不同井深井温的低渗透油气层压裂,特别适用于高温深井压裂。本品使用前,应根据地层特点与施工要求配成浓度为0.3%~0.7%(质量分数)的原胶液,并溶胀、溶解1h。

用于钻井液增黏剂,具有一定的降滤失作用,在一般水基钻井液中加量0.1%~0.3%,在无固相钻井液中加量0.5%~1.0%或根据需要确定。

安全与防护 本品无毒,吸水后发黏,使用时防止粉尘吸入和接触眼睛。

包装与储运 本品采用内衬塑料袋、外用塑料编织袋或防潮牛皮纸袋包装。存放在阴凉、通风、干燥处。运输中防止暴晒,防止受潮和雨淋。

6.羧甲基羟丙基瓜胶

化学成分 瓜胶羧甲基羟丙基醚化产物。

结构式

$CH_2—O—CH_2—COONa$

HO H O H H OH H O H H HO CH_2

H H H O H OH HO H O H OH HO O H H O H OH H H

$CH_2—O—CH_2—CH—CH_3$

产品性能　羧甲基羟丙基瓜胶(CMHPG)是同时联结了羧甲基和羟丙基两种取代基团的阴离子型瓜尔胶衍生物，为淡黄色粉末，无臭，易吸潮。不溶于大多数有机溶剂，可溶于水，水溶液黏度 196~243mPa·s。其水溶液在弱酸条件下易与高价金属阳离子交联成胶，如与硫酸铝、氧氯化锆交联。在碱性条件下，也能与硼酸盐、钛酸盐等交联成水冻胶。盐对羧甲基羟丙基瓜胶水溶液的黏度和交联性能稍有影响。作为水基钻井液的增黏剂和无固相钻井液稠化剂，具有较强的抗盐能力，但抗温能力低，一般适用于 120℃以内。添加杀菌剂可以提高其热稳定周期。

制备过程　以氯乙酸为主醚化剂，环氧丙烷为副醚化剂，乙醇或异丙醇为分散剂，在碱性条件下经过醚化反应而得。

质量指标　本品主要技术要求见表 5-3。

表 5-3 羧甲基羟丙基瓜胶技术要求

项　目	指　标	项　目	指　标
外　观	淡黄色粉末状固体	pH值	6.0~8.0
含水，%	≤10.0	粒度(通过 0.15mm 分样筛)，%	≥90
黏度(1.0%水溶液)/(mPa·s)	≥220	羧甲基取代度	≥0.5
水不溶物，%	≤3.0	羟丙基取代度	≥0.25

用途　本品用于钻井液增黏剂，具有一定的降滤失作用，适用于淡水、盐水、饱和盐水钻井液以及无土相钻井液、完井液和修井液等，一般加量为 0.3%~1.0%。也可以用于压裂液稠化剂，其使用方法同羟丙基瓜胶。

安全与防护　本品无毒，吸水后发黏，使用时防止粉尘吸入和接触眼睛。

包装与储运　本品采用内衬聚乙烯塑料袋、外用塑料编织袋或防潮牛皮纸袋包装。存放在阴凉、通风、干燥处。运输中防止暴晒，防止受潮和雨淋。

7.魔芋胶

化学名称或成分　魔芋甘露聚糖。

结构式

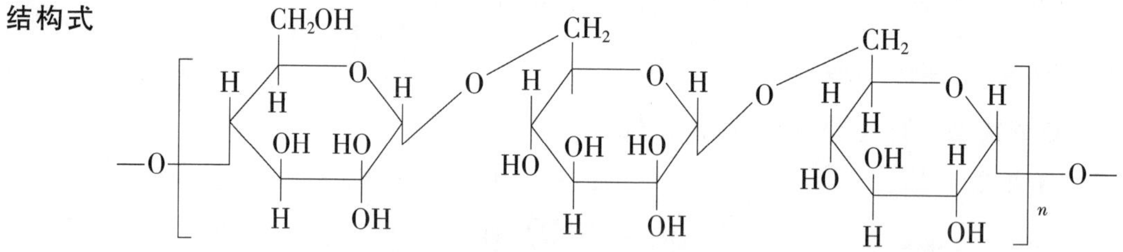

产品性能　魔芋胶又称魔芋葡甘聚糖，是一种高分子多糖，淡黄至褐色粉末，基本无臭、无味，其水溶液有很强的拖尾现象，稠度很高。溶于水，不溶于乙醇和油脂。具有水溶、增稠、稳定、悬浮、胶凝、成膜、黏结等多种理化特性。由于魔芋本身具有的特性，例如溶解度低、溶胶稳定性差、流动性不好等，限制了魔芋的广泛应用，通过改性可以扩大其应用范围，魔芋粉与乙烯类单体接枝共聚反应是魔芋粉化学改性的重要途径，魔芋粉与丙烯腈、丙烯酰胺和丙烯酸等单体接枝共聚，可得到亲水性的高分子化合物。

魔芋胶的水溶液黏度随其质量分数的升高而增大(见图 5-4)，质量分数较低时(小于 0.4%)，增加幅度较小，质量分数较高时(0.4%~1.0%)，黏度有较大幅度的增加，质量分数与黏度呈非线性关系。质量分数1%的水溶液黏度随着温度的升高而逐渐降低，当温度高于60℃时，黏度显著降低，当温度到达100℃时，黏度值趋近于0，见图5-5。图5-6是pH值对魔芋胶水溶液黏度的影响。从图中可以看出，在pH值<7.0时，随着pH值的增加其黏度下降幅度较小，当pH值为7.0时，黏度达到最大值，当pH值>7.0时，随着pH值的增加其黏度有较大幅度下降，pH值越大，黏度下降很快[6]。

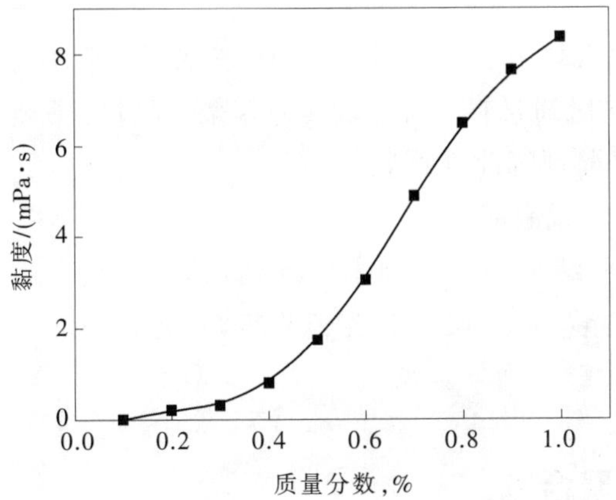

图5-4 魔芋胶质量分数对水溶液黏度的影响

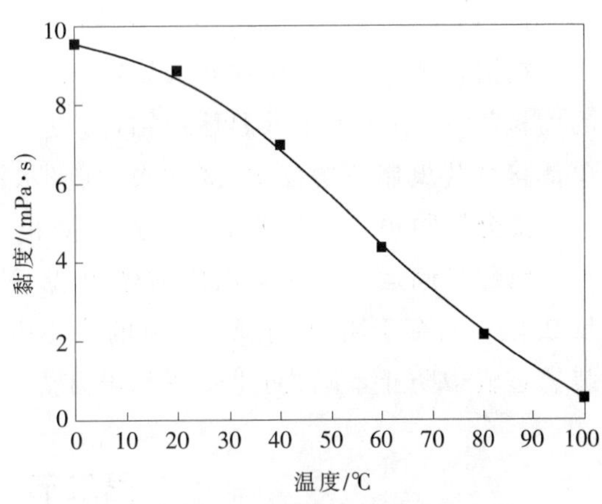

图5-5 温度对魔芋胶水溶液黏度的影响

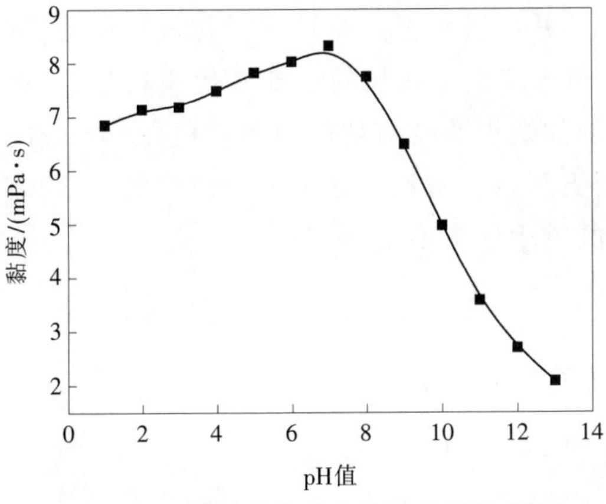

图5-6 pH值对魔芋胶水溶液黏度的影响

制备方法 魔芋胶有下面几种生产方法：

方法一：魔芋精粉(含葡甘露聚糖60%以上)加水8~10倍在搅拌机中混合成松散团状体，静置3~5h，让精粉颗粒吸水膨润，即使精粉颗粒内外吸水均匀，将湿润团状体加入挤压机挤压成长条，条形物自然干燥或烘干至含水15%左右，再将条形物加入普通膨化机膨化处理，膨化颗粒用0.149mm筛粉碎机粉碎后过孔径0.149mm筛，即为成品魔芋胶[7]。

方法二：取原料魔芋精粉100kg，将其浸泡在质量分数35%的低浓度食用乙醇中，边浸泡边用胶体磨对魔芋精粉进行抛光、研磨，使魔芋精粉中的淀粉、单宁、灰分、色素、生物碱等从葡甘聚糖表面脱落，溶解或分散在低浓度乙醇中形成混合物料。此过程持续时间约为1~2h后，将混合物料送入装有100kg质量分数35%的低浓度乙醇的浸泡罐中再次浸泡。然后，将浸泡罐中的混合物料的混合液送入由水力旋流器构成的逆流洗涤装置中，用质量分数35%的低浓度乙醇对混合物料的混合液进行洗涤和分离处理，排出淀粉、单宁、灰分、色素、生物碱等杂质，得到高纯度魔芋胶与乙醇的混合液。上述醇、胶混合液经胶体磨四级破碎、研磨，再经离心机甩干脱水后，再装入真空干燥机中，在60℃左右干燥2h后即可得到高纯度的葡甘聚糖，即魔芋胶产品[8]。

质量指标 本品主要技术要求见表5-4。

用途 魔芋胶可用于制作各种食品添加剂，广泛应用于医药、食品、钻探、造纸、建材、印染、日化、环保等行业和食品工业。

表 5-4 魔芋胶技术要求

项 目	指 标	项 目	指 标
干燥失重,%	≤15.0	重金属(以 Pb 计),%	≤0.004
烧灼残渣(灰分),%	≤5.0	吸水力	75mL(最高数)
水不溶物,%	≤1.0	凝胶强度/(g/cm^2)	>800
砷(As),%	≤0.0001		

在钻井中,可以用作钻井液增黏剂、无固相钻井液和清洁盐水钻井液、完井液、修井液的增稠剂,一般适用于低温地层钻探。也可以用作堵漏材料。也可以其为骨架,通过与烯类单体接枝共聚制备增黏剂、降滤失剂、吸水树脂堵漏剂等改性产物。

安全与防护 本品无毒。使用时防止粉尘吸入或眼睛接触。

包装与储运 本品采用内衬塑料袋、外用塑料编织袋或防潮牛皮纸袋包装,每袋净质量 25kg。储存于阴凉、干燥、通风的仓库内。忌混装混运,搬运时要轻装轻卸,防止损坏包装。运输中防止暴晒,防止受潮和雨淋。

第二节 合成聚合物

高相对分子质量的合成聚合物是应用广泛的钻井液增黏剂,兼具絮凝和包被作用,其抗温能力一般可以达到 150℃,通过引入磺酸基和水解稳定性强的烷基取代酰胺基等,可以使其抗温抗盐能力进一步提高,但聚合物增黏剂的缺点是抗剪切能力差。提高分子链的剪切稳定性将是聚合物增黏剂的研究方向。采用天然材料与乙烯基单体接枝共聚,可以兼顾天然高分子和合成聚合物的优势,提高增黏剂的适用性和稳定性。

1.复合离子型聚丙烯酸盐 PAC-141

化学成分 丙烯酸钠、丙烯酸钙和丙烯酰胺等的多元共聚物。

结构式

$$-\!\!\left[CH_2-\underset{\underset{NH_2}{|}}{\underset{C=O}{|}}{CH}\right]_m\!\!-\!\!\left[CH_2-\underset{\underset{ONa}{|}}{\underset{C=O}{|}}{CH}\right]_n\!\!-\!\!\left[CH_2-\underset{\underset{O}{|}}{\underset{C=O}{|}}{CH}\right]_x\!\!-$$

$$O\diagdown Ca \diagup O-C(=O)-CH(-CH_2-)-$$

产品性能 PAC 系列产品是指各种复合离子型的聚丙烯酸盐多元共聚物,实际上是具有不同取代基的乙烯基单体及其盐类的共聚物,通过在高分子链节上引入不同含量的羧基、羧钠基、羧铵基、酰胺基、腈基、磺酸基和羟基等基团而得到。该系列产品主要用于聚合物钻井液体系。由于各种官能团的协同作用,在各种复杂地层和不同的矿化度、温度条件下均能发挥其作用。只要调整好聚合物分子链节中各官能团的种类、数量、比例、聚合度及分子构型,就可设计和制备出一系列的处理剂,从而满足增黏、降黏或降滤失要求,目前应用较多的是 PAC-141、PAC-142 和 PAC-143 等三种产品。它们是低固相聚合物钻井液和聚磺钻井液等钻井液体系的最基本的处理剂。

PAC-141 是一种水溶性阴离子型丙烯酸多元共聚物，可溶于水，水溶液呈弱碱性，是丙烯酸、丙烯酰胺、丙烯酸钠、丙烯酸钙的共聚物，抗温 180℃，抗盐至饱和。

PAC-141 以增黏包被为主，兼具降滤失作用。它在钻井液中可以提高黏度和切力，改善钻井液的剪切稀释能力，随着其加量的增加，黏度、切力升高，流型指数降低，稠度系数增加(见表 5-5)。表 5-6 和表 5-7 是盐和膏加量对含 PAC-141 的钻井液性能的影响。从表中可以看出，PAC-141 具有较强的抗盐、膏污染的能力[9]。

表 5-5 PAC-141 加量对钻井液流变性的影响

处理情况	AV/(mPa·s)	PV/(mPa·s)	YP/Pa	n	K/(Pa·s^n)
基 浆	26.5	20	16.5	0.68	0.24
基浆+0.6% PAC-141	31	19	12	0.53	0.79
基浆+0.92% PAC-141	47	28	19	0.51	1.37

表 5-6 NaCl 加量对钻井液性能的影响

NaCl加量，%	AV/(mPa·s)	PV/(mPa·s)	YP/Pa	滤失量/mL	pH值
基浆①	36.5	20.0	16.5	18	9
1	27.0	15.5	11.5	11	8
4	20.0	12.0	10.0	13	8
10	23.0	13.0	10.0	12.5	8
20	14.5	10.0	4.5	10.0	8
25	11.5	10.0	1.5	10.0	8
30	15.5	13.0	2.5	12.0	8
40②	30.0	25.0	5.0	5.0	8

注：①基浆组成：3%黑山土浆+0.6% PAC-141；②基浆组成：3%黑山土浆+1.2% PAC-141。

表 5-7 $CaSO_4$ 加量对钻井液性能的影响

NaCl加量，%	AV/(mPa·s)	PV/(mPa·s)	YP/Pa	滤失量/mL	pH值
基浆①	33.5	20.0	13.5	22	9
2	22.0	13.0	9.0	11.5	7
4	20.0	13.0	7.0	10.5	6.5
10	22.3	15.0	7.3	11.0	6.5

注：①基浆组成：3%黑山土浆+0.6% PAC-141。

表 5-8 是泥页岩在 PAC-141 所处理钻井液中 110℃下滚动 16h 的回收率实验结果。从表中可以看出，PAC-141 钻井液具有较强的抑制泥页岩水化膨胀的能力。还可以看出，处理剂加量不同，钻井液的抑制能力不同，处理剂的种类不同，钻井液的抑制能力也不同。随着处理剂加量的增加，抑制能力增强。PAC-141 抑制能力优于 PAC-143，在高加量时，PAC-143 抑制能力又优于 CPA。

实践表明，PAC-141 具有如下特点：①能降低钻井液的 n 值，适当提高 K 值，改善钻井液的流型和剪切稀释能力；②能够较好地包被絮凝钻屑，抑制地层造浆，保持钻井液低密度、低固相,有利于提高机械钻速,缩短钻井周期;③具有较好的抗温、抗盐和抗膏污染的能力,适用于淡水、盐水、海水和饱和盐水钻井液体系,并可以用作复杂地层和深井钻井;④所处理钻井液泥饼润滑性好,具有良好的降低磨阻的作用;⑤有较好的防塌作用、井壁稳定、井径规则;⑥与其他处理剂配伍性好。

表 5-8 不同处理剂对页岩回收率的影响

样品	加量,%	回收率,%	样品	加量,%	回收率,%	样品	加量,%	回收率,%
PAC-141	0.1	47.7	PAC-143	0.1	26.7	CPA	0.1	33.3
	0.3	77.0		0.3	58.0		0.3	50.0

注:所用岩样为马厂地区易水化剥落的沙二段地层岩屑,基浆为6%膨润土浆。

制备过程 将氢氧化钠与水加入混合釜中,配成氢氧化钠溶液,同时加入石灰,然后搅拌下慢慢加入丙烯酸,待其加完后,加入丙烯酰胺,搅拌使单体全部溶解。然后加入引发剂引发聚合反应,生成弹性多孔凝胶体。将所得产物经切割后,烘干、粉碎,即得成品。

质量指标 本品可以参考行业标准 SY/T 5660—1995 钻井液用包被剂 PAC-141、降滤失剂 PAC-142、降滤失剂 PAC-143 标准。其中,PAC-141 产品指标见表 5-9 和表 5-10。

表 5-9 PAC-141 理化指标

项目	指标	项目	指标
外观	白色粉末	pH值	7.0~9.0
水分,%	≤7.0	表观黏度(1%水溶液)/(mPa·s)	≥30.0
细度(筛孔 0.9mm 筛余物),%	≤10.0		

表 5-10 PAC-141 钻井液性能指标

项目		*AV*/(mPa·s)	*PV*/(mPa·s)	滤失量/mL
淡水浆	基浆	8.0~10.0	3.0~5.0	22.0~26.0
	基浆加 2.0g/L PAC-141	≥25.0	≥10.0	≤15.0
复合盐水浆	基浆	4.0~6.0	2.0~4.0	52.0~58.0
	基浆加 7.0g/L PAC-141	≥15.0	≥10.0	≤10.0

用途 本品主要用于低固相不分散水基钻井液的增黏降滤失剂,有较好的胶体稳定性和耐温抗盐能力,还有较好的包被、抑制和剪切稀释特性,同时还具有抗温抗盐和高价金属离子污染的能力,可适用于淡水、海水、饱和盐水钻井液体系。一般淡水钻井液加量 0.2%~0.4%,饱和盐水钻井液加量 1.0%~1.5%。本品相对分子质量相对较高,在钻井液中直接加入时很难均匀分散、溶解,故使用时必须先配成胶液或与其他处理剂的复合胶液,然后以胶液形式加入钻井液。通常与 PAC-142、PAC-143 等配伍使用。

安全与防护 本品无毒,吸水后发黏,使用时防止粉尘吸入及与眼睛、皮肤接触。生产中所用原料有毒,车间内应保持良好的通风。

包装与储运 本品采用内衬塑料袋、外用防潮牛皮纸袋包装,每袋净质量 25kg。贮存在阴凉、通风、干燥处。运输中防止受潮和雨淋。

2.两性复合离子型聚合物包被剂 FA-367

化学成分 丙烯酸钾、丙烯酸钙、丙烯酰胺和有机胺类阳离子单体等的多元共聚物。

结构式

$$\mathrm{-\!\!\left[CH_2-\underset{\underset{NH_2}{|}}{\underset{C=O}{|}}{CH}\right]_m\!\!-\!\!\left[CH_2-\underset{\underset{OK}{|}}{\underset{C=O}{|}}{CH}\right]_n\!\!-\!\!\left[CH_2-\underset{|}{CH}-\underset{|}{CH}-CH_2\right]_x\!\!-\!\!\left[CH_2-\underset{\underset{O-Ca-O-C(=O)-CH(-CH_2-)-}{|}}{\underset{C=O}{|}}{CH}\right]_y\!\!-}$$

（x 链节中两个 CH 上的 CH_2 与 N^+ 相连成环，N^+ 上连两个 R，Cl^- 为反离子）

产品性能 本品为白色或微黄色粉末，是分子中含有阳离子、阴离子、非离子等多种官能团的水溶性聚合物，属于 PAC-141 的改进产品。由于 FA-367 高分子的链节中引入了阳离子基团，使其与黏土的吸附由单一的氢键吸附变为氢键吸附和静电吸附，增加了对黏土的吸附强度和吸附量，对钻屑的包被作用和抑制分散作用大大增强。FA-367 分子中大侧基有一定的憎水性，提高了其降滤失的效果，增强了剪切稀释的能力和抗剪切降解的能力。由于聚合物分子中阴离子基团是用钾、铵等阳离子中和的，它们在钻井液中解离出K^+、NH_4^+等离子，有利于防塌。本品是建立无钠钻井液体系的一种良好的钻井液包被剂，是组成两性复合离子聚合物钻井液体系的关键处理剂之一。

关于其特点，可以进一步从下面的评价中看出[10]。

① 具有良好的增黏和降滤失能力。表 5-11 是 FA-367 加量对淡水基浆性能的影响，表 5-12 是 FA-367 加量对复合盐水基浆性能的影响。从表 5-11 和表 5-12 可以看出，FA-367 在淡水和复合盐水基浆中均具有明显的增黏和降滤失能力，表 5-12 还表明，FA-367 具有较强的抗盐和高价离子的能力。

表 5-11 FA-367 在淡水基浆中的性能评价结果

钻井液组成	*AV*/(mPa·s)	*PV*/(mPa·s)	*YP*/Pa	滤失量/mL	pH值
基 浆	11.5	4.0	7.5	30	10
基浆+0.1% FA-367	32.0	15.0	17.0	11	10
基浆+0.2% FA-367	39.0	16.0	23.0	10	10
基浆+0.3% FA-367	54.5	21.0	33.5	9.5	10

注：基浆为 4%预水化膨润土浆。

表 5-12 FA-367 在复合盐水基浆中的性能评价结果

钻井液组成	*AV*/(mPa·s)	*PV*/(mPa·s)	*YP*/Pa	滤失量/mL	pH值
基 浆	5.0	3.5	1.5	65.0	9
基浆+0.5% FA-367	22.5	20.5	2.0	6.0	9
基浆+0.7% FA-367	36.0	25.5	11.0	6.0	9

注：基浆为 15%膨润土盐水基浆，其中盐水组成为含氯化钠 45g/L、氯化钙 5g/L 及含 6 个结晶水的氯化镁 13g/L。

② 在黏土表面的吸附能力强。实验结果表明，FA-367 达到吸附平衡的时间较阴离子聚合物 80A-51 和部分水解聚丙烯酰胺要短，而且吸附达到饱和时的吸附量也高，说明两性离子聚合物对黏土颗粒表面的吸附速率快，吸附量大。FA-367 在膨润土粉表面的吸附量

高于阴离子聚合物(见图 5-7),FA-367 比阴离子聚合物具有更低的吸附自由能,证明两性离子聚合物与黏土表面具有很强的键合能力,而阴离子聚合物的吸附自由能接近于氢键的自由能(见表 5-13)。

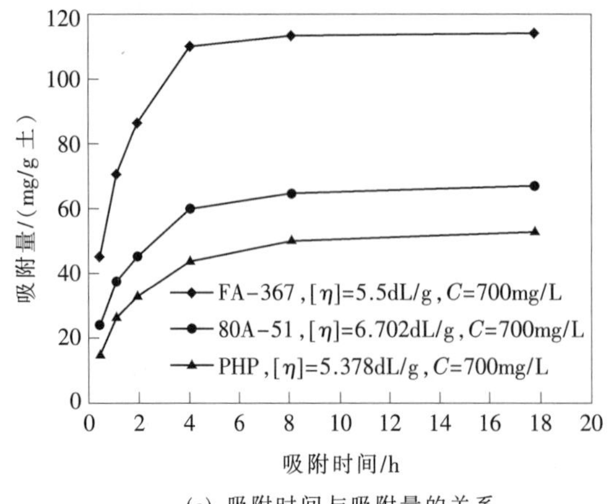

(a) 吸附时间与吸附量的关系

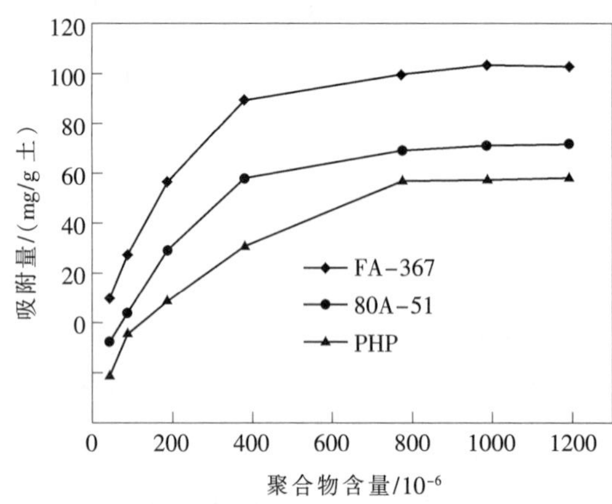

(b) 聚合物含量与吸附量的关系

图 5-7 不同聚合物在膨润土颗粒上的吸附特征

表 5-13 不同聚合物-膨润土体系的热力学数据

吸附体系	饱和吸附量/(mg/g 土)	吸附自由能/(kJ/mol)
FA-367-膨润土	134.8	-69.8
80A-51-膨润土	83.3	-15.6
HPAM-膨润土	75.6	-12.7

③ 抑制页岩、黏土水化分散的能力强。用页岩滚动回收率法分别评价了 FA-367 和 80A-51 对 1 号岩样(华北地区路 16 井馆陶组泥岩)和 2 号岩样(华北地区路 32 井明化镇组泥岩)的页岩滚动回收率,同时将 FA-367 和 PAC-141 进行了对比,结果见表 5-14 和表 5-15[11]。从表中可以看出,FA-367 的抑制防塌能力明显优于 80A-51 和 PAC-141。分别配制质量分数 0.1%的 FA-367 和 PAC-141 水溶液,待膨润土(或岩粉)在该溶液中充分分散后,用激光粒度仪分别测定其粒径中值及比表面值,结果见表 5-16。从表中可以看出,FA-367 抑制安丘膨润土及岩屑的水化分散能力均优于 PAC-141。

表 5-14 页岩回收率实验结果对比

配 方	页岩回收率,%		配 方	页岩回收率,%	
	1号样	2号样		1号样	2号样
清 水	10.15	16.20	清水+0.1% 80A-51	46.80	34.40
清水+0.1% FA-367	62.90	64.90			

注:岩样粒径均为 0.90mm。

表 5-15 两种聚合物水溶液的页岩回收率对比 %

处理剂	川中重三组露头泥页岩	华北油田 32 井明化镇组泥页岩	处理剂	川中重三组露头泥页岩	华北油田 32 井明化镇组泥页岩
清 水	15.0	16.2	0.1% FA-367	75.2	64.9
0.1% PAC-141	58.7	34.4			

注:回收率实验条件:样品质量分数 0.1%,岩屑粒径 3.35~4.75mm,岩屑用量 30g,加入老化罐,密封罐密封后,置于滚子炉中在 85℃±2℃下滚动 16h,取出岩屑烘干,称量 0.425mm 筛孔的标准筛余的岩屑,计算回收率。

表 5-16 激光粒度仪测定数据对比

配 方	7.5%安丘膨润土		7.5%泥岩粉	
	位径中值/μm	比表面积/(m^2/g)	位径中值/μm	比表面积/(m^2/g)
清 水	4.4	153.14	11.6	59.4
0.3% PAC-141 溶液	12.0	23.49	18.8	40.7
0.3% FA-367 溶液	26.7	14.93	28.3	27.6

制备过程 将氢氧化钾与水加入混合釜中,配成氢氧化钾溶液,同时加入石灰,然后搅拌下慢慢加入丙烯酸,待其加完后,加入丙烯酰胺,阳离子单体,搅拌使单体全部溶解。然后加入引发剂引发聚合反应,生成弹性多孔凝胶体。将所得产物经切割后,烘干、粉碎,即得成品。

中国专利 ZL02104242.X[12]还公开了一种制备方法:在一开口容器中,于常温条件下边搅拌边依次加入 60.0g 水、50.0g 丙烯酰胺、7.5g 丙烯酸钾、7.5g 乙烯磺酸钠、15.0g 二乙基二烯丙基氯化铵和 10.0g 2-丙烯酰胺基-2-甲基丙烷磺酸钠, 搅拌均匀。然后加入 5.0mL 质量分数 5%的过硫酸钾水溶液和 2.5mL 质量分数 5%的亚硫酸氢钠水溶液。短时间内体系反应温度迅速上升至 120℃左右, 反应物呈多孔状弹性固体, 含水 10%~20%。产物经 100~110℃条件下干燥、粉碎得到产品。其水溶液 pH 值等于 7,相对分子质量为 301×10^4。

质量指标 本品可以参考行业标准 SY/T 5696—1995 钻井液用两性离子聚合物强包被剂 FA-367 标准,理化性能指标见表 5-17,钻井液性能和抑制性能指标见表 5-18 和表 5-19。

表 5-17 FA-367 理化指标

项 目	指 标	项 目	指 标
水分,%	≤9.0	表观黏度(1%水溶液)/(mPa·s)	≥30.0
细度(筛孔 0.9mm 筛余物),%	≤15.0	pH值	7.5~9.0

表 5-18 FA-367 钻井液性能指标

项 目		表观黏度/(mPa·s)	塑性黏度/(mPa·s)	滤失量/mL
淡水浆	基 浆	8.0~10.0	3.0~5.0	22.0~26.0
	基浆加 2.0g/L FA-367	≥25.0	≥8.0	≤15.0
15%膨润土复合盐水浆	基 浆	4.0~6.0	2.0~4.0	52.0~58.0
	基浆加 7.0g/L FA-367	≥15.0	≥10.0	≤10.0

表 5-19 抑制膨润土分散性能指标

项 目	160℃热滚后 表观黏度上升率,%	项 目	160℃热滚后 表观黏度上升率,%
基浆+20g 膨润土	450~700	基浆+试样+20g 膨润土	≤250.0

用途 本品主要用于低固相不分散水基钻井液的增黏降滤失剂,有较好的胶体稳定性和耐温抗盐能力,还有较好的包被、抑制和剪切稀释特性,既可用于阴离子钻井液、两性离子钻井液,也可以用于阳离子钻井液。具有抗温抗盐和抗高价金属离子的能力,可适用于淡水、海水、饱和盐水钻井液体系。在淡水钻井液中加量 0.1%~0.3%,在盐水钻井液中加量 0.5%~1%。

以 FA-367 为主,可以配制不同的钻井液体系[13]。

① 无固相体系。组成:清水+(0.1%~0.3%)FA-367+0.1%$CaCl_2$或再配合使用0.1%~0.3%的PAC-141(或等量PHP)。性能:密度为1.0~1.05g/cm^3,漏斗黏度为16~18s,塑性黏度为1.0~2.0mPa·s,水眼黏度为1.0~2.0mPa·s,动切力为0.5~1.5Pa,pH值为7。FA-367与$CaCl_2$所组配的两性离子聚合物无固相钻井液具有极低的水眼黏度及一定的塑性黏度和动切力,见表5-20。如果钻进过程中仍需提高塑性黏度和动切力时,可加入PAC-141,此时该体系仍能维持较低的水眼黏度。

表5-20 不同配方流变性实验结果

配方	黏度/s	*AV*/(mPa·s)	*PV*/(mPa·s)	*YP*/Pa	水眼黏度/(mPa·s)
水+0.1% FA-367	15.8	1.5	1.0	0.5	1.07
水+0.1% FA-367+0.1% $CaCl_2$	16	1.5	1.0	0.5	1.07
水+0.1% FA-367+0.1% $CaCl_2$+0.1% PAC-141	17	3.0	2.5	0.5	1.95
水+0.3% FA-367	18	3.0	2.5	0.25	1.53
水+0.3% FA-367+0.1% $CaCl_2$	18.5	2.75	2.0	0.75	1.31

② 两性离子聚合物低固相钻井液。组成:3%~4%膨润土+(0.1%~0.3%)FA-367+(0.05%~0.2%)XY-27+(0.1%~0.2%)NH_4PAN(或用等量的HPAN,JT41,JT-888),也可配合使用磺化沥青、超细碳酸钙等改善泥饼质量的处理剂。该钻井液体系采用的FA-367加量为0.1%~0.2%,并配合0.05%~0.1%的XY-27时,钻井液就能获得良好的剪切稀释特性,性能见表5-21。

表5-21 钻井液体系性能实验结果

处理剂加量,%		*AV*/(mPa·s)	*PV*/(mPa·s)	*YP*/Pa	水眼黏度/(mPa·s)	滤失量/mL
FA-367	XY-27					
0.1	0	21	12.4	9.1	5.27	9.0
0.1	0.05	7.5	4.3	0.7	4.48	12.5
0.1	0.1	5	4.7	0.37	4.32	12.5
0.1	0.2	4.5	4.1	0.45	3.42	13.0
0.2	0.05	12.5	10.7	1.9	7.80	7.0
0.2	0.1	11	9.9	3.2	6.40	7.5

此外,以FA-367为主,还形成了两性离子聚磺钻井液(参考配方:3%膨润土浆+0.1% FA-367+0.05% XY-27+0.30% SMP+3.0% FRH+重晶石)和两性离子完井液(参考配方:4%膨润土+0.2% FA-367+0.5% NPAN+3%磺化沥青+3%超细碳酸钙+1%重质碳酸钙+0.1% ABSN+10%原油)。

安全与防护 本品无毒,吸水后发黏,使用时防止粉尘吸入及与眼睛、皮肤接触。生产中所用原料有毒,保持车间良好的通风,穿戴好防护用品。

包装与储运 本品采用内衬塑料袋,外用防潮牛皮纸袋包装,每袋净质量25kg。贮存在阴凉、通风、干燥处。运输中防止受潮和雨淋。

3.SIOP-A增黏降滤失剂

化学名称或成分 丙烯酰胺、丙烯酸、丙烯酰氧丁基磺酸和无机物的多元共聚物。

结构式

$$-\!\left[\mathrm{CH_2-\underset{\underset{\displaystyle NH_2}{|}}{\overset{|}{\underset{C=O}{CH}}}}\right]_m\!\!-\!\left[\mathrm{CH_2-\underset{\underset{\displaystyle ONa}{|}}{\overset{|}{\underset{C=O}{CH}}}}\right]_n\!\!-\!\left[\mathrm{CH_2-\underset{\underset{\displaystyle OCH_2CH_2CH_2CH_2SO_3Na}{|}}{\overset{|}{\underset{C=O}{CH}}}}\right]_o\!\!-\text{(无机单元)}$$

产品性能 本品是一种含磺酸基的无机–有机单体聚合物，可溶于水，水溶液呈黏稠乳白色液体，由于分子中既含有有机吸附基团和水化基团，又含有无机联结基，使 SIOP–A 聚合物与现场常用的处理剂和现场钻井液具有较好的配伍性，在经过盐或钙、镁污染后的井浆中仍然可以有效地控制滤失量，保证钻井液的流变性，特别是在钙、镁污染后的井浆中的降滤失效果明显优于普通聚合物处理剂[14]。

表 5–22 是不同老化时间对不同样品所处理复合盐水钻井液滤失量的影响。从表中可看出，SIOP–A 聚合物具有良好的热稳定性，在同样条件下，普通聚合物经过 150℃/16h的老化，钻井液的滤失量就达到 70mL 以上，而 SIOP–A 聚合物所处理钻井液即使经过 150℃/80h 的老化，钻井液的滤失量仍然低于 60mL，可见 SIOP–A 聚合物的热稳定性明显优于普通聚合物。从表中流变性数据可以看出，含聚合物的复合盐水钻井液经过 150℃/16h 老化后，其黏度和切力明显降低(这是由聚合物处理剂自身的特点所决定的)。

表 5–22 不同老化时间对复合盐水钻井液滤失量的影响(150℃，聚合物加量 1.5%)

聚合物	老化时间/h	*AV*/(mPa·s)	*PV*/(mPa·s)	*YP*/Pa	滤失量/mL
SIOP–A	0	56	25	31	2.8
	16	4.5	4	1.5	7
	16×2	7	4	3	25
	16×3	6	3	3	45.2
	16×4	5	4	1	52
	16×5	4.5	3	1.5	56
MAN–101	0	75	46	29	5.6
	16	5.75	3.5	2.25	88
SD17–W	0	80	52	28	7.0
	16	5.25	3.5	1.75	137
A–903	0	81	80	31	5.5
	16	8.5	6	2.5	78

表 5–23 是不同聚合物在饱和盐水抗盐土钻井液中的对比实验结果。从表中可以看出，SIOP–A 具有较强的耐温抗盐能力，在加量为 2%时，其降滤失效果不仅优于普通的丙烯酸多元共聚物，而且还略优于磺酸盐聚合物 PAMS601。

表 5–23 不同聚合物在饱和盐水抗盐土钻井液中的性能对比(180℃/16h 老化后)

钻井液组成	滤失量/mL	*AV*/(mPa·s)	*PV*/(mPa·s)	*YP*/Pa
基 浆	250.0	5.5	3.0	2.5
基浆+2% SD-17W	210.0	5.5	5.0	0.5
基浆+2% MAN–101	25.0	5.0	4.0	1.0
基浆+2% SL–1	23.0	6.5	5.0	1.5
基浆+2% PAMS601	10.4	5.0	4.0	1.0
基浆+2% SIOP–A	5.6	10.5	8.0	2.5

表 5-24 是 150℃/16h 老化后不同聚合物对含 4%的 $CaCl_2$ 盐水钻井液滤失量的影响实验结果。从表中滤失量数据可以看出,SIOP-A 在钙含量高的情况下具有更明显的优势。在含有 4%氯化钙和 10%氯化钠的钻井液中，所有对比的普通聚合物均失去了控制滤失量的能力(普通聚合物分子上的水化基团为羧酸基,当遇到高价金属离子时发生沉淀而失去作用),而 SIOP-A 仍然能够较好地控制钻井液的滤失量(无机-有机单体聚合物分子中的水化基团为磺酸基和羟基,加之无机联结基的存在提高了产品的抗盐能力,特别是抗高价金属离子的能力),其降滤失量的能力不仅明显优于普通聚合物,而且优于磺酸盐聚合物 PAMS601。

表 5-24 不同聚合物在氯化钙盐水钻井液中的性能对比(150℃/16h)

钻井液组成	滤失量/mL	*AV*/(mPa·s)	*PV*/(mPa·s)	*YP*/Pa
基 浆	246.0	5.0	2.0	3.0
基浆+2% SD-17W	280.0	5.5	4.0	1.5
基浆+2% MAN-101	340.0	12.5	6.0	6.5
基浆+2% SL-1	280.0	7.0	4.0	3.0
基浆+2% PAMS601	8.0	5.5	5.0	0.5
基浆+2% SIOP-A-1	2.4	8.0	6	2.0
基浆+2% SIOP-A-3	4.8	6.75	5.5	1.25

注:基浆组成:1000mL 水+40g 抗盐土+100g NaCl+40g $CaCl_2$。

分别在 2%的膨润土钻井液和含有不同量的聚合物样品的 2%的膨润土钻井液中加入钙膨润土,经过 150℃/16h 老化后测定钻井液的性能,实验结果见表 5-25。从表中可以看出,SIOP-A 具有抑制黏土水化分散的能力，当加量 0.3%时就表现出一定的抑制黏土的水化分散的能力,但其抑制能力低于磺酸盐聚合物 PAMS601。

表 5-25 抑制性实验结果

实验配方	*AV*/(mPa·s)	*PV*/(mPa·s)	*YP*/Pa	表观黏度上升率,%
基浆 1:2%钠膨润土	3.5	2	1.5	
基浆 1+10%钙膨润土	84	10	74	2300
基浆 2:基浆 1+0.3% SIOP-A	7.75	6.5	1.25	
基浆 2+10%钙膨润土	60.5	30	30.5	680.6
基浆 3:基浆 1+0.3% PAMS601	10.5	10	0.5	
基浆 3+10%钙膨润土	42	27	15	300

SIOP-A 之所以具有良好的性能,与其在黏土颗粒上具有较高的吸附量有关,图 5-8 和图 5-9 是不同聚合物处理剂在黏土颗粒上的吸附实验结果。从图中可以看出,SIOP-A 在黏土颗粒上的吸附量高于所有对比处理剂,且盐对吸附量的影响相对较小。

制备过程 将配方量的丙烯酰氧丁基磺酸、丙烯酸等单体溶于水,用适当浓度的氢氧化钠或氢氧化钾溶液将单体混合液的 pH 值中和至要求的范围;在搅拌下加入丙烯酰胺和无机原料(事先分散于水中并充分研磨),待其溶解或分散后视具体情况升温到所需温度,并用 NaOH 溶液将体系的 pH 值调至要求范围;向上述体系中加入所需要量的引发剂(用适量的水配制的水溶液),于指定的温度下反应 5~10min;将所得产物剪切成颗粒状,于 100~120℃下烘干,粉碎,即得共聚物产品。

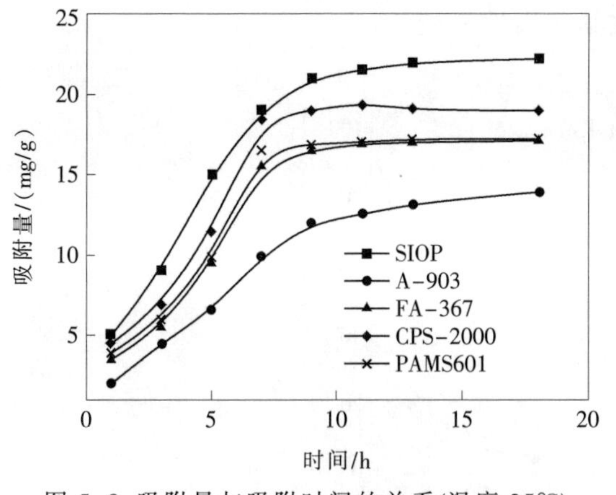

图 5-8 吸附量与吸附时间的关系(温度 25℃)

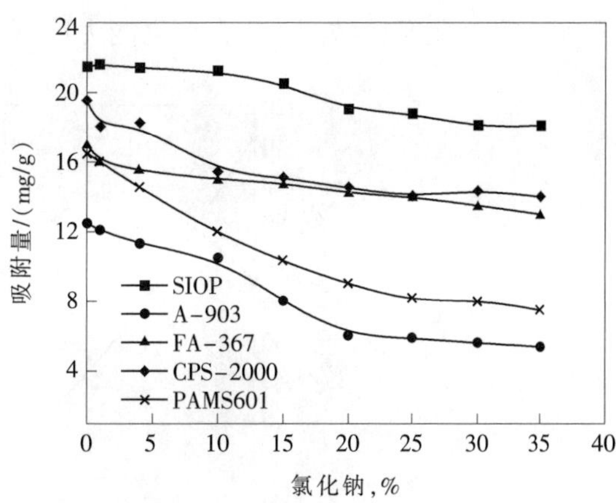

图 5-9 氯化钠吸附量的影响(温度 25℃,时间 1h)

本品是以无机物为联结基的枝链聚合物,无机联结基将不同链长的有机聚合物柔性链联结在一起,形成具有以无机联结基为中心的枝链或网状结构的聚合物,因此,无机材料用量是决定产品性能的关键。为此,考察了无机材料的用量对产物性能的影响。原料配比和合成条件一定时,n(AOBS+AA):n(AM)=3:7,n(AOBS)=20%,引发剂用量为 0.35%时,无机材料用量对聚合物水溶液黏度和降滤失能力的影响见图 5-10 (所用基浆为复合盐水钻井液,样品加量 1.5%,钻井液经过 150℃/16h 老化后测定性能,下同)。从图 5-10 可以看出,无机材料的引入可以显著地改善产物的降滤失效果,提高产物的表观相对分子质量,即随着无机单体用量的增加,产物的溶液黏度增加,降滤失效果提高,但当无机单体用量太大时,所得产物的水溶液表观黏度反而呈降低的趋势,降滤失效果也出现降低现象。这是因为相对有机单体来讲,无机材料的水化能力较弱,无机单体主要以吸附作用为主,当其用量过大时,水化基团的量减少,从而使处理剂分子上的吸附基团和水化基团的比例不在最佳范围内,作用效果降低。

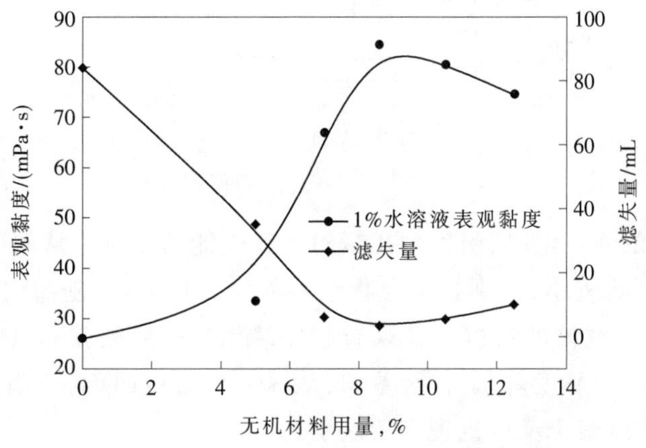

图 5-10 无机材料用量对产品性能的影响

图 5-11 是合成条件一定,n(AOBS+AA):n(AM)=3:7 时,无机材料占原料总质量的8.5%,引发剂用量为 0.35%时,AOBS 用量对产品性能的影响。从图 5-11 可以看出,随着 AOBS 用量的增加,所得产品的表观黏度先增加,后又降低,而产品的降滤失能力也是先增加,后又降低。这是因为 AOBS 量太大时,由于结构单元相对分子质量大,相对分子质量一定时,分

子链上的水化基团数量减少，水化能力降低，故其应用性能变差。

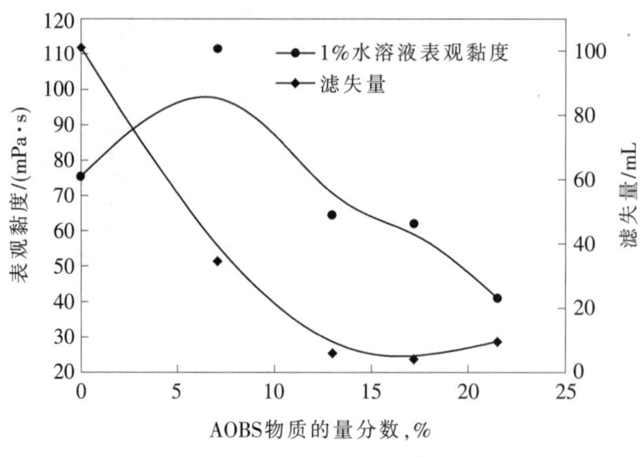

图 5-11 AOBS 用量对产品性能的影响

图 5-12 是反应条件一定时，n(AOBS)=17.5%，无机材料占原料总质量的 8.5%，引发剂用量为 0.35%时，丙烯酰胺用量(物质的量分数)对产物性能的影响。从表 5-12 可以看出，产物的水溶液黏度随着丙烯酰胺用量的增加先出现增加，后又降低，而产物的降滤失能力也出现同样的趋势，钻井液的表观黏度则随着丙烯酰胺用量的增加而增加。

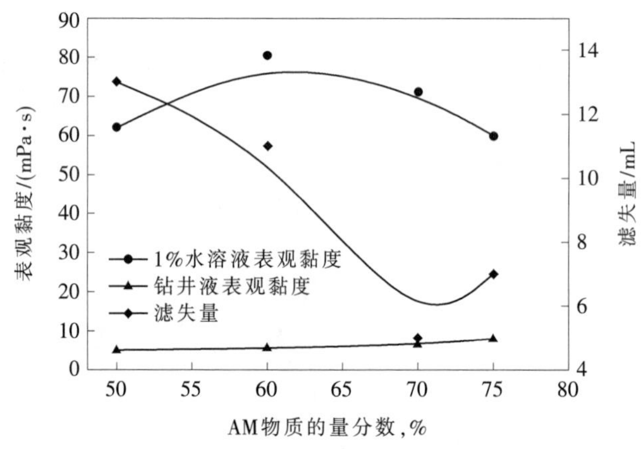

图 5-12 丙烯酰胺用量对产物性能的影响

图 5-13 是其他条件一定时，引发剂用量对产物性能的影响。从图中可以看出，引发剂用量对产物的性能影响较小，特别是聚合物水溶液的表观黏度，随着引发剂用量的增加而降低的幅度较小，这与纯粹的有机单体聚合物(丙烯酸、丙烯酰胺和 AMPS 共聚物)的现象(即引发剂增加聚合物的黏度降低)有所差别，从这方面也说明无机-有机单体聚合物的聚合反应机理与有机单体聚合反应机理有所区别。

质量指标 本品可参考 Q/SH1025 0047—2003 钻井液用无机-有机单体聚合物 SIOP-A、SIOP-B、SIOP-C 标准。其中，SIOP-A 产品技术指标见表 5-26。

用途 本品用作钻井液降滤失剂，抗温(180℃以上)、抗盐能力强，在淡水钻井液、饱和盐水钻井液和海水钻井液中均有较强的降滤失作用，尤其具有较强的抗高价金属离子的能力，适用于深井、饱和盐水和高钙镁含量的钻井液体系，是构成无机-有机聚合物钻井液体系的主要处理剂之一，其加量一般为 0.3%~1.0%。

安全与防护　本品无毒，使用时防止粉尘吸入及与眼睛、皮肤接触。

包装与储运　本品易吸潮，采用内衬塑料袋、外用防潮牛皮纸袋包装。贮存于阴凉、通风、干燥处。运输中防止受潮和雨淋。如遇到产品因受潮结块，则可以烘干、粉碎后使用，不影响使用效果。

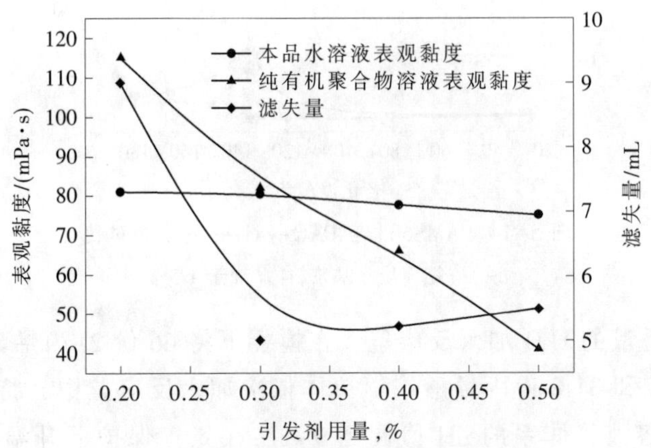

图 5-13　引发剂用量对产物性能的影响

表 5-26　SIOP-A 产品技术指标

项　目	指　标	项　目	指　标
外　观	灰白色或微黄色粉末	有效物，%	≥85.0
细度(筛孔 0.59mm 筛余)，%	≤10.0	pH值	7~10
表观黏度/(mPa·s)	≥70.0	滚动老化后室温滤失量(150℃/16h)/mL	≤20.0
水分，%	≤10.0		

4.PAMS603 抗温抗盐增黏剂

化学成分　丙烯酸钠、丙烯酰胺和 2-丙烯酰胺基-2-甲基丙磺酸的共聚物。

结构式

$$\left[CH_2-\underset{\underset{\underset{ONa}{|}}{\underset{C=O}{|}}}{CH}\right]_m\left[CH_2-\underset{\underset{\underset{NH_2}{|}}{\underset{C=O}{|}}}{CH}\right]_n\left[CH_2-\underset{\underset{\underset{NH-C(CH_3)_2-CH_2SO_3Na}{|}}{\underset{C=O}{|}}}{CH}\right]_o$$

产品性能　本品是一种含酰胺基、羧基和磺酸基团的阴离子型聚合物，具有很强的抗温、抗盐和抗钙能力，易溶于水，水溶液呈黏稠透明体。抗温 200℃，抗盐至饱和。其适用范围和在主体作用上与 PAC-141 相同，不同的是由于分子中引入 AMPS 结构单元，抗温抗盐能力进一步提高。

图 5-14 是 PAMS603 与 PAC-141 抗温性能对比实验结果。从图 5-14 可以看出，PAMS603 的增黏能力优于 PAC-141，而且其经 180℃老化 16h 后的滤失量远小于 PAC-141，因此，在高温和高矿化度条件下，PAMS603 可以替代 PAC-141，以提高钻井液体系的抗温抗盐能力。

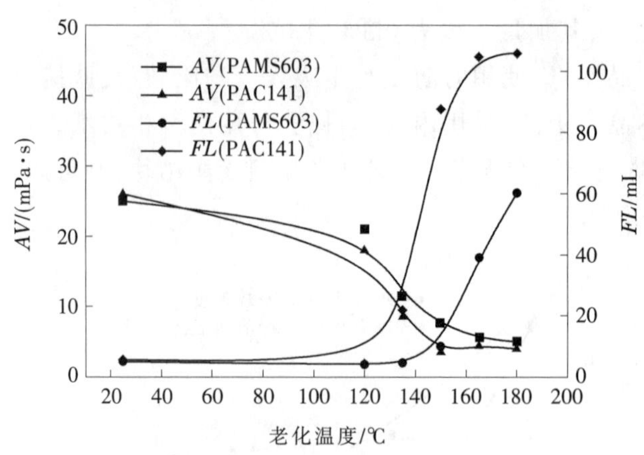

图 5-14 PAMS603 与 PAC-141 抗温性能对比

说明:复合盐水基浆,样品加量 1.5%

制备过程 将适量的 H_2O 加入反应釜，在搅拌下将 66 份 2-丙烯酰胺基-2-甲基丙磺酸钠,96 份丙烯酰胺和 31.8 份丙烯酸钠等单体依次加入反应釜中，待原料溶解均匀后用适当浓度的 NaOH 溶液将体系的 pH 值调到 9~12;在氮气保护下升温到 35℃,停止通氮,并向体系中加入 0.9 份过硫酸钾和 0.9 份亚硫酸氢钠,搅拌均匀后静止、密封,于 35℃±2℃反应 1~1.5h 得到黏弹性的产物,将所得产物剪切造粒,并于 120~150℃烘干后粉碎,即得 PAMS603 增黏剂。

质量指标 本品主要技术指标见表 5-27。

表 5-27 PAMS603 技术指标

项 目	指 标	项 目	指 标
外 观	白色粉末	1%水溶液表观黏度/(mPa·s)	≥75.0
有效物,%	≥85.0	1%水溶液 pH 值	7~9
水分,%	≤7.0	滤失量(复合盐水基浆加量 5g/L)/mL	≤10

用途 本品用作钻井液增黏剂,同时具有较好的降滤失、絮凝和改善钻井液剪切稀释的能力,能有效地控制地层造浆、抑制黏土和钻屑分散,与常用的处理剂有良好的配伍性,可用于各种类型的水基钻井液体系。也可以用于无固相或无土相钻井液完井液增黏剂,其用量一般为 0.1%~1.0%。本品使用时不能以干粉形式直接加入,需要先配成胶液,配制胶液时为了防止形成“鱼眼”或胶团,应在充分搅拌下慢慢加入。

安全与防护 本品无毒,使用时防止粉尘吸入及与皮肤、眼睛接触,并注意防滑。生产所用原料有毒,生产车间要保持良好的通风。

包装与储运 本品易吸潮,采用内衬塑料袋、外用防潮牛皮纸袋包装。贮存于阴凉、通风、干燥处。运输中防止受潮和雨淋。如遇到产品因受潮结块,则可以烘干、粉碎后使用,不影响使用效果。

5.乙烯基磺酸聚合物 PAMS610

化学名称或成分 丙烯酰胺、2-丙烯酰胺基-2-甲基丙磺酸和烷基丙烯酰胺聚合物。

结构式 $\left[-CH_2-CH-\right]_m\left[-CH_2-CH-\right]_n\left[-CH_2-CH-\right]_o$

（侧基依次为：$-C{=}O-NH_2$；$-C{=}O-NH-C(CH_3)_2-CH_2SO_3Na$；$-C{=}O-N(CH_3)_2$）

产品性能 本品是由AM、AMPS、DMAM等单体共聚得到的一种含磺酸基团的阴离子型聚合物，易溶于水，水溶液呈黏稠透明体，在含钙钻井液中不产生沉淀。由于分子中含有磺酸基团，提高了其抗钙镁等高价金属离子污染的能力(抗钙<75000mg/L)，DMAM结构单元的存在提高了产品的水解稳定性，抗温能力进一步增强。具有良好的增黏、包被和絮凝作用。在适用PAC-141和FA-367的钻井液中，本品均可以使用，且抗温抗盐能力大幅提高。

根据室内研究和现场应用实践，相对于传统的含羧酸基团的丙烯酸、丙烯酰胺多元共聚物增黏剂来说，PAMS610聚合物具有如下特点：

① 足量的吸附基使高温下护胶能力和增黏作用更强。分子链上由AMPS单体提供的大侧基上的仲酰胺基电荷密度高，使其具有良好的吸附性和络合性，进一步增强了产物的吸附能力；聚合物分子链上含磺酸基，提高了其抗高价离子的能力，同时DMAM结构单元的引入，其位阻效应在一定程度上起到了抑制$-CONH_2$水解的作用，从而提高了共聚物基团的稳定性，不仅DMAM结构单元自身稳定性好，即使有部分水解现象，由于水解产生的酰胺基仍然为吸附基团，仍能保持足够的吸附基团数量，$-CONHC(CH_3)_2-CH_2SO_3Na$大侧基增强了分子链的刚性，也从一个方面提高了产物的热稳定性和抗盐能力。

② 含PAMS610的聚合物钻井液在易水化膨胀地层及高密度钻井液中能较好地控制低密度固相含量和固相的分散度，有利于固相清除，保证钻井液清洁，减少钻井液的处理频率。如钻盐膏层前使用PAMS610聚合物对钻井液进行预处理后，黏土颗粒处于钝化状态，钻井液性能基本上不受地层造浆和盐膏层污染的影响，特别是盐膏层效果更明显。

③ 与常用的处理剂配伍性好，用量小，且使用方便，在一般生产井中每日用10~20kg PAMS610配成胶液进行钻井液性能维护，就可保证钻井液性能稳定。能有效地防止钻井液中的黏土和钻屑高温分散，适应在深井高温、高压地区使用，即使在含高价离子的钻井液中，其抗温能力也可以达到180℃以上，相同情况下丙烯酸多元共聚物抗温在150℃以下。本品的使用可有效降低钻井液综合成本，有利于减轻工人的劳动强度。

制备过程 将72份2-丙烯酰胺基-2-甲基丙磺酸和适量的水加入反应器中，在冷却条件下用氢氧化钠溶液中和至pH值为6~8，在搅拌下加入40份丙烯酰胺单体，使其溶解；然后加入20份*N*,*N*-二甲基丙烯酰胺，搅拌均匀后将反应混合物升温至35℃后，通氮驱氧5~10min后，向反应体系中加入适量的过硫酸铵和无水亚硫酸氢钠(均溶于适量水中)，于35℃±5℃下反应0.5h，得到凝胶状的产物；所得凝胶状产物，剪切后烘干、粉碎，即为PAMS610产品。

在共聚物合成中，单体比例，特别是DMAM所占比例(即用量)对产品的增黏、提切和降滤失能力有着重要的影响，见图5-15。从图中可以看出，尽管随着DMAM用量的增加，聚合物相对分子质量降低(水溶液黏度降低),而用其所处理复合盐水钻井液的表观黏度和动切力却逐渐增加,滤失量随着单体DMAM用量的增加迅速降低。说明在合成条件一定时,增加DMAM用量产物相对分子质量降低,而产物抗温、抗钙能力却大幅度提高,并明显优于P(AMPS-AM)共聚物(即DMAM用量为0时)。

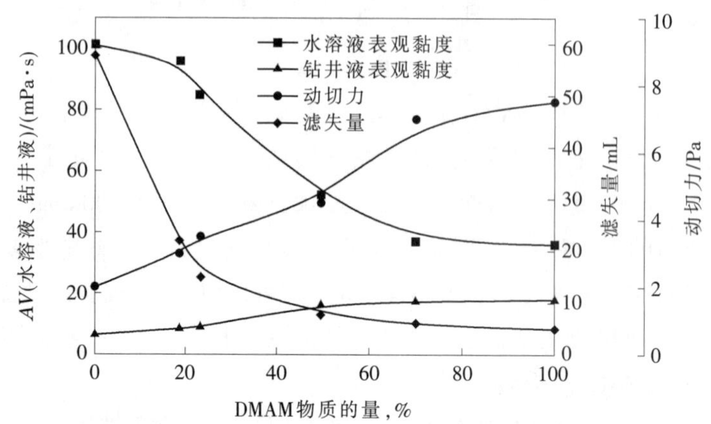

图5-15 DMAM单体用量对产物性能的影响

注:固定n(AM+DMAM):n(AMPS)=7:3,引发剂用量0.1%;性能测定采用复合盐水泥浆,样品加量1.5%,180℃滚动老化16h后,室温下测定性能

质量指标 本品主要技术要求见表5-28。

表5-28 PAMS610产品技术要求

项目	指标	项目		指标
外观	白色粉末	1%水溶液的表观黏度/(mPa·s)		≥50.0
细度(筛孔0.59mm筛余),%	≤10.0	水不溶物,%		≤2.0
有效物,%	≥85.0	复合盐水浆加1.5%样品,160℃/16h老化后	AV/(mPa·s)	≥20.0
水分,%	≤7.0		滤失量/mL	≤10.0

用途 本品用作钻井液处理剂,具有较强的增黏降滤失、抗温、抗盐和抗钙镁污染的能力,同时具有较好的抑制、絮凝和包被作用,可有效地控制地层造浆、抑制黏土和钻屑分散,有利于固相控制。本品与常用的处理剂有良好的配伍性,可用于各种类型的水基钻井液体系,也可以作为无固相钻井液增黏剂。本品可适用于海洋和高温深井钻井作业中。本品可在钻井液预处理时加入,也可以配合其他处理剂进行钻井液性能的维护处理,加量为0.05%~1.0%。在无土相或清洁盐水钻井液完井液中加量为0.5%~1.5%。使用时应先配制成胶液,不宜干粉直接使用。

安全与防护 本品无毒,使用时防止粉尘吸入及与眼睛、皮肤接触,并注意防滑。

包装与储运 本品易吸潮,采用内衬塑料袋、外用防潮牛皮纸袋包装,每袋净质量25kg。贮存于阴凉、通风、干燥处。运输中防止受潮和雨淋。如遇到产品因受潮结块,则可以烘干、粉碎后使用,不影响使用效果。

6.两性离子磺酸聚合物增黏剂CPAMS

化学成分 丙烯酰胺、2-丙烯酰胺基-2-甲基丙磺酸钾和二甲基二烯丙基氯化铵的三元共聚物。

结构式

```
—[CH2—CH]m—[CH2—CH]n—[CH2—CH——CH—CH2]o—
        |            |         |    |
       C=O          C=O       CH2  CH2
        |            |          \  /
       NH           NH2          N+  Cl-
        |                       /  \
 H3C—C—CH3                   H3C    CH3
        |
      CH2SO3K
```

产品性能 本品是由二甲基二烯丙基氯化铵(DEDAAC)与丙烯酰胺(AM)、2-丙烯酰胺基-2-甲基丙磺酸(AMPS)共聚合成的一种含磺酸基的两性离子型聚合物，属于 PAMS 系列处理剂之一，在功能上与 FA-367 相近，但抗温抗盐能力进一步提高。可溶于水，水溶液呈黏稠透明液体。分子中含有酰胺基、磺酸基、羧酸基和季铵基等基团，吸附和水化能力强，抗温抗盐能力强，抗温可以达到 200℃，抗盐达到饱和。由于分子中极性吸附基占 70%左右，故产品以包被、絮凝和增黏为主。在钻井液循环过程中随着酰胺基的水解，会逐渐表现出良好的降滤失作用，因此不会由于包被、絮凝作用而影响钻井液的胶体稳定性。

由于阳离子基团的强吸附作用，在酰胺基和磺酸基一定时，分子中阳离子基团的比例对产物的钻井液性能有明显的影响，这可以从阳离子单体用量对共聚物钻井液性能的影响看出，见图 5-16。从图中可以看出，随着阳离子单体用量的增加，所处理钻井液的表观黏度和页岩滚动回收率逐渐增加，说明增黏能力和防塌效果提高，但当阳离子单体用量达到一定值时，钻井液出现絮凝，钻井液滤失量大幅度增加，可见，只有阳离子基团量适当时，才能保证产物的综合性能。

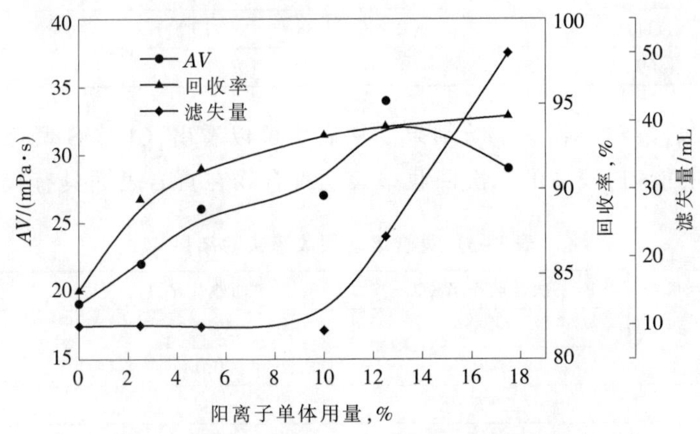

图 5-16 阳离子单体用量对产物性能的影响

注：n(AMPS):n(AM)=3.5:7.5；基浆为淡水浆，样品加量 0.3%；回收率实验条件 120℃/16h，岩屑粒径 2.0~3.35mm，0.425mm 孔径筛回收

表 5-29 是 CPAMS 聚合物加量对钻井液性能的影响。从表中可看出，CPAMS 聚合物在淡水钻井液饱和盐水钻井液和复合盐水钻井液中均具有较强的提黏切和降滤失能力[15]。

表 5-30 是抗温实验结果。从表中可以看出，含有 CPAMS 聚合物的钻井液在 180℃下老化 16h 后仍可以起到良好的降失水作用，证明 CPAMS 具有很高的抗温能力。

表 5-29 AM/AMPS/DMDAAC 聚合物加量对淡水钻井液性能的影响

聚合物	加量,%	FL/mL	AV/(mPa·s)	PV/(mPa·s)	YP/Pa	θ_1/Pa	θ_{10}/Pa
淡水钻井液	0	26	7.0	3	4.0	1.5	2.5
	0.1	13	18.5	6	12.5	3.75	4.0
	0.3	11.5	27.5	10	17.5	6.0	6.0
	0.5	10	39.0	17	22.0	5.0	9.0
饱和盐水钻井液	0	88.0	11.0	6	5.0	1.5	1.5
	0.5	52.0	13.5	11	2.5	0.5	1.25
	1.0	4.8	22.0	21	1.0	1.5	2.0
	1.5	4.0	42.0	34	8.0	1.5	2.0
	2.0	4.0	69.0	51	18.0	1.5	2.0
复合盐水钻井液	0	50.0	8.5	4	4.5	1.75	1.75
	0.5	4.4	16.5	9	7.5	1.75	2.5
	1.0	3.5	35.0	26	9.0	1.0	1.5
	1.5	3.5	60.5	43	17.5	3.0	5.75

注:①淡水基浆:在 1000mL 蒸馏水中加入 50g 钠或钙膨润土(符合 SY/T 5060—1993 标准的一级土,下同)和 5g 无水 Na_2CO_3,高速搅拌 20min,于室温下养护 24h;②饱和盐水基浆:在 5%的膨润土基浆中加入 NaCl 至饱和,高速搅拌 20min,于室温下养护 24h;③复合盐水基浆:在 1000mL 蒸馏水中加入 45g NaCl,5g 无水 $CaCl_2$,13g $MgCl_2·6H_2O$,150g 钙膨润土(符合 SY/T 5060—1993 标准的二级土)和 9g 无水 Na_2CO_3,高速搅拌 20min,于室温下养护 24h。

表 5-30 CPAMS 抗温实验结果

钻井液组成	室温				180℃/16h 老化			
	AV/(mPa·s)	PV/(mPa·s)	YP/Pa	FL/mL	AV/(mPa·s)	PV/(mPa·s)	YP/Pa	FL/mL
淡水基浆(1)	7	3	4	26	4.5	4	0.5	48
(1)+0.5% CPAMS	39	17	22	10	8	8	0	11
饱和盐水基浆(2)	11.0	6	5.0	88	13.5	6	7.5	168
(2)+2.0% CPAMS	69	51	18	4.5	12	11	1	5.0

表 5-31 是页岩滚动回收率实验结果。从表中可以看出,CPAMS 聚合物具有较强的抑制页岩水化分散的能力,较高的二次回收率表明聚合物在页岩表面具有较强的吸附能力。

表 5-31 页岩滚动回收率实验结果

CPAMS聚合物含量,%	一次回收率 R_1,%	二次回收率R_2,%	R_2/R_1,%
0.1	66.5	57.2	86.02
0.3	87.0	80.0	91.95
清 水	22.3		

注:实验条件:一次回收率(在 0.1%的聚合物溶液中的回收率)120℃/16h,二次回收率(一次回收所得岩屑在清水中的回收率)120℃/2h;岩屑为明 9-5 井 2695m 岩屑(粒径 2.0~3.8mm),用 0.59mm 筛回收。

制备方法 将 102 份 2-丙烯酰胺基-2-甲基丙磺酸和适量的水加入反应釜中,在冷却条件下用 32 份的氢氧化钾(事先溶于适量的水中)中和,然后加入 91 份丙烯酰胺,待其溶解后加入 32.4 份质量分数 60%的二甲基二烯丙基氯化铵;然后向反应混合物中通氮10min,加入 0.2 份引发剂,搅拌均匀后,继续通氮 5min,然后将反应混合液转移至聚合反应器中,密封后置于 45℃左右的水浴中,在 45℃反应 10h,得凝胶状产物。将所得凝胶状产物取出剪切造粒或在捏合机中捏合造粒，于80~100℃下烘干、粉碎，即得CPAMS。

质量指标 本品主要技术要求见表5-32。

表5-32 CPAMS产品技术要求

项目	指标	项目	指标
外观	白色粉末	水不溶物，%	≤2.0
细度(0.59mm孔径标准筛)	100%通过	阳离子度，%	≥5.0
有效物，%	≥90.0	滤失量(复合盐水基浆加量5g/L)/mL	≤10.0
1%水溶液的表观黏度(25℃)/(mPa·s)	≥45.0	160℃热滚后表观黏度上升率，%	≤200

用途 本品用作水基钻井液增黏包被剂，具有较好的抗温、抗盐和抗钙镁污染的能力，能有效地控制地层造浆、抑制黏土和钻屑水化分散，保持钻井液清洁。与阴离子型处理剂和阳离子型处理剂均有良好的配伍性，可用于各种类型的水基钻井液体系，也可以用作无固相钻井液的增稠剂，尤其用于甲酸盐无固相钻井液、硅酸盐钻井液和硅-铝防塌钻井液，抗温可以达到180℃以上。加量一般为0.15%~0.75%。本品不能直接加入钻井液中，应先配成1.0%~1.5%的胶液，然后再慢慢加入钻井液中。

安全与防护 本品无毒，使用时防止粉尘吸入及与眼睛、皮肤接触，并注意防滑。生产所用原料有毒，生产车间要保持良好的通风。

包装与储运 本品易吸潮，采用内衬塑料袋、外用防潮牛皮纸袋包装。贮存于阴凉、通风、干燥处。运输中防止受潮和雨淋。

第三节 合成及天然无机物

1.正电胶(MMH)

化学名称或成分 混合层状金属氢氧化物。

化学式 $[M_{1-x}^{2+}M_x^{3+}(OH)_2]_{x/n}^{n-}A_{x/n}^{n-}\cdot mH_2O$

产品性能 正电胶(MMH)是由二价和三价金属离子组成的具有类水滑石层状结构的凝胶状无机金属氢氧化物，可分散于水中。正电胶结构式中，M^{2+}是指二价金属阳离子，如Mg^{2+}、Mn^{2+}、Fe^{2+}、Co^{2+}、Ni^{2+}、Cu^{2+}、Zn^{2+}、Ca^{2+}等；M^{3+}是指三价金属阳离子，如Al^{3+}、Cr^{3+}、Mn^{3+}、Fe^{3+}、Co^{3+}、Ni^{3+}、La^{3+}等；A是指价数为n的阴离子，如Cl^-、OH^-、NO_3^-、CO_3^{2-}、SO_4^{2-}以及有机阴离子，如$RCOO^-$等，有时A也可以由几种阴离子组成；x是M^{3+}的数目；m是水合数。这类化合物也叫层状二元氢氧化物。我国油田现场大量应用的正电胶产品主要是铝镁氢氧化物正电胶(Al-Mg MMH)，也可称为氢氧化铝正电胶，主要成分是Mg^{2+}、Al^{3+}、OH^-和Cl^-。

MMH的电荷主要来源于同晶置换和离子吸附作用。同晶置换，即高价离子(Al^{3+}等)取代低价离子(Mg^{2+})而使层片带正电荷——永久正电荷；离子吸附作用，即高pH值时，吸附OH^-；低pH值时，吸附H^+，为可变电荷；净电荷，是永久正电荷和可变电荷的和。

MMH作为钻井液添加剂，具有显著的增黏和提高剪切稀释能力的作用，同时还具有较强的抑制页岩和黏土水化膨胀的能力。在膨润土钻井液中，随着MMH用量增加，漏斗黏度、表观黏度增加，动塑比增大，静结构增强，滤失量增加，其结果见表5-33[16]。正电胶具有强的抑制能力，且随着加量的增加，抑制能力增强，这可以从图 5-17 和图 5-18[3]以及图 5-19 和图 5-20[17]的结果中看出。同时与其他处理剂具有良好的配伍性。

表 5-33 MMH 加量对钻井液性能的影响

MMH加量，%	漏斗黏度/s	*AV*/(mPa·s)	*PV*/(mPa·s)	*YP*/Pa	初终切力/Pa	水眼黏度/(mPa·s)	滤失量/mL
0.3	滴 流	74.3	3.0	72.9	测不出	0.09	44
0.5	滴 流	85.0	3.0	83.8	测不出	0.08	45

注：基浆为膨润土浆，水：潍坊土：纯碱=100:4:0.2；MMH 加量为 0.7%、1%和 1.5%均流不动。

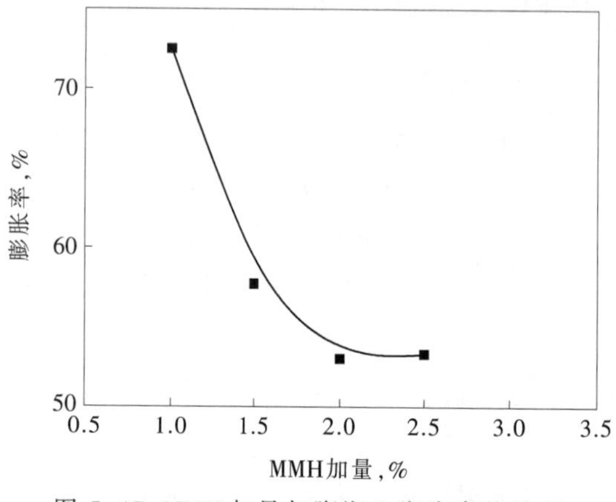

图 5-17 MMH 加量与膨润土膨胀率的关系

说明：相同条件下，10% KCl 的膨胀率为 83.0%

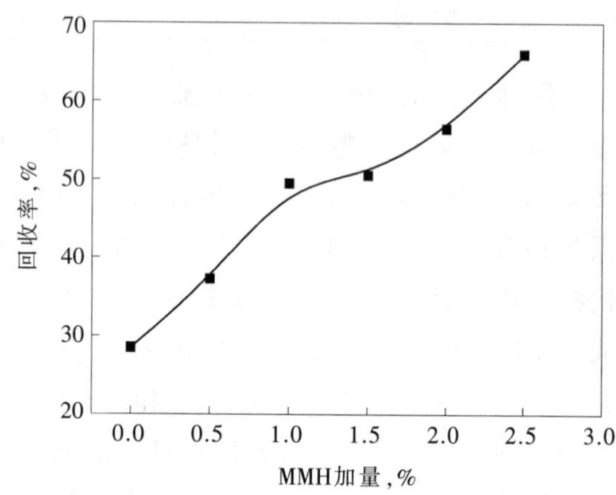

图 5-18 正电胶加量与页岩回收率关系

说明：实验体系为自来水+5%劣质土+MMH

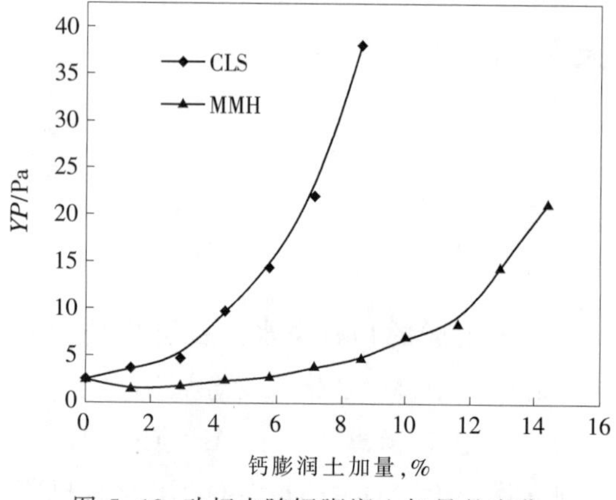

图 5-19 动切力随钙膨润土加量的变化

说明：CLS 体系含 5.8%膨润土、1.7% CLS；

MMH 体系含 2.9%膨润土、0.29% MMH

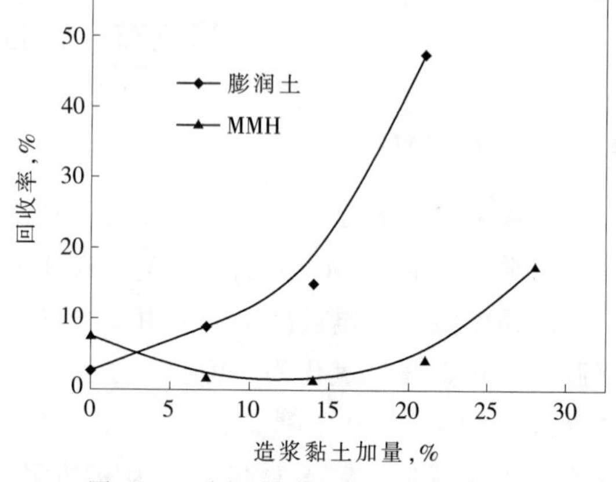

图 5-20 动切力随造浆土加量的变化

说明：膨润土体系含 5.8%膨润土；

MMH 体系含 1.5%膨润土、0.3% MMH

以其为主剂，可以形成 MMH 钻井液体系。这种钻井液体系具有特殊的流变性能，其表观黏度低，动切力高，携带性好，静止呈固态，一旦流动瞬间能转化为流体，可有效地抑制黏土膨胀，防止井壁跨塌，保证井眼安全。同时，MMH 具有显著调整钻井液流变性能的作用，有利于提高机械钻速。此外，由于 MMH 钻井液具有固/液相间的流变性质，钻井液在环空中流动呈典型的平板层流，靠近井壁的钻井液处于静止状态，形成一层“固体”膜，可以有效保护井壁，这对于胶结性差的复杂砾石层的井壁稳定十分有效。

制备过程 按配方将无机铝、镁、锂等金属盐和适量的水加入反应釜，搅拌至原料全部溶解；然后分批加入氨水和辅料，保温反应1h后；将反应产物经离心分离、洗涤至所分出水中无氯离子，然后干燥粉碎得到成品。

参考实例：将300份硫酸铝、150~180份氯化镁、1000~1500份水加入反应釜，搅拌至原料全部溶解；向反应釜中加入20份氧化钙，搅拌反应0.5~1.0h加入催化剂，在搅拌作用下升温至50~60℃，然后将100份氨水分批加入，加完后加入50份辅料，保温反应1h后；将反应产物经反复离心分离、洗涤至所分出水中无氯离子，然后用纯水配制成有效含量为10%~20%的胶体即正电胶。进一步沉淀、水洗、干燥、粉碎，得到粉状产品。

质量指标 本品主要技术指标见表5-34。

表5-34 MMH产品技术指标

项 目	指 标	项 目	指 标
外 观	灰白色自由流动粉末或颗粒	ζ电位/mV	≥35.0
烘失量,%	≤15.0	酸溶率,%	≥95.0
筛余量(筛孔0.18mm筛),%	≤5.0	动切力提高率,%	≥300.0

用途 MMH作为钻井液添加剂，主要用于配制MMH钻井液。作为增黏剂，本品与阳离子、两性离子型处理剂有良好的配伍性，可与阴离子性较弱的处理剂配伍使用，可用于各种水基钻井液体系。本品可根据需要直接加入钻井液中，但需控制用量和速度，避免引起钻井液局部黏切过高。其加量一般为0.05%~0.2%。用于配制正电胶钻井液时，需要根据对钻井液性能的要求确定加量。并根据钻遇地层情况及时补充正电胶，以保证其加量在最适宜的范围。

安全与防护 本品无毒。使用时防止粉尘吸入及进入眼睛。若不慎进入眼睛可以用清水冲洗。

包装与储运 本品采用内衬塑料袋、外用塑料编织袋或防潮牛皮纸袋包装。贮存于阴凉、干燥、通风的库房。运输中防止受潮和雨淋。

2.锂镁皂土

化学成分 层状结构锂镁硅酸盐。

化学式 $Na_{0.33}(Mg_{2.67}Li_{0.33})[Si_4O_{10}](OH)_2 \cdot nH_2O$

产品性能 锂镁皂土为白色无味小片状，结构松散，其组成为二氧化硅59.5%、氧化钙1.0%、氧化镁13.0%、氧化钠2.1%、氧化铝8.9%、氧化钾1.3%、氧化铁1.0%，烧失量11.1%。在水或酒精中不溶解，在水中体积膨大并形成胶体分散物。5%的皂土水分散液黏度为185~315mPa·s，pH值为9，略偏碱性。6~8mL浓度3.65g/L的盐酸可将1g皂土的pH值降为4。具有膨胀性、触变性和增稠性等[18]。用作钻井液处理剂，可以有效增加钻井液的黏度和切力，改善剪切稀释能力。

制备方法 锂镁皂土矿经过选矿、破碎、粉碎、筛分得到。

质量指标 本品主要技术要求见表5-35。

用途 本品可以用于化妆品和医药等领域。

在钻井液中可以作为增黏剂，具有类似正电胶的性质，也叫天然正电胶。可以直接加入钻井液中，也可以配成水分散体使用，用量一般为0.3%~1.5%。使用时，配合稀碱液或纯碱效果更好。

安全与防护 无毒、无刺激性。使用时防止粉尘吸入及接触眼睛。

包装与储运 本品采用内衬塑料袋、外用防潮牛皮纸袋包装。贮存于阴凉、通风、干燥处。运输中防止受潮和雨淋。

表 5-35 锂镁皂土技术要求

项 目	指 标	项 目	指 标
外 观	灰白色自由流动粉末	筛余量(筛孔 0.18mm 筛),%	≤5
5%分散体系黏度/(mPa·s)	185~315	动切力提高率,%	≥300
烘失量,%	≤15.0	pH值(5%分散液)	8~9

第四节 生物聚合物

生物聚合物是一种增黏能力强,抗盐,特别是抗高价金属离子能力强的增黏剂,但由于其热稳定性的限制,一般只能用于 120℃以内。生物聚合物品种较少,主要有黄原胶和硬葡聚糖,目前应用较多的为黄原胶。

1.黄原胶

化学名称或成分 单孢多糖类生物聚合物。

结构式

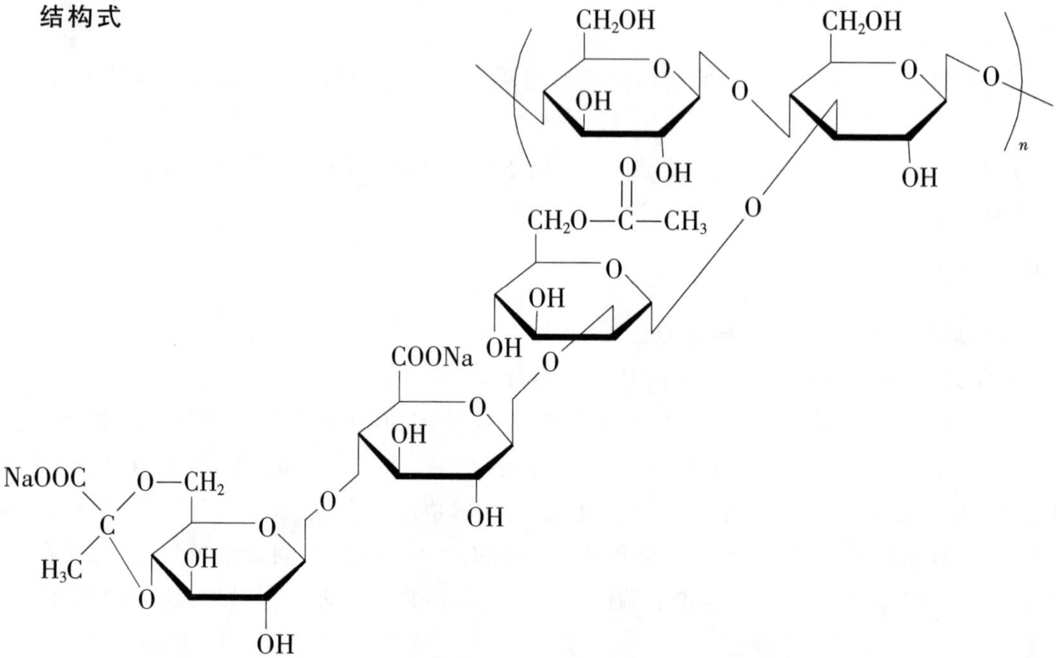

产品性能 黄原胶又名黄胞胶、汉生胶、黄单胞多糖等,代号 XG 或 XC,是一种由假黄单孢菌属(Xanthononas Campertris)发酵产生的单孢多糖,相对分子质量可高达 500×10^4,是一种水溶性的生物聚合物,水溶液呈透明胶状。具有控制液体流变性质的能力,在热水和冷水中均可溶解,并形成高黏度溶液,具有高度的假塑性、乳化稳定性、颗粒悬浮性、耐酸性、耐温、抗盐、抗钙,与多种物质在同一溶液中有良好的兼容性[19]。

随着黄原胶在溶液中浓度的增大，其分子间作用及胶联程度增加，从而使黏度增加，但不完全成比例，见图 5-21[20]。图 5-21 表明，黄原胶水溶胶液在较低浓度时即表现出有较高的黏度和良好的流变性。研究表明[21]，在一定剪切速率下，黄原胶水溶液浓度越大，黏度越高，非牛顿性越强；温度升高会使体系黏度降低，当温度恢复到初始温度时，黏度恢复到初始黏度的 70%~80%；pH 值为 6~7 时，黏度最大；剪切速率为 1~100s^{-1} 时，黏度急剧下降，剪切速率为 100~500s^{-1} 时，黏度下降缓慢；体系流变模型符合 Herschel-Bulkley 方程；体系剪切稀释性明显，触变性较小。

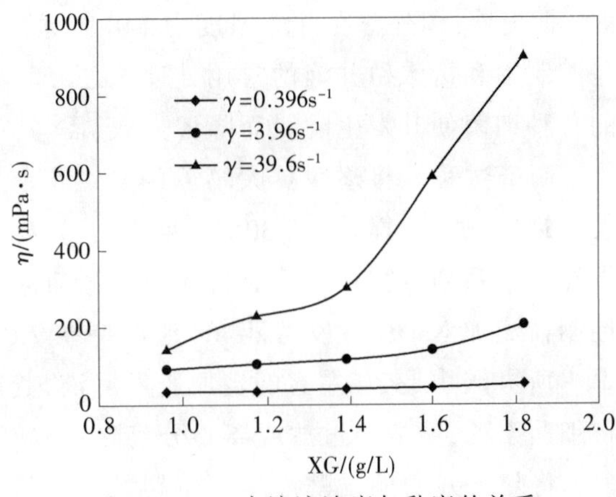

图 5-21 XG 水溶液浓度与黏度的关系

XG 是一种适用于淡水、盐水和饱和盐水钻井液的高效增黏剂，加入很少的量(0.2%~0.3%)即可产生较高的黏度，并兼有降滤失作用。它的另一显著特点是具有优良的剪切稀释性能，能够有效地改进钻井液的流型(即增大动塑比，增加 k 值，降低 n 值)，其对不同类型钻井液流型的影响见图 5-22。用它处理的钻井液在高剪切速率下的极限黏度很低，有利于提高机械钻速；而在环形空间的低剪切速率下又具有较高的黏度，并有利于形成平板形层流，使钻井液携带岩屑的能力明显增强。

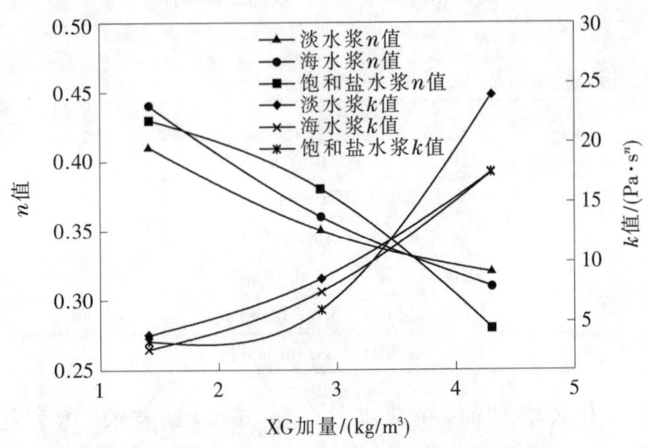

图 5-22 XG 加量对钻井液 n、k 值的影响

黄原胶水溶液的黏度在 10~80℃几乎没有变化，即使低浓度的水溶液在很广的温度范围内仍然显示出稳定的高黏度。黄原胶溶液在一定的温度范围内(-4~93℃)反复加热冷冻，其黏度几乎不受影响。通常的微生物酶类或工业酶类，如蛋白酶、纤维素酶、果胶酶或淀粉酶对黄原胶没有作用。黄原胶溶液对酸、碱十分稳定，在酸性和碱性条件下都可使用。pH 值在 2~12 范围内黏度几乎保持不变。虽然当 pH 值等于或大于 9 时，黄原胶会逐渐脱去乙酰基，在 pH 值小于 3 时丙酮酸基也会失去，但无论是去乙酰基或是丙酮酸基，对黄原胶溶液的黏度影响都很小。即黄原胶溶液在 pH 值为 2~12 范围内黏度较稳定[22]。

一般认为，在钻井液中 XG 生物聚合物抗温可达 120℃，在 140℃温度下也不会完全失效。据报导,国外曾在井底温度为148.9℃的钻井中使用过。其抗盐、抗钙能力也十分突出,是配制饱和盐水钻井液的常用处理剂之一。有时为了防止在一定条件下,空气和钻井液中的各种细菌使其发生酶变而降解失效,需与三氯酚钠等杀菌剂配合使用。

制备过程 将逐级扩大培养的甘兰墨腐病黄单胞菌种接种到装有灭过菌的营养液的发酵罐内,通气、搅拌,在30℃温度下发酵72~96h。发酵期间,菌体细胞在多种生物酶催化下经过一系列生物化学反应将淀粉或葡萄糖转化为黄原胶。采用连续发酵方式,或用自动控制器流加NaOH使发酵液pH值保持在7.0,并保持良好的通气条件可提高黄原胶的产率。所提产物是2%左右的黄原胶发酵液,其产率为62%,发酵后加热至75℃并持续30min将细菌杀死,残渣经过滤或离心分离除去。

将除去残渣的发酵液经真空转鼓或喷雾干燥而制得工业级产品。在发酵液中加入乙醇,经沉淀、洗涤、真空干燥,可得到粉状食品级的黄原胶产品。

质量指标 本品主要技术指标见表5-36。GB/T 5005—2010钻井液材料规范中15规定的指标见表5-37。

表5-36 XG产品技术指标

项 目	指 标	项 目	指 标
外 观	微黄色粉末	灰分,%	≤10.0
水分,%	≤12.0	水不溶物,%	≤2.0
0.5%水溶液黏度/(mPa·s)	≥500.0	含量,%	≥85.0

表5-37 钻井液用XG技术指标

项 目		指 标
淀粉、瓜胶或其衍生物		无
水 分		≤13
细度分析(质量分数)	小于425μm,%	≥95
	小于75μm,%	≤50
黏 度	直读式黏度计(300r/min)/(mPa·s)	≥11(读值≥55)
	直读式黏度计(6r/min)/(mPa·s)	≥180(读值≥18)
	直读式黏度计(3r/min)/(mPa·s)	≥320(读值≥16)
	直读式黏度计(1.5r/min)/(mPa·s)	≥1950

用途 本品用作钻井液增黏剂,在淡水钻井液、盐水钻井液、饱和盐水钻井液、海水钻井液和氯化钙钻井液中具有较好的增稠和流型调节作用,可用于各种类型的水基钻井液体系,特别适用于配制无固相钻井液和射孔液。其用量一般为0.1%~0.5%。使用时,必须首先配成稀胶液,然后再慢慢加入钻井液中。

黄原胶还可以用于制备一些改性的钻井液处理剂,如以黄原胶为主要原料制备的抗钙增黏剂IPN-V,含增黏剂IPN-V的$CaCl_2$水溶液经90~120℃老化16h后的表观黏度可维持在30mPa·s以上;增黏剂IPN-V能够满足$CaCl_2$质量分数为20%及40%的无土相水基钻井液对黏度和切力的要求,抗温可达120℃[23]。利用XG链上的活泼基团与丙烯酸胺等乙烯基单体接枝共聚,得到生物聚合物丙烯酰胺接枝共聚物XGG,在淡水钻井液中,XGG具有极强的增黏效果和降滤失能力,远远超过XG。XGG在各种钻井液中均具有比XG更好的抗温能力及高温降滤失能力。XG 本身具有优良的抑制性，而 XGG 的抑制性得到了进一步提高[24]。以丙烯酸、丙烯酰胺为单体对黄原胶进行接枝改性，再以 N,N'-亚甲基双丙烯酰胺为交联剂，过硫酸铵为引发剂，加入凹凸棒黏土，采用溶液聚合法合成了一种新型复合高吸水性树脂。最佳工艺条件下制备的高吸水性树脂，其最大吸水倍率、吸盐水倍率分别为 827、109g/g[25]，该树脂可用于堵漏。

安全与防护 本品无毒，使用时防止粉尘吸入及眼睛接触，并注意防滑。

包装与储运 本品采用内衬塑料袋、外用防潮牛皮纸袋包装。贮存在阴凉、通风、干燥处。运输中防止日晒、受潮和雨淋。

2.硬葡聚糖

化学名称或成分 小核菌多糖类生物聚合物。

结构式

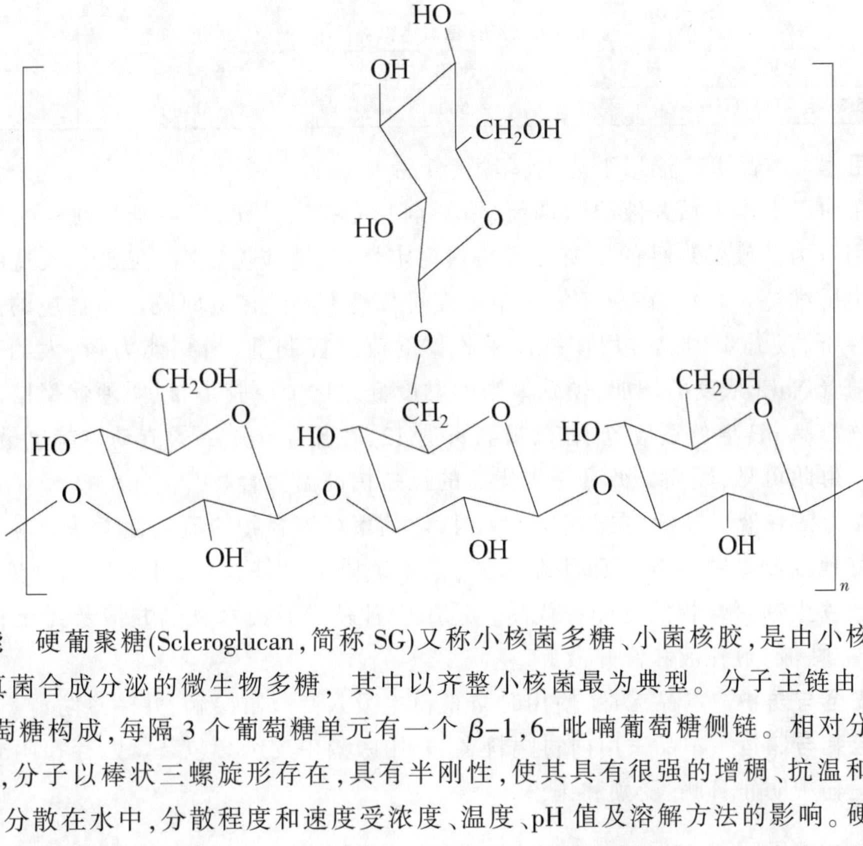

[结构式：HO, OH, CH_2OH, HO, O, O, CH_2OH, O, HO, O, OH, CH_2, O, HO, O, OH, CH_2OH, O, HO, O, OH, n]

产品性能 硬葡聚糖(Scleroglucan，简称 SG)又称小核菌多糖、小菌核胶，是由小核菌属的一些丝状真菌合成分泌的微生物多糖，其中以齐整小核菌最为典型。分子主链由 β-1,3-D-吡喃葡萄糖构成，每隔 3 个葡萄糖单元有一个 β-1,6-吡喃葡萄糖侧链。相对分子质量约 540×10^4，分子以棒状三螺旋形存在，具有半刚性，使其具有很强的增稠、抗温和抗剪切的能力。可分散在水中，分散程度和速度受浓度、温度、pH 值及溶解方法的影响。硬葡聚糖的水溶液是典型的非牛顿流体，有较好的悬浮稳定性和剪切稀释性。与其他增稠剂相比，温度对溶液黏度的影响较小。由于分子的非离子性，硬葡萄糖溶液的黏度对盐不敏感，主要性能优于黄原胶。具有良好的耐盐性和抗剪切性[26,27]。

制备方法 硬葡聚糖是以 D-葡萄糖为原料，选用一种硬囊菌进行沉浸式的需氧发酵而成。硬囊菌的培养基组成为：无机盐、硝酸盐、D-萄葡糖、玉米浸泡液的浓缩液。

随着发酵过程的进行，培养液出现胶凝黏稠物，培养液的最初 pH 值为 4.5，由于发酵时生成的草酸的积聚，使体系的 pH 值下降到 2，在 30℃的培养温度下，整个发酵过程需用时 60h。

发酵液经灭菌、干燥等工序可获硬葡聚糖，对于用于食品、化妆品及药物的硬葡聚糖，发酵液经无菌后应过滤，并用酒精使硬葡聚糖聚沉分离。由于发酵液特别黏稠，过滤很困难，因此，经均质之后还要进行适当的稀释以利于过滤。过滤在升温加压下进行，并需配合使用硅藻助滤剂以除去菌丝及其他颗粒状杂物。滤液采用薄膜真空浓缩至某一浓度时加入酒精使硬葡聚糖沉淀。纤维状沉淀物甩干酒精，之后采用盘式或隧道式热风干燥法干燥，最后粉碎到一定的粒度，即得到成品。

最后的产品含水量不超过6%，含硬葡聚糖不低于85%，杂质除培养液带来的灰分之外还有含氮的物质。

质量指标 本品主要技术要求见表5-38。

表5-38 SG产品技术要求

项 目	指 标	项 目	指 标
外 观	白色至淡黄色固体粉末	水分，%	≤7.0
含量，%	≥80.0	灰分，%	≤10.0
0.5%水溶液黏度/(mPa·s)	≥500	水不溶物，%	≤2.5

用途 本品可广泛用于造纸、印染、食品等工业领域。

在油田上作为钻井液的增稠剂、堵漏剂和完井液稠化剂，特别是在三次采油上有巨大的应用潜力。硬葡聚糖的主要优点是热稳定性好，适应温度高，在80℃人造的高矿化度地层水中可维持8个月，在90℃海水中黏度可保持500d。在黄原胶已不适应的高矿化度和高温条件下，硬葡聚糖也可用作提高采收率的流度控制剂，增稠能力强，大约是黄原胶的2倍。随着NaCl浓度的增加，硬葡聚糖的黏度变化比黄原胶小，说明硬葡聚糖比黄原胶更耐盐。该产品pH值的适应范围广，最高可达12；在孔隙介质中的流动性能也最佳，而且吸附量低。由此可见，硬葡聚糖是一种优良的抗盐抗高温聚合物[28]。

作为钻井液增黏剂，在高于120℃时，硬葡聚糖聚合物的流变性不受影响。该聚合物能够较好地控制钻井液静态和动态滤失，且滤饼质量良好，在钻开油层钻井液中，硬葡聚糖是黄原胶生物聚合物的良好替代品，适用于各种类型的水基钻井液及无土相或无固相钻井液、完井液、射孔液和修井液等。

安全与防护 本品无毒，使用时防止粉尘吸入及眼睛接触，并注意防滑。

包装与储运 本品采用内衬塑料袋、外用防潮牛皮纸袋包装。贮存在阴凉、通风、干燥处。运输中防止日晒、受潮和雨淋。

参考文献

[1] 王中华.油田化学品[M].北京：中国石化出版社，2001.

[2] 王中华，何焕杰，杨小华.油田化学品实用手册[M].北京：中国石化出版社，2004.

[3] 鄢捷年，黄林基.钻井液优化设计与实用技术[M].东营：石油大学出版社，1993.

[4] 蔡为荣，徐苗之，史成颖.食品增稠剂瓜尔豆胶性质及复配性的研究[J].四川食品与发酵，2002，38(1)：39-42.

[5] 王承学，黄桂华.羟丙基瓜尔胶的合成与表征[J].精细石油化工，2008，25(3)：59-62.

[6] 李坚斌，陈小云，梁慧洋，等.魔芋胶的性质研究[J].食品科学，2009，30(19)：93-95.

[7] 罗学刚.速溶魔芋胶的制造工艺：中国，1075974[P].1993-09-08.

[8] 艾咏平,艾咏雪.一种魔芋胶生产工艺:中国,1333318[P].2002-01-30.
[9] 牛亚斌.复合离子型聚丙烯酸盐-PAC系列在钻井泥浆中的应用[J].钻井泥浆,1986,3(1):35-42.
[10] 两性离子聚合物泥浆研究实验组.两性离子聚合物泥浆的研究与应用(一)——两性离子聚合物处理剂及其作用机理[J].钻井液与完井液,1994,11(4):13-22,27.
[11] 向兴金,肖红章,李健,等.复合离子型聚合物处理剂抑制性研究[J].钻井液与完井液,1993,10(5):37-40.
[12] 中国石油天然气股份有限公司勘探开发研究院.两性离子聚合物及制备方法和用途:中国,1386769[P].2002-12-15.
[13] 两性离子聚合物泥浆研究实验组.两性离子聚合物泥浆的研究与应用(二)——两性离子聚合物泥浆体系的研究与应用效果[J].钻井液与完井液,1994,11(5):24-32.
[14] 王中华.耐温抗盐钻井液处理剂SIOP的合成与性能[J].精细石油化工进展,2002,3(2):15-18,21.
[15] 王中华.AM/AMPS/DMDAAC共聚物的合成[J].精细石油化工,2000,17(4):5-8.
[16] 王平全,王先文,李国璋.MMH钻井液实验及应用[J].天然气工业 1993,13(2):57-60.
[17] 孙德军,张春光,侯万国,等.一种新型钻井液体系——MMH钻井液[J].钻井液与完井液,1991,8(1):23-28.
[18] 丁兆明,赵兴森.锂镁皂土——一种稀缺矿种的形成机理和用途[J].地质与勘探,2000,36(4):41-44.
[19] 周盛华,黄龙,张洪斌.黄原胶结构、性能及其应用的研究[J].食品科技,2008(7):156-160.
[20] 黄成栋,白雪芳,杜昱光.黄原胶(Xanthan Gum)的特性、生产及应用[J].微生物学通报,2005,32(2):91-98.
[21] 赵向阳,张洁,尤源.钻井液黄原胶胶液的流变特性研究[J].天然气工业,2007,27(3):72-74.
[22] 郭瑞,丁恩勇.黄原胶的结构、性能与应用[J].日用化学工业,2006,36(1):42-45.
[23] 马诚,谢俊,甄剑武,等.抗高浓度氯化钙水溶性聚合物增黏剂的研制[J].钻井液与完井液,2014,31(4):11-14.
[24] 韩琳,王锦锋,吴文辉.黄原胶接枝共聚物降滤失剂应用性能评价[J].石油钻探技术,2006,34(2):38-40.
[25] 李仲谨,赵燕,郝明德,等.凹凸棒黏土/黄原胶接枝改性高吸水性树脂的制备[J].中国胶黏剂,2010,19(7):25-29.
[26] 沈忱玉.食品新增稠剂——硬葡聚糖[J].食品研究与开发,1987(4):50-52.
[27] 韩明.硬葡聚糖的结构与性质[J].油田化学,1993,10(4):375-379.
[28] 李冰,张建法,蒋鹏举.真菌硬葡聚糖的生产及在油田上的应用[J].微生物学通报,2003,30(5):99-102.

第六章 页岩抑制剂

页岩抑制剂是用来抑制页岩和黏土矿物水化膨胀分散的化学剂，主要包括无机盐类、合成聚合物类、合成树脂类、腐殖酸盐类和沥青类。按组成可分为合成聚合物产品和复配型产品[1~4]。

页岩抑制剂有抑制、防塌两方面作用。处理剂抑制能力是指处理剂抑制黏土水化分散膨胀的能力,一方面它对钻井液中的黏土、钻屑等颗粒起包被作用,另一方面阻止或抑制黏土、钻屑等颗粒水化分散膨胀,其结果既保证钻井液有良好的抑制性,又保证钻井液有良好的流变性和失水造壁性。

处理剂防塌能力是指处理剂加入钻井液中能有效地封堵裂缝，抑制地层水化膨胀、防止井壁坍塌、保证井壁稳定的能力。这种情况一般针对破碎性(硬脆性)地层,采用防塌封堵剂较为有效。尽管处理剂防塌能力与处理剂抑制能力无本质区别,但抑制更多关系到钻井液,防塌更多涉及到近井壁地带。

从抑制黏土水化分散、膨胀考虑,通常采用页岩抑制剂和防塌剂,包括无机盐,如 KCl、K_2SiO_3、Na_2SiO_3;有机盐,如 HCOONa、HCOOK、HCOOCs 等;聚合物类,如 KPAM、PHP、FA367、水解聚丙烯腈钾和铵盐、阳离子聚合物、聚醚、聚醚胺等。就防塌而言,除采用抑制剂外,通常采用防塌封堵剂,如磺化沥青、乳化沥青、石墨粉、超细碳酸钙、石蜡类等。

本章从无机盐、合成聚合物、腐殖酸、沥青、聚醚、聚醚胺和季铵盐、烷基糖苷等方面,对页岩抑制剂进行分类介绍。

第一节 无机盐类

无机盐类的抑制效果主要取决于其中的无机阳离子的抑制作用。无机盐的页岩抑制作用是减少表面和降低渗透水化。由于各种阳离子的水化能不一样，离子半径也各不相同，使其自身吸附量也不同。故不同的离子对黏土和页岩的抑制和稳定能力也各异。例如,K^+水化后带 6 分子水,吸附层是单层,而 Na^+水化后带 15 个水分子,且为双层水。

当页岩中的黏土矿物吸附了不同的离子时,就会表现出不同的水化程度,也将产生大小不同的水化应力,致使页岩中的黏土发生不同程度的膨胀,其稳定性就会受到不同程度的影响。

无机盐抑制页岩水化的机理是,当由于吸附离子而带给页岩的水化应力或膨胀力大到足以破坏静电引力时,离子开始向外扩散,大量的水分子进入页岩黏土的晶格内,导致渗透水化的发生。当溶液中的离子浓度增加时,即溶液中与黏土表面吸附离子浓度差变小,渗透水化就会减弱。

实践证明,在无机盐中,未水化的 K^+和 NH_4^+的离子半径分别为 0.266nm 和 0.286nm,与黏土四面体中氧原子组成的六角环的半径(0.288nm)相似,即使水化后的离子半径也小于伊利石的层间间隙,而其他离子的半径都较大。基于此,对 K^+和 NH_4^+的抑制机理可能有两种解释:其一是 K^+和 NH_4^+易进入六角环把两黏土片拉在一起,并且离晶格中心较近,故引力大,使水分子不易再进入晶格;其二是水化后的 K^+和 NH_4^+半径比伊利石层间隙小,易于进入其中,使其水化减弱。

实验表明,K^+和 NH_4^+对完全水化后的蒙脱土不起抑制作用。一些研究认为,就稳定页岩而言,采用多种离子配合比单一离子效果好。K^+和 NH_4^+以适当的比例同时存在时,效果可以提高一倍。

作为 K^+来源的无机盐主要有 KCl、KOH、K_3PO_4、K_2SiO_3 等,NH_4^+的来源主要有 NH_4Cl、$(NH_4)_2SO_4$、$(NH_4)_3PO_4$ 等,其他离子的无机盐有 NaCl、$CaCl_2$、$Ca(OH)_2$、Na_2SO_4 等。

此外,一些可以水解的金属离子也是对黏土水化具有较强的抑制能力的无机盐抑制剂,如 $Fe_2(SO_4)_3$、$FeCl_3$、$Al_2(SO_4)_3$、$AlCl_3$ 等。

由于钾离子的抑制效果较钙、钠等离子强,因此目前用于钻易塌地层的无机盐类抑制剂主要是钾盐类。NH_4^+与 K^+有相近的作用,但在高碱性条件下,NH_4^+抑制剂易放出氨气,在一定程度上应用受到限制。

1.氯化铵

参见第二章、第一节、11,提供 NH_4^+,用于防塌或页岩抑制剂。水化能低,离子直径与黏土构造层间距相当,结构较牢固,有效加量 3%~5%,pH 值 3~7 时效果最好,效果优于氯化钠,起暂时稳定作用。若钻井液体系的 pH 值过高时,将会有氨气放出,使用时需要控制钻井液合适的 pH 值。

2.氯化钠

参见第二章、第一节、9,用于页岩抑制剂,其抑制能力不如氯化钾和氯化铵等。特点是易水化,高浓度对黏土有稳定作用,有效加量 8%~10%,易被其他离子交换,起暂时稳定作用。

用于配制饱和盐水钻井液,以防止岩盐井段溶解,并抑制井壁泥页岩水化膨胀。

3.氯化钾

参见第二章、第一节、10,提供 K^+,用于防塌或页岩抑制剂。水化能低,离子直径与黏土构造层间距相当,结构较牢固。

用于配制钾基钻井液,具有较强的抑制页岩渗透水化的能力,常与聚合物配合使用,可配制成具有强抑制性的钾基聚合物钻井液、聚磺钾盐钻井液、氯化钾-硅酸盐钻井液、氯化钾-硅-铝防塌钻井液等,是用量最大的无机盐类页岩抑制剂。

实验表明,黏土在 KCl 溶液中的膨胀过程随着 KCl 浓度的提高而缩短,在 5%~7%的KCl 溶液中 2~4h 即结束膨胀过程,再增加浓度膨胀率变化不大,膨胀率与 KCl 浓度(质量分数)的关系见图 6-1。可见,用于配制氯化钾钻井液或作为抑制剂时,其用量一般不低于 7%。

4.氯化钙

参见第二章、第一节、12,离子电荷较高,不易离子化,起暂时稳定作用,比氯化钠效果好,作为黏土稳定剂有效加量为 1%~2%。

在钙处理钻井液中，用于提供 Ca^{2+}，配制防塌性能较好的高钙盐钻井液体系，配合 APG 可以形成适用于页岩气水平井的钻井液，还可以用作无固相防塌钻井液、完井液、射孔液等的液相加重剂。

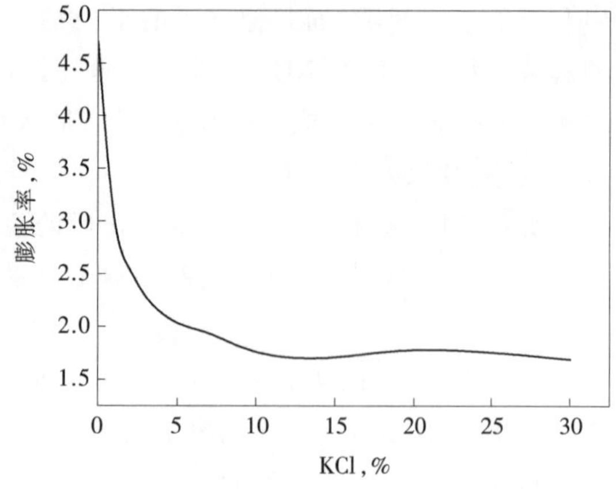

图 6–1 黏土膨胀率与 KCl 浓度的关系

5.硫酸铵

参见第二章、第一节、17，提供 NH_4^+，提高钻井液的防塌抑制能力。与氯化铵相比，可以消除 Cl^- 带来的不利影响，配制无氯防塌钻井液体系。

6.硫酸钾

参见第二章、第一节、16，提供 K^+，提高钻井液的防塌抑制能力，同时还具有一定的絮凝作用。以其提供 K^+，可以避免因采用氯化钾带来的氯离子的不良影响。

7.硫酸铝

参见第二章、第一节、21，作为黏土稳定剂，具有较高的离子电荷，对黏土电中和作用强，较其他无机盐好，仍然是起暂时稳定作用。

硫酸铝、氯化铝等离解的高价铝离子在一定条件下可以生成多核羟桥络离子，过程见式(6–1)~式(6–5)：

① 解离

$$Al_2(SO_4)_3 \longrightarrow Al^{3+}+SO_4^{2-} \tag{6-1}$$

② 络合

$$Al^{3+}+H_2O \longrightarrow [(H_2O)_6Al]^{3+} \tag{6-2}$$

③ 水解

$$[(H_2O)Al_6]^{3+} \longrightarrow [(H_2O)_5Al(OH)]+H^+ \tag{6-3}$$

④ 羟桥作用

$$2[(H_2O)_5Al(OH)]^{2+} \longrightarrow [(H_2O)_4Al\begin{matrix}OH\\ \diagup\quad\diagdown\\ \diagdown\quad\diagup\\ OH\end{matrix}Al(H_2O)_4]^{4+}+H_2O \tag{6-4}$$

⑤ 进一步水解与羟桥作用

$$[(H_2O)_4Al\begin{matrix}OH\\ \diagup\quad\diagdown\\ \diagdown\quad\diagup\\ OH\end{matrix}Al(H_2O)_4]^{4+}+n[(H_2O)_5Al(OH)]^{2+} \longrightarrow$$

$$[(H_2O)_4Al\begin{matrix}OH\\ \diagup\quad\diagdown\\ \diagdown\quad\diagup\\ OH\end{matrix}\overset{H_2O}{\underset{H_2O}{\overset{|}{\underset{|}{Al}}}}\begin{matrix}OH\\ \diagup\quad\diagdown\\ \diagdown\quad\diagup\\ OH\end{matrix}Al(H_2O)_4]^{n+4}+nH^+ +2nH_2O \tag{6-5}$$

最后生成的铝的多核羟桥络离子称为羟基铝，当 n=2 时，其结构如下：

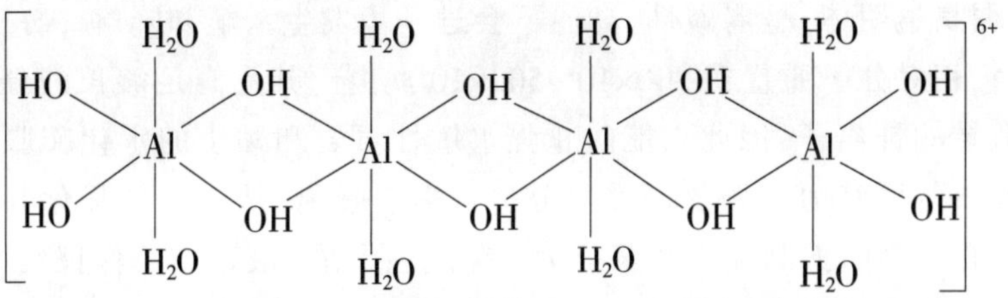

```
┌    H2O          H2O          H2O          H2O       ┐6+
│ HO       OH           OH          OH          OH    │
│     Al           Al           Al           Al       │
│ HO       OH           OH          OH          OH    │
└    H2O          H2O          H2O          H2O       ┘
```

多核羟桥络离子与黏土具有很强的结合力，且不易被其他离子取代，可以长期的稳定黏土，从而有效地提高钻井液的抑制能力，增强井壁稳定性，增加钻井液的黏度和切力。多核羟桥络离子表现出正电胶的性质，提高钻井液的黏度、切力，改善剪切稀释特性。Al^{3+}进入近井壁地带，与地层中一些成分反应生成沉淀，起到固壁作用，适用于破碎性地层的防塌护壁。可以与硅酸盐一起配制硅铝防塌钻井液体系。

8.磷酸钾

参见第二章、第一节、27，提供 K^+，提高钻井液的防塌抑制能力，降低钙、镁离子对钻井液体系的污染。作为钾离子来源，可以避免采用氯化钾时带来的氯离子的不利影响。

9.氢氧化钾

参见第二章、第一节、2，控制钾基防塌钻井液体系的 pH 值，在水基钻井液中提供 K^+，提高钻井液的防塌抑制能力。

10.氢氧化钙

参见第二章、第一节、4，在钙处理钻井液中，用于提供 Ca^{2+}，控制黏土的水化能力，使之保持适度的絮凝状态。

11.碳酸钾

参见第二章、第一节、7，控制钾基防塌钻井液体系的 pH 值，在水基钻井液中提供 K^+，代替氯化钾配制碳酸钾防塌钻井液体系。

第二节 合成聚合物

合成聚合物类页岩抑制剂主要是指分子链上的基团以吸附基团为主，具有包被、絮凝作用的高相对分子质量的聚合物(如 K-PAM)以及含羧酸钾、羧酸铵基的水解聚丙烯腈盐类等中小分子聚合物、两性离子聚合物、阳离子聚合物等。

1.水解聚丙烯酰胺钾盐

化学名称或成分 丙烯酰胺-丙烯酸钾共聚物。

结构式

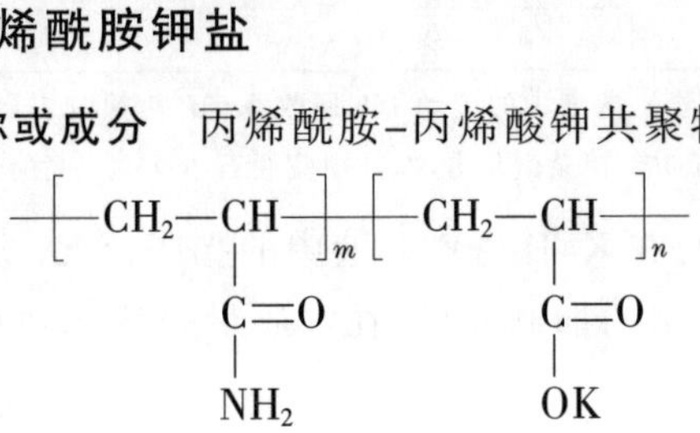

$$\left[-CH_2-\underset{\underset{\underset{NH_2}{|}}{C=O}}{\underset{|}{CH}}-\right]_m\left[-CH_2-\underset{\underset{\underset{OK}{|}}{C=O}}{\underset{|}{CH}}-\right]_n$$

产品性能 水解聚丙烯酰胺钾盐(K-HPAM)俗称大钾,是一种阴离子型聚合物,易溶于水,水溶液为黏稠状透明体,呈弱碱性,高温下会进一步发生水解和降解。分子中含有酰胺基和羧酸钾基团,相对分子质量在 300×10^4~500×10^4。由于其具有足够长的分子链,较多的吸附基和相当数量的钾离子,因此它能防止强水敏性页岩和黏土的水化膨胀分散,同时对剥落掉块的伊利石等胶结力较弱的松散组分进行多点吸附,从而达到强化井壁稳定效果,使井径规则。具有极强的抑制地层造浆能力,易于控制钻井液密度。保证钻井液良好的性能,使井下安全,有利于提高机械钻速、测井顺利和缩短建井周期,大幅度降低钻井液处理费用和钻井成本。有利于保护油气层。适用范围广,在淡水钻井液、盐水钻井液都可以应用,可在低密度钻井液中发挥作用,也可以在高密度钻井液中发挥作用。与 SMC、SMP、CPA、CPAN、KPAN、KHM、CMC、HEC 等配伍性好[5]。

在应用中需要注意对其相对分子质量的选择[6],在其基团比例或水解度一定时,相对分子质量对其抑制能力有明显影响,见表 6-1。从表中可以看出,相对分子质量提高,有利于提高防塌能力,但当相对分子质量达到 300×10^4 后,再增加相对分子质量,对防塌能力的影响不大。相对分子质量一定时,羧钾基含量与页岩滚动回收率的关系见表 6-2。从 6-2 可以看出,水解度 30%左右时,效果最好。不同水解产物的页岩滚动回收率对比见表 6-3。从表 6-3 可看出,K-HPAM 抑制能力最强,钠盐稍低,而钙盐最差。K-HPAM 抑制能力之所以比 Na-HPAM 强,与 K-HPAM 在黏土颗粒上的吸附量高于 Na-HPAM 有关,见图 6-2。

表 6-1 相对分子质量与防塌能力关系

相对分子质量	M_1,%	M_2,%	相对分子质量	M_1,%	M_2,%
40×10^4	84.0	79.0	510×10^4	95.9	92.7
90×10^4	89.3	84.0	1000×10^4	95.3	92.7
300×10^4	95.7	92.7			

注:M_1 为岩屑在聚合物水溶液中的滚动 16h 回收率,M_2 为回收岩屑再在清水中滚动 2h 的回收率;实验用岩屑为苏 21 井岩心,成分为:伊利石 9%、伊蒙混层 88%(其中蒙脱石占 45%)、高岭石 2%、其他 1%。

表 6-2 羧钾基含量与页岩滚动回收率的关系

羧钾基含量,%	M_1,%	M_2,%	羧钾基含量,%	M_1,%	M_2,%
10.91	95.7	92.7	35.10	89.4	82.0
19.77	94.1	91.0	40.81	83.3	74.0
30.00	95.6	93.0	43.70	87.0	73.2

注:M_1 为岩屑在聚合物水溶液中的滚动 16h 回收率,M_2 为回收岩屑再在清水中滚动 2h 的回收率;实验用岩屑为苏 21 井岩心,成分为伊利石 9%、伊蒙混层 88%(其中蒙脱石占 45%)、高岭石 2%、其他 1%。

表 6-3 不同产品的页岩滚动回收率对比

聚合物	K-HPAM	Na-HPAM	CPA
M_1,%	95.7	90.7	79.3

注:相对分子质量均为 300×10^4;M_1 为岩屑在聚合物水溶液中的滚动 16h 回收率,M_2 为回收岩屑再在清水中滚动 2h 的回收率;实验用岩屑为苏 21 井岩心,成分为伊利石 9%、伊蒙混层 88%(其中蒙脱石占 45%)、高岭石 2%、其他1%。

图 6-2 是采用苏 21 井岩心粉压制岩心在 K-HPAM 溶液中的膨胀情况。从图中可以看出,K-HPAM 质量分数 0.1%时就表现出一定的抑制效果,在其质量分数达到 0.5%时,即可达到较好的抑制效果[7]。

就 K-HPAM 而言，其在黏土上的吸附量与浓度的关系见图 6-3 和图 6-4。从图 6-3 可以看出，K-HPAM 在黏土颗粒上的吸附量高于 Na-HPAM。从图 6-4 可以看出，当 K-HPAM 的质量分数为 0.15%时，吸附等温线的形状与单分子层吸附相同。当其质量分数大于 0.15%之后，吸附等温线变为“S”型，具有多层吸附特征。现场 K-HPAM 的用量一般多在 0.15%~0.3%，可以认为正处于多层吸附，能够形成较厚的保护膜，达到理想的效果[8]。而室内页岩回收率实验结果也符合这一规律，见图 6-5(岩屑为华北 50 井岩心)[9]。

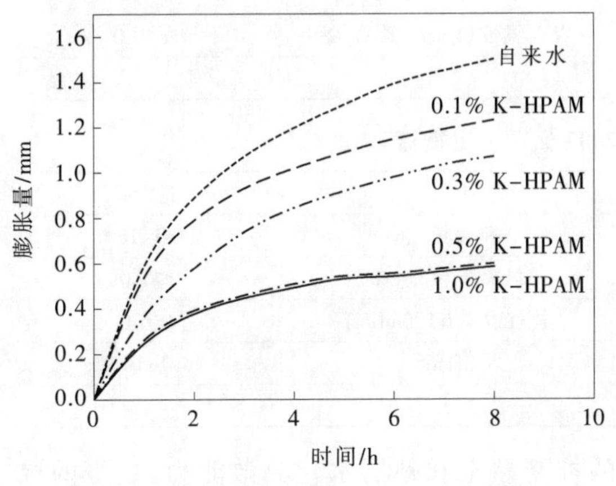

图 6-2 岩心在 K-HPAM 溶液中的膨胀曲线

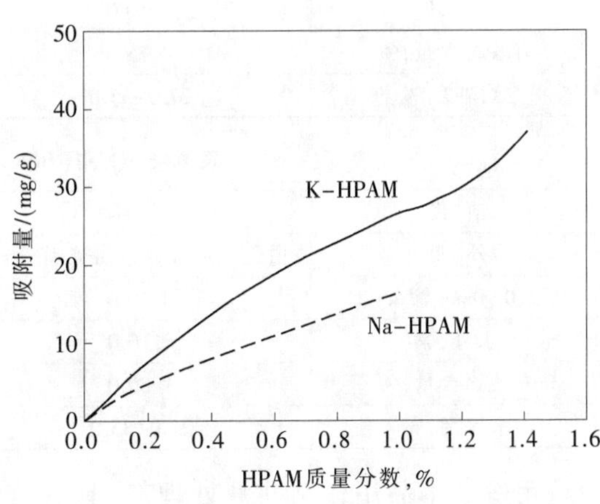

图 6-3 K-HPAM 与 Na-HPAM 在黏土上的吸附量

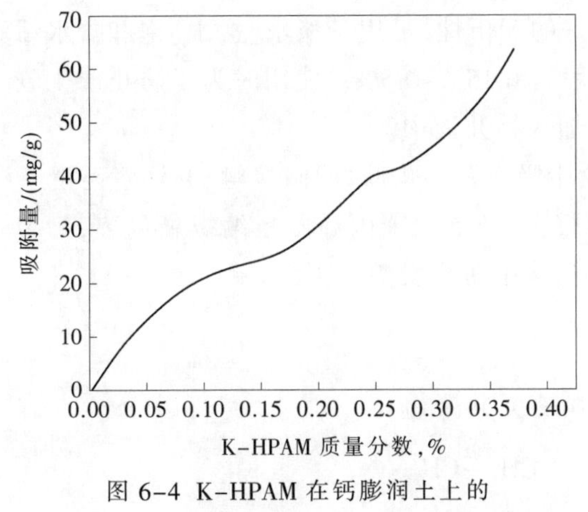

图 6-4 K-HPAM 在钙膨润土上的吸附等温线(17℃)

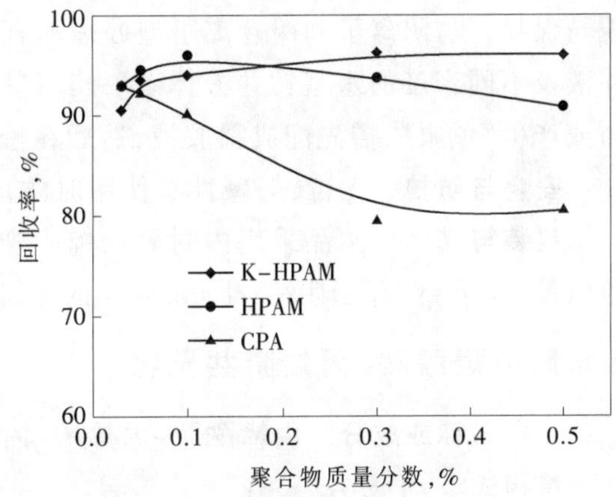

图 6-5 K-HPAM、HPAM 和 CPA 浓度与回收率的关系

制备过程 按配方将 56 份氢氧化钾和水加入中和釜中，搅拌使之溶解，降至室温后，加入 60 份丙烯酸，搅拌均匀得丙烯酸钾水溶液；将配制好的丙烯酸钾水溶液和 140 份的丙烯酰胺加入混合釜中搅拌，待丙烯酰胺全部溶解后，用氢氧化钾水溶液将体系 pH 值调至 7~9 的范围内，然后将原料混合液泵入聚合釜；在不断搅拌下，将反应体系温度升至 30~35℃，通入氮气驱氧，15min 后，在氮气保护下加入 0.15 份引发剂；于 35℃下恒温反应 1~3h，得凝胶状产物。将所得凝胶状产物取出，经剪切造粒、60~70℃下烘干、粉碎后，得白色粉末状产品。

也可以采用水解法生产，即先制备一定相对分子质量的聚丙烯酰胺，然后用氢氧化钾进行水解。

质量指标 SY/T 5946—2002 钻井液用聚丙烯酰胺钾盐 KPAM 标准规定的指标见表 6-4,Q/SH 0048—2007 钻井液用聚丙烯酰胺钾盐技术要求规定指标见表 6-5。

表 6-4 SY/T 5946—2002 规定指标

项 目	指 标	项 目	指 标
外 观	白色或淡黄色自由流动粉末	钾含量,%	≥11.0
筛余量,%	≤10.0	氯离子含量,%	≤7.0
水分,%	≤10.0	特性黏数/(dL/g)	≥6.0
有效物含量,%	≥75.0	岩心线性膨胀降低率,%	≥40.0
水解度,%	27.0~35.0		

表 6-5 Q/SH 0048—2007 标准规定指标

项 目	指 标	项 目	指 标
外 观	白色或淡黄色自由流动粉末	钾含量,%	11.0~16.0
细度(0.90mm 筛余),%	≤10.0	氯离子含量,%	≤1.0
水分,%	≤10.0	特性黏数/(100mL/g)	≥6.0
有效物含量,%	≥80.0	pH值	8.0~10.0
水解度,%	27.0~35.0		

用途 本品用作钻井液处理剂,具有较强的抑制黏土和钻屑水化分散能力,良好的抗温、抗盐性能和一定的降滤失能力,能有效控制地层造浆,防塌效果好,有利于油气层的发现与保护。与阴离子和两性离子型处理剂有良好的配伍性,可用于淡水、盐水、饱和盐水钻井液及不同密度的水基钻井液体系。其用量一般为 0.15%~0.5%。使用时为了防止产生胶团或产生“鱼眼”,需先配成稀胶液,然后在慢慢加入钻井液中。

安全与防护 无毒,弱碱性。使用时防止粉尘吸入及与皮肤、眼睛接触,并注意防滑。

包装与储运 本品采用内衬聚乙烯吹塑薄膜袋、外层用聚丙烯塑料编织袋包装,每袋净质量 25kg。贮存于阴凉、干燥、通风的库房。运输中防止受潮和雨淋。

2.水解丙烯酰胺-丙烯腈共聚物

化学名称或成分 丙烯酰胺-丙烯酸-丙烯腈三元共聚物。

结构式

$$-\left[CH_2-\underset{\underset{\underset{NH_2}{|}}{\overset{|}{C=O}}}{CH}\right]_m-\left[CH_2-\underset{\underset{\underset{OK}{|}}{\overset{|}{C=O}}}{CH}\right]_n-\left[CH_2-\underset{\overset{|}{CN}}{CH}\right]_o-$$

产品性能 水解丙烯酰胺-丙烯腈共聚物,即水解 AM-co-AN,为白色粉末状,可溶于水,水溶液呈弱碱性。由于分子中含有酰胺基、羧酸基和氰基,具有良好的包被作用,且在水解时引入了 K^+。K^+具有适当的水化半径,可以进入黏土晶层之间迫使晶层收缩,抑制页岩水化导致的胀膨,K^+还有独特的压缩双电层使页岩稳定的作用, 从而使其具有良好的抑制页岩、黏土水化膨胀分散的能力。

采用不同的碱作为水解剂时,产品性能有所不同。分别用 NaOH、NaOH(1/3)+KOH(2/3)和 K_2CO_3 作为催化剂或水解剂,所得水解 AM-CO-AN(水解度相近)的页岩稳定实验结果见表 6-6。从表中可以看出,以 NaOH 和 KOH 混合催化水解的产物性能最优,其次是 K_2CO_3,

再次是 NaOH。K^+、Na^+同时存在时所得产物抑制页岩水化的能力之所以较它们单独存在时更优，是由于 K^+的适当离子半径和 Na^+较高的水化能以及二者的协同作用。

表 6-6 水解剂对产物抑制能力的影响

水解剂	NaOH	NaOH(1/3)+KOH(2/3)	KOH	K_2CO_3	蒸馏水
水解度，%	21.74	21.15	21.76	20.62	
页岩回收率，%	46.36	72.20	64.30①	64.12	4.42
2h 线膨胀系数	24.98	9.58	7.00	10.12	37.50
18h 线膨胀系数	45.18	25.06	26.50	24.83	88.60

注：①为水解度 17.0%时的值；当水解度 22.02%时，页岩回收率为 57.80%。

作为页岩抑制剂[10]，水解度对其抑制能力有很大的影响。由于水解度直接影响到聚合物分子中基团比例，故水解度(基团比例)会影响 AM-co-AN 共聚物水解产物的防塌能力。图 6-6 是水解度对聚合物抑制黏土膨胀性能的影响。从图中可以看出，随着 AM-co-AN 聚合物水解度的增加，对安丘土的抑制能力增强(线膨胀系数 V_t 降低)，当水解度为 21.0%时，V_t 达极小值，然后，随水解度增大 V_t 也增大，抑制能力降低。图 6-7 是水解度对聚合物抑制页岩水化分散的影响(采用自-1 井川南红层页岩)。从图中可以看出，随着聚合物水解度的增加，页岩滚动回收率提高，并在水解度 17.0%时出现极大值(R_{40max}=64.30%)，之后随水解度的增大，回收率反而降低。可见，要保证产物的抑制能力，必须保证适当的水解度。

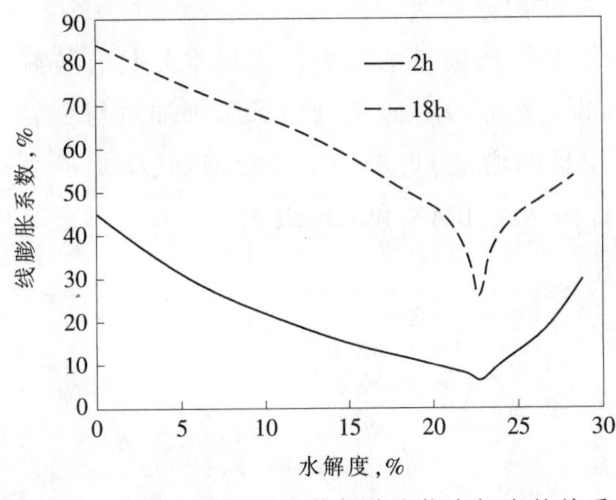

图 6-6 膨润土线膨胀系数与共聚物水解度的关系

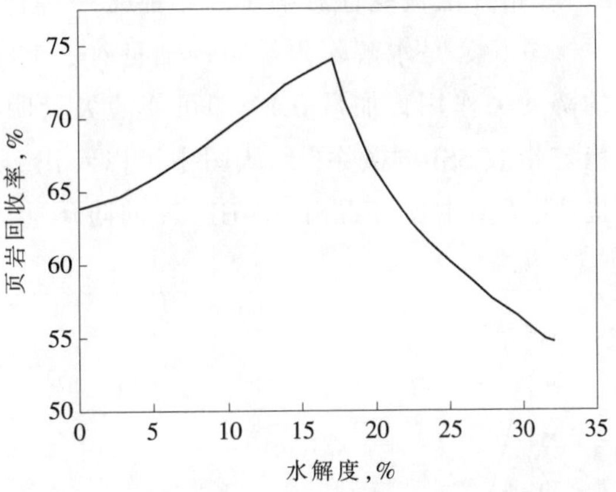

图 6-7 水解度对页岩滚动回收率的影响

制备过程 将 140 份的丙烯酰胺和适量的水加入反应釜，搅拌至丙烯酰胺溶解；将体系温度升至 30℃，加入 26 份的丙烯腈，在充分搅拌下加入 1.3 份的引发剂；聚合反应 3~10h，得有效物含量为 10%的黏稠胶体产物；将聚合产物取出加入捏合机，同时加入氢氧化钾，在 80~100℃捏合反应、烘干、粉碎后，得粉末状聚合物产品。

质量指标 本品主要技术指标见表 6-7。

表 6-7 水解 AM-co-AN 共聚物产品技术指标

项 目	指 标	项 目	指 标
外 观	白色粉末	水分，%	≤7.0
细度(筛孔 0.42mm 筛余)，%	≤10	pH值(25℃，1%水溶液)	6~7
有效物含量，%	≥85	水解度，%	27.0~32.0

用途　本品用作钻井液处理剂，具有良好的抑制黏土水化膨胀和分散能力，同时具有良好的剪切稀释性、热稳定性和抗盐性，适用于阴离子型和两性离子型水基钻井液体系。其加量一般为 0.5%~1.2%。

安全与防护　无毒，吸水后发黏，使用时需穿防滑胶鞋以防跌倒。由于产物为弱碱性，使用时防止粉尘吸入及与眼睛、皮肤接触。

包装与储运　本品易吸潮，采用内衬聚乙烯吹塑薄膜袋、外用聚丙烯塑料编织袋包装。贮存于阴凉、干燥、通风的库房。运输中防止受潮和雨淋。

3.水解聚丙烯腈钾盐

化学名称或成分　丙烯酰胺、丙烯酸钾和丙烯腈共聚物。

结构式

$$\left[\begin{array}{c}-CH_2-CH-\\ |\\ C=O\\ |\\ NH_2\end{array}\right]_m\left[\begin{array}{c}-CH_2-CH-\\ |\\ C=O\\ |\\ OK\end{array}\right]_n\left[\begin{array}{c}-CH_2-CH-\\ |\\ CN\end{array}\right]_o$$

产品性能　本品是一种水溶性阴离子型高分子，代号 K-HPAN，易溶于水，水溶液呈碱性。由于分子中含有酰胺基、羧酸基和氰基，在黏土颗粒表面具有较强的吸附能力，抗温能力强，防塌抑制效果明显。加之产物相对分子质量较低，在起抑制、防塌和降滤失作用的同时，对钻井液流变性影响小。本品是一种低成本的防塌降滤失剂。

图 6-8 是水解聚丙烯腈钾加量对 2.5%膨润土基浆滤失量的影响，可见本品具有较好的降滤失作用，加量 0.1%即可使滤失量明显降低。图 6-9 是水解聚丙烯腈钾加量与页岩稳定指数 SSI 的关系[4]。从图中可以看出，随着用量的增加，页岩稳定指数增加，防塌能力提高；从图中还可看出，K-HPAN 的防塌能力远优于 Na-HPAN 和 Ca-HPAN。

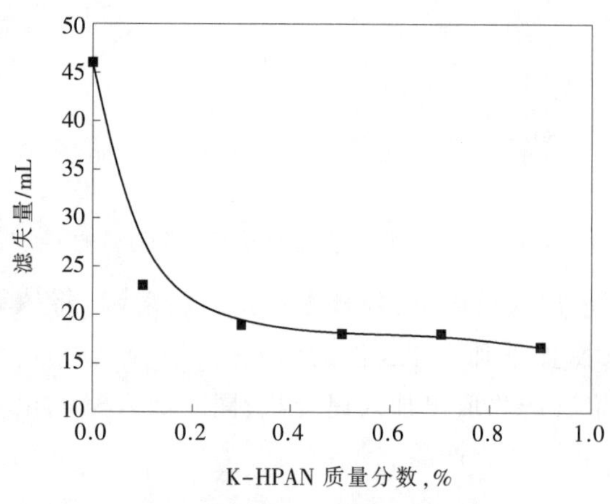

图 6-8　K-HPAN 加量对基浆滤失量的影响

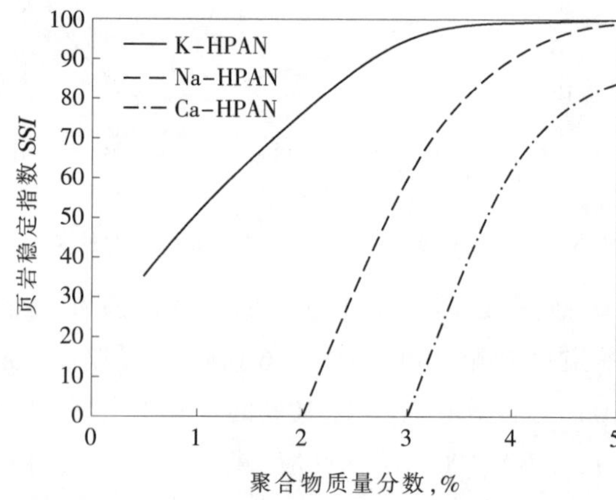

图 6-9　K-HPAN 加量与页岩稳定指数 SSI 的关系

制备过程　可以采用两种方法制备。

方法一：剔除腈纶废料中的非腈纶杂质，将其洗净、烘干后备用；将 120 份氢氧化钾和水加入反应釜，搅拌至氢氧化钾溶解配成质量分数 10%的溶液，然后加入 150 份腈纶废料，充分浸泡后将体系温度升至 90~100℃，在此温度下反应 5~7h 后，待腈纶废料水解至黏稠状后，开动搅拌机，搅拌反应1~3h后得灰褐色黏稠液体；取出水解产物，于120~150℃下烘干、粉碎，得水解聚丙烯腈钾盐。

方法二：将氢氧化钾溶于水配成质量分数50%的溶液，然后将腈纶废料浸入氢氧化钾溶液，充分浸泡吸附，然后将饱和吸附氢氧化钾碱液的腈纶废料送入烘干房，在140~160℃下烘干至含水小于5%(烘干过程中同时发生水解反应)，降温、粉碎，即得到水解聚丙烯腈钾盐。

质量指标 本品主要技术要求见表6-8。

表6-8 K-HPAN产品技术要求

项 目	指 标	项 目	指 标
外 观	黄褐色粉末	水分，%	≤10.0
细度(0.42mm筛孔通过)，%	85.0	pH值(1%水溶液)	11~12
有效物含量，%	≥70.0	水解度，%	55.0~60.0
1.0%水溶液表观黏度/(mPa·s)	≥15.0	盐水基浆滤失量降低率，%	≥70.0

用途 本品用作钻井液处理剂具有良好的抑制和降滤失能力，能有效防止井壁坍塌，减少井下复杂情况，可用于各种阴离子、两性离子型水基钻井液体系。可以直接加入钻井液中，最好配成胶液或复合胶液，其加量一般为0.5%~1.5%。

本品也可以用于一些新型处理剂，如作为页岩抑制剂、防塌剂、降滤失剂等钻井液处理剂制备的原料。例如：

① 采用水解聚丙烯腈钾与丙烯酰胺、环氧氯丙烷和三甲胺反应物、丙烯酸钾、丙烯酰胺等反应，可以制备一种具有较强的抗温抗盐和抗钙污染能力的两性离子改性聚合物。其制备方法是将丙烯酰胺溶于适量的水中，在催化剂存在下逐步加入与丙烯酰胺等物质的量的环氧氯丙烷(加入过程中温度不高于30℃)，在搅拌下反应至反应混合液透明，然后于30℃±1℃下保温反应0.5~2h；在20℃以下，慢慢加入三甲胺水溶液(三甲胺:环氧氯丙烷=1.1:1.0，物质的量比)，待三甲胺加完后继续反应2~3h，即得丙烯酰胺、环氧氯丙烷和三甲胺反应产物，其固含量为40%。将8份丙烯酸和适量的水加入到反应釜中，用8~9份氢氧化钾(配成水溶液)中和至pH值为9~10，然后加入19份丙烯酰胺，待丙烯酰胺溶解后，加入25份丙烯酰胺、环氧氯丙烷和三甲胺反应产物，并升温至50℃，将反应混合液转移至聚合反应器中，在搅拌下加入20份水解聚丙烯腈钾，待水解聚丙烯腈钾加完后，依次加入事先溶于水的0.23份过硫酸铵和0.12份亚硫酸氢钠，2~5min即开始发生快速聚合反应，由于反应放出大量热，溶剂水大量蒸发，最后得到半干的多孔凝胶体，产物经切割，在140~150℃下烘干、粉碎，即得降滤失剂产品。

② 将HPAN与HCHO、三甲胺反应可以制备两性离子水解聚丙烯腈钾盐。方法是取100份聚丙烯腈废料，先制备水解聚丙烯腈钾，然后在60℃下，加入25份质量分数36%甲醛，在搅拌下反应0.5~1h，然后加入40份质量分数33%三甲胺，在60℃和搅拌的情况下反应1~2h，用盐酸中和至pH值为7~8。将所得的产物在100~120℃下烘干、粉碎、包装，即得两性离子型水解聚丙烯腈钾盐成品。其结构如下：

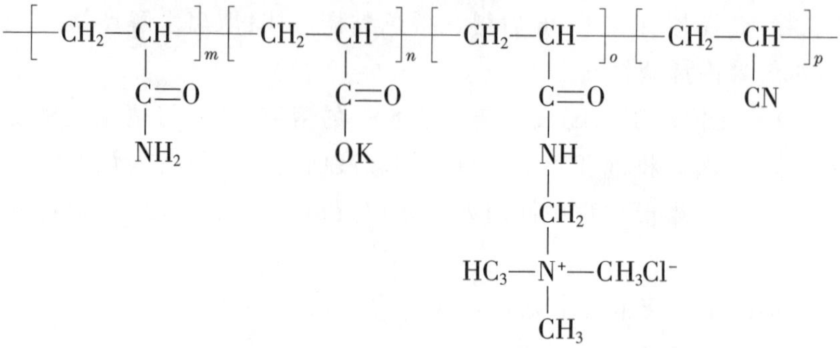

$$
\left[\!-CH_2-\underset{\underset{NH_2}{|}}{\underset{C=O}{|}}{CH}-\right]_m\left[-CH_2-\underset{\underset{OK}{|}}{\underset{C=O}{|}}{CH}-\right]_n\left[-CH_2-\underset{\underset{\underset{\underset{\underset{\underset{CH_3}{|}}{HC_3-N^+-CH_3Cl^-}}{|}}{CH_2}}{|}}{\underset{\underset{NH}{|}}{\underset{C=O}{|}}}}{CH}-\right]_o\left[-CH_2-\underset{CN}{\underset{|}{CH}}-\right]_p
$$

与 K-HPAN 相比，由于分子中增加了阳离子基团，使其吸附能力进一步增强，与水解聚丙烯腈钾盐相比，改善了产品的防塌和抑制能力，提高降滤失能力，是一种价廉的两性离子型聚合物钻井液处理剂。可用于淡水、盐水、海水和饱和盐水钻井液中，具有较好的降滤失剂和防塌效果。

安全与防护 无毒，呈碱性，使用时防止粉尘吸入及与眼睛、皮肤接触。

包装与储运 本品易吸潮，采用内衬聚乙烯吹塑薄膜袋、外用聚丙烯塑料编织袋包装。贮存于阴凉、通风、干燥的库房中，严防受热、受潮。运输中防止受潮和雨淋。

4.水解聚丙烯腈铵盐

化学名称或成分 丙烯腈、丙烯酰胺和丙烯酸铵共聚物。

结构式

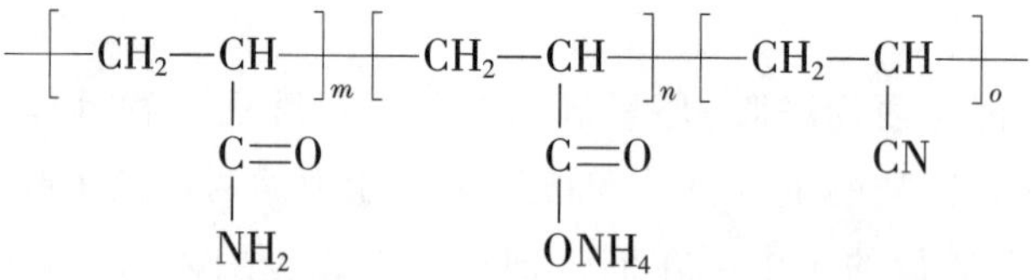

$$
\left[-CH_2-\underset{\underset{NH_2}{|}}{\underset{C=O}{|}}{CH}-\right]_m\left[-CH_2-\underset{\underset{ONH_4}{|}}{\underset{C=O}{|}}{CH}-\right]_n\left[-CH_2-\underset{CN}{\underset{|}{CH}}-\right]_o
$$

产品性能 水解聚丙烯腈铵盐(NH_4-HPAN)为黄褐色粉末，可溶于水，水溶液呈中性。相对分子质量 2×10^4~11×10^4，聚合度 235~376，水解度 60%左右。用作防塌降滤失剂，是不分散钻井液的良好处理剂，抑制能力强，不提黏，耐高温(大于 200℃)，使用时钻井液碱度不宜过高。其抗盐能力强，而抗钙能力弱，对于中等钙离子浓度的钙基钻井液可以使用，也有抗石灰、石膏等能力，但遇到高浓度 $CaCl_2$ 时会产生絮状沉淀，是应用最早和用量最大的小分子聚合物处理剂之一。

图 6-10 是岩心在不同 NH_4-HPAN 加量的水溶液中页岩回收率实验结果(所用岩心取自巴中下泥岩现场岩屑)。从图中可以看出，NH_4-HPAN 表现出较强的抑制性，且随着加量的增加抑制性提高，就页岩回收率结果而言，其防塌能力优于 K-HPAN。图 6-11 是页岩在 0.1%聚合物水溶液中的膨胀实验结果。从图中可见，NH_4-HPAN 仍然表现出较强的抑制性，但相对弱于 K-HPAN[11]。

制备过程 将 200 份腈纶废料和 1500~2000 份水加入高温高压反应釜中，将体系温度升至 150~200℃，在此温度下反应 5~8h。冷却至室温，放压，取出反应产物；将反应产物经过喷雾干燥后得水解聚丙烯腈铵盐产品。

质量指标 本品主要技术指标见表 6-9 和表 6-10。按照 Q/SH 0039—2007 钻井液用水解聚丙烯腈铵盐技术要求提供的产品应符合表 6-11 和表 6-12 中规定的指标。

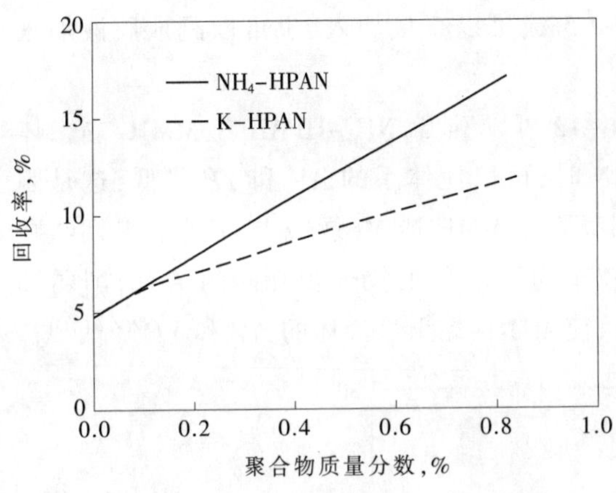

图 6-10 聚合物含量与页岩滚动回收率的关系

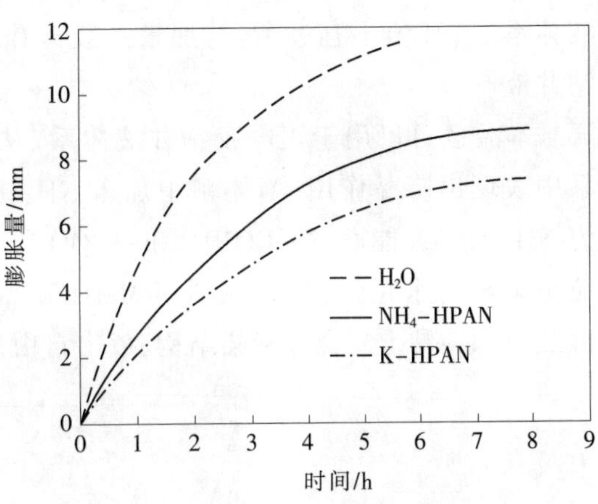

图 6-11 聚合物对页岩膨胀量的影响

表 6-9 NH_4-HPAN 理化指标

项目	指标	项目	指标
外观	黄褐色粉末	烘失量,%	≤10.0
有效物含量,%	≥75	灼烧残余,%	≤2.0
铵含量,%	≥7.0		

表 6-10 NH_4-HPAN 钻井液性能指标

项目		指标
淡水基浆	滤失量/mL	25.0±2.0
	表观黏度/(mPa·s)	≤10.0
淡水基浆中加入 3.0g/L NH_4-HPAN 后	滤失量/mL	≤13.0
	表观黏度/(mPa·s)	≤8.0
盐水基浆	滤失量/mL	55.0±3.0
	表观黏度/(mPa·s)	≤6.0
盐水基浆中加入 15.0g/L NH_4-HPAN 后	滤失量/mL	≤15.0
	表观黏度/(mPa·s)	≤6.0

表 6-11 Q/SH 0039—2007 钻井液用 NH_4-HPAN 理化指标

项目	指标	项目	指标
外观	自由流动的粉末及颗粒	铵含量,%	≥7.0
筛余量,%	≤5.0	灼烧残余,%	≤2.0
烘失量,%	≤10.0		

表 6-12 Q/SH 0039—2007 规定的钻井液性能指标

项目		指标	
		淡水钻井液	盐水钻井液
基浆	滤失量/mL	25.0±2.0	55.0±3.0
	表观黏度/(mPa·s)	6.0~8.0	5.0~7.0
经 NH_4-HPAN 处理后	滤失量/mL	≤14.0	≤27.0
	表观黏度/(mPa·s)	≤8.0	

用途 本品用作钻井液处理剂具有良好的抑制性和降滤失能力,同时还有一定的降黏能力,能有效防止井壁坍塌,减少井下复杂情况,可用于各种水基钻井液体系。使用时钻井

液体系的 pH 值不宜过高，其加量一般为 0.5%~2.5%，可以直接加入，也可以配成胶液加入钻井液。

本品也可以用于正电胶钻井液体系。从图 6-12 可以看出，NH_4-HPAN 在 MMH-黏土体系中表现出降黏作用，当体系中加入 NH_4-HPAN 时，可以使体系的 *AV* 和 *YP* 降低，这是因为 NH_4-HPAN 能通过—$CONH_2$ 和—COO^-等基团吸附在 MMH 或 Mt 颗粒上，其水化基团给颗粒带来吸附水化膜，极大地削弱 MMH 和黏土粒子间以及黏土粒子相互间的结合，削弱和拆散 MMH-黏土复合体网架结构，放出自由水，致使 MMH-黏土悬浮体的 *AV* 和 *YP* 降低[12]。

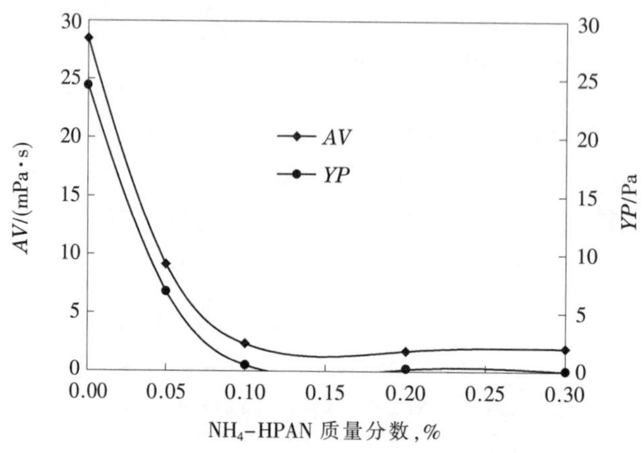

图 6-12 NH_4-HPAN 对 MMH-黏土体系黏切的影响

本品还可以用于制备防塌剂和降滤失剂等的原料。如在 PAM 存在下与 PAN 共水解，可以制得水解双聚铵盐。它是一种多种官能团的高分子聚合物，为浅黄至褐黄色粉末，水分≤10.0%，铵含量≥4.5%。适用于各种水基钻井液，其降滤失能力优于水解聚丙烯酰胺钾，而防塌能力优于水解聚丙烯腈铵盐，其特点是：具有很好的降滤失作用，且泥饼密实坚韧、光滑，有利于保护井壁；抑制泥页岩溶胀能力强、防塌性能好；抗盐、抗钙、抗温能力强，适应性广；钻井液流变性能好，剪切稀释作用强，黏度可调；钻井液润滑作用强，抑制地层造浆性强，有好的防黏卡作用；处理剂用量小，综合性能好，有利于提高机械钻速，缩短钻井周期。其用量一般为 1%~3%。

安全与防护 无毒，使用时防止粉尘吸入及与眼睛、皮肤接触。

包装与储运 本品易吸潮，采用内衬聚乙烯薄膜袋、外用聚丙烯塑料编织袋包装。贮存于阴凉、干燥、通风的库房，严防受热、受潮。运输中防止日晒和雨淋。如遇产品吸潮结块，烘干粉碎后可以再用。

5.水解聚丙烯腈铵钾盐

化学名称或成分 丙烯腈、丙烯酰胺、丙烯酸铵和丙烯酸钾共聚物。

结构式

$$\left[CH_2-\underset{\underset{NH_2}{|}}{\underset{C=O}{|}}{CH}\right]_m\left[CH_2-\underset{\underset{OK}{|}}{\underset{C=O}{|}}{CH}\right]_n\left[CH_2-\underset{\underset{ONH_4}{|}}{\underset{C=O}{|}}{CH}\right]_o\left[CH_2-\underset{CN}{\underset{|}{CH}}\right]_p$$

产品性能 水解聚丙烯腈钾铵盐(KNH_4-PAN)为灰褐色固体粉末，易溶于水，水溶液呈弱碱性。由于分子中含有羧酸钾和羧酸铵,故兼具两者的特点。由于其相对分子质量比铵盐大,故防塌和降滤失能力更优。其性能与 NH_4-HPAN 和 K-HPAN 相近。

制备过程 剔除腈纶废料中的非腈纶杂质,将其洗净、烘干后备用;将 50 份氢氧化钾和适量的水加入高温高压反应釜,搅拌至氢氧化钾溶解后,停止搅拌,加入 200 份的腈纶废料,充分浸泡后将体系温度升至 120~150℃,在此温度下保温反应 5~6h 后,待腈纶废料水解至黏稠状后,开动搅拌机,搅拌 1h 后得灰褐色黏稠液体;将体系冷却至室温,放压,取出水解产物,经过喷雾干燥得到水解聚丙烯腈钾铵盐。

也可以在高温高压水解得到的 NH_4-HPAN 溶液中加入适量的氢氧化钾溶液,反应一定时间后经喷雾干燥得到。

质量指标 本品主要技术指标见表 6-13。钻井液性能指标可以参考水解聚丙烯腈铵盐或钾盐。

表 6-13 KNH_4-PAN 产品理化指标

项 目	指 标	项 目	指 标
外 观	黄褐色固体粉末	水解度,%	≥60.0
细度(0.42mm 筛孔通过),%	≥80.0	pH值(25℃,1%水溶液)	7~9
水分,%	≤10.0		

用途 本品主要用作钻井液页岩抑制剂,亦可用作钻井液降滤失剂和降黏剂,具有良好的防塌能力和维护钻井液胶体稳定性的能力,可有效减少井下复杂情况,适用于阴离子型和两性离子型钻井液体系。使用时可以直接加入钻井液中,其加量一般为 0.5%~1.5%。

安全与防护 无毒,呈碱性,使用时防止粉尘吸入及与皮肤、眼睛接触。

包装与储运 本品易吸潮,采用内衬聚乙烯薄膜袋、外用聚丙烯塑料编织袋包装。贮存于阴凉、干燥、通风的库房。运输中防止日晒和雨淋。

6.水解丙烯酰胺-二甲基二烯丙基氯化铵共聚物

化学名称或成分 丙烯酸、丙烯酰胺和二甲基二烯丙基氯化铵的三元共聚物。

结构式

$$-\!\!\left[CH_2-\underset{\underset{\displaystyle NH_2}{|}}{\underset{\displaystyle C=O}{|}}{CH}\right]_m\!\!-\!\!\left[CH_2-\underset{\underset{\displaystyle OK}{|}}{\underset{\displaystyle C=O}{|}}{CH}\right]_n\!\!-\!\!\left[CH_2-CH-CH-CH_2\right]_o\!\!- \quad (\text{CH, CH 各接 } CH_2,\ \text{两 } CH_2 \text{ 连于 } N^+(H_3C)(CH_3)\,Cl^-)$$

产品性能 本品是一种两性离子型聚电解质,易溶于水,水溶液呈弱碱性,与阴离子型多元共聚物相比,由于分子中含有阳离子基团,适当水解度和阳离子度的共聚物具有良好的防塌和抑制黏土水化分散的能力,在耐温抗盐方面,其性能也有所提高。

图 6-13(a)是阳离子度 7.5%时,水解度对产品降滤失能力和防塌性能的影响(基浆为复合盐水浆,样品加量 1.0%)。从图中可以看出,随着水解度的增加,防塌能力降低,降滤失能力提高。图 6-13(b)是水解度 25%时,阳离子度对产品性能的影响,可以看出,增加阳离子度,防塌能力提高,降滤失能力降低。综合考虑,水解度 25%,阳离子度 10%较好。

表 6-14 是页岩滚动回收率实验结果。从表中可以看出,本品具有较强的抑制页岩水化

分散的能力，含有0.1%本品的水溶液即具有较高的页岩回收率；较高的二次回收率则表明本品在页岩表面具有较强的吸附能力，可以起到长期稳定的作用。

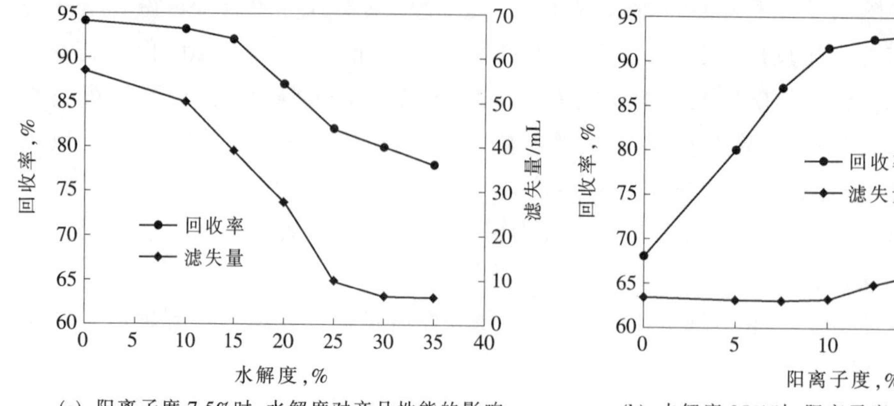

(a) 阳离子度7.5%时，水解度对产品性能的影响

(b) 水解度25%时，阳离子度对产品性能的影响

图6-13 水解度和阳离子度对产品性能的影响

注：基浆为复合盐水浆，样品加量1.0%；回收率为在质量分数0.15%样品溶液中结果，所用岩心为明9-5井2695m，岩屑(粒径1.7~3.35mm)试验条件120/16h，用孔径0.45mm标准筛回收

表6-14 页岩流动回收率实验结果

样品含量，%	R_1，%	R_2，%	R_2/R_1，%	样品含量，%	R_1，%	R_2，%	R_2/R_1，%
0.1	90.0	85.5	95.1	0.3	96.3	94.9	98.5
0.2	94.2	92.6	98.3	清　水	27.5		

注：所用岩心为明9-5井2695m，岩屑(粒径1.7~3.35mm)实验条件120/16h(一次回收率R_1)，120℃/2h(二次回收率R_2)，用孔径0.45mm标准筛回收。

制备过程　可以采用水解法，也可以采用共聚法制备。

水解法：向聚合器中加入适量的水，搅拌下加入200kg丙烯酰胺、21kg二甲基二烯丙基氯化铵，搅拌使其溶解后，加入质量分数5%的过硫酸钾和质量分数5%的亚硫酸氢钠各1000mL，搅拌，约2~5mim即开始发生聚合反应，保温6~10h，将所得产物转入捏合机，慢慢加入20kg氢氧化钾和30kg碳酸钾，在90~100℃下捏合、干燥、粉碎、包装，即得产品。

共聚法：向聚合器中加入适量的水和46kg氢氧化钾，配成氢氧化钾溶液，搅拌均匀后，慢慢加入60kg丙烯酸，待丙烯酸加完后，向反应混合液中加入140kg丙烯酰胺、21份二甲基二烯丙基氯化铵，搅拌使其溶解后，加入质量分数5%的过硫酸钾和质量分数5%的亚硫酸氢钠水溶液各1000mL，搅拌，约2~5min即开始发生快速聚合反应，最后得到多孔的黏弹性胶体。将所得产物经过切割，在80~90℃下烘干、粉碎、包装，即得产品。

质量指标　本品主要技术要求见表6-15。

表6-15 水解丙烯酰胺-二甲基二烯丙基氯化铵产品技术要求

项　目	指　标	项　目	指　标
外　观	白色粉末	水分，%	≤7.0
细度(筛孔0.59mm标准筛余)，%	≤10.0	1%水溶液表观黏度/(mPa·s)	≥35.0
有效成分，%	≥85.0	1%水溶液pH值	7.5~9.0
水解度，%	27.0~35.0	120℃/16h老化后泥浆滤失量/mL	≤10.0
阳离子度，%	5.0~10.0	表观黏度上升率，%	≤250

用途 由于本品分子中阴离子基团、阳离子基团和非离子基团的比例已经过优化，与阴离子和阳离子型处理剂均具有良好的配伍性，适用于阴离子型和阳离子型钻井液体系，可起到降滤失、调流型、包被、絮凝、控制地层造浆和抑制钻屑和黏土水化分散的作用。加量一般为0.1%~0.5%。本品使用时需要先配成胶液，然后再加入钻井液中。

安全与防护 无毒。使用时防止粉尘吸入及与皮肤、眼睛接触。

包装与储运 本品易吸潮，采用内衬塑料袋、外用防潮牛皮纸袋或塑料编织袋包装。贮存在阴凉、通风、干燥处。运输中防止受潮和雨淋。

第三节 腐殖酸类

在页岩抑制剂中，腐殖酸类是用量最大的抑制剂或防塌剂之一，最基本的产品是腐殖酸的钾盐和铵盐，目前现场应用较多的是以腐殖酸钾为基础的改性产品，如两性离子腐殖酸钾、有机硅腐殖酸钾、硝基腐殖酸钾、腐殖酸与合成树脂及腐殖酸与聚合物材料的反应或复合或复配产物。

1.腐殖酸钾

化学成分 腐殖酸钾盐等。

产品性能 腐殖酸钾，代号HmK，是一种高分子非均一的芳香族羟基羧酸盐，外观为黑色颗粒或粉状固体，易溶于水，水溶液的pH值为9~10，含有羧基、酚羟基等活性基团。

腐殖酸钾作为一种无定形的改性天然有机高分子化合物，它具有很大的内表面和很强的吸附能力，其分子结构中的羧基、酚羟基等基团以及可以离解出的K^+，吸附能力和水化能力强，能够很容易地吸附于黏土颗粒的表面上，有利于在井壁上形成薄而坚韧的泥饼，有利于降低滤失量，并使井壁页岩免受钻井液的冲蚀，加之K^+的稳定作用，能够有效的稳定井壁。此外，呈胶体状态的腐殖酸颗粒或腐殖酸中的沥青质挤入页岩的裂缝中，也可以起到稳定井壁的效果。本品用作淡水钻井液的页岩抑制剂，并兼有降黏和降滤失作用，抗温180℃以上。

制备过程 将腐殖酸和氢氧化钾水溶液混合，搅拌均匀，反应物经烘干、粉碎后得腐殖酸钾盐。也可以将褐煤与氢氧化钾水溶液混合反应，去除杂质后，经浓缩、干燥、粉碎，得到成品。

质量指标 本品主要技术指标见表6-16。

表6-16 腐殖酸钾产品技术指标

项 目	指 标	项 目	指 标
外 观	黑褐色粉末	钾含量，%	≥10.0
水分，%	≤15.0	pH值	9~10
水不溶物，%	≤10.0	淡水钻井液滤失量	不增加原浆滤失量
腐植酸含量，%	≥53.0	相对膨胀率，%	≥50

用途 腐殖酸钾在农业、畜牧业、工业等方面具有比较广泛的用途。

在钻井液方面，用作钻井液处理剂能有效抑制页岩水化分散，控制地层造浆，保持井壁稳定,同时还具有降黏和降滤失作用,适用于各种水基钻井液,更适用于淡水钻井液,也可以用于钾石灰钻井液,一般加量为1%~3%。

安全与防护 无毒。使用时防止粉尘吸入和皮肤、眼睛接触。

包装与储运 本品采用内衬聚乙烯薄膜袋、外用聚丙烯塑料编织袋或防潮牛皮纸袋包装,每袋净质量25kg。贮存于阴凉、干燥、通风的库房。运输中防止受潮和雨淋。

2.腐殖酸铵

化学成分 腐殖酸铵盐。

产品性能 腐殖酸铵代号$HmNH_4$,黑色粉末,可溶于水,水溶液呈弱碱性。高温下会有氨气放出,用作水基钻井液的抑制、防塌剂,兼具降滤失作用。其作用机理同腐殖酸钾。

制备过程 将腐殖酸和氨水混合,搅拌均匀,反应物经烘干、粉碎后得腐殖酸铵盐。也可以将褐煤配成悬浮液,用氨水中和至pH值为8,除去杂质,经浓缩、干燥、粉碎,得到成品。

质量指标 本品主要技术要求见表6-17。

表6-17 腐殖酸铵技术要求

项 目	指 标	项 目	指 标
外 观	黑褐色粉末	腐殖酸含量,%	≥50.0
水分,%	≤15.0	铵含量,%	≥7.0
水不溶物,%	≤10.0	pH值	7.5~8.5

用途 本品用作钻井液处理剂,能有效抑制黏土和页岩水化分散,同时还具有降黏和降滤失作用,适用于淡水钻井液,抗温达到180℃,一般加量为1%~3%。钻井液pH值高时,会释放出氨气。

农业上作为肥料,具有改良土壤的作用。

安全与防护 无毒,高温下会放出氨气,刺激眼睛与呼吸系统。使用时防止粉尘吸入及与皮肤、眼睛接触。氨水易挥发,生产中做好防护。

包装与储运 本品采用内衬聚乙烯薄膜袋、外用聚丙烯塑料编织袋包装,每袋净质量25kg。贮存于阴凉、通风、干燥的库房,严防受热、受潮。运输中防止曝晒,防止受潮和雨淋。

3.硝基腐殖酸钾

化学组分 腐殖酸钾的硝化、氧化产物。

产品性能 硝基腐殖酸钾为黑褐色粉末,易溶于水,水溶液的pH值为8~10。其性能与腐殖酸钾相似。由于经过氧化使水化基团的数量进一步增加,且引入了硝基,抗温抗盐能力有明显改善。用作水基钻井液的页岩抑制剂,能够有效地降低钻井液的滤失量,改善泥饼质量,抑制页岩和钻屑分散,改善钻井液流变性和稳定井壁。无荧光、可用于探井。对油基钻井液有良好的乳化作用。

制备方法 将褐煤用HNO_3进行氧化和硝化处理后,再用KOH中和,过滤除去不溶物,烘干、粉碎,得到硝基腐殖酸钾。进一步磺化可以得到磺化硝基腐殖酸钾。

质量指标 本品主要技术指标见表6-18。

用途 本品作为钻井液处理剂,适用于各种水基钻井液,能够有效地抑制页岩和钻屑水化分散,改善钻井液的流变性能,降低滤失量,适用于高温和深井钻井,也可以作为聚合物钻井液的防塌降滤失剂。本品可以直接加入钻井液,一般加量为1%~3%。

安全与防护 无毒。使用时防止粉尘吸入及与皮肤、眼睛接触。

包装与储运 本品用内衬聚乙烯薄膜袋、外用聚丙烯塑料编织袋包装,每袋净质量25kg。贮存于阴凉、通风、干燥的库房。运输中防止受潮和雨淋。

表6-18 硝基腐殖酸钾技术指标

项 目	指 标	项 目	指 标
外 观	黑褐色粉末	水分,%	≤10.0
腐殖酸含量,%	≥50.0	水不溶物,%	≤10.0
细度(0.9mm 筛余),%	≤5.0	质量分数2%水溶液pH值	9.0±1.0
钾含量,%	≥10.0	相对膨胀率,%	≤60.0
N含量,%	≥3.0	滤失量/mL	≤13.0

4.阳离子褐煤

化学成分 腐殖酸钾的阳离子化产物。

产品性能 本品也称两性离子腐殖酸、阳离子化腐殖酸钾,由于阳离子醚化效率很低,实际上得到的是腐殖酸钾、阳离子醚化腐殖酸钾和阳离子醚化剂水解产物的混合物,黑色粉末,可溶于水,水溶液呈弱碱性。由于分子中在保持腐殖酸分子原有基团的基础上,引入了季铵基团,因而能够较强地吸附在黏土颗粒表面,有效抑制黏土颗粒的水化膨胀,有利于抑制岩屑分散造浆,维持钻井液良好的流变性及较低的固相含量,有利于稳定井壁,减少缩径及井壁垮塌等井下复杂情况的发生。

其防塌效果可以从表6-19中看出[13]。

制备过程 按褐煤:KOH:水=1:0.15:10的比例(质量比),分别将水、KOH和褐煤加入反应釜,在85~90℃的温度下反应0.5h后,加入一定量的阳离子醚化剂及适量催化剂,在55~70℃下反应1.5~2h,待反应时间达到后,在105℃的温度下烘干粉碎,即得阳离子褐煤。

表6-19 岩屑回收率实验

加量,%	回收率,%	
	岩屑1	岩屑2
清 水	0	30
1	68	90.5
2	93	89

注:称取粒径2.0~3.35mm的岩心50g于老化罐中,再加入350mL含有一定量阳离子褐煤溶液和清水中,于80℃下滚动16h,用0.42mm孔径标准筛回收岩屑,并计算一次回收率。

在本品合成中,阳离子醚化剂用量对产品的抑制性和降滤失性能有不同的影响。图6-14是反应条件一定时,阳离子醚化剂用量(占腐殖酸的质量百分数)对产物抑制能力和降滤失效果的影响。从图6-14可以看出,随着阳离子醚化剂用量的增加,产物的抑制能力大幅度提高,当用量达到15%以后,变化趋缓,而产物所处理钻井液的滤失量则随着阳离子醚化剂的增加,开始变化不大,当阳离子醚化剂用量超过10%以后,钻井液的滤失量迅速增加,甚至出现絮凝。兼顾抑制、降滤失以及产品成本考虑,阳离子醚化剂用量控制在10%左右即可获得较好的效果。

质量指标 本品可执行Q/SH1025 0524—2011钻井液用阳离子褐煤通用技术要求,具体指标见表6-20。

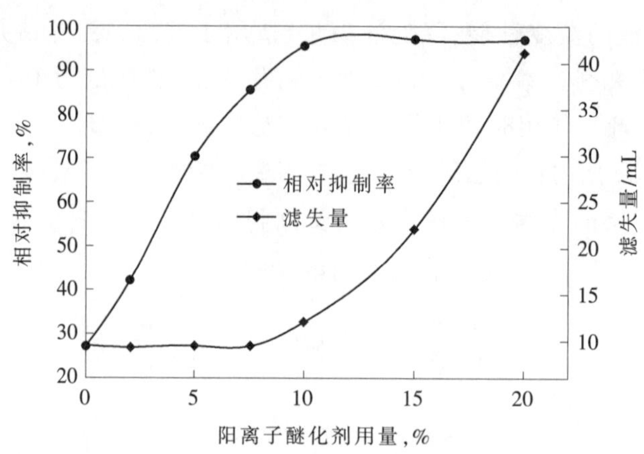

图 6-14 阳离子醚化剂用量对产物性能的影响

注:相对抑制率实验条件为 1.5%样品水溶液+0.5%纯碱+10%钙膨润土,于 120℃老化 16h 后,沉淀室温下 ϕ_{100} 读数,以空白浆为基准,计算相对抑制率;滤失量测定采用 4%的膨润土浆,加入 2.0%的样品

表 6-20 阳离子褐煤技术要求

项 目	指 标	项 目	指 标
外 观	黑色粉末	腐殖酸含量,%	≥50.0
细度(筛孔 0.9mm 标准筛余),%	≤5.0	Cl^-含量/(mmol/g)	1.5~3.0
烘失量,%	≤12.0	相对抑制率,%	≥80.0
pH值(1%水溶液)	9~10		

用途 本品用作钻井液处理剂,具有很强的抑制页岩水化分散的能力,同时还具有降黏和降滤失作用,与其他处理剂配伍性好,适用于淡水和盐水钻井液,抗温达到 180℃。本品可以直接加入钻井液,一般加量为 1%~1.5%。

安全与防护 本品低毒。粉尘对皮肤、眼睛有低刺激性。使用时防止眼睛、皮肤接触。

包装与储运 本品采用内衬聚乙烯薄膜袋、外用聚丙烯塑料编织袋包装,每袋净质量 25kg。贮存于阴凉、通风、干燥的库房。运输中防止受潮和雨淋。

5.有机硅腐殖酸钾

化学成分 有机硅、腐殖酸钾盐的反应产物。

产品性能 有机硅腐殖酸钾(代号 GKHm 或 OSAM-K)是一种黑色粉末,可溶于水,水溶液呈弱碱性。用作钻井液处理剂,产品分子中的有机硅结构单元上的吸附基团与黏土颗粒有极强的吸附结合能力,因而对黏土的水化膨胀具有强的抑制作用,是一种良好的页岩抑制剂,同时兼有降低钻井液黏度和滤失量的作用。特别是对水敏性泥页岩有很好的抑制能力,保持页岩稳定,防止井径扩大。

制备过程 以有机硅树脂与褐煤为原料制得。中国发明专利 CN101024698 公开了一种制备方法[14],即在反应容器中分别加入 150kg 六甲基二硅醚和 2kg 无水氯化铁,然后加入 225kg 二甲基二氯硅烷,在缓慢升温中进行平衡反应,当温度达到 100~118℃时停止加热,当气相温度经冷凝回落到 56℃时得物料。然后将该物料进行精馏,收集馏分之前控制回流比为 3:1,收集馏分的温度为 57~59℃。将收集的精馏物滴加至水中制成饱和液物料 A;在腐殖酸中加入硫酸反应 2h,然后升温至 70~95℃,加入物料 A,并将温度升高至 105~130℃

进行保温，然后将温度降至70~90℃，加入氢氧化钾调节pH值为10后保温2h，烘干、粉碎得成品。

质量指标 本品主要技术指标见表6-21，也可以执行Q/SHCG 5—2011钻井液用有机硅腐殖酸钾技术要求，见表6-22。

表6-21 GKHm产品技术指标

项目	指标	项目	指标
外观	为自由流动的黑灰色粉末	腐殖酸含量，%	≥35.0
水不溶物，%	≤15.0	水分，%	≤10.0
甲基硅醇钠含量，%	≥20.0	滤失量/mL	≤13
钾含量，%	≥8.0	降黏率，%	≥75

表6-22 钻井液用有机硅腐殖酸钾技术要求

项目	指标	项目	指标
外观	黑色为自由流动的颗粒或粉末	腐殖酸含量，%	≥50.0
pH值	8.0~10.0	150℃滚动16h后表观黏度降低率，%	≥60.0
硅含量，%	≥6.5	页岩膨胀降低率，%	≥45.0
钾含量，%	≥8.0		

用途 本品主要用于淡水钻井液或钾基钻井液的降黏和降滤失剂，并能有效地抑制水敏性地层的膨胀、垮塌，保证井眼安全。能有效地降低钻井液的黏度和切力，控制钻井液的流变性能。同时有良好的高温稳定性，能改善高温下钻井液的失水造壁性。可以直接加入各种水基钻井液体系中，用作淡水钻井液降黏剂时，其加量一般为0.3%~1.0%；用作降滤失剂及防塌剂时，其加量一般为1%~2%。

安全与防护 低毒，防止粉尘吸入及与眼睛、皮肤接触。

包装与储运 本产品采用内衬聚乙烯薄膜袋、外用塑料编织袋包装，每袋净质量25kg。储存于阴凉、干燥、通风处。运输中防止受潮和雨淋。

6.无荧光防塌降失水剂KH-931

化学成分 腐殖酸钾、水解聚丙烯腈钠(钾)反应复合物。

产品性能 本品是一种无荧光防塌降滤失剂，为黑色粉末状，可溶于水，水溶液呈弱碱性，兼具腐殖酸钾和水解聚丙烯腈钾盐的双重作用。分子中含有羧基、羰基、酰胺基、腈基、酚羟基等基团，具有良好的抗温抗盐能力。本品作为钻井液页岩抑制剂，无荧光，并具有如下特点[15]：

① 具有较好的抗温和降失水能力。从表6-23可以看出，当其加量为0.5%时，即可有效地降低钻井液的滤失量，高温老化前后，钻井液性能稳定。

② 有较强的抑制页岩水化膨胀分散的能力。从表6-24可以看出，KH-931的防塌能力优于常用的页岩抑制剂FT-1和MHP(无荧光防塌剂)。

制备过程 将水、腐殖酸钾、水解聚丙烯腈钠或钾混合搅拌后，在110~140℃下烘干、粉碎后制成。其中，水解聚丙烯腈钠或钾、腐殖酸钾的制备方法可以参考本书有关章节。

质量指标 本品主要技术要求见表6-25。

表 6-23 KH-931 加量对淡水钻井液常温、高温性能的影响

加量,%	常温				150℃高温滚动 16h 后			
	AV/(mPa·s)	*PV*/(mPa·s)	*YP*/Pa	滤失量/mL	*AV*/(mPa·s)	*PV*/(mPa·s)	*YP*/Pa	滤失量/mL
0	8.5	5.5	3.0	26.4	9.5	6.0	3.5	29.4
0.5	15.5	13.0	2.5	13.6	15.8	11.8	3.0	11.0
1.0	21.0	18.5	2.5	10.8	21.5	18.5	3.0	11.0
2.0	22.5	20.5	2.0	9.2	23.3	20.5	2.75	10.6

注:基浆为 6%膨润土浆。

表 6-24 页岩在几种处理剂溶液中的膨胀率

处理剂	不同时间(min)的膨胀率,%							
	5	10	30	60	480	600	900	1440
清 水	1.92	2.84	1.10	7.78	23.70	23.06		25.25
KH-931	0.09	0.52	1.66	2.15			6.74	7.26
FT-1	2.19	2.70	3.54	1.64	7.76	7.93	9.36	11.1
MHP	3.85	5.94	9.44	13.16				19.4

注:取文 72-23 井 2000m 井深钻屑,充分干燥后粉碎过 100 目(0.15mm)筛。取 10g 钻屑粉在 4MPa 下压制成岩心,用 NP-01 页岩膨胀仪测定岩心在 1%处理剂溶液中的膨胀率。

表 6-25 KH-931 产品技术要求

项 目	指 标	项 目	指 标
外 观	黑褐色粉末	页岩膨胀降低率,%	≤20.0
水分,%	≤10.0	荧光级别/级	≤5.0
水不溶物,%	≤18.0		

用途 本品具有良好的防塌、降滤失效果,又对地质录井无荧光干扰,因而可用于生产井、探井等。用作钻井液处理剂能有效抑制黏土和页岩水化分散,同时还具有降黏和降滤失作用,适用于水基钻井液,一般加量为 1%~2%。本品可以干粉形式直接加入钻井液中,为了加入均匀,最好配成胶液或复合胶液使用。

安全与防护 本品低毒。粉尘对皮肤、眼睛有很低的刺激性。使用时防止粉尘吸入及与眼睛、皮肤接触。

包装与储运 本品采用内衬聚乙烯薄膜袋、外用聚丙烯塑料编织袋包装,每袋净质量 25kg。贮存于阴凉、干燥、通风的库房。运输中防止受潮和雨淋。

7.无荧光防塌剂 HMP

化学成分 硝基腐殖酸钾、磺化酚醛树脂的反应复合物。

结构式

$$HO-CH_2-\left[\underset{CH_2SO_3Na}{\overset{OH}{C_6H_2}}-CH_2\right]_n-\underset{NO_2}{\overset{OH}{C_6H_2}}-R-COOK$$

产品性能 HMP 是一种无荧光防塌剂,同时还具有降失水作用,为黑色粉末状,可溶于水,水溶液呈弱碱性。兼具硝基腐殖酸和 SMP 双重作用,用作水基钻井液的页岩抑制剂,具有降低钻井液高温高压滤失量、改善泥饼质量和稳定井壁等作用,且无荧光。

表 6-26 是几种常用的防塌剂相对膨胀率和页岩回收率对比实验结果。从表中可以看出，本品防塌抑制能力优于现场常用防塌剂[16]。

表 6-26 几种常用防塌剂相对膨胀率和页岩回收率比较

处理剂溶液	6h 相对膨胀率，%	页岩回收率，%	处理剂溶液	6h 相对膨胀率，%	页岩回收率，%
水	100	79.94	1.5% KHm	46.6	88.8
1.5% MHP	34.4	89.4	0.3% K-HPAM	51.0	87.0

注：膨胀率试样制备：105℃下烘干的安丘标准土，装入测试筒，在压力机上加压到 2.8MPa，并保持 5min；回收率实验所用岩屑为沙三段岩屑(粒径 2~5mm)，77℃下滚动 8h，用 0.4mm 孔径标准筛回收。

制备过程 将水、硝基腐殖酸钾、磺化酚醛树脂混合搅拌后，在 100~140℃度下烘干、粉碎得到。其中，硝基腐殖酸钾、磺化酚醛树脂制备可以参考本书有关章节。

质量指标 本品主要技术要求见表 6-27。

表 6-27 HMP 产品技术要求

项 目	指 标	项 目	指 标
外 观	黑褐色粉末	荧光级别/级	≤5.0
水分，%	≤10.0	pH值(25℃，1%水溶液)	8~9
水不溶物，%	≤5.0	滤失量/mL	≤10.0
相对膨胀率，%	≤35.0	表观黏度/(mPa·s)	≤15.0

用途 本品既具有良好的防塌降效果，又具有较强的降滤失能力，且无荧光，对地质录井无干扰，因而可用于生产井、探井等各种钻井过程。用作钻井液处理剂能有效抑制黏土和页岩水化膨胀，有效降低钻井液的滤失量，适用于水基钻井液，一般加量为 1.0%~3.0%。本品可以直接加入钻井液，也可以配成胶液加入。

安全与防护 本品低毒。粉尘对皮肤、眼睛刺激性很低。使用时防止眼睛、皮肤接触。

包装与储运 本品采用内衬聚乙烯薄膜袋、外用聚丙烯塑料编织袋包装，每袋净质量 25kg。贮存于阴凉、干燥、通风的库房。运输中防止受潮和雨淋。

8.络合铝防塌剂 AOP-1

化学成分 腐殖酸与多羟基铝的络合物。

产品性能 络合铝防塌剂 AOP-1 是一种铝的有机络合物，也称络合铝防塌剂。无荧光，为黑色粉末，可溶于水，水溶液呈弱碱性。用作钻井液防塌剂，可抑制页岩和黏土水化膨胀，并通过在地层孔隙和微裂缝中形成不溶性复合铝盐，达到封堵固壁作用，强化井壁稳定性。其特点是有效抑制黏土水化膨胀，控制泥页岩剥落掉块；提高井眼的清洁和稳定性，减少钻头泥包和各种卡钻的风险；抗污染能力强，适用于各种盐水、饱和盐水和海水钻井完井液；有效保护油气层；无毒，对环境无污染；与处理剂配伍性好。

图 6-15 是不同老化温度下 AOP-1 抑制膨润土造浆实验结果。从图中可以看出，随着加量的增加，其抑制能力逐步提高，当加量 1.0%时，其相对抑制率即可达到 90%以上。

图 6-16 是在不同 AOP-1 加量的膨润土基浆中页岩滚动回收率实验结果。图中结果表明，在基浆中加入 AOP-1 可以提高页岩滚动回收率，且随加量增加而提高。

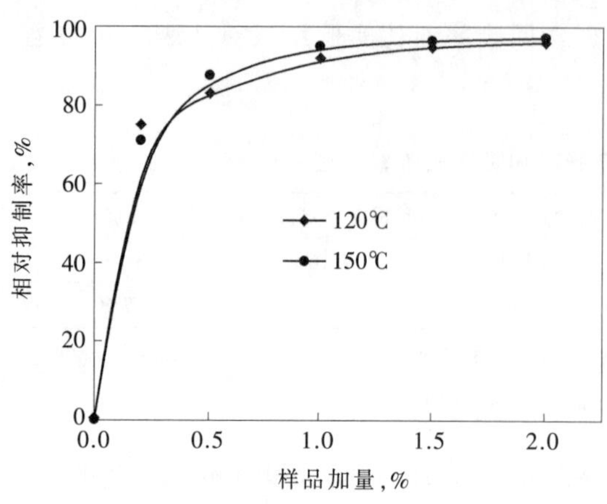

图 6-15 AOP 加量对相对抑制率的影响

说明:实验条件为清水+样品+10%膨润土,老化 16h

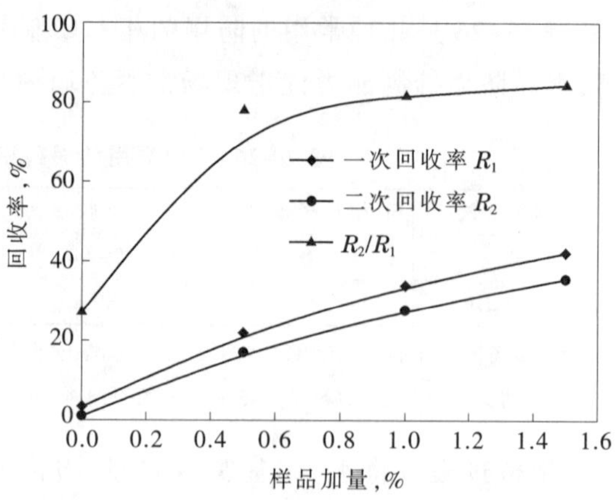

图 6-16 AOP-1 加量对相对抑制率的影响

说明:基浆为 4%膨润土浆;所用岩心取自马 12 井 2708.5~2715.0m,岩心粒径 2.36~3.35mm,实验条件 120℃滚动 16h

制备方法 由多聚铝酸盐、腐殖酸等含羧酸天然材料等,在 KOH 存在下经过水解、络合反应,烘干、粉碎得到。

质量指标 本品可参考 Q/SH1025 0302—2013 钻井液用络合铝防塌剂技术要求,指标见表 6-28。

表 6-28 钻井液用络合铝防塌剂技术要求

项 目	指 标	项 目	指 标
外 观	黑色或黑灰色粉末	pH值	8~10
水分,%	≤12.0	铝含量(以 Al_2O_3 计),%	≥6.0
筛余量(0.90mm 标准筛),%	≤10.0	抑制造浆率,%	≥85.0

用途 本品用于水基钻井液防塌剂,适用于各种类型的水基钻井液,对于破碎性地层防塌尤为适用,使用时可以以干粉形式直接加入钻井液中,其加量为 0.5%~2.0%。

本品用于氯化钾钻井液、硅酸盐钻井液和氯化钙钻井液中,可以起到强化井壁的作用,与硅酸盐配伍具有良好的封固效果。

安全与防护 本品低毒,有刺激性。避免粉尘吸入及与眼睛、皮肤接触。

包装与储运 本品采用内衬塑料薄膜袋、外用塑料编织袋或防潮牛皮纸袋包装,每袋净质量 25kg。储存在阴凉、干燥、通风处。运输中防止受潮和雨淋。

第四节 沥青类

沥青类页岩抑制剂作为传统的防塌剂,是迄今为止应用最早、用量最大、应用范围最广和效果最好的处理剂。该类处理剂包括油溶性沥青和水溶性或水分散性沥青以及沥青与褐煤等其他材料的复合物。尽管乳化石蜡不属于沥青类,但由于作用有相似之处,因此也放在该类一并介绍。

1.磺化沥青

化学成分 沥青、沥青磺酸钠等。

产品性能 磺化沥青(SAS)是一种黑色粉末状水分散或部分水溶性阴离子型改性沥青产品，常用产品代号 FT-1。SAS 的水溶性成分是带负离子的大分子，当吸附到带正电的黏土边缘上时，可阻止页岩颗粒分散；吸附在井壁微裂缝上时，能够阻止水渗入页岩孔隙，减少剥蚀掉块。其非水溶性部分能够提供适当大小的颗粒帮助造壁，改进滤饼质量。水不溶物覆盖在页岩表面，可以抑制页岩分散。用 SAS 处理的钻井液滤饼薄而韧，可压缩性增强，故滤失量下降，同时能够增加滤饼润滑性，降低钻具的阻力和扭矩，延长钻头使用寿命，有防卡和解卡作用，在高温高压下可以维持钻井液低切力，低滤失量。本品是最有效和应用最广的页岩抑制剂之一。如果用氢氧化钾代替氢氧化钠，可以得到磺化沥青钾盐，其抑制能力优于磺化沥青钠盐。

所用原料沥青的组成对 SAS 产品的性能有较大的影响[17]。沥青通常包括 4 种组分，即饱和分、芳香分、沥青质和胶质。其中，饱和分是不能参与磺化的成分，在沥青组成中含量不能太高，但它是油溶性的主要成分，决定产品的润滑性；芳香分在沥青中决定沥青磺化的难易和磺化产物的水溶性；胶质、沥青质是磺化的活性组分，其含量决定产品的水溶性、磺酸钠基含量。沥青质对产品性能的影响具有双重作用，一方面是磺化组分，影响产品的水溶性；另一方面是油溶性的大分子组分，决定产品控制高温高压滤失量的能力。只有具备合适组成配比的沥青，才能制备出具有良好性能的磺化沥青产品。因此，选择原料沥青来源或组分是保证产品性能的关键。

4种组分的反应活性由大到小，依次是胶质、芳香分、沥青质和饱和分。研究表明，原料沥青理想的化学组成为饱和分≤15.0%，芳香分≥30.0%，胶质≥35.0%，沥青质≥5.0%，且芳香分+胶质≥75.0%，胶质+沥青质≥50.0%。因此在选择原料时，必须考虑上述影响。

组分不同的沥青，其软化点不同，故原料沥青的软化点也会影响到磺化产物的性能。表 6-29 是在相同反应条件下合成产品时，两种软化点不同的原料沥青经磺化后产物的溶解性能。从表中可以看出，随着原料沥青软化点的升高，磺化产物的水溶性降低，油溶性增加。由于沥青的软化点与其沥青质含量关系密切，即沥青质含量越高，沥青的软化点就越高。对于高软化点的沥青而言，由于沥青质含量高，其可磺化组分(芳香分和胶质的总和)含量则会相应降低，因此，为了保证磺化产物中具有一定量的活性组分，在满足沥青软化点要求的情况下，应选择软化点较低的沥青为磺化原料[18]。以软化点为 157.1℃的沥青为原料，以三氧化硫含量为 20%的发烟硫酸为磺化剂，磺化剂与油比 1:5(mL/g)，以四氯化碳为磺化分散剂制备的磺化沥青水溶物 30.1%、油溶物 35.5%，磺酸钠基 10.9%。

表 6-29 原料沥青软化点对产物溶解性的影响

项 目	软化点			
	157.1℃		117.0℃	
V(20%发烟硫酸)/mL	10	20	10	20
水溶物质量分数，%	30.1	62.8	59.3	82.0
油溶物质量分数，%	35.5	13.1	26.4	9.0

制备过程 将 300 份的沥青块粉碎成小颗粒，加入 600 份轻质油中，在搅拌作用下，使沥青充分分散于溶剂中。将体系升温至 30~45℃，然后慢慢加入 150 份发烟硫酸，发烟硫酸加完后保温搅拌反应 80~100min。加入 100 份氢氧化钠(配成 40%水溶液)将体系 pH 值调

节至7~9。将油层分离，循环使用。反应物经烘干、粉碎后，得磺化沥青钠盐。

质量指标 SY/T 5664—1994 钻井液用页岩抑制剂磺化沥青 FT-1 标准规定的指标见表6-30，Q/SHCG 3—2011 钻井液用沥青类处理剂技术要求规定指标见表6-31。

表6-30 SY/T 5664—1994 行业标准规定指标

项目	指标	项目	指标
外观	黑褐色粉末	油溶物，%	≥25.0
pH值	8~9	高温高压滤失量/mL	≤25
水分，%	≤8.0	塑性黏度降低率，%	≥30
磺酸钠基含量，%	≥10.0	动切力降低率，%	≥40
水溶物，%	≥70.0		

表6-31 Q/SHCG 3—2011 标准钻井液用沥青类处理剂技术要求规定指标

项目	指标	项目	指标
外观	黑色颗粒或粉末	油溶物，%	≥25.0
烘失量，%	≤10.0	磺酸钠基含量，%	≥10.0
水溶物，%	≥70.0	高温高压滤失量/mL	≤25.0

用途 本品用作钻井液处理剂能有效封堵地层微裂缝，防止剥落性页岩坍塌，抑制页岩水化，同时还具有良好的润滑、乳化、封堵、降滤失和高温稳定等作用，可用于水基钻井液和油基钻井液。本品可以直接加入钻井液，为了保证均匀分散，需控制加入速度。

安全与防护 本品低毒。粉尘对皮肤、眼睛有低的刺激性。使用时防止粉尘吸入及与眼睛、皮肤接触。

包装与储运 本品采用内衬聚乙烯薄膜袋、外用塑料编织袋或防潮牛皮纸袋包装。贮存于阴凉、干燥、通风的库房，严防受热、受潮。运输中防止日晒、雨淋，防止高温。

2.改性磺化沥青 FT-342

化学成分 磺化沥青、腐殖酸钾和表面活性剂等。

理化性能 本品是一种黑色粉末，可溶于水，水溶液呈弱碱性，兼具腐殖酸钾和沥青双重作用。同类产品还有钻井液用页岩抑制剂 KAHm，不同之处是沥青磺化度、沥青和腐殖酸的比例有所差别。由于产品中的磺化沥青组分含有磺酸基，水化作用很强，当吸附在页岩表面上时，可对页岩颗粒的水化分散起到防塌作用，同时不溶于水的部分又能填充孔喉和裂缝以起到封堵作用，并可覆盖在页岩界面，改善泥饼质量，提高泥饼的润滑性，起到降低钻具的摩擦阻力以及稳定井壁的作用。在钻井液中还起降低高温高压滤失量的作用，是一种封堵、防塌、润滑、减阻、抑制等多功能的钻井液处理剂[19]。

制备过程 将膏状磺化沥青、腐殖酸钾和表面活性剂加入混合机混合均匀，经过烘干粉碎即得成品。

质量指标 Q/SH 0044—2007 钻井液用改性沥青 FT-342 技术要求规定指标见表6-32，SY/T 5664—1995 钻井液用改性沥青 FT-341、FT-342 规定指标见表6-33。SY/T 5668—1995钻井液用页岩抑制剂 KAHm 标准规定指标见表6-34。

用途 本品是沥青和腐殖酸钾类页岩抑制剂，能控制泥页岩水化膨胀、分散，封堵地层孔隙和裂缝，防止地层坍塌，同时具有较好的降低高温高压滤失量和提高钻井液润滑性的作用，与其他处理剂配伍性好，可用于水基钻井液。一般加量为1%~3%。本品可以直接加入钻井液，为了保证均匀分散，需控制加入速度。

安全与防护 本品低毒。粉尘对皮肤、眼睛有低的刺激性。使用时防止粉尘吸入及与眼睛、皮肤接触。

包装与储运 本品采用内衬塑料袋、外用防潮牛皮纸袋包装，每袋净质量 25kg。贮存在阴凉、通风、干燥处。运输中防止爆晒和雨淋。

表 6-32 钻井液用改性沥青 FT-342 技术要求规定指标

项 目	指 标	项 目	指 标
外 观	黑色粉末	油溶物，%	≥15.0
细度(筛孔 0.9mm 筛余量)，%	≤10.0	表观黏度/(mPa·s)	≤25.0
烘失量，%	≤10.0	高温高压滤失量/mL	≤50.0
pH值	8~10	中压滤失量/mL	≤14.0
水溶物，%	≥45.0		

表 6-33 SY/T 5664—1995 钻井液用改性沥青 FT-342 规定指标

项 目	指 标	项 目	指 标
外 观	黑色粉末	表观黏度/(mPa·s)	≤12.0
细度(筛孔 0.9mm 筛余量)，%	≤10.0	塑性黏度/(mPa·s)	≤8.0
磺酸根含量，%	13.0~28.0	高温高压滤失量/mL	≤70.0
烘失量，%	≤10.0	中压滤失量/mL	≤14.0
pH值	8~10		

表 6-34 钻井液用页岩抑制剂 KAHm 指标

项 目	指 标	项 目	指 标
细度(筛孔 0.9mm 标准筛通过量)，%	100	相对膨胀率，%	≤25.0
水不溶物，%	≤18.0	滤失量/mL	≤10.0
水分，%	≤10.0	表观黏度/(mPa·s)	≤8.0
pH值	9.0~11.0		

3.氧化沥青粉

化学成分 氧化沥青、氧化钙。

产品性能 本品代号 AL，是一种黑色均匀分散的粉末，难溶于水，多数产品的软化点为 150~160℃，细度为通过 0.25mm 筛的部分占 85%。沥青经氧化后，沥青质含量增加，胶质含量降低，在物理性质上表现为软化点上升。沥青的软化点与沥青质含量的关系见表 6-35[4]。用不同的原料并通过控制氧化程度可制备出软化点不同的氧化沥青产品(120~190℃)。氧化沥青粉是表面含有极性基的固态颗粒，用表面活性剂可使其分散悬浮在烃类分散介质中。在油基钻井液中，氧化沥青作为分散相，除起降滤失作用外，还有巩固井壁和减阻、悬浮重晶石等作用。由于氧化沥青粉具有两亲性，也可以用于水基钻井液中，能够增加滤饼润滑性，有防黏卡作用。能堵塞滤饼孔隙和调节滤饼中固相颗粒间的黏结力，有降滤失和防塌作用。但这些作用都和氧化沥青的性质和软化点或氧化程度密切相关，使用时应该注意选择。其缺点是有荧光,在探井中应用受到限制。

表 6-35 沥青的软化点与沥青质含量的关系

软化点/℃	沥青质含量,%	胶质含量,%	软化点/℃	沥青质含量,%	胶质含量,%
98	22.14	43.8	174	43	
164	38.05	24			

氧化沥青的防塌作用主要是一种物理作用。它能够在一定的温度和压力下软化变形,当在足够高的温度和压力作用下,沥青被软化并挤入页岩的微裂缝或孔隙中,将页岩黏连在一起,沥青还能覆盖在页岩表面,形成一层致密而有韧性的薄膜,不但延缓了钻井液滤液向页岩内部的渗滤,而且对钻井液流的冲蚀起到了理想的屏障效果,从而封堵裂隙。在软化点以内,随着温度升高,氧化沥青的降滤失能力和封堵裂隙能力增加,稳定井壁的效果增强。但超过软化点后,在正压差作用下,会使软化后的沥青流入岩石裂隙深处,因而不能再起封堵作用,稳定井壁的效果变差。因此,在选用该产品时,软化点是一个重要的指标。应使其软化点与所处理井段的井温相近,软化点过低或过高都会使处理效果大为降低[20]。

制备过程 将沥青在高温下用空气充分氧化后,在低温下破碎、粉碎、筛分,并混入一定量的氧化钙(既是油基钻井液成分,也是防止结块剂),即得成品。所用沥青可以是石油沥青,也可以是天然沥青。

质量指标 本品主要技术要求见表 6-36。

表 6-36 氧化沥青技术要求

项 目	指 标	项 目		指 标
沥青软化点/℃	150~160	悬浮液性能	塑性黏度/(mPa·s)	≥15
细度(筛孔 0.25mm 筛余),%	≤15.0		动切力/Pa	≥0.75
氧化钙含量,%	15~25		滤失量/mL	≤5.0

用途 本品是物理封堵型页岩抑制剂,在水基钻井液中兼有润滑作用,高软化点沥青也可以用于水基钻井液高温高压降滤失剂。在油基钻井液中作增黏剂、降滤失剂和悬浮稳定剂,也是油基解卡剂的重要成分。

安全与防护 本品低毒。对皮肤、眼睛有很低的刺激性。使用时防止粉尘吸入及接触眼睛、皮肤等。

包装与储运 本品采用内衬塑料袋、外用防潮牛皮纸袋或塑料编织袋包装,每袋净质量 25kg。贮存在阴凉、通风、干燥处,限制堆放高度,防止结块。运输中防止暴晒,防高温、防雨淋。

4.水分散沥青 SR-401

化学成分 氧化沥青、表面活性剂。

产品性能 本品是一种流动性的灰黑色粉末,可在水中均匀分散。其性能及作用机理可参见氧化沥青,与氧化沥青相比,更易于在水基钻井液中均匀分散,提高应用效果。

制备过程 将氧化沥青、表面活性剂充分接触,混合均匀即得成品。

质量指标 本品外观为灰黑色粉末,软化点 120~150℃,筛孔 0.25mm 筛余量≤10.0%。

用途 本品属于沥青类页岩抑制剂,具有填充地层孔隙和裂缝,防止井壁坍塌,同时具有降低高温高压滤失量和润滑防塌作用,可用于水基钻井液。一般加量1%~3%。使用时可以干粉形式直接加入钻井液。

安全与防护 本品低毒。粉尘对皮肤、眼睛有低的刺激性。使用时防止粉尘吸入及与眼睛、皮肤接触。

包装与储运 本品采用内衬塑料袋、外用防潮牛皮纸袋或塑料编织袋包装,每袋净质量25kg。贮存在阴凉、通风、干燥处,防止受热,限制堆放高度,防止结块。运输中防止暴晒,防高温、防雨淋。

5.沥青、阳离子腐殖酸钾复合防塌剂

化学成分 氧化沥青、阳离子腐殖酸钾等。

产品性能 本品也称阳离子沥青粉,是一种不同组分的复合物,黑色粉末,可在水中分散和溶解,兼具氧化沥青和阳离子腐殖酸双重功能。其作用机理同氧化沥青和阳离子腐殖酸钾,即水溶性部分起抑制作用,油溶性部分起封堵作用。

制备过程 将沥青,阳离子腐殖酸钾和表面活性剂加入捏合机,升温至90~100℃,充分混合2~4h,然后降温、粉碎,即得成品。

质量指标 本品主要技术要求见表6-37。也可以参照执行Q/SH1025 0511—2007钻井液用沥青类处理剂通用技术条件。

表6-37 阳离子沥青粉技术要求

项 目	指 标	项 目	指 标
外 观	黑色粉末	阳离子度/(mmol/g)	0.8~1.2
细度(筛孔0.95mm筛余),%	≤10.0	水分,%	≤10.0
油溶物,%	≥50.0	相对抑制率,%	≥65.0

用途 本品属于沥青、腐殖酸类复合页岩抑制剂和暂堵剂,具有填充地层孔隙和裂缝、防止井壁坍塌、抑制页岩和黏土水化膨胀分散作用,同时具有降低钻井液高温高压滤失量和润滑作用,可用于水基钻井液。其加量一般为1.5~3.0%。

安全与防护 本品低毒。粉尘对皮肤、眼睛有低的刺激性。使用时防止粉尘吸入及与眼睛、皮肤接触。

包装与储运 本品采用内衬塑料袋、外用防潮牛皮纸袋包装。贮存在阴凉、通风、干燥处。运输中防暴晒、防受热和雨淋。

6.钻井液用中、低软化点沥青粉

化学成分 低软化点沥青、腐殖酸钾(钠)和表面活性剂等。

产品性能 本品是一种黑色颗粒或粉末,可在水中均匀分散,具有沥青类产品的特征。根据软化点不同,可适用于不同井段,多软化点复配时,可以提高现场适应性。本品可以封堵地层微裂缝,防止井壁坍塌,同时还可以有效地改善滤饼质量,降低钻井液高温高压滤失量,提高润滑性。其中,腐殖酸钾既是防塌剂成分,也是沥青防结块剂。

制备过程 将中、低软化点沥青,腐殖酸钾和表面活性剂加入混合机混合均匀,经低温下破碎、粉碎、筛分即得成品。也可以将沥青在超低温下粉碎、加入防黏结剂,得到纯低软

化点沥青,效果更优。

质量指标 本品主要技术要求见表6-38。也可以参照执行Q/SH1025 0511—2007钻井液用沥青类处理剂通用技术条件。

表6-38 中、低软化点沥青技术的指标

项目	指标	项目	指标
外观	黑色油性颗粒	水溶物,%	30.0~40.0
烘失量,%	≤10.0	软化点/℃	65~110(可调)
pH值	7~9	HTHP滤失量/mL	≤30.0
油溶物,%	≥60.0		

用途 本品属于不同软化点的沥青类页岩抑制剂和暂堵剂,能任意嵌入不规则的地层裂缝,控制页岩坍塌,同时具有较好的屏蔽暂堵作用,能较好地保护油气层,还具有润滑和降低钻井液高温高压滤失量的作用,可用于各种水基钻井液体系。本品可以单独使用,也可以与其他处理剂配伍使用,一般加量0.5%~2.5%。

安全与防护 本品低毒。粉尘对皮肤、眼睛有很低的刺激性。使用时防止粉尘吸入及与眼睛、皮肤接触。

包装与储运 本品采用内衬塑料袋、外用防潮牛皮纸袋或塑料编织袋包装。贮存在阴凉、通风、干燥处,防止受热。运输中防止暴晒和高温,防雨淋。

7.钻井液用乳化沥青

化学成分 沥青、水和阳离子表面活性剂等。

产品性能 本品是一种黑色乳状液,可在水中分散。由多种阳离子表面活性剂及一定范围软化点的沥青经高温乳化而成。其微米级的带正电的沥青微粒极易吸附在带负电的黏土或固体颗粒上,参与泥饼的形成,提高泥饼质量。其微粒及阳离子页岩抑制剂可以进入井壁微裂缝中,产生黏附及相互聚集,从而起到封堵、桥接、防膨、防塌、降失水及保护油气层作用。本品可稳定井壁并兼有润滑、降低高温高压滤失量、改善泥饼质量和调整钻井液流型的作用。在钻井液中阳离子乳化剂可以起到乳化、润滑和抑制页岩和黏土水化分散的作用。尤其适用于破碎性地层和煤层的防塌护壁,防塌效果优于粉状沥青。作为储层保护暂堵剂几乎不受油气层渗透率、温度的影响,且对钻井液流变性影响较小。

制备过程 先将水、表面活性剂等加入乳化机,将不同软化点沥青熔融,在搅拌和保温下加入乳化机乳化均匀,降温,过滤,即得成品。

质量指标 本品主要技术要求见表6-39。

表6-39 乳化沥青技术要求

项目	指标	项目	指标
外观	黑色黏稠液体	固含量,%	≥50.0
软化点(蒸发残余物)/℃	90~120	粒径中值/μm	≤60.0
油溶率,%	≥95.0	相对抑制性	≤0.6

用途 本品是封堵型沥青类防塌剂、页岩抑制剂和暂堵剂,能任意嵌入不规则的井壁裂缝,封堵和粘结破碎性或裂缝性页岩等地层,有效控制页岩坍塌,能有效地保护油气层,

可用于各种水基钻井液体系，同时具有防塌和降低高温高压滤失量的作用。缺点是有荧光,对地质录井可能有一定干扰。本品可以单独使用,也可以与其他处理剂配伍使用,一般加量 0.5%~2.5%,或视地层情况而定。

本品还可以用于筑路、屋面防水和建筑物地下防潮、防水等。

安全与防护 本品低毒。接触易沾污皮肤、衣物,不易清洗。使用时防止眼睛、皮肤接触。

包装与储运 本品采用塑料桶包装,每桶净质量 50kg。贮存在阴凉、通风、干燥处,保质期 1 年。运输中切忌包装桶倒置,防止暴晒、防冻,防包装破损。

8.乳化石蜡

化学成分 石蜡、乳化剂、水。

产品性能 乳化石蜡是灰白色均质半透明液体,用特殊中性非离子或阳离子或阴离子乳化剂乳化,密封放置阴凉处可以存放两年不分层、不破乳、不结块。本品具有抗酸、抗碱、耐硬水、水溶性强、乳液稳定,任意比例水稀释不分层、不破乳、不结块、保质期长、固含量高、分散性好等特点,对钻井液的密度和流变性能影响极小,同时具有很好的润滑和页岩抑制能力。通过选择石蜡的熔点,可以得到适用于不同温度井段的产品,由于无荧光,可以在一定范围内代替沥青类产品,但由于熔点的限制,其效果远不如沥青。根据熔点不同,可以分别起到润滑、封堵等作用,熔点越高,防塌封堵效果越好。

乳化石蜡的抑制和润滑作用以及对钻井液性能的影响可以从下面的评价结果看出[21]:表 6-40 是乳化石蜡加量对膨润土基浆性能的影响。从表中可以看出,乳化石蜡在钻井液中的抑制和润滑作用随着加量的增加而增加,当其加量为 2%时,润滑系数可降低 50%,页岩膨胀率可降低 26%,且对钻井液性能影响较小。表 6-41 是乳化石蜡对聚合物、聚磺、甲酸盐钻井液等体系性能的影响。从表中可看以出,乳化石蜡在多种体系中均具有良好的应用效果。

表 6-40 乳化石蜡加量对钻井液性能的性能

乳化石蜡加量,%	ρ/(g/cm³)	*PV*/(mPa·s)	*YP*/Pa	*Gel*/(Pa/Pa)	*FL*/mL	膨胀量/mm	K_f
0	1.025	4	12	9.5/22.0	21	8.02	0.21
1.0	1.017	3	13	9.0/24.0	19	7.51	0.17
1.5	1.015	4	13	10.0/25.0	18	6.83	0.14
2.0	1.013	4	13	9.0/22.5	18	6.91	0.11
2.5	1.020	5	11	10.0/21.0	20	5.80	0.10

注:基浆为 5%的膨润土浆。

表 6-41 不同体系中加入乳化石蜡后的性能变化情况

钻井液类型	乳化石蜡,%	*PV*/(mPa·s)	*YP*/Pa	*Gel*/(Pa/Pa)	*FL*/mL	膨胀量/mm	K_f
聚合物	0	12.0	7.0	3.0/5.0	5.8	6.12	0.13
	2.0	12.0	6.0	2.5/4.5	5.9	4.61	0.08
甲酸盐	0	14.0	16.5	8.0/10.5	10.2	4.62	0.11
	2.0	13.0	15.5	7.0/10.0	10.5	3.09	0.05
聚 磺	0	17.0	7.0	4.5/6.0	6.0	5.96	0.10
	2.0	17.0	6.0	4.0/6.0	5.8	4.24	0.05

制备方法 将石蜡加入反应釜,升温至90~95℃,向反应釜中加入复合表面活性剂,搅拌均匀,将体系的pH值调至8.5~9.5,在搅拌下将水分批加入,加完后,在温度不低于60℃的情况下继续搅拌40~60min以充分乳化,过滤,即得到产品。

质量指标 乳化石蜡主要技术要求见表6-42。

表6-42 乳化石蜡技术要求

项目	指标	项目	指标
外观	乳白色胶状液体	密度/(g/cm³)	0.85~0.95
固含量,%	≥30	等效粒径小于10μm粒子,%	≥60
pH值	7~9	页岩膨胀降低率,%	≥40
起泡率,%	≤10.0	润滑系数降低率,%	≥50

用途 乳化石蜡可用于皮革、建筑、农业、造纸、人造板、木材防水、轻工、橡胶、陶瓷、纺织等工业以及脱模剂、水性涂料及水性油墨等。

作为钻井液处理剂,可明显提高钻井液的抑制性和润滑性,有利于井壁稳定和提高钻速。本品可以单独使用,也可以与其他处理剂配合使用,用量一般为0.5%~2.0%。

安全与防护 本品低毒。使用时防止与眼睛、皮肤接触。

包装与储运 本品采用塑料桶包装,每桶净质量50kg。贮存在阴凉、通风、干燥处,保质期1年。运输中防止暴晒、防冻,切忌包装桶倒置。

第五节 聚 醚

本节所述聚醚是指低碳醇与环氧乙烷、环氧丙烷的低聚物,可以是含双羟基的醇到任意共聚物,包括聚乙烯氧化物或聚丙烯氧化物,聚乙二醇(聚丙烯乙二醇)、聚丙二醇、乙二醇/丙二醇共聚物聚丙三醇或聚乙烯乙二醇等。钻井液行业习惯称为聚合醇,是一种非离子表面活性剂,常温下为黏稠状淡黄色液体,溶于水,其水溶性受温度的影响很大,当温度升到聚合醇的浊点温度时,聚合醇从水中析出,当温度低于聚合醇的浊点温度时,聚合醇又能溶于水。用作钻井液处理剂能有效抑制页岩水化分散,封堵岩石孔隙,防止水分渗入地层,从而稳定井壁,同时还具有良好的润滑、乳化、降滤失和高温稳定等作用,用于水基钻井液可以降低钻具扭矩和摩阻,防止钻头泥包,可有效保护油气层。

本节主要介绍聚乙二醇、聚丙二醇以及聚氧乙烯聚氧丙烯醚。

1.聚乙二醇

化学成分 不同相对分子质量的聚乙二醇混合物。

结构式

$$H\!-\!\!\left[\!-O-CH_2-CH_2-\!\right]_n\!\!-OH$$

产品性能 聚乙二醇(PEO)别名乙二醇聚氧乙烯醚、聚氧化乙烯等,为环氧乙烷水解产物的聚合物,平均相对分子质量大约在200~20000之间。依相对分子质量不同而性质不同,从无色无臭黏稠液体至蜡状固体。相对分子质量200~600的产物常温下是液体,相对分子质量在600以上的产物逐渐变为半固体状。由于平均相对分子质量的不同,在钻井液中的主导作用不同。随着相对分子质量的增大,其水溶性、蒸气压、吸湿能力和有机溶剂的溶解度等相应降低,而凝固点、相对密度、闪点和黏度则相应提高。本品溶于水、乙醇和许多其他有机溶剂,如醇、酮、氯仿、甘油酯和芳香烃等;不溶于大多数脂肪烃类和乙醚。蒸气压低,对热、酸、碱稳定。有良好的吸湿性、润滑性、黏结性和分散性。无毒,无刺激。

平均相对分子质量300,n=5~5.75的产物,熔点-15~8℃,相对密度1.124~1.130;平均相对分子质量600,n=12~13的产物,熔点20~25℃,闪点246℃,相对密度1.13(20℃);平均相对分子质量4000,n=70~85的产物,熔点53~56℃。

聚乙二醇既可以看作是多醚,也可以看作是一种二元伯醇,因此具有醚和醇类似的性质。低相对分子质量的聚乙二醇两个末端基的醇羟基,在一定条件下可以与羧酸作用生成酯。与脂肪酸生成的单酯和二酯是优良的乳化剂和润滑剂。聚乙二醇在伽马辐照或过氧化物引发下与乙烯基单体反应,生成体型结构水凝胶。

在一般条件下,聚乙二醇很稳定,与许多化学品不起作用,不水解,但在120℃或更高的温度下它能与空气中的氧发生作用。在惰性气氛中(如氮和二氧化碳),即使被加热至200~240℃也不会发生变化,当温度升至300℃会发生热裂解。

在钻井液中聚乙二醇具有较强的抑制、封堵和降滤失作用。低于一定温度,它们是水溶性的;当温度高于聚乙二醇浊点温度时,发生相分离形成乳状液从而封堵裂缝来阻止滤液的侵入,达到稳定页岩的目的。不同组分不同相对分子质量的产品,浊点温度不同。浊点是其在钻井液中发挥抑制和封堵作用的关键,而降滤失作用是聚乙二醇通过分子中的醚氧基与黏土颗粒表面羟基间的氢键吸附以及吸附于黏土颗粒上的高价离子(如Ca^{2+})的桥接作用实现的,故聚乙二醇所处理的钻井液具有较强的抗盐和抗钙能力。

聚乙二醇在水中具有浊点和逆溶解性[22]。当温度高于聚乙二醇的浊点温度时,吸附增加起主导作用,将会有更多的聚乙二醇吸附在黏土表面上,温度越高析出的聚乙二醇越多,通过封堵黏土颗粒表面的裂缝产生的抑制作用越强烈。随温度的升高,聚乙二醇的吸附量增大,导致聚乙二醇的溶解度减小而析出,吸附在黏土表面上相当于吸附着一层憎水膜,起到防塌作用。聚乙二醇的浊点受溶液的矿化度、聚乙二醇的相对分子质量与浓度的影响,上述任何一种因素的增加,都将会导致聚乙二醇浊点的降低。无机盐对聚乙二醇的浊点有很大的影响。室内研究发现,随着无机盐加量的增加,由于无机盐促使聚乙二醇发生相分离及在黏土表面上吸附量增加,从而引起聚乙二醇的浊点降低。无机盐对聚乙二醇的浊点影响见表6-43。有机处理剂也会影响聚乙二醇浊点:随着有机处理剂加量增加,其浊点表现为先增加后减小;加量很低时,其浊点基本趋于聚乙二醇的浊点。

表6-43 无机盐对聚乙二醇浊点的影响

无机盐		浊点/℃	无机盐		浊点/℃
种 类	加量,%		种 类	加量,%	
NaCl	2	97	KCl	3	96
	3	94.5		5	93
	5	91		7	89.5

无机盐与聚乙二醇具有协同作用。吸附在黏土表面的钾离子压缩黏土表面的双电层,使黏土表面的水化膜变薄,有利于聚乙二醇的吸附包被作用,可阻止黏土与水直接接触,

以抑制页岩的水化分散。

聚乙二醇能够提高钻井液滤液的黏度，并通过降低钻井液中水的活度来减小压力渗透，起到稳定页岩，防止井壁失稳的作用。聚乙二醇抑制机理为可以归纳为：通过浊点行为，当温度高于聚乙二醇的浊点温度时，聚乙二醇会形成颗粒，封堵页岩裂缝；与无机盐的协同作用，在页岩表面强烈吸附，进一步阻止页岩水化、分散；渗透作用，提高钻井液滤液黏度，降低钻井液中水的活度来减小压力渗透，起到稳定页岩，防止井壁失稳的作用。

相对分子质量会影响聚乙二醇的作用。当在基浆(2%膨润土+1% KPAM+0.5% QS-2)中加入相对分子质量分别为400、1000的聚乙二醇做抑制性实验，测得其黏切、滤失量分别为5mPa·s、3Pa、8.2mL，12mPa·s、6.5Pa、5.1mL。可见，相对分子质量增大聚乙二醇的抑制性增强，同时高相对分子质量大的聚乙二醇还可做降滤失剂，使滤失量降低，黏切增加。小相对分子质量的聚乙二醇在室温下可溶于水，而当温度升高时，会发生相分离现象，形成乳状液，可堵塞页岩孔隙，起到封堵作用。相对分子质量2000的聚乙二醇对钻井液性能的影响见表6-44[23]。从表中可以看出，随着加量的增加，滤失量明显降低，而对钻井液的黏度、切力影响较小。

表 6-44 聚乙二醇对钻井液性能的影响

加量，%	*PV*/(mPa·s)	*YP*/Pa	初切/Pa	终切/Pa	滤失量/mL
0	3.0	2.5	1.8	1.8	23.5
1.0	4.0	2.3	1.5	1.8	16.0
2.0	4.0	3.0	1.6	1.8	12.5
3.0	4.5	3.0	1.6	1.8	10.5
4.0	5.0	3.0	1.6	1.8	9.2
5.0	6.5	3.8	1.6	1.8	8.6

注：基浆为在400mL水中加入0.8g纯碱、16.0g一级膨润土粉，在高速搅拌器上搅拌20min，密闭，室温下养护24h。

聚合物对聚乙二醇抑制作用有一定的影响，当加入一定量的聚合物时，聚乙二醇的抑制性能有所提高。为满足现场施工要求，应选择合适的有机处理剂，使聚乙二醇的抑制性能得到最大程度的发挥。此外，温度对聚乙二醇的页岩抑制性能也有重要的影响。当温度高于聚乙二醇的浊点温度时，析出的聚乙二醇封堵页岩裂缝，温度越高，析出的聚乙二醇越多，抑制作用会越强。

制备方法 由环氧乙烷与水或乙二醇逐步加成聚合而成。

质量指标 不同型号的聚乙二醇主要指标见表6-45。

用途 聚乙二醇广泛用于多种药物制剂，如注射剂、局部用制剂、眼用制剂、口服和直肠用制剂。固体级别的聚乙二醇可以加入液体聚乙二醇调整黏度，用于局部用软膏；聚乙二醇混合物可用作栓剂基质；聚乙二醇的水溶液可作为助悬剂或用于调整其他混悬介质的黏稠度；聚乙二醇和其他乳化剂合用，增加乳剂稳定性。此外，聚乙二醇还用作薄膜包衣剂、片剂润滑剂、控释材料等。

在钻井液中，聚乙二醇具有很强的抑制、封堵和润滑作用，是聚合醇钻井液的主要成分。聚乙二醇也可以单独用作抑制剂和封堵剂。为了达到良好的综合效果，可将不同型号的聚乙二醇产品复配使用。

表 6-45 不同型号聚乙二醇质量指标

型 号	外 观	熔点/℃	pH值	平均相对分子质量	黏度/(mPa·s)	羟值/(mg KOH/g)
PEG-200	无色透明	-50±2	6.0~8.0	190~210	22~23	534~590
PEG-400	无色透明	5±2	6.0~8.0	380~420	37~45	268~294
PEG-600	无色透明	20±2	6.0~8.0	570~630	1.9~2.1	178~196
PEG-800	白色膏体	28±2	6.0~8.0	760~840	2.2~2.4	133~147
PEG-1000	白色蜡状	37±2	6.0~8.0	950~1050	2.4~3.0	107~118
PEG-1500	白色蜡状	46±2	6.0~8.0	1425~1575	3.2~4.5	71~79
PEG-2000	白色固体	51±2	6.0~8.0	1800~2200	5.0~6.7	51~62
PEG-4000	白色固体	55±2	6.0~8.0	3600~4400	8.0~11	25~32
PEG-6000	白色固体	57±2	6.0~8.0	5500~7500	12~16	15~20
PEG-8000	白色固体	60±2	6.0~8.0	7500~8500	16~18	12~25
PEG-10000	白色固体	61±2	6.0~8.0	8600~10500	19~21	8~11
PEG-20000	白色固体	62±2	6.0~8.0	18500~22000	30~35	

安全与防护 急性经口毒性(小鼠)LD_{50} 为 33~35g/kg,腹膜内毒性 LD_{50} 为 10~13g/kg。不刺激眼睛,不会引起皮肤的刺激和过敏。但要避免与皮肤和眼睛接触。不慎与眼睛接触后,立即用大量清水冲洗。

包装与储运 采用铁桶或塑料桶包装,每桶净质量 25kg 或 50kg。存放在阴凉、通风、干燥处。运输中防止暴晒和高温。

2.聚丙二醇

化学成分 不同相对分子质量的聚丙二醇混合物。

结构式

$$H-\left[-O-\underset{}{\overset{\displaystyle CH_3}{\overset{|}{C}}}-CH_2-\right]_n-OH$$

产品性能 聚丙二醇别名丙二醇聚氧乙烯醚、聚氧化丙烯、丙二醇聚醚等,代号 PPG,为无色到淡黄色的黏性液体,不挥发,无腐蚀性。一般商品的相对分子质量在 400~2050。较低相对分子质量聚合物能溶于水,较高相对分子质量聚合物仅微溶于水,溶于油类、许多烃以及脂肪族醇、酮、酯等。闪点 230℃,具有润滑、增溶、消泡、抗静电性能,分子两端的羟基能酯化生成单酯或双酯,用作酯化、醚化和缩聚反应的中间体。其在钻井液中的作用与聚乙二醇相同。

制备方法 由甘油与精制环氧丙烷在氢氧化钾催化下, 在温度 90~95℃、0.4~0.5MPa 压力下进行聚合。然后降温至 60~70℃,将物料压入中和釜,在搅拌下加水使过剩的氢氧化钾溶解后在 60~70℃下加磷酸中和至 pH 值为 6~7,然后缓慢升温至 110~120℃,真空脱水并过滤而成。

质量指标 本品主要技术指标见表 6-46。

用途 本品在钻井液中用作抑制剂、封堵剂和润滑剂,是聚合醇钻井液的重要组分之一。同时在日化、食品、医药、机械加工、塑料、橡胶、染料等方面也具有广泛用途。

安全与防护 无毒,但要避免与皮肤和眼睛接触。不慎与眼睛接触后,立即用大量清水冲洗。

表 6-46 不同规格聚丙二醇的技术指标

项 目	指 标				
	400	1000	2000	3000	4000
外 观	无色液体	无色黏稠液体	无色黏稠液体	无色黏稠液体	无色黏稠液体
水分,%	≤0.5	≤0.5	≤0.5	≤0.5	≤0.5
酸值/(mg KOH/g)	≤1.0	≤0.8	≤0.8	≤0.8	≤0.8
羟值/(mg KOH/g)	250~276	106~118	54~58	35~40	24~28
pH值	5.0~7.0①	5.0~7.0②			

注:①5%甲醇水溶液(甲醇:水=1:1);②5%异丙醇水溶液(异丙醇:水=10:6)。

包装与储运 本品采用200kg铁桶、50kg塑料桶包装。本系列产品无毒,不易燃,按一般化学品贮存和运输。贮存于阴凉、干燥、通风处。运输中防止暴晒和高温。

3.聚氧乙烯聚氧丙烯醚

化学成分 多元醇聚合物。

结构式

$$H\!\left[\!-O-\underset{\displaystyle}{\overset{\displaystyle CH_3}{\overset{|}{C}}}-CH_2-\right]_m\!\left[-O-CH_2-CH_2-\right]_n\!OH$$

产品性能 本品是一种非离子表面活性剂,为低碳醇与环氧乙烷、环氧丙烷的低聚物,钻井液行业习惯称聚合醇,常温下为黏稠状淡黄色液体,溶于水。其水溶性受温度的影响很大,当温度升到聚合醇的浊点温度时,聚合醇从水中析出,当温度低于聚合醇的浊点温度时,聚合醇又能溶于水。正是利用这一特点,用于封堵地层微裂缝,改善泥饼润滑性。其作用机理与聚乙二醇相同。

制备原理 低碳醇与环氧乙烷、环氧丙烷等在一定条件下反应而得到。

质量指标 本品主要技术指标见表6-47和表6-48。

表 6-47 某企业标准规定的指标

项 目	指 标	项 目	指 标
外 观	淡黄色黏稠状液体	荧光级别/级	≤3.0
密度/(g/cm³)	1.00~1.14	润滑系数降低率,%	≥50.0
倾点/℃	≤-15	表观黏度上升率,%	≤26
浊点/℃	50~80		

表 6-48 某聚合醇润滑剂企业标准规定的指标

项 目	指 标	项 目	指 标
外 观	黏稠液体	闪点/℃	≥150
水溶性	不分层	浊点/℃	≥30
密度/(g/cm³)	0.8~1.0	黏附系数降低率,%	≥40
荧光级别/级	≤5.0	润滑系数降低率,%	≥70

用途 本品用作钻井液处理剂,能有效抑制页岩水化,封堵岩石孔隙和微裂缝,防止水分渗入地层,从而稳定井壁,同时还具有良好的润滑、乳化、降低滤失量和高温稳定等作用。本品用于水基钻井液,可以降低钻具扭矩和摩阻,防止钻头泥包,可以有效地保护油气

层。本品是组成聚合醇钻井液的主要成分，也可以与铝、硅酸盐等配伍配制聚合醇-硅铝防塌钻井液体系。

工业上用作乳化剂、润湿剂、消泡剂、破乳剂、分散剂、抗静电剂、除尘剂、黏度调节剂、控泡剂、匀染剂、胶凝剂等，用于生产农用化学品、化妆品、药品，还用于金属加工净洗、纸浆和造纸工业、纺织品加工(纺织、整理、染色、柔软整理)、水质处理，也用作漂清助剂。

安全与防护 无毒。但要避免与皮肤和眼睛接触。不慎与眼睛接触后，立即用大量清水冲洗。

包装与储运 本品采用塑料桶包装，每桶净质量 50kg。贮存在阴凉、通风、干燥处。运输中防止日晒、雨淋。

第六节 聚醚胺、聚胺和季铵盐

本节重点介绍胺基聚醚、环氧氯丙烷与多胺缩聚物以及环氧氯丙烷、二氯乙烷等与三甲胺的反应物。该类处理剂是最有效的页岩抑制剂和黏土稳定剂，是胺基抑制钻井液的主处理剂和水基钻井液的重要页岩抑制剂。

1.胺基聚醚

化学名称或成分 端胺基聚醚。

结构式

$$H_2N-\left[-\underset{\displaystyle R}{\underset{|}{CH}}-CH_2-O-\right]_n-CH_2-\underset{\displaystyle R}{\underset{|}{CH}}-NH_2$$

式中：$R=H$、CH_3，$n=2\sim10$。

产品性能 端氨基聚醚(PEA)别名多醚胺、聚醚胺、聚醚多胺，胺基聚醇，是一类主链为聚醚结构、末端活性官能团为胺基的聚合物，溶于乙醇、乙二醇醚、酮类、脂肪烃类、芳香烃类等有机溶剂。结构和相对分子质量不同时，其性能略有差别。相对分子质量 230 溶于水，相对分子质量 400 部分溶于水，相对分子质量 2000 的不溶于水。

聚醚胺是通过聚乙二醇、聚丙二醇或者乙二醇/丙二醇共聚物在高温高压下氨化得到的。通过选择不同的聚氧化烷基结构，可调节聚醚胺的反应活性、韧性、黏度以及亲水性等一系列性能，而胺基提供给聚醚胺与多种化合物反应的可能性。其特殊的分子结构赋予了聚醚胺优异的综合性能，目前商业化的聚醚胺包括单官能、双官能、三官能，相对分子质量从 230 到 5000 的一系列产品。相对分子质量越高，胺基含量越低，相对分子质量 400 以内的适用于钻井液处理剂[24]。几种不同相对分子质量的胺基聚醚的性能见表 6-49[25,26]。

胺基聚醚(APE)作为钻井液抑制剂，其独特的分子结构能很好地镶嵌在黏土层间，并使黏土层紧密结合在一起，从而起到抑制黏土水化膨胀、防止井壁坍塌的作用。APE 具有一定的降低表面张力的作用，对黏土的 Zeta 电势影响小，能有效抑制黏土和岩屑的分散，且其抑制性持久性强，具有成膜作用，有利于井壁稳定和储层保护，能够较好地兼顾钻井液体系的分散造壁性与抑制性。APE 对钙膨润土分散体系的流变性无不良影响，可以用于高温高固相钻井液体系中，改善体系的抑制性和流变性。

表 6-49 几种胺基聚醚的理化性能

项目	性能		
	D-230	D-400	D-2000
密度 25℃/(g/cm³)(±0.01)	0.948	0.972	0.991
沸点/℃	>200	>200	>200
闪点/℃	121	163	185
颜色 Pt-Co/APHA	≤25	≤50	≤25
黏度(25℃)/(mPa·s)	5~15	15~30	150~400
折射率	1.4466	1.4482	1.4514
伯胺值,%	≥97	≥97	≥97
总胺/(mmol/g)	8.1~8.7	4.1~4.7	0.98~1.05
胺值/(mg KOH/g)	440~500	220~273	52~59
环氧值/(g/mol)	60	115	514

图 6-17 是一种典型商品胺基聚醚的页岩滚动回收率实验结果，图 6-18 是其抑制膨润土造浆实验结果。从图 6-17 可以看出，随着胺基聚醚加量的增加回收率快速提高，当加量达到 2%以后变化趋缓，较高的相对回收率表明本品在页岩表明具有较强的吸附能力，可以达到长期稳定效果。从图 6-18 中可以看出，当胺基聚醚加量为 0.4%时即可有效地抑制膨润土造浆。

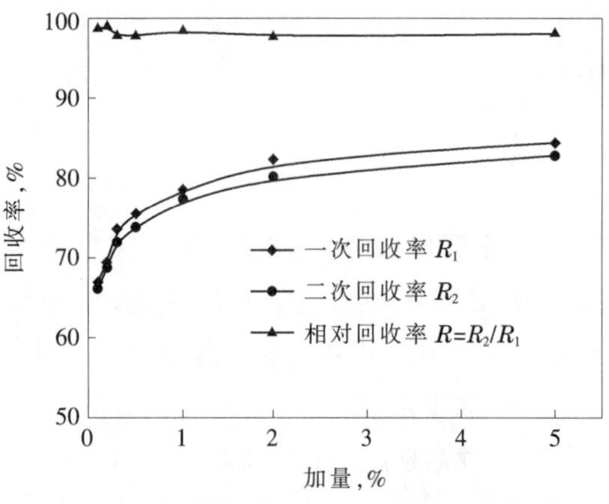

图 6-17 胺基聚醚加量对页岩滚动回收率的影响

说明：所用岩心取自马 12 井 2708.5~2715.0m，岩心粒径 2.36~3.35mm，实验条件 120℃滚动 16h

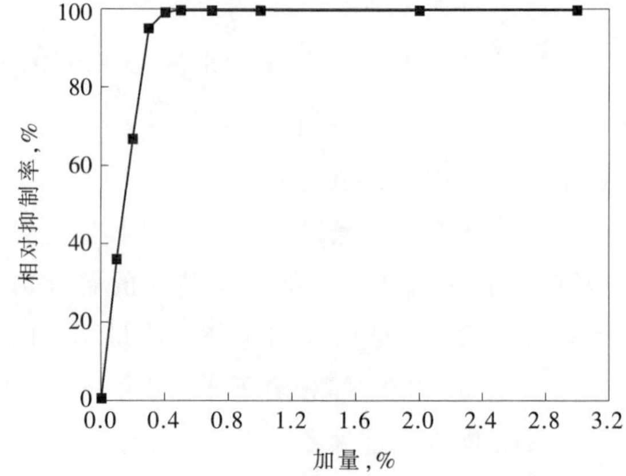

图 6-18 胺基聚醚加量对造浆能力的影响

说明：350mL 蒸馏水+1.05g 碳酸钠+样品+35g 钙膨润土，120℃下老化 16h

制备过程 聚醚胺的合成工艺包括间歇法和连续法两种工艺。采用连续的固定床工艺，利用负载在载体上的金属催化剂，生产设备和工艺先进，催化剂效率高，因此产品转化率高，副反应少，生产成本低而且性能稳定，但是设备投资巨大。

相比于连续式生产，间歇式工艺设备投资小，可以方便的切换不同产品种类，但是生产效率较低，成本较高，同时产品质量与连续法相比也存在一定差距。

中国发明专利 CN，103626988A 公开了一种制备方法[27]：取 5mL 的 20~40 目(0.9~0.42mm) $Ni/Cu/M/Al_2O_3$ 催化剂置于固定床反应器中，通过程序升温还原 4~6h，升温速率 0.1~5℃/min，还原温度 200~250℃，还原气为 10%氢气/90%氮气混合气；将反应器温度降至 80~90℃，通入 100~190L/h 的高纯氢，注入液氨及聚醚多元醇，液氨体积空速 1~3h^{-1}，聚醚多元醇的体积空速 0.5~2.5h^{-1}，在反应压力 14~25MPa、反应温度 180~220℃下反应，得到端氨基聚醚。

质量指标　本品主要技术要求见表 6-50。

表 6-50 钻井液用胺基聚醚技术要求

项　目	指　标	项　目	指　标
外　观	浅黄色黏稠液体	相对抑制率，%	≥80.0
胺值/(mmol/g)	≥4.0	闪点/℃	≥120
密度/(g/cm^3)	0.94~1.0	倾点/℃	≤0

用途　本品主要用作环氧树脂胶黏剂的韧性固化剂，可单独或与普通的聚醚胺混用，也可用作聚酯的活性扩链剂，还用作聚氨酯和聚脲固化剂。

在钻井液中用作抑制剂和井壁稳定剂，是高性能胺基抑制钻井液的主要处理剂。胺基抑制型钻井液具有抑制性强、提高钻速、高温稳定、保护储层和保护环境等特点。作为抑制剂使用时，其用量一般为 0.15%~0.50%，用于配制胺基抑制钻井液时，用量一般在 1.0%~2.5%，或视具体要求而定，使用时及时测定钻井液中胺基聚醚的含量，适时补充，以保证钻井液中胺基聚醚的有效含量。

采用聚醚胺为原料，可以制备一些具有不同作用的新钻井液处理剂，如采用聚醚胺与长链脂肪酸反应，可以制备水基钻井液乳化剂、防塌润滑剂及油基钻井液乳化剂：

$$H_2N\text{—}\left[\text{CH(R)—CH}_2\text{—O}\right]_n\text{—CH}_2\text{—CH(R)—NH}_2 + R'\text{—C(=O)—OH} \longrightarrow$$

$$H_2N\text{—}\left[\text{CH(R)—CH}_2\text{—O}\right]_n\text{—CH}_2\text{—CH(R)—NH—C(=O)—}R' +$$

$$R'\text{—C(=O)—NH—}\left[\text{CH(R)—CH}_2\text{—O}\right]_n\text{—CH}_2\text{—CH(R)—NH—C(=O)—}R' \qquad (6\text{-}6)$$

聚醚胺与丙烯酰氯反应，可以制得大分子单体，用于新的聚合物处理剂合成：

$$H_2N\text{—}\left[\text{CH(R)—CH}_2\text{—O}\right]_n\text{—CH}_2\text{—CH(R)—NH}_2 + \text{CH}_2\text{=CH—C(=O)—Cl} \longrightarrow$$

$$\text{CH}_2\text{=CH—C(=O)—NH—}\left[\text{CH(R)—CH}_2\text{—O}\right]_n\text{—CH}_2\text{—CH(R)—NH}_2 \qquad (6\text{-}7)$$

安全与防护　端氨基聚醚沸点高、蒸气压低，毒性小，对皮肤有潜在刺激性。使用时避免皮肤和眼睛接触。生产所用原料有毒，生产车间应保证良好的通风状态，并注意防护。

包装与储运　本品采用塑料桶包装，每桶净质量 25kg。贮存于通风、阴凉、干燥处。运输中严防倒置，防暴晒。

2.环氧氯丙烷–二甲胺缩聚物

结构式

$$\left[N^{+}(CH_3)_2—CH_2—CH(OH)—CH_2 \right]_n Cl^{-}$$

产品性能 环氧氯丙烷–二甲胺缩聚物也叫聚季铵、聚 2–羟丙基–1,1–*N*–二甲基氯化铵,是一种阳离子型聚电解质,产品主要以水溶液形式出售,外观为微黄色至桔红色黏稠液体,不分层,无凝聚物,密度 1.18~1.20g/cm³。耐高温,耐剪切,对 pH 值不敏感。可与水以任何比例混溶。分子中含有羟基、叔胺基和季铵基,在黏土颗粒表面具有强吸附作用,抑制性好,絮凝能力强,同时具有长效性。

采用开环聚合反应制备了具有如下结构的聚胺页岩抑制剂[28]:

$$Cl—\left[CH_2—CH(OH)—CH_2—N^{+}(CH_3)_2 \right]_n Cl^{-}—CH_2—CH(OH)—CH_2—N(CH_3)—CH_3$$

评价结果表明,上述结构的聚胺具有良好的页岩抑制性能,钻井液中聚胺质量分数越大,相对抑制率越高,经其处理后的黏土层间距先减小后趋于恒定;随着聚胺相对分子质量(运动黏度)的增加,相对抑制率先增加后略有下降,黏土层间距不断增大后趋于缓和;随着聚胺阳离子度的增加,相对抑制率先增加后趋于缓和,黏土层间距呈先快速增加后略有下降的趋势。聚胺运动黏度在 304~1940mm²/s、阳离子度在 0.750~3.603mmol/g 范围时可以基本满足钻井液用页岩抑制剂的要求。图 6–19 和图 6–20 是上述产物加量对页岩滚动回收率和抑制膨润土造浆能力的影响[29]。从图中可以看出,随着样品加量增加,抑制防塌能力明显增加,当加量为 0.3%时回收率达到 96%,相对抑制率大于 97%,证明产物具有很强的抑制防塌能力。

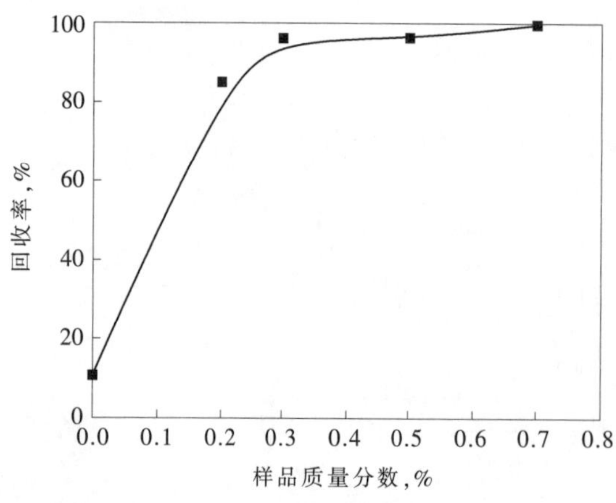

图 6–19 样品加量对页岩滚动回收率的影响

说明:所用岩心取自马 12 井 2708.5~2715.0m,岩心粒径 2.36~3.35mm,实验条件 135℃滚动 16h

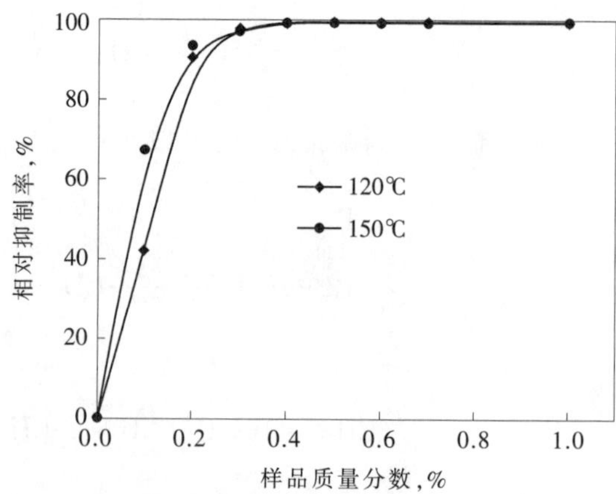

图 6–20 样品加量对相对抑制率的影响

说明:350mL 蒸馏水+1.05g 碳酸钠+样品+35g 钙膨润土

以环氧氯丙烷与二甲胺反应得到的小阳离子聚合物黏土稳定剂 HWJ,具有很强的抑制黏土水化膨胀能力。加入该稳定剂的钻井液具有很好的抗温性、抑制性和抗污染能力，保护油气层效果明显，渗透率恢复值均达到85%以上，能满足钻井工程的要求[30]。

制备方法 将596份质量分数33%的二甲胺加入反应釜中，在反应釜夹套中通冷水，使釜内温度降至25℃以下，然后在搅拌下慢慢加入404份环氧氯丙烷(加入管口要插入液面下)，在加入环氧氯丙烷过程中控制反应温度在40℃以下，当环氧氯丙烷加量达1/3时，可适当加快加料速度，待环氧氯丙烷加完后，使体系的温度逐渐升至90℃，然后在90~95℃下反应1~2h。待反应时间达到后取样检测终点，若10%反应物的水溶液呈现透明状态，反应液pH值为7~8，则认为反应达到终点，否则，再继续反应。当达到反应终点后，降温至40~50℃，出料、包装，即得成品。

质量指标 本品主要指标要求见表6-51。

表6-51 聚季铵产品技术要求

项目	指标	项目	指标
外观	浅黄色粉稠液体，不分层	pH值(质量分数10%水溶液)	7~8
固含量，%	≥60.0	防膨率，%	≥60
黏度(20℃)/(mPa·s)	500~2000	相对抑制率，%	≥90

用途 本品在油田化学中主要用作采油、注水中的黏土防膨剂，在酸、碱、高温条件下稳定，可适用于各种接触产层的油水井作业，将其与NH_4Cl、$CaCl_2$配合使用，对黏土矿物会获得更好的稳定效果。还可以用作油田水处理絮凝剂。

用作钻井液页岩抑制剂，适用于两性离子钻井液，也适用于阴离子钻井液，但在阴离子钻井液中，加量不能超过0.25%。

在冷却水系统中可用作杀生剂，可以杀死或抑制各类藻类的滋生，是有效的黏泥控制剂。由于其具有良好的产品絮凝脱色效果，适用于纺织印染废水的脱色处理，并能大大降低生产废水中*COD*的含量，相比其他产品更加绿色环保。

用作玻璃表面的防雾剂和防静电剂。

安全与防护 低毒，有一定刺激性，使用时防止皮肤、眼睛接触。生产所用原料有毒，生产车间应保证良好的通风状态，并注意穿戴防护服等。

包装与储运 本品采用塑料桶包装。贮存在阴凉、通风、干燥处。运输中防暴晒、防冻。

3.环氧氯丙烷-多乙烯多胺缩合物

化学成分 环氧氯丙烷—多乙烯多胺线性缩合物。

结构式

$$\left[\!-NH-(CH_2-CH_2-NH)_x-CH_2-CH_2-NH-CH_2-\underset{\displaystyle OH}{\underset{|}{CH}}-CH_2-\right]_n$$

产品性能 本品为多乙烯多胺与环氧氯丙烷经缩聚而得的分子主链含有胺基的线性聚合物，为淡黄色或红棕色黏稠液体，溶于水，主要用作钻井液的抑制剂和防塌剂。在钻井液方面习惯称为聚胺，采用不同类型的多乙烯多胺时，产品性能将有所差别。其抑制能力优于聚醚胺，适用于阳离子、两性离子和阴离子聚合物钻井液体系，但加量大时会使钻井液产生絮凝，使胶体稳定性变差，滤失量增加。毒性大于聚醚胺，不适用于环保要求高的地区。

制备过程 采用环氧氯丙烷与多乙烯多胺以物质的量比 1:1 投料，在 95~96℃下反应 4h,可以得到线性聚胺。

质量指标 本品主要技术要求见表 6–52。

表 6–52 环氧氯丙烷–多乙烯多胺线性缩合物产品技术要求

项 目	指 标	项 目	指 标
外 观	浅黄色或棕红色黏稠液体	pH值	7~8
固含量,%	≥50	相对抑制率,%	≥90
胺值/(mmol/g)	≥2.0	离子性质	非离子

用途 本品用作钻井液抑制剂,适用于各种水基钻井液,具有较强的抑制防塌作用,其加量一般为 0.05%~0.35%。为了保证钻井液中本品的有效含量,在钻进或维护处理中要及时补充,保证钻井液的抑制性。

安全与防护 产品低毒。使用时防止眼睛和皮肤接触。生产所用原料有毒,生产车间要保证良好的通风状态,并注意防护。

包装与储运 本品采用塑料桶包装。存放在阴凉、通风、干燥处。运输中防晒、防冻。

4.2,3–环氧丙基三甲基氯化铵

分子式 $C_6H_{14}ONCl$

结构式

$$H_2C\overset{O}{\frown}CH-CH_2-\underset{CH_3}{\overset{CH_3}{\underset{|}{\overset{|}{N^+}}}}-CH_3Cl^-$$

相对分子质量 151.63

产品性能 2,3–环氧丙基三甲基氯化铵(GTA)别名氯化缩水甘油三甲基铵,是一种阳离子型有机化合物,固体产品含量大于 95%,熔点 140℃。油田化学领域称其为小阳离子,产品通常为 40%~50%的水溶液。直接用作钻井液黏土稳定剂，也可以作为阳离子淀粉或纤维素生产的醚化剂。同时还可以作为两性离子磺甲基酚醛树脂、两性离子腐殖酸等合成的中间体。

表 6–53 是在 GTA 和氯化钾溶液中钻屑回收率实验结果。从表中可以看出,GTA 化合物溶液的钻屑一次回收率或二次回收率(溶液中回收的岩屑再在清水中滚动)均较高,并明显高于 KCl 溶液。从浓度来看,前者的浓度只是后者的 1/10,而回收率却高 30%~40%,说明其对泥页岩的抑制能力强,并且吸附牢固,具有长期稳定效果[31]。

表 6–53 GTA 与氯化钾溶液钻屑回收率实验结果

处理剂	加量,%	R_{20},%	R_{20}',%	R	处理剂	加量,%	R_{20},%	R_{20}',%	R
GTA	0.3	81.0	80.7	99.6	KCl	3.0	70.9	45.1	63.7
	0.6	85.4	83.0	97.8		6.0	76.3	46.6	61.1
	1.0	88.0	85.7	97.3		10.0	78.2	52.0	66.5

注:R_{20} 为钻屑在 66℃溶液中滚动 16h 后的 20 目(0.9mm 孔径)筛回收率;R_{20}' 为测定 R_{20} 之后的钻屑在 66℃自来水中滚动 4h 后的 20 目(0.9mm 孔径)筛回收率;$R=R_{20}'/R_{20}\times100\%$。该钻屑取自屯安 69 井,在自来水中的 R_{20} 为 27.4%。

制备过程 将 660 份质量分数 33%的三甲胺加入有循环冷却水系统的反应釜中,降温至20℃以下，然后通过环氧氯丙烷加料罐慢慢加入340份环氧氯丙烷。环氧氯丙烷加入过程中，通过调整其加入速度使体系的温度不超过40℃。待环氧氯丙烷加完后，将反应混合液的温度升至40℃，在40℃下保持1h，然后升温至80℃，在80~85℃下反应2h；待反应时间达到后，将反应产物冷却至室温，出料、包装，即得成品。

质量指标 本品主要技术要求见表6-54。

表6-54 GTA产品技术要求

项目	指标	项目	指标
外观	浅黄色或棕红色黏稠液体	pH值	7~8
固含量,%	≥50.0	相对抑制率,%	≥90

用途 本品可用作水基钻井液的页岩抑制剂，也可以用作采油、注水中的黏土防膨剂，在酸、碱、高温条件下稳定，可适用于各种接触产层的油水井作业、污水处理絮凝剂。在压裂酸化中与无机物配伍具有很好的黏土稳定效果。

作为固体活性阳离子醚化剂，可以和多种材料，如淀粉、纤维素、瓜尔胶、聚丙烯酰胺等反应生产多种产品，广泛应用于造纸工业、日用化学工业、石油工业和水处理工业等领域。

安全与防护 产品低毒，有刺激性，使用时防止皮肤和眼睛接触。生产所用原料有毒，生产车间应保证良好的通风状态，并注意防护。

包装与储运 本品用镀锌铁桶或塑料桶包装。贮存在阴凉、通风、干燥处。运输中防止暴晒和雨淋。

5.3-氯-2-羟基丙基三甲基氯化铵

分子式 $C_6H_{15}ONCl_2$

结构式

$$\begin{array}{c} \quad\quad\quad\quad\quad OH \quad\quad\quad\quad\quad\quad CH_3 \\ Cl—CH_2—\overset{|}{C}H—CH_2—\overset{|}{\underset{|}{N^+}}—CH_3Cl^- \\ \quad\quad\quad\quad\quad\quad\quad\quad\quad\quad\quad\quad\quad CH_3 \end{array}$$

相对分子质量 188.10

产品性能 3-氯-2-羟基丙基三甲基氯化铵(CHPTAC)是一种有机阳离子化合物，产品为白色或浅黄色结晶，熔点193~196℃，极易吸潮，可溶于水，水溶液呈弱酸性。既可以用作钻井液和采油注水、酸化压裂的黏土稳定剂或防膨剂，也可以作为阳离子淀粉或纤维素生产的醚化剂。其性能与2，3-环氧丙基三甲基氯化铵相近。用作钻井液黏土稳定剂，具有较强的抑制黏土水化分散的能力。

图6-21是CHPTAC加量对抑制钙膨润土造浆能力的影响。从图中可以看出，CHPTAC具有较强的抑制黏土造浆(水化分散)的能力，随着加量的增加，抑制能力提高，且老化温度越高，抑制效果越好。

制备过程 在反应釜中加入273份质量分数35%盐酸，然后在搅拌下慢慢加入480份质量分数33%的三甲胺水溶液，待三甲胺加完后继续搅拌10min；向反应釜中慢慢加入250份环氧氯丙烷(加入过程中控制环氧氯丙烷的加入速度，使体系温度不超过40℃)，待环氧氯丙烷加完后，将体系逐渐升温至45~50℃，在此温度下反应2h，反应完毕将产物转移至蒸馏釜中,减压浓缩,然后打入结晶釜冷却、结晶,经分离、真空干燥即得晶体状的产品。

质量指标 本品主要技术要求见表6-55。

用途 本品用作水基钻井液的页岩抑制剂,也可以用作采油、注水中的黏土防膨剂,在酸、碱、高温条件下稳定,可适用于各种接触产层的油水井作业流体、污水处理絮凝剂。

作为活性阳离子醚化剂,广泛应用于造纸工业、日用化学工业、石油工业和水处理工业等领域。

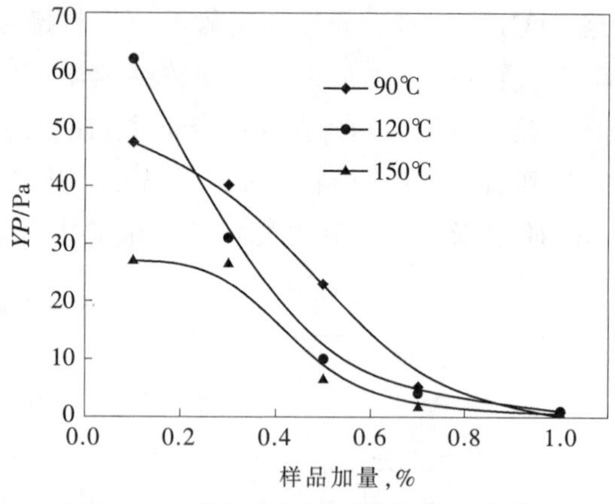

图6-21 CHPTAC加量对造浆能力的影响

说明:钻井液组成:1000mL水+100g钙膨润土+5g碳酸钠+CHPTAC

安全与防护 产品低毒,小鼠皮下LD_{L0}为500mg/kg,有刺激性,防止皮肤和眼睛接触。生产所用原料有毒,生产车间应保证良好的通风状态,车间工人应注意穿戴防护服装等。

包装与储运 本品极易吸潮,采用内衬塑料袋、外用塑料编织袋或防潮牛皮纸包装。贮存在阴凉、通风、干燥处。运输中防止日晒和雨淋。

表6-55 CHPTAC产品技术要求

项 目	指 标	项 目	指 标
外 观	白色结晶	水分,%	≤2.0
纯度,%	≥95.0	pH值(10%溶液)	3.0~5.0
1,3-二氯丙醇/10^{-6}	≤10.0	相对抑制率,%	≥90.0

6.HT-201黏土稳定剂

化学名称或成分 3-(*N*-丙酰胺基)二甲基铵-2-羟基丙基三甲基氯化铵。

分子式 $C_{11}H_{27}O_2N_3Cl_2$

结构式

$$H_2N-\overset{\overset{\displaystyle O}{\|}}{C}-CH_2-CH_2-\underset{\underset{\displaystyle CH_3}{|}}{\overset{\overset{\displaystyle CH_3Cl^-}{|}}{N^+}}-CH_2-\overset{\overset{\displaystyle OH}{|}}{CH}-CH_2-\underset{\underset{\displaystyle CH_3}{|}}{\overset{\overset{\displaystyle CH_3}{|}}{N^+}}-CH_3Cl^-$$

相对分子质量 304.2

产品性能 HT-201黏土稳定剂是一种有机阳离子化合物,分子中既含有阳离子基团,又含有亲水的极性基团酰胺基,与阴离子处理剂具有较好的配伍性,是适用于水基钻井液的黏土稳定剂,可明显改善钻井液的抑制性,降低钻井液中膨润土含量,絮凝清除低密度固相,保持钻井液清洁。在合适的加量范围内,对钻井液性能影响小,有利于减少其他处理剂的用量。

表6-56是HT-201黏土稳定剂的页岩滚动回收率实验结果。从表中可以看出,HT-201黏土稳定剂对页岩水化分散具有较强的抑制能力,在含0.2% HT-201的水溶液中就获得了很高的回收率。较高的二次回收率则反映了HT-201在页岩表面具有较强的吸附能力,可起到长期抑制效果,从而达到稳定井壁和保护油气层的目的[32]。

表 6-56 页岩滚动回收率实验结果

HT-201 加量,%	R_1,%	R_2,%	R_2/R_1,%
0.2	92.75	92.25	99.5
0.5	90.75	90.25	99.4

注:岩心为文 13-313 井 2500m 岩屑,实验条件 120℃/16h(R_1),120℃/2h(R_2),用 40 目(0.425mm)筛回收,所用岩屑粒度 6~10 目(3.35~2mm)。清水中页岩回收率为 23%。

为进一步证明 HT-201 黏土稳定剂的抑制效果,进行了粒度分布实验,表 6-57 是不同类型黏土稳定剂粒度分布实验结果。从表中可以看出,随着 HT-201 加量的增加,*MV*,*MA* 显著增加,*CS* 则明显减少,6.6μm 以上的黏土颗粒的相对体积大幅度增加, 说明 HT-201 黏土稳定剂对已水化黏土还具有较强的凝聚能力,这一性质将有利于控制钻井液中的固相含量和膨润土含量,同时也可大大减少钻井液中亚微粒子的含量,达到净化钻井液、提高机械钻速之目的。从表中还可以看出,HT-201 的抑制性优于采油用防膨剂 PS-2000 和 CS-2000,可用于采油注水等。

表 6-57 不同加量的 HT-201 对黏土粒度分布的影响

配 方	粒度分布/μm			*MV*/μm	*CS*/(m^2/cm^2)	*MA*/μm
	16%	50%	84%			
基 浆	2.58	4.12	5.80	4.04	1.68	3.56
基浆+2% KCl	2.77	4365	5.98	4.32	1.56	3.82
基浆+0.1% HT-201	3.62	5.12	6.13	4.82	1.318	5.57
基浆+0.2% HT-201	3.40	9.45	11.87	7.89	1.053	5.70
基浆+0.3% HT-201	4.79	9.85	11.99	8.66	0.85	7.02
基浆+0.2% PS-100	3.55	5.18	6.14	4.80	1.336	4.49
基浆+0.2% CS-100	3.66	5.09	6.12	4.81	1.336	4.58

注:基浆为安丘膨润土浆,组成为安丘土:Na_2CO_3:H_2O=8:0.5:1000;16%,50%,84%分别为微粒体积分布百分数;*MV*,*MA* 分别为微拉体积分布平均直径和面积分布平均直径,*CS* 为微粒比表面积。

制备方法 将 70 份丙烯酰胺和适量的水加入反应釜中, 待丙烯酰胺溶解后加入 136 份质量分数 33%的二甲胺,于 20℃以下反应 10~20h,然后升温至 50℃反应 2~4h;待反应时间达到后,将体系降温至 30℃,加入催化剂,然后慢慢加入 92.5 份环氧氯丙烷(加入过程中体系的温度控制在 35℃以下),待环氧氯丙烷加完后升温至 60℃,在此温度下反应 1.5h;然后滴入 179 份质量分数 33%的三甲胺, 滴完后升温至 80℃, 在此温度下恒温反应 0.5~1.5h,降温、用盐酸溶液中和,出料即得 HT-201 产品。产品经浓缩、结晶、分离后,可以得到固体产品,代号 HT-201B。

需要强调的是,反应初期,即二甲胺与丙烯酰胺反应过程中,反应温度不能超过 20℃,因为二甲胺与丙烯酰胺的混合液为碱性,温度高时丙烯酰胺易发生水解反应,且高温下二甲胺易挥发,不仅会污染环境,且降低产品转化率。在环氧氯丙烷加入过程中,温度应控制在 35℃以下,这样可以减少其缩聚反应发生。由于原料二甲胺易挥发,因此投料以二甲胺稍过量为佳。在反应中环氧氯丙烷加入方式和速度也很关键,为了保证反应顺利,需要采用逐步加入(滴加),其加入速度以体系不出现明显浑浊为准。

质量指标 本品主要技术要求见表 6-58。

表 6-58 HT-201 黏土稳定剂技术指标

项 目	指 标		项 目	指 标	
	液 体	固 体		液 体	固 体
外 观	白色至浅黄色液体	淡黄色结晶	pH值	5.5~7.5	5.5~7.5
固含量,%	≥50.0	90.0	烘失量,%		≤15.0
密度/(g/cm^3)	1.15±0.02		相对抑制率,%	≥70	≥85.0
阳离子度/(mmol/g)	≥2.0	2.5	水不溶物,%		≤1.5

用途 本品用作钻井液处理剂,与阴离子处理剂具有较好的配伍性,用于水基钻井液的黏土稳定剂,可明显改善钻井液的抑制性,有利于固相控制,其加量一般为 0.05%~0.30%。本品也可用于采油和注水作业中的黏土防膨剂。

安全与防护 低毒,对皮肤、眼睛有刺激性,防止长时间接触。生产所用原料毒性大,生产车间要有良好通风,并穿戴防护服。

包装与储运 本品液体产品采用镀锌铁桶或塑料桶包装,固体产品采用内衬塑料袋、外用防潮牛皮纸袋包装。存放在阴凉、通风、干燥处。运输中固体产品防潮、防雨淋,液体产品防止暴晒、防冻。

7.NW-1 泥页岩抑制剂

化学名称或成分 亚乙基二(三甲基氯化铵)。

分子式 $C_8H_{22}N_2Cl_2$

结构式

$$Cl^-CH_3-\overset{\displaystyle CH_3}{\underset{\displaystyle CH_3}{\overset{|}{\underset{|}{N^+}}}}-CH_2-CH_2-\overset{\displaystyle CH_3}{\underset{\displaystyle CH_3}{\overset{|}{\underset{|}{N^+}}}}-CH_3Cl^-$$

相对分子质量 217.14

产品性能 本品是一种有机阳离子化合物,产品为棕红色溶液,水溶液呈弱碱性。热稳定性好,抑制性强,对黏土和页岩稳定周期长。其优越性可以从下面的实验中看出[33]:

表 6-59 是 NW-1 泥页岩抑制剂和氯化钾的溶液中钻屑回收率实验结果。从表中可以看出,NW-1 泥页岩抑制剂溶液的钻屑一次回收率和二次回收率均较高,且随着加量的增加而增加,并明显高于氯化钾溶液。就浓度而言,NW-1 的浓度只是 KCl 的 1/10,而回收率却高 30%~40%,说明其对泥页岩的抑制作用好,并且吸附牢固,具有长期稳定效果。

表 6-59 NW-1 与氯化钾溶液钻屑回收率

NW-1 加量,%	R_{18},%	R_{18}',%	R,%	KCl加量,%	R_{18},%	R_{18}',%	R,%
0.1	46.36	43.32	93.44	1.0	57.34	43.46	75.79
0.2	78.15	73.14	93.53	2.0	70.97	55.54	78.37
0.3	86.70	83.43	96.26	3.0	74.74	53.62	76.43
0.4	86.68	83.66	96.52	4.0	76.00	56.26	74.04

注:岩屑为为二连地区的钻屑,在自来水中的 R_{18} 回收率为 37%;R_{18} 为钻屑在 66℃溶液中滚动 16h 后的 18 目(孔径 1.0mm)筛回收率;R_{18}' 为测定 R_{18} 之后的钻屑在 66℃自来水中滚动 4h 后的 18 目(孔径 1.0mm)筛回收率;$R=R_{18}'/R_{18}\times 100\%$。

表 6-60 是潍县土在水、KCl、NW-1 溶液中的粒度分布情况。从表中可看出，潍县土在蒸馏水中可产生<2μm 的细颗粒，占总质量的 43.60%，WT50%平均粒径为 3.15μm，比表面积为 30702cm²/g。潍县土在 0.2%NW-1 溶液和 2%氯化钾溶液中<2μm 的颗粒分别占 0.3%和 1.7%，WT50%平均粒径分别为 23.4μm 和 15.1μm，比表面积分别为 1062cm²/g 和 2474cm²/g。说明 KCl、NW-1 对膨润土都有较强的抑制水化膨胀和分散的能力，尽管 NW-1 的加量仅为氯化钾的 1/l0，但其抑制能力仍然大大高于 KCl。

表 6-60 潍县土在水、KCl 和 NW-1 溶液中的粒度分布

粒径/μm	质量频度分布,%			粒径/μm	质量频度分布,%		
	蒸馏水	2% KCl	0.2% NW-1		蒸馏水	2% KCl	0.2% NW-1
0~2	43.6	1.7	0.3	30~40	0.7	5.1	0.3
2~5	16.8	5.5	0.4	40~50	0.9	1.9	8.0
5~10	15.5	18.5	0.4	50~100		8.0	16.9
10~20	16.9	47.6	35.6	WT50%粒径/μm	3.15	15.1	23.41
20~30	5.6	11.8	37.9	比表面积/(cm²/g)	30702	2474	1208

表 6-61 是 NW-1 与氯化钾对钻屑粒度分布的影响情况。从表中同样可看出，NW-1 对二连地区的硬脆性页岩的抑制能力仍比氯化钾强，说明 NW-1 不仅对膨胀性泥页岩抑制效果好，而且对硬脆性页岩也具有很好的抑制性。

表 6-61 钻屑在水、KCl 和 NW-1 溶液中的粒度分布

粒径/μm	质量频度分布,%			粒径/μm	质量频度分布,%		
	蒸馏水	2%KCl	0.2%NW-1		蒸馏水	2%KCl	0.2%NW-1
0~2	18.7	12.8	12.3	30~40	6.0	2.2	3.5
2~5	18.3	12.1	12.8	40~50	1.0	2.2	3.2
5~10	27.1	17.8	18.9	WT50%粒径/μm	6.84	11.4	11.2
10~20	16.4	47.5	42.9	比表面积/(cm²/g)	9894.2	6977.7	6978
20~30	12.5	5.4	5.9				

表 6-62 是 NW-1 与氯化钾对黏土矿物层间距(d_{001})的影响。从表 6-62 可看出，用NW-1 处理后的钠膨润土无论在干燥和潮湿的情况下再用氯化钾溶液处理后，再干燥，其层间距几乎不发生变化。这说明 NW-1 不但牢固地吸附于黏土表面，而且可进入到层间，不易被其他离子所交换。这是由于季铵阳离子中的烷基取代了铵离子中的 4 个氢原子，则更不易水化，其吸附到黏土颗粒表面或层间后由于空间阻碍效应，使水分子更难进入层间。

表 6-62 用 NW-1、氯化钾后处理钠膨润土的层间距

土 样	处理剂	处理浓度	层间距(d_{001})/nm	
			湿 样	干 样
四平土			1.592	0.900
四平土	KCl	2%(W/V)	1.592	1.059
四平土	NW-1	0.1%(W/V)	1.473	
		0.4%(W/V)	1.437	
		0.6%(W/V)	1.426	1.426①

注：①将经 0.6% NW-1 处理后的土样，再用 2% KCl 溶液处理后干燥所得样品的层间距。

表6-63是NW-1对黏土颗粒Zeta电位的影响。从表中可以看出,黏土片受阳离子有机物作用后,即由负电荷转变为正电荷,并且带有正电荷的黏土悬浮液稳定性很好,不仅有利于抑制泥页岩的水化膨胀和分散,也有利于井壁稳定,而且易于清除钻井液中的钻屑,防止钻具泥包等。

表6-63 NW-1溶液中四平土Zeta电位的变化

NW-1溶液浓度		Zeta电位/mV	NW-1溶液浓度		Zeta电位/mV
g/100mL	mg/g土		g/100mL	mg/g土	
0	0	-25.67	0.8702	174.04	+18.77
0.2176	43.51	-15.48	1.088	217.55	+25.80
0.4351	87.02	-9.34	1.740	384.04	+32.40
0.6530	130.53	+8.18			

制备过程 由1,2-二氯乙烷和三甲胺在高温高压下反应而得到。

质量指标 本品主要技术要求见表6-64。

表6-64 NW-1产品技术要求

项目	指标	项目	指标
外观	棕红色溶液	pH值	7~8
固含量,%	≥40.0	无机盐,%	≤1.0
阳离子度/(mmol/g)	≥2.6	黏土相对抑制率,%	≥65

用途 本品为有机阳离子化合物,用作水基钻井液的黏土稳定剂,具有较强的抑制黏土和钻屑分散能力,可明显改善钻井液的抑制性,有利于固相控制和井壁的稳定。另外本品配伍性好,可用于淡水、盐水、饱和盐水钻井液及高密度水基钻井液体系。本品在钻井液中加量不能超过0.3%,否则易造成钻井液絮凝、失水量增加。为保证其抑制效果,现场应用中需要根据消耗情况及时补充。

安全与防护 低毒,对皮肤、眼睛有很低的刺激性。对环境可能有危害,对水体应给予特别注意。防止长时间接触眼睛、皮肤。生产用原料毒性大,生产车间要保持良好通风,并穿戴防护服。

包装与储运 本品采用镀锌铁桶或塑料桶包装。存放在阴凉、通风、干燥处。运输中防止暴晒、防冻。

第七节 烷基糖苷

烷基糖苷是一类绿色环保的钻井液化学剂,属于性能良好的小分子增稠剂和页岩抑制剂。因甲基葡萄糖苷组成的钻井液在机理上具有与油基钻井液相似之处,故常称为类油基钻井液,适用于强水敏性地层、页岩地层钻井。由于烷基糖苷必须达到一定的加量时才能体现出其良好的抑制能力,加之成本因素,一定程度上限制了该类钻井液的发展。基于此,近期研究者从提高抑制性、降低加量出发,研制开发了阳离子烷基糖苷和聚醚胺基烷基糖苷等新产品,并见到了初步成效。本节介绍甲(乙)基葡萄糖苷、阳离子烷基糖苷和聚醚胺基烷基糖苷。

1.甲基葡萄糖苷

分子式 $C_7H_{14}O_6$

结构式

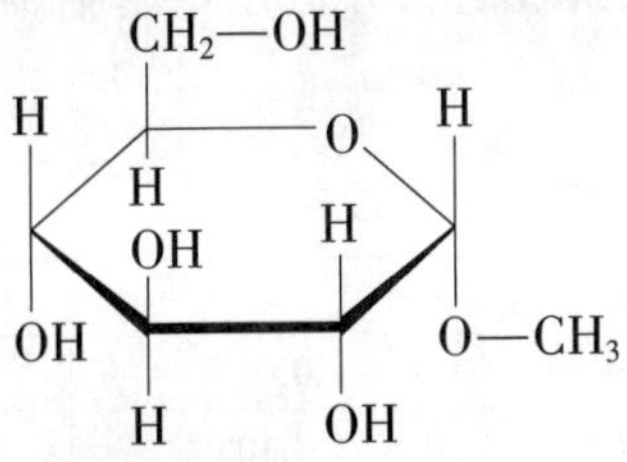

CH₂—OH

H　　　O　　H

H

OH　　H

OH　　　　　O—CH₃

H　　OH

相对分子质量 194.18

产品性能 甲基葡萄糖苷(MEG)又叫甲甙、甲基葡萄糖甙、α-D-乳酸吡喃糖苷、α-甲基葡萄糖甙、2-甲基葡萄糖苷，是一种非还原性的葡萄糖衍生物，具有独特环状结构的四羟基多元醇，有优良的化学性能，熔点 169~171℃，沸点 200℃(0.0263kPa)，比旋光度 158.9，易溶于水，水中溶解度 108g/100mL(20℃)，密度 1.46g/cm^3，表面张力 68.3mN/m。

由于独特的分子结构，在加量适当时，对泥页岩及黏土具有很强的抑制能力。抗温140℃。加入到钻井液具有润滑性好、抑制能力强、抗污染能力强及良好的储层保护作用。MEG 能与其他水溶性聚合物相互作用而达到最佳降滤失效果，可以拓宽天然聚合物钻井液使用的温度限定范围，且可生物降解，有利于环境保护。MEG 分子结构上有 1 个亲油的甲基(—CH_3)和 4 个亲水的羟基(—OH)，羟基可以吸附在井壁岩石和钻屑上，而甲基则朝外。当加量足够时，MEG 可在井壁上形成一层膜，这种膜是一种只允许水分子通过而不允许其他离子通过的半透膜，因而可通过调节甲基葡萄糖苷钻井液的水活度来控制钻井液与地层内水的运移，使页岩中的水进入钻井液，有效地抑制页岩的水化膨胀，从而维持井眼稳定。

研究表明，在清水中加入一定量的 MEG，页岩回收率有所提高，但提高幅度很小，说明 MEG 抑制岩屑分散的作用较弱，其抑制效果远不如目前常用的聚合醇类抑制剂(SD-301)，质量分数 10%的 MEG 溶液页岩回收率仅为 19.3%，见表 6-65。但能大幅度提高泥页岩的膜效率且能有效降低钻井液的水活度，上述溶液使泥页岩膜效率提高率达 202%，MEG 单独或与盐复配使用可将水活度降到 0.85 以下，见表 6-66 和 6-67[34]。可见，稳定井壁、提高膜效率和降低水活度是其发挥作用的关键。

表 6-65 不同浸泡液下的页岩回收率

溶液组分	岩屑回收率，%	溶液组分	岩屑回收率，%
清　水	15.5	7% NaCl+5% MEG	34.2
5% MEG 溶液	17.2	7% NaCl+10% MEG	36.5
10% MEG 溶液	19.3	7% NaCl+25% MEG	42.1
3% SD-301	55.6	7% NaCl+3% SD-301	78.5
7% NaCl	24.1	36% NaCl+10% MEG	80.4
36% NaCl	68.4	36% NaCl+3% SD-301	94.5

制备过程 将葡萄糖与甲醇按物质的量比为 1:(3~12)加入反应瓶，负载质子酸的负载型催化剂按葡萄糖质量的 10%~50%加入，在 60~100℃下搅拌反应 3~10h，过滤出负载型催化剂，得到无色透明的反应液，反应完成，即得未处理的甲基葡萄糖苷反应液。将未处理的

甲基葡萄糖苷反应液降温至50℃,用中和剂调节pH值至8.0~10.0,趁热过滤,分离出未反应的葡萄糖,得到脱除葡萄糖的滤液。将脱除葡萄糖的滤液移入单口烧瓶,减压蒸馏除去过量的甲醇,按1:1的体积比加入水,即得到含量为50%的钻井液用甲基葡萄糖苷水溶液。

质量指标 本品主要技术要求见表6-68。

表6-66 与不同浸泡液作用后泥页岩的膜效率

溶液组分	Δp_d/MPa	$\Delta \Pi$/MPa	σ	σ提高率,%
标准盐水	0.173	3.766	0.046	
标准盐水+10% MEG	0.395	3.766	0.105	128
标准盐水+25% MEG	0.523	3.766	0.139	202
标准盐水+10% $NaO \cdot 3SiO_2$	0.375	3.766	0.099	115
标准盐水+10% CH_3COONa	0.212	3.766	0.056	5.6

注:标准盐水组成为质量分数7%的NaCl+质量分数0.6%的$CaCl_2$+质量分数0.4%的$MgCl_2 \cdot 6H_2O$。

表6-67 甲基葡萄糖苷加量对钻井液水活度的影响

钻井液组成	钻井液水活度	钻井液组成	钻井液水活度
淡水基浆	0.98	盐水基浆+10% MEG	0.93
淡水基浆+40% MEG	0.90	盐水基浆+20% MEG	0.88
淡水基浆+58% MEG	0.84	盐水基浆+25% MEG	0.84
盐水基浆	0.95		

注:在1000mL水中加膨润土40g、工业纯碱2g,经充分预水化后为淡水钻井液;在淡水钻井液中加入质量分数为7%的NaCl,充分搅拌后为盐水基浆。

表6-68 MEG产品技术要求

项 目	指 标		项 目	指 标	
	一级品	水溶液		一级品	水溶液
外 观	白色结晶粉末	浅黄色黏稠液体	还原糖,%	≤0.4	≤0.2
含量,%	≥98.0	≥50.0	挥发物,%	≤0.7	
熔点/℃	162~166		灰分,%	≤0.15	
游离醇含量,%		≤1.0	pH值(10%水溶液)	11.5~12.5	11.5~12.5

用途 本品可广泛用于硬质聚氨酯泡沫、密胺和酚醛树脂、织物精整、黏合剂、化妆品、涂料和表面活性剂等工业。

在钻井液方面,作为一种绿色环保钻井液的主要成分,MEG具有降低水活度、改变页岩孔隙流体流动状态的作用,因此可作为抑制剂使用。MEG是构成烷基糖苷钻井液的主要成分,以其为主剂配制的烷基糖苷钻井液有着与油基钻井液相似的作用机理,通常称之为类油基钻井液,其中MEG用量一般大于15%。

安全与防护 本品无毒,避免与皮肤和眼睛接触。

包装与储运 本品液体产品采用镀锌铁桶或塑料桶包装。存放在阴凉、通风、干燥处。运输中防止暴晒、防冻。

2.乙基葡萄糖苷

分子式 $C_8H_{16}O_6$

结构式

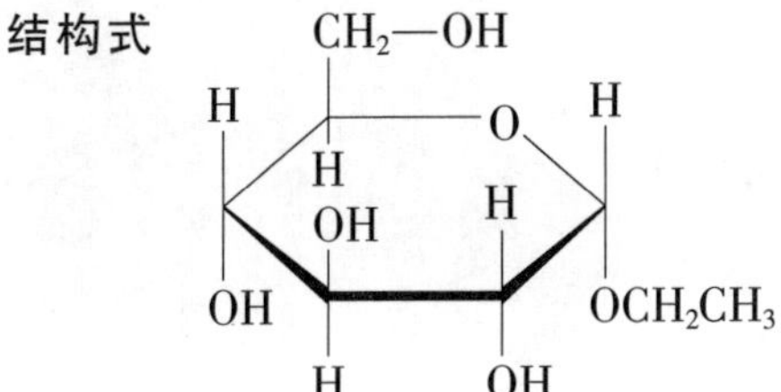

相对分子质量 208.17

产品性能 乙基葡萄糖苷也称乙基葡糖多苷，为无色至淡黄色液体或膏体；溶于水，稳定性好，可生物降解，并具有优良的保湿能力和助溶能力；耐酸，耐碱，对电解质不敏感。用作钻井液处理剂与甲基葡萄糖苷具有相同的作用。

不同浓度的乙基葡萄糖苷水溶液润滑性和表面张力见表6-69[35]。由表中可以看出，随着乙基葡萄糖苷水溶液浓度的增大，溶液的润滑系数逐渐降低，表面张力也逐渐降低。

表6-69 乙基葡萄糖苷水溶液的润滑系数和表面张力

乙基糖苷浓度	润滑系数	表面张力/(mN/m)
10%水溶液	0.162	31.2
20%水溶液	0.124	28.7
30%水溶液	0.094	26.5

制备过程 按照n(乙醇):n(葡萄糖)=8:1，n(催化剂):n(葡萄糖)=0.06:1比例投料，在酸性催化剂存在下，将乙醇和葡萄糖在110℃下反应7h以上而得。反应过程中，需尽快除去反应生成的水。

质量指标 本品主要技术要求见表6-70。

表6-70 乙基糖苷产品技术要求

项 目	指 标	项 目	指 标
外 观	白色至浅黄色液体	pH值	5.5~7.5
固含量，%	≥50.0	游离醇含量，%	≤1.0
密度/(g/cm^3)	1.15±0.02	相对抑制率，%	≥70.0

用途 本品作为保湿剂等应用于个人护理用品领域。也可以作为助溶剂和表面活性剂合成中间体。

本品用作钻井液的抑制防塌剂，可以作为抑制剂直接使用，也可以用于配制烷基糖苷钻井液体系。乙基葡萄糖苷配伍性良好，在同SD-17W、LV-CMC等常规处理剂配合使用时不仅不会破坏处理剂本身的性能，而且还能提高常规处理剂的抗高温能力，提高了处理剂的使用范围，具有很好的协同性。由0.4%~0.8%的SD17-W、0.4%~0.8%的LV-CMC、4%~8%暂堵剂、10%~20%乙基葡萄糖苷组成的钻井液抑制性好，页岩滚动回收率为95%以上，且流变性好，抗高温能力强。

安全与防护 无毒。对皮肤、眼睛有很低的刺激性。

包装与储运 本品采用镀锌铁桶或塑料桶包装。存放在阴凉、通风、干燥处。运输中防止暴晒、防冻。

3.阳离子烷基葡萄糖苷

化学名称或成分　季铵基甲基葡萄糖苷。

结构式

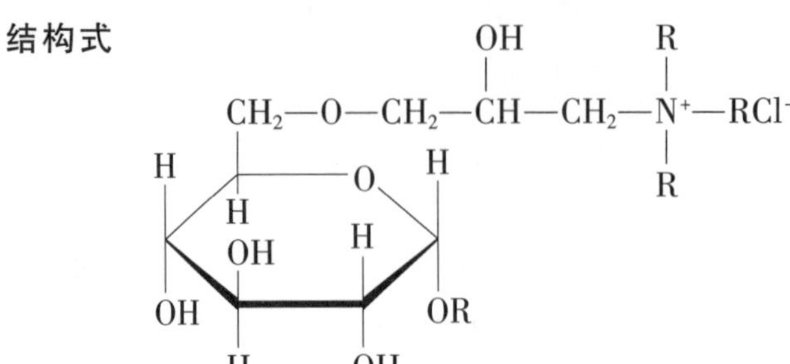

产品性能　阳离子烷基糖苷(CAPG)是一类带有烷基和季铵基的糖苷衍生物,属于阳离子表面活性剂。阳离子烷基糖苷是通过对非离子烷基糖苷进行季铵化改性得到[36],它不仅保持了烷基糖苷原有的优良性能,同时兼具阳离子表面活性剂的特殊性能,具有绿色、天然、低毒、低刺激、易生物降解。能很好地与阴离子表面活性剂复配,具有强力柔软性能和杀菌性能。临界胶束浓度低,表面活性好,润湿、渗透性能优异。在钻井液中抑制性、润滑性优于烷基糖苷,低加量下即表现出突出的抑制能力。CAPG 也是实现烷基糖苷作为单一处理剂使用的新途径,抗温能力优于烷基糖苷。

为了进一步说明阳离子烷基糖苷抑制能力,对 3%甲基葡萄糖苷和 3%阳离子烷基糖苷对黏土的抑制情况进行了考察,空白样为 350mL 蒸馏水+1.75g 无水碳酸钠,实验条件为 150℃/16h,测试结果见表 6-71[37]。从表中可以看出,含量为 3%时,甲基葡萄糖苷基本没有抑制膨润土水化分散的能力,而阳离子烷基糖苷对膨润土的水化分散具有较好的抑制作用,相对抑制率达 100%。

表 6-71　MEG 及 CAPG 相对抑制率评价

样品名称	加量,%	ϕ_{600}	ϕ_{300}	ϕ_{200}	ϕ_{100}	相对抑制率,%
空　白		50	28	18	11	
MEG	3	96	76	56	38	
CAPG	3	3	1	0.5	0	100

表 6-72 是 MEG 与 CAPG 的润滑性能对比实验结果。从表中可以看出,3% MEG 水溶液润滑系数为 0.180,5% MEG 水溶液润滑系数为 0.150,润滑系数降低率分别为 32.08%和 43.40%,而 3% CAPG 水溶液润滑系数为 0.071,5% CAPG 水溶液润滑系数为 0.035,润滑系数降低率分别为 73.21%和 86.79%,表现出非常好的润滑性能,并明显优于 MEG。

表 6-72　MEG 与 CAPG 的润滑性能对比

名　称	质量分数,%	润滑系数	润滑系数降低率,%
蒸馏水		0.265	
MEG	3	0.180	32.08
	5	0.150	43.40
CAPG	3	0.071	73.21
	5	0.035	86.79

制备过程　将环氧氯丙烷、去离子水按一定比例加入反应瓶中,加入酸性催化剂,搅拌

升温至一定温度，保持回流一定时间，然后加入一定量烷基糖苷，搅拌升温至一定温度，反应一定时间后，冷却至室温，用质量分数 40%的 NaOH 水溶液调节 pH 值至需要。加入配方量的烷基叔胺，在一定温度下搅拌一定时间，待反应液变为均一透明的淡黄色黏稠液体，反应液的氨味基本消失时，结束反应，即得到阳离子烷基葡萄糖苷的水溶液。将阳离子烷基葡萄糖苷水溶液经过浓缩、脱除杂质、重结晶等后续处理，可得到纯度较高的阳离子烷基糖苷结晶状固体。

也可以采用 2,3-环氧丙基三甲基氯化铵或 3-氯-2-羟丙基三甲基氯化铵与烷基糖苷在催化剂存在下直接反应得到。

质量指标 本品主要技术要求见表 6-73。

表 6-73 液体 CAPG 产品技术要求

项 目	指 标	项 目	指 标
外 观	白色至浅黄色液体	氯代丙二醇/10^{-6}	≤5.0
固含量，%	≥50.0	pH值	5.5~7.5
密度/(g/cm³)	1.15±0.02	相对抑制率，%	≥85.0

用途 本品可广泛应用于洗涤护理剂、纺织印染助剂、农药助剂、水处理剂、矿物浮选剂、沥青乳化剂、皮革助剂、造纸助剂、涂料助剂和黏合剂等。

本品用于钻井液处理剂，具有很强的抑制性能，在加量很小的情况下，就能有效地抑制泥页岩和黏土的水化膨胀分散。本品可以单独作为页岩抑制剂使用，其加量一般为 0.5%~2.0%。也可以单独或与 MEG 配伍用于配制烷基糖苷类钻井液体系，加量一般在 5%以上，或根据需要确定。

安全与防护 无毒。对皮肤、眼睛有很低的刺激性。避免皮肤和眼睛长时间接触。

包装与储运 本品采用镀锌铁桶或塑料桶包装。存放在阴凉、通风、干燥处。运输中防止暴晒、防冻。

4.聚醚胺基烷基葡萄糖苷

结构式

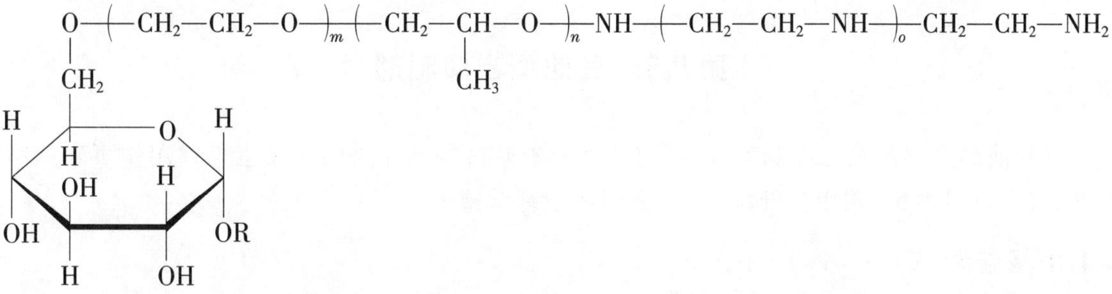

$$\underset{\underset{\text{(sugar ring)}}{|}}{\overset{}{\mathrm{O}}}\!-\!\left(\mathrm{CH_2}-\mathrm{CH_2}-\mathrm{O}\right)_m\!-\!\left(\mathrm{CH_2}-\underset{\underset{\mathrm{CH_3}}{|}}{\mathrm{CH}}-\mathrm{O}\right)_n\!-\mathrm{NH}-\left(\mathrm{CH_2}-\mathrm{CH_2}-\mathrm{NH}\right)_o\!-\mathrm{CH_2}-\mathrm{CH_2}-\mathrm{NH_2}$$

O 经 $\mathrm{CH_2}$ 连接于葡萄糖环（环上取代基：H、H、OH、H、OH、H、OH、H、OR，环氧 O）

产品性能 聚醚胺基烷基葡萄糖苷(NAPG)是一种特殊结构的非离子表面活性剂，分子中具有烷基糖苷、聚醚胺等结构单元，兼具烷基糖苷和胺基抑制剂等特点。NAPG 是中原石油工程公司司西强等[38]针对高性能钻井液体系的发展需要而开发的一种新型的烷基糖苷衍生物，具有很强的抑制性、稳定性和表面活性，无毒环保，作为单剂使用，其抑制能力接近胺基聚醚和聚胺抑制剂，而成本较低。用于配制烷基糖苷钻井液时，抗温可以达到 160℃。

NAPG的特点如下：

① 0.1%产品水溶液中岩屑一次回收率>96%，相对回收率>99%。产品加量 0.3%时对钙膨润土相对抑制率大于 95%。

② 产品可使无土基浆和有土基浆的抗温能力由 110℃提高到 160℃。

③ 产品含量超过 7%时，润滑系数小于 0.1。

④ 0.4%产品水溶液表面张力为 27.6mN/m。

⑤ 3%产品水溶液静态或动态污染岩心后，静态渗透率恢复值大于 96%，动态渗透率恢复值大于 91%。

⑥ 产品 EC_{50} 值为 528800mg/L，远大于排放标准 30000mg/L，无生物毒性。

制备过程 将配方量的环氧烷烃、对甲苯磺酸、多元醇、水加入装有冷凝和搅拌装置的四口烧瓶中，搅拌混合均匀，在 95~100℃反应 1h 后；加入烷基糖苷，在 95~100℃反应 2h，降至室温；在上述反应液中缓慢加入多乙烯多胺，保持温度在 60~80℃左右，反应 3h，降至室温，即得黏稠状的聚醚胺基烷基糖苷产品。

质量指标 本品主要技术要求见表 6-74。

表 6-74 NAPG 产品技术要求

项 目	指 标	项 目	指 标
外 观	浅黄至棕红色液体	胺基含量/(mmol/g)	≥1.5
固含量，%	≥50.0	pH值	5.5~7.5
密度/(g/cm³)	1.10~1.16	相对抑制率，%	≥90.0

用途 聚醚胺基烷基糖苷产品具有较强抑制性，与常用处理剂配伍性好，且具有明显的协同增效作用，适用于强水敏、易坍塌泥页岩地层及页岩气水平井的钻井。本品可以直接作为钻井液抑制剂使用，也可以其为主体和其他材料配伍形成烷基糖苷钻井液体系。

安全与防护 本品 EC_{50} 值为 528800mg/L。对皮肤、眼睛有很低的刺激性。避免长时间接触眼睛、皮肤。

包装与储运 本品采用镀锌铁桶或塑料桶包装。存放在阴凉、通风、干燥处。运输中防止暴晒、防冻。

第八节 其他页岩抑制剂

除前面介绍的页岩抑制剂外，还有一些具有较好抑制作用的产品也可以用作页岩抑制剂，如甲基硅醇钠、羧甲基纤维素钾、聚阴离子纤维素钾等。

1.甲基硅醇钠

分子式 CH_5NaO_3Si

相对分子质量 116.124

产品性能 甲基硅醇钠为无色或略带黄色透明液体，呈碱性，无毒，无味，不挥发，不燃烧，是一种用途十分广泛的有机硅稳定剂。作为钻井液处理剂，在钻井液中，其分子中含有亲油的烷基疏水基团，与黏土吸附后裸露于外端，发生润湿反转，改善黏土表面的水化膜，起到保护黏土的作用,具有较强的防塌和抑制黏土造浆的能力,保持钻井液良好的流变性,且泥饼质量好。由于钻井液性能稳定,有利于减少钻井液的处理次数,减少钻井液的排放,利于环境保护[39]。

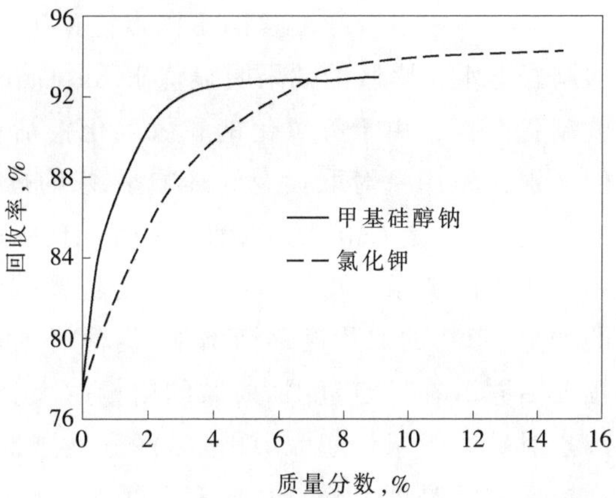

图 6-22 不同介质中页岩回收率实验结果

说明:页岩为沙三段泥页岩,180℃浸泡 24h

图 6-22 是页岩在甲基硅醇钠与 KCl 溶液中的回收率实验结果。从图中可以看出,较低浓度下,甲基硅醇钠就有理想的防止泥岩分散膨胀效果。这是由于黏土的主要成分蒙脱石分子结构为硅氧四面体与铝氧八面体的 2:1 结构。黏土的硅氧表面在与水溶液接触后,首先趋向于配位络合,而后发生水分子的分解、化学吸附一层羟基基团,并进一步进行多层水的物理吸附,使之产生较大的膨胀压力,从而发生黏土水化膨胀。当水溶液中加入与黏土硅氧四面体相似的甲基硅醇钠后,本品中的—OH、—ONa 高活性基团和黏土表面吸附的第一层—OH 发生硅醇缩合反应,改变了黏土亲水表面性质,使亲水表面发生反转,产生岩石毛细正压,使流动电动势减小,阻止水的运移,从而起到防止黏土水化膨胀分散的作用[40]。

除甲基硅醇钠外,还有甲基硅醇钾。由于含钾离子,其防塌能力优于甲基硅醇钠。

制备方法 将 NaOH 配成质量分数 40%的水溶液,按物质的量比,使 NaOH 适当过量 10%,将其加入到装有搅拌器的反应瓶中,用滴液漏斗滴加 CH_3SiCl_3。控制反应瓶内温度不超过 40℃,CH_3SiCl_3 加完后继续搅拌反应 20min,用质量分数 40%的 NaOH 水溶液调节反应液 pH 值为 7~8,滤除副产物,得到无毒、无味、不挥发、不燃烧的白色乳状悬浮液产品。

质量指标 本品主要技术要求见表 6-75。

表 6-75 甲基硅醇钠技术要求

项 目	指 标	项 目	指 标
外 观	无色透明液体	游离碱,%	≤5.0
固含量,%	20.0~30.0	相对密度/(g/cm^3)	≥1.20
硅含量,%	≥4.0	氯化物,%	≤1.0

用途 本品可作为建筑材料、水泥、砖瓦、石材等的防水剂。

用于钻井液处理剂,具有较强的抑制防塌能力和降黏作用,适用于各种类型的水基钻井液。也可以用作降黏剂、页岩抑制剂制备的原料。

安全与防护 强碱性。对皮肤、眼睛有刺激性。避免皮肤和眼睛接触。

包装与储运 本品采用塑料桶包装,每桶净质量 30kg。储存在阴凉、通风、干燥处。运输中防止暴晒、防冻。

2.羧甲基纤维素钾盐

羧甲基纤维素钾盐(K-CMC)包括聚阴离子纤维素钾(K-PAC),在基本性能上和羧甲基纤维素钠相同,具体内容可以参考第三章、第一节、1 和 2。

本品与羧甲基纤维素钠不同点是K-CMC抑制岩土水化膨胀的效果明显优于 Na-CMC。就制备而言，由于氢氧化钠和氢氧化钾活性的区别，碱用量对取代度的影响呈现不同现象。图 6-23 是 CMC 的取代度随 NaOH、KOH 用量变化的关系。由图 6-23 可知，随着碱量的增加，产物的取代度逐渐增加，但两者增加幅度不同。在一定范围内，碱的用量越大，纤维素对碱的吸附量越大，纤维素润胀就越好，纤维素的结晶度下降，从而提高了单元环上羟基的反应活性，有利于醚化剂的扩散，醚化剂的利用率提高，取代度也越高。此外，由于 Na^+比 K^+的反应活性要高，故前者对纤维素的润胀要更好一些，在醚化反应中，醚化剂的利用率相对更好，从而导致同一碱量的变化程度不同，即前者(NaOH)取代度随着碱量的增加急剧增加，而后者(KOH)增加的趋势较缓。可见，在制备中需要在 Na-CMC 的基础上优化氢氧化钾用量及合成工艺条件[41]。

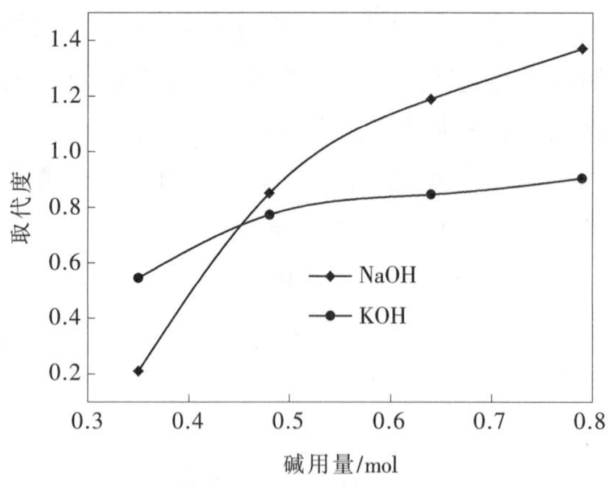

图 6-23 取代度与不同碱金属氢氧化物的关系

文献就羧甲基纤维素钾盐和钠盐的抑制能力进行了比较[42]。将活性黏土(天然钙蒙脱石)样用 1%的羧甲基纤维素水溶液处理，用 X-射线衍射法测定其处理后的岩样晶面间距 d_{001} 值，同时测定未经处理和经蒸馏水处理后的岩样 d_{001} 值，结果见表 6-76。从表中可看出，天然钙蒙脱石在水作用下发生显著膨胀，d_{001} 增大 20.5%，达到 1.896nm(岩样 1)，与之相比，经羧甲基纤维素水溶液处理后的晶面间距增大率则有不同程度的减小，其中用 K-CMC 处理后的 d_{001} 增大率明显低于用 Na-CMC 处理后的 d_{001} 增大率。d_{001} 增大率变小，说明上述纤维素醚均具有一定程度的抑制黏土水化膨胀能力，而且 d_{001} 增大率越小，说明其抑制黏土水化膨胀的效果越好。

表 6-76 钙蒙脱石经不同处理后的晶面间距 d_{001} 值

岩样编号	岩样处理情况	d_{001}/nm	d_{001}增大，%
1	未处理原蒙脱石样	1.537	0
2	蒸馏水浸泡 1h	1.896	20.5
3	1% Na-CMC 水溶液浸泡 1h	1.880	19.5
4	1% K-CMC 水溶液浸泡 1h	1.763	12.1

注：岩样 2~3 均为离心脱水的湿样。

研究发现钾离子对黏土因水化作用而发生膨胀的抑制作用，当在以羧甲基纤维素醚的盐类的形式来提供钾离子时，比使用氯化钾或碳酸钾时有所提高。即在同样钻井液中，从羧甲基纤维素醚的钾盐中进入钻井液的钾离子与从氯化钾及羧甲基纤维素醚的钠盐的混合物中进入钻井液的钾离子，在其数量相同的情况下，对各种黏土来说前者比后者抑制效果明显提高。

制备方法 参考方法一[43]：将一定量撕碎的精制棉，占精制棉质量 1.4 倍的质量分数 48%氢氧化钾水溶液、0.20 倍的氢氧化钾固体以及 1.5 倍乙醇溶液同时投入捏合机内，搅拌碱化 60min 后，将 1.1 倍氯乙酸的乙醇溶液均匀地喷淋至捏合机内，搅拌反应 40min，然后再将 0.5 倍质量分数 48%氢氧化钾水溶液、0.15 倍的氢氧化钾固体以及 1.5 倍乙醇溶液同时投入捏合机内，再次碱化 30min 后，再将 0.6 倍氯乙酸的乙醇溶液均匀地喷淋至捏合机内，温度升高至 60~90℃，继续反应 40min，得到粗制的羧甲基纤维素钾，经过洗涤、中和、离心、干燥、粉碎后，得到精制羧甲基纤维素钾成品。

参考方法二[44]：将 10kg 的棉绒纤维细粉后置入反应器，加入 60L 异丙醇与水的恒沸点混合物与 11.5kg 的 90%氢氧化钾。在 20℃的温度下搅拌 1.5h 后，再加入 4.9kg 一氯醋酸(事先溶解到 5L 恒沸点的异丙醇的溶液中)。添加时的温度不可超过 40℃。然后升温至 50℃，并维持该温度 1h。使反应混合物冷却，并继续加入 4.8kg 一氯乙酸(事先溶解于 5L 恒沸点的异丙醇形成的溶液中)，然后在 1h 内将温度升至 70~75℃，再维持该温度 1h 并不断地搅拌，将反应生成物冷却并经过滤回收得到固相产物，再经干燥后得到 23kg 羧甲基纤维素醚的钾盐，即聚阴离子纤维素钾(K–PAC)。

产品除满足 Na–CMC 和 Na–PAC 指标要求外，其取代度≥1.1，钾离子含量≥15.0%。

3.甘油

分子式 $C_3H_8O_3$

相对分子质量 92.09

产品性能 甘油别名丙三醇，无色味甜澄明黏稠液体，无臭，有暖甜味，能从空气中吸收潮气，也能吸收硫化氢、氰化氢和二氧化硫，易溶于水，溶解度>500g/L(20℃)，难溶于苯、氯仿、四氯化碳、二硫化碳、石油醚和油类，密度 1.263~1.303g/cm^3，熔点 17.8℃，沸点290.0℃(分解)，折光率 1.4746，闪点(开杯)176℃。

制备方法 包括天然油脂为原料合成和丙烯为原料合成两种方法。以天然油脂为原料所得甘油俗称天然甘油，以丙烯为原料所得甘油俗称合成甘油。

质量指标 按照 GB/T 13206—2011 甘油标准提供的产品外观为透明，无异味，主要指标见表 6–77。

表 6–77 甘油产品技术指标

项 目	指 标		
	优等品	一等品	二等品
色泽(Hazen)	≤20	≤30	≤30
甘油含量，%	≥99.5	≥98.0	≥95.0
密度(20℃)/(g/cm^3)	≥1.2598	≥1.2559	≥1.2481
氯化物含量(以 Cl^-计)，%	≤0.001	≤0.01	
硫酸化灰分，%	≤0.01	≤0.01	≤0.05
酸度或碱度/(mmol/100g)	≤0.005	≤0.10	0.30
皂化当量/(mmol/g)	≤0.40	≤1.0	≤3.0

用途 本品在医学方面，用以制取各种制剂、溶剂、吸湿剂、防冻剂和甜味剂，配制外用软膏或栓剂等；在涂料工业中，用以制取各种醇酸树脂、聚酯树脂、缩水甘油醚和环氧树脂等；纺织和印染工业中，用以制取润滑剂、吸湿剂、织物防皱缩处理剂、扩散剂和渗透剂；在食品工业中用作甜味剂、烟草剂的吸湿剂和溶剂；也可以用作汽车和飞机燃料以及油田的防冻剂。此外，在造纸、化妆品、制革、照相、印刷、金属加工、新型陶瓷、电工材料和橡胶等

工业中都有着广泛的用途。

作为钻井液抑制剂,用于配制甘油防塌钻井液。甘油加入到水基钻井液中对页岩具有良好的稳定作用。因为甘油具有吸湿特性,它对水的吸引力比页岩对水的吸引力更强。当甘油在钻井液中含量足够高时,能大大降低页岩的膨胀和分散倾向,从而减少井壁坍塌和冲蚀。甘油的加入对钻井液的其他性能影响较小,结果见表 6-78。图 6-24 是甘油对页岩的抑制实验结果。从图中可以从看出,甘油表现出较强的抑制性,且随着甘油加量的增加,抑制性增强[45]。

表 6-78 甘油对钻井液性能的影响

甘油加量,%	*PV*/(mPa·s)	*YP*/Pa	*Gel*/(Pa/Pa)	滤失量/mL
基 浆	8.0	0.479	0.24/0.479	7.0
10	21.0	3.83	0.72/1.44	8.3
25	20.0	1.92	0.72/1.44	6.9

实践表明,甘油钻井液具有如下优点:润滑性好,能有效地防止卡钻、提高机械钻速,保护储层、提高采收率,易于维护、损耗少,绿色环保。

安全与防护 大鼠经口 LD_{50} 31500mg/kg。无毒。本品遇明火、高热可燃,具刺激性。使用时避免与皮肤和眼睛接触。

包装与储运 本品采用塑料桶包装,每桶净质量 25kg。储存在阴凉、通风、干燥处,远离火种、热源。应与氧化剂、酸类分开存放,切忌混储。运输中防止暴晒、防火。

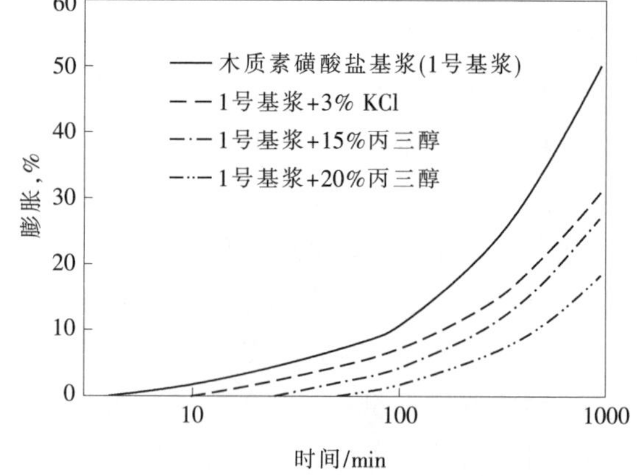

图 6-24 硬页岩在不同组成基浆中的膨胀曲线

参考文献

[1] 钻井手册(甲方)编写组.钻井手册(甲方)(上册)[M]:北京:石油工业出版社,1990.

[2] 王中华.油田化学品[M].北京:中国石化出版社,2001.

[3] 王中华,何焕杰,杨小华.油田化学品实用手册[M].北京:中国石化出版社,2004.

[4] 张克勤,陈乐亮.钻井技术手册(二):钻井液[M].北京:石油工业出版社,1988.

[5] 孙树清,马千社.HZN101(Ⅱ)井壁稳定剂[J].钻井液与完井液,1986,3(1):68-72.

[6] 孙树清,耿东士,陈位红.大分子聚丙烯酸钾井壁稳定剂的研制[J].石油钻探技术,1992,20(4):31-33.

[7] 郭宝利.页岩膨胀测试仪及其应用[J].钻井液与完井液,1986,3(3/4):65-71.

[8] 李健鹰.钾盐聚合物防塌机理研究[J].钻井液与完井液,1988,5(1):1-6.

[9] 郭宝利.页岩防塌实验方法及应用[J].钻井液与完井液,1988,5(1):53-58.

[10] 胡星琪,卢拥军.水解 AM-co-AN 页岩稳定剂[J].油田化学,1990,7(2):107-113.

[11] 陈树理,赵翰宝.阿南哈南区块防塌钻井液的优化[J].钻井液与完井液,1991,8(3):14-22.

[12] 孙德军,侯万国,韩书华,等.水解聚丙烯腈铵对 MMH/黏土体系胶体性能的影响[J].油田化学,1998,15(1):6-9.

[13] 张高波,刘德海,赵全民,等.具阳离子褐煤钻井液处理剂研制及评价[J].钻采工艺,1999,22(5):66-68.

[14] 陆明富.一种有机硅腐殖酸钾的制备方法:中国,101024698[P].2007-08-29.

[15] 于培志，张和平，张炎山.无荧光防塌降失水剂 KH-931 的合成与性能[J].油田化学，1994，11(2)：236-237.

[16] 李健鹰，纪春茂.MHP 无荧光防塌剂的研制与应用[J].钻井液与完井液，1991，8(4)：47-52.

[17] 李栋梁.磺化沥青的性能与原料组成关系的研究[D].天津：天津大学，1999：46-47.

[18] 王翠红，余玉成，王红.高软化点沥青制备水基钻井液处理剂的研究[J].石油沥青，2015，29(1)：1-4.

[19] 姚福林，牛亚斌.改性磺化沥青 FT-342 的室内评价与现场应用[J].钻井液与完井液，1988，5(2)：22-24.

[20] 王正良，王昌军，李淑廉，等.沥青类产品防塌效果的室内评价[J].钻井液与完井液，1997，14(3)：21-23.

[21] 田野，张敬畅，左凤江，等.乳化石蜡的研制与评价[J].钻井液与完井液，2008，25(4)：29-30，33.

[22] 刘平德，牛亚斌，王贵江，等.水基聚乙二醇钻井液页岩稳定性研究[J].天然气工业，2001，21(6)：57-59.

[23] 张春光，孙明波，侯万国，等.降滤失剂作用机理研究--对不同类型降滤失剂的分析[J].钻井液与完井液，1996，13(3)：11-17.

[24] PATEL A D，STAMATAKIS E，DAVIS E.Shale Hydration Inhibition Agent and Method of Use：US，6609578[P].2003-08-26.

[25] The JEFFAMINE® Polyetheramines[EB/OL].http://www.huntsman.com/performance_products/Media%20Library/global/files/jeffamine_polyetheramines.pdf.

[26] 聚醚胺[EB/OL].http://baike.baidu.com/link?url=v65u9qKYVsELqimpx-b-mG2qZ1qBPGPq_vNaKosjQcR0vFTQ22rEBnQuClH5CHj2XUrZlt3D5PcyPDl8IViOyq.

[27] 中国石油化工股份有限公司，南化集团研究院.一种连续法制备端氨基聚醚的生产方法：中国，103626988A[P].2014-03-12.

[28] 鲁娇，方向晨，王安杰，等.聚胺抑制剂黏度和阳离子度与页岩相对抑制率的关系[J].石油学报(石油加工)，2012，28(6)：1043-1047.

[29] 郭建华，马文英，孙东营，等.新型胺基抑制剂 FYZ-1 在白庙油田的应用[J].精细石油化工进展，2015，16(2)：24-29.

[30] 胡友林，岳前升.小阳离子聚合物黏土稳定剂 HWJ 的合成及应用[J].钻井液与完井液，2009，26(6)：16-17.

[31] 朴昌浩.阳离子聚合物钻井液的研制与应用[J].钻井液与完井液，1988，5(1)：59-67.

[32] 王中华.HT-201 泥页岩稳定剂的研制[J].石油与天然气化工，1995，24(4)：279-282.

[33] 刘雨晴.阳离子聚合物钻井液的研究和应用[J].天然气工业，1992，12(3)：46-52.

[34] 吕开河，邱正松，徐加放.甲基葡萄糖苷对钻井液性能的影响[J].应用化学，2006，23(6)：632-636.

[35] 雷祖猛，甄剑武，司西强，等.钻井液用乙基葡萄糖苷的合成[J].精细与专用化学品，2011，19(12)：28-30.

[36] 司西强，王中华，魏军，等.钻井液用阳离子烷基糖苷的合成研究[J].应用化工，2012，41(1)：56-60.

[37] 司西强，王中华，魏军，等.阳离子烷基糖苷的绿色合成及性能评价[J].应用化工，2012，41(9)：1526-1530.

[38] 司西强，王中华.钻井液用聚醚胺基烷基糖苷的合成与性能[C]//全国钻井液完井液技术交流研讨会论文集.北京：中国石化出版社，2014：235-246.

[39] 尹先清，曹红英，王正良.钻井稳定剂甲基硅醇钠的合成及性能研究[J].广东化工，2009，36(9)：29-30.

[40] 金军.MSO 在泥浆中的应用探讨[J].钻采工艺，1985，8(4)：27-31.

[41] 吕少一，邵自强，王飞俊，等.不同碱金属氢氧化物对纤维素羧甲基化的影响[J].应用化工，2008，37(8)：921-923.

[42] 张黎明，李卓美.水溶性改性纤维素对黏土水化的抑制作用[J].纤维素科学与技术，1995，3(4)：20-27.

[43] 重庆力宏精细化工有限公司，北京理工大学.一种羧甲基纤维素钾的制备方法：中国，102286108 A[P].2011-12-21.

[44] 阿吉普联合股票公司.活性黏土层钻井方法：中国，1069050[P].1993-02-17.

[45] 夏剑英.钻井液有机处理剂[M].东营：石油大学出版社，1991.

第七章 润滑剂

钻井过程中由于钻具高转速回转会产生很大的阻力,这便要求所使用的钻井液应具有良好的润滑性以减少阻力。尤其是定向钻进时,由于井身的弯曲度较大,起下钻具时,钻具经常与井壁接触,且摩擦阻力较大,井壁容易形成键槽。为了减少这种摩擦阻力,就必须提高钻井液的润滑性。尤其是采用高密度钻井液钻进时,由于固相含量高,内摩擦和流动阻力大,泥饼黏滞系数较大,会严重影响钻进速度,有时还会产生卡钻等复杂情况。在高密度钻井液中加入润滑剂,以提高其润滑性和降低泥饼黏滞系数更显重要。

为了保证钻井液的润滑性,自开始使用旋转钻机以来,就将诸如膨润土、石墨、沥青、柴油、原油、磨细的硬果壳等,用于改善钻井液的润滑能力。由于油类有增加润滑的特性,最早用于通过形成乳化钻井液而降低润滑系数,如广泛应用的混油钻井液,直到目前仍然在一些无特殊要求的情况下使用。20 世纪 50 年代后期,随着极压润滑剂的研究和发展,基于环境及特殊钻井的要求,钻井液润滑剂及润滑性能评价方法逐步受到重视并不断完善。

润滑剂是指能降低钻具与井壁磨擦阻力的化学处理剂,它大多为多种基础材料与表面活性剂的复配物。常用润滑剂产品可分为液体润滑剂和固体润滑剂。

以矿物油、植物油、表面活性剂等为主的液体润滑剂,主要是通过在金属、岩石和黏土表面形成吸附膜,使钻柱与井壁岩石接触(或水膜接触)产生的固–固摩擦,改变为活性剂非极性端之间或油膜之间的摩擦,或者通过表面活性剂的非极性端再吸附一层油膜,从而大大降低回转钻柱与岩石之间的摩阻力,减少钻具和其他金属部件的磨损,降低钻具回转阻力。

固体润滑剂能够在两接触面之间产生物理分离,其作用是在摩擦表面上形成一种隔离润滑薄膜,从而达到减小摩擦、防止磨损的目的。多数固体类润滑剂类似于细小滚珠,可以存在于钻柱与井壁之间,将滑动摩擦转化为滚动摩擦,从而可使扭矩和阻力大幅度降低。固体润滑剂在减少带有加硬层工具接头的钻具磨损方面尤其有效,而且有利于下尾管、下套管和旋转套管。固体类润滑剂的热稳定性、化学稳定性和防腐蚀能力等良好,适于在高温但转速较低的条件下使用,缺点是冷却钻具的性能较差,不适合在高转速条件下使用,且受到振动筛孔径限制。

一些植物油脂、脂肪酸酯、表面活性剂可以直接作为液体润滑剂使用,而现场常用的润滑剂多是由烷基苯磺酸盐、聚氧乙烯烷基苯酚醚、聚氧乙烯烷基醇醚、聚氧乙烯硬脂酸酯、聚氧乙烯高碳羧酸酯、聚氧乙烯聚氧丙烯二醇醚、聚氧丙烯聚氧乙烯聚氧丙烯甘油醚、山梨醇酐脂肪酸酯、硬脂酸盐等表面活性剂与植物油和矿物油等基础油混合而成,也可以用工业废料和表面活性剂配制。

固体润滑剂主要有玻璃小球、塑料小球和石墨粉等。

作为钻井液润滑剂,通常应满足如下一些要求:①在钻井过程中,能够使相互之间可能发生摩擦的部件在较大范围的工作强度下,保持有效的润滑性;②与钻井液具有良好的配伍性，对钻井液流变性和滤失量影响小或无影响，尽可能不产生泡沫；③不降低破岩效率；④储存稳定性好，具有高温、低温下的稳定性；⑤对金属无腐蚀，不损坏密封件(材料)；⑥符合环保要求；⑦来源丰富，价格低廉，生产工艺简单。

表 7-1 是一些润滑剂的润滑效果比较。从表中可以看出，所实验的大多数润滑剂都能够改善清水的润滑性，且多数也能够改善膨润土钻井液的润滑性，而在经过处理的钻井液中多数润滑剂几乎失去了润滑作用，可见有针对性的研究开发润滑剂或润滑剂配方，对于满足现场不同需要非常关键。

表 7-1 不同润滑剂润滑效果比较

润滑剂	加量/(kg/m³)	润滑系数		
		清 水	钻井液 A①	钻井液 B②
无		0.36	0.44	0.23
柴 油	10.0%(体积分数)	0.23	0.38	0.23
沥 青	22.88	0.36	0.38	0.23
沥青+柴油	沥青 22.88、柴油 10%(体积分数)	0.23	0.38	0.23
石 墨	22.88	0.36	0.40	0.23
石墨+柴油	石墨 22.88、柴油 10%(体积分数)	0.23	0.40	0.23
硫化脂肪酸	11.44	0.17	0.12	0.17
脂肪酸	11.44	0.07	0.14	0.17
长链醇	5.72	0.16	0.40	0.23
重金属皂	5.72	0.28	0.40	0.23
重金属烷基化合物	11.44	0.17	0.36	0.23
石油磺酸盐	11.44	0.17	0.32	0.23
钻井液洗涤剂 X	11.44	0.11	0.32	0.23
钻井液洗涤剂 Y	11.44	0.23	0.32	0.23
钻井液洗涤剂 Z	11.44	0.15	0.38	0.23
硅酸盐	11.44	0.23	0.30	0.26
商用洗涤剂	11.44	0.25	0.38	0.26
氯化石蜡	11.44	0.16	0.40	0.25
改性甘油三酸酯与酒精混合物	11.44	0.07	0.06	0.17
磺化沥青	22.88	0.25	0.30	0.25
磺化沥青与柴油	磺化沥青 22.88、柴油 10%(体积分数)	0.07	0.06	0.25
胡桃壳粉	28.6	0.36	0.44	0.26

注：数据来源：《钻井液与完井液》编辑部.国外钻井液技术(上)，1987：103；①钻井液 A 为 350mL 水+15g 膨润土；②钻井液 B 为 350mL 水+15g 膨润土+60g 页岩粉+3g 木质素磺酸铬+0.5g 烧碱。

本章从脂肪酸酯或酰胺、配方型液体润滑剂和固体润滑剂等方面就钻井液润滑剂进行介绍[1~4]。

第一节 脂肪酸酯或酰胺

基本的油脂化工产品脂肪酸酯或脂肪酸酰胺，包括不同类型不饱和脂肪酸(酯)的磺化、硫化等产物，它们可以直接用作钻井液润滑、防卡剂。但在实际应用中，通常很少以纯品的形式使用,多数情况下作为润滑剂成分与其他基础油和表面活性剂等经过配方优化用于制备复配型润滑剂。该类材料无荧光,对录井无干扰,且具有生物降解性,属于绿色环保处理剂。

1.油酸甲酯

分子式 $C_{19}H_{36}O_2$

相对分子质量 296.49

产品性能 油酸甲酯又名顺式-9-十八烯酸甲酯、9-十八烯酸甲酯,为无色至淡黄色油状液体,折光率 1.4522(20℃),可燃,不溶于水,与乙醇,乙醚等有机溶剂互溶,是一种不饱和高级脂肪酸酯,重要的化工原料,广泛用于制备表面活性剂、皮革添加剂、纺织助剂等,还用作杀虫剂助剂等。作为一种脂肪酸酯,具有脂肪酸酯的常见反应性质,主要有:

水解反应。油酸甲酯在酸催化剂存在下进行水解反应,生成油酸、甲醇、水、油酸甲酯等反应平衡混合物。当采用碱作催化剂时生成物是油酸盐,反应是不可逆的,也叫皂化反应。此外,也可在 185~300℃高温下进行高压水蒸气水解,生成油酸和甲醇。

氨解、醇解和酯基交换反应。油酸甲酯和氨反应生成油酸酰胺和甲醇,与甲醇以外的其他脂肪醇反应,生成新的油酸酯和甲醇。油酸甲酯与另一种酯反应,酯基进行交换,生成一种新的油酸酯和羧酸酯。上述反应有酸、碱等催化剂存在,可以加快反应速度[5]。

油酸甲酯直接用于钻井液润滑剂,不仅具有较好的润滑作用,且与钻井液体系配伍性好,不起泡,不影响钻井液体系的流变性能。采用 E-P 极压润滑仪和 NF-1 泥饼黏附系数测定仪, 分别测定了 5%膨润土基浆和不同油酸甲酯加量的钻井液润滑系数 *EB* 和摩阻系数 K_f,结果见图 7-1。从图中可以看出,随着油酸甲酯用量的增加,所处理钻井液润滑系数 *EB* 和摩阻系数 K_f 均明显降低,但润滑系数 *K* 降低幅度比摩阻系数 K_f 大。

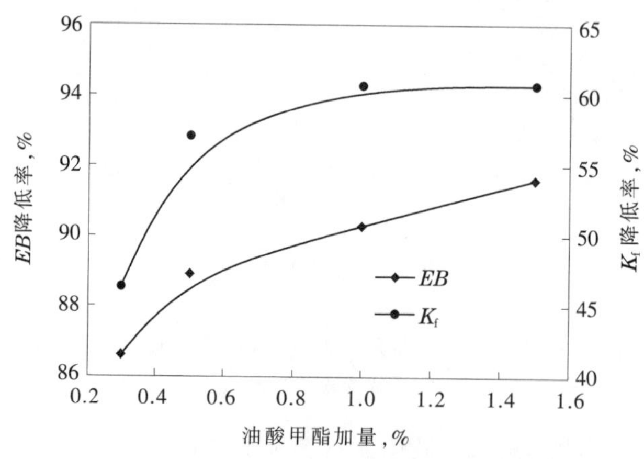

图 7-1 油酸甲酯加量对润滑性的影响

制备方法 由甲醇与油酸经酯化反应制得。将油酸和甲醇混合,加入催化剂浓硫酸或对甲苯磺酸,加热回流 10h。冷却,用甲醇钠中和至 pH 值为 8~9,用水洗至中性,再经无水氯化钙干燥后进行减压蒸馏,截取油酸甲酯馏分得到。也可用介孔分子筛 SBA-15-SO_3 为催化剂,甲醇与油酸物质的量比为 2:1,加热回流制得油酸甲酯。

油酸甲酯也可以通过另一种油酸酯与甲醇一起进行酯交换反应得到。

质量指标 本品主要技术要求见表 7–2。

表 7–2 油酸甲酯产品技术要求

项 目	指 标	项 目	指 标
外 观	淡黄色透明油状液体	酸值/(mg KOH/g)	≤2.5
油酸甲酯含量,%	≥99.0	皂化值/(mg KOH/g)	160~190
水分,%	≤0.5	碘值/(g I_2/100g)	95~110
色泽(APHA)	≤7	润滑系数降低率,%	≥90.0

用途 本品是一种不饱和高级脂肪酸酯,重要的化工原料,广泛用于制备表面活性剂、皮革添加剂、纺织助剂等,还用作杀虫剂助剂等。常用作生物柴油。

在钻井液中,可以单独使用,润滑效果好,抗温抗盐能力强。将油酸甲酯通过硫化或磺化制得的硫化或磺化的油酸甲酯,可以提高其极压润滑能力。

油酸甲酯也可以作为润滑剂配制的成分。如以脂肪酸甲酯为主料,通过与其他添加剂反应引入吸附基,开发出了高效低荧光生物油润滑剂 SRH–1。其抗温达到 140℃;润滑剂的加量为 1%时即可将钻井液的润滑系数降低 70%以上,同时在不同类型的水基钻井液中均显示出较好的润滑性,润滑系数降低率均在 70%以上。在现场应用中取得较好的效果,而且该产品对环境无污染[6]。

安全与防护 无毒。避免接触眼睛、皮肤。

包装和储运 本品采用镀锌铁桶或塑料桶包装。存放于阴凉、通风、干燥处。可按非危险品运输,运输中防火、防暴晒。

2.脂肪酸甘油酯

化学成分 饱和或不饱和脂肪酸与甘油酯化产物。

化学式 $C_3H_5O_3(COR)_3$

产品性能 通常指由甘油和脂肪酸(饱和的和不饱和的)经酯化所生成的酯类。根据所用脂肪酸分子的数目可分为甘油一(脂肪)酸酯 $C_3H_5(OH)_2(OCOR)$、甘油二(脂肪)酸酯 $C_3H_5(OH)(OCOR)_2$ 和甘油三(脂肪)酸酯 $C_3H_5(OCOR)_3$。高碳数脂肪酸(俗称高级脂肪酸)的甘油酯是天然油脂的主要成分。其中最重要的是甘油三酸酯,如甘油三油酸酯(油精)、甘油三软脂酸酯(软脂精)和甘油三硬脂酸酯(硬脂精)。甘油酯是中性物质,不溶于水,溶于有机溶剂,会发生水解。例如油脂用烧碱水解(皂化)后生成高碳数脂肪酸的钠盐(钠肥皂,即普通肥皂)和甘油。熔点 33~35℃,酸值 1.0mg KOH/g,在氯仿、乙醚或苯中易溶,在石油醚中溶解,在水或乙醇中几乎不溶。

可以用作水基钻井液乳化剂、润滑剂,热稳定性好(抗温 205℃),容易在钻井液中分散,维护周期长,无荧光,无污染,不发泡,且抗钙镁等高价离子污染能力强,可适用于海水和高 pH 值钻井液,具有降低扭矩和摩阻的效果,适用于定向井。

制备方法 以脂肪酸及甘油在催化剂作用下经酯化反应制得。采用不同的脂肪酸可制得不同的甘油酯。

质量指标 本品主要技术指标见表 7–3。

用途 单甘酯 *HLB* 值 3.6~4.0,是油溶性非离子表面活性剂,作为乳化剂、分散剂、乳化稳定剂和增稠剂，广泛应用于香精、香料、食品、润肤脂、软膏、发乳、洗发香波、药品和其他乳化液中。

在钻井液中可以作为润滑剂和消泡剂，适用于海洋、深井、定向井、大斜度井和水平井，也可以用作油基钻井液的乳化剂，同时还可以作为钻井液润滑剂制备的原料。不饱和脂肪酸甘油酯可以通过硫化提高其极压润滑能力。

安全与防护 低毒。对皮肤、眼睛有很低的刺激性。使用时防止接触皮肤、眼睛等。

包装与储运 产品采用镀锌铁桶或塑料桶包装。存放于阴凉、通风、干燥的场所。可按非危险品运输，运输中防止暴晒、防火。

表 7-3 脂肪酸甘油酯技术指标

项 目	指 标	项 目	指 标
熔点/℃	39~41	皂化值/(mg KOH/g)	215~230
酸值/(mg KOH/g)	≤1.0	羟值/(mg KOH/g)	≤6.0
碘值/(g I_2/100g)	≤2.0	润滑系数降低率，%	≥85.0

3.油酸季戊四醇酯

化学成分 季戊四醇与油酸的酯化物。

分子式 $C_{77}H_{140}O_8$

相对分子质量 1193.93

产品性能 油酸季戊四醇酯也称季戊四醇油酸酯，简称 PETO，运动黏度 68.3mm/s(40℃)、12.5mm/s(100℃)，黏度指数 188，酸值 0.50mg KOH/g，皂化值 187mg KOH/g，倾点-32℃，闪点(开口)306℃，具有优异的润滑性能、黏度指数高、抗燃性好，生物降解率达 90%以上。本品可以直接用作钻井液润滑剂和乳化剂，具有良好的极压润滑性，经过硫化后可以进一步提高其极压润滑能力。同时还可以用于制备钻井液润滑剂的成分。

制备方法 按照油酸与季戊四醇物质的量比为 4.4:1，催化剂用量为反应物总质量的 0.6%，甲苯用量 10%，将季戊四醇、油酸、催化剂对甲基苯磺酸、携水剂甲基苯等加入反应釜，升温至 160℃，于 160℃下酯化反应 3h，反应结束后冷却，抽滤，回收催化剂，将酯化产物进行水洗，旋转蒸馏得到粗酯，粗酯通过分子蒸馏可以得到酸值小于 1mg KOH/g，色泽淡黄色透明产品[7]。

质量指标 本品主要技术指标见表 7-4。

表 7-4 PETO 产品技术指标

项 目	指 标	项 目	指 标
运动黏度(40℃)/(mm/s)	60~70	羟值/(mg KOH/g)	≤10.0
黏度指数	≥180	倾点/℃	≤-25℃
酸值/(mg KOH/g)	≤1	闪点(开口)/℃	≥300

用途 本品是 68 号合成酯型抗燃液压油理想的基础油，可用于调配满足环保要求的液压油、链锯油和水上游艇用发动机油。作为油性剂在钢板冷轧制液、钢管拉拔油及其他金属加工液中广泛使用。也可用于软、硬的 PVC 片材、板材型材、管材、透明瓶料和热收缩

膜中。还可作为纺织皮革助剂的中间体和纺织油剂。

用作钻井液润滑剂,适用于各种类型的水基钻井液,与其他润滑材料配伍,可以用于高密度钻井液润滑剂,也可以作为油基钻井液的乳化剂。

安全与防护 本产品无毒,不易燃。避免皮肤和眼睛接触。

包装与储运 本品采用镀锌铁桶或塑料桶包装。存放于阴凉、通风、干燥处。可按非危险品运输,运输中防止暴晒、防火。

4.三羟甲基丙烷三油酸酯

分子式 $C_{60}H_{110}O_6$

相对分子质量 927.51

产品性能 三羟甲基丙烷三油酸酯(TMPTO)别名三油酸三羟甲基丙烷酯,工业产品通常为透明油状液体,具有优异的润滑性能、黏度指数高、抗燃性好,生物降解率达90%以上。经过硫化或磺化后可以进一步提高其极压润滑性。

制备方法 按照强酸型分子筛催化剂用量为三羟甲基丙烷质量的1.4%, 醇酸物质的量比为1:3.1,携水剂为8%~10%,在四口烧瓶中,加入配方量的油酸、三羟甲基丙烷、催化剂及适量的携水剂甲苯。搅拌,在氮气保护状态下加热至140℃,在140~150℃回流反应3~4h,反应过程中使回流液经分水器进行分水。反应结束后冷却,抽滤,回收催化剂。然后用碳酸钠溶液洗涤,除去未反应的原料,用硅胶干燥,即得到低酸值、浅色泽的三羟甲基丙烷三油酸酯产品[8]。

质量指标 本品执行轻工行业标准QB/T 2975—2008三羟甲基丙烷油酸酯,动物油酸作起始剂的三羟甲基丙烷油酸酯标记为"三羟甲基丙烷油酸酯(A)型",植物油酸作起始剂的三羟甲基丙烷油酸酯标记为"三羟甲基丙烷油酸酯(B)型",技术指标见表7–5。

表7–5 三羟甲基丙烷油酸酯指标

项 目	指 标	
	A型	B型
外 观	黄色透明液体	
酸值/(mg KOH/g)	≤1.5	
皂化值/(mg KOH/g)	180.0~190.0	178.0~188.0
闪点/℃	≥310	
倾点/℃	≤-21	≤-27
水分,%	≤0.1	
运动黏度(40℃)/(mm²/s)	≤48.0~55.0	≤46.0~52.0

用途 本品可以用于抗燃液压油的基础油,环境友好型多元醇酯类油性剂,在薄板冷轧液、拉拔油、切削液、磨削液、攻丝油及其他金属加工液中广泛使用。也可作为纺织皮革助剂的中间体和纺织油剂用平滑剂组分。

用作钻井液润滑剂,适用于各种类型的水基钻井液,与其他材料配伍,可以用于高密度钻井液润滑剂。还可以作为配方型润滑剂的原料。

安全与防护 本品无毒,不易燃。避免皮肤和眼睛接触。

包装与储运 本品采用镀锌铁桶或塑料桶包装。存放于阴凉、通风、干燥处。可按非危险品运输。

5.新戊二醇二油酸酯

分子式 $C_{41}H_{76}O_4$

相对分子质量 633.04

理化性质 新戊二醇二油酸酯是一种具有极好性能的酯类化合物，密度 $0.904g/cm^3$，沸点 662.2℃，闪点 312.7℃，折射率 1.471。它具有优良的黏温特性，很好的耐低温特性，高温稳定性好，流变学性能、生物降解性能和摩擦学性能优于矿物油。本品生物降解率大于97%，是性能优越的耐低温的基础酯类油。经过硫化后可以进一步提高其在钻井液中的极压润滑性。

制备过程 以 $SO_4^{2-}/TiO_2-Al_2O_3$ 固体超强酸为催化剂，新戊二醇和椰子油酸的酯化反应合成新戊二醇椰子油酸酯，方法如下[9]：

① 制备催化剂。把 $Ti(SO_4)_2$ 和 $Al(NO_3)_3·9H_2O$ 按一定比例复配溶于去离子水中，在磁力搅拌下缓慢滴加氨水，调节 pH 值到 9~10，静置 4h。过滤，用蒸馏水将沉淀物洗至中性，于 110℃下干燥 10h。用 0.25mol/L 的 H_2SO_4 溶液浸渍 0.5h，过滤，110℃干燥 12h，然后移至焙烧炉中，650℃焙烧 3h，得粉状固体，即为催化剂。

② 酯化反应。按照 n(椰子油酸)∶n(新戊二醇)=1.95∶1，催化剂用量为总反应物质量的 0.040%，将新戊二醇、椰子油酸及催化剂加入反应瓶，在氮气保护下升至 200℃，在 200℃回流酯化反应 7h，至无水分出时反应结束。过滤，即得到透明液体产品。

质量指标 本品主要技术指标见表 7-6。

表 7-6 新戊二醇二油酸酯技术要求

项 目	指 标	项 目	指 标
外观(25°C)	淡黄色透明液体	闪点/℃	≥200
40℃时运动黏度/(mm^2/s)	22.0~28.0	倾点/℃	≤-24.0
100℃时运动黏度/(mm^2/s)	≤6.0	皂化值/(mg KOH/g)	140~150
密度(20℃)/(g/cm^3)	0.85~0.88	水分，%	≤0.05
酸值/(mg KOH/g)	≤0.5		

用途 本品广泛用于塑料加工增塑剂、润滑剂、金属切削、拉丝等加工用基础油。

用作钻井液润滑剂，适用于各种类型的水基钻井液，与其他处理剂配伍，可以用于高密度钻井液润滑剂，具有一定的消泡作用。还可以用于配方型润滑剂制备的原料。

安全与防护 本产品无毒，不易燃。避免皮肤和眼睛接触。

包装与储运 本品采用镀锌铁桶或塑料桶包装。存放于阴凉、通风、干燥的场所。可按无毒、非危险品储运。

6.棉籽油

化学成分 脂肪酸酯。

理化性质 棉籽油也称棉油，其颜色较其他油深红，粗制棉籽油不可食用。精炼棉籽油一般呈橙黄色或棕色，n(20/D)1.471，相对密度0.918~0.926，闪点113℃，脂肪酸三甘油酯组分脂肪酸中含有棕榈酸21.6%~24.8%，硬脂酸1.9%~2.4%，花生酸0~0.1%，油酸18.0%~30.7%，亚油酸44.9%%~55.0%。精炼后的棉清油清除了棉酚等有毒物质，可供人食用。碘值100~115g/100g，皂化值189~198mg KOH/g，不皂化物21.4~26.4g/kg。

制备过程 以棉花籽压榨得到，包括生榨和熟榨。

质量指标 GB 1537—2003中规定的棉籽原油技术指标见表7-7。

表7-7 棉籽原油技术指标

项目	指标	项目	指标
气味、滋味	具有棉籽原有气味和滋味，无异味	酸值/(mg KOH/g)	≤4.0
水分及挥发物，%	≤0.20	过氧化值/(mmol/kg)	≤7.5
不溶性杂质，%	≤0.20	溶剂残留量/(mg/kg)	≤100

用途 棉籽油可以作为食用油，工业上改性处理后可用作高档皮革加脂剂，或者少量添加在机械润滑油中；还可以用于制造肥皂、甘油、硬脂酸、脂肪醇、脂肪胺等。

在钻井液中可以直接作润滑剂使用，也可以用作制备油酸酯类润滑剂及配方型润滑剂的基础油。用作植物油基钻井液基础油和油基钻井液乳化剂生产的原料。

安全与防护 无毒。可以安全使用，防止燃烧。

包装与储运 本品采用镀锌铁桶包装，每桶净质量180kg。存放于阴凉、通风、干燥处，应与碱类、易燃易爆物品隔离，远离火源。运输中防暴晒、防火。

7.玉米油

化学成分 脂肪酸酯。

理化性质 玉米油又叫粟米油、玉米胚芽油，相对密度0.917~0.925，碘值107~135g/100g，皂化值187~195mg KOH/g，不皂化物小于28g/kg。玉米胚芽脂肪含量在17%~45%之间，大约占玉米脂肪总含量的80%以上。玉米油中的脂肪酸特点是不饱和脂肪酸含量高达80%~85%。玉米油富含多种维生素、矿物质及大量的不饱和脂肪酸，主要为油酸和亚油酸，能够降低血清中的胆固醇，防止动脉硬化，对防治“三高”及并发症有一定的辅助作用。其甘油三酸酯成分高，特别适用于钻井液润滑剂。

制备方法 从玉米胚芽中提炼得到。

质量指标 GB 19111—2003玉米油标准规定的玉米原油指标见表7-8。

表7-8 玉米原油技术指标

项目	指标	项目	指标
气味、滋味	具有玉米原有气味和滋味，无异味	酸值/(mg KOH/g)	≤4.0
水分及挥发物，%	≤0.20	过氧化值/(mmol/kg)	≤7.5
不溶性杂质，%	≤0.20	溶剂残留量/(mg/kg)	≤100

用途 主要用作食用油。

在水基钻井液中可以直接用作润滑剂，具有良好的润滑作用，也可用于制备复合润滑剂的成分。油基钻井液乳化剂生产的原料。

安全与防护 无毒。可以安全使用，防止燃烧。

包装与储运 本品采用镀锌铁桶包装,每桶净质量 180kg。存放于阴凉、通风、干燥处,应与碱类、易燃易爆物品隔离。运输中避免日晒、雨淋,远离火源。

8.*N*,*N*′-亚乙基双硬脂酰胺

分子式 $C_{38}H_{76}N_2O_2$

相对分子质量 593.02

产品性能 *N*,*N*′-亚乙基双硬脂酰胺别名 *N*,*N*′-乙撑双硬脂酰胺、1,2-亚乙基双硬脂酰胺、乙撑双硬脂酰胺、二硬脂酰乙二胺。为白色至淡黄色粉末或粒状物。相对密度 0.98 (25℃),熔点 130~145℃,闪点约 285℃。不溶于水,但粉状物在 80℃以上具有可湿性。耐酸碱和水介质。常温下不溶于乙醇、丙酮、四氯化碳等有机溶剂,但可溶于热的氯代烃和芳烃,冷却时析出沉淀和凝胶。在钻井液中可以直接使用,也可以作为配制润滑剂的主要成分。用作油基钻井液乳化剂。

制备过程 可以采用不同方法生产。

方法一:将 1mol 硬脂酸投入反应釜中,加热熔化。在搅拌下升温至 140℃左右开始加入乙二胺,加入量相当于硬脂酸质量的 1.5 倍。将生成的副产物水和低沸点物通过分水器分出,反应温度维持在 140~160℃,当分出的水中不再含有乙二胺时,反应终止,趁热出料,成型后冷却包装。

方法二:在装有搅拌器、温度计、冷凝器、分水器的 500mL 四口烧瓶中,先用氮气置换,然后依次加入计量的油酸 200.0g、催化剂 1.0g 和乙二胺 22.1g,启动搅拌,同时通入一定量氮气保护,加热升温,当温度升至 185~190℃,反应 4~5h,然后冷却到约 140℃出料,得到淡黄色的蜡状物亚乙基双脂肪酸酰胺[10]。

质量指标 本品主要技术要求见表 7-9。

表 7-9 亚乙基双硬脂酰胺产品技术要求

项 目	指 标	项 目	指 标
外 观	白色粉末状或小颗粒状	胺值/(mg KOH/g)	≤2.5
初熔点/℃	140~145	色度(碘比色)/号	≤4
酸值/(mg KOH/g)	≤10	加热减量,%	0

用途 0.84mm 小颗粒产品可用作 ABS、PVC、PET、PA、PC、PS、PP、PE、AS 等塑料的模塑、抛光、注塑成型的润滑剂、脱模剂和抗黏剂以及硬橡胶(胶管、胶板、汽车用地板垫)的表面光泽润滑剂;0.115mm 粉状产品可用作塑料色母粒和化纤母粒的分散剂, 无机填料和阻燃料的光亮分散剂以及 ABS 等改性材料的润滑剂等;0.044mm 细粉状产品可用作颜料配色用扩散粉以及超细粉体的改性剂和分散剂,提高制品的鲜艳度和光泽度以及加工效率;0.005mm 微粉状产品可用作油墨和涂料油漆的蜡剂和分散剂,在涂料中可用做颜料研磨助剂和分散剂,还可用作化纤用碳黑的分散剂等;铸造用润滑剂,金属加工、粉末冶金用润滑剂,道路沥青和防水材料的改性剂;纸张涂层的光亮剂(可用于食品包装),合成纤维的抗静电剂,在制浆造纸中可用做消泡剂,无纺布的光亮润滑剂以及 PA-6 阻燃改性材料的分散润滑剂。

用作钻井液润滑剂,其润滑性能优良,抗钙盐能力强,减阻效果好,用于饱和盐水钻井

液中，能有效地降低磨阻，减少动力消耗。也可用作水基钻井液的消泡剂和油基钻井液乳化剂和增黏剂。作为配方型润滑剂的成分。

安全与防护 本品无毒，可以安全使用。

包装与储运 本品采用内衬塑料袋、外用塑料编织袋或防潮牛皮纸袋包装，每袋净质量 20kg 或 25kg，运输时应防止日光直射和雨淋，贮存期壹年，存放在避光和干燥、通风处，壹年后检验合格仍可使用，本品按一般化学品规定贮运。

9.油酸二乙醇酰胺

分子式 $C_{22}H_{43}NO_3$

相对分子质量 369.58

理化性质 油酸二乙醇酰胺别名油酰二乙醇胺，浅色、低气味的脂肪酸酰胺，可以分散于水，溶于一般的有机溶剂，具有优良的去污、乳化、发泡、稳泡、分散、增溶、抗静电、润滑、防锈缓蚀、抗磨能力，具有优良的钙镁分散能力，可用于调配长寿命乳化油、pH 值稳定的水性金属加工液、高性能可水洗冲压拉伸油。在钻井液中具有润滑、乳化等作用。

制备过程 在装有电动搅拌器、冷凝管、温度计的 250mL 四颈烧瓶中加入 0.4mol 油酸，在氮气的保护下，将油酸加热至 100℃，加入二乙醇胺 0.2mol(即其反应总量的 1/2)，继续升温至 140~160℃，保持此温度，反应 4h。用氢氧化钠标准溶液检测游离酸含量，当游离酸含量低于 15%时，降温至 70~80℃，投入剩余的二乙醇胺 0.2mol 和反应物料总量 0.4%的氢氧化钾，保温反应 4~6h。测定反应物胺值为 16.32 且不再改变时，结束反应，得到产物[11]。

质量指标 本品主要技术指标见表 7–10。

表 7–10 油酸二乙醇酰胺技术指标

项 目	指 标	项 目	指 标
外 观	黄色黏稠透明液体	酸值/(mg KOH/g)	≤15.0
固含量，%	≥99.0	pH值(1%水溶液)	8~11
总胺值(mg KOH/g)	≤45.0		

用途 本品可以用作油品添加剂，聚合物材料抗静电剂、抗摩擦剂，锅炉清洗防锈分散剂，纤维加工润滑剂等；还可以用作工业清洗剂、家居洗涤剂，纺织、化纤、皮革去污剂和个人护理用品等。

在水基钻井液中可以直接用作润滑剂，具有良好的润滑作用，也可用于制备复合润滑剂的成分。用于油基钻井液乳化剂。

安全与防护 大鼠口服 LD_{50} 为 12.4mL/kg，小鼠口服 LD_{50}>10000mg/kg，可降解，对皮肤、眼睛有刺激性。使用时避免眼睛、皮肤接触。

包装与储运 本品采用 200kg 镀锌铁桶或 50kg 塑料桶包装。按一般化学品贮存和运输。贮存于阴凉、通风、干燥处。运输中避免日晒、雨淋，远离火源。

10.妥尔油沥青磺酸钠

化学成分 妥尔油、沥青、磺酸钠等。

产品性能 妥尔油沥青磺酸钠也称磺化妥尔油沥青(STOP)，为棕黑色粉末，溶于水，部分溶于油。用作钻井液处理剂，主要用于改善泥饼质量和提高其润滑性。STOP亲水性弱，亲油性强，可有效地涂敷在井壁上，在井壁上形成一层油膜。这样既可减轻钻具对井壁的摩擦，又可减轻钻具对井壁的冲击作用。由于STOP类处理剂的作用，井壁岩石由亲水转变为憎水，所以可阻止滤液向地层渗透。本品主要用作极压润滑剂和防卡剂，同时还具有一定的防塌、降滤失作用。

制备过程 将妥尔油沥青块粉碎成小颗粒，在搅拌作用下，使沥青充分分散于妥尔油或煤油中。将体系升温至30~45℃，然后慢慢的加入适量的发烟硫酸，发烟硫酸加完后保温搅拌反应80~100min。加入氢氧化钠水溶液将体系pH值调节至9~10，分离、干燥、粉碎，即得产品。

质量指标 本品主要技术指标见表7-11。

表7-11 STOP产品技术指标

项 目	指 标	项 目	指 标
外 观	棕黑色粉末	杂质，%	≤10.0
有效物，%	≥90.0	润滑系数	≤0.11
水分，%	≤4.0	细度(筛孔0.25mm标准筛余)，%	≤5.0
磺化物，%	≥5.0	pH值	9~10
硫酸钠，%	≤5.0		

用途 本品用于水基钻井液中，具有良好的润滑、防卡作用，同时对稳定泥页岩，巩固井壁，降低高温高压滤失量和改进环空流型有一定效果。本品可以直接加入钻井液，加量一般为0.5%~2.0%。

安全与防护 低毒。对皮肤、眼睛有很低的刺激性。使用时防止粉尘吸入及与皮肤、眼睛接触。

包装与储运 本品采用内衬塑料袋、外用防潮牛皮纸袋包装。贮存在阴凉、通风、干燥处。运输中防止暴晒和雨淋。

11.磺化妥尔油

化学成分 妥尔油、磺酸钠等。

产品性能 妥尔油又称液体松香，是从碱法制木浆时所残余的黑色溶液制得，主要成分是脂肪酸和松香酸，妥尔油经磺化和成盐可以制得磺化妥尔油，磺化妥尔油(ST)为黑色黏稠液体，无毒，不易燃，可抗200~240℃高温，用作钻井液极压润滑剂，并有防卡和解卡作用。

制备过程 在妥尔油中慢慢的加入适量的发烟硫酸，发烟硫酸加完后保温搅拌反应80~100min。加入氢氧化钠水溶液，将体系pH值调节至8.5~9.5，即得产品。

质量指标 本品主要技术指标见表7-12。

表7-12 ST产品技术指标

项 目	指 标	项 目	指 标
外 观	黑色黏稠液体	pH值	9~10
固含量，%	≥35.0	硫酸钠，%	≤0.5
磺化物，%	≥25.0	泡沫度/(g/cm^3)	≤0.03

用途 本品用作水基钻井液的防卡润滑剂或极压润滑剂，能降低泥饼摩阻系数，对防止压差卡钻有一定的作用，一般加量0.2%~2%。也可以用作润滑剂制备的原料。

将磺化妥尔油与乙醇胺反应得到的磺化妥尔油酰胺，可以改善其润滑及抗高价离子的能力。

安全与防护 低毒。对皮肤、眼睛有很低的刺激性。使用时防止与眼睛、皮肤接触。

包装与储运 本品采用镀锌铁桶或塑料桶包装，在储运中不宜倒置。放置于阴凉、通风、干燥的库房中。运输中防暴晒。

12.硫化脂肪酸酯

化学成分 脂肪酸酯硫化产物。

结构式

$$R—O—\overset{\overset{\displaystyle O}{\|}}{C}—(CH_2)_7—\underbrace{CH—CH}_{\overset{\frown}{S}}—(CH_2)_7—CH_3$$

产品性能 硫化脂肪酸酯是一种金黄色透明低黏度、低气味的非活性硫化极压抗磨剂，具有黏度小、流动性好、润滑性优、极压性高的特点，适合在切削变形中作为主剂使用；添加在冲压拉伸油中可有效提高油品的极压抗磨性；工业油品中适于调和中负荷、重负荷齿轮油。钻井中用作极压润滑剂。

制备方法 将定量合成脂肪酸酯和乙二胺加入三口烧瓶中，在氮气气氛中搅拌加热至一定温度，分次增量加入单质硫，然后升温至预定温度反应一定时间，再在低温下用氮气吹扫以除去低沸点物质，冷却过滤得到硫化脂肪酸酯。

也可以采用一氯化硫为硫化剂合成。首先以物质的量比为1:1的不饱和植物油脂肪酸与一氯化硫为原料，在低于40℃的温度下进行加成反应，然后用多硫化钠脱去加成产物中的氯，用还原铁粉除去游离硫，即得到硫化脂肪酸酯。

质量指标 本品主要技术指标见表7-13。

表7-13 硫化脂肪酸酯技术指标

项目	指标	项目	指标
密度/(g/cm^3)	0.995~1.010	色度	≤6.0
总硫，%	16.0~17.0	皂化值/(mg KOH/g)	≤160
铜片腐蚀/级	≤4	倾点/℃	≤-5

用途 本品主要用于金属加工业。钻井液中可用于水基钻井液润滑剂，具有良好的润滑和防卡作用。也可以用作配制极压润滑剂的主要成分。适用于各种水基钻井液，可以单独使用，也可以与其他处理剂配伍使用，其用量一般为0.5%~1.5%。

安全与防护 低毒。对皮肤、眼睛有很低的刺激性。使用时防止接触皮肤、眼睛等。

包装与储运 本品采用塑料桶或镀锌桶包装，每桶净质量25kg或50kg。贮存在阴凉、通风、干燥处。运输中防止暴晒和雨淋。

13.磺化植物油

化学成分 油酯的磺化产物。

产品性能 本品是植物油经过硫酸或三氧化硫磺化得到的一种阴离子表面活性剂，棕色黏稠液体,可溶于水,具有渗透、润湿、乳化、分散、润滑、匀染、助溶等性能。磺化油通常包括磺化棉籽油和磺化蓖麻油(别名太古油、土耳其红油)。磺化油可以作为抗温抗挤压的极压润滑剂使用,适用于高密度、高固相钻井液。磺化棉子油还可增加矿物油的活性,使其润滑效果得以提高。

制备方法 植物油(棉籽油、蓖麻油)与硫酸或三氧化硫反应得到。可以参考中国发明专利 CN1078457 所公开的方法制备。

质量指标 本品主要技术要求见表 7-14。

表 7-14 磺化油技术要求

项 目	指 标	项 目	指 标
外观(25℃)	黄棕色至红棕色液体,允许有沉淀或分层	pH值(10%水溶液)	5.0~8.0
固含量,%	50~75	稳定性(1:9 水溶液)	24h 无浮油、不分层

用途 本品广泛适用于纺织、印染等工业的渗透、分散、匀染、助溶和锦纶纺丝的油剂,及制革、农药、金属加工的乳化剂,也适用于玻璃纤维上油剂的基剂等。

钻井液中用作润滑剂和防卡剂,可以用于水平井钻井液和高密度水基钻井液。也可以与其他材料复配制备复配型润滑剂。

安全与防护 低毒。对皮肤、眼睛有很低的刺激性。使用时防止眼睛、皮肤长时间接触。

包装与储运 本品采用塑料桶或内衬塑料的铁桶包装。贮存于阴凉、通风、干燥处。运输中切忌包装倒置,避免日晒雨淋。

第二节 配方型液体润滑剂

将一些由植物油脂、脂肪酸酯、改性植物油、矿物油、表面活性剂等复配得到的润滑剂作为配方型润滑剂。该类润滑剂包括植物油与表面活性剂等的复配物、矿物油与表面活性剂复配物、脂肪酸酯与表面活性剂、不同类型表面活性剂复配物以及植物油、矿物油等与表面活性剂复配物等。

配方型润滑剂具体包括油基分散悬浮液、乳状液和表面活性剂复配水溶液等三种类型。其中,油基分散悬浮液由植物油或矿物油、表面活性剂等组成。乳状液型润滑剂为油包水或水包油型乳状液,通常由植物油、矿物油、表面活性剂和水等组成。表面活性剂复配水溶液,一般是由水溶性或水分散性的阴离子型表面活性剂、非离子型表面活性剂和水按一定比例混合而成的一种表面活性剂水溶液。

液体润滑剂是现场用量最大的润滑剂类型。尽管品牌较多,但活性组分和基础油并无大的差别,本节就一些典型的配方型润滑剂产品进行介绍。

1.RH-2 润滑剂

化学成分 植物油、十二烷基苯磺酸钠、非离子表面活性剂等。

产品性能 本品为棕色液体,可以在水中很好的分散。由于所选用的原料均为优选的无荧光或低荧光材料,且各组分已经过优化,所得产品不仅荧光级别低,且具有较好的润滑作用,抗温抗盐能力强,适用范围广,是应用最早的润滑剂产品之一[12]。加入钻井液中有利于改善钻井液性能，改善滤饼质量。耐高温。

制备过程 按要求将各组分加入反应釜中，使物料充分混合均匀得一黏稠状棕色液体即为本品。

质量指标 本品主要技术指标见表7–15，其钻井液性能指标应满足Q/SHCG 4—2011水基钻井液用润滑剂技术要求中对液体润滑剂的要求(见表7–16)。

表7–15 RH–2润滑剂技术指标

项目	指标	项目	指标
外观	棕色液体	扭矩降低率，%	≥50.0
密度/(g/cm³)	0.85~0.9	荧光级别/级	≤3
润滑系数降低率，%	≥70.0	pH值	7~8

表7–16 Q/SHCG 4—2011水基钻井液用润化剂技术要求对液体润滑剂的要求

项目	指标		
	一级	二级	三级
外观	均匀液体或膏状物		
表观黏度升高值/(mPa·s)	≤3.0		
润滑系数降低率①，%	≥85	≥80	≥65
泥饼黏附系数降低率①，%	≥70	≥65	≥60
荧光级别②/级	≤4.0		

注：①润滑系数降低率和泥饼黏附系数降低率根据要求有一项达到指标要求即为合格；②荧光级别指标只限于钻井液用低荧光或无荧光润滑剂。

用途 本品用作水基钻井液润滑剂具有低荧光干扰，不影响地质录井测试，能显著降低滤饼黏附系数等特点，可广泛用于探井、斜井、资料井及生产井的钻井，预防压差卡钻，并兼有乳化作用。本品与其他处理剂配伍性好，对钻井液的流变性无不良影响。

安全与防护 低毒。对皮肤、眼睛有很低的刺激性。使用时防止泄漏，防止接触皮肤、眼睛等。

包装与储运 本品采用镀锌铁桶或塑料桶包装。应放置于阴凉、通风、干燥的库房。运输中防暴晒，不宜倒置，不可接触明火。

2.RH–3润滑剂

化学成分 阴离子、非离子表面活性剂、极压剂等。

产品性能 本品是由多种表面活性剂优选组配而成，为棕褐色液体，可以在水中很好的分散。用作水基钻井液的极压润滑剂，低荧光，对地质录井无干扰。形成的润滑膜强度高，可以耐温200℃，主要用作探井及定向井的防卡剂，具有较大的极压膜强度，对降低扭矩和摩阻系数都有明显效果。在淡水浆中应用性能良好，在1%加量(5%膨润土基浆)时，摩阻系数降低率约为80%。在盐水浆中会有泡沫产生，并且润滑性下降，在RH–3加量1%的5%膨润土基浆中，加入8% NaCl，摩阻系数降低率约为60%，加入5% $CaCl_2$，摩阻系数降低率约为45%。

制备过程 按要求将各组分加入反应釜中，使物料充分混合均匀，即得到成品。

质量指标 本品主要技术指标见表7–17，同时要满足表7–16规定的要求。

表 7-17 RH-3 润滑剂技术指标

项 目	指 标	项 目	指 标
外 观	棕褐色液体	荧光级别/级	≤3.0
闪点/℃	≥150	扭矩降低率,%	≥50.0
凝点/℃	≤-10.0	润滑系数降低率,%	≥70.0

用途 本品用作钻井液处理剂,适用于各种类型水基钻井液中作防卡润滑剂,能显著降低滤饼黏附系数,特别是和 RH-2 配合使用,可广泛用于大斜井定向井和深井。本品与其他处理剂配伍性好,对钻井液的流变性无不良影响。一般加量为 0.5%~2.0%。

安全与防护 低毒。对皮肤、眼睛有很低的刺激性。使用时防止泄漏,防止皮肤、眼睛接触。

包装与储运 本品采用镀锌铁桶或塑料桶包装。放置于阴凉、通风、干燥的库房。运输中防暴晒,不能倒置。

3.RH-4 润滑剂

化学成分 SP-80、十二烷基苯磺酸钠、OP-10、油酸酯等。

产品性能 本品是采用不同类型的表面活性剂经过复配而成, 为水乳化型浅黄色液体,可以在水中很好的分散。本品可以有效地清洁钻具,防止钻头泥包,故也叫清洁剂。

制备过程 按要求将各组分加入反应釜中,使物料充分混合均匀,即得到成品。

质量指标 本品主要技术指标见表 7-18,同时要满足表 7-16 规定的要求。

表 7-18 RH-4 润滑剂技术指标

项 目	指 标	项 目	指 标
外 观	乳化型浅黄色液体	表面张力/(N/cm)	$\leq 3.2\times10^4$
密度/(g/cm^3)	0.90~1.00	润滑系数	≤0.28
润湿接触角/(°)	≤10		

用途 本品适用于钻进泥页岩,易泥包地层井段,能有效地清洁钻具,防止钻具泥包,并可改善钻井液的润滑性。用量一般为 0.5%~1.0%,高密度钻井液可适当地增加用量,也可以与其他润滑剂配伍使用,对钻井液的流变性、滤失量等无不良影响。

安全与防护 低毒。对皮肤、眼睛有低的刺激性。使用时避免皮肤、眼睛接触。

包装与储运 本品采用镀锌铁桶或塑料桶包装。放置于阴凉、通风、干燥库房。运输中不宜倒置,防暴晒、防冻。

4.RT-441 润滑剂

化学成分 磺化植物油、阴离子表面活性剂和非离子表面活性剂等。

产品性能 本品为棕红色液体,可以在水中很好的分散,为低荧光水基润滑剂,具有较强的乳化、润滑作用,能显著降低摩阻系数,防止钻头泥包和压差卡钻,并有较好的高温稳定性,可抗温 200℃。

制备过程 按要求将植物油经磺化后和阴离子表面活性剂和非离子表面活性剂加入反应釜中,使物料充分混合均匀得一黏稠状棕红色液体,即为本品。

质量指标 本品主要技术指标见表7-19。

表7-19 RT-441润滑剂技术指标

项目	指标	项目	指标
外观	棕红色液体	水分,%	≤1.0
磺化物,%	≥5.0	黏度/(mPa·s)	≥32.0
硫酸盐(以硫酸钙计),%	≤1.0	pH值	7~8

用途 本品用作钻井液润滑剂,适用于各种类型水基钻井液,且对地质录井无荧光干扰,可以用于探井。其加量一般为1.0%~1.5%。对混油钻井液具有一定的乳化作用。

安全与防护 低毒。对皮肤、眼睛有很低的刺激性。使用时防止接触皮肤、眼睛等。

包装与储运 本品采用镀锌铁桶或塑料桶包装。在储运中不宜倒置,应放置于阴凉、通风、干燥的库房中。运输中防暴晒、防火。

5.RT-443润滑剂

化学成分 矿物油、改性植物油、阴离子表面活性剂和非离子表面活性剂等。

产品性能 本品是以特种矿物油和植物油为基础油再配合多种表面活性剂复配而成,为棕红色液体,可以在水中很好的分散,直照荧光为5级,对地质录井无干扰,主要用作探井及定向井的防卡剂,可以有效地降低扭矩。本品与其他处理剂配伍性好,对钻井液的流变性无不良影响。

制备过程 按要求将矿物油、改性植物油、阴离子表面活性剂和非离子表面活性剂加入反应釜中,使物料充分混合均匀得一黏稠状棕色液体即为本品。

质量指标 本品主要技术指标见表7-20。

表7-20 RT-443润滑剂技术指标

项目	指标	项目	指标
外观	棕红色液体	荧光级别/级	≤5.0
磺化物,%	≥5.0	黏度/(mPa·s)	≥20.0
硫酸盐(以硫酸钙计),%	≤1.0	pH值	7~8
水分,%	≤1.0		

用途 本品为低荧光润滑剂,在水基钻井液中作防卡润滑剂,能较好地降低滤饼摩阻系数,防止压差卡钻。其加量一般为1%~2%。

安全与防护 低毒。对皮肤、眼睛有很低的刺激性。使用时防止皮肤、眼睛接触。

包装与储运 本品采用镀锌铁桶或塑料桶包装。在储运中不宜倒置,应放置于阴凉、通风、干燥的库房中。运输中防暴晒,不可接触明火。

6.十二烷基苯磺酸三乙醇胺

化学成分 十二烷基苯磺酸、三乙醇胺、水等。

产品性能 十二烷基苯磺酸三乙醇胺(ABSN)为黄色透明液体,易溶于水,亲油性强。具有乳化、润滑作用,由于可以形成较强的润滑膜,而使摩擦系数降低。

制备过程 按配方要求,将15份十二烷基苯磺酸和水加入反应釜中,将体系升温至

40~50℃,使其充分预热。在不断搅拌下,加入 10~15 份三乙醇胺,于 30~50℃温度下搅拌约 1h,使物料充分混合均匀得棕色液体即为本品。

质量指标 本品主要技术指标见表 7-21。

表 7-21 ABSN 润滑剂技术指标

项 目	指 标	项 目	指 标
外 观	黄色透明液体	硫酸盐(以硫酸钙计),%	≤1.0
活性物,%	≥25.0	*HLB*值	8~10
黏度/s	≥180.0	pH值	7~8

用途 本品可作为钻井液润滑剂,具有较好的乳化、润滑作用,同时也可以用作水包油及油包水钻井液或油基解卡液的乳化剂,可抗温 180℃以上。其加量一般为 0.5%~1.5%。

安全与防护 低毒。对皮肤、眼睛有很低的刺激性。使用时防止泄漏,防止与皮肤、眼睛接触。

包装与储运 本品采用镀锌铁桶或塑料桶包装,在储运中不宜倒置。应放置于阴凉、通风、干燥的库房。运输中防暴晒、雨淋。

7.润滑剂 DR-1

化学成分 白油、阴离子和非离子表面活性剂等。

产品性能 本品为棕褐色液体,可以分散于水,水溶液呈碱性,有滑腻感。产品中矿物油、表面活性剂等成分,通过协同作用在金属、岩石和黏土表面形成吸附膜,降低钻具回转阻力,起到润滑防卡作用。

制备过程 按要求将各组分加入反应釜中,使物料充分混合均匀得本品。

质量指标 本品主要技术指标见表 7-22。

表 7-22 DR-1 润滑剂技术指标

项 目	指 标	项 目	指 标
外 观	棕褐色液体	摩阻降低率,%	60~70
抗钙/(mg/L)	≥2000	pH值	7~9
抗盐,%	≥35.0		

用途 本品用作水基钻井液润滑剂,降摩阻效果好,并具有一定的抗钙能力。适用于各种水基钻井液体系,加量一般 0.5%~1.5%。

安全与防护 低毒。对皮肤、眼睛有很低的刺激性。使用时防止泄漏,防止与皮肤、眼睛接触。

包装与储运 本品采用镀锌铁桶或塑料桶包装。在储运中不宜倒置。放置于阴凉、通风、干燥库房。运输中防暴晒、防火。

8.合成脂肪酸类润滑剂

化学成分 合成脂肪酸釜残、乙二醇乙醚或乙二醇及其釜残的混合物。

产品性能 本品为褐色至暗褐色均匀膏状物,无毒,易溶于水,能在长时间内保持其理化性质不变,具有良好的耐温、抗盐及润滑性能。产品中具有表面活性作用的成分,通过在金属、岩石和黏土表面形成吸附膜，降低钻具回转阻力，从而起到润滑防卡作用。以工业废料为原料不仅成本低，而且有利于减少废物排放。

制备过程 按配方要求，将合成脂肪酸釜残、乙二醇乙醚或乙二醇及其釜残加入反应釜，搅拌使之混合均匀，并加入适量甲苯作为共沸剂；在不断搅拌下，使反应混合物体系缓慢升温至85℃，及时除去或分离生成的水，使酯化反应充分进行。反应时间约为6~12h；反应时间达到后，将反应混合物用质量分数10%的 Na_2CO_3 溶液中和洗涤，然后用水洗涤至混合物溶液pH值为中性。将所得产物放入油水分离器中，静置分出有机层并提取共沸剂(可循环再用)，得到膏状产物即为成品。

质量指标 本品主要技术指标见表7-23。

表7-23 合成脂肪酸类润滑剂技术指标

项　目	指　标	项　目	指　标
外　观	褐色至深褐色膏状物	pH值	6.5~8.0
有效物，%	≥50.0	润滑系数降低率，%	≥70
密度/(g/cm³)	0.90~0.95	扭矩降低率，%	≥50

用途 本品用作钻井液润滑剂，配伍性好，对钻井液的流变性和滤失量影响小，可有效改善钻井液在高浓度高价金属盐存在时的润滑性能，适用于高温、高矿化度钻井液体系。同时对混油钻井液具有一定的乳化作用。

安全与防护 低毒。对皮肤、眼睛有很低的刺激性。使用时防止泄漏，避免与皮肤、眼睛接触。

包装与储运 本品采用镀锌铁桶或塑料桶包装。在储运中不宜倒置。应储存在阴凉、通风、干燥的库房中。运输中防止暴晒。

9.无荧光液体润滑剂RH-8501

化学成分 无毒矿物油、表面活性剂等。

产品性能 本品为棕黄油状液体，易分散于水中。其特点是无荧光干扰，不影响地质录井，使用范围广，可用在深井、资料井及特殊作业井；润滑性好，在各种类型的水基钻井液中都能显著降低滤饼黏附系数，现场用量0.3%~0.5%可降低黏附系数40%~60%；热稳定性好，可耐200℃高温；用于较高密度钻井液中也能够有效地降低泥饼黏附系数，其加量要随密度的增加而提高；对钻井液性能无不良影响，在pH值7~12范围内均适用[13]。

制备过程 按比例将各种原料加入反应釜，在一定温度下充分搅拌，混合均匀后即得到产品。

质量指标 本品主要技术指标见表7-24。

表7-24 RH-8501润滑剂技术指标

项　目	指　标	项　目	指　标
外　观	浅黄色或棕黄油状液体	表观黏度(40℃)/(mPa·s)	≥15.0
水分，%	≤1.0	胶体率(静置24h)，%	≥95.0
有效物，%	≥95.0	泥饼黏附系数	≤0.02
油不溶物，%	≤5.0	酸碱度	近中性

用途 本品用作钻井液无荧光润滑剂，具有良好的润滑能力，适用于各种类型的水基钻井液，能显著地降低泥饼黏附系数，热稳定性好，对钻井液流变性无不良影响，可以在探井、详探井、裸眼中途测试等特殊作业中使用，加量一般为 0.5%~1.5%。

安全与防护 低毒。对皮肤、眼睛有很低的刺激性。使用时防止眼睛、皮肤接触。

包装与储运 本品采用镀锌铁桶或塑料桶包装。储存在阴凉、通风、干燥的库房中。在运输中不宜倒置，并防暴晒、防火。

10.防卡剂 CP-233

化学成分 阴离子、非离子表面活性剂等。

产品性能 本品由十二烷基苯磺酸、二乙醇胺、油酸、三乙醇胺，聚氧乙烯醚等组成，为棕褐色液体，可以在水中很好的分散。产品中油酸胺、表面活性剂等成分具有协同增效作用，它们通过在金属、岩石和黏土表面形成吸附膜，使钻柱与井壁岩石接触(或水膜接触)产生的固-固摩擦，改变为活性剂非极性端之间或油膜之间的摩擦，降低钻具回转阻力，并可以改善滤饼质量，提高滤饼润滑性，从而起到润滑防卡作用。

制备过程 按要求将各组分加入反应釜中，使物料充分混合均匀得一黏稠状棕色液体即为本品。

质量指标 本品主要技术指标见表 7-25。

表 7-25 CP-233 润滑剂技术指标

项 目	指 标	项 目	指 标
外 观	棕褐色液体	扭矩降低率，%	≥50.0
密度/(g/cm³)	0.85~0.9	pH值	7~8
润滑系数降低率，%	≥70.0		

用途 本品适用于各种类型水基钻井液中作防卡润滑剂，能显著降低滤饼黏附系数，可广泛用于大斜度井、定向井和深井。本品与其他处理剂配伍性好，对钻井液的流变性无不良影响。对混油钻井液具有一定的乳化作用。其加量一般为 0.5%~1.5%。

安全与防护 低毒。对皮肤、眼睛有很低的刺激性。使用时防止泄漏，避免与皮肤、眼睛等接触。

包装与储运 本品采用镀锌铁桶或塑料桶包装。应放置于阴凉、通风、干燥的库房，不可接触明火。在储运中不宜倒置，防止暴晒、防火。

11.植物油防卡润滑剂

化学成分 山梨糖醇酐单油酸酯、聚氧乙烯辛基苯酚醚、琥珀酸酯磺酸钠、三乙醇胺和棉籽油等。

产品性能 本品由不同表面活性剂、植物油等配成，是一种棕红色油状液体，具有无毒、无污染、无荧光干扰、防卡润滑性能好等特点。植物油、表面活性剂等主要是通过改善滤饼的润滑性降低泥饼黏附系数以及在金属、岩石和黏土表面形成吸附膜，降低钻具的摩擦阻力，从而达到润滑、防卡的目的。

制备过程 将 40~45 份棉籽油和 20 份 SP-80、33 份 OP-10 加入反应釜中，在搅拌下升温至50~60℃，在此温度下搅拌约30~40min，缓慢向反应釜内加入适量的琥珀酸酯磺酸钠，搅拌使之充分分散，最后加入2份三乙醇胺搅拌混合均匀，出料得一棕红色油状液体，即为本品。

质量指标 本品主要技术要求见表7–26。

表7–26 防卡润滑剂产品技术要求

项 目	指 标	项 目	指 标
外 观	深棕红色液体	闪点/℃	≥100
密度/(g/cm³)	0.92~0.95	凝点/℃	≤5
pH值	6.5~8	滤饼黏滞系数值下降率，%	≥70

用途 本品用作钻井液防卡润滑剂，对混油钻井液具有一定乳化作用，能满足探井、详探井地质录井及环境保护的要求，适用于各种钻井液体系，尤其是高密度或高固相钻井液体系，与其他处理剂配伍性好，对钻井液流变性和滤失量无不良影响。其加量一般为0.5%~1.0%，高密度钻井液中用量可以适当增加。

安全与防护 低毒。对皮肤、眼睛有很低的刺激性，使用时避免皮肤、眼睛接触。

包装与储运 本品采用镀锌铁桶或塑料桶包装。储存在阴凉、通风、干燥的库房中。运输中不宜倒置，防暴晒，防火。

12.葵花籽油防卡剂

化学成分 葵花籽油皂脚、双环戊二烯釜残等。

产品性能 本品为暗棕色可流动液体，无毒、无挥发性，具有表面活性的葵花籽油皂脚和具有矿物油特性双环戊二烯釜残等通过在金属、岩石和黏土等表面形成吸附膜及降低滤饼黏附系数，使钻柱与井壁之间的摩阻和黏附力大大降低，从而达到润滑、防卡的效果。

制备过程 将葵花籽油精制碱渣经中和分离得皂脚。将30份葵花籽油皂脚与70份双环戊二烯釜残加入反应釜中，搅拌混合均匀，然后升温至150~160℃，在此温度下保持40~50min，使釜残和皂化物溶解得一均匀混合物溶液。将反应混合物冷却至50~60℃，出料包装即得产品。

质量指标 本品主要技术指标见表7–27。

表7–27 葵花籽油防卡润滑剂技术指标

项 目	指 标	项 目	指 标
外 观	棕色可流动液体	pH值	7~8
密度/(g/cm³)	0.93~0.95	滤饼黏滞系数下降率，%	30~60

用途 本品用作钻井液润滑防卡剂，具有良好的抗磨阻性和降黏附性，对混油钻井液具有一定的乳化作用，无荧光干扰，不影响地质录井；可有效改善钻井液的润滑性，满足探井、资料井及特殊井作业的要求。本品可以单独使用，也可以与其他处理剂配伍使用，用量一般为1.0%~1.5%。

安全与防护 低毒。对皮肤、眼睛有很低的刺激性。避免皮肤、眼睛接触。

包装与储运 本品采用镀锌铁桶或塑料桶包装。储存于阴凉、通风、干燥库房。运输中防暴晒、雨淋。

13.低荧光润滑剂

化学成分 十二烷基苯磺酸钠、松香酸钠、油酸和白油等。

产品性能 本品为棕褐色液体，水分散性良好。在水基钻井液中具有润滑、乳化作用，无毒、无污染、低荧光干扰，防卡润滑性好等特点，产品成分中的矿物油、植物油、表面活性剂等成分，通过在金属、井壁岩石表面形成吸附膜以及改善泥饼润滑性，降低黏附系数，提高钻井液的润滑、防卡能力。

制备过程 按配方要求，将水加入反应釜内，并将体系升温至50℃，使油充分预热。然后在不断搅拌下，加入10~15份十二烷基苯磺酸钠、5份松香酸钠、20份油酸和50~55份白油，在30~40℃温度下搅拌约1~1.5h，使物料充分混合均匀得本品。

质量指标 本品主要技术要求见表7-28。

表7-28 低荧光润滑剂技术要求

项 目	指 标	项 目	指 标
外 观	棕褐色液体	润滑系数降低率，%	≥70.0
密度/(g/cm^3)	0.85~0.90	扭矩降低率，%	≥50.0
pH值	7~8	荧光级别/级	≤5.0

用途 本品用作钻井液润滑剂，适用于各类水基钻井液，对钻井液流变性无不良影响，能满足探井、详探井、地质录井及环境保护的要求；也可以作混油钻井液的乳化剂。本品可以单独使用，也可以与其他润滑剂配伍使用，用量一般为0.5%~1.5%。使用时如果出现起泡现象，可以配合硬脂酸铝等消泡剂使用。

安全与防护 低毒。对皮肤、眼睛有很低的刺激性。避免与皮肤、眼睛接触。

包装与储运 本品采用镀锌铁桶或塑料桶包装。储存于阴凉、通风干燥的库房。运输中不宜倒置，防止暴晒和雨淋。

14.矿物油防卡润滑剂

化学成分 SP-80、十二烷基苯磺酸钠、OP-10、白油等。

产品性能 本品为浅黄色至棕黄色水乳化型液体，无毒、无污染、无荧光干扰，能显著降低滤饼黏附系数，热稳定性好，在pH值7~14的钻井液中均能使用。本品与其他处理剂配伍性好，对钻井液的流变性和滤失量无不良影响，而且其成分中的SP-80有利于提高钻井液的高温稳定性。

制备过程 按要求将40~45份水加入反应釜中，将体系升温至40~50℃，在不断搅拌下加入10份SP-80、5~7份十二烷基苯磺酸钠、适量OP-10及30份白油，并保持在50℃下搅拌40~50min，使物料充分混合均匀得本品。

质量指标 本品主要技术要求见表7-29。

表7-29 防卡润滑剂技术要求

项 目	指 标	项 目	指 标
外 观	浅黄色或棕黄色液体	表观黏度(40℃)/(mPa·s)	≥15.0
pH值	6.5~7.5	胶体率(静置24h)，%	≥95.0
有效物，%	≥55.0	润滑系数	≤0.28

用途 本品用作钻井液润滑剂，适用于各种水基钻井液，可广泛用于探井、斜井、资料井及生产井。其用量一般为0.5%~1.5%。对混油钻井液具有一定的乳化稳定作用。

安全与防护 低毒。对皮肤、眼睛有很低的刺激性。避免与眼睛、皮肤接触。

包装与储运 本品采用镀锌铁桶或塑料桶包装。放置在阴凉、通风、干燥的库房。运输中不宜倒置，防暴晒、防冻。

15.钻井液用硫化脂肪酸润滑剂

化学成分 硫化脂肪酸皂、亚硝酸钠等。

产品性能 本品为乳黄色可流动液体，无毒、无挥发性，具有良好的抗磨阻性和降黏附性，无荧光干扰，不影响地质录井。产品中的硫化脂肪酸皂含有活性元素硫，由于含活性元素的润滑剂兼有两种作用，既是油性剂，又是极压剂。在钻具表面形成极压润滑膜，减轻钻具磨损，提高极压润滑性。

制备过程 将70份硫化脂肪酸升温至60℃，加入10份氢氧化钾，在100℃下搅拌反应4h，将反应混合物冷却至60℃，加入0.5份的亚硝酸钠和20份水，搅拌均匀出料包装即得产品。

质量指标 本品主要技术要求见表7-30。

表7-30 钻井液用硫化脂肪酸润滑剂技术要求

项 目	指 标	项 目	指 标
外 观	乳黄色可流动液体	pH值	8~9
密度/(g/cm^3)	0.93~0.95	滤饼黏滞系数下降率，%	30~60

用途 本品用作水基钻井极压润滑剂，可有效改善钻井液的润滑性，满足探井、资料井以及特殊井作业的要求。本品加量一般为0.5%~2.0%，对混油钻井液具有一定的乳化稳定作用。

安全与防护 低毒。对皮肤、眼睛有很低的刺激性。防止接触皮肤、眼睛等。

包装与储运 本品采用镀锌铁桶或塑料桶包装。储存于阴凉、通风、干燥的库房。运输中防暴晒和雨淋。

16.抗温极压润滑剂

化学成分 硫化植物油、表面活性剂、矿物油等。

产品性能 本品是通过植物油硫化并与多种表面活性剂复配而成的低荧光润滑剂，硫化油作为抗温抗挤压的极压润滑成分，使其润滑效果得以提高，能够有效地提高钻井液的润滑性，特别是降低钻井中高温高压下的扭矩和摩阻，清洗钻头，抗温140℃以上。其特点是具有很强的极压抗磨效果，能在摩擦的金属钻具表面形成坚固的极压润滑膜，对钻具起有效保护作用，延长钻头寿命，减少下钻次数，降低钻杆扭矩，提高钻速，有效减轻对钻杆和钻头的磨损，大幅度提高钻井效率；本品还有利于使钻井液形成水包油乳化钻井液，降低界面张力，且用量小，润滑效果好[14]。

文献介绍了一种由白油、极压抗磨添加剂(在植物油提取物中引入硫、磷、硼等活性元素得到)，与表面活性剂、稳定剂，按照一定比例(7号白油+15%极压抗磨剂+15%表面活性剂 S1+2%稳定剂)制备的极压润滑剂 SDR。性能评价结果表明,SDR 加量为 1.5%时,极压润滑系数降低率大于 75%、极压润滑持效性强,抗温达 180℃;对钻井液流变性和滤失性无明显影响,与不同钻井液体系配伍性良好;有较高的负荷磨损指数和烧结负荷,较低的磨斑直径以及较高的极压膜强度;荧光级别在 1~2 级,无毒、易生物降解。SDR 能在金属表面形成无机-有机-聚合物多层复合膜,将钻杆与井壁之间的摩擦转化为钻杆与多层复合膜之间的摩擦[15]。

制备方法 将各组分按照配方要求混合均匀即可。

质量指标 本品主要技术指标见表 7-31。

表 7-31 极压润滑剂技术指标

项 目	指 标	项 目	指 标
外 观	棕红色液体	倾点/℃	≤-5.0
密度/(g/cm³)	大于 0.85	荧光级别/级	≤3.0
闪点(开口)/℃	>150	摩擦系数降低值	≥85

用途 本品作为水基钻井液润滑剂,可以提高水基钻井液的润滑性,减少扭矩和摩阻,防止压差卡钻,改善水平井的润滑性。对环境和录井无影响。用量一般为 1.0%~2.0%。对混油钻井液具有较好的乳化作用。

安全与防护 低毒。对皮肤、眼睛有很低的刺激性。防止皮肤、眼睛接触。

包装与储运 本品采用镀锌铁桶或塑料桶包装,每桶净质量 25kg。储存于阴凉、通风、干燥处。运输中防止暴晒、防火。

17.聚合醇水基润滑防塌剂

化学成分 聚合醇等。

产品性能 本品代号 DHZ-2 或 JHG,为乳白色黏稠液体,无毒,无荧光。其性能与聚合醇相同。以醇为起始剂的环氧乙烷和环氧丙烷嵌段共聚物水基防塌润滑剂,是一种非离子表面活性剂,具有浊点效应,其溶解度随温度升高而下降。当温度升至浊点后,会形成浊状的微乳液,当温度降至浊点以下时又完全溶解。当钻井液的井底循环温度高于浊点时,聚合醇钻井液发生相分离,不溶解的部分封堵泥页岩的孔喉,阻止钻井液滤液进入地层,从而使钻井液与泥页岩隔离,起到稳定井壁的作用[16]。

制备过程 将计量的起始剂和催化剂加入高压反应釜中,抽真空并用高纯氮气置换 4 次,先通入一种单体进行均聚,计量完毕后保持压力恒定 30min,反应温度在 105~140℃,反应压力低于 0.4MPa,然后通入第二种单体均聚,按计算反应量通料完毕,恒温老化,降压至釜内压力恒定 30min 以上,反应结束,将产物进行中和、过滤,得到产品。

质量指标 本品主要技术指标见表 7-32。

表 7-32 DHZ-2 润滑剂技术指标

项 目	指 标	项 目	指 标
外 观	乳白色稠液体	钻井液发泡率,%	0
密度/(g/cm³)	1.00~1.14	钻井液表观黏度上升率,%	≤20.0
倾点/℃	≤25.0	页岩稳定性提高率,%	≥60.0
荧光级别/级	≤3.0	黏附系数降低率,%	≥50.0

用途 本品为水基钻井液的防塌润滑剂，具有优良的润滑性，无毒，无荧光，不污染环境，同时还具有较强的防塌能力。与其他钻井液添加剂配伍性好，在钻井液中不起泡，不增稠，有时会使钻井液体系黏度降低。此外，还具有显著的防塌效果。适用于各种钻井液体系，一般加量为0.5%~1.5%。

安全与防护 低毒。对皮肤、眼睛有低的刺激性。使用时避免与皮肤、眼睛接触。

包装与储运 本品采用聚乙烯塑料桶或镀锌铁桶包装，每桶净质量25kg或200kg。储存在阴凉、干燥、通风处。运输中防止暴晒和雨淋。

18.植物油皂脚脂肪酸釜残与甲基(乙基)硅醇钠皂化物

化学成分 植物油皂脚釜残、乙基硅醇钠等。

产品性能 本品为黄色可自由流动液体，无毒。用作钻井液润滑剂，具有润滑、乳化、防塌和消泡作用，可显著降低滤饼黏附系数，改善钻井液的润滑性和抑制能力，且原料来源广，生产成本低。

制备方法 按照植物油皂脚釜残40%~45%，乙基硅醇钠（质量分数20%的水溶液）2.2%，水55%比例，将乙基硅醇钠水溶液和水加入反应釜中，然后搅拌约20~30min。向反应釜内加入温度不低于20℃植物油皂脚釜残，并搅拌20~30min，直到混合均匀为止，所得产物即为润滑剂产品。

质量指标 本品主要技术要求见表7-33。

表7-33 植物油皂脚脂肪酸釜残与甲基(乙基)硅醇钠皂化物润滑剂技术要求

项目	指标	项目	指标
外观	黄色可流动液体	pH值	6.5~7.5
密度/(g/cm³)	0.96~0.99	润滑系数降低率，%	≥80.0
水分含量，%	40.0~50.0		

用途 本品广泛用于探井、海洋钻井、资料井及特殊井等作业中，是一种抗磨性能良好的廉价的润滑剂，与其他处理剂配伍性好，对钻井液流变性影响小，对混油钻井液具有一定的乳化作用。本品为液体产品，使用时可以直接加入钻井液中，一般加量为1%~2%。

安全与防护 低毒。对皮肤、眼睛有很低的刺激性。使用时避免与皮肤、眼睛接触。

包装与储运 本品采用镀锌铁桶或塑料桶包装，每袋净质量25kg。储存于阴凉、干燥、通风处。运输中防暴晒、防冻。

19.油酸酯复合润滑剂

化学成分 油酸酯、表面活性剂等。

产品性能 本品是以油酸酯或硝化油酸酯为主，通过添加一些其他材料得到的一种复配体系。通常为棕黑色油状液体。油酸酯分子中的长碳链直链烷基(C_{12}~C_{18}之间)，有利于形成致密的油膜，分子中的羰基可以牢固地吸附在黏土和金属表面上，以防止油膜脱落。用作钻井液处理剂，可以提高钻井液的润滑性，降低泥饼的摩擦系数。在浅井和深井中，均能降低钻具、钻头和地层之间的摩阻，减少黏附卡钻几率，提高钻井施工的安全性，抗温可达220℃。同时还具有一定的消泡作用。

制备方法 按照配方，将水、表面活性剂加入反应釜，然后加入油酸酯，在一定温度下充分搅拌混合均匀，即得产品。

质量指标 本品主要技术指标见表7-34。

表7-34 油酸酯复合润滑剂技术指标

项目	指标	项目	指标
外观	棕黑色油状液体	pH值	6.5~7.5
荧光级别/级	≤5	闪点/℃	≥150
密度降低值，%	≤5.0	室温润滑系数降低率，%	≥95.0
水分含量，%	40~50	180℃/16h老化后润滑系数降低率，%	≥80.0

用途 适用于水基钻井液体系，在定向井、水平井等各类井的钻井施工中和电测、下套管作业时使用，均有良好的效果。一般加量为1%~2%。对一些水基钻井液具有消泡作用。

此外，还有一些改性油酸酯润滑剂，如利用地沟油、二乙二醇进行酯交换反应生成直链的酯类产物，利用单质硫将直链酯类产物部分转变为网状酯类，用石墨进行复配得到钻井液润滑剂RH-B。当润滑剂RH-B加量为1%(质量分数)时，可显著提高淡水钻井液的润滑性能，其润滑系数降低率达到86.19%；加量2%时可显著提高海水钻井液的润滑性能，其润滑系数降低率达到63.4%；对钻井液的表观黏度和滤失量影响较小；无毒无污染，荧光级别较低[17]。以废弃植物油脂为原料，通过将废弃植物油脂与相对分子质量较小的醇类进行酯化或者酯交换反应，生成长链的脂肪酸酯，并经过表面活性剂和抗高温处理，制得一种新型植物油钻井液润滑剂。在常温下，6%膨润土浆中加入1%该润滑剂后，极压润滑系数可降低85%~88%，黏附系数可降低78%~86%；该润滑剂抗温达140℃，抗盐达10%，荧光级别为3级，EC_{50}值在50000mg/L以上，与聚合物、聚磺钻井液的配伍性好。废弃植物油的利用有利于节约能源及环境保护[18]。

安全与防护 低毒。对皮肤、眼睛有很低的刺激性。使用时防止泄漏，避免与皮肤、眼睛接触。

包装与储运 本品采用镀锌铁桶或塑料桶包装，每桶净质量25kg。储存于阴凉、通风、干燥处。运输中防暴晒、防冻。

20.其他润滑剂

除前面介绍的一些配方，近年来在润滑剂方面，还开展了一些研究与应用：

① 按比例将非离子表面活性剂、石油磺酸盐、聚醚硅油及10%助表面活性剂、0.3%氟表面活性剂、1%渗透剂、1%消泡助润滑剂、5%冰点改善剂各种原料混合均匀，得到一种润滑剂NSR-1。NSR-1润滑剂具有耐高温、无毒、无味、荧光度小，不易挥发，润滑性好等特点，抗温达150℃，是大斜度定向井、深井、探井和水平井常用的一种润滑剂[19]。

② 由1%~35%的长链有机酸型油性剂，1%~35%的硬脂酸异辛酯或异硬脂酸丁酯、三羟甲基丙烷油酸酯、三羟甲基丙烷棕榈酸酯、三羟甲基丙烷异辛酸酯、新戊二醇油酸酯、月硅酸甲酯或季戊四醇己酸酯等，0.1%~8%的乳化剂和25%~90%的基础油组成的润滑剂，可用于高密度钻井液[20]。

③ 由10%~40%的白油，30%~70%的脂肪酸甲酯或油酸甲酯，5%~20%的多元酯，2%~

8%的磷酸酯，1%~6%的油性极压剂，0.5%~2%的乳化剂 OP-10 和 0.5%~2%司盘-80 组成的润滑剂，不仅可以提高钻井液的润滑性，而且还可以提高钻井液的极压值，适合高难度大斜度定向井和水平井的使用[21]。

④ 以价廉易得的植物油下脚料、十二烷基硫酸钠、SP-80、羧甲基纤维素钠、聚乙烯吡咯烷酮等作为主要原材料，并添加石墨或者蛇纹石制得的复合型植物油润滑剂，生产成本低，对环境无污染，润滑性好，能够有效抑制泥页岩水化膨胀、巩固井壁、并防止卡钻事故的发生[22]。

⑤ 由 60%~80%棉籽油，1.0%~4.5%乳化剂，2%~5.5%石墨，17%~30%的质量分数 40%~60%纤维素水混合物组成的低荧光防卡润滑剂，润滑性能好，在钻井液中的加量为 0.5%，极压润滑系数降低率≥78%，使用量少，成本低，对环境无污染[23]。

⑥ 为了解决定向井、水平井和大斜度井的井壁失稳及卡钻问题，制备了具有防塌、润滑双重作用的钻井液用防塌润滑剂 FYJH-2。该剂具有很强的抑制作用，能显著降低钻井液摩擦系数，对钻井液流变性和滤失性影响小，且无毒、易生物降解，满足环境要求，适用于深井、定向井和水平井钻井[24]。

⑦ 利用改性植物油和多羟基胺反应生成亲水性酯与阴离子表面活性剂混合得到的低荧光水基润滑剂 RY-838，润滑能力强，荧光级别低于 2 级。现场应用表明，对录井、测井影响小，且配伍性好，可满足深井、探井、水平井钻井作业的需要[25]。

⑧ 采用反相乳化法制备出了一种纳米石蜡乳液 (BZ-GWN)，其具有好的抑制防塌性能、润滑性和油气层保护性能。现场应用表明，加入 BZ-GWN 的聚磺钻井液和钾盐聚合物钻井液具有良好的抑制性、防塌能力和润滑性，钻进中井壁稳定、起下钻顺畅，水平段没有出现托压等现象，井眼规则，钻井施工顺利[26]。

⑨ 一种以白油为基础油的钻井液用泥饼黏附润滑剂 BH-MAL。该润滑剂在膨润土浆中的加量为 0.25%时，泥饼黏附摩阻降低率即可达到 75%，可抗 180℃高温，其荧光级别小于 2，且不会引起钻井液发泡，对钻井液的流变性和滤失性无明显影响[27]。

⑩ 以废动植物油、乙醇胺反应产物和白油为原料制备了一种钻井液润滑剂 BZ-BL，其抗温、抗温能力强。现场应用表明，润滑性能好，能够有效地降低摩擦阻力，减轻钻机负荷，与其他处理剂配伍性良好[28]。

⑪ 以植物油酯作内相、多元醇水溶液作外相、失水山梨醇三油酸酯/聚氧乙烯失水山梨醇单油酸酯复合表面活性剂为乳化剂，制备了一种水包油型钻井液用润滑剂 GreenLube，在渤海油田数口井的钻探中应用表明，润滑效果良好，泥饼摩擦系数和钻具的扭矩显著降低[29]。

第三节 固体润滑剂

多数固体类润滑剂类似于细小滚珠，可以存在于钻柱与井壁之间，将滑动摩擦转化为滚动摩擦，从而可大幅度降低扭矩和阻力。固体润滑剂主要包括玻璃球、塑料球和石墨粉。

1.玻璃润滑小球

化学成分 钢化玻璃。

产品性能 润滑小球是一种圆球形的润滑剂，玻璃小球能降低扭矩与阻力。在现场试验中，钻井液中含量为 1.14kg/m³，直径 44~88μm 的玻璃小球能使阻力从 16761kg 降至 11325kg。玻璃小球可起到类似球轴承的作用或埋入泥饼，从而降低了泥饼的摩擦系数。玻璃小球固体润滑剂由于受固体尺寸的限制，在钻井过程中很容易被固控设备清除，而且在钻杆的挤压或碰撞下，会有部分破坏、变形，因此在使用上受到了一定的限制。优点是抗温能力强。实践表明，将玻璃球制成椭圆形，其机械性能高于圆球。椭圆形玻璃球的长半轴比短半轴长 1.25~2 倍，则应力负荷比圆球减少 65%，而接触面积增加 4~5 倍，防卡、抗磨性能进一步增强。

制备方法 由硼硅酸盐原料，经过特殊加工而成。

质量指标 本品可参考 Q/SH 0040—2007 钻井液用润滑小球技术要求，其中对玻璃润滑小球的要求见表 7-35。

表 7-35 玻璃微珠技术指标

项　目	指　标	项　目	指　标
外　观	自由流动微珠	细度(粒径 0.9~0.2mm)，%	≥97.0
密度/(g/cm³)	2.30~2.50	圆球率，%	≥95.0
耐温性/℃	≥500	抗压强度/kPa	≥1.0×10²

用途 本品用作钻井液润滑剂，可以提高所有类型的钻井液的润滑性，减少扭矩和摩阻，防止压差卡钻，尤其有利于改善水平井的润滑性。本品推荐用量为 0.2%~1.0%，或根据需要确定。

安全与防护 无毒。避免吞食和接触眼睛。

包装与储运 本品采用塑料复合编织袋单层包装。运输和储存中，应防包装破裂，产品球体破损。

2.塑料小球固体润滑剂

化学成分 苯乙烯、二乙烯苯的交联聚合物。

产品性能 本品为白色或半透明球体，系苯乙烯-二乙烯苯共聚物，无毒、无污染，具有较为稳定的化学性质，不溶于酸、碱、油、水及多种溶剂。润滑小球属于圆球形的润滑剂，在钻井液中起到类似滚珠的润滑作用，在高压力下不破碎，但高温下会软化，使用温度不能超过其软化点。能够提高水基钻井液的润滑性，减少扭矩和摩阻，防止压差卡钻，改善水平井的润滑性，化学惰性，抗温性好，对钻井液性能无不良影响。本品使用时会受到振动筛目数的限制。

制备过程 将一定浓度的碳酸钠水溶液和硫酸镁水溶液加入聚合釜中，搅拌形成分散剂 $MgCO_3$ 微粒，然后加入助分散剂 OP-10 和 0.02 份引发剂过硫酸钾，抽真空和充氮排氧，并反复数次。按配方要求，将 200 份苯乙烯、35 份二乙烯苯加入聚合釜内，根据树脂粒度要求，严格控制搅拌速度，同时将混合体系升温至 80~85℃，并于此温度下聚合反应 5~8h。反应时间达到后，将体系温度升至 95~100℃进行后期熟化 4h，以使单体充分聚合。反应结束后，将反应产物经离心分离得固体透明小珠粒，并用适当浓度的稀 H_2SO_4 洗涤除去残余 $MgCO_3$，再经清水冲洗数次，然后于 80~100℃下干燥，得苯乙烯-二乙烯苯共聚物小球。将所得塑料小球经筛分,除去大于 2.14mm 的粗粒组分,再经进一步分选除去杂质及不成球部分,然后将不同粒度的塑料小球,按钻井液用固体润滑剂的粒度,组配装袋,即得成品。

质量指标 本品主要技术指标见表 7-36。Q/SH 0040—2007 钻井液用润滑小球技术要求规定指标见表 7-37。

表 7-36 塑料小球固体润滑剂技术指标

项 目	指 标	项 目	指 标
外 观	白色或透明球体	软化点/℃	195~205
杂质,%	≤5	粒度(2.14~0.59mm 直径),%	40~50
交联度,%	≥7	粒度(0.59~0.13mm 直径),%	50~60
密度/(g/cm³)	1.03~1.05		

表 7-37 Q/SH 0040—2007 规定技术指标

项 目	指 标	项 目	指 标
耐温性/℃	≥200	粒度(2.0~0.66mm 直径),%	≥45.0
圆球率,%	≥95.0	粒度(0.66~0.125mm 直径),%	≤55.0
密度/(g/cm³)	1.03~1.05	粒度(小于 0.125mm 直径),%	≤5

用途 本品用作钻井液润滑剂,具有较好的防止压差卡钻、降摩阻、降扭矩等效果,且无荧光干扰,与各类钻井液配伍性好,对钻井液流变性无不良影响,是定向井、斜井和水平井的良好的防卡润滑剂。其用量可视具体情况而定。回收后剔除破损小球,可以重复使用。

安全与防护 低毒。可以安全使用。

包装与储运 本品采用塑料复合编织袋单层包装。储存在阴凉、通风、干燥处。运输中防止暴晒,防包装破裂、产品球体破损,防火。

3.石墨粉固体润滑剂

化学成分 高碳鳞片石墨、碳的结晶体。

产品性能 本品为黑色鳞片流动粉末,质软,有油腻感,可污染纸张。硬度为 1~2,沿垂直方向随杂质的增加其硬度可增至 3~5。密度 1.9~2.3g/cm³。在隔绝氧气条件下,其熔点在3000℃以上,是最耐温的矿物之一。石墨粉常温下化学性质比较稳定,不溶于水、稀酸、稀碱和有机溶剂;不同高温下与氧反应,生成二氧化碳或一氧化碳;在卤素中只有氟能与单质碳直接反应;在加热下,石墨粉较易被酸氧化;在高温下,还能与许多金属反应,生成金属碳化物。石墨粉作为润滑剂具有抗高温、无荧光、降摩阻效果明显、加量小、对钻井液性能无不良影响等特点。尤其是弹性石墨无毒、无腐蚀性,在高浓度下不会阻塞泥浆马达;即使在高剪切速率下,它也不会在钻井液中发生明显的分散。此外,它不会影响钻井液的动切力和静切力,与各种纤维质和矿物混合物具有良好的配伍性。弹性石墨的独特结构使其能够用于各种钻井液中,具有降低扭矩、摩阻和减少磨损的作用。弹性石墨作为固体润滑剂,尤其适用于使用常规液体润滑剂效果不大的石灰基钻井液。

石墨粉能牢固地吸附(包括物理和化学吸附)在钻具和井壁岩石表面,从而改善摩擦件之间的摩擦状态,起到降低摩阻的作用;同时当石墨粉吸附在井壁上,可以封闭井壁的微孔隙,因此兼有降低钻井液滤失量和保护储层的作用。

我国石墨储量约占世界总储量的72%[30],这便为开发石墨类钻井液处理剂奠定了原料基础,国内开发利用石墨类润滑剂具有得天独厚的条件,应引起重视。

制备过程 高碳鳞片石墨研磨至要求的细度,经过筛分即可。

质量指标 本品主要技术指标见表7-38。Q/SHCG 4—2011水基钻井液用润滑剂技术要求规定的固体润滑剂技术指标见表7-39。

表7-38 石墨粉固体润滑剂技术指标

项 目	指 标	项 目	指 标
固定碳含量,%	≥90.0	泥饼黏附系数降低率,%	≥50.0
粒度(0.15mm标准筛通过率),%	≥75.0或85.0	LEM摩擦扭矩降低率,%	≥50.0
含水量,%	≤5.0		

表7-39 Q/SHCG 4—2011水基钻井液用润滑剂技术要求

项 目	指 标	项 目	指 标
外 观	松散状流动粉末或颗粒	表观黏度升高值/(mPa·s)	≤3.0
烘失量,%	≤7.0	润滑系数降低率,%	≥60.0
筛余量(筛孔0.25mm),%	≤10.0	荧光级别①/级	≤4.0
水不溶物,%	≥80.0		

注:①只限于钻井液用低或无荧光润滑剂。

用途 用作钻井液润滑剂,可以提高水基钻井液的润滑性,减少扭矩和摩阻,防止压差卡钻,一般用量为0.5%~2%。弹性石墨还可以用于油基钻井液的防漏、堵漏剂。本品可以单独使用,也可以与其他润滑剂配伍使用。

安全与防护 低毒。防止粉尘吸入,避免皮肤、眼睛接触。使用时戴套头式防尘面罩,戴橡胶手套,穿防护服。

包装与储运 本品采用内衬塑料袋、外用塑料编织袋或防潮牛皮纸袋包装。贮存在阴凉、通风、干燥处。运输中防止受潮和雨淋,防止包装破损。

4.改性石墨润滑剂

化学成分 石墨粉、硅酸盐、硅氧烷等。

产品性能 本品为黑色流动粉末,在水中可均匀分散。用作抗磨润滑剂,由于含硅酸盐和硅氧烷组分等,具有一定的抑制作用。作用机理与石墨粉润滑剂相近。

制备过程 将45%~69%粒经小于20μm石墨粉,10%~32%粒经小于45μm硅酸盐、5%~35%的硅氧烷等混合即可。

质量指标 本品主要技术指标见表7-40。

表7-40 改性石墨润滑剂技术指标

项 目	指 标	项 目	指 标
外 观	黑色流动粉末	水分,%	≤10.0
pH值	≤10.0	润滑系数降低率,%	≥50.0
粒度(0.25mm标准筛余),%	≤10.0		

用途 本品为水基钻井液的润滑剂,可降低钻井液的摩阻,抑制黏土和钻屑水化分散,一般用量为0.5%~1.5%。

安全与防护 低毒。对皮肤、眼睛有很低的刺激性。使用时防止粉尘吸入及与皮肤、眼睛接触。应戴套头式防尘面罩、橡胶手套,穿防尘工作服。

包装与储运 本品采用内衬塑料袋、外用塑料编织袋或防潮牛皮纸袋包装。贮存在阴凉、通风、干燥处。运输中防止受潮和雨淋。

5.颗粒状石墨润滑剂

化学成分 石墨、聚乙二醇、二硫化钼、聚四氟乙烯和表面活性剂、羧甲基淀粉等复合物。

产品性能 本品为黑色流动粉末,在水中可均匀分散。本品具有较好的润滑、防卡作用,其作用机理同石墨粉润滑剂。

制备过程 将原料石墨、聚乙二醇、二硫化钼、聚四氟乙烯和表面活性剂经过混合,在80℃下活化2h,然后用羧甲基淀粉作为成型剂,采用手工造粒或造粒机造粒,烘干制成颗粒状润滑剂。

质量指标 本品主要技术指标见表7-41。

表7-41 颗粒状石墨润滑剂技术指标

项 目	指 标	项 目	指 标
外 观	黑色流动粉末	水分,%	≤10.0
pH值	≤10.0	润滑系数降低率,%	≥50.0
粒度(0.25mm 标准筛余),%	≤10.0	荧光级别/级	≤6.0

用途 本品为水基钻井液的润滑剂,能够改善滤饼质量,可降低钻井液的摩阻,同时还具有一定的降滤失作用。一般用量为0.5%~2.0%。

安全与防护 低毒。使用时防止粉尘吸入及与皮肤、眼睛接触。

包装与储运 本品采用塑料袋、外用防潮牛皮纸袋包装。贮存在阴凉、通风、干燥处。运输中防止受潮和雨淋。

6.固体无荧光润滑剂

化学成分 石墨粉、无毒矿物油、表面活性剂等。

产品性能 本品为黑色固体粉末,在水中可均匀分散,代表产品为OCL-RH。本品加入钻井液中,能在钻头、钻具和其他工具表面形成一层牢固的吸附膜,可大幅度降低钻具在钻进过程中的磨损,防止压差卡钻事故的发生,延长钻具使用寿命。本品具有良好的润滑性、抗温性及一定的抑制性,与各种类型水基钻井液和油基钻井液配伍性、相容性好,对钻井液流变性无影响,并具有一定的降滤失作用。本品无毒、无污染[31]。

制备过程 以石墨为主,辅以少量无毒矿物油及多种表面活性剂,经加工而成。

质量指标 本品主要技术指标见表7-42。

表7-42 固体无荧光润滑剂技术指标

项 目	指 标	项 目	指 标
外 观	黑色流动粉末	水分,%	≤10
pH值	≤10	润滑系数降低率,%	≥60
粒度(0.25mm 标准筛余),%	≤10	荧光级别/级	≤6.0

用途 本品为水基钻井液的润滑剂，具有较强的高温稳定性，抗温达 150℃，可在深井中使用，一般用量为 0.5%~1.5%。

安全与防护 低毒。使用时，防止粉尘吸入及与皮肤、眼睛接触。

包装与储运 本品采用内衬塑料袋、外用防潮牛皮纸袋包装。贮存在阴凉、通风、干燥处。运输中防止受潮和雨淋。

7.其他固体润滑剂

近期，在固体润滑剂方面有一些新的探索，并见到了较好的效果：

① 为改善润滑剂性能单一、影响油气层识别、使用不方便、运输困难的现状，开发了能达到常用降滤失剂的降滤失效果，具有较好的抗温、抗盐、抗污染能力，配伍性良好，还有较强的抑制性，荧光级别低，不会对油气层的识别造成影响，对环境无不利影响的，能极大地降低钻井过程中的摩擦阻力，并具有优良的降滤失效果的 ZRHJ-1 固体润滑降滤失剂[32]。

② 选用优质钠质膨润土和阳、阴离子表面活性剂复合制得的粉末状固体乳化润滑剂，润滑性能好，在钻井液中易分散、配伍性好，对钻井液性能影响小，在基浆中的加量为 0.5%、柴油加量达到 8%后，润滑系数降低 66.9%，且滤失量较大幅度降低，表观黏度和动切力小幅度增加[33]。

③ 由高岭土、硅藻土、硅微粉、膨润土、溶剂和表面活性剂组分，经混合破碎、球磨、榨泥、烘干、粉碎、造粒、烧制、刨光和筛分等工艺制成的微珠球瓷质固体润滑剂，具有很好的润滑作用，耐酸碱和抗腐蚀，无荧光、无毒，且可降低钻井液黏度和滤失量，防止井壁渗漏，能起到增强护壁作用，由于瓷质固体润滑剂耐磨性好，能耐高温，与在钻井液中加入同比例的塑料或玻璃固体润滑剂相比，润滑作用效果时间长，因而相对加入量少，使用成本低[34]。

④ 用苯乙烯和无机层状材料，利用单体原位插层悬浮聚合方法制备的聚苯乙烯/无机复合塑料小球(99%的小球粒径分布在 125μm 以上，70%的小球粒径大于 590μm)，有利于减小钻具和泥饼的接触面积，大大降低了摩阻系数，起到了减摩、防卡的作用。与纯聚苯乙烯塑料小球比，具有更高的软化温度和承载能力，可用作深井及超深井钻井液固体润滑剂[35]。

参考文献

[1] 钻井手册(甲方)编写组.钻井手册(甲方)上册[M].北京：石油工业出版社，1990.

[2] 王中华.油田化学品[M].北京：中国石化出版社，2001.

[3] 王中华，何焕杰，杨小华.油田化学品实用手册[M].北京：中国石化出版社，2004.

[4] 李诚铭.新编石油钻井工程实用技术手册[M].北京：中国知识出版社，2006.

[5] 魏文德.有机化工原料大全(中)[M].2 版.北京：化学工业出版社，1995.

[6] 郑义平，黄治中，张兴国，等.钻井液用生物油润滑剂的研究与应用[J].钻井液与完井液，2013，30(4)：19-20，24.

[7] 李凯，王兴国，单良，等.季戊四醇油酸酯的合成工艺[J].中国油脂，2007，32(12)：53-56.

[8] 赵光辉，赵辉，秦丽华，等.三羟甲基丙烷油酸酯的合成及润滑性能研究[J].化工中间体，2008(8)：60-63.

[9] 王胜利，金一丰，万庆梅，等.$SO_4^{2-}/TiO_2-Al_2O_3$ 催化合成新戊二醇椰子油酸酯[J].应用化工，2011，40(4)：592-594，598.

[10] 王松芝，姜丹蕾，周亚婷，等.乙撑双油酸酰胺的合成研究[J].化工科技，2013，21(2)：28-31.

[11] 杨启如，张学凤，杨红刚，等.油酸二乙醇酰胺硼酸酯对钢铁缓蚀性能的影响[J].材料保护，2002，35(2)：21-22，25.

[12] 潘晓镛,李英敏.RH-2 润滑剂的研制及应用[J].钻井液与完井液,1986,3(1):43-59.
[13] 王文英.RH8501 无荧光润滑剂的研制与应用[J].钻井液与完井液,1986,3(3/4):43-55.
[14] 钻井液配浆材料与处理剂[EB/OL].http://3y.uu456.com/bp-4cc2356c561252d380eb6e37-8.html.
[15] 邱正松,王伟吉,黄维安,等.钻井液用新型极压抗磨润滑剂 SDR 的研制及评价[J].钻井液与完井液,2013,30(2):18-21.
[16] 罗跃,罗志华,党娟华.钻井液用防塌润滑剂聚合醇 JHG 的合成及性能评价[J].石油天然气学报(江汉石油学院学报),2005,27(5):647-649.
[17] 刘娜娜,王菲,张宇,等.钻井液润滑剂 RH-B 的制备与性能评价[J].西安石油大学学报:自然科学版,2014,29(1):89-93.
[18] 祁亚男,吕振华,严波,等.新型植物油钻井液润滑剂的研究与应用[J].钻井液与完井液,2015,32(3):39-41.
[19] 赵道汉,陈娟,孙庆林,等.钻井液用水基润滑剂 NSR-1 的研究与评价[J].油田化学,2007,24(2):97-99.
[20] 中国石油化工股份有限公司.钻井液润滑剂:中国,101486896[P].2009-07-22.
[21] 中国海洋石油总公司,中海油田服务股份有限公司,天津中海油服化学有限公司.钻井液用高效润滑剂:中国专利,101735778 A[P].2010-06-16.
[22] 无锡润鹏复合新材料有限公司.钻井液用复合型植物油润滑剂及其制备方法:中国,101760186 B[P].2013-04-17.
[23] 吕桂军.钻井液用低荧光防卡润滑剂及其生产方法:中国,101717621 B[P].2012-12-26.
[24] 吕开河,陈亚男,张佳,等.钻井液用防塌润滑剂研究与应用[J].海洋石油,2011,31(3):78-90.
[25] 郝宗香,王泽霖,何琳,等.低荧光水基润滑剂 RY-838 的研制与应用[J].钻井液与完井液,2012,29(4):24-26.
[26] 代礼杨,李洪俊,苏秀纯,等.纳米石蜡乳液的研究及应用[J].钻井液与完井液,2012,29(2):5-7.
[27] 解洪祥,王绪美,赵福祥,等.钻井液用泥饼黏附润滑剂 BH-MAL 的研究[J].钻井液与完井液,2014,31(5):22-24.
[28] 李广环,龙涛,田增艳,等.利用废弃动植物油脂合成钻井液润滑剂的研究与应用[J].油田化学,2014,31(4):488-491,496.
[29] 夏小春,胡进军,孙强,等.环境友好型水基润滑剂 GreenLube 的研制与应用[J].油田化学,2013,30(4):491-495.
[30] 赵凤莉.石墨:如何在困境中破壁而出[N].中国化工报,2015-10-9(5).
[31] 张建伟,周文欣,张克勤.钻井液用固体润滑剂 OCL-RH 的研制[J].钻井液与完井液,2005,22(增):29-31.
[32] 刘海鹏,袁丽,陈文俊,等.一种新型固体润滑降滤失剂的研究及应用[J].天然气勘探与开发,2009,32(2):52-56.
[33] 王西江,于培志,刘四海.固体乳化润滑剂的研制[J].钻井液与完井液,2010,27(2):16-19.
[34] 彭建萍,彭永坤.钻井液用瓷质固体润滑剂:中国,101418211[P].2009-04-29.
[35] 赵炬肃,冯桂双,王万杰,等.高性能复合型固体润滑剂的制备及研究[J].钻井液与完井液,2009,26(4):11-13.

第八章 堵漏剂

堵漏剂是指在钻井过程中用以封堵漏失层,防止或阻止钻井液或作业流体进入地层孔隙或裂缝或孔洞的材料,主要由活性材料和惰性材料组成。活性材料有石灰、水泥、石膏、水玻璃、酚醛树脂、脲醛树脂、高分子聚合物等。惰性材料主要有纤维状材料,片状材料和颗粒材料。其中:

常用的纤维状堵漏材料有棉纤维、木质纤维、甘蔗渣、锯末、亚麻皮、树皮纤维、纺织纤维、矿物纤维、皮革、玻璃纤维和羽毛等。这些材料的刚度较小,因而容易被挤入发生漏失的地层孔洞(隙)中。如果有足够多的这类材料进入孔洞(隙),就会产生很大的摩擦阻力,起到封堵作用。但如果裂缝太小,纤维状堵漏剂无法进入,只能在井壁上形成假滤饼。一旦重新循环钻井液,假滤饼就会被冲掉,起不到堵漏作用。因此,必须根据裂缝大小选择合适的纤维状堵漏剂的尺寸。

薄片状堵漏剂有塑料碎片、赛璐珞粉、玻璃纸、蛭石、贝壳粉、云母片、棉籽皮和木片等。这些材料可以平铺在地层表面,从而堵塞裂缝。若其强度足以承受钻井液的压力,就能形成致密的滤饼或封堵层。若强度不足,则被挤入裂缝,在这种情况下,其封堵作用则与纤维状材料相似。

颗粒状堵漏剂主要有坚果壳(如核桃壳)、弹性橡胶颗粒、珍珠岩、沥青、碎塑料、木材、玉米棒芯和具有较高强度的碳酸盐岩石颗粒。这类材料大多是通过挤入孔隙而起到堵漏作用的。

堵漏剂种类繁多。与其他类型处理剂不同的是,大多数堵漏剂不是专门生产的规范产品,而是根据就地取材的原则来选用。堵漏剂的堵漏能力一般取决于它的种类、尺寸和加量。不同堵漏剂堵漏能力或效果不同,一般来讲,地层缝隙越大、漏速越大时,堵漏剂的加量亦应越大。纤维状和薄片状堵漏剂的加量一般不应超过5%。为了提高堵塞能力,往往将各种类型和尺寸的堵漏剂混合加入,但各种材料的比例要根据现场情况来确定。

现场常用堵漏剂通常为复配型产品,使用时也常常采用多种材料复配,以达到理想的堵漏效果。正是由于堵漏剂常常就地取材,故即使相同的材料,由于来源和产地不同,其性能也会有一定的差异。因此在使用时往往需要在经验的基础上,结合漏失情况和实验来制定堵漏材料选择方法、堵漏配方和施工工艺。

本章从天然材料、矿物材料、合成材料、无机材料和配方型堵漏剂等方面对堵漏剂进行介绍[1~7]。

第一节 天然材料

天然材料堵漏剂主要指生物质材料,包括果壳、植物秸秆、农副加工副产物等,这些材料是构成堵漏剂的最基本的材料,具有来源丰富、价格低廉的特点。既有纤维状、片状,又有颗粒状,可以单独使用,也可以根据漏失情况,将不同类型、不同形状、不同粒径的材料配伍使用。

1.果壳粉

化学成分 不同粒径果壳颗粒和粉末的混合物。

产品性能 产品为金黄色或褐红色粉末,具有硬度高、耐酸碱、耐浸泡的特性,是石油钻井堵漏、水下管道和隧道工程良好的辅助材料。高温下会发生碳化而降低其性能。对孔隙及微裂缝漏失堵漏速度快,效果好。能迅速形成具有一定强度的非渗透性屏蔽带,而阻止作业流体中的液、固相侵入储层,使储层免遭损害,屏蔽带通过射孔反排可以解除。细颗粒果壳粉能显著降低钻井液的滤失量,又不影响钻井液的流变性能,耐温性能优良。不受电解质污染影响,无毒,无害。作为堵漏材料,比较适用的果壳有核桃壳、山杏壳、樱桃壳、大(小)枣壳等果壳,其中以核桃壳应用最多。

制备方法 将去杂的干燥果壳经破碎、风旋、抛光、蒸洗、筛选等加工工序,再经粉碎、筛分得到。

质量指标 果壳粉以粒径由大到小,可以分为3.35~2.0mm、2.0~0.9mm、0.9~0.56mm、0.56~0.3mm、0.3~0.16mm、0.16~0.08mm 等不同规格, 其外观为黄色至棕红色颗粒或粉末,烘失量≤10.0%,密度≤1.4g/cm^3。

用途 本品适用于各种建筑屋面、地下室、水池、管道、涵洞、国防工事、地下铁道、隧道及矿井等工程的防水堵漏、压力灌浆埋嘴、封缝等。

本品是石油钻井堵漏中应用面最广,用量最大的桥堵材料之一,因颗粒粒径不同而应用于不同类型地层漏失的堵漏,可以单独使用,也可以与其他颗粒材料和活性凝胶材料等配合使用。其用量视漏失程度不同而定,一般为 2%~8%。

安全与防护 本品无毒。使用时防止细颗粒粉尘吸入及与眼睛接触。

包装与储运 本品采用涂塑复合牛皮纸袋或塑料编织袋包装。贮于阴凉、通风、干燥处。运输中防雨淋、防火。

2.植物纤维粉

化学成分 植物秸秆、棉纤维、棉籽壳等。

产品性能 植物秸秆、棉纤维、棉籽壳等经过研磨、粉碎、筛分等工艺加工得到的天然植物纤维复合材料,包括纯棉纤维粉、木质纤维粉、草本植物纤维粉、麻纤维粉、混合纤维粉。本品用作堵漏材料,具有良好的水溶胀桥接封堵功能,黏附性强,与传统的随钻堵漏剂相比,不受粒径“匹配”限制,适用于各种钻井液体系,既可用于封堵漏失层,也可用于保护低压产层(油、气、水等)。产品加入钻井液中后,对各种渗透性漏失可以起到良好的封堵效果,随钻堵漏使用方便,配伍性好,不影响钻井液性能。超细纤维粉还可以作为钻井液降滤失剂和储层保护暂堵剂。本品具有良好的热稳定性能,抗温达 140℃。与处理剂配伍性好,无毒害,有利于环保。

制备方法 植物秸秆、棉纤维、棉籽壳等去杂、清洗后,经过干燥、破碎、粉碎、研磨、筛分等工艺加工得到。

质量指标 可以根据不同需要粉碎加工成不同粒径或不同长度的产品,也可以将不同粒径产品复配使用,其主要技术要求见表8-1。

表8-1 植物纤维技术要求

项目	指标	项目	指标
外观	白色或淡黄或灰黄色粉状	灼烧残渣,%	≤7.0
筛余量(孔径0.25mm标准筛),%	≤10.0	pH值	7~8
水分,%	≤8.0	水溶物,%	≤5.0

用途 本品可以作为木塑材料、仿真材料、保温材料、防裂砂浆、轻质玻璃钢等制品的填料。

钻井中作为堵漏剂(随钻堵漏、单向压力封堵剂),具有良好封堵和降滤失性能,在钻井液中基本不提黏,适用于各种钻井完井液。本品可以单独使用,也可以复配使用,单独使用时,预防渗漏时用量为1%~2%;封堵砂岩地层孔隙和微裂隙、保护储层时用量为2%~4%;封堵严重失层时用量为4%~6%,同时配合颗粒桥堵材料。

本品是制备纤维复合堵漏剂和高失水堵漏剂的原料。

本品可用于固井水泥浆防漏材料。

安全与防护 本品无毒。使用时防止粉尘吸入及与眼睛接触。

包装与储运 本品采用涂塑编织袋或牛皮纸袋包装,每袋净质量25kg。储存于阴凉、通风、干燥处。运输中防雨淋、防火。

3.木质纤维素粉

化学成分 木质素、纤维素等。

产品性能 木质纤维粉是天然木材经过化学处理得到的有机纤维。通过筛选、分裂、高温处理、漂白、化学处理、中和、筛分成不同长度和粗细度的纤维,以适应不同应用目的的需要。由于处理温度达260℃以上,在通常条件下是化学上非常稳定的物质,耐一般的溶剂和酸、碱腐蚀。用天然原料生产的木质素纤维具有无毒、无味、无污染、无放射性的优良特性,属绿色环保产品。由于纤维微观结构是带状弯曲、凹凸不平、多孔,且交叉处呈扁平,有良好的韧性、分散性和化学稳定性,吸油、吸水能力强,有非常好的增稠抗裂性能。用于钻井堵漏,其作用与植物纤维相同。

制备方法 将天然木材经过筛选、分裂、高温处理、漂白、化学处理、中和、干燥、筛分而成。也可以直接将植物秸秆、锯末等经过去杂、破碎、研磨、粉碎、筛分等工艺加工得到。

质量指标 可以根据需要选择纤维长度和类型,其主要技术要求见表8-2。

表8-2 木质纤维素粉技术要求

项目	指标	项目	指标
外观	浅黄色粉末	水溶物,%	≤5.0
pH值	6.0~8.0	灰分,%	18±5
水分,%	≤7.0		

用途 木质纤维粉广泛用于高速公路、涂料、服装皮革和塑料织品等行业。应用领域包括保温砂浆基层、防渗抗裂混凝土、水泥基抹灰砂浆、瓷砖黏合剂、自留平地面材料、砌筑

砂浆、填缝剂，用于喷射混凝土、石膏基抹灰浆和石膏产品、油漆性涂料及沥青材料和墙体砂浆面层等。

在石油钻井中是良好的堵漏材料，可以单独使用，也可以与其他材料配伍使用，也是复合堵漏剂的主要成分。无固相钻井液中作降滤失剂。也可以作水泥浆防漏剂。

安全与防护 本品无毒。使用时防止粉尘吸入和接触眼睛。

包装与储运 本品采用涂塑编织袋或防潮牛皮纸袋包装，每袋净质量 25kg。储存于阴凉、通风、干燥处。运输中防雨淋、防火。

4.楠木粉

化学成分 天然植物高分子复合材料。

产品性能 楠木粉外观为灰白色粉末，易吸潮，可溶于水，不受电解质污染影响，无毒，无害。楠木粉是从赣西山区特有的一种野生植物中提取的天然植物高分子复合材料，在固态时分子链呈卷曲状态，遇水后，水分子进入植物胶分子内，具有无毒、无害，不污染环境等优点，在煤田、地质、石油、冶金等钻探工程中应用效果良好。由于具有良好的水溶胀桥接封堵功能，黏附性强，不受粒径匹配限制，可以用作钻井堵漏材料。

制备方法 从野生植物中提取而得。

质量指标 本品主要技术指标见表 8-3。

表 8-3 楠木粉产品技术指标

项 目	指 标	项 目	指 标
外 观	灰白色粉末	粒度(0.3mm 标准筛筛余量)，%	≤10.0
含量，%	≥95.0	水分，%	≤6.0

用途 作为黏结性堵漏剂，本品适用于各种水基钻井液体系，用于封堵漏失层，保护低压产层(油、气、水)等。本品可以单独使用，也可以与其他材料配伍使用，也是复合堵漏剂的主要成分。同时具有一定的降滤失作用。

工业上可以用作制香的黏合剂。

安全与防护 本品无毒。使用时避免粉尘吸入或接触眼睛。

包装与储运 本品采用内衬塑料袋、外用塑料编织袋包装，每袋净质量 25kg。储存于阴凉、通风、干燥处。运输中防止受潮和雨淋，防火。

5.其他天然材料

下面一些材料，加工成不同粒径的产品，可以直接或与其他材料配伍使用，由于不同材料具有不同的特点，在堵漏作业中可以根据需要选择。这些材料均无毒，使用时防止粉尘吸入和接触眼睛，采用塑料编织袋或涂塑编织袋或牛皮纸袋包装。储存于阴凉、通风、干燥处，运输中防雨淋、防火。

① 甘蔗渣。甘蔗渣是制糖的主要副产物。经过榨糖之后剩下的甘蔗渣，约有 50%的纤维可以用来造纸。甘蔗渣纤维长度约为 0.65~2.17mm，宽度是 21~28μm。其纤维形态虽然比不上木材和竹子，但优于稻、麦草纤维。浆料可以配入部分木浆后，抄制胶版印刷纸、水泥袋纸等。甘蔗渣还可用于食用菌生产。作为堵漏材料以提供纤维为主。将甘蔗渣用水浸透

后，蒸煮提出残留糖分，然后干燥脱水，使含水量达到 2%~3%，得到产物吸油倍数可以高达25 倍，因此，可以作用油基钻井液漏失封堵剂。将甘蔗渣经过进一步处理后，经碱化、醚化反应，可以得到羧甲基纤维素，用作钻井液降滤失剂，具有降滤失效果好，黏度效应低的特点。

② 花生壳粉。花生壳粉是由花生壳(花生外壳)经过粉碎机粉碎之后形成的粉状颗粒或者粉末。花生壳作为农产品的下脚料，来源丰富。花生壳中含有大量的有机化合物，如木质素、纤维素、蛋白质、谷甾醇、皂甙等。花生壳粉主要用于饲养牲畜如猪、羊、鸡、獭兔等，也可以用作饲料原料或者燃料。用作钻井液颗粒堵漏剂，优点是价廉易得，缺点是容易发酵、易漂浮、不抗温，可以单独使用，也可以与其他堵漏材料配伍使用。

③ 稻壳粉。稻谷外面的一层壳，可以用来做酱油、酒、燃料，也可以种植平菇。是由外颖、内颖，护颖和小穗轴等几部分组成，外颖顶部之外长有鬓毛状的毛。基于稻谷品种、地区、气候等差异，其化学组成会有差异。稻壳长 5~10mm、宽 2.5~5mm、厚 23~30μm，其色泽呈淡黄色、金黄色、黄褐色及棕红色等。稻壳堆积密度为 96~160kg/m³，稻壳粉碎后，堆积密度可达 384~400kg/m³。稻壳中硅含量愈高，则愈坚硬，耐磨性能愈强。稻壳中约含 40%的粗纤维(包括木质素纤维和纤维素)和 20%左右的五碳糖聚合物(主要为半纤维素)。另外，约含20%灰分及少量粗蛋白、粗脂肪等有机化合物。作为堵漏材料粉碎程度不同，形状不同，可以为片状、颗粒状等，多数情况下和其他材料配伍使用。

④ 棉籽壳。棉籽壳也称棉皮，是棉籽经过剥壳机分离后剩下的外壳。根据剥壳机械的类型不同、棉花籽品种不同、产地不同、含水量不同、剥壳后碎棉仁粉过筛程度不同等，加工出来的棉籽壳的大小、颜色、棉绒长度和含量、营养成分(含棉仁粉)也不同。棉籽壳主要用于养殖食用菌、作为饲料等。脱短绒加工工艺或程度不同，棉籽残留棉绒多少不同，作为堵漏材料，残留棉绒越多越好，棉籽壳既可以提供纤维材料，也可以提供片状材料，是最理想的价廉堵漏材料。也可以将棉籽壳用稀酸处理后粉成微粉，用作暂堵剂和无固相钻井液降滤失剂。可以单独使用，也可以与其他材料复配使用，单独使用时其用量一般为 1.0%~5.0%。

⑤ 橡椀壳。橡椀(橡子)壳即橡树的橡子的外壳，干净、无霉变、无虫、破碎少的壳含水量在 8%左右，还含 13.26%~26.06%的单宁。橡椀是制备橡椀栲胶的原料。橡椀壳可以直接用于大颗粒桥堵材料，也可以将其粉碎用于随钻堵漏材料。由于其中含单宁成分，在水基钻井液中还具有一定的降黏作用。可以直接使用，也可以与其他材料配伍使用。将橡椀、棉籽壳等一起粉碎可以作为随着堵漏剂，不仅具有良好的随钻封堵效果，且对钻井液具有一定的降黏和降滤失作用。

⑥ 板栗壳。板栗属壳斗科栗属坚果类植物。板栗壳为板栗的外果皮，壳斗球形，上有针刺，刺上密被紧贴的柔毛，成熟时开裂而散出坚果；坚果半球形或扁球形，连刺直径 4~8cm，高 3~4cm，常纵向开裂成 2~4 瓣；外表面黄棕色或棕色，密布分枝利刺，刺长 1~1.5cm，密被灰白色至灰绿色柔毛；内表面密被紧贴的黄棕色丝质长绒毛，底部有 2~3 个坚果脱落后的疤痕。质坚硬，断面颗粒状，暗棕褐色。粉碎后可以用作随钻堵漏剂，包含纤维和颗粒，由于含有单宁成分，在水基钻井液中还具有一定的降黏作用。板栗壳也可以不经粉碎，直接用于孔洞和裂缝型漏失的堵漏。

⑦ 玉米穗心颗粒。玉米穗芯，也称玉米棒芯，或称玉米穗轴。玉米穗由雌性肉穗花序

生成,俗称棒子,中间具有肥厚肉质的花轴,果实成熟后,花轴和玉米粒都变硬。成熟的玉米穗脱粒后剩下中间的花轴部分就是玉米棒芯,俗称棒子骨或棒子骨头。玉米棒芯晒干后是很好的燃料。玉米棒芯可用于食用菌的生产,它可以种植平菇、香菇、黑木耳等。可以用作钻井液堵漏剂,具有来源广、效果好的优势。适用于裂缝性和孔洞型漏失堵漏。由于其吸水性强,可以封堵大于玉米穗颗粒50倍的空穴漏失,对钻井液性能影响小,作为堵漏剂粒径分布为:粒度8~1.4mm的颗粒10%~60%、粒度1.4~0.4mm的颗粒10%~60%、粒度0.4~75μm的颗粒10%~60%。

需要强调的是,由于材料来源不同,可以通过不同的加工方法得到不同形状的材料,如片状、纤维状和颗粒状,不同形状的材料必须与漏层的裂缝大小相适用才能取得预期的效果。所期望的是封堵漏层内部裂缝而不是其表面。根据实验,各种材料和加量及所封堵裂缝情况如图8-1所示。实践证明,当将不同类型、不同形状、不同粒径的材料混合使用时可以获得更好的堵漏效果。

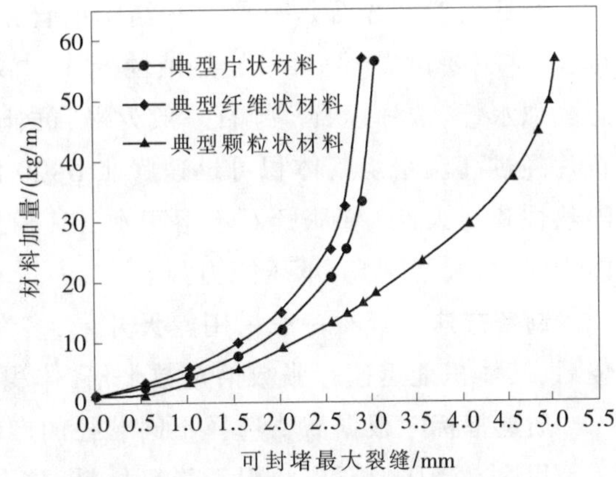

图8-1 堵漏剂形状、加量与封堵裂缝关系

说明:引自《钻井液与完井液》编辑部.国外钻井液技术(下册),1987:218

第二节 矿物材料

矿物堵漏材料主要指含矿物质成分的无机材料,包括贝壳粉、蛭石、云母、矿物纤维等,这些材料与天然材料一样,是构成堵漏剂的最基本的材料。相对于天然材料,其抗温能力强,堵漏强度高。不同的矿物可以单独或复配使用,也可以与天然材料配伍使用。

1.蚌壳渣(粉)

化学成分 碳酸钙等。

产品性能 以蛤蚌等有壳动物的外壳制成。蚌壳渣为不规则畸形碎片,贝壳粉是贝壳经粉碎得到的粉末,其95%的成分是碳酸钙,还有少量氨基酸和多糖物质。可以用于食品、化妆品以及室内装修的高档材料,其广泛应用于畜禽饲料及食品钙源添加剂、饰品加工、干燥剂等。贝壳粉生物涂料是近年来新兴的家装内墙涂料,是贝壳粉新的应用之一,自然环保是其最重要的优势。在石油钻井中,是应用最早的堵漏材料之一。

制备方法 蛤蚌等有壳动物的外壳去杂、洗净、破碎、筛分制成。

质量指标 蚌壳渣为不规则畸形碎片,通常根据不同需要加工成不同尺寸的产品,其中非蚌壳成分小于10%。

用途 在石油钻井中,可以与其他纤维和颗粒桥堵材料配伍用于严重漏失地层堵漏,其特点是具有不规则碎片状结构、且有尖角,可以嵌入地层,达到快速封堵有效驻留。其用量一般为2%~5%,或根据具体情况而定。

安全与防护 本品无毒。可以安全使用。使用时避免粉尘吸入和眼睛接触。

包装与储运 本品采用塑料编织袋或布袋包装，每袋净质量25kg。储存于阴凉、干燥、通风处。运输中防雨淋、防包装破损。

2.蛭石

化学成分 天然硅酸盐矿物等。

产品性能 蛭石是一种层状结构的含镁的水铝硅酸盐次生变质矿物，原矿外形似云母，通常主要由黑(金)云母经热液蚀变作用或风化而成，因其受热失水膨胀时呈挠曲状，形态酷似水蛭，故称蛭石。蛭石一般为褐、黄、暗绿色，有油一样的光泽，加热后变成灰色。蛭石片经过高温焙烧其体积可迅速膨胀6~20倍，膨胀后的密度为60~180kg/m^3，具有良好的隔热性和耐火性。膨胀蛭石不溶于水，pH值7~8，无毒、无味，无副作用。作为堵漏剂，抗温能力强，堵漏强度高，承压能力强。

制备方法 蛭石一般采用露天开采，多为人工凿眼、炸药爆破等。生蛭石片经过高温焙烧后，其体积能迅速膨胀数倍至数十倍，体积膨胀后的蛭石即为膨胀蛭石。

质量指标 根据需要选择不同粒径的产品。

用途 膨胀蛭石广泛用于绝热材料、防火材料、摩擦材料、密封材料、电绝缘材料、耐火材料、硬水软化剂以及涂料、板材、油漆、橡胶、育苗、种花、种树、冶炼、建筑、造船、化学等工业。

在钻井中，可以直接用作堵漏剂，也可以与其他材料复配制备复合堵漏剂，适用于裂缝和溶洞漏失的封堵。

安全与防护 本品无毒。使用时防止粉尘吸入和接触眼睛。

包装与储运 本品采用涂塑牛皮纸袋或塑料编织袋包装，每袋净质量25kg。存放于阴凉、通风、干燥处。运输中防雨淋，防止包装破损。

3.云母片

化学成分 SiO_2、Al_2O_3等。

产品性能 天然云母片是一种非金属矿物，含有多种成分，其中主要有SiO_2，含量一般在49%左右，Al_2O_3含量在30%左右。天然云母具有良好的弹性、韧性、绝缘、耐高温、耐酸碱、耐腐蚀、附着力强等特性，是一种优良的添加剂。

天然云母片可分为云母、白云母、彩色云母、灵寿蛭石、云母大片、金云母和黑云母等。白云母具有玻璃光泽，一般无色透明；金云母有金属光泽和半金属光泽，常见的有金黄色，棕色，浅绿色等等，透明度较差。白云母和金云母具有良好的电气性能和机械性能，耐热性、化学稳定性和耐电晕性好。两种云母都可以剥离加工成厚度为0.01~0.03mm的柔软而富有弹性的薄片。碎片白云母呈白色透明半透明状态，且质地纯洁，无斑点。片状云母在矿石中的片径为2~10mm，是最早应用的片状堵漏材料，可以嵌入地层，提高堵漏剂或堵漏浆的驻留能力，防止重复漏失，且承压能力高。

制备方法 天然云母片是厚片云母经过剥分、定厚、切制、钻制或冲制而成。可根据需求冲切各种规格的天然云母片。

质量指标 一般呈六方形的板状和柱状，片径2~10mm。

用途 本品广泛用于电器、电焊条、橡胶、塑料、造纸、油漆、涂料、颜料、陶瓷、化妆品、新型建材等行业。

用作钻井液堵漏剂,可以直接使用,也可以与其他材料配伍使用。作为片状桥堵材料,常用于比较严重的裂缝型或缝洞型漏失封堵。也可以用于配制复合堵漏剂和桥堵浆。

安全与防护 本品无毒。使用时防止粉尘吸入和眼睛接触。

包装与储运 本品采用涂塑牛皮纸袋或塑料编织袋包装,每袋净质量25kg或50kg。存放于阴凉、通风、干燥处。运输中防止雨淋和包装破损。

4.矿物纤维

化学成分 氧化硅、氧化铝、氧化镁等。

产品性能 矿物纤维是从纤维状结构的矿物岩石中获得的纤维,主要组成物质为二氧化硅、氧化铝、氧化镁等氧化物,其主要来源为各类石棉,如温石棉,青石棉等。纤维的化学成分为40%~60%的SiO_2、15%~25%的Al_2O_3、3%~7%的Fe_2O_3、25%~30%的CaO+MgO、3%~6%的Na_2O+K_2O。

制备方法 采用特选的玄武岩矿石为原料,经特定的预处理、在1500℃高温熔融、提炼抽丝、并经特殊的表面处理而成。

质量指标 本品主要技术指标见表8-4,在实际应用中也可以根据需要提出不同指标要求。

表8-4 矿物纤维技术要求

项目	指标	项目	指标
外观	白色/浅灰色/黄褐色	渣球含量,%	≤3
纤维平均长度①/mm	1.0~3.5	纤维含水量,%	≤1.5
纤维平均直径①/μm	3.0~8.0	纤维容量/(g/cm³)	0.10~0.25
纤维烧失量(根据客户需要调整)	≤1%(800℃/h)	石棉成分	0

注:①用作堵漏剂成分时可以根据用户需要确定。

用途 本品可用于道路、建筑、塑料制品、模塑等领域。

在钻井中可以作为堵漏剂或钻井液携砂剂,与其他材料配伍进行复合堵漏,可以有效提高堵漏成功率。也可以作为油井水泥增强剂、防漏剂。

安全与防护 本品低毒。使用时防止粉尘吸入及与皮肤、眼睛接触。

包装与储运 本品采用涂塑牛皮纸袋或塑料编织袋包装,每袋净质量25kg。存放于阴凉、通风、干燥处。运输中防止雨淋和包装破损。

5.天然沥青粉

化学成分 沥青质、树脂等。

产品性能 天然沥青又称地沥青或矿物沥青,为石油的转化产物。石油原油渗透到地面,其中轻质组分被蒸发,进而在日光照射下被空气中的氧气氧化,再经聚合而成为沥青矿物。主要由沥青质、树脂等胶质以及少量的金属和非金属等其他矿物杂质组成。

按形成的环境可分为岩沥青、湖沥青、海底沥青等。岩沥青质脆,具有明显的或暗淡的光泽,高熔点,半熔化或几乎不能熔化,溶于二硫化碳,颜色由暗褐色到黑色,是不含矿物质或仅含有少量夹杂物的沥青。

用于堵漏剂，当地层温度低于沥青的软化点时，可以作为桥堵材料，而当地层温度接近或稍高于沥青的软化点时，可以作为变形粒子挤入地层孔隙或裂缝，从而达到有效封堵。当地层温度高于沥青的软化点时，堵漏效果会降低，但可以有效地改善滤饼质量，提高滤饼的润滑性，降低钻井液高温高压滤失量，同时可以防止井壁坍塌。

制备方法 天然沥青粉碎、筛分得到。

质量指标 本品主要技术要求见表 8–5。

表 8–5 天然沥青技术要求

项 目	指 标	项 目		指 标
外 观	黑色颗粒	灰分，%		≤10
密度/(g/cm^3)	≥1.04	细 度	4.75mm 通过率，%	100
闪点/℃	≥310		2.36mm 通过率，%	75~100
软化点/℃	≥180		0.6mm 通过率，%	30~75

用途 本品在钻井液中，细颗粒或粉状产品可以作为钻井液高温高压滤失量控制剂、井壁稳定剂、润滑剂等。其加量一般为 1%~3%。用作油基钻井液的增黏剂和降滤失剂。大颗粒可以作为颗粒桥堵剂，配合其他材料用于桥塞堵漏。如可以配制硬沥青水泥堵漏浆，用于堵漏作业，配方为 50kg 水泥+25~50L 水+20~90kg 硬沥青。

安全与防护 本品低毒。使用时防止粉尘吸入或接触眼睛。

包装与储运 本品采用内衬塑料袋、外用防潮牛皮纸袋包装。贮存在阴凉、通风、干燥处。运输中防止暴晒、防火。产品若出现结块，则不能使用。

6.石棉绒

化学成分 氧化镁、铝、钾、铁、硅等。

产品性能 石棉属于硅酸盐类矿物，含有氧化镁、铝、钾、铁、硅等成分，多数为白色，也有灰、棕、绿色，纤维状集合体，丝绢光泽，硬度 2.5~3.0，密度 2.2~2.7g/cm^3。具有耐火、耐碱性，但溶于盐酸，富挠性。石棉可以分为角闪石石棉和蛇蚊石石棉两类。凡是可以分裂成纤维并具有一定耐火性和绝缘性的硅酸盐类矿物，都可以称作石棉。

石棉种类较多，但国内外用于钻井液方面的石棉多是温石棉，它占世界石棉产量的 94%，又称蛇纹石石棉，温石棉具有纤维状特征，属于层状结构，与高岭石类似，属三层八面体型。由于离子取代作用，纤维结构层带正电荷(而石棉带负电荷)，从电子显微像得知，温石棉多为空心管状形态，纤维直径 20.0~50.0nm，化学成分主要为含水硅酸镁，分子式 $3MgO\cdot 2SiO_2\cdot H_2O$，理论成分：43.5%的 MgO、43.5%的 SiO_2 和 13%的 H_2O。

温石棉能无限劈分成微细纤维物质，其比表面积很大，纤维 1mm 劈分到 5×10^{-3}mm 时，总面积增加 200 倍，电子显微镜计算得出大约为 100m^2/g，具有极强的开棉程度，所以它有很强的吸附能力。

温石棉酸腐蚀量约为 50%~60%，可被酸化，而碱腐蚀量为 10%以下，适用于碱性钻井液中。由温石棉的热谱可知，500℃以下大都是稳定的，失重小，总失量为 11%~13%。

由于石棉这种“无限”的劈分性以及表面带有正电荷，所以石棉能高度分散于钻井液中,并与黏土颗粒表面吸附,形成较强的结构,从而提高了钻井液的动切力,增强了悬浮和携带钻屑的能力,同时,利用纤维状物质,堵塞岩层微裂缝,可阻止地层渗透性漏失[8]。由于其有毒,应用受到一定的限制。

制备方法 天然石棉矿物经过破碎、粉碎、筛分得到。

质量指标 本品主要技术要求见表 8–6。

表 8–6 石棉绒技术要求

项 目	指 标	项 目	指 标
外 观	灰白色	纤维长度/mm	3~40
含量,%	≥98.0	水分,%	≤1.5

用途 短绒状石棉具有防腐、抗酸、绝缘和耐压等特性,可以制作石棉水泥瓦、石棉水泥管、石棉纸、隔音材料、石棉板等,多用于建筑工业和国防工业。长绒状石棉多用于现代交通工具、化工和电器设备生产方面。

钻井中常作为堵漏材料和携砂剂,也可以配合其他材料用于桥塞堵漏。也是配制高失水堵漏剂的重要成分。

安全与防护 本品有毒。对人体呼吸系统有害。使用时需戴防尘口罩、化学眼镜、橡胶手套。严防粉尘吸入及与皮肤、眼睛接触。

包装与储运 本品采用涂塑编织袋或牛皮纸袋包装。贮存在阴凉、通风、干燥处。运输中防止受潮和雨淋,防包装破损。

7.水镁石纤维

化学成分 氢氧化镁等。

产品性能 水镁石纤维[$Mg(OH)_2$]是一种纤维状氢氧镁石,具有颜色洁白、易劈分、出绒率高等特点,其独特而优异的性能以及低廉的价格,且物理性能相似于石棉,是代替石棉的理想材料,可以作为增强、补强材料和添加剂。相对密度 2.3~2.6g/cm^3,抗拉强度为 892.4~1283.7MPa,弹性模量为 14.1GPa,脱水温度为 400~500℃,熔点为 1960℃,碱失量为 2.03%,酸失量为 84.4%。

纤维水镁石的化学成分为 1%~3%的 SiO_2,61%~65%的 MgO,0.1%~0.3%的 Al_2O_3,0.6%~1.9%的 Fe_2O_3,2%~6%的 FeO 和 0.1%~0.3%的 CaO。

制备方法 天然水镁石矿物经过破碎、粉碎、筛分得到。

质量指标 水镁石纤维主要技术要求见表 8–7。

表 8–7 水镁石纤维技术要求

项 目	指 标	项 目	指 标
外 观	白至淡绿色	Fe_2O_3 含量,%	≤2.0
MgO含量,%	≥69.0	纤维长度/mm	2~30
CaO含量,%	≤2.0	水分,%	≤1.5

用途 本品主要应用于无石棉水泥、橡胶、制动、摩擦、密封、保温隔热、涂料、纺织、吸附剂、阻燃剂等制品。

在钻井液中可以用作堵漏材料和携砂剂,以替代有毒的石棉纤维。还可以作为油井水泥增强剂。

安全与防护 本品低毒。使用时防止粉尘吸入及与眼睛、皮肤接触，需戴防尘口罩、化学防护眼镜和橡胶手套。

包装与储运 本品采用涂塑编织袋或牛皮纸袋包装。贮存在阴凉、通风、干燥处。运输中防止受潮和雨淋。

8.海泡石绒

化学成分 含水的镁硅酸盐黏土矿物。

化学式 $(Si_{12})(Mg_8)O_{30}(OH)_4(OH_2)_4 \cdot 8H_2O$

产品性能 海泡石是一种具层链状结构的含水富镁硅酸盐黏土矿物，斜方晶系或单斜晶系，一般呈块状、土状或纤维状集合体，颜色呈白色、浅灰色、暗灰、黄褐色、玫瑰红色、浅蓝绿色，新鲜面为珍珠光泽，风化后为土状光泽，硬度2~3，密度2~2.5g/cm^3。具有滑感和涩感，黏舌，干燥状态下性脆，收缩率低，可塑性好，比表面大，吸附性强，溶于盐酸、质轻。本品主要产于海相沉积–风化改造型矿床中，亦出现于热液矿脉中。

海泡石绒呈白色，外观像黏结在一起的一排白绒，无毒性，具有耐高温、保温能力，有很强的吸附能力，脱色能力、热稳定性高，耐高温1500~1700℃，造型好，收缩率低，不易裂开以及抗盐、抗腐蚀，有抗辐射的特殊性能。

制备方法 天然海泡石矿物经过破碎、粉碎、筛分得到。

质量指标 本品主要技术要求见表8–8。

表8–8 海泡石绒技术要求

项 目	指 标	项 目	指 标
外 观	白色至灰白色纤维状	水分，%	≤3.0
海泡石成分，%	≥85.0	pH值	7~9
纤维长度/mm	2~8	密度/(g/cm^3)	1.0~2.3

用途 本品广泛用于保温隔热原料，制药工业，橡胶工业以及作为助滤剂用于石腊、石油、酒类、植物油的脱色，还可以用做香烟的过滤嘴等。

在钻井中可以用作堵漏材料，用于地热钻井，深井、超深井钻井的高温钻井液配浆材料，饱和盐水钻井液增黏剂。

安全与防护 本品低毒。使用时为了防止粉尘吸入及与眼睛、皮肤接触，需戴防尘口罩、化学防护眼镜和橡胶手套。

包装与储运 本品采用涂塑编织袋或牛皮纸袋包装。贮存在阴凉、通风、干燥处。运输中防止受潮和雨淋。

9.硅藻土

化学成分 SiO_2、Al_2O_3等。

化学式 近似于$Al_2O_3 \cdot 2SiO_2 \cdot 2H_2O$

产品性能 硅藻土是一种硅质岩石，化学成分主要是SiO_2，含有少量的Al_2O_3、Fe_2O_3、CaO、MgO等和有机质，SiO_2通常占80%以上，最高可达94%。它是一种生物成因的硅质沉积岩，主要由古代硅藻的遗骸所组成。硅藻土中的硅藻有许多不同的形状，如圆盘状、针状、筒状、羽状等。硅藻土通常呈浅黄色或浅灰色,质软,多孔而轻,硅藻土的密度 1.9~2.3g/cm^3,堆密度 0.34~0.65g/cm^3,比表面积 40~65m/g,莫氏硬度为 1~1.5(硅藻骨骼微粒为 4.5~5mm),孔隙率达 80%~90%,能吸收其本身重量 1.5~4 倍的水,是热、电、声的不良导体,熔点1650~1750℃。化学稳定性高,除溶于氢氟酸以外,不溶于任何强酸,但能溶于强碱溶液中。在电子显微镜下可以观察到特殊多孔的构造,这种微孔结构是硅藻土具有特征理化性质的原因。

在堵漏剂配方和堵漏浆配方中常用于助滤材料,以提高堵漏浆的滤失速度,增强堵塞物的驻留能力。

制备方法 天然硅藻土矿物经过破碎、粉碎、筛分得到。

质量指标 本品主要技术要求见表 8–9。

表 8–9 硅藻土技术要求

项 目	指 标	项 目	指 标
外 观	灰白色	水分,%	≤3.0
SiO_2 含量,%	≥80.0	细 度	0.08~0.25mm
Fe_2O_3 含量,%	≤2.0	渗透率/μm^2	0.02~0.06
Al_2O_3 含量,%	≤5.0		

用途 本品在工业上常用来作为保温材料、过滤材料、填料、研磨材料、水玻璃原料、脱色剂及硅藻土助滤剂,催化剂载体等。

在钻井中可以用作堵漏材料,尤其是高失水堵漏剂的主要成分,也可以配制高失水堵漏浆。采用石灰、硅藻土还可以配制高滤失混合稠浆,它可以在漏层内快速脱水而封堵漏失通道。表 8–10 是处理不同漏失的混合稠浆配方。

表 8–10 用于不同漏失的混合稠浆配方

漏失类型	基浆配方/(kg/m^3)					桥堵处理配比/(kg/m^3)					
	抗盐土	纯 碱	烧 碱	石 灰	硅藻土	颗粒材料(粗)	片状材料		纤维材料		
							细	大 块	粗	中~细	细
渗 漏	46~57	0.7	0.7	1.4	143	14	14			11.4	3
部分漏失	28.5~43			1.4	143	23		8.5		11.5	3
完全漏失	28.5~43			1.4	143	23(1~6mm)		8.5	8.5	8.5	

注:数据来源:《钻井液与完井液》编辑部.国外钻井液技术(下),1987:221。

安全与防护 本品低毒。使用时为了防止粉尘吸入及与眼睛、皮肤接触,需戴防尘口罩、化学防护眼镜和橡胶手套。

包装与储运 本品采用涂塑编织袋或牛皮纸袋包装。贮存在阴凉、通风、干燥处。运输中防止受潮和雨淋。

第三节 合成材料

作为重要的活性堵漏材料,合成材料可以用于复杂漏失地层的堵漏,具有堵漏强度高,成功率高的特点,但通常与天然或矿物等桥塞堵漏材料配合使用才能达到较理想的效果。合成材料主要包括可反应的合成树脂和交联聚合物材料(也称凝胶堵漏剂)。

1.酚醛树脂

化学成分 苯酚–甲醛缩聚物。

结构式

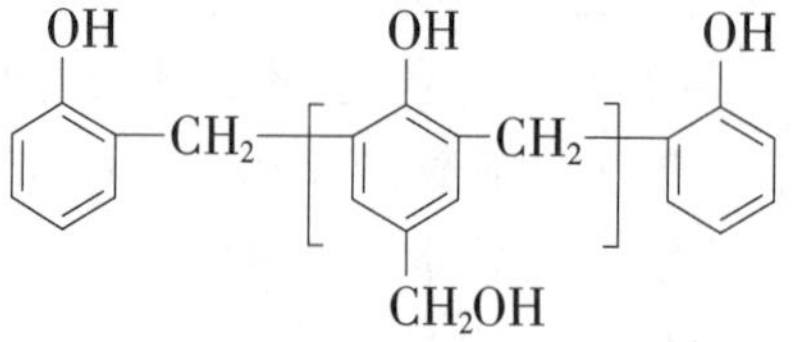

OH OH OH

$-CH_2-$ $-CH_2-$

CH_2OH

产品性能 固体酚醛树脂为黄色、透明、无定型块状物质,因含有游离酚而呈微红色,易溶于醇,不溶于水,对水、弱酸、弱碱溶液稳定。液体酚醛树脂为黄色、深棕色液体。由苯酚和甲醛在催化剂存在下缩聚、经中和、水洗而制成的树脂。因所用催化剂的不同,可分为热固性和热塑性两类。酚醛树脂具有良好的耐酸性能、力学性能、耐热性能。酚醛树脂最重要的特征就是耐高温性,即使在非常高的温度下,也能保持其结构的整体性和尺寸的稳定性。用于堵漏剂,具有热稳定性好、堵漏强度高的优点,适用于高温深井堵漏。

制备方法 由苯酚、甲醛在酸性或碱性催化剂存在下缩聚得到,包括缩聚和脱水两步。按配方将原料投入反应器并混合均匀,加入催化剂,搅拌,加热至55~65℃,反应放热使物料自动升温至沸腾。此后,继续加热保持微沸腾(96~98℃)至终点,经减压脱水后即可出料。

生产热固性酚醛树脂可用氢氧化钠、氢氧化钡、氨水和氧化锌作催化剂,沸腾反应时间1~3h,脱水温度一般不超过90℃,树脂相对分子质量为500~1000。强碱催化剂有利于增大树脂的羟甲基含量和与水的相溶性。氨催化剂能直接参加树脂化反应,相同配方制得的树脂相对分子质量较高,水溶性差。用氧化锌作催化剂能制得贮存稳定性好的高邻位结构酚醛树脂。

质量指标 本品主要技术指标见表8–11。

表8–11 酚醛树脂技术指标

项 目	指 标	项 目	指 标
外 观	棕黄色透明液体	残炭量,%	≥41.0
黏度(25℃)/(mPa·s)	3700~6300	游离酚,%	≤14.0
水分,%	3.5~6.0	游离醛,%	≤1.1
固含量,%	73.5~83.0	pH值	6.5~7.5

用途 酚醛树脂主要用于制造各种塑料、涂料、胶黏剂、合成纤维和离子交换树脂等。

在钻井液中,可以与其他材料配伍用于严重或复杂漏失地层堵漏。也可以用作树脂水泥或低密度水泥的固化成分以及采油调剖、堵水、油水井封窜、防砂等。

用于制备层片状堵漏剂,如采用热固性酚醛树脂或热固性酚醛树脂与增强材料等经过高压层压制成不同粒径(层片平均1~10mm)的不规则热固性片状物,不溶于水,不溶于油,耐酸碱,抗温250℃以上。与矿物片状材料相比,具有强度高、柔韧性好的特点。作为片状堵漏材料,可以直接使用,也可以与纤维状、颗粒状堵漏材料共同使用。由于酚醛树脂的特性,使产品在高温高压下不仅具有良好的封堵强度,而且化学稳定性较好,与钻井液的配伍性好,适用于各种类型的水基钻井液,也适用于油基钻井液。片状材料对裂缝性漏失层易锲入,且锲入地层后不易返吐,可以有效地封堵裂缝性地层漏失、次生张开性漏失及不规则小溶洞性漏失等。

安全与防护 本品无毒。使用时避免皮肤和眼睛接触。生产原料苯酚、甲醛有毒,生产时避免接触,做好防护。

包装与储运 粉状产品采用内衬塑料袋、外用防潮牛皮纸袋包装,液体产品采用镀锌桶或塑料桶包装。贮存在阴凉、通风、干燥处。运输中防止暴晒和雨淋。

2.脲醛树脂

化学成分 脲素-甲醛缩聚物。

结构式

$$\left[\begin{array}{c} \quad \overset{O}{\underset{}{\|}} \\ -N-C-NH-CH_2- \\ | \\ CH_2OH \end{array} \right]_n$$

产品性能 脲醛树脂又称脲甲醛树脂(UF),是尿素与甲醛在催化剂(碱性或酸性催化剂)作用下,缩聚成初期脲醛树脂,然后再在固化剂或助剂作用下,形成不溶、不熔的末期热固性树脂。固化后的脲醛树脂颜色比酚醛树脂浅,呈半透明状,耐弱酸、弱碱,绝缘性能好,耐磨性极佳,价格便宜,它是胶黏剂中用量最大的品种,特别是在木材加工业各种人造板的制造中,脲醛树脂及其改性产品占胶黏剂总用量的90%左右[9]。用于钻井液堵漏剂的脲醛树脂通常为N型,用作钻井堵漏剂具有如下特点[10]:

① 对钻井液性能影响小。表8-12、表8-13是分别在室内配制基浆和现场钻井液中加入脲醛树脂前后钻井液性能的变化。从表中可以看出,树脂堵漏剂对钻井液性能没有不良影响,且能使钻井液的黏度和切力有所降低,说明该剂与钻井液相容性好,可以在原钻井液中直接加入。

表8-12 脲醛树脂对室内钻井液性能的影响

处理情况	密度/(g/cm³)	黏度/s	静切力/(Pa/Pa)	滤失量/mL	泥饼/mm	pH值	温度/℃	搅拌时间/h
饱和盐水基浆	1.17	28	0/15	150	20	9	60	4
基浆+100%重晶石	1.73	94	10/15	50	10	9	60	4
上浆+3%脲醛树脂	1.73	46	10/20	60	6	8.5	60	2

表8-13 脲醛树脂对现场钻井液性能的影响

处理情况	密度/(g/cm³)	黏度/s	静切力/(Pa/Pa)	滤失量/mL	泥饼/mm	pH值	摩阻系数	温度/℃
文13-53井浆	1.72	67	10/30	4	1	8	0.185	60
文13-53井浆+0.5%树脂	1.72	65	10/20	4	0.8	8	0.185	60
文13-113井浆	1.75	62	10/35	4.8	1	8.5	0.235	60
文13-113井浆+0.5%树脂	1.75	60	10/25	4	1	8	0.225	60

② 堵漏效果好, 优于单向压力封堵剂和狄赛尔堵漏剂。在5%的钠膨润土浆中加入35%的NaCl,放置陈化24h得基浆,在上述基浆中加入6%的核挑壳粉做填料,分别加入3%的树脂堵漏剂、单向压力暂堵剂和狄塞尔堵漏剂,在堵漏仪上进行堵漏性能评价,结果见表8-14。从表中看出,脲醛树脂堵漏剂的滤失量小,渗透深度小,泥饼质量好。

表 8-14 树脂堵漏剂与单向压力暂堵剂和狄塞尔堵漏剂对比

堵漏剂	加量,%	滤失量/mL	渗透深度/mm	泥饼质量
树　脂	3	150	20	坚　韧
单向压力暂堵剂	3	350	35	松　软
狄塞尔	3	800	40	坚　硬

注:工作压力 7MPa,稳压 10min。

③ 堵漏成功率高,施工安全。现场应用表明,脲醛树脂不影响钻井液性能,且能降低黏度和切力,增加了堵漏液的可泵性,有利于现场施工。

制备方法　将甲醛加入反应釜内,开动搅拌器,搅拌下加入加尿素等,用氢氧化钠水溶液调 pH 值至 8,升温至 90℃,在 90℃下反应保温 1.5~2.5h。反应时间达到后,过滤,喷雾干燥得到成品。

质量指标　本品主要技术指标见表 8-15。

表 8-15 N 型脲醛树脂技术指标

项　目	指　标		项　目	指　标	
	N-1 型	N-2 型		N-1 型	N-2 型
外　观	白色粉末	白色粉末	溶解时间①/min	<5	<5
细度(100 目筛筛余),%	0	0	溶液黏度①/(mPa·s)	<100	<100
水分,%	≤5.0	≤5.0	游离醛,%	<5	<4
密度/(g/cm³)	1.33	1.33	凝固体抗压强度②/kPa	>39200	>24500
水不溶物,%	≤1.0	≤1.0	凝固体抗冲击强度②/kPa	>637	>5539

注:①质量分数 50%,水温 25℃;②凝固时间 17~23s。

用途　本品可用于耐水性和介电性能要求不高的制品,如插线板、开关、机器手柄、仪表外壳、旋钮、日用品、装饰品、便桶盖,也可用于部分餐具的制造。

在钻井中用作堵漏剂,可以单独使用,也可以与无机胶凝材料、桥堵材料复合使用。可以根据漏失情况,采用脲醛树脂、桥堵材料等配伍配制堵漏浆,将堵漏浆泵入漏层进行堵漏,也可以直接加入钻井液中实施循环堵漏。

采用脲醛树脂与其他材料可以形成复合堵漏剂配方, 如:①44.6%~66.8%脲醛树脂,22%~39.2%酚醛树脂,10%~11.2%膦酸,0.15%~3.9%表面活性剂,0.05%~1.3%铝粉;②脲醛树脂 45 份、固化剂 11 份、核桃壳粉 54 份。

安全与防护　本品无毒。使用时防止粉尘吸入及与眼睛、皮肤接触。生产原料甲醛有毒,生产时避免接触,做好防护。

包装与储运　本品采用内衬塑料袋的大口塑料桶或纸板桶包装,净质量 25kg。储运存于阴凉、通风、干燥处。运输中防止受热和暴晒,防雨淋。

3.E 型环氧树脂

化学成分　双酚 A 二缩水甘油醚。

结构式

$$\underset{\diagdown O \diagup}{CH_2-CH}-CH_2-\left[O-C_6H_4-C(CH_3)_2-C_6H_4-O-CH_2-CH(OH)-CH_2\right]_n-O-C_6H_4-C(CH_3)_2-C_6H_4-O-CH_2-\underset{\diagdown O \diagup}{CH-CH_2}$$

产品性能 E 型环氧树脂又称双酚 A 型环氧树脂、双酚 A 二缩水甘油醚,简称 EP,平均相对分子质量 3100~7000,为几乎无色或淡黄色透明黏稠液体或块(片、粒)状脆性固体,相对密度 1.160,溶于丙酮、甲乙酮、环已酮、醋酸乙酯、甲苯、二甲苯、无水乙醇、乙二醇等有机溶剂,可燃,无毒。

双酚 A 型环氧树脂的大分子结构特征是大分子的两端是反应能力很强的环氧基,分子主链上有许多醚键,是一种线型聚醚结构。n 值较大的树脂分子链上有规律地、相距较远地出现许多仲羟基,可以看成是一种长链多元醇。主链上还有大量苯环、次甲基和异丙基。

双酚 A 型环氧树脂的不同结构单元赋予树脂功能,如环氧基和羟基赋予树脂反应性,使树脂固化物具有很强的内聚力和黏接力。醚键和羟基是极性基团,有助于提高浸润性和黏附力;醚键和 C—C 键使大分子具有柔顺性;苯环赋予聚合物以耐热性和刚性;1,1-异丙基减小分子间作用力,赋予树脂一定韧性;—C—O—键的键能高,从而提高了耐碱性。

双酚 A 型环氧树脂的分子结构决定了它的性能特点:是热塑性树脂,但具有热固性,能与多种固化剂、催化剂及添加剂形成多种性能优异的固化物,几乎能满足各种使用要求;树脂的工艺性好。固化时基本上不产生小分子挥发物,可低压成型,能溶于多种溶剂;固化物有很高的强度和黏接强度;有较高的耐腐蚀性和电性能;有一定的韧性和耐热性。

主要缺点是耐热性和韧性不高,耐湿热性和耐候性差。

制备方法 双酚 A 型环氧树脂是由双酚 A 和环氧氯丙烷在碱性催化剂(通常用 NaOH)作用下缩聚而成。

质量指标 不同型号产品技术指标见表 8-16。

表 8-16 不同型号环氧树脂指标

项 目	指 标								
	E-55 (616)	E-51 (618)	E-44 (6101)	E-42 (634)	E-35 (637)	E-20 (601)	E-12 (604)	E-06 (607)	E-03 (609)
环氧值/(mol/100g)	0.55~0.56	0.48~0.54	0.41~0.47	0.38~0.45	0.30~0.40	0.18~0.22	0.09~0.14	0.04~0.07	0.02~0.045
软化点/℃		≤2.5	12~20	21~27	20~35	64~76	85~95	110~135	135~155
有机氯/(mol/100g)	≤0.02								
无机氯/(mol/100g)	≤0.001								

用途 环氧树脂胶黏剂应用十分广泛,可黏接各种金属及合金,陶瓷、玻璃、木材、纸板、塑料、混凝土、石材、竹材等非金属材料,亦可进行金属与非金属材料间的黏接。除了黏接(普通黏接和结构黏接)之外,环氧树脂胶还能用于浇铸、密封、嵌缝、堵漏、防腐、绝缘、导电、固定、加固、修补等,广泛用于航空、航天、车船、铁路、机械、兵器、化工、轻工、水利、电子电气、建筑、医疗、文体用品、工艺美术、日常生活等领域。

在钻井液中,可以与其他材料配伍用于严重或复杂漏失地层堵漏。研究表明,由 40g 酚醛树脂+60g 环氧树脂+2g 纤维棉 C-64+适量无水乙醇+3g 六次甲基四胺组成的环氧-酚醛树脂堵漏剂,固化时间可控、强度高,具有较好的抗高温老化性能以及化学稳定性能,对岩心孔隙的封堵率在 98%以上,对岩心裂缝的封堵率在 80%以上[11]。

本品也可以用作树脂水泥的固化成分以及采油调剖、堵水、油水井封窜、防砂等。

本品可用于套管螺纹密封胶。

安全与防护 本品无毒，固化剂有一定毒性，使用时最好戴编织手套或橡胶手套，以免皮肤接触。皮肤接触时以肥皂清洗，一般不会伤手，假如眼睛不小心接触到，马上用大量清水冲洗。

包装与储运 液体树脂用密封良好的铁桶或其他包装，固体树脂用内衬塑料袋、外用塑料编织袋或防潮牛皮纸袋包装。净质量可以根据用户要求包装。应贮存在阴凉、通风、干燥处，并应该隔绝火源，远离热源。运输中防止日晒。

4.含磺酸基交联聚合物堵漏剂

化学成分 丙烯酰胺/2-丙烯酰胺基-2-甲基丙磺酸/亚甲基双丙烯酰胺交联聚合物、无机填充料等。

产品性能 本品也称凝胶堵漏剂(代号 SPG-PA)，为颗粒状固体，是由不同的单体、交联剂、支撑剂，经引发聚合形成的具有空间网状结构的高分子复合材料。通过合成原材料种类、配比和生产工艺的改变，能有效控制产品的粒径、膨胀能力、适用温度、柔韧性、强度等性能指标，以便使产品适应不同储层条件(地层温度、渗透性、矿化度、地层压力、孔喉大小等)下调剖、堵水、堵漏等工艺过程的需要。吸水后的凝胶颗粒，既能有效封堵高渗透带，又可以保持可变形、可扩散的特征，在地层压力和流体动力的作用下向地层深部运移。

本品吸水后具有极好的黏弹性和柔韧性，抗压强度达到 20MPa，是普通吸水树脂的十几倍甚至几十倍，吸水倍数为 3~30 倍。经 150℃老化后形态保持完整、不溶解、吸水倍数增加、保持足够的强度，且 150℃下的高温稳定性达到 30d 以上，可以满足 150℃高温下现场堵漏要求。

交联聚合物堵漏材料的特点是适用范围广，对钻井液性能影响小，施工风险小；与堵漏材料配伍性好，与惰性桥堵剂有协同增效作用；吸水凝胶颗粒具有变形性，对孔洞或裂缝适用性强；耐冲刷能力强，驻留效果好，结合水泥堵漏能够有效封堵缝洞型漏失；具有良好的可降解性，有利于保护储层；制备工艺简单，生产成本低，经济上能为现场接受。

其作用机理如下：

① 吸水膨胀后形成亲水性的三维空间网络状结构，当以凝胶的形式进入漏层或在漏层形成凝胶后，凝胶能在地层表面吸附，与漏失通道作用，产生较高的黏滞阻力，易于在漏层中驻留，从而可解决桥塞堵漏、随钻堵漏等方法难以解决的漏失问题。

② 交联聚合物颗粒堵漏材料配合桥堵材料用于高渗透、特高渗透地层和裂缝性和大孔道地层堵漏，交联凝胶形成后表现出很好的黏弹性、柔软性和韧性。当聚合物中添加了惰性桥堵剂后，惰性桥堵剂刚性好，能起骨架和支承作用，凝胶则充填在骨架之间，使之封堵严密。

③ 由于凝胶的可变型性，堵漏时不受漏失通道的限制，能够通过挤压变形进入裂缝和孔洞空间。另外，该堵剂具有“变形虫”的特殊作用，如果在某一孔道处未产生封堵，会在漏失压差下继续向前变形蠕动，至下一较小孔道处产生变形封堵，最终将漏层封堵，从而防止裂缝的压力传播和诱导扩展。

制备过程 将称量好的水加入反应器中，加入 NaOH，待溶解后，在降温下加入 AMPS，然后加入 AM，溶解后调 pH 值 6.0~7.5 左右；加入称量好的交联剂(干粉)，使其搅拌均匀；

加入混合土，搅拌均匀，不能有块状物。待搅拌均匀后，加入引发剂，通氮10~30min，静置恒温反应。反应时间达到后取出剪切、造粒、烘干、粉碎、筛分，得到不同粒径的成品。也可以将含水的凝胶加工成不同颗粒，不经烘干直接使用。

在无机填充交联聚合物堵漏剂制备中，采用不同的无机材料，产品吸水能力不同。研究表明，在合成条件一定时，采用不同矿物材料制备丙烯酰胺/2-丙烯酰胺基-2-甲基丙磺酸/亚甲基双丙烯酰胺交联聚合物/黏土矿物元复合型高吸水树脂时，不同矿物的吸水能力不同，结果见表8-17[12]。从表中可以看出，高岭土复合吸水树脂相对于其他矿物复合吸水树脂有着更好的吸液能力，特别是吸盐水的能力更突出。这是因为添加适量高岭土时，高岭土表面存在羟基和带电荷的活性点，与溶液中的阳离子相斥，提高了吸水树脂的抗盐性。

表8-17 不同矿物的复合树脂的吸液倍数

矿物类别	吸液倍数/(g/g)		
	去离子水	质量分数0.9% NaCl水溶液	质量分数18% NaCl水溶液
高岭土	1634	138	51.8
漂　珠	1175	112	31.1
膨润土	1416	123	39.8
硅藻土	1213	96	24.1
偏高岭土	1504	131	28.9

尽管高岭土复合吸水树脂吸盐水能力最好，但从产品堵漏效果而言，吸水能力强并不一定能够在堵漏中获得理想的效果。实验表明，采用复合土制备交联聚合物堵漏剂，吸水能力和吸水后凝胶强度均优于采用单一土，可以满足堵漏需要，且聚合反应顺利。在采用复合土制备交联聚合物堵漏剂时，原料配比，尤其是混合土、AMPS和交联剂用量对产品性能有明显的影响。图8-2是反应条件一定时，混合土用量对产物吸水能力和饱和吸附后凝胶压缩强度的影响。从图中可以看出，吸水量随着混合土用量的增加而大幅度降低，当混合土用量超过30%以后变化趋缓，而凝胶压缩强度随着混合土用量的增加先大幅度增加，后略有降低。就反应来说，当混合土用量超过60%以后聚合不能顺利进行。综合考虑，混合土用量40%~50%时较好，既可以在保证一定吸水量的情况下，凝胶具有较高的强度，又可以保证反应顺利进行。

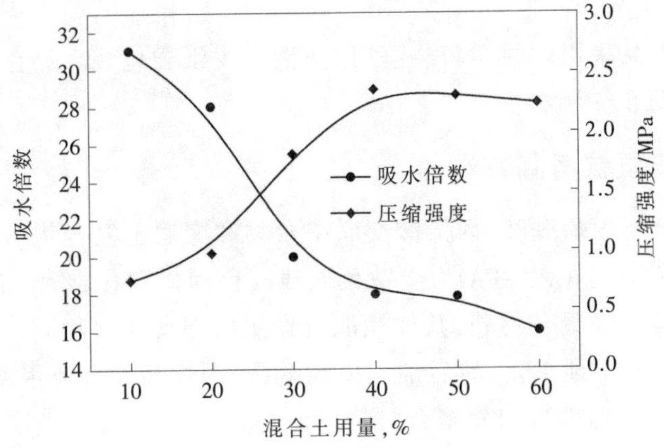

图8-2 混合土用量对产物吸水能力和凝胶压缩强度的影响

图 8-3 是反应条件一定时 AMPS 用量和交联剂用量对产物吸水率和凝胶压缩强度的影响。从图中可以看出，AMPS 用量 35%、交联剂用量为 3%时，可以达到较好的结果。

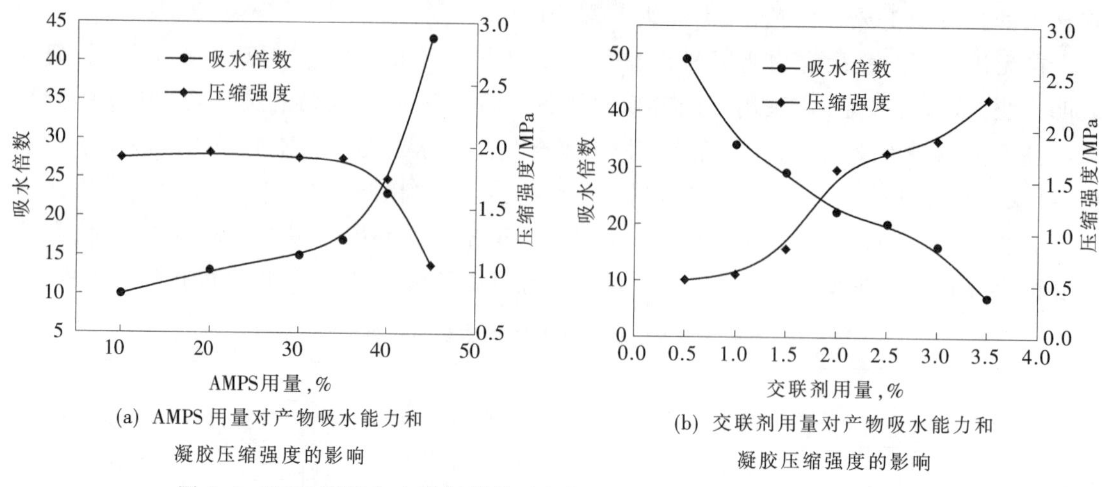

图 8-3 AMPS 用量和交联剂用量对产物吸水能力和凝胶压缩强度的影响

质量指标 本品主要技术要求见表 8-18。

表 8-18 凝胶聚合物技术要求

项 目	指 标		项 目	指 标	
	固 体	水凝胶		固 体	水凝胶
外 观	土灰色或灰黑色颗粒	淡红或灰色凝胶	膨胀倍数	5~20	1~5
固含量，%	≥90.0	≥20.0	抗 盐	饱 和	饱 和
粒径范围	根据需要提供	根据需要提供	最高温度/℃	150	150
烘失量，%	≤7.0	≤75.0			

用途 本品可直接或与其他材料配伍用作复杂漏失地层堵漏，细颗粒产物可以用作钻井液降滤失剂。作为堵漏剂时，其加量根据漏失情况确定，一般为 1%~5%，作为降滤失剂时，用量一般为 0.5%~1.5%。也可以用于调剖堵水、调驱等。

也可以采用热融性材料将本品包覆，以延迟其吸水时间，便于操作。

安全与防护 本品无毒，可以安全使用。生产原料丙烯酰胺等有毒，生产时避免接触，做好防护。

包装与储运 本品采用内衬塑料袋、外用防潮牛皮纸袋包装。储存在阴凉、通风、干燥的库房中。运输中防止受潮和雨淋。

5.水解聚丙烯酰胺颗粒堵漏剂

化学名称或成分 丙烯酰胺、丙烯酸交联聚合物和膨润土复合物。

产品性能 本品(代号 CPG-PA)为土黄色或浅红色固体颗粒，不溶于水，遇水膨胀。除抗温能力低于含磺酸交联聚合物外，其他性能及作用机理均与之相同。

制备过程 将膨润土预水化，然后加入丙烯酰胺、丙烯酸钠和亚甲基双丙烯酰胺，待溶解后加入引发剂在一定温度下引发聚合，产物经过造粒、烘干，粉碎过筛，得到产品。也可以将含水的凝胶加工成不同颗粒，不经烘干直接使用。

在本品制备中，当单体配比和反应条件一定时，产品性能对交联剂加量、引发剂用量和膨润土用量有强烈的依赖性。当 $n(AA):n(AM)=1:3$，w(引发剂)=0.4%，反应混合物质量分数40%，其中膨润土质量分数 7.5%，反应温度 50℃时，交联剂对产物性能的影响见图 8-4。从图中可以看出，随着交联剂用量的增加，吸水倍数快速降低，当交联剂用量 0.5%以后，降低趋势变缓，而抗压强度则随着交联剂用量的增加而提高。这是因为交联剂对聚合物三维网格结构的密集程度有最直接的影响，密度过大，网格收缩紧密，不利于水分子进入其中，交联过度使凝胶过度收缩，难以溶胀，吸水倍数降低。

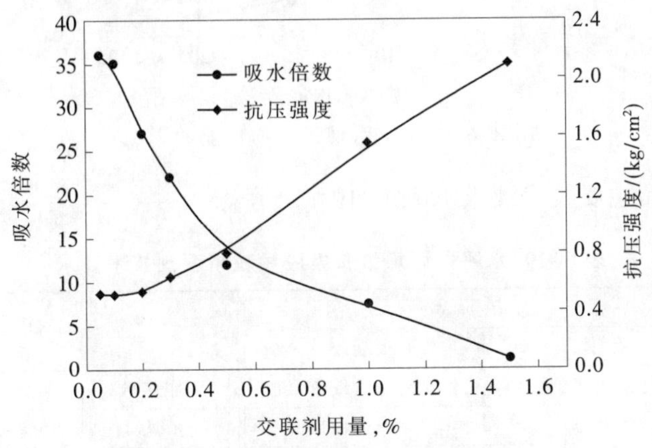

图 8-4 交联剂用量对产物性能的影响

当 $n(AA):n(AM)=1:3$，w(交联剂)=0.5%，反应混合物质量分数 40%，其中膨润土质量分数 7.5%，反应温度 50℃时，引发剂对产物性能的影响见图 8-5。从图中可见，引发剂用量在 0.3%时可以兼顾吸水倍数和抗压强度。这是因为引发剂用量较小时，体系活性自由基数量过低而难以引发聚合，甚至出现不聚，而引发剂用量过高又会使反应过于剧烈，甚至出现爆聚，使聚合物相对分子质量降低，性能下降。

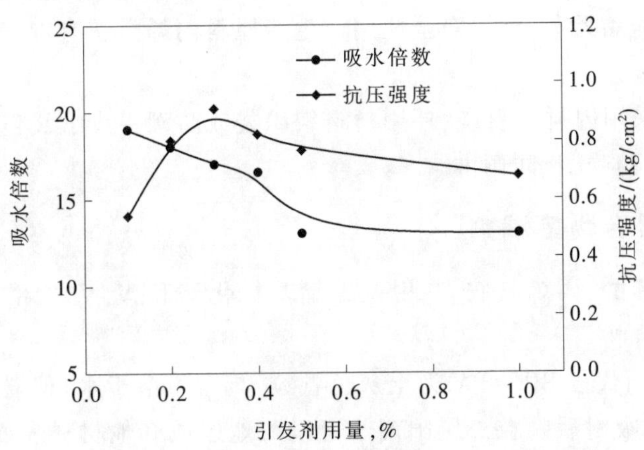

图 8-5 引发剂用量对产物性能的影响

当 $n(AA):n(AM)=1:3$，w(交联剂)=0.5%，引发剂用量 0.3%，反应混合物质量分数40%，反应温度 50℃时，膨润土质量分数对产物性能的影响见图 8-6。从图中可以看出，随着膨润土含量的增加，吸水倍数降低，抗压强度增加，在含量超过 10%以后，在抗压强度不再增加，而吸水能力确仍然降低。兼顾产品抗压强度和吸水能力，膨润土用量 10%左右较为理想。

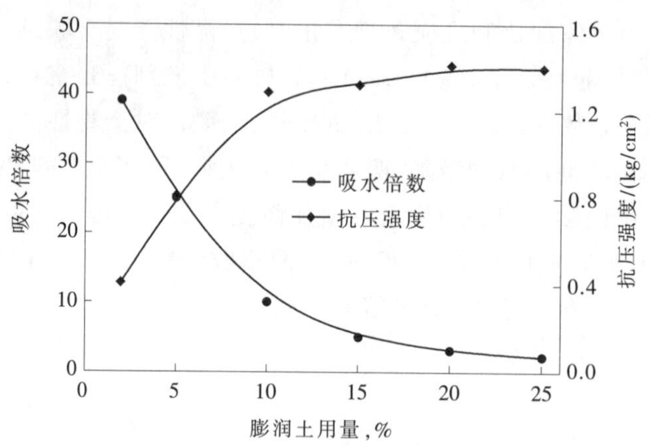

图 8-6 膨润土用量对产物性能的影响

质量指标 本品主要技术要求见表 8-19。

表 8-19 水解聚丙烯酰胺凝胶颗粒堵漏剂技术要求

项 目	指标		项 目	指标	
	固 体	水凝胶		固 体	水凝胶
外 观	土黄色或浅红色颗粒	土黄色或浅红色凝胶	膨胀倍数	≥5~25	≥1~6
固含量,%	≥85.0	≥20.0	抗 盐	15%的 NaCl	15%的 NaCl
粒径范围	根据需要提供	根据需要提供	最高温度/℃	120	120
烘失量,%	≤10.0	≤75.0			

用途 本品可直接或与其他材料配伍用作复杂漏失地层堵漏作业,用量根据漏失情况确定。适用地层温度不超过 120℃。也可以用于调剖堵水、调驱等。

细颗粒粉状产品可用于钻井液随钻封堵剂和降滤失剂,有利于改善滤饼质量,提高井壁稳定性。也可以制成封装的吸水树脂[13]。

安全与防护 本品无毒,可以安全使用。生产原料丙烯酰胺有毒,生产时避免接触,做好防护。

包装与储运 采用内衬塑料袋、外用塑料编织袋或防潮牛皮纸袋包装。贮存在通风、阴凉、干燥处。运输中防受潮、防雨淋。

6.两性离子交联聚合物堵漏剂

化学成分 丙烯酸、丙烯酰胺、二甲基二烯基氯化铵和 *N*,*N*-亚甲基双丙烯酰的交联共聚物和膨润土复合物。

产品性能 本品(代号 BPG-PA)为土灰色颗粒,具有不溶于水,但遇水膨胀的特点。由于含有阳离子基团,吸附后颗粒外层阳离子可以与地层或其他材料表面吸附,提高堵漏效果。其性能特点及作用机理与含磺酸基交联聚合物膨胀颗粒相同。

制备过程 将适量的水、15 份丙烯酸、8 份氢氧化钠按配方量投入聚合釜,搅拌反应生成丙烯酸钠;按配方比例,向聚合釜投入 75 份丙烯酰胺、10 份二甲基二烯基氯化铵、0.01~0.1 份 *N*,*N*-亚甲基双丙烯酰搅拌,使之全部溶解,最后加入预水化膨润土悬浮液,升温至 40~45℃;通氮气 15~30min 驱除溶解氧;在 N_2 保护下,加入 0.05 份过硫酸铵和 0.05 份亚硫酸氢钠(事先溶于水),反应10~30min后停止通氮气和搅拌。于50℃下熟化8~10h后得弹性的凝胶体;剪切、造粒、干燥,得到颗粒堵漏剂。也可以将凝胶产物造粒后直接使用。

质量指标 本品主要技术要求见表8-20。

表8-20 两性离子凝胶聚合物技术要求

项 目	指 标	项 目	指 标
外 观	浅红色固体颗粒	膨胀倍数	6~25
固含量,%	≥90.0	抗盐(矿化度)/(mg/L)	≤100000
粒径范围	根据需要提供	最高温度/℃	130
烘失量,%	≤7.0		

用途 本品可以直接或与其他材料配伍用作堵漏作业。也可以用于调驱、油井选择性堵水和注水井调剖。

安全与防护 本品无毒,可以安全使用。生产原料丙烯酰胺等原料有毒,生产时避免接触,做好防护。

包装与储运 本品采用内衬塑料袋、外用防潮牛皮纸袋或塑料编织袋包装。贮存在通风、阴凉、干燥处。运输中防暴晒、防雨淋。

7.水解聚丙烯腈或聚丙烯酰胺

参见第三章、第四节、1,与其他材料配伍用于地下交联堵漏剂,具有来源广,价格低的特点。典型堵漏配方如下:

① 质量分数10%的水解聚丙烯腈50份、质量分数10%~25%的氯化钙水溶液50份;

② 质量分数10%的水解聚丙烯腈44份,质量分数10%的盐酸19份,膨润土6份,水31份。

③ 油井水泥41%~51%,质量分数10%的水解聚丙烯腈23%~38%,氯化钙溶液(密度1.06~1.28g/cm^3)21%~26%。

④ 剪切稠化堵漏浆,配方(质量分数):16.5%的油、5.5%油溶性表面活性剂、47.7%的水、1%的聚丙烯酰胺、2.93%的膨润土。

第四节 无机材料

本节主要介绍无机活性堵漏材料,如石灰、水泥、粉煤灰等,这些材料可以单独或复合用于配制堵漏浆,配合大颗粒桥堵材料,可以用于严重漏失地层的封堵。这些无机活性材料也可以作为高失水堵漏剂及活性堵漏剂配方的成分。

1.石灰

参见第二章、第一节、3,用于制备无机活性堵漏剂,也可以直接或与桥堵材料一起用于堵漏。采用不同熔点的石蜡包覆石灰,可以直接加入钻井液中,待进入漏失地层后,随着石蜡融化,石灰与钻井液混合接触,形成絮凝体,达到封堵漏失的目的[14]。

石灰还可以与膨润土组成石灰-膨润土堵漏浆,用于复杂漏失封堵:1.35~1.45g/cm^{3}石灰乳 100 份，1.20~1.25g/cm^3 膨润土浆 50~200 份，氢氧化钠或硅酸钠适量。

2.石膏

参见第二章、第一节、18，用于制备无机活性堵漏剂，也可以直接用于配制堵漏浆。可以配制触变性水泥堵漏剂，配方：水泥 90 份、石膏 10 份、氯化钙 1~3 份。

3.水玻璃

参见第二章、第一节、28，可以直接使用，也可以与其他材料复合使用。

4.水泥

化学成分 硅酸盐等。

产品性能 水泥是粉状水硬性无机胶凝材料。加水搅拌后成浆体，能在空气中硬化或者在水中更好的硬化，并能把砂、石等材料牢固地胶结在一起。硅酸盐水泥的主要化学成分为 CaO、SiO_2、Fe_2O_3 和 Al_2O_3。用于钻井堵漏，具有强度高、适用性强，成本低的特点。水泥浆堵漏是最早应用和普遍使用的堵漏方法。

制备方法 水泥生产随生料制备方法不同，可分为干法(包括半干法)与湿法(包括半湿法)两种。

干法生产：将原料同时烘干并粉磨，或先烘干经粉磨成生料粉后喂入干法窑内煅烧成熟料。但也有将生料粉加入适量水制成生料球，送入立波尔窑内煅烧成熟料的方法，称之为半干法，仍属干法生产之一种。

湿法生产：将原料加水粉磨成生料浆后，喂入湿法窑煅烧成熟料。也有将湿法制备的生料浆脱水后，制成生料块入窑煅烧成熟料的方法，称为半湿法，仍属湿法生产之一。

质量指标 可以根据需要按照 GB 175—2007 通用硅酸盐水泥和 GB 10238—2005 油井水泥标准执行。

用途 硅酸盐水泥可以用于建筑、桥梁、电站、道路等建设。油井水泥主要用于固井。

水泥用作钻井堵漏材料，可以单独使用，也可以与其他材料共用，如用 100 份柴油、40 份膨润土、80 份水泥，220 份 1.49g/cm^3 钻井液，在井下混合形成软硬塞，可以用于完全漏失或恶性漏失的堵漏。下面还有一些含水泥的堵漏剂配方：①油井水泥 100 份，石灰 25 份，钻井液 20 份，烧碱 5 份，水玻璃 15 份；②水泥 100 份、氯化钙 4 份、纯碱 0.04 份、膨润土 2 份；③水泥 100 份，黏土 1~2 份，PAM 0.1~0.2 份，氯化钙 3~5 份，水 40~55 份；④苛性菱镁矿石 100 份，水泥 1~5 份，氯化镁 26~32 份，PAM 0.5~0.9 份，水 75~90 份；⑤油井水泥 90 份，石膏 10 份，氯化钙 1~3 份；⑥油井水泥 100 份，聚甲基丙烯酸盐 0.125~0.5 份，纯碱 0.021~0.17 份，氯化钙 5 份，水 40~59 份。水泥也可以作为一些堵漏剂配方的活性成分。

安全与防护 本品有腐蚀性。使用时为了防止粉尘吸入和眼睛、皮肤接触，需戴防尘口罩、防护眼镜，戴橡胶手套。

包装与储运 水泥可以散装或袋装，袋装水泥每袋净含量为 50kg，水泥包装袋应符合 GB 9774 的规定。水泥在运输与贮存时不得受潮和混入杂物，不同品种和强度等级的水泥在贮运中避免混杂。

5.粉煤灰

化学成分 SiO_2、Al_2O_3、FeO、Fe_2O_3 等。

产品性能 粉煤灰是从煤燃烧后的烟气中收捕下来的细灰,是燃煤电厂排出的主要固体废物。粉煤灰密度 1.9~2.9g/cm^3,堆积密度 0.531~1.261g/cm^3,比表面积 800~19500cm^2/g(氮吸附法)、1180~6530cm^2/g(透气法),原灰标准稠度 27.3%~66.7%,吸水量 89%~130%,28d 抗压强度比 37%~85%。

我国火电厂粉煤灰的主要氧化物组成为 SiO_2、Al_2O_3、FeO、Fe_2O_3、CaO、TiO_2 等。粉煤灰是我国当前排量较大的工业废渣之一,是一种人工火山灰质混合材料,它本身略有或没有水硬胶凝性能,但当以粉状及水存在时,能在常温,特别是在水热处理(蒸汽养护)条件下,与氢氧化钙或其他碱土金属氢氧化物发生化学反应,生成具有水硬胶凝性能的化合物,成为一种增加强度和耐久性的材料。

粉煤灰外观类似水泥,颜色在乳白色到灰黑色之间变化。粉煤灰的颜色是一项重要的质量指标,可以反映含碳量的多少和差异。在一定程度上也可以反映粉煤灰的细度,颜色越深粉煤灰粒度越细,含碳量越高。粉煤灰有低钙粉煤灰和高钙粉煤灰之分。通常高钙粉煤灰的颜色偏黄,低钙粉煤灰的颜色偏灰。粉煤灰颗粒呈多孔型蜂窝状组织,比表面积较大,具有较高的吸附活性,颗粒的粒径范围为 0.5~300μm,并且珠壁具有多孔结构,孔隙率高达 50%~80%,有很强的吸水性。

粉煤灰的活性主要源于活性 SiO_2(玻璃体 SiO_2)和活性 Al_2O_3(玻璃体 Al_2O_3)在一定碱性条件下的水化作用。因此,粉煤灰中活性 SiO_2、活性 Al_2O_3 和活性 CaO(游离氧化钙)都是关键的活性成分,硫在粉煤灰中一部分以可溶性石膏($CaSO_4$)的形式存在,它对粉煤灰早期强度的发挥有一定作用,因此硫对粉煤灰活性也是有利组分。粉煤灰中钙含量在 3%左右,它有利于胶凝体的形成。

粉煤灰中少量的 MgO、Na_2O、K_2O 等生成较多玻璃体, 在水化反应中会促进碱硅反应,但 MgO 含量过高时,对安定性产生不利影响。粉煤灰中的未燃炭粒疏松多孔,作为惰性物质不仅对粉煤灰的活性有害,而且不利于粉煤灰的压实。过量的 Fe_2O_3 对粉煤灰的活性也不利。

粉煤灰的细度和粒度直接影响着粉煤灰的其他性质,粉煤灰越细,细粉占的比例越大,其活性也越大。粉煤灰的细度影响早期水化反应,而化学成分影响后期的反应。

制备方法 燃煤电厂排出的主要固体废物,从煤燃烧后的烟气中收捕得到。

质量指标 粉煤灰主要技术要求见表 8-21。

表 8-21 粉煤灰技术要求

项 目	指 标		
	Ⅰ级	Ⅱ级	Ⅲ级
细度(45μm 方孔筛筛余),%	≤12.0	≤25.0	≤45.0
需水量比,%	≤95	≤105	≤115
烧失量,%	≤5.0	≤8.0	≤15.0
含水量,%	≤1.0	≤1.0	≤1.0
三氧化硫,%	≤3.0	≤3.0	≤3.0

用途 粉煤灰主要用于生产粉煤灰水泥、粉煤灰砖、粉煤灰硅酸盐砌块、粉煤灰加气混凝土及其他建筑材料,还可用作农业肥料和土壤改良剂,回收工业原料和作环境材料。

在钻井液中,可以作为胶凝堵漏剂的主要成分,添加到钻井液中可以将钻井液转化为水泥浆固井或堵漏,即 MTC 固井与堵漏。

安全与防护 本品能对人体和生物造成危害。使用时为了防止防尘吸入及眼睛、皮肤接触,需戴防尘口罩、防护眼镜,戴橡胶手套。

包装与储运 粉煤灰可以袋装或散装,袋装每袋净质量为 25kg 或 40kg。在运输和储存时不得受潮、混入杂物,同时应防止污染环境。

第五节 配方型堵漏剂

将由不同材料(包括活性材料和桥堵材料)经过物理混合而成的,可以直接或与桥堵或活性材料共同使用的堵漏剂,作为配方型堵漏剂。下面介绍的一些配方型堵漏剂,除组分区别外,在应用上具有相同的目的,包括高失水堵漏剂、桥塞堵漏剂和随钻堵漏剂等。由于漏失的复杂性和不确定性,在实际使用中并不完全限于所给出的配方,也可以根据具体情况采用不同材料配伍使用。也可以将配方中的堵漏成分进行增减。

1.高失水堵漏剂

化学成分 水泥、植物纤维、矿物纤维等。

产品性能 本品是由水泥、植物纤维、矿物纤维和其他助剂复合而成。用其所配制的堵漏浆通过迅速失水沉积,可以快速形成堵塞而封堵大漏失,堵漏成功率高,是应用最早、用量最大的堵漏剂之一。堵漏剂中的纤维状材料在高失水堵漏浆中既起悬浮作用,又能在形成的堵塞中纵横交错,相互拉扯,起到了强有力的拉筋作用,增强了堵塞物的强度。水泥的固结作用保证堵塞物的后期强度,以达到有效封堵的目的。

制备过程 依次将 60 份水泥、10 份植物纤维、20 份矿物纤维和 10 份的硅皂土等组分加入到混合器中,搅拌使其混合均匀,即为成品。

质量指标 本品主要技术要求见表 8-22。

表 8-22 高失水堵漏剂技术要求

项 目	指 标	项 目	指 标
外 观	灰色粉末,无结块	全失时间/s	≤35.0
水分,%	≤2.0	承压能力/MPa	≥5.0
分散性	合 格	滤饼厚度/mm	≥8.0

用途 本品主要用于钻井过程中封堵大孔道、多孔隙和裂缝性漏失,是最常用的钻井液堵漏剂之一。该剂也可用于堵水作业。使用时根据漏失情况确定配制堵漏浆的量,在配制堵漏浆时,可以采用具有悬浮能力的新配浆,也可以采用部分井浆,并将其性能调整至要求,然后加入堵漏剂。为了使堵漏浆滤失速度快,也可以在基浆中加入部分氯化钠,将堵漏浆下光钻杆输送至滤失层位,进行堵漏作业。为了提高堵漏成功率,必要时需要加入一部分不同粒径和不同类型的桥堵材料。

安全与防护 本品有一定腐蚀性。使用时防止粉尘吸入及与眼睛、皮肤接触。

包装与储运 本品易吸潮,吸潮后容易失效,采用内衬塑料袋、外用防潮牛皮纸袋包装。贮存在阴凉、通风、干燥处。运输中防止受潮和雨淋。产品若出现结块,则不能使用。

2.狄赛尔堵漏剂

化学成分 碎纸屑、硅藻土、石灰等。

产品性能 本品是由碎纸屑、硅藻土、石灰等复合而成的一种复合堵漏材料,属于高失水堵漏材料,在漏失层段通过快速失水,形成具有强驻留、耐冲刷的堵塞物,以达到快速堵漏作业的目的。

制备过程 依次将9%~11%碎纸屑、80%~85%硅藻土和8%~10%石灰等组分加入到混合器中,搅拌使其混合均匀,即为成品。

质量指标 本品技术指标见表8-23。

表8-23 狄赛尔堵漏剂技术要求

项目	指标	项目	指标
外观	灰色粉末,无结块	1min滤失量/mL	≥300
水分,%	≤2.0	分散性	合格

用途 本品主要用于钻井过程中封堵大孔道、多孔隙和裂缝性漏失,是最常用的钻井液堵漏剂之一,可直接注入漏层。使用方法同高失水堵漏剂,但堵漏强度低于高失水堵漏剂。

安全与防护 本品对皮肤、眼睛有刺激性。使用时防止粉尘吸入及与眼睛、皮肤接触。

包装与储运 本品易吸潮,吸潮后容易失效,采用内衬塑料袋、外用防潮牛皮纸袋包装。贮存在阴凉、通风、干燥处。运输中防止受潮和雨淋。

3.Z-DTR堵漏剂

化学成分 硅藻土、软质悬浮纤维和助滤剂等。

产品性能 本品是由硅藻土、软质悬浮纤维和助滤剂复合而成的高失水堵漏材料。与水及其他材料混合后,即成为一种具有流动性、悬浮性和可泵性的悬浮堵漏浆。将其送入漏层或漏失通道(裂缝或孔隙)后,由于钻井液柱与漏失层压力体系的压差作用,水分迅速散失,体积缩小,密度增大,形成强度很高的堵塞物,牢固地墙塞漏失通道。它既具有高失水堵漏性能,又能部分酸溶,便于酸溶解堵,有利于保护油气层[15]。其机理与狄赛尔接近。

制备过程 依次将硅藻土、软质悬浮纤维和助滤剂等组分加入到混合器中,搅拌使其混合均匀,即为成品。

质量指标 本品主要技术要求见表8-24。

表8-24 Z-DTR技术要求

项目	指标	项目	指标
外观	灰白色均匀粉末	悬浮稳定性,%	≥94
水分,%	≤2	承压能力/MPa	≥4.0
1min滤失量/mL	≥280		

用途 本品主要用于钻井过程中大孔道、多孔隙和裂缝性漏失的封堵,是最常用的堵

漏剂之一,具有堵漏施工时间短、见效快、堵得牢、成功率高的特点。可以单独使用,也可以与桥堵材料复合使用。该剂也可用于堵水作业。

安全与防护 本品对皮肤、眼睛有刺激性。使用时防止粉尘吸入及与眼睛、皮肤接触。

包装与储运 本品易吸潮,采用内衬塑料袋、外用防潮牛皮纸袋包装。贮存在阴凉、通风、干燥处。运输中防止受潮和雨淋。

4.PCC 暂堵剂

化学成分 酸溶性化学材料、悬浮拉筋剂纤维材料和助滤剂等。

产品性能 本品是一种不同材料的复配物,具有可酸溶的特点,用于产层堵漏,有利于保护储层,属于高失水堵漏剂。

制备过程 将 75%~84%酸溶性化学材料、10%~15%悬浮拉筋剂纤维材料和 6%~10%助滤剂加入混合器中,混合均匀后进行包装,即为成品[16]。

质量指标 本品主要技术要求见表 8-25。

表 8-25 PCC 暂堵剂技术要求

项 目	指 标	项 目	指 标
外 观	灰色粉末	1min 滤失量/mL	≥320
水分,%	≤15	悬浮稳定性,%	≥90
酸不溶物,%	≤20		

用途 本品用于钻井堵漏, 优点是显著提高了堵塞物与漏层间的黏接力及抗剪切力,驻留能力强,特别适合于漏层不清及同裸眼多个漏层的复杂井漏堵漏作业,减少井漏损失时间,降低成本。可以与 2~7 倍质量的水混合用于堵漏,也可以与 3~10 倍质量的钻井液混合用于堵漏。

安全与防护 本品低毒。对皮肤和眼睛有一定的刺激性,使用时防止粉尘吸入或接触眼睛。

包装与储运 本品采用内衬塑料袋、外用防潮牛皮纸袋包装。贮存在阴凉、通风、干燥处。运输中防止受潮和雨淋。

5.强粘接酸溶性堵漏剂

化学成分 酸溶性化学材料、膨润土粉、石灰粉、碳酸钙粉、水泥和纤维材料等。

产品性能 本品为不同材料的复配物,具有可酸溶的特点。用于产层堵漏,以减少对产层的伤害[17]。从作用机理看,系高失水堵漏剂之一。成分中的石灰、水泥和纤维材料等能够明显提高堵塞物与漏层间的粘接力及抗剪切力,驻留能力强,堵漏成功率高。

制备过程 按酸溶性化学材料: 膨润土粉:石灰粉:碳酸钙粉:水泥:纤维材料=(15~45):(5~25):(5~30):(5~25):(5~40):(5~20)的比例(质量比),将各成分加入混合器中,混合均匀后进行包装,即为成品。

质量指标 本品主要技术要求见表 8-26。

用途 本品用于钻井堵漏, 适用于漏层不清及同裸眼多个漏层的复杂井漏的堵漏,有利于减少井漏损失时间,降低成本。由于其酸溶性特点,用于产层堵漏可以避免对储存的污染。使用时可以将现场钻井液或新配钻井液调整好性能,然后加入本品,并混合均匀,并根据地层压力调整堵漏浆密度,下光钻杆注入漏失层。

安全与防护 本品低毒。对皮肤和眼睛有一定刺激性,使用时防止粉尘吸入及与眼睛、皮肤接触。

包装与储运 本品采用内衬塑料袋、外用防潮牛皮纸袋包装。贮存在阴凉、通风、干燥处。运输中防止受潮和雨淋。

表 8-26 强粘接酸溶性堵漏剂技术要求

项 目	指 标	项 目	指 标
外 观	淡黄色或灰色粉末	1min 滤失量/mL	≥300.0
水分,%	≤5.0	悬浮稳定性,%	≥90.0
酸不溶物,%	≤20.0		

6.单向压力封堵剂

化学成分 棉纤维粉、木质纤维粉等。

产品性能 本品是不同粒径或长度的植物纤维、木质素纤维等经过粒径和组分优化的复配物,又称随钻堵漏剂、暂堵剂等,常用代号 DF-1,不溶于水,可以酸溶。其作用机理是含有纤维材料的钻井液深入地层时,会在井壁表面沉积成一层薄而致密的基体,防止大颗粒进入地层,使钻井液液柱的静压力不能压裂地层,以至于砂岩地层或裂缝性地层与非裂缝性地层一样承受静水压力。它可以封堵砂岩、裂缝性地层、断裂的煤夹层和石灰岩地层。其主要作用是降低井壁渗透性,密封排空的砂岩和微裂缝,防止滤失损失,适用于油基钻井液和水基钻井液,保证下套管或电测顺利。还可以改善测井解释,减少阻力和扭矩以及减少各种页岩间隙。

制备过程 将短棉纤维粉、锯末粉等原料按配方要求加入混合器中,混合均匀后进行包装,即为成品。

质量指标 本品可参考 SY/T 5907—1994 钻井液用单向压力封闭剂标准,其主要技术指标见表 8-27。也可以参照执行 Q/SHCG 52—2013 钻井液用单向压力封闭剂技术要求。

表 8-27 单向压力封闭剂技术指标

项 目	指 标	项 目	指 标
外 观	淡黄色或灰色粉末	pH值	7~8
密度/(g/cm^3)	1.15~1.65	水分,%	≤8.0
细度(孔径 0.28mm 标准筛余量),%	≤10.0	灼烧残渣,%	≤7.0
酸不溶物,%	≤5.0		

用途 本品主要用于防漏和渗透性漏失地层的暂堵,也可以用于封堵微裂缝性地层漏失的封堵,配合水泥和大颗粒堵漏剂可用于封堵大孔洞的漏失。用于无土相或无固相钻井液与完井液的降滤失剂,减少滤液进入地层,保护储层。作为随钻堵漏剂加量一般为 0.5%~2%,作为堵漏剂或与其他材料配伍时加量为 2%~5%,作为无土相或无固相钻井液与完井液的降滤失剂时加量为 1.5%~4%。

也可以将本品与淀粉或其他聚合物混合,制成小球状,用于孔隙性和裂缝性漏失封堵。

采用本品堵漏时推荐配方见表 8–28[18]。

表 8–28 堵漏剂推荐方案

堵漏分类	渗 漏	小 漏	中 漏	大 漏
漏速/(m^3/h)	<3	<5	<30	≥30
DF–1,%	2~3	3~5	4~7	6~10
核桃壳,%		1~2	2~4	4~8
堵漏形式	全 井	局 部	局 部	慎 用

安全与防护 本品无毒。使用时防止粉尘吸入及与眼睛、皮肤接触。

包装与储运 本品采用内衬塑料袋、外用防潮牛皮纸袋包装。贮存在阴凉、通风、干燥处。运输中防止受潮和雨淋,防火。

7.FD–923 单向压力堵漏剂

化学成分 棉纤维粉、木质纤维粉和矿物纤维等。

产品性能 本品是不同粒径的棉纤维粉、木质纤维粉和矿物纤维的复配物,属于随钻封堵剂。其作用与单向压力封堵剂相同,不同之处是加入了矿物纤维,抗温能力提高,但酸溶性降低。通过不同种类的微粒化颗粒材料优化粒径匹配,用于裂缝、微裂缝性地层井漏或小型漏失,大颗粒搭桥,小颗粒进行填充,起到堵漏和封缝堵孔作用。抗温能力优于 DF–1。

制备过程 将不同粒径的棉纤维粉、木质纤维粉和矿物纤维等原料按配方要求加入混合器中,混合均匀后进行包装,即为成品。

质量指标 本品主要技术要求见表 8–29。

表 8–29 FD–923 产品技术要求

项 目	指 标	项 目	指 标
外 观	淡黄色或灰色粉末	水不溶物,%	≥80
细度(孔径 0.28mm 标准筛余量),%	≤10	pH值	6~7
水分,%	≤13.0	灼烧残渣,%	≤20.0

用途 本品主要用于防漏和渗透性漏失地层的封堵,可以随钻堵漏,也可以用于微裂缝性漏失的封堵,配合水泥和大颗粒堵漏剂可用于封堵大孔洞的漏失。随钻堵漏时,可以直接加入循环的钻井液中,对钻井液性能影响小,加量一般为 1%~3%。也可以与水泥、硅藻土、石灰等配制高失水堵漏浆,用于裂缝性和孔洞性漏失地层的堵漏作业。

安全与防护 本品低毒。使用时防止粉尘吸入及与眼睛、皮肤接触。

包装与储运 本品采用内衬塑料袋、外用塑料编织袋或防潮牛皮纸袋包装。贮存在阴凉、通风、干燥处。运输中防止受潮和雨淋,防火。

8.随钻堵漏剂 SD–1、SD–2

化学成分 花生壳、稻壳粉等。

产品性能 本品由农副产品加工而成,具有原料来源丰富、价格低廉、绿色环保的特点,为颗粒材料、片状材料和纤维材料共存,适应性强,封堵效果好,能够满足渗透性、非致漏性裂缝提高地层承压能力,微裂缝、小裂缝(1mm 以下裂缝)堵漏以及气侵严重情况下暂时封堵裂缝,抑制气侵等作业要求。

制备过程 将花生壳、稻壳等原料按配方要求加入混合器中,混合均匀后粉碎、筛分、包装,即为成品。

质量指标 本品主要技术指标见表 8-30。

表 8-30 Q/ZY 0412—1999 SD 型随钻堵漏剂技术要求

项目	指标		项目	指标	
	SD-1	SD-2		SD-1	SD-2
外观	灰白色自由流动颗粒粉末		初损/mL	≤70	≤70
水分,%	≤10		细度(孔径 2.14 标准筛余),%	≥95.0	
封闭滤失量/mL	≤85		细度(孔径 0.84mm 标准筛余),%		≥95.0
堵漏时间/s	≤8				

用途 本品主要用于微裂缝性和孔隙性地层漏失的封堵, 对钻井液的性能影响小,可实施边钻边堵,克服了停钻堵漏的缺点,适用于水基钻井液。也可以与胶凝性堵漏材料和桥塞堵漏材料配伍使用,用于裂缝性和孔洞性漏失地层堵漏作业。用于随钻堵漏时,其用量一般为 2%~4%;用于裂缝性和孔洞性漏失时,用量一般为 5%~10%,配合大颗粒桥堵材料效果更好。

安全与防护 本品无毒。使用时防止粉尘吸入及与眼睛、皮肤接触。

包装与储运 本品采用涂塑编织袋或牛皮纸袋包装。贮存在阴凉、通风、干燥处。运输中防止受潮和雨淋,防火。

9.改性植物纤维堵漏剂

化学成分 棉纤维粉、木质纤维粉等。

产品性能 改性植物纤维堵漏剂系不同类型的天然植物高分子材料,如高活性腐殖酸盐及其衍生物、纤维素、植物胶、聚戊糖等加工得到,具有良好的水溶胀桥接封堵动能,黏附性强, 外观呈可流动性固体粉末。本品是一种用于钻井液中降滤失保护储层的封堵材料,钻井液中加入随钻堵漏剂,其不同级配的封堵颗粒、纤维及晶片能有效封堵不同性质的漏失地层,快速有效地封堵钻进过程中所遇到的地层漏失,降低钻井液的损耗,阻止固相和液相进入储层,稳定井壁。

本品特点是对孔隙及微裂漏失,堵漏速度快,效果好;能迅速形成具有一定强度的非渗透性屏蔽带阻止钻井液中的液、固相侵入储层,使储层免遭损害,屏蔽带通过射孔反排可以解除;能显著降低钻井液的滤失量,又不影响钻井液的流变性能,耐温性能优良;不受电解质污染影响,无毒,无害[19]。

制备过程 将各种原料按配方要求加入混合器中,混合均匀后进行包装,即为成品。

质量指标 本品可以参考企业标准 Q/SY 1096—2012 钻井液用随钻堵漏剂改性植物纤维标准,其主要技术指标见表 8-31。

用途 本品主要用于防漏和渗透性漏失地层的暂堵,可以随钻堵漏,也可以用于微裂缝性漏失的封堵,配合水泥和大颗粒堵漏剂可用于封堵大孔洞或裂缝性地层的漏失。一般预防渗漏时用量 1%~2%;封堵砂层孔隙和微裂隙、保护储层时用量 2%~4%;封堵严重漏失层时用量为4%~6%。

安全与防护 本品低毒。使用时防止粉尘吸入或眼睛接触。

包装与储运 本品采用涂塑编织袋或牛皮纸袋包装。贮存在阴凉、通风、干燥处。运输中防止受潮和雨淋，防火。

表 8–31 钻井液用随钻堵漏剂改性植物纤维技术要求

项 目	指 标	项 目	指 标
外 观	淡黄色或灰色粉末	灼烧残渣,%	≤7.0
细度(孔径0.28mm标准筛余量),%	≤10.0	表观黏度变化率,%	±20.0
pH值	6~8	密度/(g/cm³)	≥1.0
水分,%	≤8.0	封闭滤失量(30min)/mL	≤40

10.801钻井堵漏剂

化学成分 刨花楠粉、腐殖酸钾、羧甲基纤维素、聚丙烯酰胺和海带粉等。

产品性能 本品是一种由野生植物，腐殖酸盐，羧甲基纤维素，海藻酸钠等多种高分子化合物复配而成的复配物，各种不同性能材料的协同作用，可以获得较好的堵漏效果。遇水产生交联熟化反应，形成网状结构流体，适用于多种复杂地层，可随钻随堵，不需停钻堵漏。同时具有降滤失、稀释和一定的抗污染能力，防塌能力及热稳定作用，且施工方法简便，用量少，成本低，无毒、无味、对人体无害，无环境污染[20,21]。

制备过程 按50%刨花楠粉、45%腐殖酸钾、2%羧甲基纤维素，2%聚丙烯酰胺和1%海带粉的比例将各成分加入混合器中，混合均匀后进行包装，即为成品。

质量指标 本品主要技术要求见表8–32。

表 8–32 801钻井堵漏剂技术要求

项 目	指 标	项 目	指 标
外 观	淡褐色粉状物	塑性黏度/(mPa·s)	≥16.0
水分,%	≤12.0	动切力/Pa	≥6.0
pH值	8.5~9.5	黏附力/MPa	≥0.18

用途 本品用于钻井堵漏，遇水后能迅速发生交联反应而形成网状结构，并具有良好的弹性、黏附性、可塑性和韧性、耐水性以及一定的湿强度，从而实现对漏失通道快速可靠的封堵。

使用时可按配方将堵漏剂干粉直接掺入钻井液中稍加搅拌使之充分溶解分散，然后开泵送入井中进行循环堵漏或静置堵漏。也可以将堵漏剂与劣质黏土一起配成堵漏浆液，开泵送入井筒内进行静置堵漏、循环堵漏、加压堵漏。施工中还可以将堵漏剂用清水单独分散，开泵送入井筒内进行循环、静置或加压堵漏。对于溶洞型漏失，可在黏土中加入大于10%高效随钻堵漏剂或材料(加水泥或惰性物)做成泥球，投放漏失层，挤压堵漏。

安全与防护 本品无毒。使用时防止粉尘吸入或接触眼睛。

包装与储运 本品采用内衬塑料袋、外用塑料编织袋或防潮牛皮纸袋包装。贮存在阴凉、通风、干燥处。运输中防止受潮和雨淋。

11.堵漏护壁处理剂

化学成分 腐殖酸、增黏剂、絮凝剂和膨胀材料等。

产品性能 本品是不同粒径的木质纤维、腐殖酸等的复配物。堵漏时无需停待时间，成功率高，见效快，保持时间长；用法简单，用量少，成本低；无毒、无味、无环境污染。

制备过程 按竹叶楠树根粉30%~90%、腐殖酸盐及其衍生物15%~50%、增黏剂10%~45%、絮凝剂1%~15%、膨胀材料5%~50%的比例，将各种原料按配方要求加入混合器中，混合均匀后进行包装，即为成品[22]。

质量指标 本品主要技术要求见表8-33。

表8-33 堵漏护壁处理剂技术要求

项 目	指 标	项 目	指 标
外 观	淡黄色或灰色粉末	塑性黏度/(mPa·s)	≥15
水分,%	≤15	动切力/Pa	≥5
pH值	8.5~9.5	黏附力/MPa	≥0.15

用途 本品主要用于防漏和渗透性漏失地层的暂堵，也可以用于微裂缝性漏失的封堵，配合水泥和大颗粒堵漏剂可用于封堵大孔洞或裂缝型地层的漏失。

安全与防护 本品低毒。使用时防止粉尘吸入和眼睛接触。

包装与储运 本品采用内衬塑料袋、外用防潮牛皮纸袋包装。贮存在阴凉、通风、干燥处。运输中防止受潮和雨淋。

12.酸溶性桥塞堵漏剂

化学成分 碳酸钙。

产品性能 本品是一系列不同粒度的碳酸钙粉或颗粒组成，难溶于水，可酸溶。既可以用作堵漏材料，也可以用作储层保护暂堵剂。

制备过程 石灰石或贝壳等经过研磨而成不同粒径的产物。

质量指标 可以根据需要加工成不同粒径，本产品主要技术要求见表8-34。

表8-34 酸溶性桥塞堵漏剂技术要求

项 目	指 标	项 目	指 标
外 观	白色粉末	>100μm的颗粒,%	≤10.0
碳酸钙含量,%	≥80.0	45~75μm的颗粒,%	≥40.0
水分,%	≤4	2~45μm的颗粒,%	≥30.0
酸不溶物,%	≤5	<2μm的颗粒,%	≤20.0

用途 本品在钻井液、完井液、修井液中可以用作酸溶性桥塞剂，可以有效地降低盐水钻井液、完井液、修井液的滤失量，减少对油层的损害；在聚合物钻井液中，本品是一种很好的惰性降滤失剂；此外在MMH正电胶钻井液体系中，本产品也能有效地降低体系的滤失量。作桥塞堵漏剂时加量为1.5%~2.5%，在聚合物钻井液及MMH正电胶钻井液中作惰性降滤失剂时加量为0.5%~2%。

安全与防护 本品无毒。使用时防止粉尘吸入和眼睛接触。

包装与储运 本品采用内衬塑料袋、外用塑料编织袋包装。贮存于阴凉、通风、干燥的库房。运输中防止受潮和雨淋。

13.低(无)荧光防塌封堵剂

化学名称或成分 油溶性树脂,表面活性剂。

产品性能 本品为白色膏状,能在水中均匀分散,粒子粒径呈多级分布,以1~10μm为主。它能为钻井液提供与地层温度相适应的、粒径与被封堵微裂缝的大小相匹配的可变形的软化粒子,从而能够实现对各类微裂缝的有效封堵,保持井壁稳定。

制备过程 由油溶性树脂经过乳化得到。

质量指标 本品主要技术要求见表8-35。

表8-35 低荧光防塌剂技术要求

项 目	指 标	项 目	指 标
外 观	白色或淡黄色乳液	粒度范围	0~80μm
有效物含量,%	≥45.0	API失水/mL	全 失
分散性	在水中自动分散	油溶率,%	≥80.0
荧光级别/级	≤3或5		

用途 本品可作为屏蔽暂堵剂和防塌封堵剂,适用于硬脆性页岩、破碎性地层、微裂缝和裂缝发育的地层(包括各类不水化的地层)。可应用于各种水基钻井液中,特别是聚合物钻井液,具有改善泥饼质量、降低失水和良好的防卡、润滑作用。

安全与防护 本品低毒。使用时防止眼睛、皮肤接触。

包装与储运 本品采用铁桶包装。存放在阴凉、通风、干燥处。运输中防止暴晒、防冻。

14.惰性颗粒堵漏材料

化学成分 核桃壳、棉籽壳、甘蔗渣、云母、蛭石、皮革粉和花生壳等。

产品性能 本产品是一大类惰性物质加工的堵漏材料,主要有核桃壳、棉籽壳、甘蔗渣、云母、蛭石、皮革粉和花生壳等。产品无毒性、无污染。

制备过程 将各种材料破碎成不同粒径,单独或按需要混合包装即可。

质量指标 按照粗(粒径2.8~3.0mm)、中(粒径1~2mm)和细(粒径0.5~0.8mm)三种规格组成的材料。其中,云母:粒度粗:中:细=6:3:2,含砂量≤6%;蛭石:可有少量杂质,粒度粗:中:细=4:5:1;贝壳粉:无杂质,粒度中:细=7:3;棉籽壳:无杂质,粒度中:细=1:9;核桃壳粗:无杂质,粒度粗:中:细=5:4:1;花生壳:无杂质,粒度粗:中:细=2:4:4;甘蔗渣:无杂质,细粉;皮革粉:无杂质,粒度中:细=4:6。上述组成的复合堵漏剂可以执行Q/SH1025 0777—2011钻井液用复合堵漏剂通用技术条件,其水溶物≤5.0%,堵漏能力≥80.0%。

用途 这些产品分别具有坚硬颗粒(如核桃壳)和柔性颗粒(如甘蔗渣、皮革粉等)的特点,主要用于渗透性和裂缝性地层漏失的堵漏。使用时可根据漏失情况来确定品种和加入量,混合使用效果更佳,用量一般为2%~15%。

采用惰性颗粒,还可以形成如下一些堵漏剂配方:①复合橡胶粒堵漏剂:橡胶粒35%、核桃壳20%、贝壳粉15%、锯末12%、棉籽壳12%、花生壳5%、稻草3%;②915复合堵漏剂：核桃壳30%、棉籽壳与锯末45%、蛭石与云母25%；③917复合堵漏剂：核桃壳20%、橡胶粒15%、棉籽壳15%、锯末20%、蛭石15%、云母15%；④复合棉籽壳丸堵漏剂：棉籽粉50%、棉籽壳31%、棉绒1%、膨润土18%、表面活性剂0.1%。

安全与防护 本品无毒。使用时防止粉尘吸入或接触眼睛。

包装与储运 本品采用涂塑编织袋或牛皮纸袋包装。储存在阴凉、通风、干燥的库房中。运输中，不可与化学品混放，防止日晒和雨淋。

15.其他堵漏剂

除前面介绍堵漏剂之外，还有一些工业下脚料或废料也可以用于堵漏剂，如玻璃纸片、橡胶颗粒、废聚氨酯泡沫材料、织物边角废料、尼龙地毯剪绒废料、废纸屑、废油毡等。

近年来，在防漏堵漏剂方面，还有一些新的研究和应用：

① 按棉籽壳:花生壳=1:0.5，(棉籽壳+花生壳):碎云母片:石灰石粉:酸溶型水泥=15:10:60:15等组成，将其粉碎后混合均匀得到的酸溶率≥80.0%的复合酸溶型钻井堵漏剂，由于多种结构、形状的材料共存，适应性强，封堵、驻留效果好，堵漏强度高，堵漏成功率高。用于钻井堵漏，施工安全、耐压、能防止油气层可能发生的永久性堵塞以及防止钻井液向地层中漏失和油气层污染，适用于不同缝隙的堵漏及深浅层堵漏[23]。

② 在60份膨化稻壳、5份高分子变性纤维素、12份两性纤维素和20份碳酸氢钙中加入10份水，于60℃混合器中复合反应1h，烘干、粉碎得到的酸溶率大于50%的钻井液快速封堵剂，具有堵漏速度快、无固化性、排出性强、对环境无污染、制造成本低等优点。用作钻井液堵漏剂，承压能力强，可酸溶，能防止油气层可能发生的永久性堵塞以及防止钻井液向地层中漏失和油气层污染，适用于不同缝隙的堵漏及深浅层快速堵漏。本品适用于各种类型的水基钻井液[24]。

③ 以膨化得到的形状不规则和长短级配的多种裂解改性秸秆纤维为主要原料，配合刚性粒子、变形粒子等开发出了钻井液用油气层保护暂堵剂(YQKD)，是集防漏、堵漏、屏蔽暂堵为一体的“绿色环保”新型油气层堵漏保护材料，在石油、天然气钻探中具有广阔的应用前景。在基浆中加入3%的YQKD，即能对地层进行有效封堵；在饱和盐水钻井液中加入YQKD后，动、静态滤失速率降低，泥饼增厚，最大返排压力降低，静态渗透率恢复值由66.7%提高到77.7%，动态渗透率恢复值由50.2%上升为69.1%；随着YQKD加量增至8%，动、静态渗透率恢复值分别达到84.4%和89.8%[25]。

④ 以杏仁壳为主要原料，经过初级粉碎、脱脂、干燥、超微粉碎和造粒一系列加工工艺得到的新型随钻防漏堵漏剂ZTC-1，在正压差作用下能迅速形成有效封堵，封堵强度高、深度小，加入钻井液中有利于降低钻井液API和高温高压滤失量。与传统堵漏剂相比，ZTC-1具有延时膨胀性，且膨胀比例更大，施工简便，用量少，若复配传统随钻堵漏剂可处理各种裂缝性、破碎性、孔隙性和渗透性等地层的漏失以及漏失位置不好确定的漏层的防漏堵漏[26]。

⑤ 针对低渗透地层纳米-微米级细微裂缝的封堵需要，由多种天然果壳经一系列预处理工艺、超微粉碎和包裹特性高相对分子质量聚合物等工艺，并造粒、干燥后制得一种颗粒粒径在0.1~200μm范围内可调的新型随钻防漏堵漏剂TFD。它具有强度高、延时膨胀

性、可变形性、与水基和油基钻井液配伍性好等特点，且封堵强度高，能提高地层漏失压力和承压能力，可起到稳定井壁、降低地层坍塌压力的作用[27]。

⑥ 按质量份，由植物纤维 60~100 份、沥青 5~20 份、石墨 5~15 份、弱吸水凝胶 5~20 份组成的堵漏剂，对钻井液流变性影响小，能辅助降低钻井液的滤失量和摩阻系数，适用于高密度、窄压力窗口地层防漏堵漏[28]。

⑦ 由粒状高炉矿渣、合成水分散纤维、浓缩硅粉微粒和工业分散剂、缓凝剂等混合而成的堵漏剂，可以在渗漏地层形成高强度非渗透性网状体系进行堵漏，特别是体系中的胶结组分(粒状高炉矿渣和硅粉混合而成)遇到 $Ca(OH)_2$ 时具有强的活性，使其在高渗透层能快速高效堵漏。该堵漏剂和不同钻井液体系具有良好的配伍性[29]。

⑧ 采用酸溶性好的无机矿物材料、纤维材料、吸水膨胀型聚合物等得到的新型酸溶性随钻堵漏剂 JHSD，具有较好的酸溶性，有利于现场酸化解堵，且对钻井液的流变性能影响小，对渗透性孔隙型地层和微裂缝地层均具有很好的堵漏效果，其承压强度大于 12MPa，堵漏效果明显优于目前油田常用的随钻堵漏剂，具有较好的应用前景[30]。

⑨ 由占水泥质量分数 0.15%~0.25%疏水凝胶剂，10%~30%疏水养护剂，8%~15%促凝剂等组成的疏水凝胶复合水泥，用于失返型漏失井的堵漏，可提高漏层的承压能力，提高一次性堵漏成功率[31]。

⑩ 采用化学共混的方法合成了具有增黏、成膜降滤失、润滑及提高泥饼承压能力等作用的处理剂 DF-NIN-Ⅰ和对钻井液流变性、API 滤失量、润滑性无影响，能大幅提高泥饼承压能力的处理剂 DF-NIN-Ⅱ。这两种处理剂具有良好的流变性、成膜降滤失性、润滑性、井壁稳定性和储层保护性[32]。

⑪ 由分散剂 MV-CMC 和护胶剂 JT888、乳化剂 OP-10、液体石蜡、消泡剂 YHP-008 和甲醛充分混合得到的低毒或无毒的多功能钻井液处理剂，用于水基钻井液，特别是聚合物钻井液，能有效改善水基钻井液泥饼质量、降低滤失量，具有防卡、润滑、防塌、封堵等作用，同时具有保护油气层、无荧光、对环境无污染的特点[33]。

⑫ 由 AZ-1、GF-1、AX-1 三种处理剂，按照 $m(AZ\text{-}1):m(GF\text{-}1):m(AX\text{-}1)=4:5:1$ 的比例进行复配得到超低渗透处理剂 YHS-1。经过 400 余口井的现场应用表明，该处理剂具有优良的井壁稳定和油层保护性能，能够提高地层的承压能力，可以进一步推广应用[34]。

此外，还有非渗透堵漏剂 HTK-1。该剂能在随钻过程中防止漏失，减小漏失量，提高地层承压能力，从而有效地实施封堵，保证钻井过程的顺利进行[35]。

参考文献

[1] 钻井手册(甲方)编写组.钻井手册(甲方)(上册)[M].北京：石油工业出版社，1990.

[2] 王中华.油田化学品[M].北京：中国石化出版社，2001.

[3] 王中华，何焕杰，杨小华.油田化学品实用手册[M].北京：中国石化出版社，2004.

[4] 李诚铭.新编石油钻井工程实用技术手册[M].北京：中国知识出版社，2006.

[5] 陈平，廖明义.高分子合成材料(上)[M].北京：化学工业出版社，2005.

[6] GOCKEL J.Lost Circulation Drilling Fluid：US，4498995[P].1985-02-12.

[7]《非金属矿工业手册》编辑委员会.非金属矿工业手册(下)[M].北京：冶金工业出版社，1992.

[8] 施恩刚.石棉在钻井泥浆中的作用[J].钻采工艺,1986,9(1):42-44.

[9] 李光东.脲醛树脂胶黏剂[M].北京:化学工业出版社,2002.

[10] 王勤.ND-1 堵漏剂及其应用[J].钻井液与完井液,1990,7(1):55-58.

[11] 陈大钧,雷鑫宇,李文涛,等.环氧-酚醛复配树脂堵漏剂的改性研究[J].钻井液与完井液,2012,29(4):9-11.

[12] 姚晓,朱华,汪晓静,等.油田堵漏用高吸水树脂的合成与吸水性能[J].精细化工,2007,24(11):1124-1127.

[13] Texaco Incorporated.Encapsulated Water Absorbent Polymers as Lost Circulation Additives for Aqueous Drilling Fluids: US,4664816[P].1987-05-12.

[14] Texaco Incorporated.Encapsulated Lime as a Lost Circulation Additive for Aqueous Drilling Fluids:US,4614599[P].1986-09-30.

[15] 王君国,郑友立,张淑媛,等.DTR 堵漏剂的试验与应用[J].钻井液与完井液,1990,7(2):30-35.

[16] 周明,苏坚.酸溶性暂堵剂 PCC 的研究和应用[J].油田化学,1992,9(1):6-10,14.

[17] 四川石油管理局川东钻探公司.酸溶性堵漏剂:中国,1096537 C[P].2002-12-18.

[18] 张敬荣,何劲,李昌全.DF-1 型暂堵剂在川东地区的应用[J].钻井液与完井液,1991,8(2):38-40,66.

[19] 随钻堵漏剂[EB/OL].http://baike.baidu.com/link?url=1wkzICskOv14Xi-PvSjNVnXRVYPuzJb-_rKje-es37CYMw4VZH-l5NNI7SSih0QqL-ZDYO2_1L09WrqH0EsysK.

[20] 彭振斌.801 堵漏剂的研究与应用[J].探矿工程,1991(3):9-11.

[21] 钻井液用 801 堵漏剂[EB/OL].http://china.guidechem.com/trade/pdetail1155852.html.

[22] 中南工业大学.一种钻井堵漏护壁处理剂及其使用方法:中国,1039344 C[P].1998-07-29.

[23] 中国科学院新疆化学研究所.复合酸溶型钻井堵漏剂:中国,1091130 C[P].2002-09-18.

[24] 德阳市海天高新技术材料制造有限公司.钻井液用快速封堵剂:中国,1360004[P].2002-07-24.

[25] 罗学刚,周健.改性秸秆纤维油气层保护暂堵剂室内评价试验[J].钻井液与完井液,2005,22(1):22-24.

[26] 王先兵,陈大钧,蒋宽,等.一种新型随钻堵漏剂 ZTC-1 的生产工艺及性能评价[J].钻井液与完井液,2009,26(5):29-31.

[27] 王先兵,陈大钧,蒋宽,等.新型防漏堵漏剂 TFD 与油气层保护技术[J].钻井液与完井液,2011,28(1):20-23.

[28] 李辉,肖红章,何涛,等.一种钻井液随钻堵漏剂:中国,101724383 A[P].2010-06-09.

[29] 马超,周会利,何斌,等.一种新型高渗透层钻井堵漏剂[J].断块油气田,2009,16(2):114-116.

[30] 王正良,韦又林,王昌军.新型酸溶性随钻堵漏剂 JHSD 的研制[J].石油天然气学报,2009,31(1):84-86.

[31] 中国石油集团川庆钻探工程有限公司.一种疏水凝胶复合水泥及其堵漏方法:中国,101863643 B[P].2013-05-01.

[32] 罗春芝,王越之,袁建强.超低渗透钻井液处理剂的研究及应用[J].石油天然气学报,2009,31(2):92-95.

[33] 王平全,张杰.一种低毒或无毒的多功能钻井液处理剂:中国,101735776 A[P].2010-06-16.

[34] 薛玉志,蓝强,李公让.超低渗透处理剂 YHS-1 的研制与表征[J].钻井液与完井液,2010,27(2):1-5.

[35] 焦利宾,董正亮,覃华政.非渗透性随钻堵漏剂 HTK-1 的室内性能评价[J].精细石油化工进展,2012,13(1):8-11.

第九章 絮凝剂

钻井液中的固相及固相粒径分布是影响钻井液性能、钻井速度的关键因素之一。国外20世纪60年代通过在钻井液中引入有机高分子絮凝剂，形成并应用了不分散低固相聚合物钻井液，从而使钻井速度大幅度提高。国内从20世纪70年代也开展了相关研究，并于20世纪80年代大面积推广应用聚丙烯酰胺不分散低固相聚合物钻井液，为高压喷射钻井技术的发展提供了必要条件。

钻井液絮凝剂是指能使钻井液中黏土颗粒或钻屑聚结、沉降或适度絮凝的化学剂。它可以使钻井液中的钻屑和劣质土处于不分散状态，以便使用机械固相控制设备将其清除，较好地解决钻屑、劣质土在钻井液中的分散和积累的问题，有效保证钻井液清洁和性能稳定，有利于发挥钻头水马力，不仅有利于提高机械钻速，而且可以减少钻井作业中的复杂情况，有利于储层保护和降低综合成本。

絮凝剂通常分为无机絮凝剂和有机絮凝剂。无机絮凝剂主要是无机盐、无机聚合物。无机盐包括氯化铝、硫酸铝、硫酸铁等。无机聚合物包括聚合铝、聚合铁等。有机絮凝剂主要为高分子聚合物，按官能团类型可分为非离子型、阴离子型、阳离子型和两性离子型；按絮凝黏土颗粒种类分为完全絮凝剂和选择性絮凝剂。应用较多的有机絮凝剂是高相对分子质量的合成聚合物，如水解聚丙烯酰胺、丙烯酰胺–有机阳离子单体共聚物等，并要求聚合物分子中有适当比例的吸附基团和水化基团[1~3]。

本章从无机化合物和有机化合物两方面对絮凝剂进行介绍。

第一节 无机化合物

氯化钠、氯化钙、硫酸亚铁、硫酸铝等一些无机盐是最基本的无机絮凝剂，可以通过离子交换吸附压缩双电层，降低黏土颗粒表面电动电位，水化膜变薄，使黏土颗粒产生絮凝。由硫酸亚铁、硫酸铝等为原料制备的无机聚合物也可以作为无机絮凝剂，同时表现出一定的增黏、抑制和流变性调节作用。

1.硫酸亚铁

参见第二章、第一节、19，用于钻井液絮凝剂及废钻井液、钻井液废水絮凝剂。

2.硫酸铝

参见第二章、第一节、21，用于钻井液絮凝剂及废钻井液、钻井液废水絮凝剂。

3.聚合氯化铝

化学名称或成分 多羟基铝化合物。

化学式 $[Al_2(OH)_nCl_{6-n}]_m(m \leqslant 10, n=1\sim5)$

产品性能 聚合氯化铝(PAC)常温下有液体和固体两种形态，纯净的液体为无色透明黏稠状溶液，干燥脱水后为白色透明质脆的玻璃晶体，X射线衍射为无定型结构，110℃以下缓慢失去15%~20%游离水，在空气中强烈吸潮，干燥温度高于130℃则呈淡黄色粉末。由于使用的原料及纯化工艺不同，聚合氯化铝多带有灰绿色或灰黑色。

制备过程 将500kg铝矿料、0.93m^3质量分数为26%的盐酸、350kg水、0.003m^3助剂A和0.02kg助剂B加入反应釜，加热使釜内温度达到120~140℃，压力为0.294MPa，搅拌反应4h，反应完成后，降温至60~80℃。将上述反应后的溶出液放入第一沉淀池，加入约30kg水洗铝灰(以除去残留的盐酸)及沉淀剂C，沉降6h。含有悬浮物的液体再经第二沉降池沉淀6h，清液进入蒸发槽。将上清液在蒸发槽内于90~100℃蒸发约3h后，加入25kg碱化剂D，继续蒸发1h后，再加入适量碱化剂E，然后再蒸发1h，即制得液体聚合铝。将液体聚合铝经过转筒干燥后得到固体产品。

质量指标 本品执行国家标准GB 15892—2003中Ⅰ类产品，其主要技术指标见表9-1。

表9-1 聚合氯化铝产品技术指标

项 目	指 标			
	液体产品		固体产品	
	优等品	一等品	优等品	一等品
氧化铝(Al_2O_3质量分数)，%	≥10.0	≥10.0	≥30.0	≥28.0
盐基度，%	40~85	40~85	40~90	40~90
密度(20℃)/(g/cm^3)	≥1.15	≥1.15		
水不溶物质量分数，%	≤0.1	≤0.3	≤0.3	≤1.0
pH值(1%水溶液)	3.5~5.0	3.5~5.0	3.5~5.0	3.5~5.0
氨态氮(N)的质量分数，%	≤0.01		≤0.01	
砷(As)的质量分数，%	≤0.0001		≤0.0002	
铅(Pb)的质量分数，%	≤0.0005		≤0.001	
镉(Cd)的质量分数，%	≤0.0001		≤0.0002	
汞(Hg)的质量分数，%	≤0.00001		≤0.00001	
六价铬(Cr^{6+})的质量分数，%，	≤0.0005		≤0.0005	

用途 本品可用作水基钻井液絮凝剂、增黏剂和抑制剂，由于聚合铝中四价聚合离子$[Al_8(OH)_{20}]^{4+}$所带的正电荷数量较高，而且聚合铝相对分子质量较大，配合大分子聚合物可以有效地絮凝劣质固相，抑制黏土、钻屑水化分散，保持钻井液清洁。本品用量一般为0.1%~0.5%。

还可用于油田含油污水的处理，由于混凝后可形成体积比较大的絮凝物，容易携带更多的油珠上浮或携带较多相对密度比较大的悬浮物下沉，故絮凝能力比硫酸铝强。现场一般与聚丙烯酰胺配合使用，投加量为5~100mg/L聚合铝，2~10mg/L聚丙烯酰胺为佳。聚合铝用于处理油田含油污水，具有投加后矾花形成的时间缩短、受污水温度影响小、絮凝时适用于污水的pH值范围宽等特点。

用于废水基钻井液固液分离。

安全与防护 本品无毒。长期接触对眼睛和皮肤有刺激作用。

包装与储运 固体产品采用内衬塑料袋、外用塑料编织袋包装，每袋净质量25kg，液体用聚乙烯塑料桶包装，每桶净质量25kg。储存在阴凉、通风、干燥处。运输中防止日晒、雨淋。

4.聚合硫酸铁

化学名称或成分 多羟基铁化合物。

化学式 $[Fe_2(OH)_n(SO_4)_{3-2/n}]_m[n\leqslant 2, m=f(n)]$

产品性能 本品为淡黄色无定型粉末，易溶于水，相对密度1.45。作为水处理剂与其他无机絮凝剂相比，本品混凝性能优良，矾花密实，沉降速度快，净水效果好，不含铝、氯和重金属离子等有害物质，亦无铁离子的水相转移，无毒无害，安全可靠，具有显著的脱色、脱臭、脱水、脱油、除菌、脱出水中重金属离子、放射性物质及致癌物等多种功能，对*COD*、*BOD*和色度的去除率高达90%以上。适应水体pH值较宽，为4~11。作为钻井液处理剂，聚合硫酸铁水解产生多种带正电的高价和多核络离子，表现出正电胶的性质，与黏土颗粒吸附后，降低电动电位，并产生吸附、交联等作用，通过吸附架桥，絮凝劣质固相，同时还具有抑制和调节流变性的作用。

制备过程 聚合硫酸铁的制备有3条主要技术路线。

① 硫铁矿矿灰法：将10份硫铁矿矿灰、10份水和15份浓硫酸混合，形成含过量硫铁矿矿灰、硫酸质量分数为38%的悬浮液。在170℃反应22h，过滤，除去剩余固体，滤液用水稀释至含聚合硫酸铁40%~50%。

② 铁矿石酸溶氧化法：100份铁矿石(主要含58%的Fe^{3+}，11%的Fe^{2+})与浓度为420g/L的硫酸混合，调整SO_4^{2-}/Fe(物质的量比)为3.1~1.40，在90℃使氧化物溶解30min，然后将上述反应液在氮氧化物的催化下，用空气、氧气或过氧化氢等氧化，即制成聚合硫酸铁。

③ 直接氧化法：在旋转炉中加入500份硫酸亚铁，通入空气，在200℃下加热3h，得到300份固体碱式硫酸铁；将其粉碎，与88份雾化后的硫酸反应，得到固体聚合硫酸铁。

质量指标 本品执行国家标准GB 14591—2006中工业、废水、污水用(即Ⅱ类)聚合硫酸铁要求，其主要技术指标见表9-2。

表9-2 聚合硫酸铁产品技术指标

项目	指标	
	液体	固体
密度(20℃)/(g/cm³)	1.45	
全铁的质量分数,%	≥11.0	≥19.0
还原性物质(以Fe^{2+}计)的质量分数,%	≤0.10	≤0.15
盐基度,%	8.0~16.0	8.0~16.0
不溶物的质量分数,%	≤0.3	≤0.5
pH值(1%水溶液)	2.0~3.0	2.0~3.0

用途 本品可用作水基钻井液絮凝剂，具有一定的增黏和抑制作用，可以提高钻井液的触变性，加量适当时表现出与正电胶类似的性质，其用量一般为0.1%~0.5%。

用于油田采油污水、炼油厂循环污水的净化处理时，本品投加量可根据原水水质的浊度大小而定，普通浊度的水质其投加量为15~30mg/L。还可以用于废水基钻井液固液分离。

安全与防护 本品无毒。避免眼睛和皮肤长时间接触。

包装与储运 本品固体产品采用内衬塑料袋、外加塑料编织袋包装，液体采用塑料桶包装，每袋或桶净质量25kg。储存在阴凉、通风、干燥处。运输中防止日晒、雨淋。

5.聚合氯化铝铁

化学名称或成分 多羟基铝铁化合物。

化学式 $[Al_2(OH)_nCl_{6-n}][Fe_2(OH)_nCl_{6-n}]_m(n\leqslant 5, m\geqslant 10)$

产品性能 聚合氯化铝铁别名碱式氯化铝铁，代号PAFC，是铝盐和铁盐的水解中间多核络合物，为铝盐和铁盐的替代品。易溶于水，有较强的架桥、吸附性能，在水解过程中，伴随发生电化学凝聚、吸附和沉淀等物理化学变化。具有反应速度快、形成絮体大、成型快、活性好和过滤性好等优点。作为水处理剂，适用的pH值范围广，在pH值为4~10之间均有好的混凝效果。作为钻井液絮凝剂，可以有效地清除劣质固相，保证钻井液清洁。

制备过程 首先将铝矾土和盐酸经反应、调整、沉淀、过滤制备聚合氯化铝溶液，标定其浓度。然后配制浓三氯化铁溶液，标定其准确浓度。将上述聚合氯化铝溶液和三氯化铁溶液按一定比例混合，剧烈搅拌至反应完成，静置得到产品。其中，[Fe]/[Fe+Al]物质的量比为1:10~1:5，[Al+Fe]总浓度为3mol/L，反应时间为8~9h，产品为黄色或黄褐色透明液体，液体产品经浓缩、结晶和干燥得固体产品。

质量指标 本品主要技术指标见表9–3。

表9–3 聚合氯化铝铁产品技术要求

项目	指标	项目	指标
外观	黄色或黄褐色粉状固体	三氧化二铁(以 Fe_2O_3 计)含量，%	3.0~6.0
三氧化二铝(以 Al_2O_3 计)含量，%	≥27.0	水不溶物含量，%	≤0.75
盐基度，%	≥70.0		

用途 本品可用作水基钻井液絮凝剂，有利于提高固控设备的效率，与无机盐和大分子絮凝剂配伍效果更好，还可以作为增黏剂和抑制剂，其用量一般为0.1%~0.5%。尤其适用于清水快钻的絮凝剂。

也可以用于油田采油污水、炼油厂循环污水的净化处理。本品使用时，其投加量可根据原水水质的浊度大小而定，普通浊度的水质其投加量为10~20mg/L。还可以用于废水基钻井液固液分离。

安全与防护 本品无毒，长期接触对眼睛和皮肤有刺激作用，使用时避免眼睛和皮肤接触。

包装与储运 本品采用内衬塑料袋、外用塑料编织袋包装，每袋净质量25kg。储存在阴凉、通风、干燥处，储存期为一年。运输中防止日晒、雨淋，防冻。

第二节 有机聚合物

有机聚合物絮凝剂主要是高分子聚合物 (相对分子质量大于 300×10^4)。非离子型和阴离子型絮凝剂主要是通过吸附、桥接、蜷曲、下沉机理；阳离子絮凝剂除了搭桥机理以外，还具有电性中和作用，具有更快更高的絮凝效率。由于分子链长，其絮凝效果优于无机絮凝剂。有机絮凝剂还具有包被、增黏和流型调节作用，同时也可以改善滤饼质量，降低钻井液的滤失量，提高润滑性。

1.聚丙烯酰胺

化学成分 丙烯酰胺均聚物。

结构式

$$\left[\!\!-CH_2-\underset{\underset{\underset{\Large NH_2}{|}}{\underset{C=O}{|}}}{CH}-\!\!\right]_n$$

产品性能 聚丙烯酰胺(PAM)是一种水溶性的高分子材料，完全干燥的聚丙烯酰胺是脆性的白色固体，易吸附水分和保留水分。密度为 $1.302g/cm^3$(23℃)，玻璃化温度为 188℃，软化温度近于 210℃。在 210℃以上时，酰胺基会逐渐脱水，转变为腈基，在 500℃以上时，会逐渐炭化为黑色粉末。PAM 易溶于水，可以溶于醋酸、丙烯酸、乙二醇、丙三醇和胺等少数强极性有机溶剂，而不溶于甲醇、乙醇、丙酮、乙醚、脂肪烃和芳香烃。聚丙烯酰胺分子链上的活性酰胺基可以发生水解、羟甲基化反应、磺甲基化反应、胺甲基化反应、霍夫曼降解反应和交联反应等，通过这些反应可以制备一系列功能性衍生物。

PAM 溶于水后，分子在溶液中呈无规线团。由于极性基团与氢键的作用，使大分子舒展，线团直径变大，内摩擦增加，溶液黏度升高。PAM 的增黏能力取决于它的分子结构、水解度、浓度、环境温度、含盐量和 pH 值等。

在适宜的低浓度下，聚丙烯酰胺溶液可视为网状结构，链间机械的缠结和氢键共同形成网状节点；浓度较高时，由于溶液含有许多链-链接触点，使得 PAM 溶液呈凝胶状。PAM 的相对分子质量是决定其黏度的主要因素，相对分子质量越大，溶液黏度越高。而相对分子质量一定时，溶液黏度随着浓度的增加而快速升高，且高相对分子质量的溶液黏度的升高幅度大于低相对分子质量者，该现象可以从图 9-1 看出。

PAM 水溶液黏度随着温度的升高而降低，在高浓度下溶液黏度随温度的升高而降低的幅度比低浓度时小，见图 9-2(RVT 布氏黏度计，1 号转子，20r/min)。这与高浓度下相互靠近、缠绕的大分子无规线团不易疏离，且流动阻力大密切相关[4]。

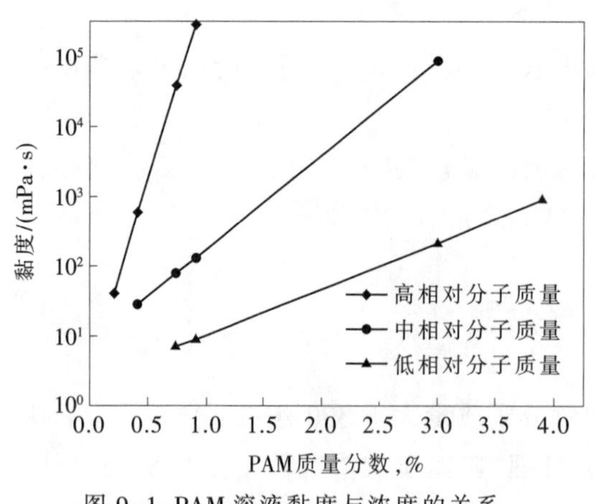

图 9-1 PAM 溶液黏度与浓度的关系

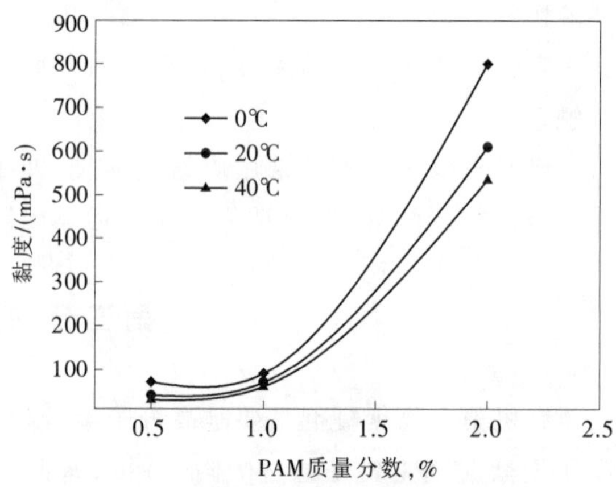

图 9-2 温度对 PAM 溶液黏度的影响

PAM水溶液与许多能和水互溶的有机物有很好的相容性，对电解质有很好的相容性，对氯化铵、硫酸钙、硫酸铜、氢氧化钾、碳酸钠、硼酸钠、硝酸钠、磷酸钠、硫酸钠、氯化锌、硼酸及磷酸等物质不敏感。

PAM对黏土和页岩膨胀有较强的抑制作用，其抑制能力随着加量的增加而增大，但当加量超过 0.2%以后，基本趋于稳定，见图 9-3 和图 9-4[5]。

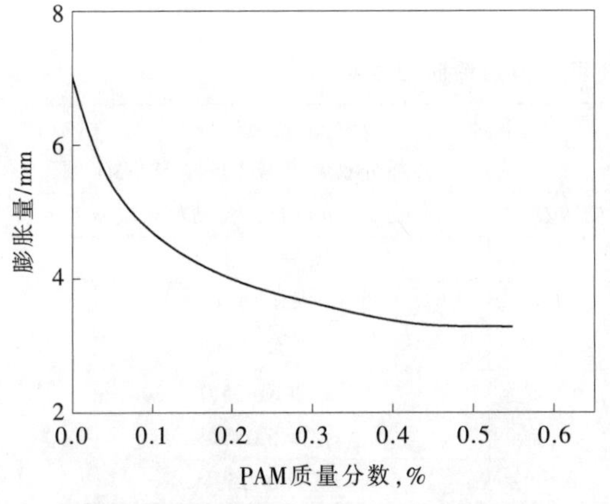

图 9-3 黏土膨胀量与 PAM 用量的关系

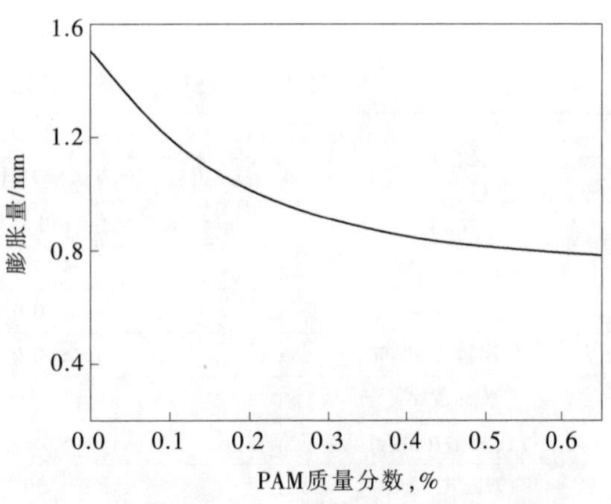

图 9-4 苏 21 井岩心膨胀量与 PAM 用量的关系

制备过程 将晶体状或质量分数为 40%~50%的丙烯酰胺用纯净水配制成质量分数 20%的水溶液，并经过离子交换精制后备用；将丙烯酰胺加入聚合釜中，通过气体导入管通氮 10min，然后在氮气保护下，加入占丙烯酰胺质量 0.06%的过硫酸铵和 0.03%的亚硫酸氢钠(提前溶于水)，于 20℃下聚合 8~20h，即得到凝胶状的弹性胶体。聚合完成后将所得的弹性胶体在 0.3~0.5MPa 压力下挤出到捏合机中，加入防黏剂、尿素等助剂捏合造粒。将所得胶粒在气流干燥机中，在低于 60℃的温度下干燥，干燥的产品经过粉碎，即得到粉状的聚丙烯酰胺产品。

也可以采用反相乳液聚合、悬浮聚合生产聚丙烯酰胺。

质量指标 本品主要技术指标见表 9-4，Q/SHCG 38—2012 钻井液用聚丙烯酰胺技术要求规定指标见表 9-5。

表 9-4 PAM 产品技术要求

项 目	指 标	项 目	指 标
外 观	白色固体粉末	水分，%	≤7.0
固含量，%	≥90.0	水溶性(溶液浓度 0.05%，常温搅拌溶解)	4h 全溶
残余单体，%	≤0.5	水解度	视需要而定
相对分子质量/10^4	≥300	pH值(25℃，1%水溶液)	7~8

用途 本品用作钻井液处理剂，具有絮凝、增黏、抗污染和剪切稀释等特点，可有效地调节钻井液流型，亦可用作钻井液增稠剂，适用于各种类型的水基钻井液体系。可以与其他材料配合生产交联聚合物，用作堵漏材料，也可以用于钻井作业废水絮凝剂。

以 PAM 为原料，可以制备一些改性的絮凝剂，如聚丙烯酰胺与甲醛作用生成羟甲基化的聚丙烯酰胺，羟甲基化的聚丙烯酰胺与胺作用，得阳离子型的聚丙烯酰胺——胺甲基化聚丙烯酰胺(CPAM)，其结构如下：

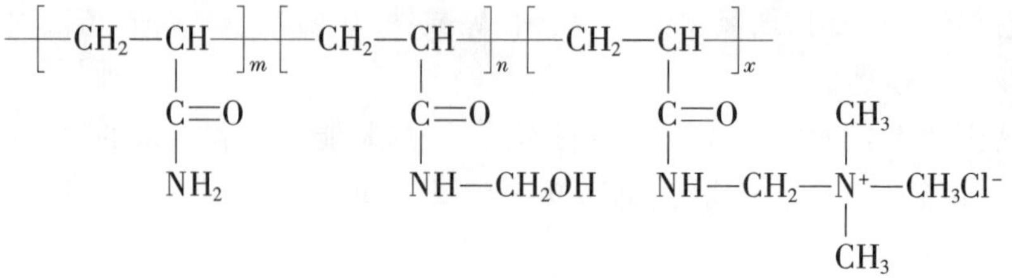

$$
\left[CH_2-\underset{\underset{\underset{NH_2}{|}}{\underset{C=O}{|}}}{CH} \right]_m \left[CH_2-\underset{\underset{\underset{NH-CH_2OH}{|}}{\underset{C=O}{|}}}{CH} \right]_n \left[CH_2-\underset{\underset{\underset{NH-CH_2-N^+(CH_3)_2-CH_3Cl^-}{|}}{\underset{C=O}{|}}}{CH} \right]_x
$$

表 9-5 Q/SHCG 38—2012 钻井液用聚丙烯酰胺技术指标

项 目	指 标	
	聚丙烯酰胺(PAM)	部分水解聚丙烯酰胺(HPAM)
外 观	白色或淡黄色自由流动粉末或颗粒	白色或淡黄色自由流动粉末或颗粒
筛余量,%	≤10.0	≤10.0
水分,%	≤10.0	≤10.0
有效物含量,%	≥90.0	≥85.0
水解度,%		20.0~35.0
特性黏数/(mL/g)	≥6.0×10^2	≥6.0×10^2
絮凝时间/s	≤50	50~150
灼烧残渣,%	≤4.5	≤5.5

CPAM为无色或淡黄色透明黏稠状胶体,含量2%~4%,阳离子度20%~40%,相对分子质量$(50\sim600)\times10^4$,略带氨味。属于有机阳离子型絮凝剂,由于对黏土颗粒吸附能力强,因此絮凝效果优于阴离子絮凝剂。由于分子中含有季铵基团,对细菌有一定的抑制作用。CPAM是最早应用的絮凝剂,由于固含量低,用量大,生产和运输麻烦,目前很少应用。

聚丙烯酰胺与环氧氯丙烷在碱性条件下反应,制备3-氯-2-羟基丙基取代的聚丙烯酰胺,再进一步与三甲胺季胺化反应得到阳离子聚丙烯酰胺:

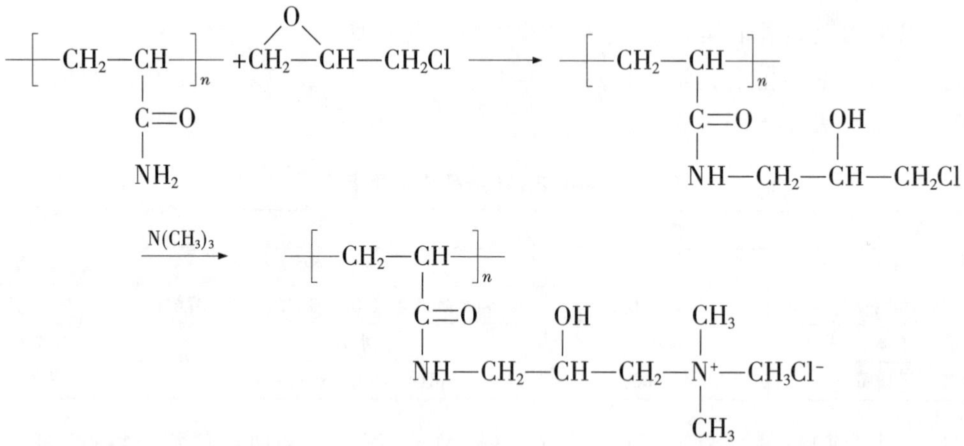

$$
\left[CH_2-\underset{\underset{\underset{NH_2}{|}}{\underset{C=O}{|}}}{CH} \right]_n + \overset{\;\;O}{CH_2-CH}-CH_2Cl \longrightarrow \left[CH_2-\underset{\underset{\underset{NH-CH_2-CH(OH)-CH_2Cl}{|}}{\underset{C=O}{|}}}{CH} \right]_n
$$

$$
\xrightarrow{N(CH_3)_3} \left[CH_2-\underset{\underset{\underset{NH-CH_2-CH(OH)-CH_2-N^+(CH_3)_2-CH_3Cl^-}{|}}{\underset{C=O}{|}}}{CH} \right]_n \tag{9-1}
$$

上述产物作为钻井液处理剂,可用作上部地层快速钻进或清水钻进的絮凝剂,可以快速沉淀清除固相,也可以作为水基钻井液的抑制剂、钻井废水絮凝剂、废钻井液脱水剂。在油田污水回注系统中作絮凝剂,用于污水或污泥处理。

还可以通过聚丙烯酰胺与甲醛作用生成羟甲基化的聚丙烯酰胺,羟甲基化的聚丙烯酰胺与亚硫酸盐作用,得磺化的聚丙烯酰胺——磺化甲基聚丙烯酰胺(SPAM),其结构如下:

$$-\!\!\left[CH_2-\underset{\substack{|\\ C=O\\ |\\ NH_2}}{CH}\right]_m\!\!\left[CH_2-\underset{\substack{|\\ C=O\\ |\\ NH-CH_2SO_3Na}}{CH}\right]_n\!\!\left[CH_2-\underset{\substack{|\\ C=O\\ |\\ NH-CH_2OH}}{CH}\right]_x\!\!-$$

SPAM作为钻井液处理剂,依据磺化度的不同,可以分别起絮凝、抑制、增黏和降滤失等作用。

安全与防护 本品无毒。产品遇水发黏,对眼睛和皮肤有刺激作用,使用时为了防止粉尘吸入和眼睛接触,需戴防尘口罩、防护眼镜,戴橡胶手套。产品生产所用原料有一定毒性,生产车间应保证良好通风。

包装与储运 本品采用内衬塑料袋、外用塑料编织袋或防潮牛皮纸袋包装。储存于阴凉、通风、干燥处。运输中防止受潮和雨淋。

2.水解聚丙烯酰胺

化学成分 丙烯酸、丙烯酰胺共聚物。

结构式

$$-\!\!\left[CH_2-\underset{\substack{|\\ C=O\\ |\\ ONa}}{CH}\right]_m\!\!\left[CH_2-\underset{\substack{|\\ C=O\\ |\\ NH_2}}{CH}\right]_n\!\!-$$

产品性能 水解聚丙烯酰胺(PHP 或 HPAM)为白色粉状固体,溶于水,几乎不溶于有机溶剂。在中性和碱性介质中呈聚电解质的特征,对盐类电解质敏感,与高价金属离子能交联成不溶性的凝胶体,絮凝效果好,在钻井液中具有絮凝、增黏和抑制作用。

实践表明,其性能与相对分子质量、水解度等密切相关。以页岩滚动回收率为考察依据,水解产物羧基结合金属离子类型、产物相对分子质量以及水解度等都会影响其效果。水解聚丙烯酰胺羧基结合金属离子类型对产物抑制性能的影响见图 9-5。从图中可以看出,钾盐效果最好,钙盐效果最差。水解度 30%,加量 0.05%时,Na-HPAM 相对分子质量对页岩抑制性的影响见图 9-6。从图中可以看出,随着相对分子质量的增加,回收率提高,相对分子质量 300×10^4 左右回收率达到最大值,以后变化不大。图 9-7 是相对分子质量 320×10^4,加入 0.7%时,水解度对回收率的影响,可以看出,水解度 10%~30%时,回收率最高,超过 30%时反而降低。从上述结果可以看出,钻井液用水解聚丙烯酰胺以水解度 30%、相对分子质量大于 300×10^4 较好[6]。

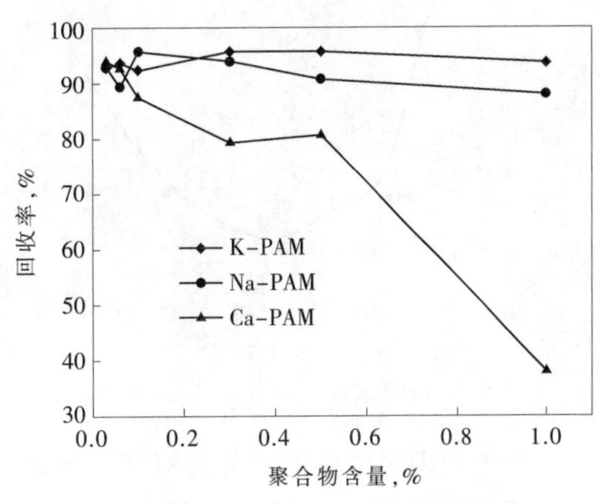

图 9-5 金属离子类型对产物抑制性能的影响

以絮凝效果为考察依据,聚丙烯酰胺相对分子质量和水解度对絮凝效果的影响见表 9-6 和图 9-8(PHP 相对分子质量 220×10^4)[7]。从表 9-6 和图 9-8 可以看出,非水解聚丙烯酰胺是全絮凝,既絮凝钻屑也絮凝黏土。相对分子质量越大,絮凝效果越好,絮凝速度也越快。如相对分子质量 700×10⁴ 的 PHP 选择性絮凝能力强，不仅表现在絮凝钻屑的速度，而且它还能选择性的将钻井液中的劣质土絮凝。而 PHP-3 由于相对分子质量小，水解度偏低，故絮凝效果欠佳。水解度 29%和相对分子质量一定时，在给定的条件下(密度 1.10g/cm³ 的钻井液)，PHP 有一个最佳加量，见图 9-9[8]。

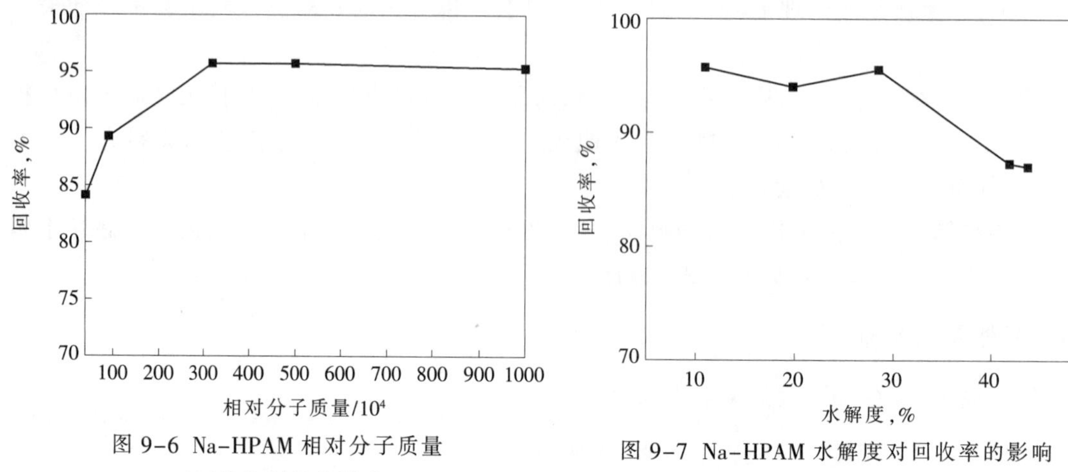

图 9-6 Na-HPAM 相对分子质量对页岩抑制性的影响

图 9-7 Na-HPAM 水解度对回收率的影响

表 9-6 PAM 相对分子质量和水解度对絮凝效果的影响

代 号	相对分子质量/10⁴	水解度，%	黏土粉液①	土粉液②
PHP-1	700	28.3	15s 全絮凝	有效部分絮凝
PHP-2	300	30.0	3min 全絮凝	不絮凝
PHP-3	196	20.0	24min 全絮凝	不絮凝
PAM	300	非水解	90s 全絮凝	全絮凝

注：①100mL 水中加入 4g 黏土粉(大庆油田岩屑，主要成分是蒙脱石和坡楼石，用来模拟钻屑和劣质土，粉碎后过 100 目筛)，摇荡并静置 24h 后备用；②在 100mL 水中加入 10mL 钻井液，主要是水化好的土和一定数量不造浆的劣质土。分别向每种混合液中加入 5mL 质量分数 1%的处理剂。

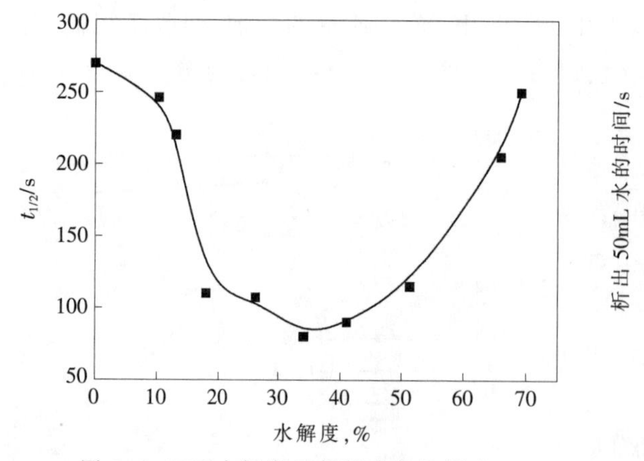

图 9-8 PHP 水解度对絮凝速度的影响

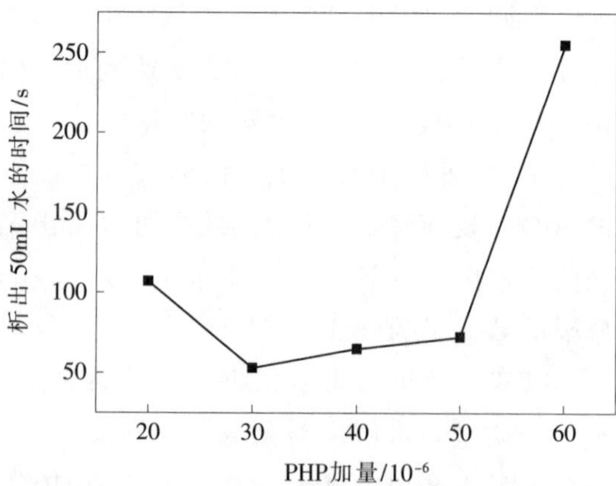

图 9-9 PHP 加量对絮凝物沉降速度的影响

水解聚丙烯酰胺的水解度对其在膨润土浆中的降滤失能力的影响见图 9-10[9]。从图中可以看出，水解度增加有利于提高降滤失能力，尤其在低加量下更明显。

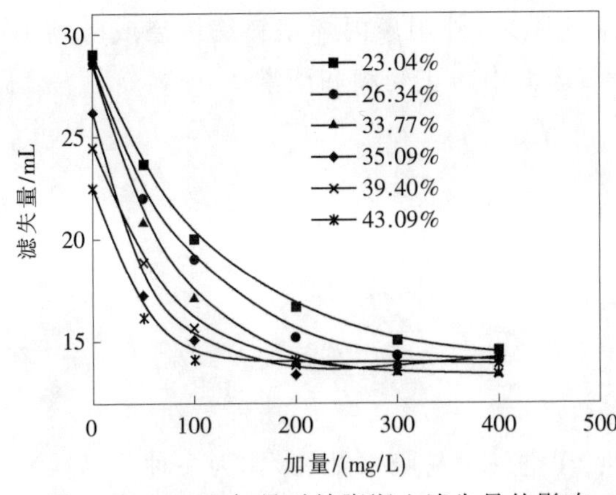

图 9-10 HPAM 加量对钠膨润土滤失量的影响

制备过程 按配方要求将丙烯酰胺和水加入聚合釜中，搅拌使其溶解配成质量分数 20%~30%的溶液；在不断搅拌下，使单体水溶液体系的温度升至 20~30℃，加入引发剂，反应温度达到要求后连续反应 8~10h，得到凝胶状产物，然后转入捏合机；向捏合机中加入适当浓度氢氧化钠或氢氧化钾溶液（加氢氧化钠得水解聚丙烯酰胺钠盐，加氢氧化钾得水解聚丙烯酰胺钾盐），在捏合机夹层通入蒸汽，使反应混合物体系温度升至 90~100℃，捏合反应 5~6h，在捏合过程中，由于水分蒸发，得到基本干燥的大颗粒产物；将大颗粒产物送入烘干房，在 90~100℃温度下烘干至水分含量小于 5%，然后粉碎即得白色固体粉末水解聚丙烯酰胺产品。

PHP 也可以采用共聚法生产，将 16kg 氢氧化钠、380~400kg 水加入反应釜，搅拌至全部溶解，然后慢慢加入 30kg 丙烯酸，待其溶解后，加入 70kg 丙烯酰胺，搅拌至全部溶解，用质量分数 20%的氢氧化钠水溶液将体系的 pH 值调到 8~10，将反应混合液转至聚合釜，加入适量的 EDTA、尿素和过硫酸铵和亚硫酸氢钠，通氮 5~10min，然后于 35~45℃下反应 6~10h，反应时间达到后，产物经切割、造粒、干燥、粉碎后，即得产品。

质量指标 本品主要技术指标见表 9-7。Q/SHCG 38—2012 钻井液用聚丙烯酰胺技术要求规定的部分指标见表 9-8。

表 9-7 HPAM 技术要求

项 目	指 标	项 目	指 标
外 观	白色粉末	游离单体含量，%	≤0.5
相对分子质量/10^4	200.0~500.0	pH值(25℃，1%水溶液)	7~9
水分，%	≤7.0	水解度，%	25~30
水不溶物，%	≤2.0		

表 9-8 Q/SHCG 38—2012 规定的部分技术要求

项 目	指 标	项 目	指 标
有效物，%	≥85.0	特性黏数/(mL/g)	≥600.0
水解度，%	20.0~35.0	絮凝时间/s	50~150

用途 本品主要用于低固相不分散聚合物钻井液的絮凝剂，并兼有改善钻井液的流变性、降低摩阻等性能。水解聚丙烯酰胺钻井液以独特的抑制性，广泛应用于易造浆的泥岩、水敏性页岩、石灰岩地层。HPAM 钻井液能保持良好的井眼轨迹，避免发生井下复杂情况，节约钻井成本。其加量一般为 0.1%~0.3%。本品使用时不宜直接加入钻井液，需要先配成 0.5%~1%的水溶液才能使用。

安全与防护 本品无毒。产品遇水发黏，对眼睛和皮肤有刺激作用，使用时为防止粉尘吸入和接触眼睛、皮肤，需戴防尘口罩、防护眼镜，戴橡胶手套。产品生产所用原料有一定毒性，生产车间应保证良好通风。

包装与储运 本品易吸潮，采用内衬聚乙烯薄膜袋、外用聚丙烯塑料编织袋或防潮牛皮纸袋包装。贮存于阴凉、干燥、通风的库房中。运输中防止受潮和雨淋。

3.丙烯酰胺与丙烯酸钠共聚物 80A-51

化学名称或成分 丙烯酸、丙烯酰胺共聚物。

结构式

$$\left[\begin{array}{c}CH_2-CH\\ |\\ C=O\\ |\\ ONa\end{array}\right]_m\left[\begin{array}{c}CH_2-CH\\ |\\ C=O\\ |\\ NH_2\end{array}\right]_n$$

产品性能 本品易溶于水，水溶液呈弱碱性，在空气中易吸水结块。作为一种选择性絮凝剂，同时具有增黏和包被作用，具有抗温抗盐，改善钻井液流变性和防塌等特点，是相对分子质量 400~700×10⁴，丙烯酸链节约 40%的 AA-AM 共聚物。它比常规的水解聚丙烯酰胺(相对分子质量 300×10⁴，水解度 30%)更适用于钻井液絮凝和增黏剂，是用量较大的聚合物处理剂之一。

当将其加入到钻井液后，钻井液能保持较小的 n 值，可以有效地调节流型，具有良好的抗温、抗盐、抗钙镁能力；作为钻井液增黏剂，兼有良好的降滤失作用，能有效改善钻井液的流变性能；同时可以抑制页岩水化分散、抗无机离子污染、降低钻井液滤失量；能达到提高钻速、减少井下复杂及降低钻井成本的目的。它对钻井液流型的改善效果可以从表 9-9 中的实验结果看出[10]。它对页岩水化分散的稳定作用低于 KPAM，但优于 PHP 和 PAM，见图 9-11[7]。

表 9-9 80A-51 对钻井液流变性的影响

样品加量/10^{-6}	AV/(mPa·s)	PV/(mPa·s)	YP/Pa	n	k
基 浆	4.25	3.0	1.25	0.62	0.058
50	5.5	4.0	1.5	0.65	0.061
150	6.0	4.0	2.0	0.58	0.108
450	8.0	5.0	3.0	0.54	0.19
1000	19.0	12.0	7.0	0.55	0.421
2500	22.0	12.0	10.0	0.46	1.03

注：基浆为 3%的小李家膨润土浆。

制备过程 按配方要求将 40 份丙烯酸和适量的水加入反应釜，搅拌使其溶解，然后加入适当浓度的氢氧化钠溶液将体系的 pH 值调至 7~9 的范围内；在不断搅拌下加入 60 份丙烯酰胺，搅拌使丙烯酰胺全部溶解；不断搅拌，使反应混合物体系的温度升至 35℃，通氮驱氧 5~10min，然后加入 0.25 份引发剂；在 35℃下反应 5~10h；反应完成后，将所得产物取出剪切造粒，于 80~100℃下真空干燥、烘干、粉碎，即得无色或微黄色自由流动固体粉末状 80A-51 产品。

质量指标 本品可以参考 SY/T 5661—1995 钻井液用增黏剂 80A-51 标准，其理化指标见表 9-10，钻井液性能指标见表 9-11。

用途 本品用作钻井液处理剂，具有絮凝钻屑、抗温、抗污染、剪切稀释性能好等特点，可以有效地调节淡水、海水钻井液流型，亦可以用作钻井液防塌剂和增稠剂，不仅适用于低固相不分散聚合物钻井液体系，也可以用于分散型钻井液体系，是聚合物钻井液体系的重要处理剂之一。一般淡水钻井液中加量为 0.2%~0.4%，盐水钻井液加量为 0.5%~1.0%。本品使用时必须先配制成胶液，然后再加入钻井液。

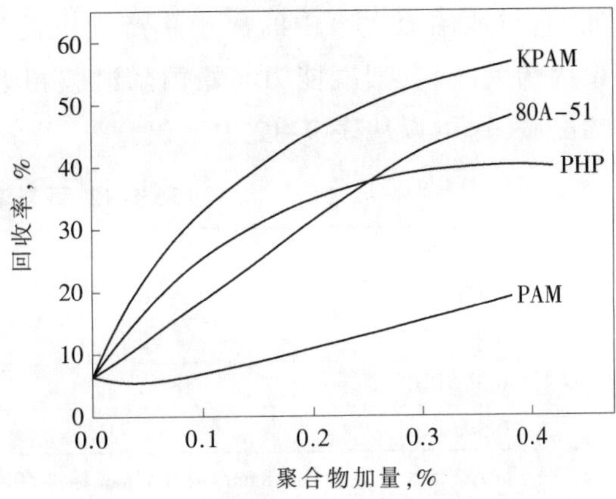

图 9-11 不同聚合物防塌能力对比

说明：回收率实验条件为 60℃下滚动 16h，岩屑为淖 18 井巴中下泥岩

安全与防护 本品无毒。产品遇水发黏，对眼睛和皮肤有刺激作用，使用时为防止粉尘吸入和眼睛、皮肤接触，需戴防尘口罩、防护眼镜，戴橡胶手套。产品生产所用原料有一定毒性，生产车间应保证良好通风。

包装与储运 本品易吸潮，采用内衬聚乙烯薄膜袋、外用塑料编织袋或防潮牛皮纸袋包装。贮存于阴凉、干燥、通风的库房中。运输中防止受潮和雨淋。

表 9-10 80A-51 理化性能指标

项 目	指 标	项 目	指 标
外 观	白色或微黄色自由流动粉末	水分,%	≤8.0
特性黏度/(dL/g)	≥6.0	细度(筛孔 0.9mm 筛余量)%	≤5.0

表 9-11 80A-51 钻井液性能指标

项 目		表观黏度/(mPa·s)	塑性黏度/(mPa·s)	动切力/Pa	滤失量/mL
基 浆		8~10	3~6	4~6	26~30
基浆中加入 0.3% 的 80A-51	常 温	≥35	≥17	≥18	≤25
	120℃热滚 16h	≥25	≥12	≥10	≤35

4.抗温抗盐聚合物絮凝剂 PAMS800

化学名称或成分 2-丙烯酰胺基-2-甲基丙磺酸钠和丙烯酰胺的聚合物。

结构式

$$\left[\begin{array}{c} CH_2-CH \\ \quad\ | \\ \quad\ C{=}O \\ \quad\ | \\ \quad\ NH \\ \quad\ | \\ H_3C-C-CH_3 \\ \quad\ | \\ \quad\ CH_2SO_3Na \end{array}\right]_m \left[\begin{array}{c} CH_2-CH \\ \quad\ | \\ \quad\ C{=}O \\ \quad\ | \\ \quad\ NH_2 \end{array}\right]_n$$

产品性能 本品为水溶性阴离子型聚合物，由丙烯酰胺(AM)和 2-丙烯酰胺基-2-甲基丙磺酸(AMPS)共聚而得，其中 AMPS 所占比例 30%(物质的量比)左右。产品呈白色粉末状，易溶于水，水溶液为黏稠状透明体，呈弱碱性。聚合物中的酰胺基与钻井液中的黏土颗粒吸附，而磺酸基电荷密度高，可提高聚合物的分散能力和抗二价金属离子的能力，因而本品抗钙污染能力强，它与酸接触不产生沉淀，提高钻井液的钻屑容量，且抗水泥污染能力强，它与地层原生水中的离子不产生沉淀反应，减轻对油气层的损害，其絮凝机理同水解聚丙烯酰胺，其絮凝能力与聚丙烯酰胺相近，而抑制泥页岩水化分散的能力优于水解聚丙烯酰胺，这可以从表 9–12 中看出。

表 9–12 页岩滚动回收率实验结果

聚合物溶液	回收率，%	聚合物溶液	回收率，%
0.1% PHP	46.2	0.05% P(AM–AMPS)	62.2
0.2% PHP	49.1	0.1% P(AM–AMPS)	79.3
0.3% PHP	52.0	0.2% P(AM–AMPS)	82.0
0.4% PHP	67.7	0.3% P(AM–AMPS)	85.4

注：所用岩屑粒径为 2.1~3.8mm，用 0.42mm 标准筛回收，热滚条件 80℃/16h，岩屑在清水中的回收率为 21.6%。

制备过程 按配方要求将 16 份氢氧化钠和水加入中和釜，搅拌使氢氧化钠溶解，冷却至室温后，然后在冷却条件下慢慢加入 84 份 2–丙烯酰胺基–2–甲基丙磺酸，得到 2–丙烯酰胺基–2–甲基丙磺酸钠盐水溶液；将 2–丙烯酰胺基–2–甲基丙磺酸钠盐水溶液泵入聚合釜，并加入 87 份丙烯酰胺，待丙烯酰胺溶解后用氢氧化钠水溶液或 AMPS 将体系 pH 值调至 5~9 的范围内，将反应混合液升温至 30~35℃，通入氮气驱除体系中的溶解氧，20min 后在氮气保护下加入引发剂，在 35℃下恒温反应 8~10h 得凝胶状产物；将凝胶状产物挤出并剪切造粒，于 60~80℃下烘干，粉碎后得高相对分子质量 P(AM–AMPS)共聚物絮凝剂——PAMS800。

需要强调的是，本品合成中 AMPS 在总单体中的物质的量分数对絮凝能力有显著的影响，在合成条件一定时，单体中 AMPS 物质的量分数对絮凝能力的影响见图 9–12。从图中可以看出，随着 AMPS 单体用量的增加，产物絮凝能力提高，但当其用量超过 22.5%后，絮凝能力大幅度降低，直至失去絮凝作用。而产物的降滤失能力(4%膨润土基浆+0.5%聚合物)却随着 AMPS 单体用量的增加而提高。

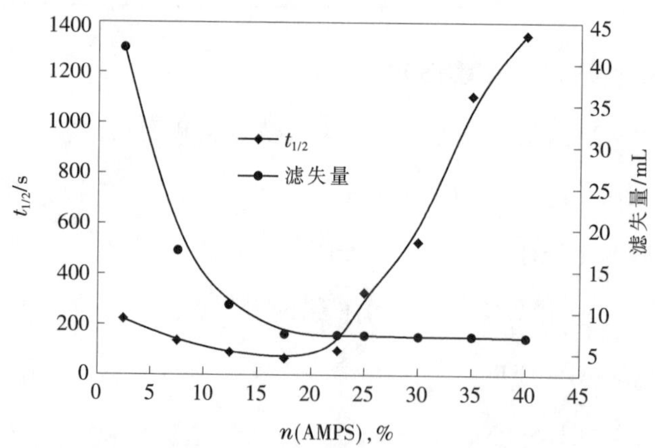

图 9–12 AMPS 物质的量分数对聚合物絮凝能力的影响

质量指标 本品主要技术要求见表 9–13。

用途 PAMS800 用作钻井液处理剂，具有良好的絮凝、增黏及调节流型的能力，抗温、抗盐能力强，能在高温、高盐条件下提高钻井液的黏度，同时还具有良好的降滤失、絮凝和包被作用，能有效控制地层造浆、防止井壁坍塌。本品与阴离子和两性离子型钻井液处理剂有良好的配伍性，适用于水基钻井液体系。本品加量一般为0.05%~0.4%。使用时应先配成0.5%~1.0%的胶液，然后再慢慢加入钻井液中，以防由于加入量局部过大而引起钻井液过度絮凝。

安全与防护 本品无毒。产品呈碱性，对眼睛和皮肤有刺激作用，使用时为防止粉尘吸入和眼睛、皮肤接触，需戴防尘口罩、防护眼镜，戴橡胶手套。产品生产所用原料有一定毒性，生产车间应保证良好通风。

包装与储运 本品易吸潮，采用内衬塑料袋、外用塑料编织袋或防潮牛皮纸袋包装。贮存于阴凉、干燥、通风处。运输中防止受潮、雨淋。

表 9-13 PAMS800 产品技术要求

项 目	指 标	项 目	指 标
外 观	白色粉末	水分，%	≤7.0
细 度	90%通过0.42mm筛孔	水不溶物，%	≤2.0
有效物含量，%	≥88.0	pH值(25℃，1%水溶液)	7~9
1.0%水溶液表观黏度/(mPa·s)	≥70.0	絮凝时间/s	50~150

5.钻井液固相化学清洁剂 ZSC-201

化学名称或成分 3-(*N*-丙酰胺基)二甲基-2-羟基丙基三甲基氯化铵和聚合物的混合物。

产品性能 本品为黄色粉末状，易溶于水，水溶液呈弱酸性。本品具有较强的抑制性，可以有效抑制黏土水化分散、保证钻井液清洁，在钻井液体系中可很好的与阴离子型、阳离子型和两性复合离子型钻井液处理剂配伍，同时具有较好的抑制增效作用，在有效的加量范围内对钻井液的滤失量和流变性等影响小；能有效抑制泥页岩的水化膨胀分散，清除钻井液中的有害固相，减少钻井液中亚微粒子含量，保证钻井液清洁；可以解决水敏性或易塌地层水化膨胀、缩径问题，有效控制固相含量，大大提高机械钻速。本品现场应用方便，加量少，还可减少其他处理剂的用量，节约钻井液成本。

表9-14是ZSC-201的絮凝能力实验结果。从表9-14可看出，0.2%加量的ZSC-201其3.0min析出清液150mm高，表明ZSC-201具有明显的絮凝能力[11]。

表9-15是单一处理剂ZSC-201、CPAM、PAMS601在4%淡水钻井液中的性能评价结果。从表9-15可看出，ZSC-201加量为0.05%时，可使页岩回收率从34.5%提高至51.3%，且不影响钻井液流变性，抑制效果明显优于CPAM和PAMS601。在加量较高时，CPAM和PAMS601尽管可以提高钻井液的抑制能力，但也改变了钻井液的流变性，随着处理剂加量增加，其表观黏度、塑性黏度、动切力增加，尤其是CPAM增加显著。

表 9-14 ZSC-201 的絮凝效果

ZSC-201 加量，%	清液高度/mm		
	1.5min	2.0min	3.0min
0.10	17	35	85
0.15	45	57	135
0.20	50	83	150

注：在100mL具塞量筒中，先后加入80mL蒸馏水和ZSC-201溶液，摇匀后加入2g钙膨润土，补加蒸馏水至100mL。再以30次/min(一倒一正为1次)的频率摇动，静置计时，记下1.0，1.5，2.0，3.5，3.0min析出清液的高度。

ZSC-201对阴离子处理剂和阳离子处理剂的抑制增效作用见表9-

16。从表 9-16 可以看出,ZSC-201 与阴离子乙烯基磺酸聚合物 PAMS601、阳离子聚丙烯酰胺 CPAM 在 4%淡水钻井液中具有良好的配伍性。4%淡水钻井液中 ZSC-201 加量为 0.2%时，可使 0.2%加量的 PAMS601 的页岩回收率从 53.6%增加至 89.8%；可使 0.4%加量的 CPAM 的页岩回收率从 77.7%增加至 96.8%,表明 ZSC-201 对阴离子处理剂和阳离子处理剂具有明显的增效或协同作用。

表 9-15 单一处理剂在 4%淡水钻井液中的效果

处理剂	加量,%	*AV*/(mPa·s)	*PV*/(mPa·s)	*YP*/Pa	页岩回收率,%
ZSC-201	0	9.0	6.0	3.0	34.5
	0.05	9.0	5.5	3.5	51.3
	0.10	9.0	6.5	2.5	52.6
	0.20	9.5	6.5	3.0	60.2
	0.30	9.5	6.0	3.5	63.4
CPAM	0.05	21.0	7.0	14.0	41.1
	0.10	27.5	11.0	16.5	52.2
	0.20	34.5	11.0	23.5	71.1
	0.30	41.5	16.0	25.5	70.5
	0.40	45.5	19.0	26.5	77.7
PAMS601	0.15	22.5	11.0	11.5	44.6
	0.20	25.5	11.0	14.5	53.6
	0.25	27.5	13.0	14.5	63.7

注：回收率实验所用页岩样为马 12 井井深 2700m 处的岩屑，取粒径 2.0~3.8mm 页岩于 (105±3)℃下烘至恒质；120℃下滚动老化 16h,用 0.42mm 筛回收岩心。

表 9-16 ZSC-201 与 PAMS601、CPAM 在 4%淡水钻井液中的抑制增效作用

加量,%			*AV*/(mPa·s)	*PV*/(mPa·s)	*YP*/Pa	页岩回收率,%
ZSC-210	PAMS601	CPAM				
0	0	0	9.0	6.0	3.0	34.5
0.20	0	0	9.5	6.5	3.0	60.2
0	0.15	0	22.5	11.0	11.5	44.6
0	0.20	0	25.5	11.0	14.5	53.6
0.20	0.15	0	19.0	9.0	10.0	72.4
0.20	0.20	0	26.0	14.0	12.0	89.8
0	0	0.20	34.5	11.0	23.5	71.1
0	0	0.40	45.5	19.0	26.5	77.7
0.20	0	0.20	29.0	9.0	20.0	95.8
0.20	0	0.40	10.0	17.0	23.0	96.8

注：回收率实验所用页岩样为马 12 井井深 2700m 处的岩屑，取粒径 2.0~3.8mm 页岩于 (105±3)℃下烘至恒质；120℃下滚动老化 16h,用 0.42mm 筛回收岩心。

制备过程 将配方量的丙烯酰胺和水加入反应瓶中,待丙烯酰胺全部溶解后加入一定量的二甲胺,于 0~20℃下反应 2~10h,然后升温至 50℃反应 2~4h;降温至 30℃,加入催化剂,分批向反应瓶中加入环氧氯丙烷(加入过程中反应体系的温度要控制在 35℃以内),加完后升温至50~60℃,反应0.5~2h;降温至45℃,慢慢加入改性剂后升温至80℃,恒温0.5~1.5h,浓缩,干燥,加入一定量的高相对分子质量聚合物和磷酸盐等,混合粉碎后得固相化学清洁剂ZSC-201[12]。

质量指标 本品可参考Q/SH 1025 0401—2005钻井液用固相化学清洁剂技术要求,其主要指标见表9-17。

表9-17 ZSC-201产品技术指标

项 目	指 标	项 目	指 标
外 观	微黄色粉末	水不溶物,%	≤2.0
有效成分,%	≥80.0	10%水溶液表观黏度/(mPa·s)	≥5.0
水分,%	≤10.0	相对抑制率,%	≥80.0

用途 本品用作钻井液的絮凝剂和抑制剂,能够有效地清除钻井液中低密度固相,控制亚微米粒子含量,保持钻井液清洁,其加量一般为0.1%~0.5%。加量大时会使钻井液过度絮凝,滤失量增加。可用于各种类型的水基钻井液体系。也可以作为抑制剂,用于配制强抑制性钻井液体系。

安全与防护 本品无毒。有刺激挥发物,对眼睛和皮肤有刺激作用,使用时需戴防毒口罩、防护眼镜,戴橡胶手套。产品生产所用原料有一定毒性,生产车间应保证良好通风。

包装与储运 本品极易吸潮,采用内衬聚乙烯薄膜袋、外层用聚丙烯塑料编织袋或防潮牛皮纸袋包装。贮存于阴凉、通风、干燥的库房。运输中防止受潮和雨淋,防止日晒。

6.聚二甲基二烯丙基氯化铵

结构式

$$\left[CH_2-CH-CH-CH_2 \right]_n \quad \text{(两个 CH 各经 } CH_2 \text{ 连接于 } N^+(CH_3)_2\ Cl^- \text{)}$$

$$-\!\!\left[\!-CH_2-\underset{\substack{|\\ CH_2}}{CH}-\underset{\substack{|\\ CH_2}}{CH}-CH_2-\!\right]_n\!\!- \qquad \begin{matrix} CH_2 & & CH_2 \\ & N^+ & Cl^- \\ H_3C & & CH_3 \end{matrix}$$

产品性能 聚二甲基二烯丙基氯化铵(PDMDAAC)为白色或淡黄色固体粉末,属于阳离子型有机絮凝剂,易溶于水,对钻井液劣质固相及钻井污水中的悬浮粒子具有很强的絮凝能力,对废水基钻井液具有很强的脱水能力。

用作钻井液絮凝剂,以HPAM为代表的阴离子聚合物以氢键吸附为主,对高价金属离子敏感性强,热稳定性差,一般仅适用于淡水钻井液及上部地层钻井,不适用于含高浓度电解质的钻井液及深井钻井。而PDMDAAC等阳离子聚合物处理剂带正电荷,由于黏土和页岩表面带负电荷,因此正电荷的阳离子聚合物分子以静电吸附为主的方式吸附于黏土和页岩表面,不仅吸附量大,而且吸附强度大,吸附牢固,不易解吸附,抗温、抗盐和抗剪切能力强,并强烈的絮凝黏土和钻屑,有利于通过固控设备清除。同时PDMDAAC在黏土、钻屑和井壁岩石上的吸附,会中和黏土、钻屑和井壁岩石表面上的部分负电荷,压缩其扩散双电层,减少晶层间、颗粒间的双电层斥力,减少其水化程度,不仅有利于黏土和钻屑的絮凝,也可以减少井壁岩石的水化膨胀,有利于井壁稳定。

制备过程 以氯丙烯、二甲胺、氢氧化钠和过硫酸铵为原料,经叔胺化合成氯丙烯二甲胺和季铵化得到二烯丙基二甲基氯化铵，最后在引发剂作用下聚合生成聚二甲基二烯丙基氯化铵：在装有搅拌器，温度计和通 N_2 装置的反应器中加入按计量经浓缩的单体溶液。室温下依次加入 0.35%的引发剂和 0.001%~0.003%的络合剂溶液，适量加水配成质量分数 65%的单体聚合反应液，通氮 220min 后，搅拌下将反应液升温到 44℃引发反应 3h 后，再升温到 50℃反应 3h，再升温到 70℃进一步熟化反应 3h，出料、烘干、粉碎，得到成品。

需要强调的是，在 PDMDAAC 合成中，引发温度和后期反应温度(熟化反应)对聚合物特性黏数和转化率有显著的影响[13]。图 9-13 是原料配比和合成条件一定时，引发温度对产物特性黏数和单体转化率的影响。从图中可以看出，随着聚合反应引发温度升高，产物特性黏数和单体转化率均增加，并达到最大；但当引发温度超过一定温度后，产物特性黏数和单体转化率均急剧下降，实验表明，当引发温度 48℃时，出现爆聚现象，体系快速自动升温到 90℃以上。图 9-14 是原料配比和合成条件一定时，反应后期反应(熟化反应)温度对产物特性黏数和单体转化率的影响。从图中可以看出，随着聚合反应熟化反应温度的升高，产物的特性黏数先增加，达到最高点(70℃)后，有所下降，而单体的转化率则变化不明显。这可能与成熟温度较低时，反应不完全有关。随着成熟温度升高，在一定范围内单体或端基双键或悬挂双键进一步反应，使产物特性黏数稍有增加，但进一步增加聚合反应熟化温度时，体系可能由于热的作用，有少量链的断裂发生，导致产物特性黏数反而降低。

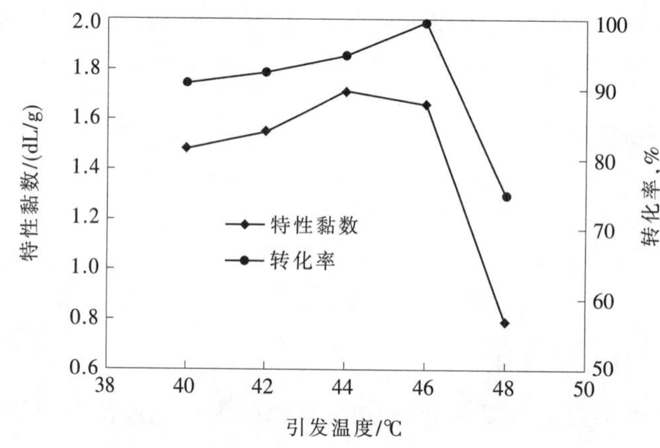

图 9-13 引发温度对反应的影响

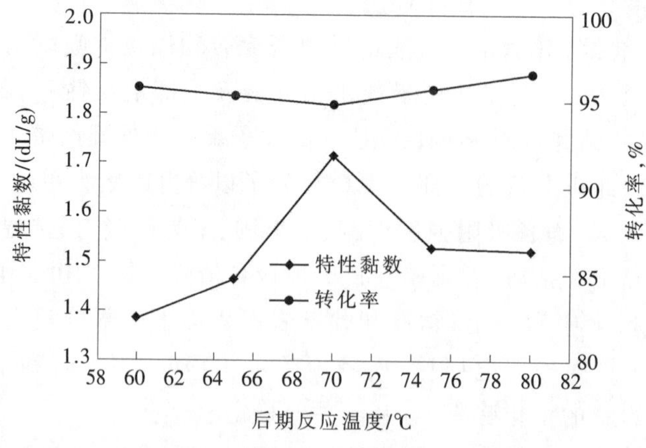

图 9-14 后期反应温度对反应的影响

质量指标 本品主要技术指标见表 9-18。

表 9-18 PDMDAAC 产品技术要求

项 目	指 标	项 目	指 标
外 观	白色或淡黄色固体粉末	相对分子质量/10^4	50~150
细 度	90%通过 0.42mm 孔径筛	水分,%	≤10.0
有效物,%	≥90.0	水不溶物,%	≤2.0

用途 本品作为钻井液絮凝剂,可用于上部地层快速钻进或清水钻进的絮凝剂、盐水钻井液絮凝剂、废钻井液脱水剂,也可以用作黏土稳定剂或页岩抑制剂。高相对分子质量的产品可以作为阳离子钻井液的增黏剂。由于其热稳定性好,可以用于深井钻井。

在油田污水回注系统中用作絮凝剂,也可以用作高含油污泥脱水剂。

安全与防护 本品无毒。使用时防止粉尘吸入和皮肤、眼睛接触。产品生产所用原料有一定毒性,生产车间应保证良好通风。

包装与储运 本品采用内衬塑料袋、外用塑料编织袋或防潮牛皮纸袋包装,每袋净质量 25kg。储存在阴凉、通风、干燥处。运输中防止受潮和雨淋。

7.丙烯酰胺/二甲基二烯丙基氯化铵二元共聚物

结构式

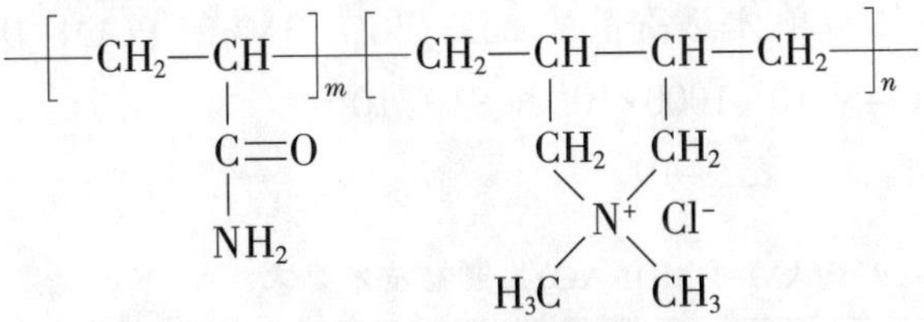

$$\left[CH_2-\underset{\underset{\underset{NH_2}{|}}{C=O}}{\underset{|}{CH}} \right]_m \left[CH_2-CH-CH-CH_2 \right]_n \quad (\text{两个 } CH \text{ 各连 } CH_2 \text{,共同连接 } N^+(CH_3)_2\,Cl^-)$$

产品性能 丙烯酰胺/二甲基二烯丙基氯化铵共聚物 P(AM-DMDAAC)也叫阳离子聚丙烯酰胺,是阳离子型高分子絮凝剂,具有良好的吸附性能、抗剪切性能、耐温性能和耐酸碱性能等特点,可以有效地絮凝包被钻屑、控制黏土分散、保持钻井液清洁。

在钻井液中随着循环时间的延长,聚合物会发生水解反应,而得到类似于 AA、AM 与 DMDAAC 的三元共聚物,随着时间延长水解程度增加,絮凝效果逐步降低,降滤失和护胶能力逐步增强,当达到一定水解度后,将失去絮凝作用,而起降滤失作用:

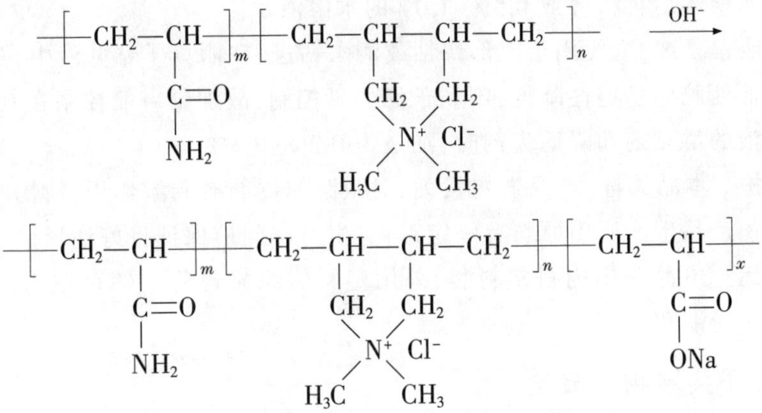

$$\left[CH_2-\underset{\underset{\underset{NH_2}{|}}{C=O}}{\underset{|}{CH}} \right]_m \left[CH_2-CH-CH-CH_2 \right]_n \xrightarrow{OH^-}$$

$$\left[CH_2-\underset{\underset{\underset{NH_2}{|}}{C=O}}{\underset{|}{CH}} \right]_m \left[CH_2-CH-CH-CH_2 \right]_n \left[CH_2-\underset{\underset{\underset{ONa}{|}}{C=O}}{\underset{|}{CH}} \right]_x \quad (\text{两个 } CH \text{ 各连 } CH_2 \text{,共同连接 } N^+(CH_3)_2\,Cl^-) \tag{9-2}$$

故当加入本品出现钻井液滤失量增加时,可以不必急于处理,当水解后滤失量会逐渐降低。这可以从图 9-15 的实验结果中看出。

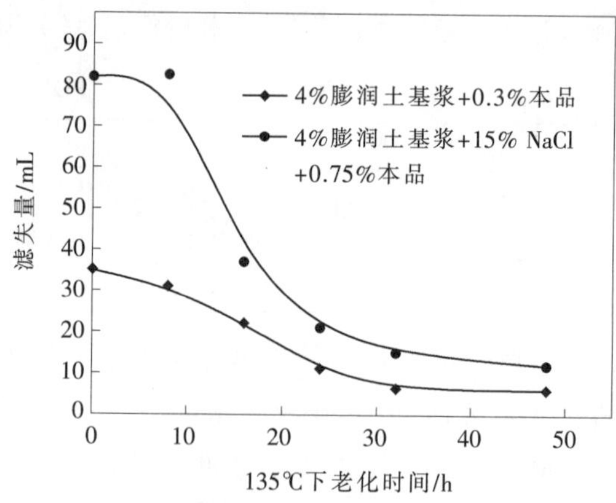

图 9-15 老化温度对钻井液滤失量的影响

制备过程 分别将 45 份二甲基二烯丙基氯化铵、105 份丙烯酰胺、0.05 份乙二胺四乙酸钠盐、0.025~0.125 份非离子表面活性剂和 350 份去离子水投加到聚合反应釜中，搅拌混合均匀。在连续搅拌下以 500L/h 的流速向聚合反应釜中通入氮气，吹扫 0.5h，同时加热升温至 30~40℃，加速搅拌，同时分别缓慢加入 0.075~0.375 份过硫酸盐(质量分数为 30%的水溶液)和 0.025~0.125 份脂肪胺水溶液，然后保温反应 4h，得无色透明共聚物胶体，经造粒、烘干、粉碎、过筛，即得粉末状共聚物产品。

文献[14]以氧化还原剂-偶氮盐为引发体系，采用水溶液法合成了高相对分子质量的 P(AM-DMDAAC)。研究表明，低温和高温引发反应适宜温度分别为 15℃和 50℃，氧化剂-还原剂最佳质量比为 7.5:1，产品相对分子质量随阳离子单体/丙烯酰胺质量比增加而减小，氧化-还原剂、偶氮盐与两种单体质量和的质量比分别为 0.155%~0.187%和 0.0275%~0.0415%时，分别合成阳离子单体占单体总质量的 26%、30%、35%的 P(AM-DMDAAC)聚合物，其相对分子质量分别可达 1445×10^4、1000×10^4 和 910×10^4。

质量指标 本品主要技术指标见表 9-19。

表 9-19 P(AM-DMDAAC)共聚物技术要求

项　目	指　标	项　目	指　标
外　观	白色或淡黄色固体粉末	特性黏数(30℃)/(dL/g)	≥7.0
细　度	90%通过 0.42mm 筛孔	水分，%	≤8.0
有效物，%	≥85.0	水不溶物，%	≤2.0

用途 本品可用于石油开采中作黏土稳定剂、钻井液絮凝剂和防塌剂、含油污水处理剂和酸化液添加剂。使用时，其加量可根据应用对象或环境，通过实验评价确定，使用时固体产品需经加水溶解后再稀释成 0.5%~1.0%的水溶液。

作为钻井液絮凝剂，主要用于上部快钻或清水钻进，在阴离子钻井液中，当加量大时会由于过度絮凝而使胶体稳定性降低，不利于滤失量控制，故加量一般控制在 0.3%以内。用于阳离子钻井液的增黏剂和降滤失剂时，加量为 0.2%~0.5%。

安全与防护 本品无毒。产品遇水发黏，对眼睛和皮肤有刺激作用，使用时避免粉尘吸入或眼睛接触。产品生产所用原料有一定毒性，生产车间应保证良好通风。

包装与储运 本品采用内衬塑料袋、外用塑料编织袋包装。储存在阴凉、通风、干燥处。运输中防止受潮和雨淋。

8.阳离子高分子共聚物絮凝剂

化学名称或成分 丙烯酰胺、甲基丙烯酰氧乙基三甲基氯化铵共聚物。

结构式

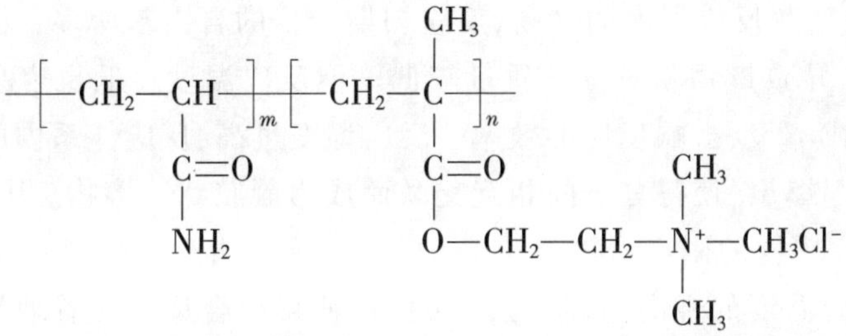

$$-\!\!\left[CH_2-\underset{\underset{NH_2}{|}}{\underset{C=O}{|}}{CH} \right]_m\!\!-\!\!\left[CH_2-\underset{\underset{O-CH_2-CH_2-\overset{\overset{CH_3}{|}}{\underset{\underset{CH_3}{|}}{N^+}}-CH_3Cl^-}{|}}{\underset{C=O}{|}}{\overset{\overset{CH_3}{|}}{C}} \right]_n\!\!-$$

产品性能 丙烯酰胺、甲基丙烯酰氧乙基三甲基氯化铵共聚物P(AM-DMC)为固体粉末,易溶于水,有很强的吸湿性及很强的絮凝沉降作用,为线型高分子表面活性剂。其相对分子质量比P(AM-DMDAAC)大,且均聚物少。本品在钻井液循环过程中会发生水解反应,最终会起到防塌滤失作用。水解过程如下:

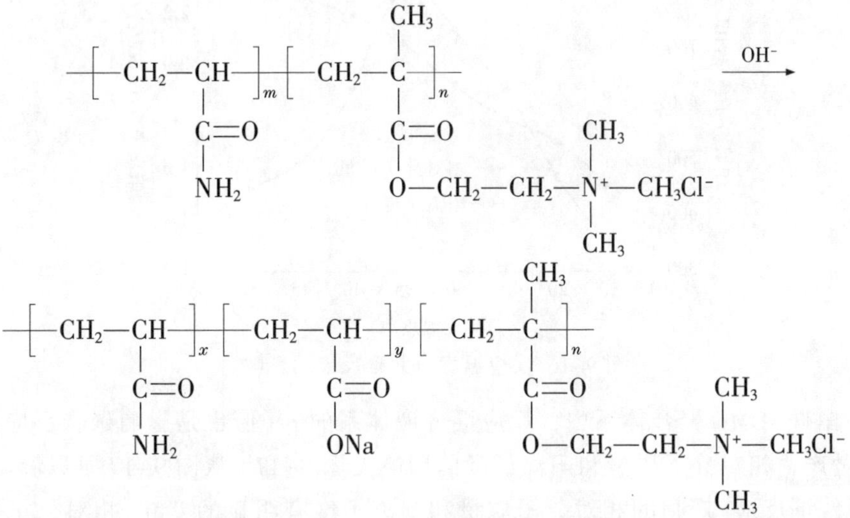

$$-\!\!\left[CH_2-\underset{\underset{NH_2}{|}}{\underset{C=O}{|}}{CH} \right]_m\!\!-\!\!\left[CH_2-\underset{\underset{O-CH_2-CH_2-\overset{\overset{CH_3}{|}}{\underset{\underset{CH_3}{|}}{N^+}}-CH_3Cl^-}{|}}{\underset{C=O}{|}}{\overset{\overset{CH_3}{|}}{C}} \right]_n\!\!- \xrightarrow{OH^-}$$

$$-\!\!\left[CH_2-\underset{\underset{NH_2}{|}}{\underset{C=O}{|}}{CH} \right]_x\!\!-\!\!\left[CH_2-\underset{\underset{ONa}{|}}{\underset{C=O}{|}}{CH} \right]_y\!\!-\!\!\left[CH_2-\underset{\underset{O-CH_2-CH_2-\overset{\overset{CH_3}{|}}{\underset{\underset{CH_3}{|}}{N^+}}-CH_3Cl^-}{|}}{\underset{C=O}{|}}{\overset{\overset{CH_3}{|}}{C}} \right]_n\!\!- \qquad (9\text{-}3)$$

制备过程 由甲基丙烯酸甲酯与*N*,*N*-二甲氨基乙醇经催化酯化交换反应制造甲基丙烯酸二甲氨乙酯,再用氯甲烷进行季铵化而制成甲基丙烯酰氧乙基三甲基氯化铵单体。将甲基丙烯酰氧乙基三甲基氯化铵与丙烯酰胺共聚而得。

甲基丙烯酰氧乙基三甲基氯化铵制备方法如下:将235.8份甲基丙烯酸二甲胺基乙酯、472份二甲基甲酰胺和1.6份阻聚剂对羟基苯甲醚加入反应釜中,然后逐渐加热升温至55℃;待温度到55℃时,在激烈搅拌下吹入91份一氯甲烷,一氯甲烷吹入后不久即析出结晶,待一氯甲烷吹完后,将反应物冷却至室温,然后过滤析出的结晶,另外将滤液进行蒸馏回收结晶,合并结晶;将结晶体在50℃和减压下干燥7h,得到无色的针状结晶;将所得结晶产品加水稀释至质量分数为80%,并加入20×10^{-6}阻聚剂,即得液体产品。

聚合物制备方法:将称量好的单体AM、DMC和去离子水加入到带有温度计的反应瓶中搅拌,使各组分互溶,通入氮气15min,然后每隔一定时间加入一定量的引发剂水溶液并升温至35℃±0.5℃保温(尽量不要搅起气泡),维持正常反应4h,降温,烘干、粉碎,即得产品。

值得强调的是,在本品的合成中,反应温度和体系的pH值对共聚反应影响显著[15]。图9-16是反应温度对共聚物相对分子质量和阳离子度的影响。从图9-16可以看出,随着反应温度的升高,产物P(AM-DMC)的相对分子质量先升高而后逐渐下降。其原因可能是在低温下自由基产生缓慢、数量较少、诱导期长,有利于链增长反应,可以得到较高相对分子质量的 P(AM-DMC)产物;随着反应温度的升高,反应初期产生的自由基增多,反应速度较快,容易发生链终止反应,导致产物相对分子质量较低。但反应温度过低也容易造成反应太慢,使得反应时间过长或不聚,影响反应的效率。反应温度过高,反应体系内的自由基则会瞬间大量增多,容易引起爆聚,使得分子间相互交联而成为凝胶状不溶物。从图 9-16 还可看出,随着温度的升高,产物的阳离子度呈上升的趋势,这是由于丙烯酰胺单体和阳离子单体的竞聚率不同,随着温度的升高,二者均趋向于 1,使得聚合反应向着理想的共聚方向发展。同时,由于温度的提高,增强了单体混合液中各种组分的均匀分布,这也促使聚合产物 P(AM-DMC)的阳离子度具有升高的趋势。

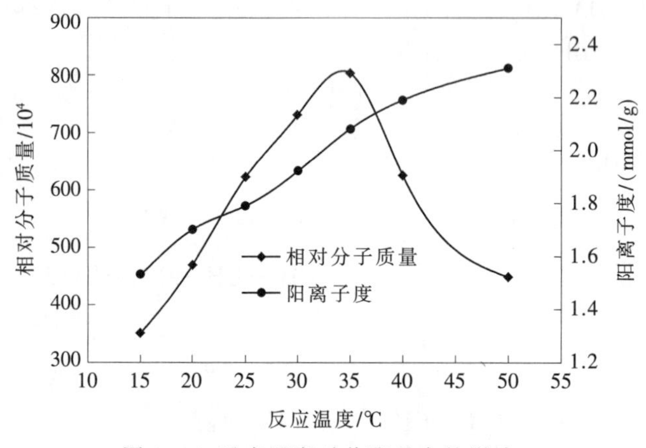

图 9-16 反应温度对共聚反应的影响

在丙烯酰胺-DMC 聚合体系中,反应混合液体系的 pH 值也是影响聚合反应的重要因素。pH 值对产物相对分子质量和阳离子度的影响见图 9-17。从图 9-17 可以看出,在不同的 pH 值条件下反应,产物的相对分子质量和阳离子度有明显的差异,相对分子质量和阳离子度均随 pH 值的增加而呈下降的趋势。这是由于当 pH 值较低时,有利于阳离子的离解,单体间相互碰撞反应的几率较大,所以产物的相对分子质量和阳离子度均较大;但 pH 值过低时,容易引起爆聚,形成交联状不溶物;随着 pH 值的升高,单体的离解度下降,单体碰撞反应的几率降低,所得产物的相对分子质量和阳离子度逐渐降低。可见聚合体系的 pH 值过低和过高都不能获得相对分子质量和阳离子度较高的理想产物。

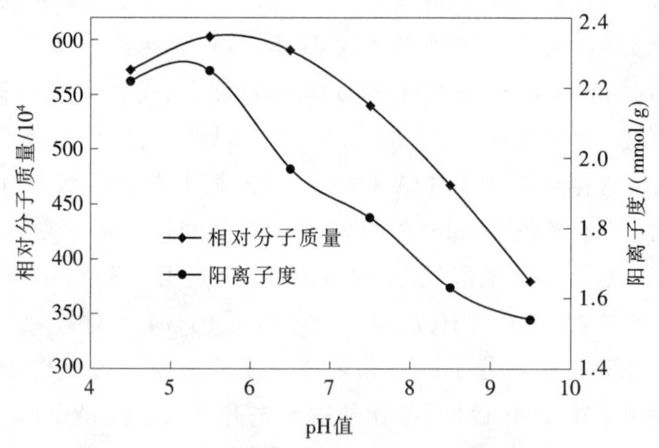

图 9-17 体系的 pH 值对共聚反应度的影响

质量指标　本品主要技术指标见表 9-20。

表 9-20 P(AM-DMC)共聚物技术要求

项 目	指 标	项 目	指 标
外 观	固体粉末	溶解性(全溶)/min	30~60
相对分子质量/10^4	400~1000	残余单体,%	≤0.05
固体含量,%	87~92	1%水溶液 pH	7~8

用途　本品在钻井液中用作絮凝剂、黏土稳定剂和防塌剂等,也可以用于污水处理厂的污泥脱水,造纸、洗煤和印染废水的处理,也用于石油开采以提高采收率。

作为钻井液絮凝剂,一般用于上部快钻或清水大循环钻进。水解产物具有絮凝、包被、防塌、降滤失作用。

安全与防护　本品无毒。产品遇水发黏,对眼睛和皮肤有刺激作用,避免吸入和皮肤或眼睛接触。产品生产所用原料有一定毒性,生产车间应保证良好通风。

包装与储运　本品采用内衬塑料袋、外用防潮牛皮纸袋或塑料编织袋包装,每袋净质量 25kg。储存在阴凉、通风、干燥处。运输中防止受潮和雨淋。

9.反相乳液聚丙烯酰胺

化学成分　水解聚丙烯酰胺、白油和表面活性剂等。

产品性能　本品为乳白色黏稠液体,可以在钻井液中迅速分散,因此可以直接加入钻井液,同时乳液中的油相及表面活性剂对钻井液具有润滑作用。其基本性能同水解聚丙烯酰胺。

由于溶解速度快,其絮凝效果优于粉状聚合物絮凝剂(见图 9-18)[16]。此外,反相乳液聚合物所处理的钻井液水眼黏度低于 PAC-141、FA-367 和 80A-51, 更有利于发挥钻头水马力(见图 9-19)。

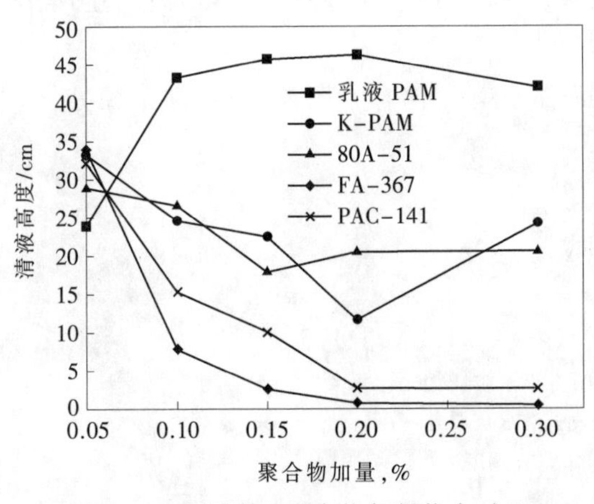

图 9-18 不同类型聚合物絮凝能力对比

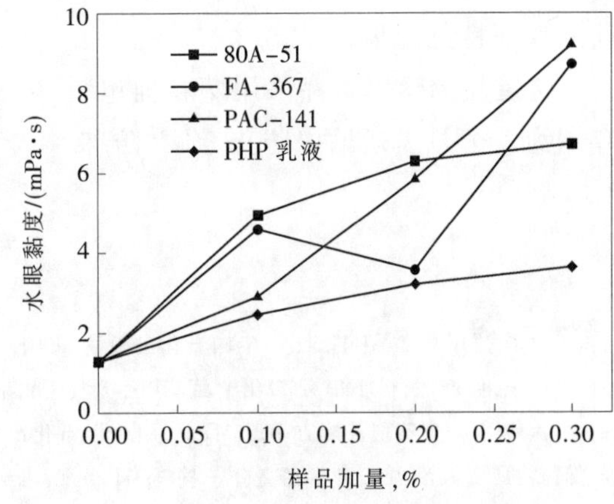

图 9-19 4%钠膨润土浆中聚合物的水眼黏度对比

制备过程　可以采用共聚法,也可以采用水解法制备。

① 共聚法:将 SP-80 加入白油中,升温 60℃,搅拌至溶解,得油相;按 $n(AA):n(AM)=3:7$ 的比例,将 NaOH 溶于水,配成氢氧化钠水溶液,冷却至室温,搅拌下慢慢加入 AA,将温度降至 40℃以下,加入配方量的丙烯酰胺,搅拌使其完全溶解。加入 TW-80、EDTA(事先配成

水溶液)，搅拌至溶解均匀得水相；将水相加入油相，用均质机搅拌 10~15min，得到乳化反应混合液，并用质量分数 20%的氢氧化钠溶液调节 pH 值至 8~9。向乳化反应混合液中通氮 10~15min，加入引发剂过硫酸铵和亚硫酸氢钠(提前溶于适量的水)，搅拌 5min，继续通氮 10min，在 45~50℃下保温聚合 5~8h，降至室温，过滤，即得水解聚丙烯酰胺反相乳液聚合物产品。

② 水解法：将 SP-80 加入白油中，升温 60℃，搅拌至溶解，得油相；将水加入反应釜，搅拌下加入 TW-80、然后加入丙烯酰胺，搅拌使其完全溶解，得水相；将水相加入油相，用均质机搅拌 10~15min，得到乳化反应混合液，并用质量分数 40%的氢氧化钠溶液调节 pH 值至 8~9。向乳化反应混合液中通氮 10~15min，加入引发剂过硫酸铵和亚硫酸氢钠(提前溶于适量的水)，搅拌 5min，继续通氮 10min，在 45~50℃下保温聚合 5~8h；反应时间达到后向体系中加入一定量的氢氧化钠和碳酸钠，搅拌下升温至 80~95℃，保温反应 4~6h，降至室温，过滤，即得水解聚丙烯酰胺反相乳液聚合物产品。

质量指标 本品主要技术要求见表 9-21。

表 9-21 水解聚丙烯酰胺反相乳液技术要求

项 目	指 标	项 目	指 标
外 观	乳白色或微黄色黏稠液体	水解度，%	28.0~32.0
pH值	6.5~8.0	残余单体，%	≤0.001
相对分子质量/10^4	≥500.0	絮凝时间/s	50~150
固含量，%	≥30.0	润滑系数降低率，%	≥60.0

用途 本品在钻井液中用作絮凝剂，絮凝速度快，絮凝效果好，可以改善钻井液的剪切稀释能力，有利于降低钻井液水眼黏度，发挥钻头水马力，提高破岩效率。同时还具有一定的增黏和润滑作用。其用量一般为 0.25%~1.5%，或根据需要确定。

安全与防护 本品无毒。避免眼睛和皮肤接触。产品生产所用原料有一定毒性，生产车间应保证良好通风。

包装与储运 本品采用塑料桶包装，每桶净质量 25kg。储存在阴凉、通风和干燥处，储存期为六个月。运输中防止暴晒、防冻。

参考文献

[1] 王中华.油田化学品[M].北京：中国石化出版社，2001.

[2] 王中华，何焕杰，杨小华.油田化学品实用手册[M].北京：中国石化出版社，2004.

[3] 严莲荷.水处理药剂及配方手册[M].北京：中国石化出版社，2004.

[4] 何勤功，古大治.油田开发用高分子材料[M].北京：石油工业出版社，1990.

[5] 郭宝利.页岩防塌实验方法及应用[J].钻井液与完井液，1988，5(1)：53-58.

[6] 陈俊发.聚合物防塌泥浆的探讨[J].钻井液与完井液，1985，3(2)：43-55，59.

[7] 傅延诏，陈文秀.钻井液流变参数优选技术的研究与应用[J].钻井液与完井液，1990，7(3)：33-40.

[8] 夏剑英.钻井液有机处理剂[M].东营：石油大学出版社.

[9] 张春光，侯万国，王果庭.钻井液用絮凝剂评价方法研究[J].钻井液与完井液，1990，7(2)：12-18，22.

[10] 方松春.丙烯酰胺与丙烯酸共聚物泥浆处理剂 80A51 的合成与性能[J].钻井液与完井液，1986，3(1)：60-67.

[11] 杨小华,徐忠新,王华军,等.钻井液固相化学清洁剂ZSC-201的合成及性能[J].精细石油化工进展,2003,4(1):1-4.

[12] 中国石化集团中原石油勘探局钻井工程技术研究院.钻井液用固相化学清洁剂的制备方法:中国,101429428 B[P].2012-12-12.

[13] 张跃军,余沛芝,贾旭,等.聚二甲基二烯丙基氯化铵的合成[J].精细化工,2007,24(1):44-49,54.

[14] 赵松梅,刘昆元.二甲基二烯丙基氯化铵/丙烯酰胺共聚物的合成[J].北京化工大学学报,2005,32(4):29-32.

[15] 李兰廷,赵谌琛,段明华,等.阳离子聚丙烯酰胺的研制[J].精细与专用化学品,2007,15(24):19-22.

[16] 冷福清.乳液聚丙烯酰胺的试验与应用[J].钻井液与完井液,1991,8(1):59-61,65.

第十章 乳化剂

乳化剂是指能够改善乳状液中各种构成相之间的表面张力,使之形成均匀稳定的分散体系或乳状液的化学品。乳化剂是表面活性物质,分子中同时具有亲水基和亲油基,它聚集在油/水界面上,可以降低界面张力和减少形成乳状液所需要的能量,从而提高乳状液的稳定性。

钻井液乳化剂是指在钻井液中可以起到乳化、起泡、润滑、防卡、润湿和稳定等不同作用的表面活性剂,主要有阴离子型、非离子型和两性离子型表面活性剂,如烷基苯磺酸钙、硬脂酸钙、油酸钙、蓖麻油酸钠、山梨糖醇酐单硬脂酸酯、山梨糖醇酐单油酸酯、脂肪醇聚氧乙烯醚、烷基磺基甜菜碱等,是保证钻井液体系具有良好的润滑性、乳化性能、悬浮稳定性和高温稳定性等的关键处理剂。

本章从阴离子型、非离子型和两性离子型乳化剂三方面介绍钻井液用乳化剂[1~5]。

第一节 阴离子型乳化剂

阴离子型乳化剂是指在水中溶解后,其活性部分倾向离解成负电离子的表面活性物质,其特征表现为具有一个大的有机阴离子,能与碱作用生成盐。根据带负电离子部分的结构不同,可分为羧酸盐型、磺酸盐型及硫酸盐型三大类。阴离子乳化剂的缺点是抗硬水能力较差,优点是来源广、种类多、价格便宜。可以用作钻井液起泡剂、乳化剂、润滑剂、解卡剂和消泡剂等。

1.油酸

参见第二章、第三节、2,本品可用作水基钻井液乳化剂、润滑剂,油基钻井液乳化剂。可以与氢氧化钠反应制成油酸钠。油酸钠是水溶性表面活性剂,可以作起泡剂、乳化剂、润湿剂和洗涤剂,但遇高价金属离子 Ca^{2+}、Mg^{2+}、Fe^{3+}时易生成沉淀,因此不适用于高矿化度钻井液中。用于油基钻井液乳化剂制备的原料。

2.硬脂酸

化学式 $C_{18}H_{36}O_2$

相对分子质量 284.48

理化性质 硬脂酸别名十八碳烷酸、十八酸,纯品为白色略带光泽的蜡状小片结晶体。熔点 56~69.6℃,沸点 232℃(2.0kPa),闪点 220.6℃,自燃点 444.3℃,相对密度 0.9408,360℃分解(另有资料称 376.1℃)。不溶于水(20℃时,100mL 水中只溶解 0.00029g),稍溶于冷乙醇,溶于丙酮、苯、乙醚、氯仿、四氯化碳、二氧化硫、三氯甲烷、热乙醇、甲苯、醋酸戊酯等。在 90~100℃下慢慢挥发。具有一般有机羧酸的化学通性。

制备方法 工业上主要采用油脂水解法工艺生产。油脂水解按照压力情况分为常压加催化剂水解、中压水解和高压水解三种类型。其中,常压加催化剂水解:水解周期长,需要几十个小时,脂肪酸的转化率低,后期分离效果差;中压水解:无需催化剂,水解周期在 10h 左右,转化率基本达到 90%,属于间歇反应,目前国内逐渐在淘汰;高压水解:无需催化剂,水解周期在 5h 左右,转化率基本在 98%~99%,连续化生产,制得的硬脂酸色泽好,含量高,杂质少。

质量指标 本品执行 GB 9103—2013 工业硬脂酸标准,其主要技术指标见表 10-1。

表 10-1 工业硬脂酸技术指标

项 目	指 标		
	Y-4	Y-8	Y-10
凝固点 x/℃	$52 \leqslant x \leqslant 57$	$52 \leqslant x \leqslant 57$	$52 \leqslant x \leqslant 57$
碘值/(g I_2/100g)	2.0	4.0	8.0
皂化值/(mg KOH/g)	206~211	203~214	193~220
酸值/(mg KOH/g)	205~210	202~212	192~218
水分,%	≤0.2	≤0.2	≤0.3
色泽(Hazen)	≤200	≤400	≤400

用途 本品主要用于化妆品、纺织、橡胶、印染等行业,也是制造硬脂酸甲酯、硬脂酸钙、硬脂酸铅等硬脂酸酯及硬脂酸盐的原料,其衍生物硬酯酸盐广泛用于塑料增塑剂、稳定剂、表面活性剂、抛光剂、高熔点润滑剂、防水剂等。

石油钻井中用作水基钻井液乳化剂和润滑剂,油基钻井液的乳化剂。与铅、铝盐反应得到的硬脂酸铅和硬脂酸铝可以用于钻井液的消泡剂。与脂肪胺通过酰胺化反应,可以制备油基钻井液乳化剂。其与仲胺反应产物可以作为钻井液絮凝剂或有害固相清除剂[6]。

安全与防护 无毒。高度易燃。刺激眼睛、呼吸系统和皮肤。远离火源。使用时戴适当的手套和护目镜或面具。不慎与眼睛接触后,立即用大量清水冲洗。

包装与储运 本品可用硬纸箱或编织袋内衬塑料袋包装,每箱(袋)净质量 25kg 或 50kg。贮存于阴凉、干燥、通风处,注意远离火源和氧化剂。按一般化学品规定贮运。

3.十二烷基苯磺酸钙

分子式 $(C_{12}H_{25}C_6H_4SO_3)_2Ca$

相对分子质量 345.2

理化性质 十二烷基苯磺酸钙为黄至棕黄透明黏稠液体,能溶于甲醇、甲苯、二甲苯等有机溶剂。在农用助剂中,十二烷基苯磺酸钙可作为亲油性表面活性剂组分,还可与多种非离子表面活性剂复配成混合型农药乳化剂。除此之外,十二烷基苯磺酸钙还广泛应用于杀虫剂、杀菌剂和除草剂等农药的复配。在钻井液中十二烷基苯磺酸钙是一种具有优良乳化性能的油溶性阴离子型表面活性剂。

制备过程 将 432kg 苯加入反应釜中,在搅拌下加入 1.06kg 三氯化铝和 168kg 十二碳烯。十二碳烯采用滴加法,滴加完毕后升温至 60~70℃,保温 1.6h 进行缩合反应;反应完后沉降除去泥脚进行中和处理,然后脱苯,脱苯后减压至 9.8kPa 精馏,切取折射率在 1.478~1.495 的馏分即为精烷基苯。将烷基苯加入磺化釜中,在 20℃左右滴加发烟硫酸,加完后在

25~30℃下反应 1h,磺化结束,加水在 50℃左右静置 6h,分出废酸。最后用石灰水乙醇溶液中和至 pH 值为 7~8 为止。中和液用板框过滤机除去废渣,滤液经浓缩,蒸出乙醇,高沸点物即为产品。

质量指标 本品主要技术指标见表 10-2。

表 10-2 十二烷基苯磺酸钙技术指标

项 目	指 标	项 目	指 标
外 观	淡黄色或棕色透明黏稠液体	不皂化物,%	≤2.0
含量(含有效物),%	≥70.0	pH值	5~7

用途 本品在钻井中用于水基钻井液乳化剂和润滑剂,也可以用作油包水乳化钻井液的乳化剂。

用于农药乳化剂,作为亲油性表面活性剂组分与非离子型亲水性表面活性剂配成的农药乳化剂,适用于各种类型的农药。还可用于纺织油剂、瓷砖净洗剂、研磨油剂、水泥分散剂等。

安全与防护 本品低毒,大鼠(口服)LD_{50} 为 4000mg/kg、小鼠(口服)LD_{50} 为 3680mg/kg,对皮肤有刺激作用。使用时做好防护。

包装与储运 采用镀锌桶或聚丙烯塑料桶包装,净质量 200kg 或 50kg。贮存于阴凉、干燥、通风处。运输中切忌将桶倒置,避免日晒雨淋。

4.烷基磺酰胺乙酸钠

化学式 RSO_2NHCH_2COONa

产品性能 烷基磺酰胺乙酸钠别名浸水助剂,M65,为阴离子型表面活性剂,褐色油状液体,能与水形成稳定的乳液,具有良好的渗透性和脱脂性能。

制备过程 将烷基磺胺加入缩合釜中,开动搅拌器,在室温下先加入质量分数 56%的烧碱(为烷基磺胺量的 4%)。加完后,加热升温至 70℃,再加入同样浓度的碱液,然后在搅拌下缓缓加入氯乙酸钠。加完后继续升温至 98℃左右,恒温反应 2h。反应终止时使反应呈微碱性。加入质量分数 30%的盐酸,用刚果红试纸检查,使生成的钠盐酸化,以便于分层。将酸化后的物料泵入洗涤槽内,静置放去下层酸液,上层用饱和食盐水在 55℃左右清洗 2 到 3 次,再用质量分数 40%氢氧化钠溶液调节 pH 值至 7,即为成品。

质量指标 本品外观为褐色油状液体,密度 0.98~1.10g/cm^3,pH 值 6.5~7.5。

用途 在钻井中用于水基钻井液乳化剂和缓蚀剂。

皮革工业用作合成加脂剂 1 号的主活性物。用作浸水助剂,加速干皮浸水,浸水液可补充浸水剂后连续使用。

安全与防护 无毒性,对皮肤刺激性小。

包装与储运 本品采用塑料桶或镀锌铁桶包装。贮存于阴凉、干燥、通风处。运输中避免日晒雨淋。

5.十二烷基苯磺酸铵盐

化学式 $C_{24}H_{45}O_6SN$

相对分子质量 475.68

产品性能 十二烷基苯磺酸铵盐为无味无色液体，乌氏黏度(20℃)≥180s，浊点 10℃，具有很强的乳化能力，在 10%的食盐水中加入 1.5%左右本品，不发泡或很少发泡。

制备方法 将 400kg 十二烷基苯磺酸投入反应釜中，加水 200kg，开动搅拌加热升温，在 70℃左右开始滴加三乙醇胺，共加入 300kg，滴加完后在 70~80℃下反应 3h。然后再加 100kg 水，快速搅拌 30min，调节 pH 值至 7.5 左右，过滤得成品。

质量指标 本品主要技术要求见表 10-3。

表 10-3 十二烷基苯磺酸铵技术要求

项 目	指 标	项 目	指 标
外 观	无色液体	*HLB*值	8~10
含量，%	42~45	pH值	7.5

用途 本品为水包油型乳化剂，用于提高石油老井的采油率，亦可作解卡液的乳化剂及钻井液的发泡剂，油基钻井液乳化剂。

也可以用作消防用泡沫剂和颜料分散剂、碳酸氢铵化肥防结块剂等。

安全与防护 有害物品，吞食有害。刺激眼睛、刺激呼吸系统和皮肤。使用时避免与皮肤和眼睛长时间接触。

包装与储运 本品采用镀锌桶或聚丙烯塑料桶装，净质量 200kg 或 25kg。贮存于阴凉、干燥、通风处。运输中切忌将桶倒置，避免日晒雨淋。

6.渗透剂 T

化学成分 磺基琥珀酸二仲辛酯钠盐。

分子式 $C_{20}H_{37}O_7SNa$

相对分子质量 444.25

理化性质 顺丁烯二酸二仲辛酯磺酸钠又称快速渗透剂 T、快 T。淡黄色至棕黄色黏稠状液体。易溶于水，水溶液呈乳白色。可显著降低表面张力。1%的水溶液 pH 值 6.5~7.0，不耐强酸、强碱、金属盐和还原剂。具有很高的渗透力，渗透性快速均匀，润湿性、乳化性、起泡性均较好，尤其温度 40℃以下，pH 值 5~10 之间效果最好[7]。

制备方法 顺丁烯二酸酐与仲辛醇在对甲苯磺酸催化下，于 120~140℃进行酯化反应，酯化物与亚硫酸氢钠、水混合均匀升温至 110~120℃，压力 0.2MPa，保持反应至终点(取样加入水中，无黄色油状物浮于水面为终点)冷至 80℃，静置过夜，弃下层水和少量浑浊的磺化物，即为成品。

质量指标 本品主要技术要求见表 10-4。

表 10-4 渗透剂 T 产品技术要求

项 目	指 标	项 目	指 标
外 观	淡黄色至棕色透明黏稠液体	渗透力/s	<120
含量，%	≥45	pH值	6~7

用途 本品为高效渗透剂，用于钻井液乳化剂，其润滑、乳化和起泡性良好。也是配制

解卡剂的主要成分。

可用于纺织、造纸、石油、聚合物、冶金、涂料、化妆品、农业、采矿和合成洗涤剂、感光乳剂制作等行业,具有优良的发泡性、润湿性和洗涤性。

安全与防护 无毒性,对皮肤刺激性小。

包装与储运 本品采用50kg塑料桶或200kg镀锌铁桶包装。贮存于阴凉、干燥、通风处。运输中避免日晒雨淋。

第二节 非离子型乳化剂

非离子型乳化剂是指分子中没有离子基团的乳化剂,溶于水时不发生解离,其分子中的亲油基团与离子型表面活性剂亲油基团大致相同,其亲水基团主要是由具有一定数量的含氧基团(如羟基和聚氧乙烯链)构成。由于非离子型表面活性剂在溶液中不是以离子状态存在,所以稳定性好,不易受强电解质影响,也不易受酸、碱的影响,与其他类型的表面活性剂能混合使用,相容性好,在各种溶剂中均有良好的溶解性,在固体表面上不发生强烈吸附。

非离子型表面活性剂大多为液态和浆状体,它在水中的溶解度随温度升高而降低。非离子型表面活性剂具有良好的洗涤、分散、乳化、起泡、润湿、增溶、抗静电、匀染、防腐蚀、杀菌和保护胶体等多种性能,广泛用于纺织、造纸、食品、塑料、皮革、毛皮、玻璃、石油、化纤、医药、农药、涂料、染料、化肥、胶片、照相、金属加工、选矿、建材、环保、化妆品、消防和农业等各方面。

非离子型表面活性剂按亲水基团分类,有聚氧乙烯型和多元醇型两类。

1.平平加OS-15

化学名称 脂肪醇聚氧乙烯醚。

化学式 $RO(CH_2CH_2O)_nH$

理化性质 平平加OS-15为脂肪醇与环氧乙烷加成物,*HLB*值14.5,是一种优良的非离子表面活性剂,抗硬水能力强,起泡力低。本品除乳化分散、净洗等性能外,并有独特的润湿性能,可用于控制钻井液的黏度和切力。

制备方法 脂肪醇与环氧乙烷缩得到。

理化性质 本品主要技术指标见表10-5。

表10-5 平平加OS-15产品技术指标

项目	指标	项目	指标
外观	白色至浅黄色膏体	羟值/(mg KOH/g)	78±5
pH值(1%水溶液)	6.0~7.0	PEG,%	≤10
水分,%	≤0.5	活性物,%	≥99.5
浊点/℃	77~86		

用途 本品在石油钻井中用作钻井液乳化剂和润滑剂,也可以作为油基钻井液的辅助乳化剂、油包水乳状液破乳剂,是配方型润滑剂的主要成分。

在印刷工业中作为匀染剂效果显著,并具有良好的水煮炼性能。在染色工业中加入此种助剂不但能达到缓染匀染的目的,同时还能增强染色坚牢度,着色鲜艳美观。在金属加工过程中,可作为乳化净洗剂,易于除掉金属表面的矿物油。在一般工业中,可作为乳化剂,对矿植物油有较好的乳化性能,用本品制成的乳液极为稳定。

安全与防护 无毒性,对皮肤刺激性小,无严重危害。

包装与储运 本品采用塑料桶装。贮存于阴凉、通风、干燥处。运输中切忌将桶倒置,避免日晒雨淋。

2.乳化剂 OP-10

化学名称 壬基酚聚氧乙烯醚。

化学式 $C_9H_{19}C_6H_4O(C_2H_4O)_nH$

理化性质 乳化剂 OP-10 别名壬基酚聚氧乙烯醚-10、曲拉通 X-100,OP 乳化剂、乳化剂 TX-10、辛基苯酚聚氧乙烯(10)醚、聚乙二醇辛基苯基醚等,为无色至淡黄色透明黏稠液体,折光率(D25/4)1.060,凝固点-3℃,*HLB* 值 14.5,易溶于水、乙醇、乙二醇,可溶于苯、甲苯、二甲苯等,不溶于石油醚,化学性质稳定,浊点 61~67℃。

制备方法 可由辛基酚在氢氧化钠(或钾)催化下,与环氧乙烷反应制得。

质量指标 本品主要技术指标见表 10-6。

表 10-6 OP-10 产品技术指标

项 目	指 标	项 目	指 标
外 观	透明液体	浊点(5g/L,水溶液)/°C	60~66
色度(铂-钴单位)	≤150	含水量,%	≤0.8
有效成分,%	≥98.5	pH值(10g/L,水溶液)	6.5~7.5

用途 本品在石油钻井中用于水基钻井液乳化剂和润滑剂,油基钻井液的辅助乳化剂,是配方型润滑剂的主要成分。

在农药、医药、合成纤维、橡胶、建筑、乳液聚合等方面具有广泛的用途。

安全与防护 本品无毒、难燃。使用安全,避免吸入,眼睛或皮肤接触可用水清洗。

包装与储运 本品采用 200kg 镀锌包装。贮存于阴凉、干燥、通风处。运输中切忌将桶倒置,防日晒雨淋。

3.乳化剂 OP-15

化学成分 烷基酚与环氧乙烷缩合物。

化学式 $C_8H_{17}C_6H_4O(CH_2CH_2O)_{15}H$(15 为平均值)

理化性质 易溶于水,耐酸、碱、盐、硬水,具有良好的乳化、润湿、扩散、增溶性能,属于 OP 系列乳化剂之一。其作用与 OP-10 相近。

制备方法 烷基酚在氢氧化钠(或钾)催化下与环氧乙烷反应制得。

质量指标 本品主要技术指标见表 10-7。

用途 本品在钻井液中,可以用作乳化剂、润滑剂、防卡剂以及油基钻井液的辅乳化剂,是配方型润滑剂的主要成分。

工业上用作高温乳化剂、高电解质浓度净洗剂、润湿剂、合成胶乳的稳定剂、特种油品乳化剂、农药乳化剂和化妆品乳化剂。

安全与防护 无毒、难燃。使用安全，眼睛或皮肤接触可用水清洗。

包装与储运 本品采用200kg铁桶或50kg塑料桶包装。贮存于阴凉、通风、干燥处。运输中切忌将桶倒置，防止日晒雨淋。

表10-7 OP-15技术指标

项目	指标	项目	指标
外观	乳白色膏状物	水分，%	≤1.0
色度(铂-钴单位)	≤20	pH值(1%水溶液)	5.0~7.0
浊点(5g/L，水溶液)/°C	90~95	*HLB*值	14.5~15
羟值/(mg KOH/g)	60~66		

4.乳化剂OP-30

化学成分 辛基酚与环氧乙烷缩合物。

化学式 $C_8H_{17}C_6H_4O(CH_2CH_2O)_{30}H$(30为平均值)

理化性质 室温下为乳白至淡黄色固体。易溶于水，具有优良的抗硬水性、耐酸碱性、乳化性、润湿性、分散性、增溶性、去污能力和渗透能力。因此，作为乳化剂、润湿剂、分散剂、清洗剂、增溶剂等在民用洗涤剂和各个工业领域中均有着极为广泛的应用。

制备方法 辛基酚与环氧乙烷缩反应得到。

质量指标 本品主要技术指标见表10-8。

表10-8 OP-30技术指标

项目	指标	项目	指标
外观	乳白至淡黄色固体	水分，%	≤1.0
1%水溶液浊点/℃	>100	pH值(1%水溶液)	5.0~7.0
羟值/(mg KOH/g)	37±3	*HLB*值	~17

用途 工业上用作增溶剂、防腐剂、破乳剂、合成乳胶稳定剂，高浓度电解质润湿剂，化妆品乳化剂等。

在钻井液中可作为混油钻井液乳化剂和防黏卡剂，能提高钻井液的抗温性能；也可以作为配方型润滑剂制备的主要成分。

安全与防护 无毒、难燃。使用安全，眼睛或皮肤接触可用水清洗。

包装与储运 本品采用200kg铁桶或50kg塑料桶包装。贮存于阴凉、通风、干燥处。运输中切忌将桶倒置，防止日晒雨淋。

5.乳百灵

化学名称 脂肪醇聚氧乙烯醚。

化学式 $RO(CH_2CH_2O)_nH$

理化性质 乳白色膏状至固体，*HLB*值11~12，浊点75~81℃，溶于水，属于非离子型表面活性剂，10%水溶液在25℃时澄清透明，10%氯化钙溶液的浊度为75℃，对酸、碱溶液和硬水都较稳定。具有较好的润湿、净洗和乳化性能，尤其对矿物油及蜡类乳化能力突出。适用于蜡类的乳化剂，用本品制得的乳品十分稳定，是配制纺织乳蜡优良的乳化剂。在印染工业中可作润湿和净洗剂以及树脂整理的有效助剂。钻井液中用作乳化剂、润滑剂和清洁剂。

制备方法 以天然脂肪醇和环氧乙烷为原料，在氢氧化钠催化剂存在下，进行缩合反应而得。

质量指标 本品主要技术指标见表 10-9。

表 10-9 乳百灵产品技术指标

项 目	指 标	项 目	指 标
外 观	乳白色膏状至固状物	羟值/(mg KOH/g)	82~92
pH值(1%水溶液)	6.0~7.0	水分，%	≤1.0

用途 在石油钻井中，本品可以直接用于钻井液乳化剂和润滑剂，具有耐酸、碱、钙和镁的能力，可以防止钻头泥包。也可以与其他材料复配制备钻井液润滑剂。

作为一般工业乳化剂，特别适用于矿物油、蜡类的乳化，制得的乳液十分细腻。也可以作树脂整理的有效助剂。

安全与防护 无毒、难燃。使用安全，眼睛或皮肤接触可用水清洗。

包装与储运 采用 200kg 镀锌铁包装。贮存于阴凉、通风、干燥处。运输中切忌将桶倒置，防止日晒、雨淋。

6.乳化剂 Tween-80

化学名称 失水山梨醇脂肪酸酯聚氧乙烯醚。

化学式 $C_{64}H_{124}O_{26}$

结构式

$$HO\!-\!\left[CH_2CH_2O\right]_a\!-\!CH\!-\!CH\!-\!\left[OCH_2CH_2\right]_b\!-\!OH$$

(两个 CH 分别连接 CH_2 和 CH，经 O 成环；环上 CH—CH—$\left[OCH_2CH_2\right]_c$—OH；该 CH 再连 CH_2—$\left[OCH_2CH_2\right]_d$—O—C(=O)—$C_{17}H_{33}$)

$$a+b+c+d=20$$

相对分子质量 1309.5

理化性质 本品又称聚氧乙烯失水山梨醇脂肪酸酯、聚氧乙烯失水山梨醇油酸酯、吐温-80，为淡黄色至琥珀色油状黏稠液体，密度(20℃)1.06~1.10g/cm³，相对蒸气密度(空气=1)1.00±0.05，沸点(常压)>100℃，折射率 1.4756，*HLB* 值 15。无毒无刺激，易溶于水、甲醇、乙醇、异丙醇等多种溶剂，不溶于动物油、矿物油，溶于玉米油、二氧六环、溶纤素、醋酸乙酯、苯胺及甲苯、石油醚、棉子油、丙酮、四氯化碳。在水、乙醚、乙二醇中呈分散状，具有乳化、扩散、增溶、稳定等性能。乳化剂 Tween-80 分子中聚氧乙烯部分可以吸附于黏土颗粒表面，而亲油的憎水基可与油形成润滑性油膜，提高钻井液的润滑性，用于钻井液混油，能够提高钻井液的稳定性，并保持适当的低黏度。

制备方法 将山梨醇加热减压蒸馏，收集 60~85℃(8.0kPa)蒸出水分达到计算量，趁热出料，得失水山梨醇。将其与油酸酯化，得 SP-80。将 1mol 预热的 SP-80 投入反应釜中，在搅拌下加入催化剂量的氢氧化钠，升温，并抽真空用氮气置换釜中空气，温度控制在130~140℃开始通入 5mol 环氧乙烷，反应温度维持在 150~160℃。通完环氧乙烷后冷却，将料液打入中和釜，用冰醋酸调酸值至 pH 值=2 左右，再用双氧水脱色，最后脱水 5h，得成品。

质量指标　本品主要技术指标见表 10-10。

表 10-10 Tween-80 产品技术指标

项　目	指　标	项　目	指　标
外　观	琥珀色油状液体	酸值/(mg KOH/g)	≤2.2
羟值/(mg KOH/g)	68~85	水分，%	≤3.0
皂化值/(mg KOH/g)	45~60	密度/(g/cm³)	1.06~1.09

用途　本品广泛用于石油开采、运输、医药、化妆品、涂料、颜料、纺织、食品、农药行业，在洗涤剂生产和金属表面防锈清洗等方面用作乳化剂、分散剂、稳定剂、扩散剂、润滑剂、柔软剂、抗静电剂、防锈剂等。

石油钻井中用于钻井液的乳化剂和润滑剂，也是油基钻井液的辅助乳化剂，也可以作为反相乳液聚合物合成的乳化剂，是配方型润滑剂的主要成分。

安全与防护　小鼠经口 LC_{50} 为 25g/kg。避免眼睛和皮肤接触，如果接触眼睛和皮肤可以用清水冲洗。

包装与储运　本品采用镀锌铁桶或塑料桶包装，每桶净质量 50kg 或 25kg。贮存于阴凉、干燥、通风处。运输中防止暴晒、雨淋，切忌将桶倒置。

7.乳化剂 Tween-60

化学名称　脱水山梨醇单硬脂酸酯聚氧乙烯醚。

化学式　$C_{64}H_{126}O_{26}$

结构式

$$HO\!-\!\left[CH_2CH_2O\right]_a\!-\!CH\!-\!CH\!-\!\left[OCH_2CH_2\right]_b\!-\!OH$$

$$\text{(环: } CH_2\!-\!O\!-\!CH\text{)}\quad CH\!-\!CH\!-\!\left[OCH_2CH_2\right]_c\!-\!OH$$

$$CH_2\!-\!\left[OCH_2CH_2\right]_d\!-\!O\!-\!\overset{\overset{\large O}{\|}}{C}\!-\!C_{17}H_{35}$$

$$a+b+c+d=20$$

相对分子质量　1311.65

理化性质　脱水山梨醇单硬脂酸酯聚氧乙烯醚又叫吐温-60，聚环氧乙烷山梨糖醇单硬质酸酯、聚乙氧基硬脂酸山梨糖醇，为黄色蜡状固体，密度(25℃)1.044g/cm³，折射率(20℃)1.474，闪点>110℃，溶于水(溶解度 100g/L)、硫酸及稀碱，*HLB* 值为 9.6，在某些盐存在下具有分散能力。

制备方法　将 330kg 乳化剂 SP-60 加入反应釜中，加热熔化后，开搅拌加入催化剂量的氢氧化钠溶液。抽真空减压脱水，用氮气置换釜中的空气，升温至 140℃后开始通环氧乙烷 700kg，控制反应温度在 160~180℃。环氧乙烷通至配比量后，将料液打入中和釜，用冰醋酸调 pH 值至 2 左右，最后用适量的双氧水脱色，冷却包装即为成品。

质量指标 本品主要技术指标见表 10-11。

表 10-11 GB 25553—2010 标准规定指标

项 目	指 标	项 目	指 标
酸值(以 KOH 计)/(mg/g)	≤2.0	灼烧残渣，%	≤0.25
皂化值(以 KOH 计)/(mg/g)	45~55	砷(As)/(mg/kg)	≤3.0
羟值(以 KOH 计)/(mg/g)	81~96	铅(Pb)/(mg/kg)	≤2.0
水分，%	≤3.0	氧乙烯基(以 C_2H_4O 计)，%	65.0~69.5

用途 本品作为乳化剂、分散剂、稳定剂、扩散剂、柔软剂、抗静电剂、防锈剂和整理剂，可用于医药、化妆品、油漆颜料、纺织、食品、农药、洗涤剂生产和金属表面防锈清洗工业。

作为降黏剂用于石油开采和输送方面。

在钻井液中，作为水基钻井液的乳化剂和润滑剂以及油基钻井液的辅助乳化剂，是配方型润滑剂的主要成分。

安全与防护 无毒。避免眼睛和皮肤接触，如果接触眼睛和皮肤可以用清水冲洗。

包装与储运 本品采用镀锌铁桶或塑料桶包装，每桶净质量 200kg 或 50kg。贮存于阴凉、干燥、通风处，密封保存，贮存期二年。运输中防止暴晒、雨淋，切忌将桶倒置。

8.乳化剂 SP-80

化学名称 失水山梨醇单油酸酯。

化学式 $C_{24}H_{44}O_6$

结构式

```
HO—CH——CH—OH
   |     |                     O
   |     |                     ||
   CH2   CH—CH—CH2—O—C—C17H33
    \   /     |
      O       OH
```

相对分子质量 428.6

理化性质 乳化剂 SP-80，别名斯盘-80，为黄色油状液体，密度(20℃)0.994g/cm³，折射率(20℃)1.48，闪点>110℃，不溶于水，能分散于温水和乙醇中，溶于丙二醇、液体石蜡、乙醇、甲醇或醋酸乙酯等有机溶剂中，*HLB* 值 4.3，常用作油包水型乳液的乳化剂。用于混油钻井液，可以降低钻井液滤失量和增加滤饼润滑性，有防黏卡作用，也有利于提高钻井液的热稳定性。

制备方法 将 70%的山梨醇加入不锈钢反应釜中，加入 0.6%质量的失水催化剂(磷酸或对甲苯磺酸)，醇:酸=1:(1.5~1.7)(物质的量比)，升温至 150℃，脱水 3h；然后将预热的 90%的油酸和 0.3%质量的酯化催化剂(KOH 或 NaOH)加入失水山梨醇中，在充氮情况下升温至 210℃反应 4~5h；当酸值小于 8mg KOH/g 时，反应结束；经静置、冷却、过滤后，得产品。

质量指标 本品主要技术指标见表 10-12。

用途 本品用于机械、食品、化妆品、涂料、油漆、化工、炸药、纺织和皮革的乳化。

在石油钻井中可以作为钻井液的乳化剂和高温稳定剂，也是油基钻井液的乳化剂，反相乳液聚合物处理剂制备的乳化剂，可作为配方型润滑剂的主要成分。

安全与防护 本品无毒、难燃。避免眼睛和皮肤长时间接触。

包装与储运 采用镀锌桶或聚丙烯塑料桶装包装,净质量 200kg、50kg、25kg。贮存于阴凉、干燥、通风处,密封保存。运输中切忌将桶倒置,避免日晒雨淋。

表 10-12 SP-80 产品技术指标

项 目	指 标	项 目	指 标
脂肪酸,%	71~75	羟值/(KOHmg/g)	193~210
多元醇,%	29.5~33.5	水分,%	≤2.0
酸值/(KOH mg/g)	≤8.0	砷(以 As 计),%	≤0.0003
皂化值/(KOH mg/g)	145~160	重金属(以 Pb 计),%	≤0.001

9.乳化剂 SP-60

化学名称 山梨醇酐单硬脂酸酯。

化学式 $C_{24}H_{46}O_6$

结构式

```
HO—CH——CH—OH
    |     |                 O
    |     |                 ||
   CH2   CH—CH—CH2—O—C—C17H35
     \   /    |
      O       OH
```

相对分子质量 430.62

理化性质 乳化剂 SP-60 别名失水山梨醇硬脂酸酯、司班 60、十八酸山梨醇酯、失水山梨醇硬脂酸酯、清凉茶醇硬脂酸酯、脱水山梨醇单十八酸酯、山梨糖醇酐硬脂酸酯,含脂肪酸 68.0%~76.0%,含山梨醇 27.0%~34.0%,为淡黄色至黄褐色蜡状固体,有轻微气味,溶于乙醇、甲苯、煤油,不溶于水、丙酮,相对密度 0.98~1.03,熔点 49~65℃,闪点>110℃,*HLB* 值 4.7。在农药、塑料、化妆品、医药、涂料、纺织、食品等行业中作乳化剂和消泡剂使用。钻井液中的作用同 SP-80,可以控制钻井液高温下的稳定性。

制备方法 先将山梨醇在 150~152℃下脱水,在碳酸氢钠催化下,与硬脂酸酯化而制得;或者由 α-山梨醇与硬脂酸在 180~280℃下直接酯化而制得。

质量指标 本品主要技术指标见表 10-13。

表 10-13 SP-60 产品技术指标

项 目	指 标	项 目	指 标
外 观	微黄色蜡状固体	皂化值/(KOH mg/g)	135~155
羟值/(KOH mg/g)	240~270	重金属,%	≤0.001
酸值/(KOH mg/g)	5~10	熔点/℃	52~54

用途 本品在纺织工业中用作腈纶的抗静电剂、柔软上油剂的组分,在食品、农药、医药、化妆品、涂料、塑料工业中用作乳化剂、稳定剂,还可作为 PVC、EVA、PE 等薄膜的防雾滴剂。

在钻井液中可以用作钻井液的乳化剂和高温稳定剂,油基钻井液的乳化剂,也可用作反相乳液聚合的乳化剂,是配方型润滑剂的主要成分。

安全与防护 无毒、难燃。避免眼睛和皮肤长时间接触。

包装与储运 本品采用镀锌桶或聚丙烯塑料桶装，净质量 200kg 或 25kg。贮存于阴凉、通风、干燥处，密封保存，贮存期二年。运输中切忌将桶倒置，避免日晒雨淋。

10.渗透剂 JFC

化学名称 聚氧乙烯醚化合物。

理化性质 渗透剂 JFC 又称渗透剂 EA、润湿剂 JFC、浸湿剂 JFC、浸湿剂 JFCS，为环氧乙烷和高级脂肪醇的缩合物，无色至淡色透明液体，pH 值呈中性，浊点 40~50℃，属非离子型表面活性剂。本品具有良好的渗透、润湿和乳化性能，耐强酸、强碱，耐次氯酸钠，耐硬水及重金属盐；润湿性、再润湿性均好，并具有乳化及洗涤效果；水溶性好，5%的水溶液加热至 45℃以上时呈混浊状；对各类纤维无亲和力，可与各种表面活性剂混用；可以改善钻井液的润滑性和稳定性。

制备过程 将 C_7~C_9 的脂肪醇 480 份投入带搅拌的搪瓷釜中，把固碱 4 份放入溶解槽，溶解后打入反应釜中。搅拌逐渐升温，在真空下脱水。当升温至 120℃左右，从视镜表面看不到水滴时，停止脱水。继续升温至 150℃，用真空抽除釜内空气，并充氮排除空气。然后在搅拌下加入环氧乙烷，反应压力 0.2MPa 左右，反应温度 160~180℃，反应一段时间后取样测浊点。浊点合格后反应终止。冷却过滤出料。

质量指标 本品主要技术指标见表 10-14，也可以执行 HG/T 3511—2013 渗透剂 JFC 标准。

表 10-14 渗透剂 JFC 技术指标

项 目	指 标	项 目	指 标
外 观	微黄色至无色黏稠液体	浊点(1%水溶液)/℃	40~50
1%水溶液 pH 值	5~7	渗透力/s	≤30

用途 本品具有良好的乳化能力，用于上浆、退浆、煮炼、漂白、碳化及氯化等工序，也可作染色浴及整理浴的渗透助剂以及皮革涂层的渗透剂等。

石油钻井中用于解卡剂的主要成分，也可以用作水基钻井液乳化剂和润滑剂。

安全与防护 无毒，不易燃。长时间接触对眼睛和皮肤有刺激作用，注意防护。

包装与储运 本品采用 200kg 镀锌铁桶包装。贮存于阴凉、干燥、通风处，密封保存。运输中防止暴晒、雨淋，切忌将桶倒置。

11.环烷酸酰胺

结构式

$$\bigcirc\!\!-\!\left(CH_2\right)_n-\underset{\underset{\displaystyle O}{\|}}{C}-N\begin{matrix} CH_2CH_2OH \\ CH_2CH_2OH \end{matrix}$$

产品性能 环烷酸酰胺别名 YNC-1，为褐色油状液体，密度(17℃)0.986~0.988g/cm^3，系油包水型乳化剂，具有良好的乳化性。与油酸、ABS 等配伍作乳化剂，用其所配制的油包水乳化钻井液性能稳定，抗污染力强，耐 170℃高温。并有控制金属腐蚀和增加水基钻井液润滑性的作用，是一种性能优良的钻井液防卡、润滑剂。

制备方法 环烷酸与脂肪胺(二乙醇胺)在 140~160℃经过酰胺化反应得到。

也可以利用脂肪酸甲酯法制备脂肪酸烷醇酰胺[8]。首先将100g石油环烷酸与25g无水甲醇加入到装有回流冷凝管的500mL圆底烧瓶中，以浓硫酸为催化剂，在80~90℃反应5~6h后，蒸出未反应的甲醇，得到石油环烷酸甲酯。取100g石油环烷酸甲酯加入到具有搅拌装置的250mL四口烧瓶中，升温至60℃后，加入28mL溶有KOH的二乙醇胺溶液，在抽真空或氮气保护下，于100℃反应4h，得到产品。因为反应物中同时含有氨基、酯基和羟基等活性基团，既可以发生酰胺化反应生成烷醇酰胺，又可以发生其他的竞争反应生成单酯胺、单酯酰胺、双酯胺、双酯酰胺等副产物，导致产品组成复杂化。因此，在反应时应控制好反应温度、反应时间等因素，以制取高活性烷醇酰胺。

质量指标 本品主要技术指标见表10-15。

表10-15 YNC-1产品技术指标

项 目	指 标	项 目	指 标
外 观	淡黄色或棕色透明黏稠液体	酸价/(mg KOH/g)	14~20
余胺/(mmol/g)	0.4~1.0	乳化能力	合 格

用途 本品系油包水型乳化剂，具有良好的乳化性，可以用作油基钻井液乳化剂，用于水基钻井液可以控制钻具腐蚀，也具有防卡、润滑作用，是解卡剂的重要组分。

环烷酸酰胺还可作为燃油添加剂，用于汽油、柴油、重油等，可大幅降低尾气排放，提高燃烧效率，降低燃油消耗，还可用作橡胶增塑剂、沥青乳化剂、金属防腐剂、锅炉水的防泡剂等，也可以作为合成环烷胺类、腈类等的中间体。

安全与防护 无毒。刺激眼睛、呼吸系统和皮肤。使用时戴防毒口罩和护目镜。

包装与储运 本品用200L镀锌铁桶装，每桶净质量180kg。贮存于阴凉、干燥、通风处，注意远离火源和氧化剂。按一般化学品规定贮运。

12.聚酰胺乳化剂PAEF

化学名称 多元胺与多元酸缩合反应产物。

结构式

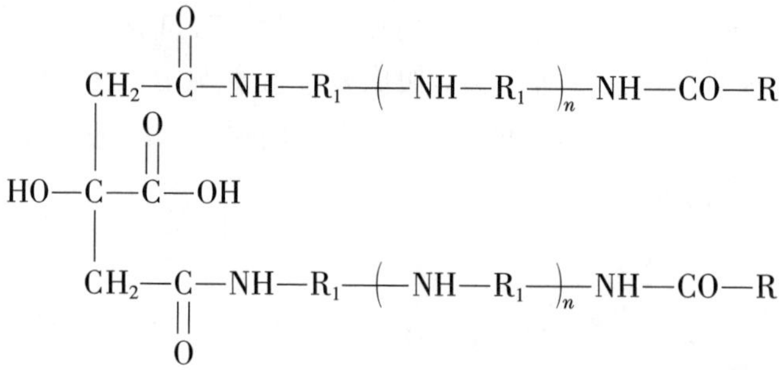

$$
\begin{array}{l}
\qquad\mathrm{CH_2-\overset{\overset{O}{\|}}{C}-NH-R_1\!\left(\!-NH-R_1-\right)_{n}NH-CO-R} \\
\qquad\ \ | \\
\mathrm{HO-\underset{|}{C}-\overset{\overset{O}{\|}}{C}-OH} \\
\qquad\mathrm{CH_2-\underset{\underset{O}{\|}}{C}-NH-R_1\!\left(\!-NH-R_1-\right)_{n}NH-CO-R}
\end{array}
$$

或

$$
\begin{array}{l}
\qquad\mathrm{CH_2-\overset{\overset{O}{\|}}{C}-NH-R_1\!\left(\!-NH-R_1-\right)_{n}NH-CO-R} \\
\qquad\ \ | \\
\mathrm{HO-\underset{|}{C}-\overset{\overset{O}{\|}}{C}-NH-R_1\!\left(\!-NH-R_1-\right)_{n}NH-CO-R} \\
\qquad\mathrm{CH_2-\underset{\underset{O}{\|}}{C}-NH-R_1\!\left(\!-NH-R_1-\right)_{n}NH-CO-R}
\end{array}
$$

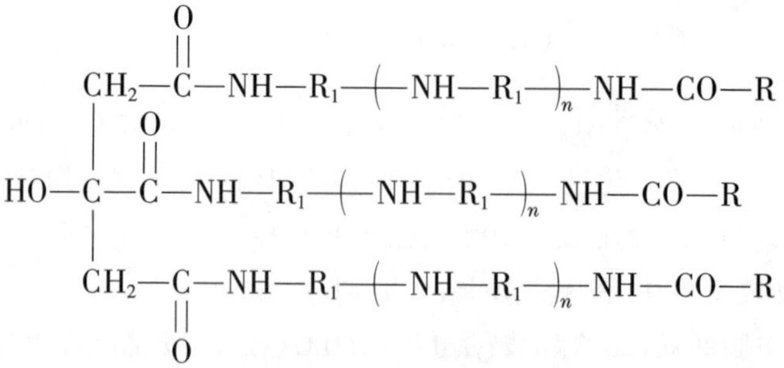

产品性能　PAEF也称油基钻井液主乳化剂，为无色至浅黄色至棕红色黏稠液体。不溶于水，可以溶于苯、甲苯、柴油、白油等。属于非离子表面活性剂，是油基钻井液专用乳化剂。具有良好的表面活性，乳化能力强，所形成的油包水乳状液稳定性好。适用于混油、油包水、油基钻井液，合成基钻井液。采用不同的多元胺、多元酸时，可以得到不同性能的乳化剂，目前常用的为己二胺和油酸生成的酰胺化产物再与柠檬酸反应得到的产物，其乳化能力远优于SP-80、油酸等，抗温可以达到180℃。无毒、有利于环保。

制备方法　首先，使脂肪酸和多胺产生"不完全酰胺"的中间产品，多亚烃基多胺(最好为多亚乙基多胺)和脂肪酸首先形成胺基酰胺，然后剩余的胺基进一步和酸酐或者多羧酸来产生聚酰胺羧酸。如将油酸与多乙烯多胺按照1:1(物质的量比)投料，于140~180℃下反应4~8h，反应过程中及时移去体系反应生成的水，得到油酸酰胺中间体。将油酸酰胺中间体与柠檬酸或酒石酸按照(2~3):1的比例(物质的量比)加入反应釜，于150~200℃下反应4~10h，即得到成品。

质量指标　本品主要技术要求见表10-16。

表10-16 PAEF产品技术要求

项目	指标	项目	指标
外观、气味	轻度油脂味，浅黄至棕红色液体	闪点(闭口)/℃	≥120.0
密度(20℃)/(g/cm³)	0.9~1.10	倾点/℃	≤-10.0
烘失量，%	≤1.0	乳化率，%	≥80.0

用途　本品作为专用的油基钻井液乳化剂，具有较强的表面活性，乳化能力强，能够有效地增黏、提切、提高破乳电压，加量少，所配制的乳状液稳定。

本品适用于柴油、白油等油基钻井液以及合成基油(气制油)钻井液中作主乳化剂，一般加量为2%~4%。

安全与防护　本品低毒，避免与眼睛、皮肤和衣服接触。

包装与储运　本品采用聚乙烯塑料桶包装，每桶净质量25kg或50kg。储存在阴凉、干燥、通风处。运输中防止日晒、雨淋。

13.其他非离子乳化剂

近年来在非离子乳化剂研究方面，重点集中在油基钻井液乳化剂的研究与应用，主要有如下一些工作：

① 抗高温气制油基钻井液用乳化剂。利用与气制油具有较好互溶性的有机酸NAA分别与链状有机胺NAM-1和NAM-2发生酰胺化反应，制备了气制油基钻井液用抗高温主、辅乳化剂。评价表明，乳化剂具有良好的乳化和抗高温性能，采用主、辅乳化剂总加量为2%(配比为1:1)时所配制的气制油包水乳液，在220℃高温条件下乳化率为83%，破乳电压为508V；主、辅乳化剂加量均为25kg/m³时，所配制的密度为2.3g/cm³的气制油基钻井液，在温度为220℃时破乳电压为1048V[9]。

② 油基钻井液主乳化剂。采用软化点为124℃的松香与马来酸酐为原料，合成了油基钻井液用马来松香乳化剂。当松香与马来酸酐的物质的量比为2.4:1时，所合成样品的乳化性能最好；当合成样品加量为2.5%~3.5%时，配制的油基钻井液的流变性能很好地满足

钻井要求[10]。

③ 油基钻井液用高性能乳化剂。用有机酸、二乙烯三胺以及二氯亚砜等合成了一种三聚型酰胺类非离子表面活性剂，即乳化剂 AM-1。研究表明，在油水比为 85:15 时，加入 2.0% AM-1,并以 0.4%十二烷基苯磺酸钠作辅乳化剂配制的乳状液在 50~220℃的温度范围内具有破乳电压值高(>1000V)、乳化率高(>91.0%)、析液量低(<0.7mL)的特点，而且乳状液液滴尺寸分布均匀，没有发生明显的聚集。以这种高性能乳化剂、改性腐殖酸类降滤失剂 SLJ-1 和有机土为主处理剂，形成的抗高温油基钻井液体系，其密度在 1.2~2.0g/cm^3 之间可调，抗温达 220℃，流变性能好，能抗 40%水或 15%劣质土的污染[11]。

④ 可逆转油基钻井液用乳化剂。以 9-烯十八酸甲酯和羟乙基乙二胺为原料，采用酰胺化反应合成了可逆转油基钻井液用乳化剂 SHOE-I。在反应时间为 6h、反应温度为 135℃、催化剂用量为 1.5%时，所合成的样品在碱性条件下，乳化剂 SHOE-I 用量为 4%的白油体系中，以油水比 60:40 制成油包水油基钻井液体系，破乳电压达到 758V，具有良好的乳液稳定性。而在酸性条件下，该体系破乳电压降为 5V，转变为水包油体系，具有优良的可逆转性能[12]。

⑤ 油基钻井液用粉状乳化剂。中国发明专利公开了一种油基钻井液固体粉状乳化剂，其软化点大于 120℃，在 120℃以下可以粉碎成固体粉末。评价表明，产品乳化能力强，抗温达 180℃，与液体乳化剂相比，产品包装费用低，易于储存和运输，现场容易操作，能够更好地满足现场施工的需要。现场应用表明，其乳化效果优于液体乳化剂，且使用方便，加料速度快，劳动强度低，深受现场操作人员的欢迎，将是油基钻井液乳化剂发展的方向[13]。

第三节 两性离子型乳化剂

两性离子型乳化剂是指同时具有两种离子性质的表面活性剂。然而通常所说的两性型表面活性剂，系指由阴离子和阳离子所组成的表面活性剂。这类乳化剂品种绝大部分是羧基盐型。其中阴离子部分是羧酸基，阳离子部分由胺盐构成的叫氨基酸型两性表面活性剂，阳离子部分由季铵盐构成的叫甜菜碱型两性表面活性剂。

1.十二烷基乙氧基磺基甜菜碱

结构式

$$
\begin{array}{c}
\quad (CH_2CH_2O)_m \quad OH \qquad\qquad O \\
C_{12}H_{25}—N^+—CH_2—CH—CH_2—\overset{\displaystyle O}{\underset{\displaystyle O}{\overset{||}{\underset{||}{S}}}}—O^- \\
\quad (CH_2CH_2O)_m
\end{array}
$$

理化性能 十二烷基乙氧基磺基甜菜碱是一种两性离子表面活性剂，在酸性及碱性条件下均具有优良的稳定性，分别呈现阳离子性和阴离子性，常与阴离子、阳离子和非离子表面活性剂并用，其配伍性能良好。无毒，刺激性小，易溶于水，对酸碱稳定，泡沫多，去污力强，具有优良的增稠性、柔软性、杀菌性、抗静电性、抗硬水性。能显著提高洗涤类产品的柔软、调理和低温稳定性。

制备方法 十二烷基二乙氧基胺与 3-氯-2-羟丙基磺钠反应得到。

质量指标 本品主要技术要求见表10–17。

表10–17 十二烷基乙氧基磺基甜菜碱技术要求

项 目	指 标	项 目	指 标
外 观	浅黄色固体	未反应胺,%	≤0.5
活性物含量,%	94.0~98.0	氯化钠含量,%	≤6.0
pH值(5%水溶液)	6~8		

用途 本品广泛用于中高级香波、沐浴液、洗手液、泡沫洁面剂和家居洗涤剂配制中,是制备温和婴儿香波、婴儿泡沫浴、婴儿护肤产品的主要成分,在护发和护肤配方中是一种优良的柔软调理剂;还可用作洗涤剂、润湿剂、增稠剂、抗静电剂及杀菌剂等。

用作钻井液处理剂,具有起泡、润滑、乳化等作用,改善混油钻井液的稳定性和润滑性,也可以作为油包水乳化钻井液的乳化剂,还可以用于配制泡沫钻井液。

安全与防护 无毒,避免与眼睛、皮肤接触,若不慎进入眼睛,可以用大量清水冲洗。

包装与储运 本品采用内衬塑料袋、外用防潮牛皮纸袋或塑料编织袋包装,每袋净质量25kg。储存在阴凉、干燥、通风处。运输中防止暴晒、雨淋。

2.十二烷基二甲基磺丙基甜菜碱

分子式 $C_{12}H_{25}N(CH_3)_2(CH_2)_3SO_3$

结构式

$$C_{12}H_{25}-\overset{\overset{\displaystyle CH_3}{|}}{\underset{\underset{\displaystyle CH_3}{|}}{N^+}}-CH_2-CH_2-CH_2-\overset{\overset{\displaystyle O}{\|}}{\underset{\underset{\displaystyle O}{\|}}{S}}-O^-$$

相对分子质量 335.6

理化性质 十二烷基二甲基磺丙基甜菜碱别名3–磺丙基十二烷基二甲基甜菜碱,纯品为白色结晶,熔点244℃,为季铵盐类两性表面活性剂,具有季铵盐阳离子及磺酸基阴离子,显示出优良的表面活性,具有出色的抗硬水性,良好的钙皂分散性、低刺激性,与其他表面活性剂复配具有明显的协同效应。在强酸、强碱溶液中,有很好的化学稳定性。磺基甜菜碱类两性表面活性剂与其他表面活性剂在较宽的pH值范围内复配时,还显示出了出色的泡沫性能及增稠效应。

制备方法 十二烷基二甲基胺与溴代丙磺酸钠反应得到。

质量指标 本品外观为淡黄色、黄色液体,固含量48%~52%,10%水溶液pH值6~8。

用途 本品适用于洗发香波、浴液、清洗乳液、皮肤护理品、液体皂、抗静电剂、强碱或强酸工业清洗剂和纺织助剂。

在钻井液中,具有起泡、乳化、润滑、润湿分散等作用,可以用作钻井液泡沫剂,乳化剂和润滑剂等,同时具有一定的黏土稳定作用,也可以作为提高采收率用表面活性剂。

安全与防护 本品无毒。不慎与眼睛接触后,可立即用大量清水冲洗。

包装与储运 本品采用塑料桶包装,每桶净质量50kg。贮存于阴凉、通风、干燥处。运输中应小心轻放,防晒、防撞、防冻,以免损漏。

参考文献

[1] 吕彤.表面活性剂合成技术[M].北京:中国纺织出版社,2009.

[2] 张克勤,陈乐亮.钻井技术手册(二):钻井液[M].北京:石油工业出版社,1988.

[3] 王中华,何焕杰,杨小华.油田化学品实用手册[M].北京:中国石化出版社,2004.

[4] 李宗石,徐明新.表面活性剂工艺[M].北京:中国轻工业出版社,1993.

[5] 梁梦兰.表面活性剂和洗涤剂——制备性质应用[M].北京:科学技术文献出版社,1992.

[6] GABEL R K,LAW R E.Compositions for Agglomerating Solid Contaminants in Well Fluids and Methods for Using Same: US,4796703[P].1989-01-10.

[7] 渗透剂 T[EB/OL].http://www.zhanjiao.com/jishu/1/jishu-3132.html.

[8] 唐军,贾殿赠.驱油型石油环烷酸二乙醇酰胺的合成[J].精细化工,2004,21(增):47-49.

[9] 王茂功,徐显广,苑旭波.抗高温气制油基钻井液用乳化剂的研制与性能评价[J].钻井液与完井液,2012,29(6):4-5,9.

[10] 丁磊,罗春芝,肖瑞雪.油基钻井液主乳化剂的合成及性能评价[J].长江大学学报:自然科学版,2013,10(32):96-98.

[11] 王旭东,郭保雨,陈二丁,等.油基钻井液用高性能乳化剂的研制与评价[J].钻井液与完井液,2014,31(6):1-4.

[12] 陈安猛,沈之芹,高磊,等.可逆转油基钻井液用乳化剂[J].化学世界,2015,56(4):240-244.

[13] 中石化中原石油工程有限公司钻井工程技术研究院.一种油基钻井液用粉状乳化剂:中国,104592958 A[P].2015-05-06.

第十一章 加重剂

加重剂又称加重材料，由不溶于水的惰性物质经研磨加工制备而成。在油气勘探开发中，为确保在高压地层安全钻井和稳定井壁，需用加重剂将钻井液的密度加重至足以平衡地层压力，可见加重剂之重要。通常加重剂应具备的条件是自身的密度大、磨损性小、易粉碎，并且应属于惰性物质，既不溶于钻井液，也不与钻井液中的其他组分发生相互作用。

在配制无固相钻井液完井液时还可以采用高密度盐水，能够配制高密度盐水的材料看作水溶性加重剂，水溶性加重剂还包括具有暂堵作用的水溶性盐粒等。

惰性加重剂通常由高密度天然矿物质加工得到，如重晶石、石灰石、钛铁矿、赤铁矿、锰矿和方铅矿等。

水溶性加重剂可以直接采用一些溶解度大、液相密度高的无机盐，也可以由无机盐矿加工得到。

本章从非水溶性加重剂和水溶性加重剂两方面对钻井液加重剂进行介绍[1~7]。

第一节 非水溶性加重剂

非水溶性加重剂是指在水中不能溶解的高密度矿物质，如重晶石、钛铁矿、石灰石粉等。这些材料是钻井液中用量最大的加重剂，适用于各种类型的水基钻井液体系，也可以用作油基钻井液体系。

在现场应用中，具体采用哪种加重剂，将根据钻遇地层压力系数、钻井液类型及性能要求、加重剂的理化特性来选择。有时为了满足某种特殊需要，可以采用不同类型的加重剂混合使用。

1.重晶石

化学成分 硫酸钡。

化学式 $BaSO_4$

相对分子质量 233.39

产品性能 重晶石是以硫酸钡($BaSO_4$)为主要成分的非金属矿产品，莫氏硬度 3.0~3.5，密度 4.0~4.6g/cm^3，是应用最广泛和用量最大的加重剂。纯重晶石显白色、有光泽，由于杂质及混入物的影响也常呈灰色、浅红色、浅黄色等，结晶情况相当好的重晶石还可呈透明晶体出现。重晶石是自然界分布最广的含钡矿物，产于低温热液矿脉中，如石英-重晶石脉，萤石-重晶石脉等，常与方铅矿、闪锌矿、黄铜矿、辰砂等共生。重晶石亦可产于沉积岩中，呈结核状出现，多存在于沉积锰矿床和浅海的泥质、砂质沉积岩中。在风化残余矿床的残积黏土覆盖层内，常成结状、块状。纯净的重晶石透明无色，一般为白色、浅黄色，玻璃光泽，解理面呈珍珠光泽。

重晶石化学性质稳定，不溶于水和盐酸，无磁性和毒性。不易吸水，但受潮后易结块。作为钻井液加重剂，其密度应达到 4.2g/cm³ 以上。重晶石粉一般用于加重密度不超过 2.30g/cm³ 的水基和油基钻井液。近年来，通过研制和选择合适的钻井液处理剂，结合简化钻井液组成，合理控制钻井液组分加量，并对重晶石粒径进行优化，采用重晶石可以使钻井液密度加重到 2.80g/cm³ 以上。

制备方法 原矿经过破碎、磨矿、分级、包装得到。

质量指标 GB/T 5005—2010 钻井液材料规范对重晶石的要求见表 11-1。Q/SH 0282—2009 钻井液常用加重材料技术规范规定的内容见表 11-2。

表 11-1 重晶石技术要求

项目		指标	
		Ⅰ级	Ⅱ级
密度/(g/cm³)		≥4.20	<4.20，且≥4.05
水溶性碱土金属含量(以钙计)/(mg/kg)		≤250	
75μm 筛余(质量分数)，%		≤3.0	
黏度效应/(mPa·s)	加入硫酸钙前	≤140	
	加入硫酸钙后	≤140	

表 11-2 钻井液材料规范重晶石的要求

项目		指标		
		特级	一级	二级
密度/(g/cm³)		≥4.30	≥4.20	≥4.00
水溶性碱土金属含量(以钙计)/(mg/kg)		≤150	≤250	≤250
75μm 筛余(质量分数)，%		≤3.0	≤3.0	≤3.0
等效球直径小于 6μm 颗粒，%		≤25	≤30	≤30
黏度效应/(mPa·s)	加入硫酸钙前	≤100	≤130	≤150
	加入硫酸钙后	≤100	≤130	≤150

用途 本品广泛用于钻井液和固井水泥浆加重剂。在甲酸盐和磷酸盐钻井液中慎用。

工业上用于制备锌钡白颜料、各种钡化合物，在油漆工业、造纸工业、橡胶和塑料工业作填料，水泥工业用作矿化剂等。

安全与防护 重晶石纯硫酸钡不溶于水，有轻微毒性。吸入后可引起胸部紧束感、胸痛、咳嗽等。对眼睛有刺激性。长期吸入可致钡尘肺。对环境有危害，对大气可造成污染。受高热分解产生有毒的硫化物烟气。有害燃烧产物三氧化硫。建议操作人员佩戴自吸过滤式防尘口罩。避免产生粉尘。

包装与储运 本品采用塑料编织袋包装，每袋净质量 50kg。贮存在阴凉、通风、干燥处。运输中防止受潮和雨淋，防止包装破损。

2.活化重晶石

化学成分 重晶石、表面活性剂等。

产品性能 活性重晶石是通过对普通重晶石粉颗粒表面进行化学改性而成的一种性能更优良的重晶石。由于其黏度效应低，悬浮稳定性好，用活性重晶石加重，同等密度的钻井液将具有更好的流动性、流变参数、热稳定性和沉降稳定性(即密度长时间稳定)。现场应用一般可加重至2.60g/cm³而具有较好的流变性。在井下180~200℃条件下仍能保持钻井液性能稳定,在长段裸眼、易塌易漏井段使用时,钻井液流变性稳定,避免了因频繁处理钻井液引起的压力波动,能有效地保证钻井液良好的流变性和悬浮稳定性,从而抑制井塌、井漏等复制情况的发生。

制备方法 普通重晶石经过表面处理得到。

质量指标 本品可执行Q/SH 0282—2009钻井液常用加重材料技术规范规定的活化重晶石技术要求,内容见表11-3。

表11-3 活化重晶石技术要求

项 目	指 标	项 目	指 标
密度/(g/cm³)	≥4.20	等效球状直径小于6μm颗粒,%	≤30.0
水溶性碱土金属(以钙计)/(mg/kg)	≤200.0	析出液体积/mL	≤15.0
75μm筛余物质量分数,%	≤3.0	电动电势/mV	≤-25.0
45μm筛余物质量分数,%	≥5.0		

用途 本品用于高密度或超高密度钻井液加重剂,具有悬浮稳定性好、黏度效应小的特点。

安全与防护 无毒。避免产生粉尘和粉尘吸入,防止眼睛接触。

包装与储运 本品采用塑料编织袋或涂塑编织袋包装,每袋净质量50kg。贮存在阴凉、通风、干燥处。运输中防止受潮和雨淋,防止包装破损。

3.石灰石粉

化学成分 碳酸钙。

分子式 Ca_2CO_3

相对分子质量 100.1

产品性能 本品是一种以碳酸钙为主要成分的天然矿石经过机械加工而成的粉末产品,其天然矿石可以来源于石灰岩、方解石、海贝壳等。石灰石粉的莫氏硬度3~4,密度2.7~2.9g/cm³,纯品为白色粉末,含有其他杂质时常呈灰色、灰白色、灰黑色、浅黄色或浅红色,不溶于水,不易吸水,但受潮后易结块。本品有利于保护储层,但密度低,用于配制密度<1.68g/cm³的钻井液和完井液。它的另一个重要作用是用作屏蔽暂堵剂,因$CaCO_3$可溶于酸,可以酸化解堵,用于防止油气层损害,其颗粒尺寸应由产层孔隙尺寸的分布来确定。

制备方法 青石矿经过破碎、研磨、筛分而成。

质量指标 本品主要技术指标见表11-4。Q/SH 0282—2009钻井液常用加重材料技术规范规定的内容见表11-5。

表11-4 石灰石粉技术要求

项 目	指 标	项 目	指 标
密度/(g/cm³)	≥2.7	水不溶物含量,%	≤0.10
碳酸钙含量,%	≥90.0	75μm筛余量,%	≤3.0
酸不溶物含量,%	≤10.0	小于6μm颗粒,%	≤39.0

表 11-5 钻井液常用加重材料技术规范规定的指标

项 目	指 标	项 目	指 标
密度/(g/cm³)	≥2.7	45μm 筛余物质量分数,%	≥5.0
碳酸钙含量,%	≥90.0	等效球直径小于 6μm 颗粒,%	≤39.0
75μm 筛余物质量分数,%	≤3.0		

用途 本品主要用于完井液及修井液的加重剂,不同粒径级配的产品可以用作油层漏失的暂堵剂,用作固相降滤失剂,尤其对聚合物钻井液降低瞬时滤失量较为有效。

安全与防护 产品不溶于水,无毒。使用时避免产生粉尘和粉尘吸入,避免接触眼睛。

包装与储运 本品采用涂塑编织袋或涂塑牛皮纸袋包装,每袋净质量 50kg。贮存在阴凉、通风、干燥处。运输中防止受潮和雨淋。

4.钛铁矿

化学成分 $FeO \cdot TiO_2$。

产品性能 钛铁矿是主要含钛矿物之一。三方晶系,晶体少见,常呈不规则粒状、鳞片状、板状或片状。颜色铁黑或呈钢灰色,条痕钢灰或黑色,当含有赤铁矿包体时,呈褐或褐红色。金属至半金属光泽,贝壳状或亚贝壳状断口。性脆。硬度 5~6,密度 4.4~5.0g/cm³,密度随成分中 MgO 含量降低或 FeO 含量增高而增高。具弱磁性。在氢氟酸中溶解度较大,缓慢溶于热盐酸。溶于磷酸并冷却稀释后,加入过氧化钠或过氧化氢,溶液呈黄褐色或橙黄色。钛铁矿经过机械加工而成的适宜细度的粉末,即为钛铁矿粉,为褐色。本品具有密度大耐研磨的特点。不溶于水,能部分地和盐酸发生反应。不易吸水,但受潮后易结块。

制备方法 钛铁矿经过机械破碎、研磨、筛分而成。

质量指标 本品主要技术要求见表 11-6。

表 11-6 钛铁矿技术要求

项 目	指 标	项 目	指 标
密度/(g/cm³)	≥4.7	湿度,%	≤1
水溶性碱土金属含量(以钙计)/(mg/kg)	≤100	75μm 筛筛余量,%	≤3.0
二氧化钛含量,%	≥12	45μm 筛筛余量,%	5.0~15.0
全铁含量,%	≥54		

用途 本品主要用于配制高密度钻井液,具有一定的酸溶性,可用于需要酸化作业的产层,对储层伤害低;也用于固井水泥浆加重剂。

安全与防护 产品不溶于水,无毒。使用时避免产生粉尘或粉尘吸入,避免眼睛接触。

包装与储运 本品采用涂塑编织袋或涂塑牛皮纸袋包装,每袋净质量 50kg。贮存在阴凉、通风、干燥处。运输中防止受潮和雨淋,防止包装破损。

5.赤铁矿

化学成分 三氧化二铁。

分子式 Fe_2O_3

相对分子质量 159.69

产品性能 赤铁矿粉是粉碎得很细的 Fe_2O_3 矿石粉末,为具有金属色泽的黑色粉末,密度4.9~5.3g/cm³,有天热磁性。不溶于水,能部分地和盐酸发生反应。不易吸水,但受潮后易结块。作为加重材料,用来提高钻井液密度,可溶于酸,硬度较高,主要用于加重密度1.8~3.1g/cm³的钻井液。因为其硬度较高,所以用赤铁矿粉加重的钻井液具有较高的冲蚀性,对钻具、套管和泵的缸套和凡尔体具有较强的研磨冲蚀作用。再者用赤铁矿粉加重的钻井液(特别是盐水钻井液)还对钢材具有较强的电化学腐蚀作用。由于赤铁矿粉密度较高,用于加重的钻井液如果悬浮能力不强或护胶不好,很可能产生沉降。

现场实践表明,重晶石和赤铁矿粉配合使用,既能配得密度需求较高的钻井液,又能较大幅度的减小赤铁矿粉的冲蚀性和对钢材的电化学腐蚀作用;适当提高赤铁矿粉加重的钻井液的pH值也有利于减轻其对钢材的电化学腐蚀作用。

制备方法 赤铁矿经过机械破碎、研磨、筛分而成。

质量指标 GB/T 5005—2010钻井液材料规范对赤铁矿的要求见表11-7。Q/SH 0282—2009钻井液常用加重材料技术规范规定的内容见表11-8。

表11-7 赤铁矿技术要求

项 目		指 标	
		Ⅰ级	Ⅱ级
密度/(g/cm³)		≥5.05	<5.05,且≥4.85
水溶性碱土金属含量(以钙计)/(mg/kg)		≤100	
75μm筛余(质量分数),%		≤1.5	
45μm筛余(质量分数),%		≤15	
黏度效应/(mPa·s)	加入硫酸钙前	≤140	
	加入硫酸钙后	≤140	

表11-8 钻井液材料规范对赤铁矿的要求

项 目	指 标		
	特 级	一 级	二 级
密度/(g/cm³)	≥5.05	≥4.80	≥4.50
水溶性碱土金属含量(以钙计)/(mg/kg)	≤100	≤150	≤200
75μm筛余(质量分数),%	≤1.5	≤1.5	≤1.5
45μm筛余(质量分数),%	≤15.0	≤15.0	≤15.0
等效球直径小于6μm颗粒,%	≤25	≤30	≤30

用途 本品用于钻井液和固井水泥浆加重剂。由于可以酸溶,可以用作完井液、修井液加重剂和暂堵剂,有利于储层保护。将本品经过表面处理可以得到性能更优的活性赤铁矿粉,用其加重钻井液体系可以获得更好的流动性、流变参数、热稳定性和悬浮稳定性,用于特高密度钻井液加重,最高可以达到3.1g/cm³。

安全与防护 产品不溶于水,无毒。使用时避免产生粉尘,避免与眼睛接触。

包装与储运 本品采用涂塑编织袋或涂塑牛皮纸袋包装,每袋净质量50kg。贮存在阴凉、通风、干燥处。运输中防止受潮和雨淋,防止包装破损。

6.锰矿粉

化学成分 二氧化锰。

分子式　MnO_2

相对分子质量　86.94

产品性能　软锰矿的成分是二氧化锰，是一种常见的锰矿物，粉碎后可以用作钻井液加重剂。软锰矿含锰为63.19%，是重要的锰矿石。常与硬锰矿共生。斜方晶系，晶体呈细柱状或针状。通常呈块状、粉末状集合体。钢灰至黑色，条痕蓝黑至黑色，半金属光泽。断口不平坦。硬度随形态和结晶程度而异，呈显晶者为5~6，呈隐晶或块状集合体者降为1~2。密度4.7~5.0g/cm³。能污手、性脆。加过氧化氢剧烈起泡放出大量氧气；缓慢溶于盐酸放出氯气，并使溶液呈淡绿色。软锰矿主要由沉积作用形成。

制备方法　由软锰矿经过机械破碎、研磨、筛分而成。

质量指标　本品主要技术要求见表11-9。

表11-9 锰矿粉技术要求

项　目	指　标		
	特　级	一　级	二　级
密度/(g/cm³)	≥5.0	≥4.70	≥4.50
水溶性碱土金属含量(以钙计)/(mg/kg)	≤100.0	≤150.0	≤200.0
75μm 筛余(质量分数),%	≤1.5	≤1.5	≤1.5
45μm 筛余(质量分数),%	≤15.0	≤15.0	≤15.0
等效球直径小于6μm 颗粒,%	≤25.0	≤30.0	≤30.0

用途　本品用于钻井液加重剂，由于可以酸溶，也可以用作完井液、修井液加重剂，对储层伤害小，适用于产层。

安全与防护　产品不溶于水，无毒。使用时避免粉尘吸入和接触眼睛、皮肤。

包装与储运　本品采用涂塑编织袋或涂塑牛皮纸袋包装，每袋净质量50kg。贮存在阴凉、通风、干燥处。运输中防止受潮和雨淋，防止包装破损。

7.方铅矿粉

化学成分　硫化铅。

分子式　PbS

相对分子质量　239.26

理化性质　方铅矿系方铅矿族矿物，等轴晶系，含铅可达86.6%。方铅矿常呈立方体的晶形，集合体通常为粒状或致密块状。铅灰色，条痕灰黑色，金属光泽，硬度为2.5。方铅矿粉是一种主要成分为PbS的天然矿石粉末，一般呈黑褐色，难溶于酸，不溶于水，不溶于碱。由于其密度高达7.4~7.7g/cm³，因而可用于配制超高或特高密度钻井液，以控制地层出现的异常高压。由于该加重剂的成本高、货源少，一般仅限于在地层孔隙压力极高的特殊情况下使用。

制备方法　由方铅矿经机械粉碎、研磨、筛分得到。

质量指标　本品主要技术要求见表11-10。

用途　本品用于配制超高密度钻井液，以控制地层出现的异常高压。

安全与防护　产品不溶于水，LD_{50}为1600mg/kg(大鼠腹腔内)。但必须防止慢性铅中毒，使用时佩戴自吸过滤式防尘口罩。避免产生粉尘。受高热分解产生有毒硫化物烟气。燃烧(分解)产物为硫化氢、氧化硫、氧化铅。应急处理时戴好防毒面具,穿化学防护服。

包装与储运 本品采用涂塑编织袋或涂塑牛皮纸袋包装,每袋净质量50kg。贮存在阴凉、通风、干燥处。运输中防止受潮和雨淋,防止包装破损。

表 11-10 方铅矿粉技术要求

项 目	指 标	项 目	指 标
外 观	黑褐色粉末	细度(孔径 0.074mm 筛筛余量),%	≤3.0
密度/(g/cm³)	≥7.4	湿度,%	≤1

第二节 水溶性加重剂

将一些在水中溶解度大,溶于水后可以明显增加液相密度的无机盐和有机盐以及一些密度高的水溶性无机盐颗粒作为水溶性加重剂。主要用于配制无固相钻井液完井液、射孔液和压井液等。

1.氯化钙

参见第二章、第一节、12,主要用作钻井液、完井液、压井液、射孔液等的液体加重剂。在实际应用中可以根据作业流体密度要求,确定氯化钙清洁盐水中氯化钙加量。图 11-1 是 20℃下 95%固体氯化钙在水溶液中的加量与密度和 Cl^-离子浓度的关系。

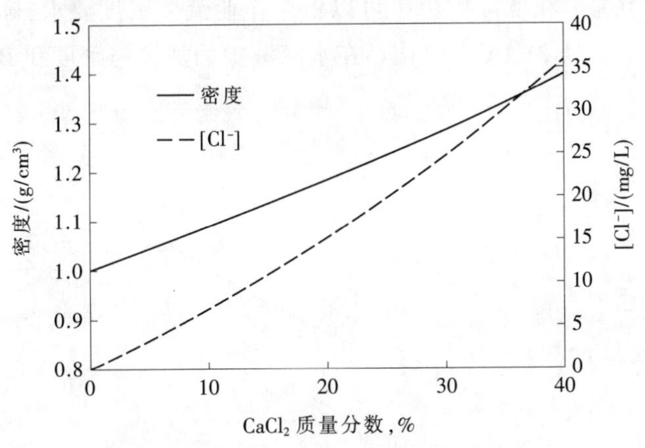

图 11-1 氯化钙质量分数与密度的关系

2.溴化钙

分子式 $CaBr_2$

相对分子质量 199.89

理化性质 无色斜方针状结晶或晶块,无臭,味咸而苦。相对密度 3.353(25℃),熔点730℃(微分解),沸点 806~812℃。极易溶于水,水溶液显中性。溶于乙醇、丙酮和酸,微溶于甲醇、液氨,不溶于乙醚或氯仿。可与碱金属卤化物形成复盐。有很强的吸湿性。不同温度时的溶解度见表 11-11。

表 11–11 溴化钙不同温度下的溶解度

温度/℃	溶解度/[g/(100mL H_2O)]	温度/℃	溶解度/[g/(100mL H_2O)]
0	125	60	278
10	132	80	295
20	143	100	312
40	213		

制备过程 在盛有水的反应器中，加入铁屑，在搅拌下分批加入溴素，于 40℃下进行反应生成溴化亚铁，再加入氢氧化钙调节 pH 值，加热至沸腾，然后经冷却、分离除去氢氧化亚铁，滤液经蒸发、冷却至 30℃静置，经脱色、过滤、蒸发至 210℃左右，再经冷却，制得溴化钙。

质量指标 本品主要技术指标见表 11–12。

表 11–12 溴化钙技术指标

项 目	指 标		项 目	指 标	
	液 体	固 体		液 体	固 体
含量，%	52.0~57.0	≥96.0	硫酸盐(SO_4^{2-})，%	0.01~0.03	0.02~0.05
氯化物(Cl^-)，%	0.1~0.2	0.1~0.2	pH值(5%水溶液)	6.0~7.5	7.5~8.5

用途 本品可用于制造溴化铵及光敏纸、灭火剂、制冷剂等。医药上用作中枢神经抑制药，具有抑制、镇静作用，用以治疗神经衰弱、癫痫等症。

在钻井液方面，由于其水溶液密度较高，可以作为液体加重剂，主要用于钻井完井液、压井液、修井液和射孔液。在实际应用中可以根据作业流体密度要求，确定溴化钙清洁盐水中溴化钙加量。图 11–2 是 21.1℃下溴化钙在水溶液中的加量与密度和 Br^-离子浓度的关系。

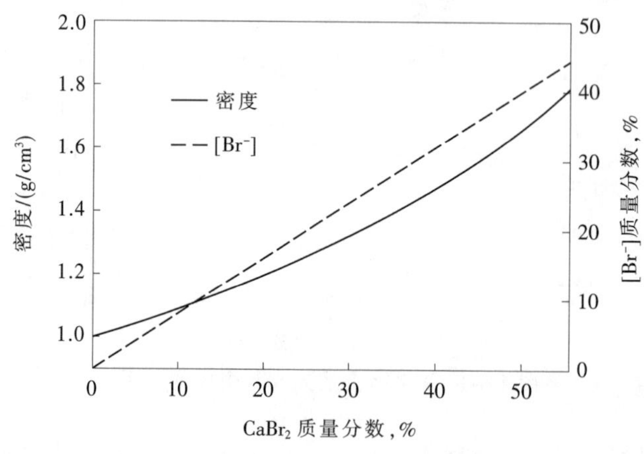

图 11–2 溴化钙质量分数与密度的关系

安全与防护 刺激皮肤。切勿吸入粉尘。避免与皮肤和眼睛接触。

包装与储运 本品固体产品采用内衬塑料袋、外用塑料编织袋或防潮牛皮纸袋包装，每袋净质量 50kg。贮存在阴凉、通风、干燥处。运输中防止受潮和雨淋，防止暴晒。

3.氯化锌

分子式 $ZnCl_2$

相对分子质量 136.30

理化性质 氯化锌为白色粒状、棒状或粉末,无气味,易吸湿,水中溶解度25℃时为432g、100℃时为614g,易溶于丙酮。其水溶液对石蕊呈酸性,pH值约为4。密度2.907g/cm^3。熔点约290℃,沸点732℃。氯化锌是常温下溶解度最大的固体盐,但在80℃以上,硝酸铵的溶解度要远大于氯化锌。氯化锌可溶于甲醇、乙醇、甘油、丙酮、乙醚,不溶于液氨。潮解性强,能自空气中吸收水分而潮解。具有溶解金属氧化物和纤维素的特性。熔融氯化锌有很好的导电性能。灼热时有浓厚的白烟生成。氯化锌有腐蚀性,有毒。与氢氧化钠反应生成氢氧化锌,与浓H_2SO_4反应生成硫酸锌。

制备方法 由锌或氧化锌与盐酸反应后结晶制得。

质量指标 本品执行HG/T 2323—2012工业氯化锌标准,主要指标见表11-13。

表11-13 工业氯化锌技术指标

项 目	指 标				
	Ⅰ型		Ⅱ型		Ⅲ型
	优等品	一等品	一等品	合格品	
氯化锌($ZnCl_2$)质量分数,%	≥96.0	≥95.0	≥95.0	≥93.0	≥40.0
酸不溶物质量分数,%	≤0.01	≤0.02	≤0.05		
碱式盐(以ZnO计)质量分数,%	≤2.0		≤2.0		≤0.85
硫酸盐(以SO_4^{2-}计)质量分数,%	≤0.01		≤0.01	≤0.05	≤0.004
铁(Fe)质量分数,%	≤0.0005		≤0.001	≤0.003	≤0.0002
铅(Pb)质量分数,%	≤0.0005		≤0.001		≤0.0002
碱和碱土金属质量分数,%	≤1.0		≤1.5		≤0.5
锌片腐蚀试验	通 过				通 过
pH值					3~4

注:Ⅰ型为电池工业用固体氯化锌;Ⅱ型为一般工业用固体氯化锌;Ⅲ型为氯化锌溶液,主要用于电池和一般工业。

用途 在石油钻井中,氯化锌作为液体加重剂主要用于钻井完井液、固井液、修井液和射孔液。

在工业上,用作有机合成工业的脱水剂、缩合剂及生产香兰素、兔耳草醛、消炎止痛药物、阳离子交换树脂的催化剂。可作聚丙烯腈的溶剂。染织工业用作媒染剂、丝光剂、上浆剂。纺织工业用作生产棉条桶、梭子等材料的原料(棉纤维的助溶剂),可提高纤维的黏合力。

安全与防护 有毒,LD_{50}(大鼠,静脉)60~90mg/kg。有腐蚀性。能剧烈刺激及烧灼皮肤和黏膜,长期与本品蒸气接触时发生变应性皮炎。吸入氯化锌烟雾经5~30min后能引起阵发性咳嗽、恶心。对上呼吸道、气管、支气管黏膜有损害。生产人员工作时要穿工作服,戴防护眼镜、防毒口罩、乳胶手套,以保护皮肤、眼睛、呼吸器官。

包装与储运 工业固体氯化锌应以内衬聚乙烯袋的镀锌铁桶包装,也可用塑料桶、纸板桶或内衬聚乙烯袋的复合塑料编织袋包装,每桶(袋)净质量50kg或25kg。工业氯化锌液体应用塑料桶或内涂耐酸漆等防腐材料的钢制槽车装运。包装上应有明显的"腐蚀性物品"标志。应贮存在通风、干燥的库房内,避免露天存放。不得与食用物品和饲料共贮混运。运输过程中应有遮盖物,要防雨淋和日晒。装卸时要轻拿轻放,防止包装破裂。Ⅰ型、Ⅱ型产品用镀锌铁桶、纸板桶和塑料桶包装的贮存期为6个月,复合塑料编织袋包装的贮存期为 2 个月，Ⅲ型产品的贮存期为 2 个月。

4.溴化锌

分子式 $ZnBr_2$

相对分子质量 225.2

理化性质 白色菱形结晶粉末，密度 4.201g/cm^3，熔点 394℃，沸点 650℃。易溶于水、醇、丙酮、四氢呋喃，溶于氨水，不溶于乙醚。用作人造丝后处理剂，也可用于制药、照相。遇水或空气易变质。不同温度时的溶解度见表 11-14。

表 11-14 溴化锌不同温度下的溶解度

温度/℃	溶解度/[g/(100mL H_2O)]	温度/℃	溶解度/[g/(100mL H_2O)]
0	389	60	618
20	446	80	645
30	528	100	672
40	591		

制备方法 将纯金属锌与精溴在二氧化碳气氛中加热反应，经蒸馏制得溴化锌。

质量指标 本品主要技术指标见表 11-15。

表 11-15 溴化锌技术指标

项 目	指 标		项 目	指 标	
	液 体	固 体		液 体	固 体
含量，%	52.0~57.0	≥96.0	硫酸盐(SO_4^{2-})，%	0.01~0.03	0.02~0.05
氯化物(Cl^-)，%	0.1~0.2	0.1~0.2	pH值(5%水溶液)	6.0~7.5	7.5~8.5

用途 在石油钻井中，主要用于钻井完井液、压井液、修井液和射孔液，也可以配制超高密度无固相钻井液完井液。

在合成纤维工业、制药工业和照相业等领域具有广泛的用途。

安全与防护 引起灼伤。对水生生物有极高毒性。不慎与眼睛接触后，立即用大量清水冲洗。穿戴适当的防护服、手套和护目镜或面具。操作后彻底清洗，脱去被污染的衣服，清洗后方可重新使用。在有足够的通风条件下使用。避免接触眼睛、皮肤或衣服上。不要吞食或吸入。

包装与储运 本品采用内衬塑料袋、外用塑料编织袋或防潮牛皮纸袋包装，每袋净质量 50kg。储存于阴凉、通风、干燥处。运输中防止日晒、雨淋。

5.焦磷酸钾

分子式 $K_4O_7P_2$

相对分子质量 330.337

理化性质 焦磷酸钾别名焦磷酸四钾，为白色粉末或块状固体。相对密度 2.534，熔点 1109℃。在空气中有很强的吸湿性，极易溶于水，溶解度 187g/100g 水(25℃)。水溶液呈碱性，1%水溶液 pH 值为 10.2，但不溶于乙醇。性质类似于其他多磷酸盐。

在酸或碱溶液中水解成磷酸钾，与水混合形成黏性浆状体。焦磷酸钾具有其他聚合磷酸盐的所有性质，与焦磷酸钠相似，但溶解度较大，能和碱土金属和重金属离子发生螯合作用；能与硬水中的 Ca^{2+}、Mg^{2+}形成稳定的络合物从而软化硬水、提高洗涤能力、清除污垢；还能在铁、铅、锌、铝等金属表面形成一层保护膜。焦磷酸根离子($P_2O_7^{4-}$)对于微细分散的固体具有很强的分散能力，能促进细微、微量物质的均一混合。高纯低铁型焦磷酸钾具有稳定的 pH 值缓冲能力，能长期保持溶液的 pH 值。

制备过程 将质量分数 30%磷酸加入中和器，在搅拌下缓慢地加入苛性钾溶液进行中和反应，控制 pH 值在 8.4 为宜，把反应后的溶液加热，并加入活性炭脱色，过滤除去不溶物，澄清滤液加热至 120~124℃进行蒸发浓缩，经冷却至 20℃以下析出结晶，离心分离，得到三水合磷酸氢二钾，加热至 120~130℃脱去结晶水，变成无水磷酸氢二钾，把它加入煅烧炉在 500~600℃下进行煅烧聚合，经冷却，制得焦磷酸钾成品。

质量指标 工业焦磷酸钾执行 ZB/TG 12006—1988 标准，具体指标见表 11-16。

表 11-16 焦磷酸钾质量指标

项 目	指 标		项 目	指 标	
	一等品	合格品		一等品	合格品
外 观	白色粉末或块状	白色粉末或块状	水不溶物含量，%	≤0.20	≤0.25
焦磷酸钾($K_4P_2O_7$)含量，%	≥95.0	≥94.0	pH值(1%水溶液)	10.0~10.7	10.0~10.7
铁(Fe)含量，%	≤0.20	≤0.25	正磷酸盐	符合试验	符合试验

用途 在食品工业中用作乳化剂、组织改进剂、螯合剂，还用作面制品用碱水的原料。多与其他缩合磷酸盐合用，通常用于防止水产罐头产生鸟粪石，防止水果变色；提高冰淇淋膨胀度，火腿、香肠的得率，磨碎鱼肉的持水性；改善面类食品口味及提高得率，防止干酪老化等。

用于配制高密度无土相或无固相压井液、完井液、射孔液、修井液等。由于焦磷酸钾不稳定，在一定条件下水解成溶解度小的磷酸氢二钾或磷酸钾，因此，不适用于使用时间长的作业流体。在水基钻井液中可用于提高钾离子，提高钻井液的抑制性。也可以用于清除钻井液中的 Ca^{2+}、Mg^{2+}离子。

安全与防护 低毒，有腐蚀性。对皮肤与眼睛有刺激性，使用时避免皮肤和眼睛接触。

包装与储运 本品采用内衬塑料袋、外用塑料编织袋或防潮牛皮纸袋包装，每袋静质量 50kg。储存在阴凉、干燥、通风良好的地方，远离不相容的物质。运输中防止日晒、雨淋。

6.甲酸钠

分子式 HCOONa

相对分子质量 68.01

理化性质 甲酸钠别名蚁酸钠，熔点≥253℃，沸点 360℃，密度 1.92g/cm³，常温下为白色或淡黄色结晶固体，略有潮解性。微有甲酸气味，有吸湿性，易溶于水，溶于甘油，微溶于乙醇、辛醇，不溶于乙醚，其水溶液呈碱性，有刺激性。商品常含 2 分子结晶水，有毒，强热时分解为氢和草酸钠，进一步生成碳酸钠。

制备方法 工业上由一氧化碳与氢氧化钠在 150~170℃、约 2MPa 下反应而得。用于吸收反应的氢氧化钠溶液的质量分数为 25%~30%。甲酸钠也可由甲酸与氢氧化钠或碳酸氢钠反应而制备。也可以由季戊四醇副产得到。

质量指标 本品主要技术指标见表 11-17。

表 11-17 甲酸钠技术指标

项 目	指 标			项 目	指 标		
	优等品	一等品	合格品		优等品	一等品	合格品
含量,%	≥97.0	≥95.0	≥93.0	NaCl,%	≤0.50	≤1.50	≤3.00
NaOH,%	≤0.50	≤0.50	≤1.00	Na_2S,%	≤0.06	≤0.08	≤0.10
Na_2CO_3,%	≤1.30	≤1.50	≤2.00	水分,%	≤0.50	≤1.00	≤1.5

用途 本品用作皮革工业铬制革法中的伪装酸,用于催化剂和稳定合成剂,印染行业的还原剂,用于生产保险粉、草酸和甲酸。也可用于醇酸树脂涂料、增塑剂、烈性炸药、耐酸材料、航空润滑油、黏合剂等添加剂。

石油钻井中作为无土相钻井液液体加重剂,具有良好的油气层保护作用。可以配制甲酸盐钻井液。

安全与防护 甲酸钠对人体无毒。无腐蚀性、不易燃,刺激眼睛、呼吸系统和皮肤。使用时戴防毒口罩、化学防护眼镜和橡胶手套。

包装与储运 本品采用 240L 涂塑铁桶包装。贮存于阴凉、通风、干燥处。运输中注意防潮、防晒。

7.甲酸钾

参见第二章、第二节、6,用作高密度无固相钻井液加重剂和抑制剂,具有良好的油气层保护作用。

8.甲酸铯

分子式 HCOOCs

相对分子质量 177.92

理化性质 甲酸铯为白色粉末,极易溶于水,其溶液呈碱性。甲酸铯存在一水合物和无水物。极易潮解,其水溶液无色透明,浓的溶液密度很大,可达 2.2g/cm^3。一水合甲酸铯受热,在 36~46℃发生相变,90~260℃脱水,得到无水物;263℃左右开始熔融并逐渐分解,产生碳酸铯、草酸铯、一氧化碳、氢气等物;在 600℃完全分解,产物是碳酸铯。而无水甲酸铯在 260~500℃分解,产生碳酸铯。不同温度(℃)时每 100mL 水中的溶解克数:335g/0℃,381g/10℃,450g/20℃,694g/30℃。

质量指标 钻井液用甲酸铯主要技术要求见表 11-18。

表 11-18 钻井液用甲酸铯技术要求

项 目	指 标	项 目	指 标
HCOOCs含量,%	≥80.0	镁(Mg),%	≤0.005
钠(Na),%	≤0.03	铁(Fe),%	≤0.05
钾(K),%	≤0.05	氯(Cl),%	≤0.05
铷(Rb),%	≤2.0	铅(Pb),%	≤0.01
钙(Ca),%	≤0.002		

用途 甲酸铯因其在水中溶解度大，溶液密度大，溶液黏度比相同密度的其他溶液小得多，固相含量低，输送更安全和低毒等优点，而被用作高密度钻井液完井液。使用甲酸铯体系作为钻井液完井液，更有利于降低环境污染，具有天然润滑性，有利于提高钻速、抑制页岩水化分散，稳定井壁。甲酸铯钻井完井液与甲酸钾具有相同的特点，但密度更高，适用于高压地层。缺点是成本高。

安全与防护 有毒，强热时分解出氢气。刺激眼睛、呼吸系统和皮肤。使用时戴防毒口罩、化学护目镜和橡胶手套。

包装与储运 本品采用塑料桶包装，每桶净质量 50kg。存储在阴凉、通风、干燥的库房内，防水、防潮，与碱类物质、氧化性物质分开。运输中防止日晒雨淋，防止倒置。

9.醋酸钾

参见第二章、第二节、7，密度 1.570g/cm^3，折射率(20℃)1.370，25℃溶解度 2694g/L。用作配制高密度无固相钻井液，具有强的抑制防塌作用以及良好的油气层保护作用。也是配制有机盐高密度钻井液的主要成分。

10.柠檬酸钾

参见第二章、第二节、8，水中溶解度 20℃为 147g，25℃为 167g，密度 1.98g/cm^3。用作配制高密度无固相钻井液，具有强的抑制防塌作用以及良好的油气层保护作用。也是配制有机盐度钻井液的主要成分。

参考文献

[1] 王中华，何焕杰，杨小华.油田化学品实用手册[M].北京：中国石化出版社，2004.

[2] 钻井手册(甲方)编写组.钻井手册(甲方)(上册)[M]:北京：石油工业出版社，1990.

[3] 张克勤，陈乐亮.钻井技术手册(二)：钻井液[M].北京：石油工业出版社，1988.

[4] 朱洪法，朱玉霞.无机化工产品手册[M].北京：金盾出版社，2008.

[5] 王光建.化工产品手册：无机化工原料[M].5 版.北京：化学工业出版社，2008.

[6] 化学工业出版社.中国化工产品大全[M].北京：化学工业出版社，1998.

[7] 王中华.国内外钻井液技术进展及对钻井液的有关认识[J].中外能源，2011，16(1)：48-60.

第十二章 解卡剂

卡钻是钻具与井壁紧密接触后，上提钻具时的摩擦力超过钻机或钻具所允许的最大载荷能力，导致钻具不能正常起下作业的现象。通常包括压差(黏附)卡钻、键槽卡钻、沉砂或井塌卡钻、缩径卡钻和钻头泥包卡钻等。通常是发生压差(黏附)卡钻时，才通过解卡剂实施解卡作业。

压差卡钻是钻井中经常会遇到的事故或复杂，此类卡钻在钻井过程中所发生的卡钻事故中所占比例最大，严重影响到钻井作业的安全顺利进行。压差卡钻与钻井液关系最为密切，维持良好的钻井液流变性、润滑性、抑制性、封堵性和滤饼质量，提高滤饼润滑系数，确保钻井液清洁(强化固控降低含砂量)，合适的钻井液密度和井壁稳定是减少或预防压差卡钻的关键。

解卡剂是指直接或配成解卡液，用来浸泡钻具在井内被泥饼黏附的井段，以降低其摩阻系数而解除压差卡钻的化学剂。它主要由表面活性剂、增稠剂、加重剂和石油产品等组成，属于复配产品。通常有液体和固体两种形式的产品。有时适当组成的油基钻井液也可以直接用作解卡剂。

相对于其他处理剂，解卡剂品种较少，本节从水基解卡剂和油基解卡剂两方面介绍。

第一节 水基解卡剂

水基解卡剂使用较少，且多限于试验阶段，比较典型的是聚丙烯酰胺等配制的液体解卡剂。由于油基解卡剂荧光强度高，污染钻井液，污染环境，安全性差，特别是会严重干扰勘探井的地质录井。相对于油基解卡剂，水基解卡剂污染小，成本低，是解卡剂的发展方向，但由于其解卡成功率低于油基解卡剂，限制了其发展[1,2]。

1.聚合物复合水基解卡剂

化学成分 聚丙烯酰胺、表面活性剂等。

产品性能 本品为液体产品，用于不允许混油的探井，最高密度只能达到 1.5g/cm^3。

制备方法 参考配方：水 1000kg、聚丙烯酰胺 50~70kg、快 T 10~20kg、无荧光消泡润滑剂 10~20kg、碳酸钠 150~200kg、氢氧化钠 50~100kg、氯化钠(氯化钙)适量。

配制工艺：在配制罐中加入淡水，然后在淡水中视需要混入卤水或加氯化钠(氯化钙)作为基液，两种水要混合均匀，氯化钠(氯化钙)必须完全溶解，然后在配制罐中依次加入聚丙烯酰胺、渗透剂快 T、无荧光消泡润滑剂，每种组分必须充分分散，混合均匀。此工艺可以配制出密度为 1.00~1.20g/cm^3 的解卡液。

在配制罐中直接加入卤水作基液，然后按配方要求在卤水中依次加入聚丙烯酰胺、渗透剂快 T、无荧光消泡润滑剂，每种组分必须充分分散，混合均匀。此工艺可配制出密度为

1.20~1.25g/cm^3 的解卡液。

在配制罐中加入阻止交联剂碳酸钠、聚丙烯酰胺、pH 值调节剂氢氧化钠、氯化钠(或氯化钙)、渗透剂快 T、无荧光消泡润滑剂,每种组分必须充分分散、溶解、混合均匀。此工艺可配制出密度为 1.30~1.50g/cm^3 的解卡液。

质量指标 水基解卡液技术要求见表 12-1。

表 12-1 水基解卡液主要技术要求

项 目	要 求		
密度/(g/cm^3)	1.00~1.20	1.20~1.25	1.30~1.50
pH值	6.5	6.5	12
表观黏度/(mPa·s)	22.5~43.5	22.5~30	22.5~57.5
塑性黏度/(mPa·s)	16~40	16~28	22~58
动切力/Pa	3.5~6.5	2~6.5	-0.5~1.5

用途 本品用于解除压差卡钻。施工前测准卡点,计算好解卡剂用量,施工用量比理论计算量附加 10%~20%;解卡剂的密度应与钻井液密度相同或略高;注解卡液前必须调整好钻井液性能,达到设计要求,保证井眼循环畅通;使用水基解卡剂必须在加入前和顶替前使用隔离液,用量 1.5~3m^3;解卡后必须全部排掉(包括两头混浆段),以避免污染钻井液。本品随配随用,不宜储存。

安全与防护 本品低毒。使用时防止皮肤或眼睛接触。

包装与储运 本品在使用时,首先在现场或工厂配制成解卡液,然后再根据需要进行加重,配制的解卡液不宜长期保存,一般随配随用。

2.其他类型水基解卡剂

① WJK-1 水基解卡剂:由合成聚醚基液、快速渗透剂 OT 和 JFC、表面活性剂 OP-20 和 Tween-60、脱水剂(泥饼压缩剂)等组成,pH 值为 7~8。此类解卡剂基本无荧光,具有较强的渗透性和润滑性[3]。

② 无机盐水基解卡液:解卡液配方为 14m^3 清水+6t NaCl+4t KCl+600kg 快速渗透剂 OT+20t HCOOK+21t 晶石粉。解卡剂密度为 2.0g/cm^3,黏度为 68s,滤失量为 112mL,初切力为 2Pa、终切力为 3Pa,动切力为 10Pa,塑性黏度为 74mPa·s,pH 值为 8.0,含砂量为 0.2%,动塑比为 0.14,固相含量为 28%,Cl^-浓度为 16500mg/L。现场应用结果表明,无机盐水基解卡液荧光级别低,不影响录测井;与油基解卡液相比,它和钻井液的配伍性更好,解卡后可配合稀释剂和降滤失剂混入钻井液,能进一步提高钻井液的抑制防塌性;解卡时间短,在长 5 井卡钻段泡油基解卡液无效后采用该解卡液仅用 10h 解卡,效果明显;配方简单,易于现场操作[4]。

③ 水基解卡液:按照水 100mL、Na-HPAM 增黏剂 0.1~0.5g、KHm 防塌剂 0.5~1g、OA 辅助渗透剂 1~1.5mL、TK 润滑剂 1~1.5mL 和 OT 渗透剂等,混合均匀,并视地层压力系数加重到需要密度,即得到解卡液。该解卡液无荧光,不干扰地质录井,具有一定的防塌能力,混入钻井液后对钻井液性能无不良影响,具有良好的润滑、防卡能力[5]。

第二节 油基解卡剂

油基解卡剂是应用较广泛的解卡剂品种，它包括液体和固体两种，主要用作解除钻井过程中出现的压差卡钻[6]。

1.油基液体解卡剂

化学成分 氧化沥青、石灰粉、表面活性剂、矿物油等。

产品性能 本品为黑灰色黏稠液体，润湿、润滑性能好，滤失量小，泥饼黏滞系数小，泥饼薄而韧，渗透能力强，能根据需要调节密度，具有较好的悬浮稳定性，对水基钻井液泥饼有一定的渗透破坏作用，流变性能好，解卡液对井浆不污染或污染小。

解卡液主要通过渗透、润湿、去水化、润滑和滤饼破坏等作用达到解卡的目的。首先解卡液中的快速渗透剂具有强力渗透作用，可使表面活性剂和油类渗透到泥饼和钻具界面。其次是解卡液中的某些表面活性剂能使钻具和泥饼表面亲油化，从而使油膜很快渗入到钻具与泥饼之间，发生润湿反转，增强润湿作用。第三是泥饼中的黏土颗粒由于油润湿的结果发生去水化，泥饼脱水变薄，解卡液趁机挤入钻具与泥饼之间传递压力使压差作用下紧贴井壁的钻具恢复周向受力平衡。第四是渗透及泥饼润湿的结果，使泥饼摩擦系数降低，泥饼对钻具的黏附力减小；最后在渗透、润湿的前提下，加强震击或活动钻具利于破坏处于高压差作用下的卡段泥饼，使泥饼剥落，减小钻具与泥饼接触面，降低摩擦阻力而促使解卡[7,8]。

制备过程 按照表12-2配方，将柴油加入到配制罐中，然后依次加入氧化沥青、有机膨润土、硬脂酸铝、石灰和SP-80、快T等表面活性剂组分，充分搅拌0.5~1.0h，使体系的温度升至50~60℃，加入50份的水，搅拌1h，使反应混合物体系充分乳化、分散，即可得到油基解卡液。

表12-2 油基解卡剂配方

材料			用量，%				备注
名称	规格	功用	配方一	配方二	配方三	配方四	
柴油	0号，-10号	分散介质	100	100	100	100	体积比
氧化沥青	细度0.178mm，软化点大于150℃	提高黏度、切力、降滤失量	5~15	12	4.5	20	质量比
石灰	细度0.125mm	皂化油酸	1~8	3		4	质量比
油酸	酸价190~205，碘价60~100	乳化、润滑剂		1.8	6.2	2	质量比
硬脂酸铝	*HLB*值4	乳化、润滑剂	1~5				
有机土	胶体率90%，细度0.15~0.18mm	提高黏度、切力、悬浮	1~10	1.6		3	质量比
快T	工业品	润湿、渗透、乳化	1~5	1.6	12.4	1.6	质量比
PIPE-JAX	工业品	解卡剂			5.7		质量比
AS	工业品	洗涤剂	1~5		4.4		质量比
OP-10	工业品	乳化剂	1~10				质量比
烷基苯磺酸钠	工业品	乳化剂				2	质量比
SPAN-80	工业品	乳化剂	1~5		2.6	0.5	质量比
清水	淡水、盐水均可	分散相	1~10	5		5	质量比
重晶石	密度4.0g/cm^3、细度0.074mm	加重剂	按需	按需	按需	按需	

质量指标 液体解卡剂包括两种代号的产品，即 AYA-150 和 DJK-Ⅰ，其技术要求见表 12-3。

表 12-3 液体解卡剂技术要求

项目	指标	项目	指标
外观	黑灰色黏稠液体	破乳电压/V	≥400
PV/(mPa·s)	≥20.0	*YP*/Pa	4.7~9.5
滤失量/mL	≤4	密度/(g/cm³)	根据需要确定

用途 本品可以用于卡点以下有垮坍地层的井、不混油的井、深井、高压油气层等复杂井压差卡钻时的解卡作业，对黏附卡钻有特效(解卡成功率达 100%)，还可以作为混油钻井液防卡使用。

安全与防护 本品低毒。使用时防止接触皮肤或眼睛。

包装与储运 本品不易长期保存，一般随配随用。

2.含原油的油基液体解卡剂

化学成分 氧化沥青、石灰粉、表面活性剂、柴油、原油等。

产品性能 本品为黑灰色黏稠液体，润湿、润滑性能好，滤失量小，形成的泥饼黏滞系数小，泥饼薄而韧，渗透能力强，能根据需要调节密度，流变性能好，悬浮稳定性好，对水基钻井液泥饼有较强的渗透破坏作用，可以达到解卡的目的。

制备过程 将 700 份柴油、300 份原油加入到配制罐中，然后依次加入 30 份石灰、20 份油酸、50 份有机膨润土、50 份快 T 等表面活性剂组分，充分搅拌 0.5~1.0h，使体系的温度升至 50~60℃，加入 50 份的水，搅拌 1h，使反应混合物体系充分乳化、分散，加入适量的重晶石，即可得到油基解卡液。

质量指标 本品主要技术要求见表 12-4。

表 12-4 含原油液体解卡剂技术要求

项目	指标	项目	指标
外观	黑灰色黏稠液体	破乳电压/V	≥400
滤失量/mL	4~6	密度/(g/cm³)	根据需要确定

用途 本品可以用于卡点以下有垮坍地层的井、不混油的井、深井、高压油气层等复杂井压差卡钻时的解卡作业，对黏附卡钻有特效，还可以作为混油钻井液防卡、润滑剂使用。本品在使用时，首先在现场或工厂配制成解卡液，然后再根据需要进行加重。

安全与防护 本品低毒。使用时防止接触眼睛和皮肤。

包装与储运 配制的解卡液不宜长期保存，一般随配随用。

3.粉状解卡剂

化学成分 氧化沥青、石灰粉、表面活性剂等。

产品性能 本品为黑灰色自由流动的固体粉末，系不同组分的混合物，将其分散于柴油中配制的解卡液具有润滑性好、滤失量低，泥饼薄，流变性、抗温性能好等特点，能较长期存放不结块，不失效。所配制解卡液解卡效率高，在井下高温高压下稳定性好，与柴油、水搅拌可配成各种密度的解卡液。具有操作简单,配制方便的特点。常用的粉状解卡剂有DJK-Ⅱ和SR-301两种代号。

制备过程 依次将50~400份氧化沥青、50~300份石灰粉和适量的有机土、1~100份油酸、1~100份环烷酸、0.5~100份OP-7、0.5~100份JFC等组分加入到捏合机中，不断搅拌使其混合均匀,经筛分即得黑灰色自由流动的粉末解卡剂[9,10]。

质量指标 本品主要技术指标见表12-5。Q/SHCG 34—2012钻井液用粉状解卡剂技术要求见表12-6。

表12-5 粉状解卡剂产品指标

<table>
<tr><td colspan="2">理化指标</td><td colspan="2">解卡液指标</td><td></td></tr>
<tr><td>外 观</td><td>黑色粉末</td><td colspan="2">破乳电压/V</td><td>400</td></tr>
<tr><td>0.9mm筛余,%</td><td>≤10.0</td><td colspan="2">在50℃下陈放24h,解卡液密度差</td><td>≤0.6g/cm³</td></tr>
<tr><td rowspan="7">在50℃下施加0.3kg/cm²
负荷陈放24h</td><td rowspan="7">无结块现象</td><td colspan="2">全为油滤失量/mL</td><td><1</td></tr>
<tr><td colspan="3">解卡液在50℃时的性能</td></tr>
<tr><td>密度/(g/cm³)</td><td>PV/(mPa·s)</td><td>YP/Pa</td></tr>
<tr><td>0.95</td><td>20~40</td><td>2.4~7.2</td></tr>
<tr><td>1.20</td><td>30~50</td><td>4.7~7.2</td></tr>
<tr><td>1.60</td><td>35~55</td><td>4.7~9.5</td></tr>
<tr><td>2.00</td><td>50~80</td><td>11.9~14.3</td></tr>
</table>

表12-6 粉状解卡剂技术要求

<table>
<tr><td colspan="3">项 目</td><td>指 标</td></tr>
<tr><td colspan="3">筛余量(0.9mm筛余),%</td><td>≤15.0</td></tr>
<tr><td colspan="3">油溶物,%</td><td>≥40.0</td></tr>
<tr><td colspan="3">破乳电压/V</td><td>≥400</td></tr>
<tr><td rowspan="4">解卡液流变性能</td><td rowspan="2">热滚前</td><td>塑性黏度/(mPa·s)</td><td>≥35</td></tr>
<tr><td>动切力/Pa</td><td>≥3.5</td></tr>
<tr><td rowspan="2">热滚后</td><td>塑性黏度/(mPa·s)</td><td>≥35</td></tr>
<tr><td>动切力/Pa</td><td>≥3.5</td></tr>
<tr><td colspan="3">密度差/(g/cm³)</td><td>≤0.05</td></tr>
<tr><td colspan="3">解卡性能</td><td>经解卡液浸泡后的滤饼出现网状裂纹</td></tr>
</table>

用途 用于深井、复杂井以及泡油未能解卡的井压差卡钻时的解卡作业。

本品在使用时,首先在现场或工厂配制成解卡液,解卡液配制过程为:在配液池或罐中加入柴油作为基液;在搅拌中均匀加入解卡剂,充分混合均匀;加适量的水搅拌,形成油包水乳状液;需要时,加入加重剂调整到合适密度。

安全与防护 本品低毒。使用时为了防止粉尘吸入和接触眼睛,应戴防尘口罩、防护眼镜,穿工作服,戴橡胶手套。

包装与储运 本品采用内衬塑料袋、外用防潮牛皮纸袋包装。贮存在阴凉、通风、干燥处,控制堆码高度,防止结块。运输中防止日晒和雨淋,防止高温。

4.其他解卡剂

近期,围绕解卡剂还做了一些工作,简要介绍如下:

① 为满足环境敏感地区对环保的要求,研制了水包油型解卡剂 LH-1。其配方:70%~90%的自来水+0.1%~0.5%的 KS-1+0.3%~1%的田青粉+10%~30%的柴油(或白油)+1.5%~2.5%的有机土+1%~3%的乳化剂 A+0.1%~0.5%的渗透剂 A+0.5%~1%的乳化剂 B+2%~3%的渗透剂 B。评价表明,LH-1 水包油型解卡剂在温度低于 100℃条件下能保持良好的乳化稳定性,解卡效果良好,具有良好的沉降稳定性,在 1.4g/cm³ 高密度条件下,仍然保持良好的解卡效果。大大减少了柴油的用量,既降低了材料成本,又减少了对环境的污染[11]。

② 针对目前常用解卡剂存在解卡时间长、效率低、易造成二次事故的发生、荧光强度高、在高密度条件下的解卡效果差等问题,研制了液体解卡剂 GJK-Ⅰ和粉状解卡剂 GJK-Ⅱ。液体解卡剂 GJK-I 基本配方:90%~95%的无荧光或低荧光矿物油+2%~3%的快 T 或 JFC 渗透剂+1%~2%的乳化剂+1%~2%的表面活性剂聚醚。粉状解卡剂 GJK-Ⅱ基本配方:45%~55%的天然沥青或改性沥青+35%~45%的生石灰+5%~10%的改性膨润土或油溶性增黏树脂+1%~2%的渗透剂(磺化琥珀酸二辛酯钠盐或与烷基酚聚氧乙烯醚)+1%~2%的乳化剂(吐温-80 或 SP-80 或油酸)。其中,GJK-Ⅰ的荧光级别小于 5 级。评价表明,2 种解卡剂在不同密度和扭矩值下均能有效解卡,解卡时间为 5~15min,且抗盐、抗钙能力强,并通过现场应用验证了解卡效果[12,13]。

③ 低荧光油基解卡剂。按质量分数 30%~40%的柴油、30%~40%的机油、4%~5%的聚酰胺、4%~5%的有机土、1.5%~2%油溶黄、6%~8%水,快速渗透剂为解卡液质量的 1.5%~2%比例,将柴油与机油混合后开始搅拌,搅拌 1h 后加入聚酰胺,继续搅拌 30min 后加入有机土和油溶黄,再继续搅拌 30min 后加入水,之后继续搅拌 1h,然后与快速渗透剂混合得到低荧光油基解卡剂[14]。

参考文献

[1] 王中华.油田化学品[M].北京:中国石化出版社,2001.

[2] 范坤模.解卡剂在胜利油田的应用[J].石油钻探技术,1991,19(2):53-56.

[3] 郜楠,董德,刘元清,等.水基解卡剂 WJK-1 的研制与评价[J].油田化学,2001,18(3):193-195.

[4] 刘梅全,张禄远,李德全.无机盐水基解卡液的研究及其在长 5 井的应用[J].钻井液与完井液,2007,24(3):45-48.

[5] 郑祥玉.用水基解卡剂解除压差卡钻[J].钻井液与完井液,1987,4(3):32-37.

[6] 王中华,何焕杰,杨小华.油田化学品实用手册[M].北京:中国石化出版社,2004.

[7] 杨华沛.油基解卡液的研制与应用[J].钻采工艺,1988,11(2):18-22.

[8] 张敬荣.油基解卡液在川东地区的现场应用[J].油田化学,1987,4(1):1-8.

[9] 王文英.SR301 粉状解卡剂的研究与应用[J].钻井液与完井液,1984,2(2):64-72.

[10] 郑斯耕.DJK-2 解卡剂解除压差卡钻[J].钻井液与完井液,1984,2(2):56-63.

[11] 王旭,柳颖,王瑶.LH-1 水包油型解卡剂的研制[J].钻井液与完井液,2006,23(1):30-31.

[12] 乔东宇,陈若铭,郑义平,等.高效解卡剂的研究与应用[J]钻井液与完井液,2013,30(6):24-26.

[13] 中国石油集团西部钻探工程有限公司.钻井液用粉状解卡剂及其制备方法:中国,102093854 A[P].2011-06-15.

[14] 天津市宏科泥浆助剂厂.低荧光油基解卡剂及其制备方法:中国,103387822 A[P].2013-11-13.

第十三章 泡沫剂与消泡剂

泡沫剂又称起泡剂、发泡剂，是指在钻井液中能够形成稳定泡沫的化学剂，主要为表面活性剂，用于配制泡沫钻井液。泡沫钻井液因其密度低，携岩能力强，保护油气层、水井及地热井的含水层，钻进速度快，钻井质量高等特点，而广泛应用于石油天然气钻井，地质勘探钻探、地热钻探和易漏失低压层钻井。应用泡沫钻井液钻井可达到以下 3 个目的：①减少钻进漏失地层的时间和材料消耗，简化井身结构；②增加单个钻头进尺，提高机械钻速；③提高钻进的技术经济效益。近几年来，国内大力开展了泡沫剂及泡沫钻井液的研究开发工作，并在保护油气层和地质勘探钻井方面取得了好的效果，特别是在空气钻井遇出水的情况下，采用泡沫和雾化泡沫钻井液可以有效地防止井壁坍塌，缩短钻井周期。泡沫剂主要分为阴离型、非离子型和两性离子型。

消泡剂是指在很少加入量时就能使钻井液泡沫很快消失的物质或化学剂。钻井过程中，常由于钻井液中产生泡沫而使钻井液的密度降低，液柱压力下降，若钻遇高压油气层，容易发生井喷事故或使钻井液性能难以维护，会对安全、快速钻井产生不同程度的影响，因此为了保证钻井液性能稳定和安全顺利钻井，必须及时对钻井液体系进行消泡处理。采用泡沫钻井液钻进时，从井内返出的大量泡沫往往不能回收再用，而且污染环境，因此也必须对这些返出的泡沫体系进行消泡处理。可见，消泡对保证钻井液性能稳定，确保钻井作业顺利进行非常重要。消泡剂大多数为表面活性剂或其改性制品，主要有醇类、聚醚类、脂肪酸盐类和硅醚类。通常有合成化合物和复配型两种类型。为了保证消泡效果，优良的消泡剂应具备以下特点：①强的消泡能力和抑泡能力；②很低的表面张力，能强烈地吸附在泡沫液膜的表面；③不溶于发泡溶液或泡沫体系；④不被增溶和乳化；⑤在溶液表面铺展速度快；⑥分子链的极性小，其溶液的表观黏度很低。

泡沫剂和消泡剂均为重要的钻井液处理剂，泡沫剂主要用于泡沫钻井液或低密度钻井液，而消泡剂适用于所有水基钻井液，其应用面远大于泡沫剂。本章分类对泡沫剂和消泡剂进行介绍[1~7]。

第一节 阴离子型泡沫剂

1.烷基磺酸钠

化学成分 $R \cdot SO_3Na$，R 主要为 C_{14}~C_{18} 烷基。

理化性能 烷基磺酸钠(AS)为白色或淡黄色固体，有臭味，密度 1.09g/cm³。溶于水成半透明液体，对酸碱和硬水都比较稳定，无毒，耐热性好，温度在 270℃以上才分解。具有优良的润湿性、表面活性、去污性及泡沫性，对皮肤刺激性低，生物降解性好。

制备方法 长链烷烃磺化得到。

质量指标 本品主要技术指标见表 13–1。

表 13–1 AS 产品技术指标

项 目	指 标	项 目	指 标
活性物,%	27~29	pH值	7.0~9.0
盐分,%	≤6.0	气 味	无油味
不皂化物(以 100%活性计),%	≤6.0		

用途 本品作为阴离子表面活性剂,可用作洗涤剂、润滑剂、发泡剂。

在钻井液中可用作泡沫剂或泡沫钻井液的发泡剂,也可以作油包水的乳化剂及表面张力降低剂、清洁剂。

安全与防护 低毒。对皮肤、眼睛有很低的刺激性。避免与皮肤和眼睛接触。

包装与储运 本品采用内衬塑料袋的纸板桶包装,每桶 10kg。贮存于阴凉、通风、干燥处,密封保存。运输中避免日晒、雨淋。

2.烷基苯磺酸钠

化学成分 $R \cdot C_6H_4SO_3Na$,R 主要为 C_{10}~C_{18} 烷基。

理化性能 本品为白色或浅黄色粉末或片状固体。溶于水成半透明溶液。属于烷基芳基磺酸钠的一类,对碱、稀酸和硬水都比较稳定。本品为具有去污、湿润、发泡、乳化、分散作用的表面活性剂。生物降解度>90%,是优良的洗涤剂和泡沫剂。

制备过程 以煤油为原料,通过加氢脱去不饱和物质,再脱氢制成 α–烯烃,然后与苯生成烷基苯,经磺化、碱中和、喷雾干燥即得成品。

质量指标 本品主要技术指标见表 13–2。

表 13–2 烷基苯磺酸钠技术指标

项 目	指 标	项 目	指 标
活性物,%	29~31	盐分,%	≤8.0
不皂化物(以 100%活性计),%	≤8.0	pH值	7.0~8.0

用途 烷基苯磺酸钠可直接用于配制民用及工业用洗涤用品,如普通(无磷)洗衣粉、浓缩(无磷)洗衣粉、固体洗涤剂、浆状洗涤剂、膏状洗涤剂,纺织工业的清洗剂、染色助剂,电镀工业的脱脂剂,造纸工业的脱墨剂,化肥产品添加剂以及其他工业清洗剂、乳化剂、分散剂等。

钻井液方面,本品可用作泡沫或泡沫钻井液的发泡剂,也可以作油包水的乳化剂及表面张力降低剂、清洁剂,是配方型润滑剂成分。

安全与防护 支链结构生物降解性小,会对环境造成污染,而直链结构易生物降解,生物降解性可大于 90%,对环境污染程度小。使用时避免眼睛和皮肤长时间接触。切勿吞食。

包装与储运 采用内衬塑料袋的纸板桶包装,每桶净质量 10kg。贮存于阴凉、干燥、通风处,密封保存。运输中避免日晒、雨淋。

3.十二烷基苯磺酸钠

分子式 $C_{18}H_{29}NaO_3S$

相对分子质量 348.48

理化性能 十二烷基苯磺酸钠(ABS)白色或淡黄色粉状或片状固体。*HLB* 值 10.638，分解温度为 450℃，失重率达 60%，易吸潮结块，临界胶束浓度(*CMC* 值)1.2mmol/L。难挥发，易溶于水，溶于水而成半透明溶液。对碱、稀酸、硬水化学性质稳定，微毒。本品是常用的阴离子型表面活性剂，具有良好的去污、润湿、发泡、乳化、分散等性能。

制备过程 以十二烷基苯，经磺化、碱中和、喷雾干燥即得成品。目前，工业上均采用三氧化硫-空气混合物磺化的方法。三氧化硫可由 60%发烟硫酸蒸出，或将硫磺和干燥空气在炉中燃烧，得到含 SO_3 为 4%~8%(体积分数)的混合气体。将该混合气体通入装有十二烷基苯的磺化反应器中进行磺化。磺化物料进入中和系统用氢氧化钠溶液进行中和，最后进入喷雾干燥系统干燥。得到的产品为流动性很好的粉末。

质量指标 本品外观为白色或淡黄色粉末，主要技术指标见表 13-3。

表 13-3 ABS 产品技术指标

项 目	指 标			
	60型	70型	80型	90型
活性物含量，%	60±2	70±2	80±2	90±2
表观密度/(g/mL)	≥0.2			
水分，%	≤3			
pH值(25℃，1%水溶液)	7~10			

用途 本品可广泛用于洗涤剂、乳化分散剂、抗静电剂、棉织物精炼剂、退浆助剂、染色匀染剂、金属脱脂剂、树脂分散剂、毛毡洗涤剂、脱墨剂、渗透脱脂剂和肥料防结块剂。

本品在钻井中可以用作起泡剂、润滑剂以及油包水钻井液辅助乳化剂，是配方型润滑剂成分。

本品还可以用作泡沫酸起泡剂、提高采收率用表面活性剂或复合驱表面活性剂。

安全与防护 有害物品，吞食有害。刺激眼睛、呼吸系统和皮肤。对眼睛有严重伤害。使用时防止吸入，避免眼睛、皮肤接触。

包装与储运 采用内衬塑料袋、外用塑料编织袋或纸板桶包装，每袋或桶净质量 10kg。贮存于阴凉、干燥、通风处，密封保存。运输中避免日晒、雨淋。

4.十二烷基硫酸钠

化学式 $C_{12}H_{25}OSO_3Na$

相对分子质量 288.39

产品性能 十二烷基硫酸钠(SDS)别名椰油醇(或月桂醇)硫酸钠、K12 等，为白色或淡黄色粉状，熔点 204~207℃。易溶于热水，溶于热乙醇，微溶于醇，不溶于氯仿、醚。密度 $1.09g/cm^3$，*HLB* 值 40.0，对碱和硬水不敏感，具有去污、乳化和优异的发泡力，是一种无毒的阴离子表面活性剂。其生物降解度>90%。

制备方法 可以采用不同方法制备。

方法一：由十二醇和氯磺酸在 40~50℃下经硫酸化生成月桂基硫酸酯，加氢氧化钠中和后，经漂白、沉降、喷雾干燥而成。

方法二：在 32℃下将氮气通过气体喷口进入反应器，氮气流量为 85.9L/min。在 82.7kPa 下通入月桂醇，流量 58g/min。将液体三氧化硫在 124.1kPa 下通入闪蒸器，闪蒸温度维持在 100℃，三氧化硫流量控制在 0.9072kg/h。然后将硫酸化产物迅速骤冷至 50℃，打入老化器，放置 10~20min。最后打入中和釜用碱中和，中和温度控制在 50℃，当 pH 值至 7~8.5 时出料，即得液体成品。喷雾干燥得固体成品。

质量指标 本品主要技术指标见表 13-4。

表 13-4 SDS 产品技术指标

项目	指标					
	粉状产品		针状产品		液体产品	
	优级品	合格品	优级品	合格品	优级品	合格品
活性物含量，%	≥94	≥90	≥92	≥88	≥30	≥27
石油醚可溶物，%	≤1.0	≤1.5	≤1.0	≤1.5	≤1.0	≤1.5
无机盐含量(以硫酸钠和氯化钠计)，%	≤2.0	≤5.5	≤2.0	≤5.5	≤1.0	≤2.0
pH值(25℃，1%活性物水溶液)	7.5~9.5				7.5	
白度(WG)	≥80	≥75				
水分，%	≤3.0		≤5.0			
重金属(以铅计)/10^{-6}	≤20.0					
砷/10^{-6}	≤3.0					

用途 本品易溶于水，与阴离子、非离子表面活性剂复配伍性好，具有良好的乳化、发泡、渗透、去污和分散性能，广泛用于牙膏、香波、洗发膏、洗发香波、洗衣粉、液体洗涤剂、化妆品、塑料脱模、润滑以及制药、造纸、建材、化工等行业。

钻井液中用作泡沫剂，也可以作为泡沫压裂液起泡剂。

安全与防护 LD_{50} 为 2000mg/kg(小鼠经口)、1288mg/kg(大鼠经口)，对呼吸道有刺激。防止吸入及与眼睛、皮肤接触。

包装与储运 本品采用内衬塑料的纸板桶或塑料桶包装，每桶净质量 25kg。贮存在阴凉、通风、干燥的库房内。运输时防止曝晒、雨淋和撞击。

5.α-烯烃磺酸盐

产品性能 α-烯烃磺酸盐(AOS)是一种性能良好的阴离子型表面活性剂，具有很好的水溶性、配伍性、快速起泡性，具有特别优异的耐硬水性，生物降解率高，对钙镁离子不但不敏感，反而其生成的钙镁盐又是很好的活性剂，界面活性较好。α-烯烃磺酸盐能将水的表面张力从 72mN/m 降至 30~40mN/m，与非离子型表面活性剂和阴离子型表面活性剂有良好的配伍性。

一般 α-烯烃磺酸盐以钠盐的形式供应市场，通常为活性物含量为 35%~40%的液体、活性物含量大于 90%的粉状产品。α-烯烃磺酸盐主要由两种表面活性剂组成，即烯烃磺酸盐和羟基烷基磺酸盐，两者都有磺酸基团，因此 α-烯烃磺酸盐具有磺酸盐阴离子表面活性剂的典型特征。烯烃磺酸盐约 70%，为 α-烯烃磺酸盐的主要成分而成为这一产品的名称，磺酸基与不饱和烃相接。羟基磺酸盐的磺酸基及羟基则和饱和烃相接，约占 30%。此外，还有带两个磺酸基的二磺酸盐，约占 0~5%[8]。

制备过程 α−烯烃磺酸盐由 C_{14}~C_{18} 正构 α−烯烃经过 SO_3 直接磺化得到。

质量指标 本品主要技术指标见表 13−5。

表 13−5 AOS 产品技术指标

项 目	指 标	项 目	指 标
外 观	淡黄色液体	无机盐含量,%	≤2.0
活性物含量,%	34.0~36.0	色 泽	≤60
游离油含量,%	≤2.0	pH值	7.0~9.5

用途 本品发泡力很强,可以用作洗涤剂成分,也可以用作乳液聚合的乳化剂。在石油勘探开发中可用于钻井液泡沫剂,也可以用作蒸汽区的高温发泡剂,还可以作为驱油用表面活性剂。

安全与防护 LD_{50} 为 3.26g/kg,生物降解性好,吞食有害。刺激眼睛、呼吸系统和皮肤。防止眼睛和皮肤长时间接触。

包装与储运 本品采用塑料桶包装,每桶净质量 50kg。贮存在阴凉、通风、干燥的库房内,运输中防止曝晒、雨淋和倒置。

6.脂肪醇聚氧乙烯醚羧酸盐

结构式 $R-(OCH_2CH_2)_nOCH_2COONa(H)$

产品性能 脂肪醇聚氧乙烯醚羧酸盐(AEC)为浅黄色膏状物,溶于水,有较好的润湿性、渗透性、良好的发泡性和泡沫稳定性,发泡力不受水的硬度和介质 pH 值的影响。本品耐硬水、耐酸碱、耐电解质、耐高温、对次氯酸盐和过氧化物稳定;具有良好的去污性、乳化性、分散性和钙皂分散力;没有刺激性,对低温水溶性好。能与阳离子表面活性剂配伍。

制备过程 将原料醇加入反应器中,在搅拌下加入预先配制好的质量分数为 50%的碱催化剂,加热至 100℃同时抽真空脱水 1h,充氮气、再抽真空,然后在一定压力一定温度下慢慢通入环氧乙烷。维持反应温度在 150~180℃,待全部环氧乙烷通入反应釜后,继续搅拌,直到压力不再降低为止。待物料冷却后用冰醋酸或磷酸中和,使催化剂变为盐并过滤除去,得聚氧乙烯醇醚,然后与氯乙酸钠反应制得脂肪醇聚氧乙烯醚羧酸盐。

质量指标 本品主要技术要求见表 13−6。

表 13−6 AEC 产品技术要求

项 目	指 标	项 目	指 标
外 观	浅黄色膏体或半流动性液体	氯化钠,%	14±2
活性物含量,%	86±2	pH值	6~8

用途 本品可以用作钻井液泡沫剂、乳化剂、润滑剂,也可以和其他表面活性剂一起复配用于乳化降黏以提高三次采收率。

本品在化妆品、口腔清洁用品、家用洗涤剂、工业洗涤剂、纺织染整助剂方面具有广泛的用途。

安全与防护 LD_{50} 值为 3000~4000mg/kg。对眼睛和皮肤非常温和,无毒,使用安全。

包装与储运 采用涂塑桶包装,分 50kg、100kg、200kg 三种包装。储存于阴凉、通风、干燥处。运输中防止日晒、雨淋,防止包装倒置。

7.C_{12}~C_{14} 脂肪醇聚氧乙烯醚羧酸盐

化学式 $RO(CH_2CH_2O)_{10}CH_2COONa(R=C_{12}\sim C_{14})$

产品性能 C_{12}~C_{14} 脂肪醇聚氧乙烯醚羧酸盐(AEC)为浅黄色液体,或糊状或膏状、低温水溶性好,可与阳离子表面活性剂配伍。本品有较好的湿润性和渗透性;有很好的发泡力和去污力,抗硬水能力强,水中溶解度大,对皮肤及眼睛的刺激性小;泡沫丰富且稳定,发泡能力会受水硬度和介质 pH 值的影响。

制备过程 脂肪醇聚氧乙烯醚与氯乙酸钠反应制得。参考方法:向反应器内加入 0.1mol C_{12}~C_{14} 脂肪醇醚,强力搅拌并微热溶解下,缓慢加入 $1/3n$ mol 的 NaOH 粉末(n 为所需加入的 NaOH 总量),此步骤应注意加料速度,以避免局部过热导致颜色加深。30min 后,再加入 $1/3n$ mol 的 NaOH 粉末至 NaOH 全部溶于醇醚中后,开始滴加 80%的氯乙酸溶液。反应开始 30min 后,再加入剩余 $1/3n$ mol 的 NaOH。在 80℃下继续反应 5~7h,反应完成后,加入乙醇 30~50mL 溶解产物,滤去结晶物。减压蒸馏除去乙醇,得到产物。

质量指标 本品主要技术要求见表 13-7。

表 13-7 C_{12}~C_{14} 脂肪醇聚氧乙烯醚羧酸盐产品技术要求

项 目	指 标		
	液 状	膏 状	糊 状
活性物,%	22±2	86±2	92±2
氯化钠,%	3±1	13±2	8±2
pH值(5%)	6~8	6~8	8~10

用途 本品主要用于各种香波、浴液以及个人保护用品,特别适用于配制婴儿香波,也用作洗涤剂和工业用乳化剂、分散剂、发泡剂和润湿剂等。

油田化学方面,本品可以作为钻井液泡沫剂,和其他表面活性剂一起复配用于乳化降黏以提高三次采收率。

安全与防护 对眼睛和皮肤非常温和,无毒,使用安全。

包装与储运 本品采用塑料桶或镀锌铁桶包装,净含量 200kg。贮存在阴凉、通风、干燥的库房内。运输中防止曝晒、雨淋和倒置。

8.油酸钠

化学式 $C_{17}H_{33}CO_2Na$

相对分子质量 304.44

产品性能 油酸钠别名十八烯酸钠,为白色至略带黄色粉末或淡褐黄色粗粉末,熔点 232~235℃,闪点 200℃。在空气中可缓慢氧化着色,使颜色变暗,并产生腐臭。这是由于油酸因氧化而双键断裂生成腐臭物质,如壬醛。混入高度不饱和酸则促进腐败。本品为憎水基和亲水基两部分构成的化合物,有优良的乳化力、渗透力和去污力,在热水中有良好溶解性,用作阴离子型表面活性剂和织物防水剂。

溶于 10 倍量的水中,起泡,形成黏性液体。水溶液呈碱性,因部分水解成难溶的酸性皂和氢氧化钠,液体变为乳浊状。乙醇中不水解,呈中性。溶于约 20 倍量的乙醇。几乎不溶于乙醚、石油醚及其他有机溶剂。与碱金属以外的金属离子反应,生成金属盐沉淀。不挥发,在水中能完全离解为离子,加入无机酸(强酸)后又可以使盐重新变为羧酸游离出来。热皂液放冷时,并不结晶,与硬水中含有的钙、镁盐类生成不溶性的钙、镁皂沉淀。

制备过程 在油酸的乙醇溶液中用氢氧化钠或碳酸钠中和而得。可将 10g 油酸溶于 100mL 95%的乙醇中，然后用浓度为 0.5mol/L 的氢氧化钠乙醇溶液滴定，以酚酞为指示剂。到达等当点后,滤出析出的油酸钠皂。若不析出沉淀,也可蒸出乙醇和水后得到粗产品,可用乙醇–乙醚混合溶剂纯化。

质量指标 本品主要技术要求见表 13–8。

表 13–8 油酸钠技术要求

项 目	指 标	项 目	指 标
外 观	白色至微黄色粉末	水分,%	≤3.0
含量,%	≥95.0	游离酸,%	≤0.5
熔点/℃	219~211		

用途 本品可用作阴离子型表面活性剂和织物防水剂。

在钻井液中可以用作起泡剂、乳化剂、润湿剂等,但遇高价离子易产生沉淀,不适合于矿化水中应用。也可以用作油基钻井液乳化剂。

安全与防护 小鼠静脉 LD_{50} 值为 152mg/kg。对皮肤和黏膜无刺激性。

包装与储运 本品采用内衬塑料袋、外用塑料编织袋包装,每袋净质量 20kg。贮存于阴凉、干燥、通风处,密封保存。运输中避免日晒、雨淋。

第二节 非离子型泡沫剂

1.乳化剂 OP–10

参加第十章、第二节、2,石油钻井中用作起泡剂,也可以用于防黏卡和改进钻井液流变性,也可以用作钻井液乳化剂,由于起泡能力强,需要配合消泡剂使用。

2.月桂酰二乙醇胺

化学式 $C_{16}H_{33}NO_3$

相对分子质量 287.440

理化性质 月桂酰二乙醇胺别名 *N*,*N*–二(2–羟乙基)十二烷基酰胺,分散于水,溶于一般的有机溶剂,具有良好的起泡性、稳定性、增稠性、渗透性、防锈性和洗涤性,与其他活性物配伍性好。在水中具有较强的起泡作用,能抗钙,但遇酸会降低性能。

制备过程 由月桂酸和二乙醇胺在氮气流保护下加热进行缩合反应制得。具体方法是,在 250mL 四口烧瓶中加入一定量的月桂酸,开启搅拌器,加热融化后加入一定量的二乙醇胺,并升温至预定温度,反应一定时间,使月桂酸与部分二乙醇胺进行反应,以利于多生成月桂酸二乙醇胺单脂、月桂酸二乙醇胺双脂,然后降温至预定的温度,加入一定量的 NaOH 作催化剂,然后迅速加入剩余的二乙醇胺,反应一定时间,将月桂酸二乙醇胺单脂(双脂)、氨基分解为月桂酰二乙醇胺。最优合成条件为 *n*(月桂酸):*n*(二乙醇胺)=1:2.2,反应温度 159℃,反应时间 3.2h[9]。

质量指标 本品主要技术指标见表 13-9。

表 13-9 月桂酰二乙醇胺技术指标

项目	指标	项目	指标
外观	乳白至淡黄色固体	酸值/(mg KOH/g)	≤15.0
总胺值/(mg KOH/g)	≤45.0	pH值(1%水溶液)	8~11

用途 本品可在印染中用作洗涤剂、增稠剂、稳泡剂和缓蚀剂,用于香波、轻垢洗涤剂和液体皂中作泡沫稳定剂和黏度改进剂。作为增稠剂和泡沫稳定剂,大量用于柴油乳化以及塑料中的抗静电剂、金属加工清洗剂和防锈剂、纺织助剂等。

在油田开发中,可以用作钻井液乳化剂和泡沫剂以及提高采收率用驱油剂。

安全与防护 产品无毒、难燃。可以安全使用。

包装与储运 本品采用内衬塑料袋、外用塑料编织袋或防潮牛皮纸袋包装。贮存于阴凉、干燥、通风处。运输中防止日晒、雨淋。

第三节 两性离子型泡沫剂

1.十二烷基氨基丙酸钠

分子式 $C_{15}H_{30}NNaO_2$

相对分子质量 279.39

理化性质 十二烷基氨基丙酸钠为无盐型两性表面活性剂,易溶于水,呈透明溶液,具有良好的耐强酸、强碱和电解质性能,具有优异的泡沫力及泡沫稳定性,具有良好的去污和乳化能力,对皮肤无刺激,易于生物降解,可与阴离子、阳离子、非离子表面活性剂复配。

制备方法 由十二伯胺与丙烯酸甲酯进行反应后经水解,再用氢氧化钠中和而制得。具体步骤是:向装有搅拌器、温度计及加热装置的反应器中加入 1mol 的十二胺,加热至熔化状态,搅拌下于 50℃下慢慢滴加 1.1~1.2mol 的丙烯酸甲酯,时间 1h,滴加完后保温反应 5h,减压蒸馏去除多余的丙烯酸甲酯即得到 *N*-十二烷基-β-氨基丙酸甲酯中间体。快速搅拌下向已加热至 90~100℃的含 1mol 氢氧化钠的碱溶液中滴加上述中间体进行皂化反应约 1h,然后降温至 70℃,减压除去生成的甲醇,得到产品[10]。

质量指标 本品为淡黄色至黄色液体、固含量 28%~32%、5%溶液 pH 值为 8~10;或淡黄色透明膏状物,pH 值为 7.5~8.0,活性物含量≥70%。

用途 本品可用于化妆品、个人洗护用品、洗涤剂、净洗调理剂、渗透剂等;可单独或复合用于洗发香波配方中,具有抗静电和杀菌作用。

在油田化学中可用作钻井液发泡剂和乳化剂,也可以作为三次采油驱油剂。

安全与防护 产品无毒。可以安全使用。

包装与储运 本品采用 200kg 铁桶或 50kg 塑料桶包装。按一般化学品贮存和运输。贮存于阴凉、干燥、通风处。运输中防止日晒、雨淋,防倒置。

2.十二烷基二甲基甜菜碱

化学名称 十二烷基二甲基胺乙内酯。

分子式 $C_{19}H_{39}NO_2$

相对分子质量 313.52

产品性能 十二烷基二甲基甜菜碱别名十二烷基二甲胺乙内酯、*N*-羧甲基-*N*,*N*-二甲基-十二烷基铵内盐、月桂基甜菜碱、BS-12,属两性离子表面活性剂。它兼有阴、阳离子两种表面活性剂性质。在酸性溶液中呈阳离子性,在碱性溶液中呈阴离子性,因此其可与阳离子、阴离子和非离子表面活性剂共用。对硫酸盐还原菌(SRB)及腐生菌(TGB)等细菌杀菌力较强,对硬水和热的稳定性好,而且还有优良的起泡力和分散作用。

制备过程 用等物质的量的NaOH溶液中和氯乙酸至pH值为7,生成产物氯乙酸钠,然后一次性加入等物质的量的二甲基十二烷基叔胺,在50~150℃下反应5~10h,即得成品。

质量指标 本品主要技术指标见表13-10。

表13-10 BS-12产品技术指标

项 目	指 标	项 目	指 标
外 观	淡黄色透明黏稠液体	活性物含量,%	28.0~32.0
pH值(1%水溶液)	6~8	杀菌率(浓度为80~100mg/L),%	100

用途 本品可以用作水基钻井液起泡剂,也可用作油田集输系统、污水处理系统以及循环冷却水系统的杀菌灭藻剂。

工业上可用作羊毛、兔毛的缩绒剂,合成纤维的抗静电剂,柔软剂以及洗净调理剂。

安全与防护 产品无毒。对皮肤刺激性低,生物降解性好。

包装与储运 本品采用镀锌铁桶和塑料桶包装。储存在阴凉、通风、干燥的库房中。运输中防止日晒、雨淋,防止倒置。

3.椰油酰胺丙基甜菜碱

化学式 $C_{19}H_{38}N_2O_3$

相对分子质量 342.52

理化性质 椰油酰胺丙基甜菜碱是一种两性离子表面活性剂,在酸性及碱性条件下均具有优良的稳定性,分别呈现阳离子性和阴离子性,与阴离子、阳离子和非离子表面活性剂配伍性良好。刺激性小,易溶于水,对酸碱稳定,泡沫多,去污力强,具有优良的增稠性、柔软性、杀菌性、抗静电性、抗硬水性。

本品与适量阴离子表面活性剂配伍时,有明显的增稠效果,还可用作调理剂、润湿剂、杀菌剂、抗静电剂等。

制备方法 将椰子油与*N*,*N*-二甲基丙二胺的缩合产物和氯乙酸钠 (一氯乙酸与碳酸钠制得)季铵化反应,即得到椰油酰胺丙基甜菜碱,产率达90%左右。

也可以椰油酸甲酯,*N*,*N*-二甲基-1,3-丙二胺,氯乙酸和NaOH为原料,KOH为催化剂制备[11]:向磁力驱动高压釜中加入2.875mol的*N*,*N*-二甲基-1,3-丙二胺、2.500mol的椰油酸甲酯、适量的催化剂KOH,密闭反应釜,充氮气置换釜内空气,开动磁力搅拌,加热到

210℃,反应 25min。反应完成后,真空脱除过量的 N,N–二甲基–1,3–丙二胺和反应生成的甲醇,得到椰油酰胺丙基二甲胺。向 1L 的四口玻璃烧瓶中加入 0.600mol 的椰油酰胺丙基二甲胺、适量的水,搅拌升温,到 80℃后加人预先用 NaOH 溶液中和好的氯乙酸(0.618mol)溶液,加热保持 80~90℃,恒温反应 3h,反应结束后降温至 40℃以下,加盐酸或 NaOH 调节到需要的 pH 值,得到产品。

质量指标 本品主要技术指标见表 13–11。

表 13–11 椰油酰胺丙基甜菜碱技术指标

项 目	指 标	项 目	指 标
外 观	淡黄色透明液体	色泽(Hazen)	≤200
游离胺,%	≤0.5	固含量,%	35±2
氯化钠,%	≤6.0	甘油,%	≤3.0
pH值	4.5~5.5		

用途 本品主要用作钻井液起泡剂、稠油降黏剂、提高采收率用驱油剂。工业上用作洗涤剂、润湿剂、增稠剂、抗静电剂及杀菌剂等。

安全与防护 产品无毒、难燃。可以安全使用。

包装与储运 本品采用镀锌铁桶或塑料桶包装。贮存于阴凉、通风、干燥处。运输中防止日晒、雨淋。

第四节 醇类消泡剂

1.正辛醇

分子式 $CH_3(CH_2)_6CH_2OH$

相对分子质量 130.23

理化性质 正辛醇别名 1–辛醇、伯辛醇、亚羊脂醇、正辛烷醇,为无色液体,有强烈的芳香气味。密度 0.83g/cm^3,折射率 1.430,熔点–16℃,沸点 196℃,闪点 81℃。饱和蒸气压 0.13(54℃)kPa,燃烧热 5275.2kJ/mol。不与水混溶,但与乙醇、乙醚、氯仿混溶。

制备过程 本品采用 1–庚烯羰基合成法,烯与一氧化碳生成醛(正异构体为 4~6:1),一般是在高压(20.27~30.4MPa)、高温(150~170℃)与油溶性钴盐存在下进行,经脱钴后,再于氢压下,用镍催化剂加氢成伯醇。

质量指标 本品主要技术要求见表 13–12。

表 13–12 工业正辛醇主要技术要求

项 目	指 标	项 目	指 标
外 观	为透明液体,无悬浮物	色度(铂–钴色号)	≤10
正辛醇含量,%	≥99.5	密度(20℃)/(g/cm^3)	0.831~0.833

用途 本品广泛用于增塑剂、萃取剂、稳定剂,尤其以聚乙烯软制品增塑剂二甲酸二辛酯为其主要用途,还用作制香精、化妆品,并用作溶剂、防沫剂等。

在钻井液中作消泡剂和抑泡剂,是应用最早的产品之一。也可以用作水泥浆消泡剂。

安全与防护 *LD_{50}* 为 1790mg/kg(小鼠经口),>3200mg/kg(大鼠经口),>500mg/kg(豚鼠经皮),属低毒类。对皮肤和眼睛有刺激作用。避免皮肤接触。使用时戴自吸过滤式防毒面具(半面罩),戴化学安全防护眼镜,穿防毒物渗透工作服,戴橡胶手套。

包装与储运 本品采用 240L 镀锌铁桶包装。贮存于阴凉、通风、干燥的库房,远离火种、热源,应与氧化剂、酸类、食用化学品分开存放,切忌混储。运输中注意防火、防晒。

2.2-乙基己醇

分子式 $C_8H_{18}O$

相对分子质量 130.23

理化性质 2-乙基己醇别名异辛醇,无色液体。凝固点-75℃,沸点 184.7℃,84~86℃(2.0kPa),相对密度 0.8344(20℃),折光率 1.4300(20℃),闪点 77℃,能与醇、醚及氯仿混溶,20℃时在水中的溶解度为 0.1%,与水形成共沸物,水为 20%,共沸点 99.1℃。

制备过程 将正丁醛在碱性条件下缩合,经过加热脱水生成 2-乙基己烯醛,再加氢制得 2-乙基己醇。

质量指标 本品主要技术指标见表 13-13。

表 13-13 2-乙基己醇技术指标

项 目	指 标	项 目	指 标
外 观	无色透明液体	醛含量,%	≤0.1
含量,%	≥99.0	水分,%	≤0.1
酸含量,%	≤0.01	折射率(20℃)	1.431~1.433

用途 本品主要用作各类水基钻井液的消泡剂,用来消除各种泡沫,消泡,抑泡能力强。也用于生产增塑剂、分散剂、选矿剂以及印染、油漆、胶片等方面。

安全与防护 毒性小, 大鼠经口 *LD_{50}* 为 3200~7600mg/kg。使用时穿戴好个人防护用品,保持生产现场通风良好。

包装与储运 本品采用镀锌铁桶包装, 每桶净质量 150kg。按易燃品规定, 贮存于阴凉、通风、干燥处。运输中防火、防晒。

3.甘油聚醚

化学成分 甘油和环氧丙烷缩聚物。

结构式

$$
\begin{array}{l}
CH_2-O-\left[CH_2-\underset{}{\overset{\displaystyle CH_3}{\overset{|}{C}H}}-O\right]_a-H \\
| \\
CH-O-\left[CH_2-\overset{\displaystyle CH_3}{\overset{|}{C}H}-O\right]_b-H \\
| \\
CH_2-O-\left[CH_2-\overset{\displaystyle CH_3}{\overset{|}{C}H}-O\right]_c-H
\end{array}
$$

产品性能 甘油聚醚也即甘油聚氧乙烯醚,为无色黏稠状透明液体,微有特殊气味,难溶于水,能溶于苯、乙醇等有机溶剂。本品具有优良的稳泡、润湿、渗透、润滑、增溶和保湿能力,可以用作溶剂,是普遍使用的钻井液消泡剂之一。

制备过程 以甘油为起始剂,在高压下加入环氧丙烷经缩聚而成。

质量指标 本品主要技术指标见表 13-14。其消泡性能可以参照执行 Q/SH 0324—2009 钻井液用消泡剂技术要求,即淡水钻井液和盐水钻井液密度恢复率均≥98.0%。

表 13-14 甘油聚醚技术指标

项 目	指 标	项 目	指 标
活性物含量,%	≥98	酸值/(mg KOH/g)	≤0.2
羟值(以 KOH 计)/(mg/g)	44~56	水分,%	≤0.5
浊点/℃	≥17	pH值(25℃,1%水溶液)	6.5~7.0

用途 本品作为保湿剂等,广泛应用于个人护理用品等领域。作为匀染剂、抗静电剂等,广泛应用于纺织、印染等领域。也可作为乳化剂、增溶剂应用。

用作钻井液处理剂,主要用于各类水基钻井液的消泡剂。加量一般为 0.02%~0.20%。也可以用于水泥浆消泡剂。

安全与防护 对皮肤、眼睛有较低的刺激性。可生物降解。

包装与储运 本品采用镀锌铁桶包装,每桶净质量 200kg。存放在阴凉、通风、干燥处。运输中防止暴晒和雨淋。

4.泡敌

化学成分 甘油和环氧乙烷、环氧丙烷缩聚物。

结构式

$$\begin{array}{l} CH_2-O-\left[CH_2-\overset{\displaystyle CH_3}{\overset{|}{CH}}-O\right]_a\left[CH_2-CH_2-O\right]_x-H \\ \;| \\ CH-O-\left[CH_2-\overset{\displaystyle CH_3}{\overset{|}{CH}}-O\right]_b\left[CH_2-CH_2-O\right]_y-H \\ \;| \\ CH_2-O-\left[CH_2-\overset{\displaystyle CH_3}{\overset{|}{CH}}-O\right]_c\left[CH_2-CH_2-O\right]_z-H \end{array}$$

产品性能 本品为无色或微黄色透明黏稠液体,难溶于水,能溶于苯、乙醇等有机溶剂。本品具有良好的消泡、稳泡能力,是应用广泛的钻井液消泡剂之一,消泡、抑泡能力强。

制备过程 以甘油为起始剂,在高压下加入环氧乙烷、环氧丙烷经过缩聚而成。

质量指标 本品主要技术指标见表 13-15。其消泡性能要求参照执行 Q/SH 0324—2009 钻井液用消泡剂技术要求,即淡水钻井液和盐水钻井液密度恢复率均≥98.0%。

表 13-15 泡敌技术指标

项 目	指 标	项 目	指 标
羟值(以 KOH 计)/(mg/g)	45~56	酸值/(mg KOH/g)	≤0.2
1%水溶液的浊点/℃	17~22	水分,%	≤2.0

用途 本品主要用作各类水基钻井液的消泡剂。

安全与防护 毒性很低。对皮肤、眼睛有较低的刺激性。可生物降解。

包装与储运 本品采用铁桶包装,每桶净质量 200kg。存放在阴凉、通风、干燥处。运输中防止暴晒和雨淋。

5.液体消泡剂 DHX-101

化学名称或成分 聚醚类。

产品性能 本品为浅黄色自由流动液体,难溶于水,能溶于苯、乙醇等有机溶剂。加消泡剂 0.1mL/350mL 基浆,第一次消泡时间≤120s,搅拌后消泡时间≤120s,消泡剂 0.2mL/350mL 基浆消泡消失时间≤120s[12]。

制备过程 以多元醇为起始剂,在高压下加入环氧丙烷或环氧乙烷经过缩聚而成。

质量指标 本品主要技术指标见表 13-16。

表 13-16 DHX-101 产品技术指标

项 目	指 标	项 目	指 标
外 观	浅黄色液体	消泡率,%	100
pH值	≥7	有效物成分,%	≥99

用途 本品主要用作各类水基钻井液的消泡剂。该产品可以直接加入各种水基钻井液体系中,用来消除各种泡沫,消泡,抑泡能力强。

安全与防护 低毒。使用时避免与眼睛、皮肤接触。

包装与储运 本品采用镀锌铁桶或塑料桶包装,每桶净质量 200kg 或 25kg。储存于阴凉、通风、干燥处。运输中防止暴晒和雨淋。

第五节 脂肪酸类消泡剂

1.硬脂酸铝

分子式 $C_{54}H_{105}O_6Al$

相对分子质量 878.41

产品性能 硬脂酸铝别名三硬脂酸铝、十八酸铝,为白色或黄白色粉末,可燃。密度 1.01g/cm^3,熔点 103℃。不溶于乙醇,微溶于水,能溶于碱液和煤油等。

制备过程 将脂肪酸用一定量的热水溶解,在 90℃下加入氢氧化钠溶液,生成皂液,然后在该温度下加入一定浓度的氯化铝溶液进行复分解。硬脂酸铝用水洗涤、离心脱水、干燥,即得到成品。

也可以硬脂酸为原料,加热熔融,与氢氧化钠溶液进行皂化反应,然后与硫酸铝进行复分解反应,最后经洗涤、离心脱水、干燥制得。

质量指标 本品主要技术指标见表 13-17。

表 13-17 硬脂酸铝技术指标

项 目	指 标		项 目	指 标	
	一级品	二级品		一级品	二级品
外 观	白色粉末	黄色粉末	游离酸(以硬脂酸计),%	≤4.0	≤4.0
三氧化二铝含量,%	9.0~11.0	9.0~11.0	水分,%	≤2.0	≤3.0
溶点/℃	≥150.0	≥150.0	细度(通过 0.074mm 筛孔),%	≥99.5	≥99.0

用途　本产品用于金属防锈剂的原料、建筑材料的防水剂、油墨的抛光剂、化妆品的增稠剂、涂料平滑剂及增稠剂、塑料助剂和润滑剂、油漆防沉剂和催干剂、织物的防水剂、润滑油的增厚剂等。

在钻井液方面,主要用作各类水基钻井液的消泡剂。使用时应先溶于少量柴油或煤油中。也可以用作水基钻井液润滑防卡剂,油基钻井液乳化剂。

安全与防护　有毒物品,可燃,燃烧产生刺激烟雾。使用时戴防毒口罩、化学护目镜、橡胶手套。

包装与储运　本品采用内衬塑料袋、外用防潮牛皮纸袋包装。储存在阴凉、通风、干燥处。运输中防止暴晒和雨淋,防火。

2.硬脂酸铅

分子式　$C_{36}H_{70}O_4Pb$

相对分子质量　774.14

产品性能　硬脂酸铅别名十八酸铅盐,为白色或微黄色粉末,熔点103~110℃,可燃。相对密度1.323。不溶于水,溶于热乙醇、苯、松节油和煤油等,也能溶于碱液。在有机溶剂中加热溶解而冷却后成为胶状物,遇强酸分解成硬脂酸和相应的盐,有吸湿性。

制备过程　硬脂酸铅可以采用下面一些方法制备:

方法一:将脂肪酸用一定量的热水溶解,在90℃下加入氢氧化钠溶液,生成皂液,然后在该温度下加入一定浓度的醋酸铅溶液进行复分解反应。硬脂酸铅用水洗涤、离心脱水、干燥,即得到成品。

方法二:先将硬脂酸以20倍质量的热水溶解,在90℃左右加入一定质量分数的烧碱,生成稀皂液。然后在同一温度下加入硝酸铅溶液进行复分解。产生的硬脂酸铅沉淀用水洗涤,离心脱水,再于100℃左右进行干燥,即得成品。

方法三:将计量的硬脂酸的乙醇溶液与醋酸铅的水溶液混合搅拌,析出硬脂酸铅皂,用水倾泻法洗至无游离的铅离子存在。抽滤分出沉淀,干燥后用甲苯或95%的乙醇重结晶,得到的产品于80℃下干燥,即得产品。

质量指标　本品主要技术指标见表13-18。

表13-18　硬脂酸铅技术指标

项　目	指　标	项　目	指　标
外　观	白色或微黄色粉末	铅含量,%	27.0~28.5
水分,%	≤1.0	细度(通过0.074mm筛孔),%	≥98.0
游离酸(以硬脂酸计),%	≤1.0	机械杂质:粒数(0.6~0.3mm)	≤2
溶点/℃	103~110	机械杂质:粒数(0.3~0.1mm)	≤4

用途　本品主要用作各类水基钻井液的消泡剂,使用前先用适量的柴油溶解。也可作油包水乳化钻井液的乳化剂。

本品还用作油漆防沉淀剂、织物防水剂、润滑油增厚剂、塑料耐热稳定剂等,用于不透明的软质和硬质聚氯乙烯制品的稳定剂。

安全与防护　本品有毒。可燃,燃烧产生刺激烟雾。使用时戴防毒口罩、化学护目镜、橡胶手套。

包装与储运 本品采用内衬塑料袋、外用塑料编织袋包装。存放在阴凉、通风、干燥处。运输中防止暴晒和雨淋，防火。

第六节 磷酸酯类消泡剂

1.磷酸三丁酯

分子式 $C_{12}H_{27}O_4P$

相对分子质量 266.32

理化性质 磷酸三丁酯别名三丁基磷酸酯、磷酸正丁酯、三正丁基磷酸酯、磷酸三正丁酯，无色至浅黄色透明液体，有刺激性气味。熔点小于-80℃，沸点289℃、180~183℃(2.87kPa)，闪点(开口)146℃，在沸点温度下分解，相对密度0.9729(25/4℃)，折光率1.4226。难溶于水，水中溶解度为0.1%(25℃)，水在其中溶解度为7%(25℃)，溶于大多数有机溶剂和烃类，不溶或微溶于甘油、己二醇及胺类。

制备过程 磷酸三丁酯由三氯氧磷($POCl_3$)与正丁醇反应制得。将正丁醇加入酯化釜内，冷却至10℃以下，在搅拌下加入三氯氧磷，反应温度保持在30℃左右，搅拌至反应结束。加水洗涤，静置分去水层，再用10%碳酸钠溶液中和至pH值为7，控制湿度在40℃以下，中和后的粗酯进行减压蒸馏脱醇，再用水洗涤使酸度达到要求，然后减压蒸馏，除去低沸物后，收集150~180℃/1.333~0.667kPa的馏分即得产品。

质量指标 本品主要技术指标见表13-19。

表13-19 工业磷酸三丁酯技术指标

项目	指标	项目	指标
外观	无色或浅黄色液体	折射率(n_D^{20})	1.410~1.440
含量,%	≥96.0	水分,%	≤0.15
密度/(g/cm³)	0.900~0.980	游离酸/(KOH mg/g)	≤0.5

用途 本品作为高沸点溶剂，适用于醋酸纤维素、硝基纤维素、氯化橡胶和聚氯乙烯的增塑剂，稀有金属的萃取剂，油漆涂料、油墨、胶黏剂的溶剂，消泡剂和消静电剂，有机合成中间体，也用作热交换介质。

在钻井中可用于钻井液和固井水泥浆等的消泡剂。

安全与防护 LD_{50}为1550mg/kg(大鼠经口)。对皮肤和呼吸道有强烈的刺激作用，具有全身致毒作用。蒸气和烟雾对眼睛、黏膜和上呼吸道有刺激作用。接触后可引起中枢神经系统的刺激症状。使用时做好防护。

包装与储运 本品采用180kg或25kg镀锌桶或塑料桶装。贮存于阴凉、通风、干燥处，远离火种、热源。运输过程中应防止猛烈撞击，防止日晒和雨淋。

2.磷酸三辛酯

分子式 $(C_8H_{17}O)_3PO$

相对分子质量 434.63

理化性质 磷酸三辛酯(TOP)别名磷酸三(2-乙基己基)酯，无色无味、透明的黏稠液体，折光率 1.4434(20℃)，熔点-70℃，相对密度(水=1)0.92，饱和蒸气压 0.28kPa，闪点 215.5℃，自燃温度 370℃。不溶于水，溶于醇、苯等。

制备方法 磷酸三辛酯的合成方法主要有醇钠法和减压法。醇钠法是醇与碱金属的氢氧化物反应，生成碱金属的醇化物，然后与三氯氧磷反应得到磷酸三辛酯。减压法是在减压条件下，醇与三氯氧磷直接反应，减压排出生成的 HCl 即得到磷酸三辛酯。

质量指标 本品主要技术指标见表 13-20。

表 13-20 工业磷酸三辛酯技术指标

项 目	指 标	项 目	指 标
外 观	无色透明油状液体	酸值/(mg KOH/g)	≤0.20
色度(铂-钴)/号	≤100	密度(20℃)/(g/cm^3)	0.921~0.927
折射率(n_D^{20})	1.439~1.445	闪点/℃	≥190
磷酸三辛脂含量，%	≥98.5	界面张力(20~50℃)/(mN/m)	≥16

用途 磷酸三辛酯最早作为增塑剂使用，其相溶性好，具有低温柔软性、阻燃性、耐菌性等特点，广泛用于塑料、纤维类加工中，主要应用于蒽醌法生产过氧化氢中代替氢化萜松醇，使产品浓度高、质量好、自身消耗少。

在钻井中可以用于钻井液和固井水泥浆消泡剂。

安全与防护 LD_{50} 为 3700mg/kg(大鼠经口)，>12800mg/kg(小鼠经口)，20000mg/kg(兔经皮)。属微毒类，对皮肤和眼无刺激作用。空气中浓度较高时需佩戴防毒面具。

包装与储运 本品采用镀锌铁桶包装，每桶净质量 180kg。储存于阴凉、通风、干燥处，远离火种、热源，应与氧化剂、酸类、碱类分开存放。搬运时要轻装轻卸，防止包装及容器损坏。运输过程中应防止猛烈撞击，防止日晒和雨淋。

第七节 有机硅类消泡剂

1.二甲基硅油

化学名称 聚二甲基硅氧烷。

结构式

$$H_3C-\underset{CH_3}{\overset{CH_3}{\underset{|}{\overset{|}{Si}}}}-O-\left[\underset{CH_3}{\overset{CH_3}{\underset{|}{\overset{|}{Si}}}}-O\right]_n-\underset{CH_3}{\overset{CH_3}{\underset{|}{\overset{|}{Si}}}}-CH_3$$

产品性能 二甲基硅油也称聚二甲基硅氧烷(PDMS)，是一种透明液体，无毒、无腐蚀，具有生理惰性和良好的化学稳定性，属于疏水类有机硅。熔点-35℃，密度 1.0g/cm^3(20℃)，同时还具有优良的耐冻、耐热、耐氧化性，可在-50~200℃温度范围内长期使用。黏温系数小，介电性能好，具有很好的电绝缘性能。另外，还具有较强的抗剪切性及良好的透光性、表面张力低、憎水防潮性好、挥发性小等特性。常用作工业消泡剂，具有消泡力强、耐高温、不挥发、化学稳定性高、无毒、安全等特点。

聚二甲基硅氧烷能与羊毛脂、硬脂醇、鲸蜡醇、单硬脂酸甘油酯、吐温、司盘等表面活性剂混合用作乳剂型基质。不同聚合度的聚二甲基硅氧烷物理性能参数见表 13-21。

表 13-21 聚二甲基硅氧烷物理性能参数

黏度(25°C)/(mPa·s)	介电常数	闪点/°C	相对密度	折光指数	表面张力/(mN/m)
500	2.75	300	0.965~0.975	1.403	21.1
1000	2.76	300	0.965~0.975	1.404	21.2
5000	2.78	300	0.967~0.975	1.404	21.2
10000	2.80	300	0.971~0.976	1.4042	21.2
20000	2.82	300	0.973~0.977	1.4045	21.2
50000	2.85	300	0.975~0.978	1.405	21.3
100000	2.85	300	0.978~0.980	1.405	21.4

制备方法 以二甲基二氯硅氧烷、水、溶剂等，经过水解、中和、裂解、分馏得到八甲基环四硅氧烷，再以六甲基二硅氧烷为末端封闭基，调节相对分子质量，以氢氧化钠或浓硫酸为催化剂聚合得到。

质量指标 本品外观为无色透明液体，其技术指标见表 13-22。

表 13-22 不同型号产品技术指标

项 目	指 标						
	10型	20型	50型	100型	350型	500型	800型
运动黏度(25℃)/(m^2/s)	10±2	20±2	50±5	100±8	350±18	500±25	800±40
折射率(25℃)	1.390~1.400	1.395~1.405	1.400~1.410	1.400~1.410	1.400~1.410	1.400~1.410	1.400~1.410
闪点(开杯法)/℃	≥155	≥232	≥260	≥288	≥300	≥300	≥300
密度(25℃)/(g/cm^3)	0.930~0.940	0.950~0.960	0.955~0.965	0.965~0.975	0.965~0.975	0.965~0.975	0.965~0.975
凝固点/℃	≤-65	≤-60	≤-55	≤-55	≤-50	≤-50	≤-50

用途 本品是应用范围最广的消泡剂，广泛应用于石油、化工、印染、涂料、制药、制革、发酵、食品等方面。

用作钻井液消泡剂，具有消泡速度快、消泡能力强的特点，同时还具有一定的抑制能力。也用作固井水泥浆消泡剂。

安全与防护 无毒，避免和眼睛、皮肤接触。

包装及贮运 本品采用 200kg 镀锌铁桶或 50kg、25kg 装塑料桶包装。避免接触酸、碱及混入其他杂质，不要接触明火。本品按照非危险品贮存及运输。

2.甲基乙氧基硅油

化学名称或成分 聚甲基乙氧基硅氧烷。

结构式

$$C_2H_5O-\underset{CH_3}{\overset{CH_3}{Si}}-O-\left[\underset{CH_3}{\overset{CH_3}{Si}}-O\right]_n-\underset{CH_3}{\overset{CH_3}{Si}}-OC_2H_5$$

产品性能 甲基乙氧基硅油为无色或淡黄色透明油状液体，是在硅氧烷主链中引入活性基团的甲基硅油，具有优良的疏水性、润滑性、表面张力低、无腐蚀性、无毒无害，同时还具有硅酸盐的某些特性。由于含有乙氧基活性基团，作为一种良好的有机硅中间体，可与羟基发生缩合,与有机物接枝,遇水缓慢水解,缩合成树脂,在催化剂作用下,缩合加快。该树脂具有优良的耐高温、疏水、防黏、耐老化的优良性能。用作消泡剂,消泡能力强,毒性低。

制备过程 在反应釜内,加入共沸点低于147℃的混合溶剂、甲基氯硅烷混合单体(其中三甲基氯硅烷:二甲基氯硅烷:一甲基氯硅烷比例为0.1:1:1)、甲基三乙氧基硅烷过渡馏分和高沸物的混合物,搅拌均匀后滴加乙醇,加完后再滴加水,在一定温度下反应2~3h后,将油层抽入水洗釜水洗至中性,抽入蒸馏釜减压蒸馏至不出液为止,冷却至室温,包装,得到成品[13]。

质量指标 本品主要技术指标见表13-23。

表13-23 甲基乙氧基硅油技术指标

项 目	指 标
外 观	无色或淡黄色透明油状液体
黏度/(mPa·s)	3~50
密度/(g/cm³)	1.005~1.080
乙氧基含量,%	20~50
pH值	7~8
加消泡剂0.1mL/350mL基浆	第一次消泡时间≤120s,搅拌后消泡时间≤120s
加消泡剂0.2mL/350mL基浆	消泡消失时间≤120s

用途 本品可用于交联剂、压敏胶的隔离剂、稳泡剂消泡剂、脱模剂、防水剂、防黏纸涂料,与聚醚接枝用于原油脱水的含硅破乳剂。

在钻井液中,主要用作各类水基钻井液的消泡剂,用来消除各种泡沫,且消泡、抑泡能力强。也可以用作油井水泥浆消泡剂。

安全与防护 低毒品。避免眼睛接触。

包装与储运 本品用镀锌铁桶或塑料桶包装。存放应注意清洁、干燥、阴凉、通风、避免与酸碱接触,贮存期为1年。按非危险品运输,运输中防止暴晒、雨淋。

第八节 复配型消泡剂

1.钻井液消泡剂

化学成分 硬脂酸、硫酸铝钾、松节油等。

产品性能 本品为浅棕色透明状体,不溶于水,能溶于油类,消泡、抑泡能力强,适用范围广,属于硬脂酸铝型消泡剂。

制备过程 硬脂酸溶于松节油和硫酸铝钾反应得到。

质量指标 本品主要技术要求见表13-24。

表13-24 消泡剂技术要求

项 目	指 标	项 目	指 标
外 观	黄棕色黏稠液体	水分,%	≤0.5
有效物含量,%	≥20.0	淡水钻井液密度恢复率,%	≥95.0
皂化值/(mg KOH/g)	145~180	盐水钻井液密度恢复率,%	≥95.0

用途 主要用作各类水基钻井液的消泡剂。

安全与防护 低毒品。避免皮肤和眼睛接触。

包装与储运 本品采用铁桶或塑料桶包装。存放在阴凉、通风、阴凉处，远离火源。运输中防止暴晒、防火。

2.消泡剂 AF-35

化学成分 聚醚、硬脂酸铅、三乙醇胺等。

产品性能 本品为棕黄色黏稠状体，不溶于水，能溶于油类。由于不同性质的消泡成分复配，适应性较强。

制备过程 将聚醚、硬脂酸铅和三乙醇胺混合得到产品。

质量指标 本品主要技术指标见表 13-25。

表 13-25 AF-35 产品技术指标

项 目	指 标	项 目	指 标
外 观	黄棕色黏稠液体	有效物含量,%	73.0~77.0
密度/(g/cm³)	0.85~0.90	pH值	7.5~8.0
酸值/(mg KOH/g)	10.0~15.0	钻井液密度恢复率,%	≥95.0

用途 本品主要用作各种类型的水基钻井液的消泡剂。

安全与防护 低毒品，注意防护。避免皮肤、眼睛接触。

包装与储运 本品采用镀锌铁桶或塑料桶包装，存放在阴凉、通风、干燥处。运输中防止暴晒和雨淋。

3.消泡剂 DSMA-6

化学成分 硅油、脂肪酸、非离子表面活性剂等。

产品性能 本品为乳黄色黏稠液体，可分散于水中。由于各种性质的消泡剂配伍使用，与单一成分的消泡剂相比，适用性更强，消泡效果更好。

制备过程 硅油、脂肪酸、非离子表面活性剂混合得到。

质量指标 本品主要技术指标见表 13-26。

表 13-26 DSMA-6 产品技术指标

项 目	指 标	项 目	指 标
外 观	乳黄色黏稠液体	非皂化物,%	73~77
密度/(g/cm³)	0.85~0.90	pH值	8~9
酸值/(mg KOH/g)	23~27	钻井液密度恢复率,%	≥95.0

用途 本品主要用作各类水基钻井液的消泡剂。

安全与防护 低毒品，注意防护。避免皮肤和眼睛长时间接触。

包装与储运 本品采用铁桶或塑料桶包装，存放在阴凉、通风、干燥处。运输中防止暴晒和雨淋。

4.消泡剂 7501

化学名称或成分 甘露醇、脂肪酸钠等。

产品性能 本品是一种多元醇型非离子表面活性剂，为浅黄色胶状体，难溶于水，能溶于油。

制备过程 甘露醇和脂肪酸加入反应釜，在高温下加入氢氧化钠反应得到。

质量指标 本品主要技术指标见表13-27。

表13-27 7501产品技术指标

项 目	指 标	项 目	指 标
外 观	浅黄色胶状体	皂值/(mg KOH/g)	145.0~185.0
凝固点/℃	≤39.0	灰分，%	≤0.3
酸值/(mg KOH/g)	≤8.0		

用途 本品主要用作各种水基钻井液的消泡剂，也可作油水乳化剂。

安全与防护 低毒品。使用时避免皮肤、眼睛长时间接触。

包装与储运 本品采用铁桶或塑料桶包装。存放在阴凉、通风、干燥处。运输中防止暴晒和雨淋。

5.其他消泡剂配方

最近还有一些关于消泡剂的报道，但就其主要成分看与传统的消泡剂并无太大的差别。

① 有机硅消泡剂：由质量分数15%的有机硅和5%的乳化剂，在80℃下乳化30min得到的乳液型有机硅钻井液消泡剂，具有用量少、与钻井液配伍性好、抗盐能力和抑泡能力强等特点，消泡效果优于传统的钻井液消泡剂[14]。以二甲基硅油为主要原料合成硅膏，采用复合乳化体系对其进行乳化得到的钻井液用乳液型消泡剂，具有生产工艺简单、消泡能力强的特性[15]。

② 消泡剂XPS-20：采用以沉淀二氧化硅处理过的含硅聚醚和二甲基硅油作为消泡剂的主要有效成分，配以高效的复合乳化分散体系，制备了消泡剂XPS-20，其消泡率可达90%以上[16]。

③ 钻井液消泡剂RXJ：以航空煤油为基液，用双硬脂酸铝、油酸、异辛醇、磷酸三丁酯制备的高效消泡剂RXJ，经现场应用表明，加量为0.1%~0.2%时，不仅消泡迅速，且消泡效果持久[17]。

参考文献

[1] 钻井手册(甲方)编写组.钻井手册(甲方)上册[M].北京：石油工业出版社，1990.

[2] 王中华.油田化学品[M].北京：中国石化出版社，2001.

[3] 王中华，何焕杰，杨小华.油田化学品实用手册[M].北京：中国石化出版社，2004.

[4] 李诚铭.新编石油钻井工程实用技术手册[M].北京：中国知识出版社，2006.

[5] 张克勤，陈乐亮.钻井技术手册(二)：钻井液[M].北京：石油工业出版社，1988.

[6] 李宗石，徐明新.表面活性剂与工艺[M].北京：中国轻工业出版社，1993.

[7] 梁梦兰.表面活性剂和洗涤剂——制备性质应用[M].北京：科学技术文献出版社，1992.

[8] 黄恩慧.α-烯烃磺酸盐(AOS)的性质及生产现状分析[J].精细与专用化学品，2006，14(5)：25-29.

[9] 周雅文，韩富，徐宝财，等.月桂酰二乙醇胺的合成及性能研究[J].北京工商大学学报：自然科学版，2010，28(2)：30-33.

[10] 刘军海.N-十二烷基-β-氨基丙酸型表面活性剂的合成方法及应用[J].中国洗涤用品工业,2008(3):45-46.
[11] 吴海龙,黄建帮,罗啸秋.椰油酰胺丙基甜菜碱的合成与表征[J].日用化学工业,2014,44(1):23-25,56.
[12] 液体消泡剂 DHX-101,102[EB/OL].http://www.chinabaike.com/t/34040/2014/0521/2236876.html.
[13] 柏凤登,王金荣.甲基乙氧基硅油的制备[J].有机硅材料及应用,1997,11(6):9,27.
[14] 马俊,田发国,邸伟娜.钻井液用有机硅消泡剂的制备与评价[J].精细石油化工进展,2009,10(2):10-14.
[15] 王雅新,卢景峰,谢富强.钻井液用高效有机硅消泡剂的研制[J].天津化工,2011,25(5):32-34.
[16] 张宝银,陈英杰,苏晓,等.消泡剂 XPS-20 的研制与应用[J].山东化工,2013,42(9):15-16.
[17] 高燕,张龙军,向泽龙,等.钻井液消泡剂 RXJ 的制备及应用[J].钻井液与完井液,2014,31(5):89-91.

第十四章 缓蚀剂和杀菌剂

在钻井过程中常常会因为腐蚀而对钻具的使用寿命产生不利的影响，甚至由于腐蚀而造成钻具损坏带来井下复杂或事故。钻井液中的细菌影响钻井液处理剂的稳定性，特别是使天然或改性处理剂快速失效，引起钻井液性能不稳定，甚至导致钻井液性能失控，不利于安全钻井。可见，通过向钻井液中加入缓蚀剂和杀菌剂，以减缓钻井液对钻具的腐蚀，及时除去钻井液中的细菌等，确保钻井液性能稳定，对安全、快速、高效钻井具有重要的意义。长期以来，由于钻井液性能中几乎没有涉及腐蚀和细菌危害的内容，在这方面虽然开展了一些研究和应用，但还很不够。需要提出的是，为了更好地保护钻具，维护良好的钻井液性能，今后要进一步强化钻井液防腐问题的研究，以提高综合效益。同时在钻井液杀菌和除氧方面也要重视，通过杀菌剂和除氧剂的应用，提高钻井液及处理剂的稳定性，特别是高温、超高温下的稳定性，减少钻井液处理剂的消耗，保证钻井液处理剂的性能得到充分发挥。

钻井液缓蚀剂是指能抑制水基钻井液中存在的或外来入侵腐蚀源对钻具、套管腐蚀的化学剂。通常将除氧、除硫剂也纳入缓蚀剂，这些化学剂包括无机化合物和有机化合物。钻井液杀菌剂指是能杀死细菌或抑制细菌产生，维护钻井液中各种处理剂使用性能的化学剂，主要有甲醛、戊二醛、多聚甲醛、氯化十二烷基铵、氯化十八烷基铵、氯化十二烷基三甲基铵、十二烷基二甲基苄基氯化铵等。氯化苯酚也可以作为杀菌剂，由于毒性大，已很少使用。本章分类对缓蚀剂和杀菌剂进行介绍[1~5]。

第一节 无机化合物缓蚀剂

1.碱式碳酸锌

参见第二章、第一节、8，在钻井液中主要用作除硫剂。当钻井液钻遇天然气层时，气体中含有硫化氢或采用含磺酸基团的处理剂在长时间高温环境下分解出硫化物，而造成对钻具的严重腐蚀。可通过加入碱式碳酸锌除掉硫化氢来减缓腐蚀。

2.碱式碳酸铜

化学式 $Cu_2(OH)_2CO_3$

相对分子质量 221.076

理化性质 碱式碳酸铜呈孔雀绿颜色，所以又叫孔雀石，是一种名贵的矿物宝石。它是铜与空气中的氧气、二氧化碳和水蒸气等反应产生的物质，又称铜绿，颜色翠绿。在空气中加热会分解为氧化铜、水和二氧化碳。在自然界中以孔雀石的形式存在。本品为孔雀绿色细小无定型粉末，密度 3.85g/cm^3，熔点 220℃，不溶于水和醇，溶于酸、氨水及氰化钾，溶于酸并生成相应的铜盐。

制备过程　在搅拌下将硫酸铜溶液加入50%的碳酸氢钠水溶液中(硫酸铜的加入速度以生成的CO_2产生的泡沫不溢出为宜),加完后于70~80℃下反应,保持反应液pH值为8,反应结束后,将反应液煮沸10~15min,碱式碳酸铜会迅速沉淀下来。静置,待上层溶液澄清后分去,沉淀用70~80℃水或去离子水洗涤至不含SO_4^{2-}离子,然后离心分离,在80~100℃下干燥,即得到成品。

质量指标　本品主要技术要求见表14-1。

表14-1　碱式碳酸铜技术要求

项　目	指　标	项　目	指　标
外　观	浅褐色无定型粉末	铁(Fe),%	≤0.03
含量(以Cu计),%	≥55.0	硫(以SO_4^{2-}计),%	≤0.05
氯(以Cl^-计),%	≤0.03	酸不溶物,%	≤0.1

用途　碱式碳酸铜可用来制备其他铜盐、固体荧光粉激活剂、杀虫剂、种子处理杀菌剂、油漆颜料等。

钻井液中用作除硫剂,以脱除硫化氢,减缓钻井液对钻具的腐蚀。

安全与防护　大鼠经口LD_{50}为1350mg/kg。刺激眼睛、呼吸系统和皮肤。碱式碳酸铜具有扬尘性,应避免与皮肤、眼睛等接触及吸入。不慎与眼睛接触后,立即用大量清水冲洗。工作时应佩戴防毒口罩、防护眼镜,穿防尘工作服。

包装与储运　本品采用内衬塑料袋、外用塑料编织袋或防潮牛皮纸袋包装。贮存于阴凉、通风、干燥的库房中。运输中防潮、防雨淋,防止包装袋破损。

3.氧化锌

分子式　ZnO

相对分子质量　81.37

理化性质　氧化锌为白色粉末,无臭、无味、无砂性,受热变黄,冷却后又恢复白色,密度5.606g/cm³,熔点1975℃,溶于酸、碱、氯化铵和氨水中,不溶于水和醇。吸收空气中的二氧化碳时性质发生变化。

制备方法　由氢氧化锌分解或熔融锌氧化反应制得。

质量指标　本品主要技术要求见表14-2。

表14-2　氧化锌技术要求

项　目	指　标	项　目	指　标
氧化锌(ZnO以干品计),%	≥99.0	灼烧失量,%	≤0.6
铅,%	≤0.20	水溶盐,%	≤0.6
镉,%	≤0.05	45μm筛余物(湿筛),%	≤0.32
金属锌,%	无	水分,%	≤0.4
盐酸不溶物,%	≤0.04	吸油量/(g/100g)	≤20.0

用途　本品用于天然气酸性气体吸收剂。钻井液中用作除硫剂。

工业上主要用作白色颜料,橡胶硫化活性剂、补强剂,有机合成催化剂、脱硫剂以及用于静电复印、制药等。

安全与防护 低毒，有腐蚀性。防止眼睛、呼吸系统和皮肤接触。工作时应佩戴防毒口罩、防护眼镜，穿防尘工作服。

包装与储运 本品采用内衬塑料袋、外用塑料编织袋或防潮牛皮纸袋包装，每袋净质量 50kg。储存于阴凉、通风、干燥处。运输中防止受潮和雨淋。

4.磁铁矿粉

化学成分 Fe_3O_4

产品性能 磁铁矿又称海绵铁，为氧化物类矿物磁铁矿的矿石，晶体属等轴晶系的氧化物矿物，完好单晶形呈八面体或菱形十二面体，呈菱形十二面体时，菱形面上常有平行该晶面长对角线方向的条纹。集合体为致密块状或粒状。颜色为铁黑色，条痕呈黑色，金属光泽或半金属光泽，不透明，无解理，硬度 5.5~6.5。密度 5.16~5.18g/cm³。具强磁性。性脆。无臭，无味。粉状产品无结焦、结块与黏结现象。去磁后磁性很少，加入钻井液中除增加密度外不影响其他性能，与钻井液中的 H_2S 反应生成 FeS_2 沉淀而除去。pH 值会影响反应，pH 值大于 7 时：

$$Fe_3O_4+H_2S \longrightarrow 3FeS\downarrow+4H_2O+S\downarrow \tag{14-1}$$

$$FeS+S \longrightarrow FeS_2\downarrow \tag{14-2}$$

pH 值小于 7 时：

$$Fe_3O_4+6H_2S \longrightarrow 3FeS_2\downarrow+4H_2O+2H_2\uparrow \tag{14-3}$$

制备方法 磁铁矿经过选矿、破碎、分选、磨碎等加工处理而成。

质量指标 本品主要技术要求见表 14-3。

表 14-3 磁铁矿粉技术要求

项目	指标	项目	指标
磁性物，%	≥95.0	S含量，%	≤0.1
密度/(g/cm³)	≥4.5	粒度(筛孔 44μm 通过率)，%	≥85.0
比表面积/(cm²/g)	≥85	水分，%	≤9.0

用途 在钻井液中，本品可以用作除硫剂，一般加量为 3%~12%，pH 值小于 7 时除硫效果很好，pH 值为 8~12 时除硫效果仅 20%~35%。也可以用作酸溶性加重剂。

安全与防护 无毒，防止粉尘接触眼睛、呼吸系统和皮肤。

包装与储运 本品采用涂塑编织袋或牛皮纸袋包装。贮存于阴凉、通风、干燥的库房中。运输中防止受潮和雨淋，防止包装袋破损。

5.铬酸钠

化学式 Na_2CrO_4

相对分子质量 161.98

理化性质 本品为黄色半透明三斜结晶或结晶性粉末，易潮解。通常为四水合物，系黄色稍有潮解结晶。加热至 68℃失去结晶水变成 α 型无水铬酸钠，413℃转变为 β 型。熔点 792℃，相对密度(25℃)2.723。溶于水、甲醇，微溶于乙醇。具氧化性，易被常用还原剂还原为三价铬。

制备方法　用有钙焙烧法将铬铁矿粉与纯碱和石灰石粉、白云石粉及烘干磨细的返渣混合均匀，加入回转窑中于1100~1150℃进行焙烧，熟料冷却后，经水浸，浸出液用硫酸中和，经除铝，浓缩、冷却结晶制得。亦可用无钙焙烧法，它与有钙焙烧法的工艺流程大体相同，制得的铬酸钠大部分以中性液加工成重铬酸钠，少部分以浓缩液或四水合物存在。

质量指标　本品执行HG/T 4312—2012工业铬酸钠标准，其主要指标见表14-4。

表14-4　工业铬酸钠技术指标

项　目	指　标		项　目	指　标	
	一等品	二等品		一等品	二等品
铬酸钠($Na_2CrO_4 \cdot 4H_2O$)，%	≥98.5	≥98.0	硫酸盐(以SO_4^{2-}计)，%	≤0.30	≤0.40
氯化物(以NaCl计)，%	≤0.20	≤0.30	水不溶物，%	≤0.02	≤0.03

用途　本品主要用于墨水、油漆、颜料、金属缓蚀剂、有机合成氧化剂以及鞣革和印染等方面。

在钻井液中可以用作缓蚀剂，减缓钻井液对钻具的腐蚀。它也可与有机处理剂起复杂的氧化还原反应。铬酸盐起氧化作用生成的Cr^{3+}能吸附在黏土颗粒上起钝化作用，又能与多官能团有机处理剂形成络合物。可以提高某些稀释剂和降滤失剂的热稳定性。

安全与防护　本品助燃，有毒，为致癌物，具腐蚀性，可致人体灼伤。对皮肤黏膜有强腐蚀性，能引起皮炎和铬溃疡。眼睛受到沾染时，将引起结膜炎。如有铬酸钠溶液或粉尘溅到皮肤上，立即用肥皂水或自来水冲洗干净；如不慎溅人眼睛内，应立即用大量水冲洗15min。在空气中最高容许浓度(以Cr计)为0.05~0.1mg/m^3。工作时，必须穿着工作服，戴乳胶手套、橡皮围裙，使用个人专用的保护面罩。生产设备要密闭，通风良好，防止气体外逸和粉尘飞扬。

包装与储运　本品采用内衬塑料袋的铁桶包装。贮存于阴凉、通风、干燥的库房中。运输中应注意防潮，防止包装破损，防止撞击。

6.钼酸钠

化学式　$Na_2MoO_4 \cdot 2H_2O$

相对分子质量　241.95

理化性质　本品为白色结晶性粉末，在100℃时失去2分子结晶水。溶于1.7份冷水和约0.9份沸水，5%水溶液在25℃时pH值为9.0~10.0。相对密度(d18/4)3.28，熔点687℃。钼酸钠可以和重金属盐产生沉淀，不同沉淀颜色不同，如$FeMoO_4$为深棕色，$CuMoO_4$为绿色，$BaMoO_4$、Ag_2MoO_4和$PbMoO_4$为白色等。

制备方法　钼精矿(主要组分为MoS_2)经氧化焙烧生成三氧化钼，再用碱液浸取，得钼酸钠溶液，浸出液经抽滤、蒸发浓缩。浓缩液经冷却结晶、离心分离、干燥，即得钼酸钠。

质量指标　本品主要技术要求见表14-5。

用途　本品可用于制造生物碱、油墨、化肥、钼红颜料和耐晒颜料的沉淀剂、催化剂、钼盐，也可用于制造阻燃剂和无公害型冷水系统的金属抑制剂，还用作镀锌、磨光剂及化学试剂。用于颜料、染料、缓蚀剂等。

钼酸盐毒性较低，对环境污染程度低，是目前应用较多的一种水处理剂。为了获得较好的缓蚀效果,钼酸盐常与聚磷酸盐、葡萄糖酸盐、锌盐、苯并三氮唑复配使用,这样不仅可以减少钼酸盐的使用量,而且可以提高缓蚀效果,复配后钼酸盐的用量由 200~500mg/L 下降至 4~6mg/L。钼酸盐成膜过程中,必须要有溶解氧存在,但无需钙离子(或其他二价金属离子)。钼酸盐热稳定性高,可用于热流密度高及局部过热的循环水系统。

钻井液中作缓蚀剂。

安全与防护 钼酸钠有毒,但属低毒化合物,LD_{50}(小鼠,腹腔)为 344mg/kg,有刺激性。接触和使用钼酸钠时,要穿戴规定的防护用具。

包装与储运 本品采用内衬塑料袋的铁桶包装,净质量 50kg;也可以采用内衬塑料袋、外用防潮牛皮纸袋包装,每袋净质量 25kg。储存于阴凉、通风、干燥处,储存期为一年。运输中防雨淋、防日晒。

表 14-5 钼酸钠产品技术要求

项 目	指 标	项 目	指 标
外 观	白色结晶粉末	重金属(Pb 计),%	≤0.002
钼酸钠($Na_2MoO_4\cdot 2H_2O$),%	≥98.0	硫酸盐(以 SO_4^{2-}计),%	≤0.003
钼(Mo)含量,%	≥39.0	磷酸盐(以 PO_4^{3-}计),%	≤0.001
水不溶物,%	≤0.05	pH值	8.5~9.0

第二节 有机化合物缓蚀剂

1.咪唑啉衍生物缓蚀剂

化学名称或成分 咪唑啉衍生物。

结构式

(咪唑啉环:$C_{17}H_{33}$—C(=N)—N^+;N^+ 上连 $NH_2CH_2CH_2$ 和 $CH_2—COO^-$)

产品性能 本品是一种两性离子型表面活性剂,为咪唑啉衍生物,呈浅黄色透明状,无毒,无味,对皮肤无刺激,水溶性好,是一种吸附成膜型缓蚀剂。本品能在金属表面形成定向排列的分子膜,阻止钻井液对钻具的腐蚀,且与其他缓蚀剂、杀菌剂具有较好的配伍性。

制备过程 将 141 份油酸(或妥尔油等脂肪酸)和 54 份二亚乙基三胺加入反应釜中,在氮气保护下升温至 100~110℃,然后缓慢升温至 160℃左右,在真空度为 64kPa 下反应 1h,然后在真空度为 5.33kPa 下脱水反应 3h,再缓慢升温至 200~210℃,保温反应 9h 后通冷却水降温至 50℃,再将 95.5 份氯乙酸溶于适量水中,缓慢加入反应釜中,控制釜内温度在 130~150℃,当反应不再有 HCl 气体放出时,降温至 50℃。将 134 份质量分数 30%的 NaOH 溶液在温度小于 60℃下缓慢加入到反应釜中,加完后在 50~60℃保温 3h,再在 80~90℃下保温 1h,最后加入 516 份溶剂稀释即得成品。

质量指标 本品主要技术指标见表 14-6。

用途 本品既可用于油田注水系统及其管线的防腐,也可用于原油输送管线和设备的防腐。本品既可单独使用,也可和杀菌剂和阻垢剂等复合使用,其投加量可视水质情况适当调整,一般投加量为20~50mg/L。

在钻井液中作缓蚀剂,减缓钻井液对钻具的腐蚀。用量一般为0.15%~0.5%。

安全与防护 本品无毒,对眼睛和皮肤安全。使用时避免吸入或长时间接触眼睛、皮肤。

包装与储运 本品采用塑料桶包装,每桶净质量25kg。储存于阴凉、通风、干燥处,储存期为一年。运输中防止日晒和雨淋。

表14-6 咪唑啉缓蚀剂技术要求

项目	指标	项目	指标
外观	浅黄色透明液体	pH值(1%水溶液)	9~10
活性物含量,%	≥30.0	水溶性	良好
密度(20℃)/(g/cm³)	0.90~1.00		

2.咪唑啉季铵盐

化学名称或成分 油酸、二亚乙基三胺、氯化苄等反应物。

结构式

$$C_{17}H_{33}-\text{(imidazolinium ring: N, N}^+\text{)}\ Cl^-,\ N^+\text{-}CH_2C_6H_5,\ N^+\text{-}CH_2CH_2NH_2$$

理化性质 本品为乳白色黏稠液体,缓蚀效果较好。在高浓度时还有一定的杀菌、抑菌作用,而且生产成本较低。

制备过程 将n(油酸):n(二乙烯三胺)=1:1.3与30mL的二甲苯溶剂加入到带有分水器、搅拌器和冷凝管的三口烧瓶中，在120~160℃下回流3h，再在170~200℃下回流4h左右,直到不再有水流出,将反应物冷却至110℃,在减压条件下蒸馏出溶剂,直到不再有溶剂流出为止,得到咪唑啉中间体。将咪唑啉中间体与氯化苄按物质的量比1:1进行季铵化,将咪唑啉加入烧瓶中,加热至100℃,将氯化苄慢慢加入并不停搅拌,保温4h后,降温至室温,得到季铵化的咪唑啉盐。

质量指标 本品主要技术指标见表14-7。

表14-7 咪唑啉季铵盐技术要求

项目	指标	项目	指标
外观	乳白色黏稠液体	pH值(1%水溶液)	7~9
活性物含量,%	≥40.0	缓蚀率,%	≥70.0
密度(20℃)/(g/cm³)	1.00±0.03		

用途 本品主要用于钻井液缓蚀剂,也可用作油田水处理缓蚀剂。

安全与防护 本品无毒,对眼睛和皮肤安全。长期接触对眼睛和皮肤有刺激作用,使用时避免长时间接触眼睛、皮肤。

包装与储运 本品采用镀锌铁桶或塑料桶包装。储存于阴凉、通风、干燥处,本品存放时间过长,可能出现分层现象,用前摇匀不影响使用效果。运输中防止日晒和雨淋。

3.硫代磷酸酯咪唑啉衍生物

化学名称或成分 油酸、二亚乙基三胺、五硫化二磷等反应物。

结构式

$$
\begin{array}{l}
\qquad\qquad\qquad\qquad\qquad\qquad (CH_2-CH_2-O)_{m-1}-CH_2-CH_2-O-\overset{S}{\overset{\|}{P}}(SH)-SH \\
\text{(2-}C_{17}H_{33}\text{-imidazoline)}N-CH_2-CH_2-N \\
\qquad\qquad\qquad\qquad\qquad\qquad (CH_2-CH_2-O)_{n-1}-CH_2-CH_2-O-\overset{S}{\overset{\|}{P}}(SH)-SH
\end{array}
$$

产品性能 本品为咪唑啉聚氧乙烯醚和五硫化二磷的反应产物，由于其分子中含有P、S原子，使得它兼有缓蚀和阻垢作用，其缓蚀率高达80%，阻垢率达80%~100%。用于钻井液缓蚀剂，可以减缓钻具的腐蚀。

制备过程 将148份油酸和56份二亚乙基三胺投加到反应釜中，添加适量的带水剂在150~190℃回流，脱出理论量85%以上的生成水，得棕色黏稠物。将上述所得棕色黏稠物和适量催化剂加入高压反应釜中，升温100~140℃后，再缓慢加入102份环氧乙烷，加完后保温反应30min，得到一种水溶性的棕色黏稠物。继续降温至10~50℃，在搅拌下加入五硫化二磷，加完后，升温至90~140℃，保温反应2h，得到均相的棕色黏稠物。将上述所得黏稠产物加入一定量的分散剂和水，升温80℃，搅拌反应30min，降低温度即得产品。

质量指标 本品主要技术指标见表14-8。

表14-8 硫代磷酸酯咪唑啉缓蚀剂技术指标

项目	指标	项目	指标
外观	黑色黏稠状液体	pH值(1%水溶液)	6~7
活性物含量,%	≥50.0	缓蚀率,%	≥70.0
密度(20℃)/(g/cm³)	1.00±0.03	阻垢率,%	≥90.0

用途 本品主要用作油田水处理缓蚀剂，使用时一般采用连续投加的方法加料，投加量为25~40mg/L，间歇时投加量要高，一般为80~100mg/L。

用于钻井液缓蚀剂，加量一般为0.15%~0.5%。

安全与防护 本品无毒。对眼睛和皮肤有刺激作用，使用时避免长时间接触眼睛、皮肤。

包装与储运 本品采用镀锌铁桶或塑料桶包装。储存于阴凉、通风、干燥处。运输中防晒、防雨淋、防冻。

4.磷酸酯咪唑啉衍生物

化学名称或成分 油酸、二亚乙基三胺、五氧化二磷和脂肪醇等反应物。

产品性能 本品为咪唑啉聚氧乙烯醚和五氧化二磷及脂肪醇的反应产物，由于其分子中含有膦酸基和羟基，使得它兼有缓蚀和阻垢作用，其缓蚀率达70%，阻垢率达80%~100%。用作钻井液缓蚀剂，对钻井液性能影响小。

制备过程 将139份油酸和54份二亚乙基三胺加入反应釜中，添加适量的带水剂在150~190℃回流，脱出理论量85%以上的生成水，得棕色黏稠物。将上述所得棕色黏稠物和适量催化剂加入高压反应釜中，升温100~140℃后，再缓慢加入102份环氧乙烷，加完后保温反应30min，得到一种水溶性的棕色黏稠物。继续降温至10~50℃，在搅拌下加入五氧化二磷和平均相对分子质量为217的脂肪醇，加完后，升温至90~140℃，保温反应2h，得到均相的棕色黏稠物。将上述所得黏稠产物，加入一定量的分散剂和水，升温80℃，搅拌反应30min，降低温度即得产品。

质量指标 本品主要技术指标见表14-9。

表14-9 磷酸酯咪唑啉缓蚀剂技术要求

项目	指标	项目	指标
外观	黑色黏稠状液体	pH值(1%水溶液)	6~7
活性物含量,%	≥50.0	缓蚀率,%	≥70.0
密度(20℃)/(g/cm³)	1.00±0.03	阻垢率,%	≥90.0

用途 本品主要用作油田水处理缓蚀剂，使用时一般采用连续投加的方法加料，投加量为25~40mg/L，间歇时投加量要高，一般为80~100mg/L。

用于钻井液缓蚀剂，加量一般为0.15%~0.50%。

安全与防护 本品无毒。对眼睛和皮肤有刺激作用，使用时避免长时间接触眼睛、皮肤。

包装与储运 本品采用镀锌铁桶或塑料桶包装。储存于阴凉、通风、干燥处。运输中防日晒、防雨淋、防冻。

5.咪唑啉硫代磷酸酯

化学名称或成分 烷基脂肪酸、二亚乙基三胺、乙基硫代磷酸酯等反应物。

产品性能 本品是以长链脂肪酸和有机胺经过缩合脱水反应生成的咪唑啉，再和含硫磷化合物反应生成的咪唑啉硫代磷酸酯为主，同时添加有其他助剂的一种缓蚀剂。常温下为棕色至深棕色可流动黏稠液体，可溶于水、乙醇、甲醇和丙酮等溶剂。本品为吸附成膜型缓蚀剂，可有效地抑制高CO_2含量作业流体发生的腐蚀，对低浓度可溶性硫化物存在的CO_2-H_2O引起的腐蚀有极好的抑制效果。

制备过程 将100份十二烷基脂肪酸和64份二亚乙基三胺投加到反应釜中，在CO_2气氛中将反应体系减压至74.66kPa，同时缓慢加热至170℃，保温脱水反应3h，然后将体系温度逐渐升至220℃，压力降至9.33kPa，保温反应3h，即得咪唑啉。将反应釜内的反应混合液降温至70℃，搅拌下缓慢加入90份乙基硫代磷酸酯，待其加完后，在70℃温度下反应4h，最后加入50份非离子表面活性剂和750份溶剂，在60℃搅拌下反应1h即得成品。

质量指标 本品主要技术指标见表14-10。

表14-10 咪唑啉硫代磷酸酯缓蚀剂技术要求

项目	指标	项目	指标
外观	棕色至深棕色黏稠液体	凝点/℃	<-10
pH值(1%水溶液)	4~9	有效物含量,%	≥15.0
密度(20℃)/(g/cm³)	0.90~1.10	缓蚀率,%	≥60
水溶性	良好		

用途 本品可以用于油田污水处理和注水系统作缓蚀剂，具有缓蚀和阻垢双重功能。

用作钻井液缓蚀剂，对钻井液性能影响小，加量一般为0.2%~0.7%。

安全与防护 本品无毒。对眼睛和皮肤有刺激作用，使用时避免长时间接触眼睛、皮肤。

包装与储运 本品采用塑料桶包装，每桶净质量25kg。储存在阴凉、通风、干燥、避光处，储存期为一年。运输中防止日晒、雨淋，防冻。

第三节 醛类杀菌剂

1.甲醛

参见第二章、第二节、12，用于杀菌剂和防腐剂，可以提高淀粉、纤维素、生物聚合物、植物胶等的使用温度，抑制淀粉钻井液发酵。

2.戊二醛

分子式 $CHO(CH_2)_3CHO$

相对分子质量 100.12

理化性质 纯戊二醛为带有刺激性特殊气味的无色透明油状液体，熔点-14℃，沸点188℃(分解)，折射率(n_D^{25})1.4330，蒸气压2.27kPa(20℃)。不易燃，可随蒸气挥发。不易溶于冷水，但与热水可混溶，易溶于乙醇、乙醚等有机溶剂。25%戊二醛水溶液相对密度1.066(20℃)，熔点-5.8℃，沸点101℃，有强烈的刺激性。

制备过程 丙烯醛与乙烯基乙醚经Diels-Alder反应制成2-乙氧基-3,4-二氢吡喃，后者在酸催化剂(锌、铝盐)存在下进行反应制得戊二醛。因纯品不易保存，故商品多为质量分数25%的水溶液。

质量指标 本品的主要技术指标见表14-11。

表14-11 戊二醛技术指标

项　目	指　标	项　目	指　标
外　观	无色或淡黄色澄清液体	沸点/℃	100~101
含量，%	≥25.0	pH值	3±0.2
相对密度/(g/cm³)	1.063~1.066		

用途 本品在水基钻井液中，可用于杀菌剂和防腐剂，能够提高淀粉、纤维素、瓜胶类等天然或天然改性处理剂的使用温度，防止发酵。也可用作其他油田作业流体的杀菌剂。

安全与防护 本品低毒。对眼睛和皮肤有刺激作用，使用时防止吸入及长时间接触眼睛、皮肤。

包装与储运 本品采用聚乙烯塑料桶包装，每桶净质量25kg，采用涂塑料铁桶包装时，每桶净质量200kg。储存在阴凉、低温、通风、干燥的库房中，储存期为两年。运输中防止日晒、受热，防止包装破损。

3.多聚甲醛

化学式 $HO(CH_2O)_nH(n=10\sim100)$

理化性质 多聚甲醛别名聚蚁醛、聚合甲醛、仲甲醛、固体甲醛、聚合蚁醛。低相对分子质量的为白色结晶粉末，具有甲醛味。相对密度(水=1)1.39，蒸气压0.19kPa/25℃，闪点70℃，熔点120~170℃，不溶于乙醇，微溶于冷水，溶于稀酸、稀碱。

制备方法 由甲醛聚合得到。

质量指标 本品主要技术指标见表 14-12。

表 14-12 多聚甲醛技术指标

项 目	指 标	项 目	指 标
外 观	白色或淡黄色粉粒	氨水中溶解试验	合 格
灼烧残渣,%	≤0.5	重金属(以 Pb 计),%	≤0.003
多聚甲醛的质量分数,%	≥93.0	硫酸盐,%	≤0.02
氯化物,%	≤0.005	铁(Fe),%	≤0.01

用途 在水基钻井液中,本品可用于杀菌剂和防腐剂,能够提高淀粉、纤维素、瓜胶类等天然或天然改性处理剂的使用温度,防止发酵。

本品还可以用于 SMP、SMC、SMT 等处理剂生产的原料。

安全与防护 LD_{50} 为 1600mg/kg(大鼠经口)。遇明火、高热或与氧化剂接触,有引起燃烧的危险。受热分解放出易燃气体能与空气形成爆炸性混合物。粉体与空气可形成爆炸性混合物,当达到一定浓度时,遇火星会发生爆炸。使用时戴防毒口罩,必要时佩带防毒面具,戴安全防护眼镜,穿相应的防护服,戴橡胶手套。

包装与储运 本品采用内衬聚乙烯塑料袋、外用防潮牛皮纸袋包装,每袋净质量 25kg。储存在阴凉、通风、干燥的库房中。运输中防止日晒、雨淋。

第四节 表面活性剂类杀菌剂

1.十二烷基二甲基苄基氯化铵

参见第二章,第二节,15,用作杀菌剂和黏土稳定剂。

2.十六烷基三甲基氯化铵

参见第二章,第二节,16,用于杀菌剂和黏土稳定剂。

3.异噻唑啉酮衍生物杀菌剂

化学名称或成分 2-甲基-4-异噻唑啉-3-酮和 5-氯-2-甲基-4-异噻唑啉-3-酮的复合物。

产品性能 异噻唑啉酮衍生物杀菌剂主要是由 2-甲基-4-异噻唑啉-3-酮和 5-氯-2-甲基-4-异噻唑啉-3-酮两种化合物以 1:3 的比例以及其他添加剂混合而成的一种广谱、高效和低毒的非氧化性杀菌剂。本品能通过断开细菌和藻类蛋白质的键而起杀菌作用。与微生物接触后,能迅速地抑制其生长,从而导致微生物细胞的死亡,并能穿透黏泥附在器壁上的生物膜,起到生物剥离作用,对循环水中常见细菌、真菌和藻类等具有很强的抑制和杀灭作用,杀生率高,活性成分降解性好,具有不产生残留、操作安全、配伍性好、稳定性强和使用成本低等特点。

制备过程 将 1000 份 1,2-二氯乙烷加入反应釜中, 在搅拌下加入 71 份 N,N'-二甲基二硫代二丙酰胺,维持釜内温度为 10~15℃,使两种物质充分混合,得到一种浆状物质;

在 1.5~2h 内加入卤化剂磺酰氯，加入过程中维持釜内温度为 20~25℃，必要时通入冷却水加以冷却，磺酰氯加完后，搅拌反应 15~20h，反应时间到达后，过滤得浆状混合物，得到 31.7 份 2-甲基-4-异噻唑啉-3-酮(Ⅰ)盐酸化合物，蒸发滤液，蒸至体积约为一半时，得到 30 份的低纯盐酸，蒸发完全时可得到 24.7 份的油状残渣，将此残渣在 0.013kPa、40~60℃下升华可得到 11.5 份的 5-氯-2-甲基-4-异噻唑啉-3-酮(Ⅱ)。将上述反应过程得到的产物(Ⅰ)用 NaOH 中和至 pH 值为 4.0，然后和产物(Ⅱ)全部溶于溶剂中，配成 1.5%~2.0%的水溶液，即得成品。

质量指标 本品主要技术指标见表 14-13。

表 14-13 异噻唑啉酮衍生物杀菌剂技术要求

项 目	指 标	项 目	指 标
外 观	黄绿色或橙黄色透明液体	活性物含量，%	≥1.5
pH值(1%水溶液)	3.0~5.0	杀菌率，%	100
密度(20℃)/(g/cm³)	1.00~1.10		

用途 本品主要用作油田污水处理系统以及循环冷却水系统的高效杀菌剂。本品可单独使用，也可与其他非氧化性杀菌剂复配使用，复配使用可起到协同增效作用。作黏泥剥离剂使用时，投加剂量为 150~300mg/L，杀菌时视菌藻滋生情况，每隔 3~7 天投加一次，投加剂量为 50~100mg/L，本品不能与氯气等氧化性杀菌剂同时使用。本品也可以用作钻井液杀菌剂。

安全与防护 本品无毒。对眼睛和皮肤有刺激作用，避免皮肤和眼睛接触。

包装与储运 本品不稳定，易氧化，采用塑料桶包装。储存在阴凉、通风、干燥处，储存期半年。运输中防止日晒、防止受热。

4.两性季铵内盐杀菌剂

化学成分 (十二~十六)烷基二甲基(2-亚硫酸)乙基铵盐。

产品性能 本品为分子中含有长链烷基和亚硫酸酯基团的两性季铵内盐表面活性剂，单个分子呈电中性，是阳离子季铵盐十二烷基二甲基苄基氯化铵(1127)的替代品。本品具有优良的杀菌和缓蚀性能、良好的水溶性、优越的清洗剥离效果，毒性远远小于 1227(LD_{50} 为 3200mg/kg)。本品的两性结构特点使得其作为杀菌剂具有许多阳离子季铵盐杀菌剂所不及的特点：具有良好的洗净能力和浸润能力；杀菌能力受 pH 值影响小；在一些蛋白质、氨基酸等有机物存在时，其杀菌能力不变；对铁金属具有一定的缓蚀作用；和其他水处理用阻垢缓蚀剂具有很好的配伍性；不会产生有毒的副产物，不会造成环境污染。固态外观为淡黄色至白色蜡状晶体，液态则为无色透明液体。

制备过程 中间体亚乙基亚硫酸酯的制备：在反应釜中加入一定量的乙二醇溶液，在搅拌下缓慢加入氯化亚砜，加入过程中视反应釜中回流情况控制加料速度，反应完成后，真空蒸馏除去未反应物质及其他杂质。反应副产的氯化氢，经冷凝器冷却后，至填料吸收塔用水吸收得工业品稀盐酸。

(十二~十六)烷基二甲基(2-亚硫酸)乙基铵(DMHSEA)的制备：将(十二~十六)烷基叔胺加入到反应釜中，再加入一定量的甲苯作溶剂，按一定配比加入亚乙基亚硫酸酯，然后在回流温度下保温反应 2h，回收甲苯溶剂，冷却至 40~50℃，加水溶解，得一透明无色或浅黄色液体即为成品。

质量指标 本品为无色或淡黄色透明液体，活性物含量≥20%，1%水溶液 pH 值 6.8~7.5。

用途 本品适用于油田注水系统作非氧化性杀菌剂和黏泥剥离剂。本品可单独使用，投加量视硫酸盐还原菌(SRB)多少而异，采取间歇冲击投加的方式投加，一般投加量为 60~100mg/L。也可以用作钻井液杀菌剂。

安全与防护 本品无毒。对眼睛和皮肤有一定刺激作用，避免皮肤和眼睛长时间接触。

包装与储运 本品采用塑料桶包装，每桶净质量为 25kg。储存在阴凉、通风、干燥的库房中，储存期一年。运输中防止日晒、受热。

5.直链脂肪胺乙酸盐杀菌剂

化学名称或成分 直链脂肪胺乙酸盐。

产品性能 本品为棕黄色液体，水溶性好，具有高效、广谱、低毒和使用方便等特点，对抑制和杀灭油田污水和注水系统中的硫酸盐还原菌(SRB)特别有效。处理油田污水时无乳化现象，不影响注水滤膜系数，与油田常用的缓蚀剂、阻垢剂和净水剂配伍性良好。

制备过程 先将 220 份直链脂肪胺($C_{12\sim14}$ 的伯胺)和 250 份水加入到反应釜中，搅拌至直链脂肪胺全部溶解，然后升温并控制温度≤55℃，在搅拌下缓慢加入 72 份冰乙酸，冰乙酸加完后，升温至 80~90℃，在此温度下保温反应 2h，然后加入 250 份水，在温度≤70℃下加入 250 份稳定剂，搅拌 30min。向上述体系中投加 25 份分散剂，搅拌 40min 即得成品。

质量指标 本品主要技术要求见表 14-14。

表 14-14 直链脂肪胺乙酸盐技术要求

项 目	指 标	项 目	指 标
外 观	棕黄色透明液体	密度(20℃)/(g/cm³)	0.93
全胺价/(mg KOH/g)	≥55.0	水溶性	良 好
pH值(1%水溶液)	6~8.5	杀菌率(浓度为 100mg/L)，%	100

用途 本品主要用于油田污水回注系统作杀菌灭藻剂。作为杀菌剂使用时，按系统保有水量计，每周投药 1~2 次，间歇冲击式投加于循环泵入口，投加量为 50~100mg/L。

用作钻井液杀菌剂，一般加量为 0.05%~0.25%。

安全与防护 本品无毒。对眼睛和皮肤有刺激作用，使用时避免皮肤和眼睛长时间接触。

包装与储运 本品采用塑料桶包装，每桶净质量为 25kg。储存在阴凉、通风、干燥的库房中，储存期为一年。运输中防止日晒、受热。

参考文献

[1] 王中华，何焕杰，杨小华.油田化学品实用手册[M].北京：中国石化出版社，2004.

[2] 张克勤，陈乐亮.钻井技术手册(二)：钻井液[M].北京：石油工业出版社，1988.

[3] 朱文祥.无机化合物制备手册[M].北京：化学工业出版社，2006.

[4] 樊国栋，葛君，柴玲玲.咪唑啉季铵盐的合成及性能评价[J].陕西科技大学学报，2010，28(4)：21-24，28.

[5] 严莲荷.水处理药剂及配方手册[M].北京：中国石化出版社，2004.

第十五章 水合物抑制剂

天然气水合物是水与烃等小分子气体在一定条件下聚结在一起形成的一种笼形晶体化合物，它对油气的开采及储运会产生很大危害。尤其在深海进行油气开采时更易产生大量的天然气水合物。

钻井液用水合物抑制剂主要用于深水钻井中。深水钻井遇到的问题之一是钻遇浅层含气砂岩时气体水合物的形成。深水钻井作业时，在较深地层钻遇含气砂岩时，导管以下地层中所含天然气会在导管内形成气体水合物。由气体分子与水分子组成的气体水合物具有类似冰的结构，一旦形成气体水合物，就会妨碍油井的压力监控，限制钻柱活动，导致钻井液的性能变坏，堵塞气管、导管、隔水管和海底防喷器。气体水合物的形成会阻碍井控作业时防喷器的操作，拖延井控时间，会导致安全问题，因此，在深水钻井液体系中必须添加一些化学剂，以抑制正常钻井时气体水合物的形成，确保安全作业[1~4]。

水合物抑制剂是指一些能够抑制天然气水合物生成的化学剂。水合物抑制剂按照抑制作用机理的不同主要分为热力学抑制剂、动力学抑制剂和防聚剂等。其中，动力学抑制剂和防聚剂又称低剂量水合物抑制剂，主要有无机化合物和有机化合物。

热力学抑制剂在水中的质量分数一般为10%~60%，常用的热力学抑制剂有甲醇、乙二醇等醇类以及氯化钠、氯化钙等盐类。

动力学抑制剂是一些水溶性或水分散性的含有内酰胺基的聚合物或主链或支链中含有酰胺基的聚合物。其抑制水合物形成的原因可能是：吸附到水合物晶体的表面，阻碍水合物的形成；产生空间位阻，阻止客体分子进入水合物空腔形成水合物。动力学抑制剂加入量很少(在水相中的质量分数通常小于3%)，可减少储存体积和注入容量，也可减少由此产生的污水处理问题。现已开发的性能较好的动力学抑制剂主要有聚乙烯吡咯烷酮(PVP)、聚乙烯基己内酰胺(PNVCL)、PVP-PNVCL-*N*-二甲氨基异丁烯酸乙酯的三元共聚物(Gaffix VC-713)以及一些抗冻蛋白系列物质等。最近，人们又开发了具有六元环结构的内酰胺类物质*N*-乙烯基哌啶酮和具有八元环结构的内酰胺类物质*N*-乙烯基氮杂环辛(PVACO)等。

防聚剂是一些聚合物和表面活性剂，常用作防聚剂的表面活性剂大多是一些酰胺类化合物，特别是羟基酰胺、烷氧基二羟基羧酸酰胺和*N*-二羟基酰胺等以及烷基芳香族磺酸盐、烷基聚苷和溴化物的季铵盐等。比较典型的防聚剂主要有溴化物的季铵盐、烷基芳香族磺酸盐及烷基聚苷等。它们在油水体系中会使油水相乳化，气体与被乳化的小水滴生成的水合物在微乳中难以聚结成块，不会因堵塞管道而影响天然气的运输。防聚剂在油水体系中的质量分数为0.5%~2%时即可发挥作用，一般适用于油水混合体系，但因其价格较昂贵，因此限制了它的使用。

本章从无机化合物和有机化合物两方面介绍。

第一节 无机化合物

1.氯化钠

参考第二章、第一节、9,用作水合物抑制剂,具有较好的抑制效果,且优于乙二醇,与有机化合物配合效果更好,如将其与 PVP 配伍,可以获得理想的效果。

表 15-1 是 NaCl 及 NaCl+PVP 抑制水合物效果评价结果。从表中可以看出,使用 20.0%的 NaCl 可以保证钻井液中长时间内没有天然气水合物生成;10% NaCl 与 0.5%或 1.0% PVP 配伍使用也可以获得良好的天然气水合物生成抑制效果。与 PVP 配伍使用能够大幅度降低 NaCl 用量,有利于良好钻井液性能的维护[5]。

表 15-1 水合物抑制剂性能评价结果

水合物抑制剂	水合物生成时间/h	水合物生成情况
15.0% NaCl	7.4	少量天然气水合物附着在搅拌杆与试样交界处
20.0% NaCl	>8.0	无天然气水合物生成
10.0% NaCl+0.5% PVP	>8.0	无天然气水合物生成
10.0% NaCl+1.0% PVP	>8.0	无天然气水合物生成

注:采用天然气水合物抑制性能评价装置,模拟海底温度[(4.0±0.2)℃,(21±0.2)MPa],通过搅拌模拟钻柱的转动。

2.氯化钾

参考第二章、第一节、10,用作水合物抑制剂,与有机化合物配合效果更好。

3.氯化钙

参考第二章、第一节、12,用作水合物抑制剂,与有机化合物配合效果更好。

第二节 有机化合物

用于水合物抑制剂的有机化合物主要包括一些多元醇和聚合醇以及乙烯基己内酰胺、乙烯吡咯烷酮等单体的均聚物或共聚物。

1.乙二醇

分子式 $C_2H_6O_2$

相对分子质量 62.07

理化性质 乙二醇别名甘醇、1,2-亚乙基二醇,简称 EG。本品为无色黏稠液体,凝固点-11.5℃,沸点 197.6℃,相对密度 1.1135(20/4℃),折光率 1.43063。溶于水、低级醇、甘油、丙酮、乙酸、吡啶、醛类,微溶于醚,几乎不溶于苯、二硫化碳、氯仿和四氯化碳。有甜味,具吸湿性。能与碱金属作用、酸作用,与氧反应,醇羟基可被卤素取代等。

制备过程 环氧乙烷水合制得乙二醇。

质量指标 本品主要技术要求见表 15-2。也可以参照执行 GB/T 4649—2008 工业用乙二醇标准。

表 15-2 乙二醇产品技术要求

项 目	指 标	项 目	指 标
外 观	无色、无机械杂质	酸度(以乙酸计),%	≤0.005
色度(铂-钴)加热前/号	≤15	铁含量(以 Fe 计),%	≤0.0005
密度(20℃)/(g/cm^3)	1.1125~1.1140	氯化物(以 Cl 计),%	≤0.001
沸程(在 0℃,0.10133MPa 下)	195~200℃	灰分含量,%	≤0.003
水 分,%	≤0.2		

用途 在钻井液中,本品主要用作天然气的水合物生成抑制剂。

工业上用来生产优质聚酯纤维,还可以用作薄膜、橡胶、醇酸树脂、增塑剂、防冻液、溶剂、干燥剂、刹车油等原料。

安全与防护 LD_{50} 为 8.0~15.3g/kg(小鼠经口),5.9~13.4g/kg(大鼠经口),低毒。要避免与皮肤和眼睛接触。不慎与眼睛接触后,立即用大量清水冲洗。

包装与储运 本品采用塑料桶或镀锌桶包装,每桶 25kg 或 180kg。贮存时应密封,长期储存要氮封,远离热源和火源。运输中防止曝晒、雨淋,防火。

2.二甘醇

分子式 $C_4H_{10}O_3$

相对分子质量 106.12

理化性质 二甘醇别名二乙二醇、一缩二乙二醇、二乙二醇醚、二(羟乙基)醚等,为无色或淡黄色油状液体,味辛辣并微甜,有吸湿性。凝固点-6.5℃,沸点 245.8℃,相对密度 1.1164(20℃),折光率 1.4475,闪点 124℃。能与乙醇、乙醚、丙酮和乙二醇混溶,不溶于苯和四氯化碳,溶于水。

制备过程 由环氧乙烷与乙二醇作用而制得。也是环氧乙烷水合制乙二醇时的副产品。

质量指标 本品主要技术指标见表 15-3。

表 15-3 二甘醇产品技术指标

项 目		指 标		
		优等品	一等品	合格品
外 观		无色透明	无色或微黄色液体	无色或微黄色液体
色度(铂-钴)/号		10	15	30
密度(20℃)/(g/cm^3)		1.1155~1.1176	1.1155~1.1176	1.1155~1.1176
纯度,%		≥99.7		
乙二醇,%		≤0.05	≤0.15	≤0.50
三乙二醇,%		≤0.05	≤0.40	≤1.00
沸程(0.10133MPa)	体积馏出 5%/℃	≥243	≥242	≥240
	体积馏出 95%/℃	≤246	≤250	≤255
含水量,%		≤0.01	≤0.1	≤0.2
酸值(以乙酸计),%		≤0.005	≤0.01	
铁(以 Fe^{2+}计),%		≤0.00001	≤0.0001	
氯(以 Cl^-计),%		≤0.00005		
灰分,%		≤0.005		

用途 本品主要用作防冻剂、气体脱水剂和芳烃萃取溶剂，也用作硝酸纤维素、树脂、油脂、印刷油墨等的溶剂，纺织品的软化剂、整理剂等，还用于制备不饱和聚酯树脂。

在钻井中主要用作天然气的脱水剂和深水钻井液水合物抑制剂。

安全与防护 小鼠经口 LD_{50} 为 23700mg/kg，大鼠经口 LD_{50} 为 12565mg/kg，兔子经皮 LD_{50} 为 11890mg/kg，低毒。避免与皮肤和眼睛接触。不慎与眼睛接触后，立即用大量清水冲洗。

包装与储运 本品采用镀锌铁桶或塑料桶装，每桶 200kg 或 25kg。贮存于阴凉、通风、干燥处，远离热源和火源，远离氧化剂。运输中防曝晒、防雨淋、防火。

3.聚乙二醇

参见第六章、第五节、1，低相对分子质量聚乙二醇具有一定的润滑性和防塌性，同时对天然气水合物有较好的抑制性，是深水钻井液中常用的添加剂。

4.聚丙二醇

参见第六章、第五节、2，适当相对分子质量的聚丙二醇，可以作为深水钻井液中常用的水合物抑制剂，也可以作为钻井液抑制剂，能够有效地抑制生成水合物，而不会影响钻井液的流变性和滤失量。

5.聚醚二胺

参见第六章、第六节、1，可以作为深水钻井液水合物抑制剂，也可以作为钻井液抑制剂。由本品组成的钻井液体系可以有效地抑制天然气水合物的形成，可以用于深水钻井。

6.聚乙烯基己内酰胺

化学名称或成分 乙烯基己内酰胺均聚物。

结构式

$$\left[CH_2 - \underset{\substack{| \\ N\text{(己内酰胺环, C=O)}}}{CH} \right]_n$$

产品性能 聚 *N*-乙烯基己内酰胺(PNVCL)是一种具有低临界溶液温度(LCST)的温度敏感性(温敏性)高聚物，其处于生理温度范围内(30~40℃)。它不仅具有离子型水溶性、热敏感性，而且还具有生物适应性，它的均聚物和系列高聚物在生物、医药材料和日用化学品中有极其广泛的应用前景，作为天然气水合物抑制剂在应用方面表现出良好的性能，是目前水合物抑制剂中效果非常好的几种产品之一。

研究表明[6]，在质量分数小于 3%的情况下，其所加浓度与抑制效果成正比。如相同条件下，抑制剂浓度为 1%时抑制时间只有 2.4h；浓度增加到 3%，就能达到 9.6h。

制备方法 PNVCL 可以采用不同的方法制备[7]：

方法一：将单体 *N*-乙烯基己内酰胺 6g、溶剂异丙醇 30mL 和引发剂偶氮二异丁腈 0.04g 加入到四口烧瓶中，通氮气保护，启动搅拌装置，在 65℃下反应 14h。将反应液冷却至室温，然后用乙醚萃取反应液分离产品。未反应的原料进入乙醚相，下层的白色沉淀即为 PNVCL 产品。

方法二:将 NVCL、偶氮二异丁腈和蒸馏水按一定比例加入到装有温度计、冷凝管和 N_2 导管的三口烧瓶中,开动磁力搅拌并通 N_2,待 VCL 完全溶解,偶氮二异丁腈分散均匀后,迅速升温至反应温度并持续反应 6h 后降至室温;将反应液倒入烧杯,在烘箱中于 45℃下热沉淀;倒出上层清液,用 THF 溶解粗产品,然后将其缓慢倒入大量的正己烷中并快速搅拌;析出产品用乙醚洗涤,在真空干燥箱中于 45℃下干燥,得到成品。

文献[8]将 NVCL 减压蒸馏去除阻聚剂后与偶氮二异丙基咪唑啉盐酸盐(AIBI)和无水乙醇(AE)按一定比例加入三口烧瓶中,通氮气保护并开启搅拌,升温至一定温度反应一段时间后停止。于 50℃、0.08MPa 减压蒸除溶剂,得无色黏稠状液体。加入适量四氢呋喃溶解,并用正己烷析出。静置,弃上清液,加入乙醚洗涤沉淀,过滤,于 30℃干燥后得白色粉末状产品 PNVCL。并在通用条件一定,即 NVCL 用量 10g,AIBI 用量 0.04g,AE 用量 20g,搅拌速率 200r/min,75℃,反应 7h 时,对影响 NVCL 聚合反应的因素进行了研究。

图 15-1 是溶剂用量对 PNVCL 产率及相对分子质量的影响。由图中可间,PNVCL 相对分子质量随溶剂用量的增大呈先增后降的趋势, 而产率随溶剂用量的增大而逐渐增大且达到一定值后趋于平稳。这是因为溶剂用量较少时,单体不能很好的溶解,同时引发剂分散不好,使产物相对分子质量和产率均较低。当溶剂用量为 20g 时,单体和引发剂都得到了很好的溶解,产物相对分子质量和产率都较高。但继续增加溶剂用量,体系中单体浓度降低,反应中链增长速度变小,反而使产物的相对分子质量降低。

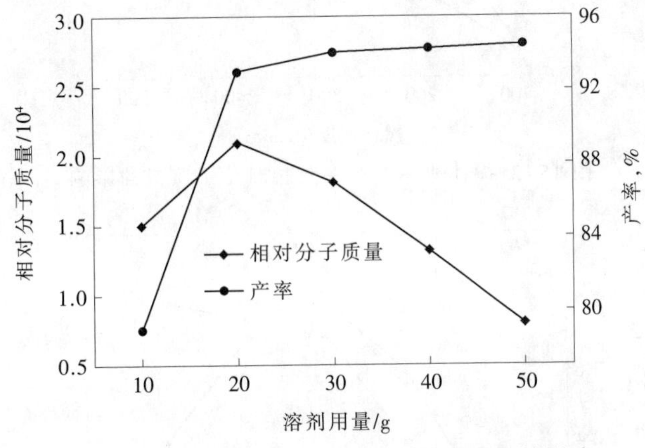

图 15-1 溶剂用量对产率及相对分子质量的影响

图 15-2 是引发剂用量对 PNVCL 产率及相对分子质量的影响。从图中可知,PNVCL 相对分子质量随引发剂用量的增大而减小,产率随引发剂用量的增大而增大并趋于稳定。

图 15-3 是搅拌速率对 PNVCL 产率及相对分子质量的影响。由图 15-3 可知,PNVCL 的产率和相对分子质量均随搅拌速率的增加呈先增后减的趋势。这是因为搅拌速率较低时,引发剂与单体不能混合均匀而影响反应,使产物产率和相对分子质量较低。当搅拌速率较高时,搅拌产生的剪切力使得聚合物的链增长反应受到影响,使产物相对分子质量和产率降低,且搅拌速率越大时影响越大。

图 15-4 是其他条件一定,搅拌速率 300r/min 时,反应温度对 PNVCL 产率及相对分子质量的影响。从图中可看出,PNVCL 的相对分子质量随反应温度的升高先提高后降低,而产率随温度的升高而逐渐增加,当反应温度达到 70℃后趋于稳定。

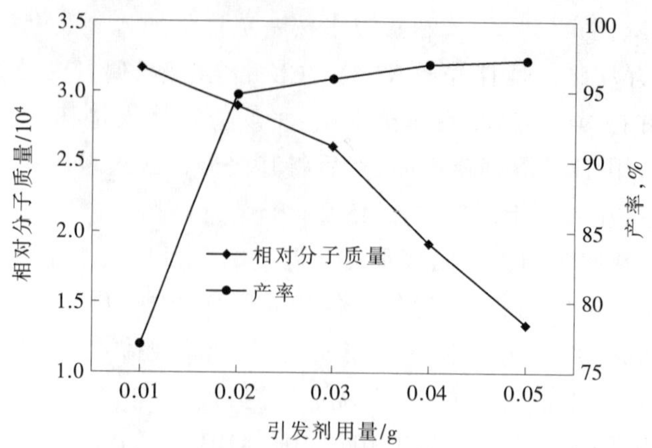

图 15-2 引发剂用量对产率及相对分子质量的影响

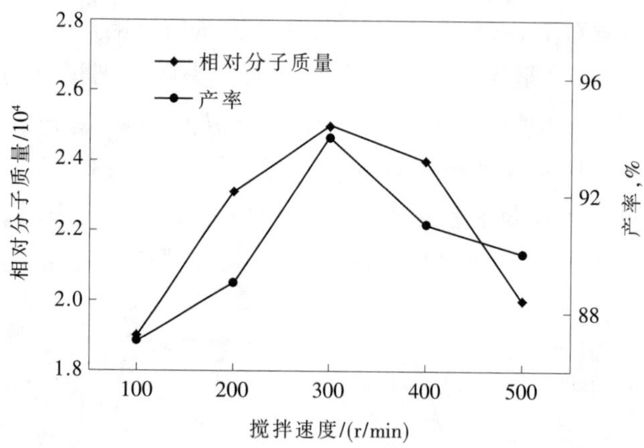

图 15-3 搅拌速率对产率及相对分子质量的影响

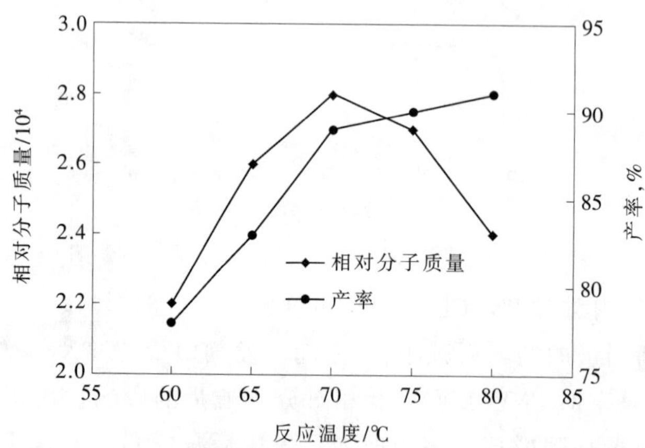

图 15-4 反应温度对产率及相对分子质量的影响

图 15-5 是其他条件一定,搅拌速率 300r/min,反应温度 70℃时,反应时间对 PNVCL 产率及相对分子质量的影响。从图中可以看出,PNVCL 相对分子质量与产率均随反应时间的增加而增大,当反应时间达到到 9h 以后,再延长反应时间,PNVCL 相对分子质量和产率变化不大,说明 9h 时聚合反应已进行完全。

质量指标 本品主要技术要求见表 15-4。

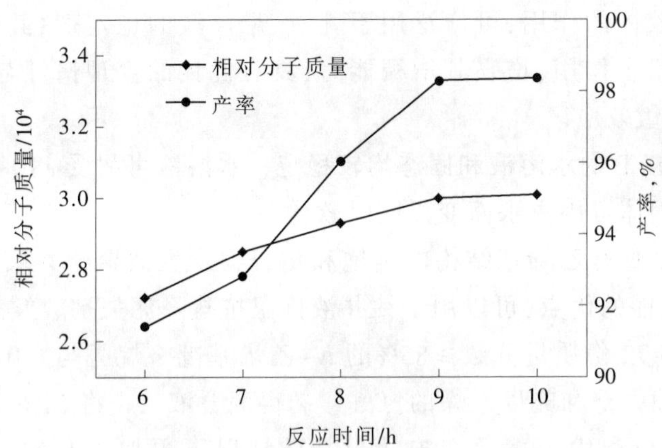

图 15-5 反应时间对产率及相对分子质量的影响

表 15-4 PNVCL 产品技术要求

项目	指标	项目	指标
外观	白色或浅黄色粉末	灰分,%	≤0.02
固含量,%	≥95	水分,%	≤5.0
残炭,%	≤0.2	pH值(5%水溶液)	3~7

用途 本品在人造肌肉、药物控释体系、膜分离及化学阀等方面有重要作用。在医药、生物材料及日用化学品中具有广泛的应用前景。

钻井液方面主要用作天然气水合物抑制剂。可以单独使用,也可以与无机物或有机物配合使用,尤其是与有机物配合使用时可以获得良好的的抑制效果,如使用质量分数1%的PNVCL与5%乙二醇丁醚复配抑制剂时,水合物形成的诱导时间为430min;采用质量分数1%的PNVCL和5%甲醇复配抑制剂时,水合物形成的诱导时间为887min[9]。本品也可以用于钻井液和固井水泥浆降滤失剂。

安全与防护 无毒。不刺激眼睛,不会引起皮肤的刺激和过敏。但要避免与皮肤和眼睛接触。

包装与储运 本品采用内衬塑料袋、外用塑料编织袋或防潮牛皮纸袋包装,每袋净质量25kg。贮存在通风、阴凉、干燥处。运输中防止受潮和雨淋。

7.聚乙烯基吡咯烷酮

化学名称或成分 *N*-乙烯基吡咯烷酮的均聚物。

结构式

$$\left[\!-CH_2-CH-\right]_n$$

(CH 上连接吡咯烷酮环的 N 原子,环上 N 邻位为 C=O)

产品性能 聚乙烯基吡咯烷酮(PVP)为无臭、无味、无毒的白色粉末,其平均相对分子质量一般用*K*值表示,通常分为K-15、K-30、K-60、K-90,分别代表1×10^4、4×10^4、16×10^4、36×10^4的相对分子质量范围。PVP的结构中,形成链和吡咯烷酮环的亚甲基是非极性基团,具有亲油性,分子中的内酰胺是强极性基团,具有亲水作用。这种结构特征使PVP能溶于水和许多有机溶剂,如烷烃、醇、羧酸、胺、氯化烃等,不溶于乙醚、丙酮等,能与多数无机盐和多种树脂相容。本品具有成膜性及吸湿性,加入某些天然的或合成的高分子聚合物或有机化合物可有效地调节其吸湿性与柔软性;具有很强的黏结能力,极易被吸附在胶体粒子的表面起到保护胶体的作用,可广泛用于乳液、悬浮液的稳定剂;其内酰胺结构可与许多极性官能团发生络合作用,增强其增稠能力;具有优良的生理惰性与生物相容性,对皮肤、眼睛无刺激或过敏效应。

在通常情况下,PVP 的水溶液和固态均较稳定, 水溶液可耐受 110~130℃蒸汽热压,而在 150℃以上,PVP 固体可因失水而变黑同时软化。

NVP 可以与许多具有乙烯基结构的不饱和化合物发生共聚, 共聚物的性能可以综合 PVP和其他聚合物性能的优点,可以用于钻井液抗温抗盐降滤失剂、增黏剂、包被剂等。

制备过程 将 5.72 份质量分数≥85%的 *N*-乙烯基吡咯烷酮与 0.013 份偶氮二异丁腈加入混合釜中, 并抽真空和充以干燥的氮气, 制得混合液 A; 将 51.6 份正庚烷和 0.65 份 GanexV-516 加入反应釜中, 然后在连续搅拌的情况下再加入 9.64 份蒸馏水与剩余的 26.66 份质量分数≥85%的 *N*-乙烯基吡咯烷酮并混合均匀,抽真空和充以干燥的氮气并加热到 75℃,加入混合液 A,在连续搅拌下,于 74~76℃的条件下反应 8h;将反应物冷却到室温进行过滤,然后在 50℃下抽真空干燥、粉碎,即得到聚乙烯吡咯酮产品。

需要强调的是,在 PVP 合成中,引发剂用量、溶剂类型对其相对分子质量影响很大[10]。以在水中的聚合为例,当单体质量分数为 50%,反应温度 65℃,反应时间 5h,引发剂用量对产物相对分子质量的影响见图 15-6。从图中可以看出,PVP 的相对分了质量与引发剂的用量之间虽没有明显的函数关系, 但从总的趋势来看,PVP 的相对分了质量随引发剂用量的增加而降低,因此可以通过添加不同用量的引发剂来控制产物的相对分子质量。

以乙醇为溶剂,反应温度 65℃,引发剂用量为单体质量的 0.5%,单体质量分数对产物相对分子质量的影响见图 15-7。从图中可以看出,单体质量分数对产物相对分子质量的影响不大。

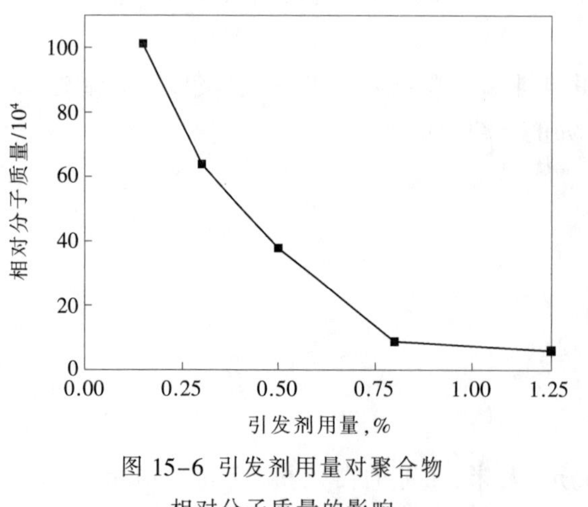

图 15-6 引发剂用量对聚合物相对分子质量的影响

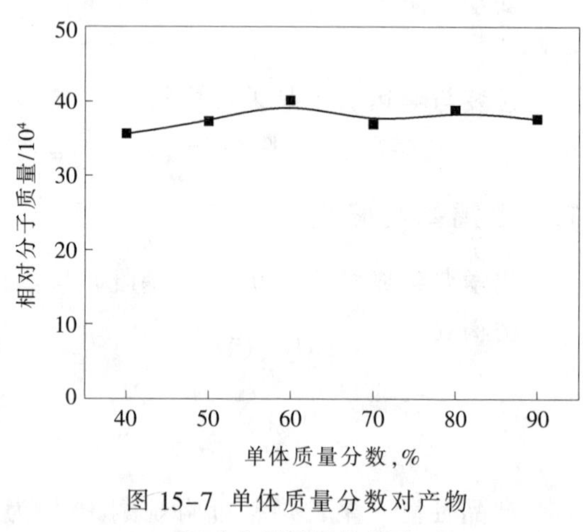

图 15-7 单体质量分数对产物相对分子质量的影响

采用不同的溶剂时,也会对产物的相对分子质量产生显著的影响,当采用苯、乙醇和水时,得到产物的相对分子质量分别为 8.7×10^4、37.3×10^4 和 43.5×10^4。可见,采用极性溶剂时更容易得到高相对分子质量的产物。

质量指标 本品主要技术要求见表 15-5。

用途 本品适用于化妆品工业、表面活性剂工业、医药工业和其他工业用途。PVP 在聚合物中可作分散剂、乳化剂、增稠剂、流平剂，广泛用于涂料、颜料、油墨、高分子合成及加工、洗涤剂、胶黏剂、感光材料、纺织印染、采油堵水、酸化压裂、造纸、农药等方面。

表 15-5 PVP 产品技术要求

项 目	指 标	项 目	指 标
固含量，%	≥95.0	水分，%	≤5.0
*K*值	27~33	灰分，%	≤0.02
残单，%	≤0.2	pH值(5%水溶液)	3~7

用作天然气水合物抑制剂，对天然气水合物生成具有很好的抑制效果。实验表明，在水基聚合醇钻井液加入 PVP，能够有效抑制甲烷水合物的生成，而 PVP(K90)的抑制效果明显优于 PVP(K30)。在温度为 0℃、初始压力为 18MPa 的条件下，只需向水基聚合醇钻井液中添加 1%的 PVP(K90)，就能够确保循环管路中 20h 内不会生成水合物[11]。本品也可以与其他抑制剂配合使用。

采用 NVP 与 NVCL 按照 1:1 比例制备的 P(VP-VCL)共聚物具有比均聚物更好的抑制效果。将乙烯基己内酰胺和乙烯基吡咯烷酮加入装有甲醇的反应容器中，升温至 60℃后加入引发剂偶氮二异丁腈；将烯基磺酸的水溶液滴加到反应容器中，再加入 *N*-取代的丙烯酰胺，反应 10h 后得到反应产物；将产物用己烷沉淀、四氢呋喃溶解，再用己烷沉淀，沉淀物真空干燥，即得水合物抑制剂 KHI-S。评价表明，加入 1.0% KHI-S 可将膨润土浆中水合物生成诱导时间从 1.0h 延长至 6.7h；在相同加量下，KHI-S 试液中水合物生成诱导时间是 PVCL 的近 2 倍；1.0% KHI-S 与 10% NaCl 配伍使用可使钻井液搅拌 12h 无水合物生成；KHI-S 在深水钻井液中具有良好的配伍性，可满足深水钻井的基本要求[12]。

高相对分子质量产品可作为钻井液和油井水泥降滤失剂，具有较强的抗温抗盐能力。

安全与防护 无毒。不刺激眼睛，不会引起皮肤的刺激和过敏。避免与皮肤和眼睛接触。

包装与储运 本品采用内衬塑料袋、外用塑料编织袋或防潮牛皮纸袋包装，每袋净质量 25kg。贮存在通风、阴凉、干燥处。运输中防止受潮和雨淋。

参考文献

[1] 徐加放，邱正松，何畅.深水钻井液中水合物抑制剂的优化[J].石油学报，2011，32(1)：149-152.

[2] 王中华.油田化学品[M].北京：中国石化出版社，2001.

[3] 张明森.精细有机化工中间体全书[M].北京：化学工业出版社，2008.

[4] 闫晓艳，郝红，王凯，等.复合型天然气水合物抑制剂的研究进展[J].石油化工，2013，42(11)：1286-1292.

[5] 赵欣，邱正松，高永会，等.缅甸西海岸深水气田水基钻井液优化设计[J].石油钻探技术，2015，46(3)：13-18

[6] 张卫东，尹志勇，刘晓兰，等.聚乙烯基己内酰胺抑制甲烷水合物的实验研究[J].天然气工业，2007，27(9)：103-107.

[7] 郑二丽，赵卫利，冯树波，等.聚 N-乙烯基己内酰胺合成及性能测试[J].河北科技大学学报，2009，30(4)：350-353.

[8] 赵坤，张鹏云，刘茵，等.聚乙烯基己内酰胺的合成、表征及其水合物生成抑制性能[J].天然气化工(C1 化学与化工)，2013，38(1)：26-30，94.

[9] 郝红，王凯，闫晓艳，等.复配型水合物抑制剂的制备及其性能研究[J].石油化工，2014，43(2)：159-163.

[10] 崔英德，易国斌，廖列文，等.N-乙烯基吡咯烷酮的自由基溶液聚合[J].化工学报，2000，51(3)：367-371.

[11] 刘天乐，蒋国盛，宁伏龙，等.含动力学抑制剂的聚合醇钻井液水合物抑制性研究[J].地质科技情报，2010，29(1)：116-120.

[12] 刘书杰，李相方，邢希金，等.新型天然气水合物动力学抑制剂的研制与性能评价[J].中国海上油气，2015，27(6)：69-73.

第十六章 油气层保护剂

用于配制无固相盐水和/或无黏土钻井液完井液的盐及处理剂等，都可以看作油气层保护剂。

盐包括无机盐和有机盐。无机盐有氯化铵、氯化钠、氯化钾、氯化钙、溴化钠、溴化钙、溴化锌、磷酸盐和焦磷酸盐等。有机盐有甲酸盐、醋酸盐、柠檬酸盐等。

加重剂有碳酸钙、碳酸铁等。

暂堵剂分水溶性暂堵剂、酸溶性暂堵剂、油溶性暂堵剂。

常用的水溶性暂堵剂有细颗粒氯化钠和复合硼酸盐($NaCaB_5O_9 \cdot 8H_2O$)、硼砂等。这类暂堵剂可在油井投产时,用低矿化度水溶解盐粒而解堵。正是由于投产时储层会与低矿化度的水接触,故该类暂堵剂不宜在强水敏性的储层中使用。理想的酸溶性暂堵剂 $CaCO_3$ 极易溶于酸,化学性质稳定,价格便宜,颗粒有较宽的粒度范围。当油井投产时,可通过酸化而实现解堵，恢复油气层的原始渗透率，但不宜在酸敏性油气层中使用。一般使用 200 目(0.074mm)的 $CaCO_3$ 颗粒,其平均粒径为 60μm,最大粒径为 160μm。

常用的油溶性暂堵剂为油溶性树脂，可被产出的原油或凝析油自行溶解而得以清除，也可通过注入柴油或亲油的表面活性剂将其溶解而解堵。油溶性暂堵剂则分为两类,一类是脆性油溶性树脂,在钻井液中主要用于架桥颗粒,如油溶性的聚苯乙烯、改性酚醛树脂和二聚松香酸等;另一类是可塑性油溶性树脂,其微粒在一定压差作用下可以变形,主要作为充填颗粒。

增黏剂有羟乙基纤维素、生物聚合物、瓜胶、魔芋胶、羟基铝、氢氧化铁、羟基镁等。

降滤失剂有淀粉醚、纤维素醚、聚多糖、生物聚合物等。

对于一些盐、增黏剂和降滤失剂,在有关章节已经有详细介绍,本章重点介绍用于暂堵剂的一些材料[1~3]。

第一节 无机材料

无机材料主要包括一些可以酸溶的无机矿物,如碳酸钙、赤铁矿、凌铁矿等以及一些水溶性无机盐,如硼砂、氯化钠、氯化钾等。这些材料可以在后期的作业中被酸或水溶解,具有暂堵作用,有利于保护储层。

1.赤铁矿粉

参见第十一章、第一节、5,本品主要成分为三氧化二铁,在完井液中可以作为酸溶性加重材料,也可以作为暂堵剂,可以酸化解堵。

2.磁铁矿粉

参见第十四章、第一节、4,本品主要成分为四氧化三铁,在完井液中可以作为酸溶性加重剂和暂堵剂。

3.超细碳酸钙

化学名称 碳酸钙。

分子式 $CaCO_3$

相对分子质量 100.09

产品性能 超细碳酸钙是碳酸钙的一个分类，指的是碳酸钙粉体平均粒径 2~10μm 的碳酸钙，其化学性质同碳酸钙(见第十一章、第一节、3)。本品主要研磨成不同粒径用于架桥和堵塞，起暂堵作用；也可以用于提高水基钻井液和油基钻井液的密度以及降低滤失量。

制备方法 石灰石经过破碎、粉碎、高速研磨、筛分得到。

质量指标 钻井液用超细碳酸钙执行 Q/SHCG 37—2012 技术要求，应符合表 16-1 和表 16-2 的规定。SY/T 5725—1995 规定指标见表 16-3 和表 16-4。

表 16-1 超细碳酸钙理化指标

项 目		指 标	
		Ⅰ型	Ⅱ型
密度/(g/cm^3)		2.70±0.10	2.50±0.10
碳酸钙含量，%			≥97.0
粒 度	大于 20μm，%	≤20.0	≤5.0
	小于 2μm，%	≤20.0	≤30.0
	X_{50}(中值直径)/μm	4.0~10.0	2.0~4.0

表 16-2 超细碳酸钙使用性能指标

项 目	指 标		项 目	指 标	
	Ⅰ型	Ⅱ型		Ⅰ型	Ⅱ型
初损/mL	≤5.0	≤25.0	滤失量/mL	≤20.0	≤60.0

表 16-3 超细碳酸钙使用性能

项 目		指 标	
		Ⅰ型	Ⅱ型
基 浆	初损/mL	≥250	≥250
	滤失量/mL	≥300	≥300
基浆+4%产品	初损/mL	≤5.0	≤25.0
	滤失量/mL	≤20.0	≤60.0

表 16-4 超细碳酸钙理化性能

项 目		指 标	
		Ⅰ型	Ⅱ型
水分，%		≤1.0	≤1.0
密度/(g/cm^3)		2.70±0.10	2.50±0.10
碳酸钙含量，%		≥97.0	≥97.0
酸不溶物含量，%		≤1.0	≤1.0
粒 度	大于 20μm，%	≤20.0	≤5.0
	小于 2μm，%	≤30.0	≤40.0
	X_{50}(中值直径)/μm	4.0~10.0	2.0~4.0

用途　本品可广泛应用于塑料工业的电线、皮布、成型品、硬管、异形压出、地砖、薄膜、EVA海棉,涂料工业的粉末涂料、合成树脂、釉药、油性漆、乳漆、初层漆,橡胶工业的鞋类、电线电缆、轮胎、海棉、胶质糊、橡胶里布、皮带软管,造纸工业的涂布、填充以及燃料颜色剂、牙膏、化妆品、食品添加剂、酸中和剂等。

在钻井液完井液中是一种常用的处理剂,具有很强的防渗漏和封堵作用,产品可酸溶,不伤害储层,适用于各类钻井液体系。当钻进油气层或目的层时,按4%~5%的用量直接加入到钻井液完井液中,也可与其他暂堵剂配合使用。

安全与防护　产品不溶于水,无毒。使用时避免粉尘吸入或接触眼睛。

包装与储运　本品采用涂塑编织袋袋或牛皮纸袋包装,每袋净质量25kg。贮存在阴凉、通风、干燥处。运输中防止受潮、雨淋及包装破损。

4.菱铁矿粉

化学成分　碳酸亚铁。

分子式　$FeCO_3$

相对分子质量　115.85

产品性能　菱铁矿是一种分布比较广泛的矿物,它的成分是碳酸亚铁,当菱铁矿中的杂质很少时可以作为铁矿石来提炼铁。一般为晶体粒状或不显出晶体的致密块状、球状、凝胶状。颜色一般为灰白或黄白,风化后可变成褐色或褐黑色等。菱铁矿在氧化水解的情况下还可变成褐铁矿。莫氏硬度4,密度3.7~4.0g/cm^3,随成分中Mn和Mg含量的升高而降低。在氧化带易水解成褐铁矿,形成铁帽。菱铁矿大量聚集而且硫、磷等有害杂质的含量小于0.04%时,可作为铁矿石开采。菱铁矿粉为卡其色或土灰色粉末,密度大于3.8g/cm^3,不溶于水,遇酸发生化学反应。

制备方法　菱铁矿破碎、粉碎、研磨、筛分得到。

质量指标　本品主要技术指标见表16-5。

表16-5　菱铁矿产品技术指标

项　目	指　标	项　目	指　标
外　观	土灰色粉末	75μm筛余(质量分数),%	≤1.5
水溶性碱土金属含量(以钙计)/(mg/kg)	≤100	45μm筛余(质量分数),%	≤15.0

用途　本品用于钻井液完井液酸溶性加重剂,也可以作为保护储层的暂堵剂和加重剂。

安全与防护　本品不溶于水,无毒。避免粉尘吸入和接触眼睛,使用时需戴自吸过滤式防尘口罩、防护眼镜、橡胶手套。

包装和储运　本品采用涂塑编织袋或涂塑牛皮纸袋包装,每袋净质量50kg。贮存在阴凉、通风、干燥处。运输中防止雨淋,防止包装破损。

5.复合硼酸盐

化学成分　钠硼解石。

化学式　$NaCaB_5O_9 \cdot 8H_2O$

理化性质　钠硼解石的晶体为无色透明,具玻璃光泽,但钠硼解石晶体的集合体呈白色，具有丝绢光泽。集合体通常为由针状、纤维状晶体组成的白色绢丝状、团块状和放射状，有的呈结核状、肾状或土状块体。硬度 2.5。相对密度 1.96。性极脆，手捏即成粉末，有滑感。理论组成为 Na_2O 为 7.65%，CaO 为 13.85%，B_2O_3 为 42.95%，H_2O 为 35.55%。为典型的干旱地区内陆湖相化学沉积产物，常与食盐、芒硝、石膏、天然碱、钠硝石以及硼砂、柱硼镁石、水方硼石、库水硼镁石、板硼钙石等共生。粉状钠硼解石为灰白色颗粒。溶于热水中，在冷水中长时间可部分溶解并呈浆糊状。

制备方法 天然矿物经过精选，破碎、研磨、筛分得到。

质量指标 本品主要技术指标见表 16-6。

表 16-6 钠硼解石主要指标

项 目	指 标	项 目	指 标
外 观	灰白色颗粒状	细度(筛孔 0.45mm 筛筛余)，%	≤5
B_2O_3，%	≥40.0	硫酸盐(以 SO_4^{2-}计)，%	≤0.4

用途 本品为最主要的工业硼矿物之一，用来生产硼酸钠，即硼砂。用于钻井液完井液加重剂和暂堵剂，可水溶，有利于储层保护。

安全与防护 有毒。避免粉尘吸入及眼睛、皮肤接触，使用时需戴自吸过滤式防尘口罩、化学防护眼镜、橡胶手套。

包装与储运 本品采用内衬塑料袋、外用塑料编织袋包装，每袋净质量 50kg。贮存在阴凉、通风、干燥处。运输中防止受潮和雨淋。

6.硼砂

分子式 $Na_2B_4O_7 \cdot 10H_2O$

相对分子质量 381.37

理化性能 硼砂别名四硼酸钠(十水)、月石砂、黄月砂，为无色半透明晶体或白色结晶粉末。无臭、味咸、相对密度 1.73，在 60℃时失去 8 个结晶水，在 320℃时失去全部结晶水。在空气中可缓慢风化，熔融时成无色玻璃状物质。微溶于乙醇、丙酮、乙酸乙酯等，易溶于丙三醇、乙二醇、二乙二醇等多羟基低分子有机化合物。硼砂有杀菌作用，口服对人体有害。在水中溶解度随温度升高而增加。水溶液呈碱性，经水解后以带负电荷的硼酸盐离子形式存在，能与含有顺式邻位羟基的水溶性高分子化合物发生络合反应形成高黏度凝胶体，其交联压裂液耐温性一般在 95℃以下。

制备过程 将含 B_2O_3≥12%(质量分数)的硼镁矿粉碎、过筛，8.4 份碳酸钠配成饱和水溶液；将硼矿粉与碳酸钠水溶液加入碳解器内混匀，然后通入 CO_2，在压力 0.5~0.6MPa、温度 130~135℃下反应 13~15h；将碳解后的料浆过滤除去残渣并进行逆流洗涤，然后将溶液进行加热浓缩，冷却结晶、离心分离、干燥，即得到硼砂产品。

质量指标 本品执行国家标准 GB/T 537—2009 工业十水合四硼酸二钠，其主要技术指标见表 16-7。

用途 本品主要用于玻璃和搪瓷行业，在特种光学玻璃、玻璃纤维、有色金属的焊接剂、珠宝的黏结剂、印染、洗涤(丝和毛织品等)、金的精制、化妆品、农药、肥料、硼砂皂、防腐剂、防冻剂和医学用消毒剂等方面也有广泛的应用。

用于钻井液完井液水溶性加重剂、暂堵剂，也可以用于油井水泥缓凝剂等。

安全与防护 有毒，大鼠经口 LD_{50} 为 5660mg/kg。使用时戴自吸过滤式防尘口罩、防护眼镜、橡胶手套，避免粉尘吸入及与眼睛、皮肤接触。

包装和储运 本品采用内衬二层牛皮纸或塑料袋的麻袋包装，每袋净质量 40kg、50kg 或 80kg。储存在阴凉、通风、干燥的库房中，应避免雨淋或受潮。应装在棚车、船舱或带棚的汽车内运输，不应与潮湿物品或其他有色物料混合堆放，运输工具必须干燥清洁。

表 16–7 硼砂产品技术指标

项 目	指 标		项 目	指 标	
	一级品	二级品		一级品	二级品
硼砂(以 $NaB_4O_7 \cdot 10H_2O$ 计)含量，%	≥99.5	≥95.0	硫酸钠(Na_2SO_4)含量，%	≤0.20	≤0.20
碳酸钠(Na_2CO_3)含量，%	≤0.20	≤0.30	氯化钠(以 NaCl 计)含量，%	≤0.05	≤0.05
水不溶物，%	≤0.04	≤0.04	铁(以 Fe 计)含量，%	≤0.002	≤0.002

第二节 有机材料

本节重点介绍油溶性树脂和聚合松香等。这些材料作为暂堵剂，在使用中可以根据现场具体情况选择一种或多种复配使用，也可以采用不同材料制备复合型暂堵剂使用。

1.油溶性酚醛树脂

化学成分 对叔丁基苯酚甲醛树脂。

结构式

OH OH OH

HO—CH₂—[苯环]—CH₂—[[苯环]—CH₂]$_n$—[苯环]—CH₂—OH

$H_3C—C—CH_3$ $H_3C—C—CH_3$ $H_3C—C—CH_3$

CH_3 CH_3 CH_3

产品性能 对叔丁基酚醛树脂属于油溶性酚醛树脂，这是由对叔丁基苯酚(对叔丁酚)的分子结构所决定的。从对叔丁酚的分子结构可以看出，由于它只有两个活性点以及羟基对位叔丁基的定位作用，无论使用何种催化剂，其合成物只是线型的，难于形成体型高聚物。这种树脂不需改性就能溶于油中，所以叫油溶性酚醛树脂，也叫做 100%油溶性酚醛树脂，又称增黏树脂。

对叔丁基苯酚甲醛树脂，即 2402 树脂(101 树脂)[4]，为淡黄色至棕色不规则透明块状固体，在出料前加入草酸还原，可制得浅色的树脂。2402 树脂油相对分子质量为 500~1000，溶性好，耐热、耐老化，可溶于苯、甲苯、二甲苯、环己烷、醋酸乙酯、溶剂汽油等有机溶剂和植物油，不溶于乙醇和水。

制备方法 按物质的量比称取对叔丁基苯酚、甲醛及氢氧化钠，一起投入到高压反应釜中，开始加热及搅拌。当温度达到 90~100℃时，对叔丁基苯酚和甲醛在催化剂的作用下开始反应，持续约 1.5h，反应结束。之后开始升高釜内温度到 150℃，再进行抽真空约 10min(若真空度达到 0.1MPa 可以适当减小抽真空的时间)，抽真空结束后调节釜内的温度到 90~

100℃即可出料，得到黏度比较大的黏稠液体，冷却后变成脆性固体[5]。

质量指标 本品主要技术要求见表16-8。

表16-8 2042树脂产品技术要求

项 目	指 标	项 目	指 标
外 观	淡黄色、块状、固体	油溶性(1:2 桐油)	240℃全溶
软化点(环球法)/℃	90~120	游离甲醛，%	≤0.5
游离酚，%	≤2	水分，%	≤1.5
羟甲基含量，%	9~16	灰分，%	≤0.2
色泽(铁钴比色)/号	3~7		

用途 本品可以用作氯丁胶黏剂的增黏树脂。

通过加工得到的不同粒径的产物，在钻井液中可以直接用作油溶性暂堵剂，也可以与其他油溶性树脂和酸溶性材料复配制备储层保护暂堵剂。本品可以直接用作防漏剂(随钻堵漏)，也可以作为堵漏剂的成分。

安全与防护 无毒。使用时避免粉尘吸入及与眼睛、皮肤接触。

包装与储运 本品采用内衬塑料袋、外用防潮牛皮纸袋包装，每袋净质量25kg。贮存于阴凉、通风、干燥的库房内，远离火种、热源，防明火、忌堆积过量。运输中避免雨淋、防止暴晒。

2.辛基酚醛增黏树脂

化学成分 对叔辛基苯酚甲醛树脂。

结构式

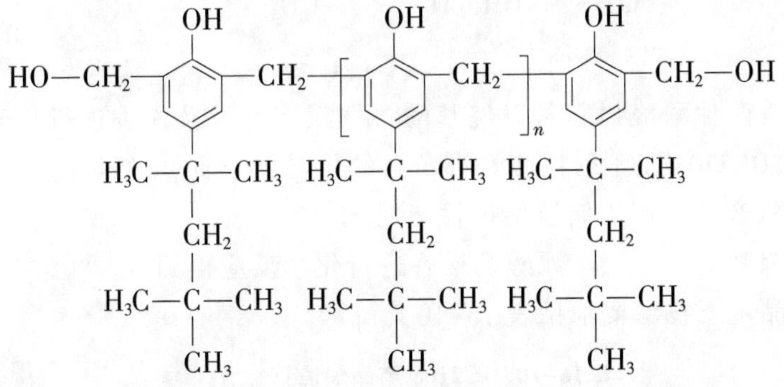

OH　　OH　　OH

HO—CH_2—[苯环]—CH_2—[[苯环]—CH_2]$_n$—[苯环]—CH_2—OH

H_3C—C—CH_3　H_3C—C—CH_3　H_3C—C—CH_3

CH_2　CH_2　CH_2

H_3C—C—CH_3　H_3C—C—CH_3　H_3C—C—CH_3

CH_3　CH_3　CH_3

产品性能 对叔辛基苯酚甲醛树脂也称TXN-203树脂、203增黏树脂、特辛基苯酚甲醛树脂，为黄色至浅褐色颗粒，溶于油以及各种有机溶剂，且可与各种合成橡胶共混。用该树脂可降低胶料的门尼黏度，改善胶料的自黏性，提高胶料的物理机械性能及热老化性能，且对硫化胶无不良影响。

制备方法 在装有温度计、搅拌器和回流冷凝器的三口烧瓶中，加入1mol对叔辛基苯酚、1.2mol固体甲醛和10g催化剂(草酸)，在100~110℃下反应2~4h，减压蒸馏去水、催化剂和多余的叔辛基苯酚后，停止反应，出料、冷却、粉碎，得到颗粒状产物[6]。

质量指标 本品主要技术要求见表16-9。

用途 本品是天然胶和合成胶(如丁苯、丁基、丁腈、三元乙丙胶)的增黏剂，可用于生产轮胎、皮带、软管、食品容器、垫片和鞋底等。

在钻井液中可以直接用作油溶性暂堵剂，也可以与其他油溶性树脂和酸溶性材料复配制备储层保护暂堵剂，还可以作为防漏剂和堵漏剂。

安全与防护 无毒。使用时避免粉尘吸入及与皮肤、眼睛接触。

包装与储运 本品采用内衬塑料袋、外用防潮牛皮纸袋包装，每袋净质量 25kg。贮存于阴凉、通风、干燥处，防高温、防火，贮存期为一年，超过贮存期，经检验合格的仍可使用。运输中避免日晒、防火。

表 16-9 对叔辛基苯酚甲醛树脂产品技术要求

项 目	指 标	项 目	指 标
外 观	黄色至浅褐色片状或者颗粒	酸值/(mg KOH/g)	55±10
软化点/℃	85~105	游离酚，%	≤4.0
羟甲基含量，%	≤1.0	灰分，%	≤0.05

3.松香改性酚醛树脂

化学成分 烷基酚松香树脂。

结构式

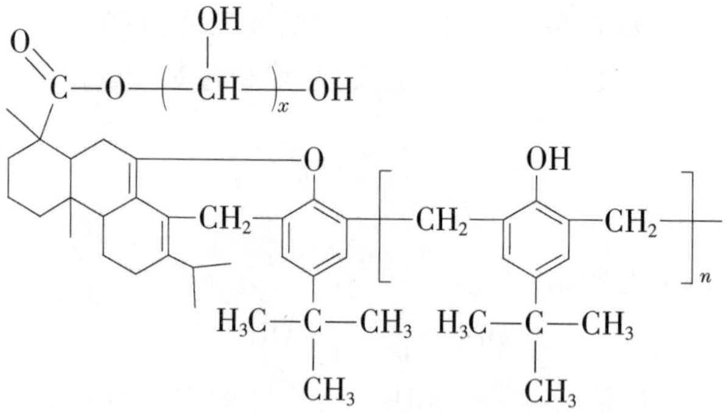

产品性能 松香改性酚醛树脂是以烷基酚、甲醛、多元醇及松香进行化学反应生成的高分子产物。其中，DC2108 叔丁酚树脂具有较高的相对分子质量，很好的矿物油溶解性[7]。一定粒度分布的颗粒产品适用于储层保护暂堵剂。

制备方法 以烷基酚、甲醛、多元醇及松香进行化学反应得到。

质量指标 本品主要技术要求见表 16-10。

表 16-10 DC2108 产品性能指标

项 目	指 标	项 目	指 标
外 观	浅黄色固体	正庚烷值/(mL/25℃·2g)	3~4
软化点/℃	168~175	黏度(35℃)/(mPa·s)	3200~3800
酸价/(mg KOH/g)	≤22	色 泽	≤13

用途 本品可用于胶印油墨。

在钻井液中可以直接用作油溶性暂堵剂，也可以与其他油溶性树脂和酸溶性材料复配制备储层保护暂堵剂，还可用于油基钻井液增黏剂。

安全与防护 无毒。使用时避免粉尘吸入及眼睛、皮肤接触。

包装与储运 本品采用内衬塑料袋、外用防潮牛皮纸袋包装，每袋净质量 25kg。贮存于阴凉、通风、干燥处，防高温、防火。运输中防止日晒、雨淋。

4.乙烯-醋酸乙烯共聚物

结构式

$$-\!\!\left[\!-CH_2-CH_2-\!\right]_m\!\left[\!-CH_2-\underset{\underset{\underset{\underset{O}{\|}}{C-CH_3}}{|}}{\underset{|}{\underset{O}{}}}CH-\!\right]_n$$

$$-[-CH_2-CH_2-]_m-[-CH_2-CH(OCOCH_3)-]_n-$$

产品性能　乙烯-醋酸乙烯共聚物(EVA)为白色或淡黄色粉状或粒状物，熔点 99℃，沸点 170.6℃，密度(25/4℃)0.948g/cm³、折射率 1.480~1.510，闪点 260℃，可燃，具有较好的耐水性、耐腐蚀性、加工性、防震动、保温性和隔音性[8,9]。

EVA 随着相对分子质量的提高，软化点上升，在适当的范围内，油溶性随醋酸乙烯含量的增加而增加。作为暂堵剂，在地层温度接近其软化点时，可以作为变形粒子，与刚性暂堵剂复合使用，可以达到良好的封堵效果。

制备方法　将乙烯、醋酸乙烯、引发剂及相对分子质量调节剂，按一定配比经压缩机加入高压管式反应器中，于 200~220℃和 150~160MPa 压力下进行聚合反应，即得含 15%~30%醋酸乙烯的共聚物。它与未反应的气体首先在 20~30MPa 的高压分离器分离，未反应的气体经高压循环系统重新参加反应。聚合物从低压分离器中分离出来，经挤出、切粒、干燥得 EVA 产品。从低压分离器分离出来的 EVA 经冷却系统分离出醋酸乙烯后，乙烯经低压循环系统重新参加反应。

质量指标　本品主要技术要求见表 16-11。

表 16-11 EVA 产品技术要求

项　目	指　标	项　目	指　标
外　观	白色或淡黄色粉状或粒状物	不挥发分，%	≤0.3
密　度	0.92~0.98	相对分子质量	≥2000

用途　乙烯-醋酸乙烯共聚物广泛应用于发泡鞋料、功能性棚膜、包装膜、热熔胶、电线电缆及玩具等领域。

在钻井液完井液中，用作油溶性暂堵剂，可以单独使用，也可以与其他暂堵剂配伍使用，用量一般为 1.0%~2.0%。

安全与防护　本品可燃，燃烧物具有刺激性。使用时注意防火。

包装与储运　本品采用内衬塑料袋、外用防潮牛皮纸袋包装，每袋净质量 25kg。储存于阴凉、通风、干燥的库房，远离火种、热源。运输中防止日晒、雨淋，防火。

5.乙烯-丙烯酸酯共聚物

化学成分　乙烯-丙烯酸乙酯共聚物。

结构式

$$-[-CH_2-CH_2-]_m-[-CH_2-CH(C(=O)O-CH_2CH_3)-]_n-$$

产品性能 本品系乙烯与丙烯酸乙酯的无规共聚物,代号 EEA。丙烯酸乙酯含量 5%~20%,密度 0.93g/cm³,邵氏硬度 86,软化点 64℃,脆化温度-95℃,拉伸强度 10.79MPa,伸长率 550%,低温柔性和黏接性好。热稳定性比乙烯-醋酸乙烯共聚物(EVA)好。本品具有很好的柔韧性、热稳定性和加工性;耐环境应力开裂性、抗冲击性、耐弯曲疲劳性、低温性均优于低密度聚乙烯;和聚烯烃有好的相容性,并可与大量填料混合而不变脆;不溶于水,可溶于石油[10]。

制备方法 乙烯与丙烯酸酯以氧或过氧化物为引发剂经自由基聚合而成。

质量指标 本品主要技术要求见表 16-12。

表 16-12 EEA 产品技术要求

项 目	指 标	项 目	指 标
外 观	白色或淡黄色粉状物	不挥发分,%	≤0.3
密度/(g/cm³)	0.93~0.95	融化点/℃	≥83

用途 在工业领域,本品可作热熔胶、复合膜层间黏合剂、密封圈、包装薄膜、挤出涂敷制品、软管、片材型材、电线电缆、树脂改性剂、玩具、容器等。

钻井液中用作保护储层的油溶性暂堵剂,可以单独使用,也可以与其他暂堵剂配伍使用,还可以作为油基钻井液增黏剂和原油降凝剂。

安全与防护 本品可燃,具刺激性。使用时注意防护。

包装与储运 本品采用内衬塑料袋、外用防潮牛皮纸袋包装,每袋净质量 25kg。储存于阴凉、通风、干燥的库房,远离火种、热源。运输中防止日晒、雨淋,防火。

6.甘油三松香酸酯

分子式 $C_{62}H_{92}O_6$

结构式

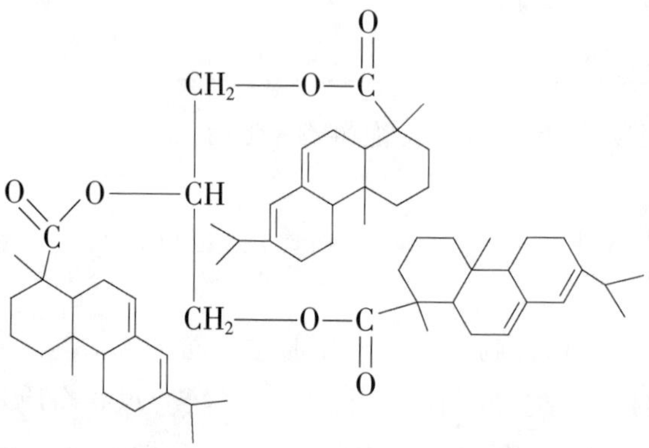

相对分子质量 945.42

理化性质 本品为淡黄色至淡褐色易碎透明玻璃块状物。无臭或微有特殊臭味。不溶于水,溶于苯、甲苯、石油、松节油、亚麻仁油等,微溶于乙醇。相对密度约为 1.08。空气中易氧化,粉末有自燃性,可自燃爆炸[11]。

制备过程 将松香加热至 200℃后,加入 10%~15%甘油及适量的催化剂(氧化钙或氧化锌),升温至 230~285℃,在 CO_2 气体保护下维持 5~10h,停止加热后,用真空泵抽去气和甘油约 30min,然后自然冷却即得到产品。

主要成分以甘油三香酸酯为主，另含有少量单、双松香酸甘油酯。

质量指标 本品主要技术要求见表16-13。

表16-13 甘油三松香酸酯技术要求

项目	指标	项目	指标
外观	淡黄色至淡褐色玻璃块状物	酸值/(mg KOH/g)	≤8
软化点/℃	70~126	砷(以 As_2O_3 计)/10^{-6}	≤4
灰分,%	≤0.1	重金属(以Pb计),%	≤0.004

用途 本品可用作食用乳化剂，在药剂中用作缓释制剂的骨架材料、软膏基质、乳化剂、黏合剂、压敏胶等，用于缓释片剂、贴布剂、乳剂等的制造。

在钻井液完井液中，用作保护储层的油溶性暂堵剂，可以单独使用，也可以与其他暂堵剂配伍使用，还可以用作油基钻井液的乳化剂和增黏剂。

安全与防护 本品易氧化变质，原粉末还可自燃爆炸，忌与氧化剂配伍。无毒。

包装与储运 本品采用内衬塑料袋、外用防潮牛皮纸袋包装，每袋净质量25kg，贮存于阴凉、通风、干燥的仓库中，远离火种、热源。运输中忌与其他物质混运，防止日晒、防火。

7.聚合松香

化学成分 二聚松香酸。

结构式 HOOC COOH

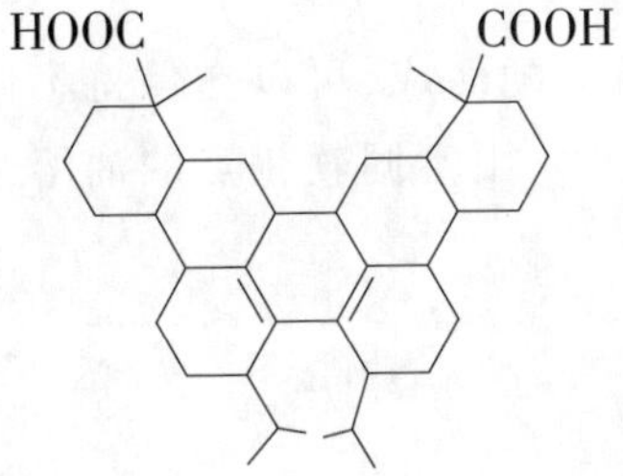

产品性能 聚合松香是一种热塑性树脂，在有机溶剂中有更高的黏度，不结晶，酸值低，可以直接应用，也可以再加工成酯或盐类应用[12]。

聚合松香是以二聚体为主，含有松香和松香烃等的混合物，黄色透明、硬脆的固体，不结晶，软化点比松香高。二聚体约占20%~50%，比较稳定，不易氧化。软化点90~120℃。酸值150mg KOH/g左右。聚合松香由于相对分子质量的增加和双键的部分消除，因而具有色泽浅、酸值低、黏度大、不结晶、软化点高、相容性好、抗氧化性能强、耐久性强等特点。溶于甲苯、汽油、石油醚、三氯甲烷、二氯乙烷等有机溶剂。

制备方法 将松香溶解于溶剂中，经酸催化聚合反应，排渣、中和、水洗、澄清后，于蒸馏塔分馏精制而得。

质量指标 本品主要技术要求见表16-14。

用途 本品主要用于油墨树脂、含油树脂清漆、醇溶性清漆、环氧树脂、胶黏剂、热熔涂料和热熔胶黏剂、金属催干剂、合成树脂、木纤维黏合剂、电绝缘化合物、造纸胶料和口香糖等领域。

在钻井液完井液中，用作保护储层的油溶性暂堵剂，可以单独使用，也可以与其他材料配伍使用。用于油基钻井液的乳化剂和增黏剂，也可用于油基钻井液乳化剂、增黏剂制备的原料。

安全与防护 本身对人体毒性不大，但是因为其常常含有铅等重金属和有毒化合物以及氧化后产生的过氧化物会严重影响人体的健康。使用时注意防护。

包装与储运 本品采用内衬塑料袋、外用防潮牛皮纸袋包装，每袋净质量25kg。遮光、防潮防雨及常温条件存放，注意明火，不要过量堆积。运输时，防止日晒、雨淋、防火，防包装破损。

表16-14 聚合松香技术要求

项 目	指 标		
	B-115	B-140	B-90
外 观	透 明	透 明	透 明
颜 色	≤10	≤10	≤10
软化点(环球法)/℃	100.0~120.0	135.0~145.0	90.0~100.0
酸值/(mg KOH/g)	≥145.0	≥140.0	≥165.0
乙醇不溶物，%	≤0.030	≤0.030	≤0.030
热水溶物，%	≤0.20	≤0.20	≤0.20

第三节 复合材料

采用不同类型的油溶性和(或)酸溶性暂堵材料复配而成，可以在保持不同材料各自优点的情况下，使产品封堵强度和封堵效果提高，尤其采用不同软化点的油溶性树脂复合使产品适用性更强。

1.油溶性暂堵剂

产品组分 油溶性树脂、无机材料等。

产品性能 油溶性暂堵剂是一种可变形的、可油溶的高效油气层保护暂堵剂，以多种油溶性有机化合物、酸溶性无机化合物和表面活性剂为原料，经组分优化、复配加工而成的具有良好防漏和堵漏效果的桥接暂堵材料。能在砂岩和泥岩的微裂缝地层井壁上形成一定强度的垫层，改善滤饼质量，降低泥饼渗透率，从而有效地减少钻井液和滤液向油层的漏失，保护油气层，提高井壁稳定性。暂时封堵油层后，遇油易于溶解而解堵，对储层无伤害。本品无毒，不污染环境，适用于酸敏性储层。

制备方法 各组分经过优化后，按照配方要求加入捏合机，在一定温度下捏合一定时间，以充分混合，降温、粉碎、筛分，即得到成品。

质量指标 本品主要技术要求见表16-15。

表16-15 油溶性暂堵剂产品技术要求

项 目	指 标	项 目	指 标
外 观	淡黄色粉末	软化点/℃	80~120，可调
水分，%	≤8.0	荧光级别/级	≤3.0
水分散性	均匀分散	渗透率恢复值，%	≥90.0
油溶率，%	≥80.0	粒 度	根据需要提供

用途　本品可用于保护油层的钻井液、完井液、修井液、压井液等作业流体暂堵剂以及钻井液完井液防漏、堵漏剂。遇较大孔隙性漏失时，与其他堵漏剂配合使用，效果更佳。推荐加量为1%~3%。作为钻井液暂堵剂可随钻井液在井壁处形成井壁环，由于能被原油溶解，不用酸化射孔作业即可达到自动解堵。

安全与防护　无毒。防止粉尘吸入，避免眼睛、皮肤接触。

包装与储运　本品采用内衬塑料袋、外用牛皮纸袋或塑料编织袋包装，每袋净质量25kg。存放在阴凉、通风、干燥的库房，远离热源、火源。运输中防止暴晒、防火。

2.酸溶性暂堵剂

产品组分　天然纤维、水溶性植物胶、无机材料等。

产品性能　本品是由多种天然纤维、水溶性植物胶、无机化合物和表面活性剂为原料，经过组分优化、复配加工而成的一种酸溶性桥接暂堵材料。产品中的水溶性成分可吸附到黏土边缘上阻止页岩颗粒的水化分散，吸附在井壁页岩微缝上阻止水渗入，并可减少剥蚀掉块；产品中的水不溶性纤维和颗粒能提供适当大小的颗粒封堵微裂隙，增强造壁性，改善泥饼质量，覆盖在页岩表面可抑制页岩分散，泥饼变薄、可压缩性增大使失水下降，同时增加泥饼润滑性，降低摩阻扭矩、防卡，在高温下能维持低切力、低滤失。降低钻井液向油层的漏失，保护油气层。用于非酸敏性地层暂时封堵油层后，可酸化解堵，对储层无伤害。

制备方法　将各组分经过配方优化后，按比例加入混合器，充分搅拌，混合均匀，然后经研磨、筛分即得到成品。

质量指标　本品主要技术要求见表16-16。

表16-16　酸溶性暂堵剂产品技术要求

项　目	指　标	项　目	指　标
外　观	灰色粉末状固体	pH值	8~9
水分，%	≤10.0	细　度	根据需要调整
酸溶率，%	≥80.0	渗透率恢复值，%	≥90
水溶物，%	≤10.0		

用途　本品作为暂堵剂，可用于钻井液、完井液、修井液、压井液等作业流体，也可以作为防漏堵漏材料。遇较大孔隙性漏失时，与其他堵漏剂配合使用，效果更佳。推荐加量为2%~5%。可随钻封堵，堵塞物可以酸溶，对油气层起到暂堵作用。钻遇目的层前50m，在钻井液中加入3%~5%酸溶性暂堵剂，在钻至目的层时，再补充1%~2%，即可达到很好的油层保护效果。在修井作业中，在修井液中加入3%~5%酸溶性暂堵剂，也可达到很好的油层保护效果。

安全与防护　无毒。防止粉尘吸入，避免眼睛、皮肤接触。

包装与储运　本品采用内衬塑料袋、外用防潮牛皮纸袋包装，每袋净质量25kg。储存在阴凉、干燥、通风处。运输中防止受潮、雨淋。

参考文献

[1] 王中华，何焕杰，杨小华.油田化学品实用手册[M].北京：中国石化出版社，2004.

[2] 纪春茂.海洋钻井液与完井液[M].东营：石油大学出版社，1997.

[3] 黄发荣，焦杨声.酚醛树脂及其应用[M].北京：化学工业出版社，2003.

[4] 对叔辛基苯酚甲醛树脂[EB/OL].http://www.zhanjiao.com/study/1/stu-info3395.html.

[5] 李静，李瑞海.对叔丁基酚醛树脂的合成与表征[J].塑料工业，2010，38(7)：10-13.

[6] 梁兵，刘操.酸催化合成对叔辛基苯酚甲醛的研究[J].辽宁化工，2001，30(6)：233-234.

[7] 松香改性酚醛树脂[EB/OL].http://baike.baidu.com/link?url=sNAdaViogWxeKTjLFLdvXaOjW_MbVdwmRQ2Ln1nREj2A5uwE96719RDWnI5SQxTJyjbJj1UnWNufzUcWCslTqa.

[8] 乙烯-醋酸乙烯共聚物(EVA)简介[EB/OL].http://wenku.baidu.com/link?url=c2modTi62Ygj-Lw2eGdVe8u2Q03t01MiK-5ZlgsbySnGnQ8hio bcAl2KlcHCLaCJ-nTmjjNY_5E3wJSQFnZ6so1nLmVgZUmLnHgP6w-_oZC.

[9] ethylene-vinyl acetate copolymer-EVA 树脂[EB/OL].http://www.gjsjyl.com/hydt/2013/0916/467.html.

[10] 乙烯-丙烯酸乙酯(EEA)[EB/OL].http://www.zhanjiao.com/study/1/stu-info3299.html.

[11] 甘油三松香酸酯[EB/OL].http://www.soozhu.com/article/179203/.

[12] 聚合松香[EB/OL].http://www.zhanjiao.com/study/1/stu-info3356.html.